高等学校新工科人才培养系列教材

部级优秀教材

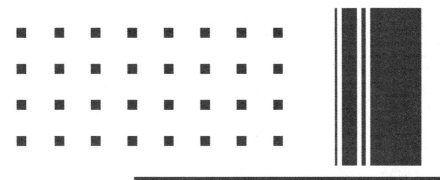

U0380017

计算机操作系统

（第四版）

汤小丹　梁红兵
哲凤屏　汤子瀛　编著

西安电子科技大学出版社
http://www.xduph.com

内 容 简 介

本教材对传统操作系统(OS)和现代操作系统均做了较为全面的介绍。全书共分 12 章：第一章为操作系统引论，介绍了 OS 的发展、传统 OS 和现代 OS 的特征及功能；第二和第三章深入阐述了进程和线程管理、进程同步、处理机调度和死锁；第四和第五章对连续和离散存储器管理方式及虚拟存储器进行了介绍；第六章自下而上地对 I/O 系统的各个层次做了较为系统的阐述；第七和第八章介绍了文件系统和磁盘存储器管理；第九章对用户接口以及接口的实现方法做了介绍；从第十章开始到第十二章是与目前 OS 发展现状紧密相关的内容，分别介绍了多处理机 OS、网络OS、多媒体 OS 以及系统安全性。

本教材可作为计算机类专业的本科生教材，也可作为研究生教材，还可供从事计算机及通信工作的相关科技人员参考。

本教材内容基本覆盖了全国研究生招生考试操作系统课程考试大纲的主要内容，故也可作为考研的复习、辅导用书。

图书在版编目(CIP)数据

计算机操作系统/汤小丹等编著. —4 版. —西安：西安电子科技大学出版社，2014.5
(2022.10 重印)
ISBN 978-7-5606-3350-3

Ⅰ.①计… Ⅱ.①汤… Ⅲ.①操作系统—高等学校—教材 Ⅳ.①TP316

中国版本图书馆 CIP 数据核字(2014)第 076768 号

责任编辑 李惠萍
出版发行 西安电子科技大学出版社（西安市太白南路 2 号）
电 话 (029)88202421 88201467 邮 编 710071
网 址 www.xduph.com 电子邮箱 xdupfxb001@163.com
经 销 新华书店
印刷单位 咸阳华盛印务有限责任公司
版 次 2014 年 5 月第 4 版 2022 年 10 月第 66 次印刷
开 本 787 毫米×1092 毫米 1/16 印张 28
字 数 635 千字
印 数 1 444 001～1 494 000 册
定 价 53.00 元
ISBN 978 - 7 - 5606 - 3350 - 3 / TP
XDUP 3642004-66

*** 如有印装问题可调换 ***

前　言

　　自 1981 年本教材第一版出版至今，我们已对它做过多次修改。本次是对 2007 年出版的《计算机操作系统》(第三版)教材进行的修改。在本次修订出版时，首先，根据广大师生的要求，结合国内研究生招生考试大纲的要求，对相关内容进行了调整，使之基本覆盖了考试大纲的内容；其次，结合操作系统发展的现状和前沿，增加了多处理机、多媒体、系统安全等方面的内容，并对章节进行了调整，使本教材能更好地为读者学习操作系统提供帮助。

　　本版教材共分为 12 章。第一章为操作系统引论，介绍了 OS 的发展、特征、功能等，增加了对现代 OS 特征和功能的介绍；第二章和第三章深入阐述了进程和线程的基本概念、同步与通信、调度和死锁；第四章和第五章对连续和离散存储器管理方式及虚拟存储器进行了介绍；第六章为 I/O 管理，自下而上地对 I/O 软件的各层次作了较为系统的阐述；第七章和第八章介绍了文件系统和磁盘存储器管理；第九章是操作系统接口，对接口方式和实现方法做了详细的介绍；从第十章开始到第十二章，其内容都是与目前 OS 发展现状紧密相关的，这几章介绍多处理机 OS、网络 OS、多媒体 OS 及系统安全性等方面的内容。

　　本教材在编写过程中，得到西安电子科技大学出版社，特别是责任编辑李惠萍老师的大力支持与帮助。此外，王侃雅等在资料的整理、校对等工作中都付出了辛勤的劳动。在此谨向以上各位表以衷心的感谢。

　　虽然本教材经过多次修改，希望能把它写得更好，但限于编者的水平，在本次编写的过程中，仍难免会有疏漏和不当之处，恳请读者批评指正。

编　者

2014 年 2 月

目 录

第一章 操作系统引论 1

1.1 操作系统的目标和作用 1

1.2 操作系统的发展过程 5

1.3 操作系统的基本特性 14

1.4 操作系统的主要功能 17

1.5 OS 结构设计 24

习题 33

第二章 进程的描述与控制 35

2.1 前趋图和程序执行 35

2.2 进程的描述 39

2.3 进程控制 46

2.4 进程同步 52

2.5 经典进程的同步问题 65

2.6 进程通信 73

2.7 线程(Threads)的基本概念 81

2.8 线程的实现 85

习题 91

第三章 处理机调度与死锁 92

3.1 处理机调度的层次和调度算法的目标 92

3.2 作业与作业调度 95

3.3 进程调度 98

3.4 实时调度 105

3.5 死锁概述 112

3.6 预防死锁 116

3.7 避免死锁 119

3.8 死锁的检测与解除 123

习题 127

第四章　存储器管理 129

4.1　存储器的层次结构 129

4.2　程序的装入和链接 131

4.3　连续分配存储管理方式 135

4.4　对换(Swapping) 145

4.5　分页存储管理方式 147

4.6　分段存储管理方式 155

习题 162

第五章　虚拟存储器 164

5.1　虚拟存储器概述 164

5.2　请求分页存储管理方式 168

5.3　页面置换算法 174

5.4　"抖动"与工作集 181

5.5　请求分段存储管理方式 185

习题 189

第六章　输入输出系统 191

6.1　I/O 系统的功能、模型和接口 191

6.2　I/O 设备和设备控制器 196

6.3　中断机构和中断处理程序 202

6.4　设备驱动程序 206

6.5　与设备无关的 I/O 软件 213

6.6　用户层的 I/O 软件 219

6.7　缓冲区管理 223

6.8　磁盘存储器的性能和调度 230

习题 236

第七章　文件管理 237

7.1　文件和文件系统 237

7.2　文件的逻辑结构 242

7.3　文件目录 249

7.4　文件共享 257

7.5　文件保护 261

习题 266

第八章　磁盘存储器的管理 268

8.1　外存的组织方式 268

8.2　文件存储空间的管理 278

8.3　提高磁盘 I/O 速度的途径 282

8.4　提高磁盘可靠性的技术 287

8.5　数据一致性控制 292

习题 296

第九章　操作系统接口 298

9.1　用户接口 298

9.2　Shell 命令语言 302

9.3　联机命令接口的实现 309

9.4　系统调用的概念和类型 315

9.5　UNIX 系统调用 320

9.6　系统调用的实现 323

习题 328

第十章　多处理机操作系统 330

10.1　多处理机系统的基本概念 330

10.2　多处理机系统的结构 332

10.3　多处理机操作系统的特征与分类 338

10.4　进程同步 343

10.5　多处理机系统的进程调度 351

10.6　网络操作系统 358

10.7　分布式文件系统 364

习题 372

第十一章　多媒体操作系统 374

11.1　多媒体系统简介 374

11.2　多媒体文件中的各种媒体 379

11.3　多媒体进程管理中的问题和接纳控制 384

11.4　多媒体实时调度 387

11.5 媒体服务器的特征和接纳控制 …………………………………………… 392

11.6 多媒体存储器的分配方法 ……………………………………………… 395

11.7 高速缓存与磁盘调度 …………………………………………………… 402

习题 ………………………………………………………………………… 407

第十二章　保护和安全 ………………………………………………………… 409

12.1 安全环境 ………………………………………………………………… 409

12.2 数据加密技术 …………………………………………………………… 412

12.3 用户验证 ………………………………………………………………… 417

12.4 来自系统内部的攻击 …………………………………………………… 422

12.5 来自系统外部的攻击 …………………………………………………… 427

12.6 可信系统(Trusted System) …………………………………………… 432

习题 ………………………………………………………………………… 437

参考文献 …………………………………………………………………………… 439

第一章 ◇◇◇◇◇

〖操作系统引论〗

操作系统(Operating System，OS)是配置在计算机硬件上的第一层软件，是对硬件系统的首次扩充。其主要作用是管理好这些设备，提高它们的利用率和系统的吞吐量，并为用户和应用程序提供一个简单的接口，便于用户使用。OS 是现代计算机系统中最基本和最重要的系统软件，而其它的诸如编译程序、数据库管理系统等系统软件，以及大量的应用软件，都直接依赖于操作系统的支持，取得它所提供的服务。事实上 OS 已成为现代计算机系统、多处理机系统、计算机网络中都必须配置的系统软件。

1.1 操作系统的目标和作用

操作系统的目标与应用环境有关。例如在查询系统中所用的 OS，希望能提供良好的人—机交互性；对于应用于工业控制、武器控制以及多媒体环境下的 OS，要求其具有实时性；而对于微机上配置的 OS，则更看重的是其使用的方便性。

1.1.1 操作系统的目标

在计算机系统上配置操作系统，其主要目标是：方便性、有效性、可扩充性和开放性。

1. 方便性

一个未配置 OS 的计算机系统是极难使用的。用户如果想直接在计算机硬件(裸机)上运行自己所编写的程序，就必须用机器语言书写程序。但如果在计算机硬件上配置了 OS，系统便可以使用编译命令将用户采用高级语言书写的程序翻译成机器代码，或者直接通过 OS 所提供的各种命令操纵计算机系统，极大地方便了用户，使计算机变得易学易用。

2. 有效性

有效性所包含的第一层含义是提高系统资源的利用率。在早期未配置 OS 的计算机系统中，诸如处理机、I/O 设备等都经常处于空闲状态，各种资源无法得到充分利用，所以在当时，提高系统资源利用率是推动 OS 发展最主要的动力。有效性的另一层含义是，提高系统的吞吐量。OS 可以通过合理地组织计算机的工作流程，加速程序的运行，缩短程序的运行周期，从而提高了系统的吞吐量。

方便性和有效性是设计 OS 时最重要的两个目标。在过去很长的一段时间内，由于计算机系统非常昂贵，有效性显得特别重要。然而，近十多年来，随着硬件越来越便宜，在设计配置在微机上的 OS 时，似乎更加重视如何提高用户使用计算机的方便性。因此，在微机操作系统中都配置了深受用户欢迎的图形用户界面，以及为程序员提供了大量的系统调用，方便了用户对计算机的使用和编程。

3. 可扩充性

为适应计算机硬件、体系结构以及计算机应用发展的要求，OS 必须具有很好的可扩充性。可扩充性的好坏与 OS 的结构有着十分紧密的联系，由此推动了 OS 结构的不断发展：从早期的无结构发展成模块化结构，进而又发展成层次化结构，近年来 OS 已广泛采用了微内核结构。微内核结构能方便地增添新的功能和模块，以及对原有的功能和模块进行修改，具有良好的可扩充性。

4. 开放性

随着计算机应用的日益普及，计算机硬件和软件的兼容性问题便提到了议事日程上来。世界各国相应地制定了一系列的软、硬件标准，使得不同厂家按照标准生产的软、硬件都能在本国范围内很好地相互兼容。这无疑给用户带来了极大的方便，也给产品的推广、应用铺平了道路。近年来，随着 Internet 的迅速发展，使计算机 OS 的应用环境由单机环境转向了网络环境，其应用环境就必须更为开放，进而对 OS 的开放性提出了更高的要求。

所谓开放性，是指系统能遵循世界标准规范，特别是遵循开放系统互连 OSI 国际标准。事实上，凡遵循国际标准所开发的硬件和软件，都能彼此兼容，方便地实现互连。开放性已成为 20 世纪 90 年代以后计算机技术的一个核心问题，也是衡量一个新推出的系统或软件能否被广泛应用的至关重要的因素。

◀ 1.1.2 操作系统的作用

操作系统在计算机系统中所起的作用，可以从用户、资源管理及资源抽象等多个不同的角度来进行分析和讨论。

1. OS 作为用户与计算机硬件系统之间的接口

OS 作为用户与计算机硬件系统之间接口的含义是：OS 处于用户与计算机硬件系统之间，用户通过 OS 来使用计算机系统。或者说，用户在 OS 帮助下能够方便、快捷、可靠地操纵计算机硬件和运行自己的程序。图 1-1 是 OS 作为接口的示意图。由图可看出，用户可

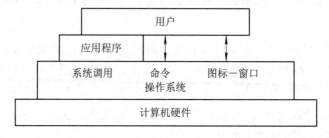

图 1-1　OS 作为接口的示意图

通过三种方式使用计算机，即通过命令方式、系统调用方式和图标—窗口方式来实现与操作系统的通信，并取得它的服务。

2. OS 作为计算机系统资源的管理者

在一个计算机系统中，通常都含有多种硬件和软件资源。归纳起来可将这些资源分为四类：处理机、存储器、I/O 设备以及文件(数据和程序)。相应地，OS 的主要功能也正是对这四类资源进行有效的管理。处理机管理是用于分配和控制处理机；存储器管理主要负责内存的分配与回收；I/O 设备管理是负责 I/O 设备的分配(回收)与操纵；文件管理是用于实现对文件的存取、共享和保护。可见，OS 的确是计算机系统资源的管理者。

值得进一步说明的是，当一台计算机系统同时供多个用户使用时，诸多用户对系统中共享资源的需求(包括数量和时间)有可能发生冲突。为此，操作系统必须对使用资源的请求进行授权，以协调诸用户对共享资源的使用。

3. OS 实现了对计算机资源的抽象

对于一台完全无软件的计算机系统(即裸机)，由于它向用户提供的仅是硬件接口(物理接口)，因此，用户必须对物理接口的实现细节有充分的了解，这就致使该物理机器难于广泛使用。为了方便用户使用 I/O 设备，人们在裸机上覆盖上一层 I/O 设备管理软件，如图 1-2 所示，由它来实现对 I/O 设备操作的细节，并向上将 I/O 设备抽象为一组数据结构以及一组 I/O 操作命令，如 read 和 write 命令，这样用户即可利用这些数据结构及操作命令来进行数据输入或输出，而无需关心 I/O 是如何具体实现的。此时用户所看到的机器是一台比裸机功能更强、使用更方便的机器。换言之，在裸机上铺设的 I/O 软件隐藏了 I/O 设备的具体细节，向上提供了一组抽象的 I/O 设备。

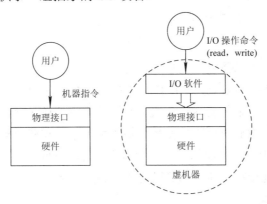

图 1-2　I/O 软件隐藏了 I/O 操作实现的细节

通常把覆盖了上述软件的机器称为扩充机器或虚机器。它向用户提供了一个对硬件操作的抽象模型。用户可利用该模型提供的接口使用计算机，无需了解物理接口实现的细节，从而使用户更容易地使用计算机硬件资源。亦即，I/O 设备管理软件实现了对计算机硬件操作的第一个层次的抽象。

同理，为了方便用户使用文件系统，又可在第一层软件(I/O 管理软件)上再覆盖一层用于文件管理的软件，由它来实现对文件操作的细节，并向上层提供一组实现对文件进行存取操作的数据结构及命令。这样，用户可利用该软件提供的数据结构及命令对文件进行存取。此时用户所看到的是一台功能更强、使用更方便的虚机器。亦即，文件管理软件实现了对硬件资源操作的第二个层次的抽象。依此类推，如果在文件管理软件上再覆盖一层面向用户的窗口软件，则用户便可在窗口环境下方便地使用计算机，从而形成一台功能更强的虚机器。

由此可知，OS 是铺设在计算机硬件上的多层软件的集合，它们不仅增强了系统的功能，还隐藏了对硬件操作的具体细节，实现了对计算机硬件操作的多个层次的抽象模型。值得说明的是，不仅可在底层对一个硬件资源加以抽象，还可以在高层对该资源底层已抽象的模型再次进行抽象，成为更高层的抽象模型。随着抽象层次的提高，抽象接口所提供的功能就越强，用户使用起来也越方便。

◀ 1.1.3　推动操作系统发展的主要动力

OS 自 20 世纪 50 年代诞生后，经历了由简单到复杂、由低级到高级的发展。在短短 60 多年间，OS 在各方面都有了长足的进步，能够很好地适应计算机硬件和体系结构的快速发展，以及应用需求的不断变化。下面我们对推动 OS 发展的主要推动力做具体阐述。

1. 不断提高计算机资源利用率

在计算机发展的初期，计算机系统特别昂贵，人们必须千方百计地提高计算机系统中各种资源的利用率，这就是 OS 最初发展的推动力。由此形成了能自动地对一批作业进行处理的多道批处理系统。20 世纪 60 和 70 年代又分别出现了能够有效提高 I/O 设备和 CPU 利用率的 SPOOLing 系统，以及极大地改善了存储器系统利用率的虚拟存储器技术。此后在网络环境下，通过在服务器上配置网络文件系统和数据库系统的方法，将资源提供给全网用户共享，又进一步提高了资源的利用率。

2. 方便用户

当资源利用率不高的问题得到基本解决后，用户在上机、调试程序时的不方便性便成为主要矛盾。这又成为继续推动 OS 发展的主要因素。20 世纪 60 年代分时系统的出现，不仅提高了系统资源的利用率，还能实现人—机交互，使用户能像早期使用计算机时一样，感觉自己是独占全机资源，对其进行直接操控，极大地方便了程序员对程序进行调试和修改的操作。90 年代初，图形用户界面的出现受到用户广泛的欢迎，进一步方便了用户对计算机的使用，这无疑又加速推动了计算机的迅速普及和广泛应用。

3. 器件的不断更新换代

随着 IT 技术的飞迅发展，尤其是微机芯片的不断更新换代，使得计算机的性能快速提高，从而也推动了 OS 的功能和性能迅速增强和提高。例如当微机芯片由 8 位发展到 16 位、32 位，进而又发展到 64 位时，相应的微机 OS 也就由 8 位 OS 发展到 16 位和 32 位，进而又发展到 64 位，此时，相应 OS 的功能和性能也都有了显著的增强和提高。

与此同时，外部设备也在迅速发展，OS 所能支持的外部设备也越来越多，如现在的微机 OS 已能够支持种类繁多的外部设备，除了传统的外设外，还可以支持光盘、移动硬盘、闪存盘、扫描仪、数码相机等。

4. 计算机体系结构的不断发展

计算机体系结构的发展，也不断推动着 OS 的发展，并产生新的 OS 类型。例如当计算机由单处理机系统发展为多处理机系统时，相应地，OS 也就由单处理机 OS 发展为多处理机 OS。又如当出现了计算机网络后，配置在计算机网络上的网络操作系统也就应运而生。它不仅能有效地管理好网络中的共享资源，而且还向用户提供了许多网络服务。

5. 不断提出新的应用需求

操作系统能如此迅速发展的另一个重要原因是，人们不断提出新的应用需求。例如，为了提高产品的质量和数量，需要将计算机应用于工业控制中，此时在计算机上就需要配置能进行实时控制的 OS，由此产生了实时 OS。此后，为了能满足用户在计算机上听音乐、看电影和玩游戏等需求，又在 OS 中增添了多媒体功能。另外，由于在计算机系统中保存了越来越多的宝贵信息，致使能够确保系统的安全性也成为 OS 必须具备的功能。尤其是随着 VLSI 的发展，计算机芯片的体积越来越小，价格也越来越便宜，大量智能设备应运而生，这样，嵌入式操作系统的产生和发展也成了一种必然。

◁ 1.2　操作系统的发展过程

在 20 世纪 50 年代中期，出现了第一个简单的批处理 OS；60 年代中期开发出多道程序批处理系统；不久又推出分时系统，与此同时，用于工业和武器控制的实时 OS 也相继问世。20 世纪 70 到 90 年代，是 VLSI 和计算机体系结构大发展的年代，导致了微型机、多处理机和计算机网络的诞生和发展，与此相应地，也相继开发出了微机 OS、多处理机 OS 和网络 OS，并得到极为迅猛的发展。

◀ 1.2.1　未配置操作系统的计算机系统

从 1945 年诞生的第一台计算机，到 50 年代中期的计算机，都属于第一代计算机。这时还未出现 OS，对计算机的全部操作都是由用户采取人工操作方式进行的。

1. 人工操作方式

早期的操作方式是由程序员将事先已穿孔的纸带(或卡片)，装入纸带输入机(或卡片输入机)，再启动它们将纸带(或卡片)上的程序和数据输入计算机，然后启动计算机运行。仅当程序运行完毕并取走计算结果后，才允许下一个用户上机。这种人工操作方式有以下两方面的缺点：

(1) 用户独占全机，即一台计算机的全部资源由上机用户所独占。

(2) CPU 等待人工操作。当用户进行装带(卡)、卸带(卡)等人工操作时，CPU 及内存等资源是空闲的。

可见，人工操作方式严重降低了计算机资源的利用率，此即所谓的人机矛盾。虽然 CPU 的速度在迅速提高，但 I/O 设备的速度却提高缓慢，这使 CPU 与 I/O 设备之间速度不匹配的矛盾更加突出。为此，曾先后出现了通道技术、缓冲技术，然而都未能很好地解决上述矛盾，直至后来引入了脱机输入/输出技术，才获得了相对较为满意的结果。

2. 脱机输入/输出(Off-Line I/O)方式

为了解决人机矛盾及 CPU 和 I/O 设备之间速度不匹配的矛盾，20 世纪 50 年代末出现了脱机 I/O 技术。该技术是事先将装有用户程序和数据的纸带装入纸带输入机，在一台外围机的控制下，把纸带(卡片)上的数据(程序)输入到磁带上。当 CPU 需要这些程序和数据时，再从磁带上高速地调入内存。

类似地，当 CPU 需要输出时，可先由 CPU 把数据直接从内存高速地输送到磁带上，然后在另一台外围机的控制下，再将磁带上的结果通过相应的输出设备输出。图 1-3 示出了脱机输入/输出过程。

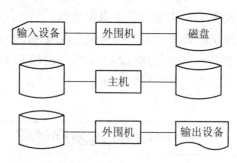

图 1-3　脱机 I/O 示意图

由于程序和数据的输入和输出都是在外围机的控制下完成的，或者说，它们是在脱离主机的情况下进行的，故称为脱机输入/输出方式。反之，把在主机的直接控制下进行输入/输出的方式称为联机输入/输出(On-Line I/O)方式。这种脱机 I/O 方式的主要优点为：

(1) 减少了 CPU 的空闲时间。装带、卸带，以及将数据从低速 I/O 设备送到高速磁带上(或反之)的操作，都是在脱机情况下由外围机完成的，并不占用主机时间，从而有效地减少了 CPU 的空闲时间。

(2) 提高了 I/O 速度。当 CPU 在运行中需要输入数据时，是直接从高速的磁带上将数据输入到内存的，这便极大地提高了 I/O 速度，从而进一步减少了 CPU 的空闲时间。

◄ 1.2.2　单道批处理系统

20 世纪 50 年代中期出现了第二代晶体管计算机，此时计算机虽已具有推广应用的价值，但计算机系统仍然非常昂贵。为了能充分地提高它的利用率，应尽量保持系统的连续运行，即在处理完一个作业后，紧接着处理下一个作业，以减少机器的空闲等待时间。

1. 单道批处理系统(Simple Batch Processing System)的处理过程

为实现对作业的连续处理，需要先把一批作业以脱机方式输入到磁带上，并在系统中配上监督程序(Monitor)，在它的控制下，使这批作业能一个接一个地连续处理。其处理过程是：首先由监督程序将磁带上的第一个作业装入内存，并把运行控制权交给该作业；当该作业处理完成时，又把控制权交还给监督程序，再由监督程序把磁带上的第二个作业调入内存。计算机系统就这样自动地一个作业紧接一个作业地进行处理，直至磁带上的所有作业全部完成，这样便形成了早期的批处理系统。虽然系统对作业的处理是成批进行的，但在内存中始终只保持一道作业，故称为单道批处理系统。图 1-4 示出了单道批处理系统的处理流程。

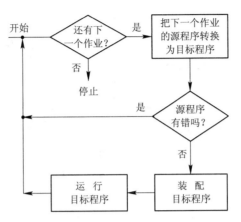

图 1-4 单道批处理系统的处理流程

由上所述不难看出，单道批处理系统是在解决人机矛盾和 CPU 与 I/O 设备速度不匹配矛盾的过程中形成的。换言之，批处理系统旨在提高系统资源的利用率和系统吞吐量。但这种单道批处理系统仍然不能充分地利用系统资源，故现已很少使用。

2. 单道批处理系统的缺点

单道批处理系统最主要的缺点是，系统中的资源得不到充分的利用。这是因为在内存中仅有一道程序，每逢该程序在运行中发出 I/O 请求后，CPU 便处于等待状态，必须在其 I/O 完成后才继续运行。又因 I/O 设备的低速性，更使 CPU 的利用率显著降低。图 1-5 示出了单道程序的运行情况，从图可以看出：在 $t_2 \sim t_3$、$t_6 \sim t_7$ 时间间隔内 CPU 空闲。

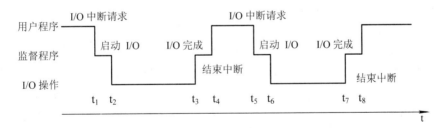

图 1-5 单道程序的运行情况

为了能在系统中运行较大的作业，通常在计算机中都配置了较大容量的内存，但实际情况是有 80% 以上的作业都属于中小型，因此在单道程序环境下，也必定造成内存的浪费。类似地，为了满足各种类型的作业需要，在系统中将会配置多种类型的 I/O 设备。显然在单道程序环境下也不能充分利用系统资源。

◣ 1.2.3 多道批处理系统(Multiprogrammed Batch Processing System)

20 世纪 60 年代中期，IBM 公司生产了第一台小规模集成电路计算机 IBM 360(第三代计算机系统）。由于它较之于晶体管计算机无论在体积、功耗、速度和可靠性上都有了显著的改善，因而获得了极大的成功。IBM 公司为该机开发的 OS/360 操作系统是第一个能运行多道程序的批处理系统。

1. 多道程序设计的基本概念

为了进一步提高资源的利用率和系统吞吐量，在 20 世纪 60 年代中期引入了多道程序设计技术，由此形成了多道批处理系统。在该系统中，用户所提交的作业先存放在外存上，并排成一个队列，称为"后备队列"。然后由作业调度程序按一定的算法，从后备队列中选择若干个作业调入内存，使它们共享 CPU 和系统中的各种资源。由于同时在内存中装有若干道程序，这样便可以在运行程序 A 时，利用其因 I/O 操作而暂停执行时的 CPU 空档时间，再调度另一道程序 B 运行，同样可以利用程序 B 在 I/O 操作时的 CPU 空档时间，再调度程序 C 运行，使多道程序交替地运行，这样便可以保持 CPU 处于忙碌状态。图 1-6 示出了四道程序时的运行情况。

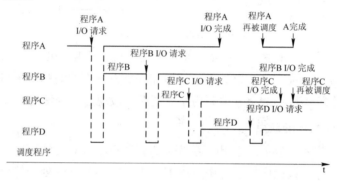

图 1-6　多道程序的运行情况

2. 多道批处理系统的优缺点

多道批处理系统的优缺点如下：

(1) 资源利用率高。引入多道批处理能使多道程序交替运行，以保持 CPU 处于忙碌状态；在内存中装入多道程序可提高内存的利用率；此外还可以提高 I/O 设备的利用率。

(2) 系统吞吐量大。能提高系统吞吐量的主要原因可归结为：① CPU 和其它资源保持"忙碌"状态；② 仅当作业完成时或运行不下去时才进行切换，系统开销小。

(3) 平均周转时间长。由于作业要排队依次进行处理，因而作业的周转时间较长，通常需几个小时，甚至几天。

(4) 无交互能力。用户一旦把作业提交给系统后，直至作业完成，用户都不能与自己的作业进行交互，修改和调试程序极不方便。

3. 多道批处理系统需要解决的问题

多道批处理系统是一种十分有效，但又非常复杂的系统，为使系统中的多道程序间能协调地运行，系统必须解决下述一系列问题：

(1) 处理机争用问题。既要能满足各道程序运行的需要，又要能提高处理机的利用率。

(2) 内存分配和保护问题。系统应能为每道程序分配必要的内存空间，使它们"各得其所"，且不会因某道程序出现异常情况而破坏其它程序。

(3) I/O 设备分配问题。系统应采取适当的策略来分配系统中的 I/O 设备，以达到既能方便用户对设备的使用，又能提高设备利用率的目的。

(4) 文件的组织和管理问题。系统应能有效地组织存放在系统中的大量的程序和数据，使它们既便于用户使用，又能保证数据的安全性。

(5) 作业管理问题。系统中存在着各种作业(应用程序)，系统应能对系统中所有的作业进行合理的组织，以满足这些作业用户的不同要求。

(6) 用户与系统的接口问题。为使用户能方便的使用操作系统，OS 还应提供用户与 OS 之间的接口。

为此，应在计算机系统中增加一组软件，用以对上述问题进行妥善、有效的处理。这组软件应包括：能有效地组织和管理四大资源的软件、合理地对各类作业进行调度和控制它们运行的软件，以及方便用户使用计算机的软件。正是这样一组软件构成了操作系统。据此，我们可把操作系统定义为：操作系统是一组能有效地组织和管理计算机硬件和软件资源，合理地对各类作业进行调度，以及方便用户使用的程序的集合。

◀ 1.2.4 分时系统(Time Sharing System)

1. 分时系统的引入

如果说推动多道批处理系统形成和发展的主要动力是提高资源利用率和系统吞吐量，那么，推动分时系统形成和发展的主要动力，则是为了满足用户对人—机交互的需求，由此形成了一种新型 OS。用户的需求具体表现在以下几个方面：

(1) 人—机交互。每当程序员写好一个新程序时，都需要上机进行调试。由于新编程序难免存在一些错误或不当之处，需要进行修改，因此用户希望能像早期使用计算机时一样，独占全机并对它进行直接控制，以便能方便地对程序中的错误进行修改。亦即，用户希望能进行人—机交互。

(2) 共享主机。在 20 世纪 60 年代，计算机还十分昂贵，一台计算机要同时供很多用户共享使用。显然，用户们在共享一台计算机时，每人都希望能像独占时一样，不仅可以随时与计算机进行交互，而且还不会感觉到其他用户的存在。

由上所述不难得知，分时系统是指，在一台主机上连接了多个配有显示器和键盘的终端并由此所组成的系统，该系统允许多个用户同时通过自己的终端，以交互方式使用计算机，共享主机中的资源。

2. 分时系统实现中的关键问题

在多道批处理系统中，用户无法与自己的作业进行交互的主要原因是：作业都先驻留在外存上，即使以后被调入内存，也要经过较长时间的等待后方能运行，用户无法与自己的作业进行交互。为了能够实现人—机交互，必须解决的关键问题是，如何使用户能与自己的作业进行交互。为此，系统首先必须能提供多个终端，同时给多个用户使用；其次，当用户在自己的终端上键入命令时，系统应能及时接收，并及时处理该命令，再将结果返回给用户。此后，用户可根据系统返回的响应情况，再继续键入下一条命令，此即人—机交互。亦即，允许有多个用户同时通过自己的键盘键入命令，系统也应能全部及时接收并处理。

1) 及时接收

要做到及时接收多个用户键入的命令或数据，只需在系统中配置一个多路卡即可。例如当主机上需要连接 64 个终端时，就配置一个 64 用户的多路卡。多路卡的作用是，实现分时多路复用。即主机以很快的速度周期性地扫描各个终端，在每个终端处停留很短的时间，如 30 ms，用于接收从终端发来的数据。对于 64 用户的多路卡，用不到 2 秒的时间便可完成一次扫描，即主机能用不到 2 秒的时间分时接收各用户从终端上输入的数据一次。此外，为了能使从终端上输入的数据被依次逐条地进行处理，还需要为每个终端配置一个缓冲区，用来暂存用户键入的命令(或数据)。

2) 及时处理

人—机交互的关键在于，用户键入命令后，能对自己的作业及其运行及时地实施控制，或进行修改。因此，各个用户的作业都必须驻留在内存中，并能频繁地获得处理机运行。否则，用户键入的命令将无法作用到自己的作业上。由此可见，为实现人—机交互，必须彻底地改变原来批处理系统的运行方式，转而采用下面的方式：

(1) 作业直接进入内存。因为作业在磁盘上是不能运行的，所以作业应直接进入内存。

(2) 采用轮转运行方式。如果一个作业独占 CPU 连续运行，那么其它的作业就没有机会被调度运行。为避免一个作业长期独占处理机，引入了时间片的概念。一个时间片，就是一段很短的时间(例如 30 ms)。系统规定每个作业每次只能运行一个时间片，然后就暂停该作业的运行，并立即调度下一个作业运行。如果在不长的时间内能使所有的作业都执行一个时间片的时间，便可以使每个用户都能及时地与自己的作业进行交互，从而可使用户的请求得到及时响应。

3. 分时系统的特征

分时系统与多道批处理系统相比，具有非常明显的不同特性，可以归纳成以下四个方面：

(1) 多路性。该特性是指系统允许将多台终端同时连接到一台主机上，并按分时原则为每个用户服务。多路性允许多个用户共享一台计算机，显著地提高了资源利用率，降低了使用费用，从而促进了计算机更广泛的应用。

(2) 独立性。该特性是指系统提供了这样的用机环境，即每个用户在各自的终端上进行操作，彼此之间互不干扰，给用户的感觉就像是他一人独占主机进行操作。

(3) 及时性。及时性是指用户的请求能在很短时间内获得响应。这一时间间隔是根据人们所能接受的等待时间确定的，通常仅为 1～3 秒钟。

(4) 交互性。交互性是指用户可通过终端与系统进行广泛的人机对话。其广泛性表现在：用户可以请求系统提供多方面的服务，如进行文件编辑和数据处理，访问系统中的文件系统和数据库系统，请求提供打印服务等。

◀ 1.2.5 实时系统(Real Time System)

所谓"实时",是表示"及时",而"实时计算",则可以定义为这样一类计算：系统的正确性,不仅由计算的逻辑结果来确定,而且还取决于产生结果的时间。事实上实时系统最主要的特征,是将时间作为关键参数,它必须对所接收到的某些信号做出"及时"或"实时"的反应。由此得知,实时系统是指系统能及时响应外部事件的请求,在规定的时间内完成对该事件的处理,并控制所有实时任务协调一致地运行。

1. 实时系统的类型

随着计算机应用的普及,实时系统的类型也相应增多,下面列出当前常见的几种：

(1) 工业(武器)控制系统。当计算机被用于生产过程的控制,形成以计算机为中心的控制系统时,该系统应具有能实时采集现场数据,并对所采集的数据进行及时处理,进而能够自动地控制相应的执行机构,使之具有按预定的规律变化的功能,确保产品的质量和产量。类似地,也可将计算机用于对武器的控制,如火炮的自动控制系统、飞机的自动驾驶系统,以及导弹的制导系统等。

(2) 信息查询系统。该系统接收从远程终端上发来的服务请求,根据用户提出的请求,对信息进行检索和处理,并能及时对用户做出正确的回答。实时信息处理系统有飞机或火车的订票系统等。

(3) 多媒体系统。随着计算机硬件和软件的快速发展,已可将文本、图像、音频和视频等信息集成在一个文件中,形成一个多媒体文件。如在用 DVD 播放器所播放的数字电影中就包含了音频、视频和横向滚动的文字等信息。为了保证有好的视觉和听觉感受,用于播放音频和视频的多媒体系统等,也必须是实时信息处理系统。

(4) 嵌入式系统。随着集成电路的发展,已制做出各种类型的芯片,可将这些芯片嵌入到各种仪器和设备中,用于对设备进行控制或对其中的信息做出处理,这样就构成了所谓的智能仪器和设备。此时还需要配置嵌入式 OS,它同样需要具有实时控制或处理的功能。

2. 实时任务的类型

(1) 周期性实时任务和非周期性实时任务。周期性实时任务是指这样一类任务,外部设备周期性地发出激励信号给计算机,要求它按指定周期循环执行,以便周期性地控制某外部设备。反之,非周期性实时任务并无明显的周期性,但都必须联系着一个截止时间(Deadline),或称为最后期限。它又可分为：① 开始截止时间,指某任务在某时间以前必须开始执行；② 完成截止时间,指某任务在某时间以前必须完成。

(2) 硬实时任务和软实时任务。硬实时任务(Hard Real-time Task,HRT)是指系统必须满足任务对截止时间的要求,否则可能出现难以预测的后果。用于工业和武器控制的实时系统,通常它所执行的是硬实时任务。软实时任务(Soft Real-time Task,SRT)也联系着一个截止时间,但并不严格,若偶尔错过了任务的截止时间,对系统产生的影响也不会太大。诸如用于信息查询系统和多媒体系统中的实时系统,通常是软实时任务。

3. 实时系统与分时系统特征的比较

(1) 多路性。信息查询系统和分时系统中的多路性都表现为系统按分时原则为多个终端用户服务；实时控制系统的多路性则是指系统周期性地对多路现场信息进行采集，以及对多个对象或多个执行机构进行控制。

(2) 独立性。信息查询系统中的每个终端用户在与系统交互时，彼此相互独立互不干扰；同样在实时控制系统中，对信息的采集和对对象的控制也都是彼此互不干扰的。

(3) 及时性。信息查询系统对实时性的要求是依据人所能接受的等待时间确定的，而多媒体系统实时性的要求是，播放出来的音乐和电视能令人满意。实时控制系统的实时性则是以控制对象所要求的截止时间来确定的，一般为秒级到毫秒级。

(4) 交互性。在信息查询系统中，人与系统的交互性仅限于访问系统中某些特定的专用服务程序。它并不像分时系统那样，能向终端用户提供数据处理、资源共享等服务。而多媒体系统的交互性也仅限于用户发送某些特定的命令，如开始、停止、快进等，由系统立即响应。

(5) 可靠性。分时系统要求系统可靠，实时系统要求系统高度可靠，因为任何差错都可能带来无法预料的灾难性后果。因此，在实时系统中，往往都采取了多级容错措施来保障系统的安全性及数据的安全性。

◀ 1.2.6　微机操作系统的发展

随着 VLSI 和计算机体系结构的发展，以及应用需求的不断扩大，操作系统仍在继续发展。由此先后形成了微机操作系统、网络操作系统等，本小节对微机操作系统的发展作扼要的介绍。

配置在微型机上的操作系统称为微机操作系统，最早诞生的微机操作系统是配置在 8 位微机上的 CP/M。后来出现了 16 位微机，相应地，16 位微机操作系统也就应运而生，当微机发展为 32 位、64 位时，32 位和 64 位微机操作系统也应运而生。可见微机操作系统可按微机的字长来分，但也可将它按运行方式分为如下几类：

1. 单用户单任务操作系统

单用户单任务操作系统的含义是，只允许一个用户上机，且只允许用户程序作为一个任务运行，这是最简单的微机操作系统，主要配置在 8 位和 16 位微机上，最有代表性的单用户单任务微机操作系统是 CP/M 和 MS-DOS。

1) CP/M

1974 年第一代通用 8 位微处理机芯片 Intel 8080 出现后的第二年，Digital Research 公司就开发出带有软盘系统的 8 位微机操作系统。1977 年 Digital Research 公司对 CP/M 进行了重写，使其可配置在以 Intel 8080、8085、Z80 等 8 位芯片为基础的多种微机上。1979 年又推出带有硬盘管理功能的 CP/M 2.2 版本。由于 CP/M 具有较好的体系结构，可适应性强，可移植性以及易学易用等优点，使之在 8 位微机中占据了统治地位。

2) MS-DOS

1981 年 IBM 公司首次推出了 IBM-PC 个人计算机(16 位微机)，在微机中采用了微软公司开发的 MS-DOS(Disk Operating System)操作系统，该操作系统在 CP/M 的基础上进行了较大的扩充，使其在功能上有很大的提高。1983 年 IBM 推出 PC/AT(配有 Intel 80286 芯片)，相应地微软又开发出 MS-DOS 2.0 版本，它不仅能支持硬盘设备，还采用了树形目录结构的文件系统。1987 年又宣布了 MS-DOS 3.3 版本。从 MS-DOS 1.0 到 3.3 为止的版本都属于单用户单任务操作系统，内存被限制在 640 KB。从 1989 到 1993 年又先后推出了多个 MS-DOS 版本，它们都可以配置在 Intel 80386、80486 等 32 位微机上。从 80 年代到 90 年代初，由于 MS-DOS 性能优越受到当时用户的广泛欢迎，成为事实上的 16 位单用户单任务操作系统标准。

2. 单用户多任务操作系统

单用户多任务操作系统的含义是，只允许一个用户上机，但允许用户把程序分为若干个任务，使它们并发执行，从而有效地改善了系统的性能。目前在 32 位微机上配置的操作系统，基本上都是单用户多任务操作系统。其中最有代表性的是由微软公司推出了 Windows。1985 年和 1987 年微软公司先后推出了 Windows 1.0 和 Windows 2.0 版本操作系统，由于当时的硬件平台还只是 16 位微机，对 1.0 和 2.0 版本不能很好地支持。1990 年微软公司又发布了 Windows 3.0 版本，随后又宣布了 Windows 3.1 版本，它们主要是针对 386 和 486 等 32 位微机开发的，它较之以前的操作系统有着重大的改进，引入了友善的图形用户界面，支持多任务和扩展内存的功能。使计算机更好使用，从而成为 386 和 486 等微机的主流操作系统。

1995 年微软公司推出了 Windows 95，它较之以前的 Windows 3.1 有许多重大改进，采用了全 32 位的处理技术，并兼容以前的 16 位应用程序，在该系统中还集成了支持 Internet 的网络功能。1998 年微软公司又推出了 Windows 95 的改进版 Windows 98，它已是最后一个仍然兼容以前的 16 位应用程序的 Windows。其最主要的改进是把微软公司自己开发的 Internet 浏览器整合到系统中，大大方便了用户上网浏览；另一个改进是增加了对多媒体的支持。2001 年微软又发布了 Windows XP，同时提供了家用和商业工作站两种版本，在此后相当长的一段时间，成为使用最广泛的个人操作系统之一。在开发上述 Windows 操作系统的同时，微软公司又开始对网络操作系统 Windows NT 进行开发，它是针对网络开发的操作系统，在系统中融入许多面向网络的功能，从 2006 年后推出的一系列内核版本号为 NT6.X 的桌面及服务器操作系统，包括 Windows Vista、Windows Server 2008、Windows 7、Windows Server 2008 R2、Windows 8 和 Windows Server 2012 等，这里就不对它们进行介绍。

3. 多用户多任务操作系统

多用户多任务操作系统的含义是，允许多个用户通过各自的终端，使用同一台机器，共享主机系统中的各种资源，而每个用户程序又可进一步分为几个任务，使它们能并发执行，从而可进一步提高资源利用率和系统吞吐量。在大、中和小型机中所配置的大多是多用户多任务操作系统，而在 32 位微机上，也有不少配置的是多用户多任务操作系统，其中最有代表性的是 UNIX OS。

UNIX OS 是美国电报电话公司的 Bell 实验室在 1969～1970 年期间开发的，1979 年推出来的 UNIX V.7 已被广泛应用于多种中小型机上。随着微机性能的提高，人们又将 UNIX 移植到微机上。在 1980 年前后，将 UNIX 第 7 版本移植到 Motorola 公司的 MC 680xx 微机上，后来又将 UNIX V7.0 版本进行简化后，移植到 Intel 8080 上，把它称为 Xenix。现在最有影响的两个能运行在微机上的 UNIX 操作系统变形是 Solaris OS 和 Linux OS。

(1) Solaris OS：SUN 公司于 1982 年推出的 SUN OS 1.0，是一个运行在 MOTOROLA 680X0 平台上的 UNIX OS，在 1988 年宣布的 SUN OS 4.0，把运行平台从早期的 MOTOROLA 680X0 平台迁移到 SPARC 平台，并开始支持 Intel 公司的 Intel 80X86；1992 年 SUN 发布了 Solaris 2.0。从 1998 年开始，Sun 公司推出 64 位操作系统 Solaris 2.7 和 2.8，这几款操作系统在网络特性、互操作性、兼容性以及易于配置和管理方面均有很大的提高。

(2) Linux OS：Linux 是 UNIX 的一个重要变种，最初是由芬兰学生 Linus Torvalds 针对 Intel 80386 开发的，1991 年，在 Internet 网上发布第一个 Linux 版本，由于源代码公开，因此有很多人通过 Internet 与之合作，使 Linux 的性能迅速提高，其应用范围也日益扩大，相应地，源代码也急剧膨胀，此时它已是具有全面功能的 UNIX 系统，大量在 UNIX 上运行的软件(包括 1000 多种实用工具软件和大量网络软件)，被移植到 Linux 上，而且可以在主要的微机上运行，如 Intel 80X86 Pentium 等。

1.3 操作系统的基本特性

前面所介绍的多道批处理系统、分时系统和实时系统这三种基本操作系统都具有各自不同的特征，如批处理系统有着高的资源利用率和系统吞吐量；分时系统能获得及时响应；实时系统具有实时特征。除此之外，它们还共同具有并发、共享、虚拟和异步四个基本特征。

◆ 1.3.1 并发(Concurrence)

正是系统中的程序能并发执行这一特征，才使得 OS 能有效地提高系统中的资源利用率，增加系统的吞吐量。

1. 并行与并发

并行性和并发性是既相似又有区别的两个概念。并行性是指两个或多个事件在同一时刻发生。而并发性是指两个或多个事件在同一时间间隔内发生。在多道程序环境下，并发性是指在一段时间内宏观上有多个程序在同时运行，但在单处理机系统中，每一时刻却仅能有一道程序执行，故微观上这些程序只能是分时地交替执行。例如，在 1 秒钟时间内，0～15 ms 程序 A 运行；15～30 ms 程序 B 运行；30～45 ms 程序 C 运行；45～60 ms 程序 D 运行，因此可以说，在 1 秒钟时间间隔内，宏观上有四道程序在同时运行，但微观上，程序 A、B、C、D 是分时地交替执行的。

倘若在计算机系统中有多个处理机，这些可以并发执行的程序便可被分配到多个处理机上，实现并行执行，即利用每个处理机来处理一个可并发执行的程序。这样，多个程序便可同时执行。

2. 引入进程

在一个未引入进程的系统中，在属于同一个应用程序的计算程序和 I/O 程序之间只能是顺序执行，即只有在计算程序执行告一段落后，才允许 I/O 程序执行；反之，在程序执行 I/O 操作时，计算程序也不能执行。但在为计算程序和 I/O 程序分别建立一个进程(Process)后，这两个进程便可并发执行。若对内存中的多个程序都分别建立一个进程，它们就可以并发执行，这样便能极大地提高系统资源的利用率，增加系统的吞吐量。

所谓进程，是指在系统中能独立运行并作为资源分配的基本单位，它是由一组机器指令、数据和堆栈等组成的，是一个能独立运行的活动实体。多个进程之间可以并发执行和交换信息。事实上，进程和并发是现代操作系统中最重要的基本概念，也是操作系统运行的基础，故我们将在本书第二章中做详细阐述。

◀ 1.3.2 共享(Sharing)

一般情况下的共享与操作系统环境下的共享其含义并不完全相同。前者只是说明某种资源能被大家使用，如图书馆中的图书能提供给大家借阅，但并未限定借阅者必须在同一时间(间隔)和同一地点阅读。又如，学校中的计算机机房供全校学生上机，或者说，全校学生共享该机房中的计算机设备，虽然所有班级的上机地点是相同的，但各班的上机时间并不相同。对于这样的资源共享方式，只要通过适当的安排，用户之间并不会产生对资源的竞争，因此资源管理是比较简单的。

而在 OS 环境下的资源共享或称为资源复用，是指系统中的资源可供内存中多个并发执行的进程共同使用。这里在宏观上既限定了时间(进程在内存期间)，也限定了地点(内存)。对于这种资源共享方式，其管理就要复杂得多，因为系统中的资源远少于多道程序需求的总和，会形成它们对共享资源的争夺。所以，系统必须对资源共享进行妥善管理。由于资源属性的不同，进程对资源复用的方式也不同，目前主要实现资源共享的方式有如下两种。

1. 互斥共享方式

系统中的某些资源，如打印机、磁带机等，虽然可以提供给多个进程(线程)使用，但应规定在一段时间内，只允许一个进程访问该资源。为此，在系统中应建立一种机制，以保证多个进程对这类资源的互斥访问。

当进程 A 要访问某资源时，必须先提出请求。若此时该资源空闲，系统便可将之分配给请求进程 A 使用。此后若再有其它进程也要访问该资源，只要 A 未用完就必须等待。仅当 A 进程访问完并释放系统资源后，才允许另一进程对该资源进行访问。这种资源共享方式称为互斥式共享，把这种在一段时间内只允许一个进程访问的资源，称为临界资源(或独占资源)。系统中的大多数物理设备，以及栈、变量和表格，都属于临界资源，都只能被互斥地共享。为此，在系统中必须配置某种机制，用于保证诸进程互斥地使用临界资源。

2. 同时访问方式

系统中还有另一类资源，允许在一段时间内由多个进程"同时"对它们进行访问。这里所谓的"同时"，在单处理机环境下是宏观意义上的，而在微观上，这些进程对该资源的访问是交替进行的。典型的可供多个进程"同时"访问的资源是磁盘设备。一些用重入码编写的文件也可以被"同时"共享，即允许若干个用户同时访问该文件。

并发和共享是多用户(多任务)OS的两个最基本的特征。它们又是互为存在的条件。即一方面资源共享是以进程的并发执行为条件的，若系统不允许并发执行也就不存在资源共享问题；另一方面，若系统不能对资源共享实施有效管理，以协调好诸进程对共享资源的访问，也必然会影响到诸进程间并发执行的程度，甚至根本无法并发执行。

◄ 1.3.3 虚拟(Virtual)

用于实现"虚拟"的技术最早出现在通信系统中。在早期，每一条物理信道只能供一对用户通话，为了提高通信信道的利用率而引入了"虚拟"技术。该技术是通过"空分复用"或"时分复用"技术，将一条物理信道变为若干条逻辑信道，使原来只能供一对用户通话的物理信道，变为能供多个用户同时通话的逻辑信道。

在 OS 中，把通过某种技术将一个物理实体变为若干个逻辑上的对应物的功能称为"虚拟"。前者是实的，即实际存在的，而后者是虚的，是用户感觉上的东西。相应地，把用于实现虚拟的技术称为虚拟技术。在 OS 中也是利用时分复用和空分复用技术来实现"虚拟"的。

1. 时分复用技术

在计算机领域中，广泛利用时分复用技术来实现虚拟处理机、虚拟设备等，使资源的利用率得以提高。时分复用技术能提高资源利用率的根本原因在于，它利用某设备为一用户服务的空闲时间，又转去为其他用户服务，使设备得到最充分的利用。

(1) 虚拟处理机技术。利用多道程序设计技术，为每道程序建立至少一个进程，让多道程序并发执行。此时虽然系统中只有一台处理机，但通过分时复用的方法，能实现同时(宏观上)为多个用户服务，使每个终端用户都认为是有一个处理机在专门为他服务。亦即，利用多道程序设计技术，可将一台物理上的处理机虚拟为多台逻辑上的处理机，在每台逻辑处理机上运行一道程序，我们把用户所感觉到的处理机称为虚拟处理器。

(2) 虚拟设备技术。我们还可以利用虚拟设备技术，也通过分时复用的方法，将一台物理 I/O 设备虚拟为多台逻辑上的 I/O 设备，并允许每个用户占用一台逻辑上的 I/O 设备。这样便可使原来仅允许在一段时间内由一个用户访问的设备(即临界资源)，变为允许多个用户"同时"访问的共享设备，既宏观上能"同时"为多个用户服务。例如原来的打印机属于临界资源，而通过虚拟设备技术又可以把它变为多台逻辑上的打印机，供多个用户"同时"打印。关于虚拟设备技术将在第五章中介绍。

2. 空分复用技术

20 世纪初，电信业中就已使用频分复用技术来提高信道的利用率。它是指将一个频率范围比较宽的信道划分成多个频率范围较窄的信道(称为频带)，其中的任何一个频带都仅供一对用户通话。早期的频分复用技术只能将一条物理信道划分为几条到几十条话路，后来又很快发展到成千上万条话路，每条话路供一对用户通话。再后来在计算机中也把空分复用技术用于对存储空间的管理，用以提高存储空间的利用率。

如果说，多道程序技术(时分复用技术)是通过利用处理机的空闲时间运行其它程序，提高了处理机的利用率，那么，空分复用技术则是利用存储器的空闲空间分区域存放和运行其它的多道程序，以此来提高内存的利用率。

但是，单纯的空分复用存储器只能提高内存的利用率，并不能实现在逻辑上扩大存储器容量的功能，还必须引入虚拟存储技术才能达到此目的。虚拟存储技术在本质上是实现内存的分时复用，即它可以通过分时复用内存的方式，使一道程序仅在远小于它的内存空间中运行。例如，一个 100 MB 的应用程序之所以可以运行在 30 MB 的内存空间，实质上就是每次只把用户程序的一部分调入内存运行，运行完成后将该部分换出，再换入另一部分到内存中运行，通过这样的置换功能，便实现了用户程序的各个部分分时地进入内存运行。

应当着重指出：虚拟的实现，如果是采用分时复用的方法，即对某一物理设备进行分时使用，设 N 是某物理设备所对应的虚拟的逻辑设备数，则每台虚拟设备的平均速度必然等于或低于物理设备速度的 1/N。类似地，如果是利用空分复用方法来实现虚拟，此时一台虚拟设备平均占用的空间必然也等于或低于物理设备所拥有空间的 1/N。

◄ 1.3.4 异步(Asynchronism)

在多道程序环境下，系统允许多个进程并发执行。在单处理机环境下，由于系统中只有一台处理机，因而每次只允许一个进程执行，其余进程只能等待。当正在执行的进程提出某种资源要求时，如打印请求，而此时打印机正在为其它进程打印，由于打印机属于临界资源，因此正在执行的进程必须等待，并释放出处理机，直到打印机空闲，并再次获得处理机时，该进程方能继续执行。可见，由于资源等因素的限制，使进程的执行通常都不可能"一气呵成"，而是以"停停走走"的方式运行。

对于内存中的每个进程，在何时能获得处理机运行，何时又因提出某种资源请求而暂停，以及进程以怎样的速度向前推进，每道程序总共需要多少时间才能完成等等，都是不可预知的。由于各用户程序性能的不同，比如，有的侧重于计算而较少需要 I/O；而有的程序其计算少而 I/O 多，这样，很可能是先进入内存的作业后完成，而后进入内存的作业先完成。或者说，进程是以人们不可预知的速度向前推进的，此即进程的异步性。尽管如此，但只要在 OS 中配置有完善的进程同步机制，且运行环境相同，则作业即便经过多次运行，也都会获得完全相同的结果。因此异步运行方式是允许的，而且是操作系统的一个重要特征。

◁ 1.4 操作系统的主要功能

引入 OS 的主要目的是，为多道程序的运行提供良好的运行环境，以保证多道程序能有条不紊地、高效地运行，并能最大程度地提高系统中各种资源的利用率，方便用户的使用。为此，在传统的 OS 中应具有处理机管理、存储器管理、设备管理和文件管理等基本功能。此外，为了方便用户使用 OS，还需向用户提供方便的用户接口。

◄ 1.4.1　处理机管理功能

在传统的多道程序系统中，处理机的分配和运行都是以进程为基本单位的，因而对处理机的管理可归结为对进程的管理。处理机管理的主要功能有：创建和撤消进程，对诸进程的运行进行协调，实现进程之间的信息交换，以及按照一定的算法把处理机分配给进程。

1. 进程控制

在多道程序环境下为使作业能并发执行，必须为每道作业创建一个或几个进程，并为之分配必要的资源。当进程运行结束时，应立即撤消该进程，以便能及时回收该进程所占用的各类资源，供其它进程使用。在设置有线程的 OS 中，进程控制还应包括为一个进程创建若干个线程，以提高系统的并发性。因此，进程控制的主要功能也就是为作业创建进程、撤消(终止)已结束的进程，以及控制进程在运行过程中的状态转换。

2. 进程同步

为使多个进程能有条不紊地运行，系统中必须设置相应的进程同步机制。该机制的主要任务是为多个进程(含线程)的运行进行协调。常用的协调方式有两种：① 进程互斥方式，这是指诸进程在对临界资源进行访问时，应采用互斥方式；② 进程同步方式，指在相互合作去完成共同任务的诸进程间，由同步机构对它们的执行次序加以协调。最简单的用于实现进程互斥的机制是为每一个临界资源配置一把锁 W，当锁打开时，进程可以对该临界资源进行访问；而当锁关上时，则禁止进程访问该临界资源。而实现进程同步时，最常用的机制是信号量机制。

3. 进程通信

当有一组相互合作的进程去完成一个共同的任务时，在它们之间往往需要交换信息。例如，有输入进程、计算进程和打印进程三个相互合作的进程，输入进程负责将所输入的数据传送给计算进程；计算进程利用输入数据进行计算，并把计算结果传送给打印进程；最后由打印进程把计算结果打印出来。进程通信的任务是实现相互合作进程之间的信息交换。

当相互合作的进程处于同一计算机系统时，通常在它们之间采用直接通信方式，即由源进程利用发送命令直接将消息(message)挂到目标进程的消息队列上，以后由目标进程利用接收命令从其消息队列中取出消息。

4. 调度

在传统 OS 中，调度包括作业调度和进程调度两步。

(1) 作业调度。作业调度的基本任务是从后备队列中按照一定的算法选择出若干个作业，为它们分配运行所需的资源，在将这些作业调入内存后，分别为它们建立进程，使它们都成为可能获得处理机的就绪进程，并将它们插入就绪队列中。

(2) 进程调度。进程调度的任务是从进程的就绪队列中按照一定的算法选出一个进程，将处理机分配给它，并为它设置运行现场，使其投入执行。

◄ 1.4.2　存储器管理功能

存储器管理的主要任务，是为多道程序的运行提供良好的环境，提高存储器的利用率，方便用户使用，并能从逻辑上扩充内存。为此，存储器管理应具有内存分配和回收、内存保护、地址映射和内存扩充等功能。

1. 内存分配

内存分配的主要任务是：

(1) 为每道程序分配内存空间，使它们"各得其所"。

(2) 提高存储器的利用率，尽量减少不可用的内存空间(碎片)。

(3) 允许正在运行的程序申请附加的内存空间，以适应程序和数据动态增长的需要。

OS 在实现内存分配时，可采取静态和动态两种方式：

(1) 静态分配方式。每个作业的内存空间是在作业装入时确定的，在作业装入后的整个运行期间不允许该作业再申请新的内存空间，也不允许作业在内存中"移动"。

(2) 动态分配方式。每个作业所要求的基本内存空间虽然也是在装入时确定的，但允许作业在运行过程中继续申请新的附加内存空间，以适应程序和数据的动态增长，也允许作业在内存中"移动"。

2. 内存保护

内存保护的主要任务是：① 确保每道用户程序都仅在自己的内存空间内运行，彼此互不干扰。② 绝不允许用户程序访问操作系统的程序和数据，也不允许用户程序转移到非共享的其它用户程序中去执行。

为了确保每道程序都只在自己的内存区中运行，必须设置内存保护机制。一种比较简单的内存保护机制是设置两个界限寄存器，分别用于存放正在执行程序的上界和下界。在程序运行时，系统须对每条指令所要访问的地址进行检查，如果发生越界，便发出越界中断请求，以停止该程序的执行。

3. 地址映射

在多道程序环境下，由于每道程序经编译和链接后所形成的可装入程序其地址都是从 0 开始的，但不可能将它们从"0"地址(物理)开始装入内存，致使(各程序段的)地址空间内的逻辑地址与其在内存空间中的物理地址并不相一致。为保证程序能正确运行，存储器管理必须提供地址映射功能，即能够将地址空间中的逻辑地址转换为内存空间中与之对应的物理地址。该功能应在硬件的支持下完成。

4. 内存扩充

内存扩充并非是从物理上去扩大内存的容量，而是借助于虚拟存储技术，从逻辑上扩充内存容量，使用户所感觉到的内存容量比实际内存容量大得多，以便让更多的用户程序能并发运行。这样既满足了用户的需要，又改善了系统的性能。为了能在逻辑上扩充内存，系统必须设置内存扩充机制(包含少量的硬件)，用于实现下述各功能：

(1) 请求调入功能，系统允许在仅装入部分用户程序和数据的情况下，便能启动该程序运行。在程序运行过程中，若发现要继续运行时所需的程序和数据尚未装入内存，可向 OS 发出请求，由 OS 从磁盘中将所需部分调入内存，以便继续运行。

(2) 置换功能，若发现在内存中已无足够的空间来装入需要调入的程序和数据时，系统应能将内存中的一部分暂时不用的程序和数据调至硬盘上，以腾出内存空间，然后再将所需调入的部分装入内存。

◄ 1.4.3 设备管理功能

设备管理的主要任务如下：

(1) 完成用户进程提出的 I/O 请求，为用户进程分配所需的 I/O 设备，并完成指定的 I/O 操作。

(2) 提高 CPU 和 I/O 设备的利用率，提高 I/O 速度，方便用户使用 I/O 设备。

为实现上述任务，设备管理应具有缓冲管理、设备分配和设备处理以及虚拟设备等功能。

1. 缓冲管理

如果在 I/O 设备和 CPU 之间引入缓冲，则可有效地缓和 CPU 和 I/O 设备速度不匹配的矛盾，提高 CPU 的利用率，进而提高系统吞吐量。因此在现代 OS 中，无一例外地在内存中设置了缓冲区，而且还可通过增加缓冲区容量的方法来改善系统的性能。不同的系统可采用不同的缓冲区机制。最常见的缓冲区机制有：单缓冲机制、能实现双向同时传送数据的双缓冲机制、能供多个设备同时使用的公用缓冲池机制。上述这些缓冲区都由 OS 缓冲管理机制将它们管理起来。

2. 设备分配

设备分配的基本任务是根据用户进程的 I/O 请求、系统现有资源情况以及按照某种设备分配策略，为之分配其所需的设备。如果在 I/O 设备和 CPU 之间还存在着设备控制器和 I/O 通道，则还需为分配出去的设备分配相应的控制器和通道。为实现设备分配，系统中应设置设备控制表、控制器控制表等数据结构，用于记录设备及控制器等的标识符和状态。根据这些表格可以了解指定设备当前是否可用，是否忙碌，以供进行设备分配时参考。在进行设备分配时，应针对不同的设备类型而采用不同的设备分配方式。对于独占设备的分配还应考虑到该设备被分配出去后系统是否安全。在设备使用完后，应立即由系统回收。

3. 设备处理

设备处理程序又称为设备驱动程序。其基本任务是用于实现 CPU 和设备控制器之间的通信，即由 CPU 向设备控制器发出 I/O 命令，要求它完成指定的 I/O 操作；反之，由 CPU 接收从控制器发来的中断请求，并给予迅速的响应和相应的处理。

设备处理过程是：首先检查 I/O 请求的合法性，了解设备状态是否是空闲的，读取有关的传递参数及设置设备的工作方式。然后向设备控制器发出 I/O 命令，启动 I/O 设备完成指定的 I/O 操作。此外设备驱动程序还应能及时响应由控制器发来的中断请求，并根据该中断请求的类型，调用相应的中断处理程序进行处理。对于设置了通道的计算机系统，设备处理程序还应能根据用户的 I/O 请求自动地构成通道程序。

◄ 1.4.4　文件管理功能

文件管理的主要任务是对用户文件和系统文件进行管理以方便用户使用，并保证文件的安全性。为此，文件管理应具有对文件存储空间的管理、目录管理、文件的读/写管理以及文件的共享与保护等功能。

1. 文件存储空间的管理

在多用户环境下，若由用户自己对文件的存储进行管理，不仅非常困难，而且也必然十分低效。因而需要由文件系统对诸多文件及文件的存储空间实施统一的管理。其主要任务是：为每个文件分配必要的外存空间，提高外存的利用率，进而提高文件系统的存、取速度。为此，系统中应设置相应的数据结构，用于记录文件存储空间的使用情况，以供分配存储空间时参考。还应具有对存储空间进行分配和回收的功能。

2. 目录管理

目录管理的主要任务是为每个文件建立一个目录项，目录项包括文件名、文件属性、文件在磁盘上的物理位置等，并对众多的目录项加以有效的组织，以实现方便的按名存取。即用户只需提供文件名，即可对该文件进行存取。目录管理还应能实现文件共享，这样，只需在外存上保留一份该共享文件的副本。此外，还应能提供快速的目录查询手段，以提高对文件检索的速度。

3. 文件的读/写管理和保护

(1) 文件的读/写管理。该功能是根据用户的请求，从外存中读取数据，或将数据写入外存。在进行文件读/写时，系统先根据用户给出的文件名去检索文件目录，从中获得文件在外存中的位置。然后，利用文件读/写指针，对文件进行读/写。一旦读/写完成，便修改读/写指针，为下一次读/写做好准备。由于读和写操作不会同时进行，故可合用一个读/写指针。

(2) 文件保护。为了防止系统中的文件被非法窃取和破坏，在文件系统中必须提供有效的存取控制功能，以实现下述目标：① 防止未经核准的用户存取文件；② 防止冒名顶替存取文件；③ 防止以不正确的方式使用文件。

◄ 1.4.5　操作系统与用户之间的接口

为了方便用户对操作系统的使用，操作系统向用户提供了"用户与操作系统的接口"。该接口通常可分为如下两大类：

1. 用户接口

为了便于用户直接或间接地控制自己的作业，操作系统向用户提供了命令接口。用户可通过该接口向作业发出命令以控制作业的运行。该接口又进一步分为联机用户接口、脱机用户接口和图形用户接口三种。

(1) 联机用户接口。这是为联机用户提供的，它由一组键盘操作命令及命令解释程序组成。当用户在终端或控制台上键入一条命令后，系统便立即转入命令解释程序，对该命令加以解释执行。在完成指定功能后系统又返回到终端或控制台上，等待用户键入下一条命令。这样，用户便可通过先后键入不同命令的方式来实现对作业的控制，直至作业完成。

(2) 脱机用户接口。这是为批处理作业的用户提供的。用户用作业控制语言 JCL 把需要对作业进行的控制和干预的命令事先写在作业说明书上，然后将它与作业一起提供给系统。当系统调度到该作业运行时，通过调用命令解释程序去对作业说明书上的命令逐条解释执行，直至遇到作业结束语句时系统才停止该作业的运行。

(3) 图形用户接口。通过联机用户接口取得 OS 的服务既不方便又花时间，用户必须熟记所有命令及其格式和参数，并逐个字符地键入命令，于是图形用户接口便应运而生。图形用户接口采用了图形化的操作界面，用非常容易识别的各种图标(icon)来将系统的各项功能、各种应用程序和文件直观、逼真地表示出来。用户可通过菜单(和对话框)用移动鼠标选择菜单项的方式取代命令的键入，以方便、快捷地完成对应用程序和文件的操作，从而把用户从繁琐且单调的操作中解脱出来。

2. 程序接口

程序接口是为用户程序在执行中访问系统资源而设置的，是用户程序取得操作系统服务的唯一途径。它是由一组系统调用组成的，每一个系统调用都是一个能完成特定功能的子程序。每当应用程序要求 OS 提供某种服务(功能)时，便调用具有相应功能的系统调用(子程序)。早期的系统调用都是用汇编语言提供的，只有在用汇编语言书写的程序中才能直接使用系统调用。但在高级语言以及 C 语言中，往往提供了与各系统调用一一对应的库函数，这样，应用程序便可通过调用对应的库函数来使用系统调用。但在近几年所推出的操作系统中，如 UNIX、OS/2 版本中，其系统调用本身已经采用 C 语言编写，并以函数形式提供，故在用 C 语言编制的程序中，可直接使用系统调用。

◄ 1.4.6 现代操作系统的新功能

现代操作系统是在传统操作系统基础上发展起来的，它除了具有传统操作系统的功能外，还增加了面向安全、面向网络和面向多媒体等功能。

1. 系统安全

通常，政府机关和企事业单位有大量的、重要的信息，必须高度集中地存储在计算机系统中。这样，如何确保在计算机系统中存储和传输数据的保密性、完整性和系统可用性，便成为信息系统亟待解决的重要问题，而保障系统安全性的任务也责无旁贷地落到了现代 OS 的身上。

虽然在传统的 OS 中也采取了一些保障系统安全的措施，但随着计算技术的进步和网络的普及，传统的安全措施已远不能满足要求。为此，在现代 OS 中采取了多种有效措施来确保系统的安全。在本书中我们仅局限于介绍保障系统安全的几个技术问题，包括：

(1) 认证技术。这是一个用来确认被认证的对象是否名副其实的过程，以确定对象的真实性，防止入侵者进行假冒和篡改等。如身份认证，是通过验证被认证对象的一个或多个参数的真实性和有效性来确定被认证对象是否名副其实；因此，在被认证对象与要验证的那些参数之间应存在严格的对应关系。

(2) 密码技术。即对系统中所需存储和传输的数据进行加密，使之成为密文，这样，攻击者即使截获到数据，也无法了解到数据的内容。只有指定的用户才能对该数据予以解密，了解其内容，从而有效地保护了系统中信息资源的安全性。近年来，国内外广泛应用数据加密技术来保障计算机系统的安全性。

(3) 访问控制技术，可通过两种途径来保障系统中资源的安全：① 通过对用户存取权限的设置，可以限定用户只能访问被允许访问的资源，这样也就限定了用户对系统资源的访问范围；② 访问控制还可以通过对文件属性的设置来保障指定文件的安全性，如设置文件属性为只读时，该文件就只能被读而不能被修改等。

(4) 反病毒技术。对于病毒的威胁，最好的解决方法是预防，不让病毒侵入系统，但要完全做到这一点是十分困难的，因此还需要非常有效的反病毒软件来检测病毒。在反病毒软件被安装到计算机后，便可对硬盘上所有的可执行文件进行扫描，检查盘上的所有可执行文件，若发现有病毒，便立即将它清除。

2. 网络的功能和服务

在现代 OS 中，为支持用户联网取得各类网络所提供的服务，如电子邮件服务、Web 服务等，应在操作系统中增加面向网络的功能，用于实现网络通信和资源管理，以及提供用户取得网络服务的手段。作为一个网络操作系统，应当具备多方面的功能：

(1) 网络通信，用于在源主机和目标主机之间，实现无差错的数据传输，如建立和拆除通信链路、传输控制、差错控制和流量控制等。

(2) 资源管理，即对网络中的共享资源(硬件和软件)实施有效的管理，协调诸用户对共享资源的使用，保证数据的安全性和一致性。典型的共享硬件资源有硬盘、打印机等，软件资源有文件和数据。

(3) 应用互操作，即在一个由若干个不同网络互连所构成的互连网络中，必须提供应用互操作功能，以实现信息的互通性和信息的互用性。信息的互通性是指在不同网络中的用户之间，能实现信息的互通。信息的互用性是表示用户可以访问不同网络中的文件系统和数据库系统中的信息。

3. 支持多媒体

一个支持多媒体的操作系统必须能像一般 OS 处理文字、图形信息那样去处理音频和视频信息等多媒体信息，为此，现代操作系统增加了多媒体的处理功能：

(1) 接纳控制功能。在多媒体系统中，为了保证同时运行多个实时进程的截止时间，需要对在系统中运行的软实时任务，即 SRT 任务的数目、驻留在内存中的任务数目加以限制，为此设置了相应的接纳控制功能，如媒体服务器的接纳控制、存储器接纳控制和进程接纳控制。

(2) 实时调度。多媒体系统中的每一个任务，往往都是一些要求较严格的、周期性的软实时任务 SRT，如为了保证动态图像的连续性，图像更新的周期必须在 40 ms 之内，因此在 SRT 调度时，不仅需要考虑进程的调度策略，还要考虑进程调度的接纳度等，相比传统的 OS 这就要复杂得多。

(3) 多媒体文件的存储。为了存放多媒体文件，对 OS 最重要的要求是能把硬盘上的数据快速地传送到输出设备上。因此，对于在传统文件系统中数据的离散存放方式以及磁盘寻道方式都要加以改进。

1.5　OS 结构设计

早期 OS 的规模很小，如只有几十 KB，完全可以由一个人以手工方式，用几个月的时间编制出来。此时，编制程序基本上是一种技巧，OS 是否是有结构的并不那么重要，重要的是程序员的程序设计技巧。但随着 OS 规模的愈来愈大，其所具有的代码也愈来愈多，往往需要由数十人或数百人甚至更多的人参与，分工合作，共同来完成操作系统的设计。这意味着，应采用工程化的开发方法对大型软件进行开发。由此产生了"软件工程学"。

软件工程的目标是十分明确的，所开发出的软件产品应具有良好的软件质量和合理的费用。整个费用应能为用户所接受；软件质量可用这样几个指标来评价：功能性、有效性、可靠性、易使用性、可维护性和易移植性。为此，先后产生了多种操作系统的开发方法，如模块化方法、结构化方法和面向对象的方法等。利用不同的开发方法所开发出的操作系统将具有不同的操作系统结构。

1.5.1　传统操作系统结构

软件开发技术的不断发展，促进了 OS 结构的更新换代。这里，我们把早期的无结构的 OS(第一代)、模块化结构的 OS(第二代)和分层式结构的 OS(第三代)，都统称为传统结构的 OS，而把微内核结构的 OS 称为现代结构的 OS。

1. 无结构操作系统

在早期开发操作系统时，设计者只是把他的注意力放在功能的实现和获得高的效率上，缺乏首尾一致的设计思想。此时的 OS 是为数众多的一组过程的集合，每个过程可以任意地相互调用其它过程，致使操作系统内部既复杂又混乱，因此，这种 OS 是无结构的，也有人把它称为整体系统结构。

此时程序设计的技巧，只是如何编制紧凑的程序，以便于有效地利用内存。当系统不太大，在一个人能够完全理解和掌握的情况下问题还不是太大，但随着系统的不断扩大，所设计出的操作系统就会变得既庞大又杂乱。这一方面会使所编制出的程序错误很多，给调试工作带来很多困难；另一方面也使程序难以阅读和理解，增加了维护人员的负担。

2. 模块化结构 OS

1) 模块化程序设计技术的基本概念

模块化程序设计技术是 20 世纪 60 年代出现的一种结构化程序设计技术。该技术基于"分解"和"模块化"的原则来控制大型软件的复杂度。为使 OS 具有较清晰的结构，OS 不再是由众多的过程直接构成的，而是按其功能精心地划分为若干个具有一定独立性和大小的模块。每个模块具有某方面的管理功能，如进程管理模块、存储器管理模块、I/O 设备管理模块等，并仔细地规定好各模块间的接口，使各模块之间能通过接口实现交互。然后再进一步将各模块细分为若干个具有一定功能的子模块，如把进程管理模块又分为进程控制、进程同步等子模块，同样也规定好各子模块之间的接口。若子模块较大，可再进一步将它细分。我们把这种设计方法称为模块–接口法，由此构成的操作系统就是具有模块化结构的操作系统。图 1-7 示出了由模块、子模块等组成的模块化 OS 结构。

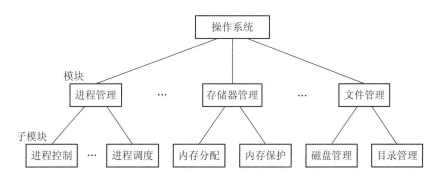

图 1-7　模块化结构的操作系统

2) 模块独立性

在模块–接口法中，关键问题是模块的划分和规定好模块之间的接口。如果我们在划分模块时将模块划分得太小，虽然可以降低模块本身的复杂性，但会引起模块之间的联系过多，从而会造成系统比较混乱；如果将模块划分得过大，又会增加模块内部的复杂性，使内部的联系增加，因此在划分模块时，应在两者间进行权衡。

另外，在划分模块时，必须充分注意模块的独立性问题，因为模块独立性越高，各模块间的交互就越少，系统的结构也就越清晰。衡量模块的独立性有以下两个标准：

(1) 内聚性，指模块内部各部分间联系的紧密程度。内聚性越高，模块独立性越强。

(2) 耦合度，指模块间相互联系和相互影响的程度。显然，耦合度越低，模块独立性越好。

3) 模块接口法的优缺点

利用模块–接口法开发的 OS，较之无结构 OS 具有以下明显的优点：

(1) 提高 OS 设计的正确性、可理解性和可维护性。

(2) 增强 OS 的可适应性。

(3) 加速 OS 的开发过程。

模块化结构设计仍存在下述问题：

(1) 在OS设计时,对各模块间的接口规定很难满足在模块设计完成后对接口的实际需求。

(2) 在OS设计阶段,设计者必须做出一系列的决定(决策),每一个决定必须建立在上一个决定的基础上,但模块化结构设计中,各模块的设计齐头并进,无法寻找一个可靠的决定顺序,造成各种决定的"无序性",这将使程序人员很难做到"设计中的每一步决定"都是建立在可靠的基础上,因此模块−接口法又被称为"无序模块法"。

3. 分层式结构 OS

1) 分层式结构的基本概念

为了将模块−接口法中"决定顺序"的无序性变为有序性,引入了有序分层法,分层法的设计任务是,在目标系统 A_n 和裸机系统(又称宿主系统)A_0 之间,铺设若干个层次的软件 A_1、A_2、A_3、…、A_{n-1},使 A_n 通过 A_{n-1}、A_{n-2}、…、A_2、A_1 层,最终能在 A_0 上运行。在操作系统中,常采用自底向上法来铺设这些中间层。

自底向上的分层设计的基本原则是:每一步设计都建立在可靠的基础上。为此规定,每一层仅能使用其底层所提供的功能和服务,这样可使系统的调试和验证都变得更容易。例如,在调试第一层软件 A_1 时,由于它使用的是一个完全确定的物理机器(宿主系统)所提供的功能,在对 A_1 软件经过精心设计和几乎是穷尽无遗的测试后,可以认为 A_1 是正确的,而且它与其所有的高层软件 A_2,…,A_n 无关;同样在调试第二层软件 A_2 时,它也只使用了软件 A_1 和物理机器所提供的功能,而与其高层软件 A_3,…,A_n 无关,如此一层一层地自底向上增添软件层,每一层都实现若干功能,最后总能构成一个能满足需要的OS。在用这种方法构成操作系统时,已将一个操作系统分为若干个层次,每层又由若干个模块组成,各层之间只存在着单向的依赖关系,即高层仅依赖于紧邻它的低层。

2) 分层结构的优缺点

分层结构的主要优点有:

(1) 易保证系统的正确性。自下而上的设计方式使所有设计中的决定都是有序的,或者说是建立在较为可靠的基础上的,这样比较容易保证整个系统的正确性。

(2) 易扩充和易维护性。在系统中增加、修改或替换一个层次中的模块或整个层次时,只要不改变相应层次间的接口,就不会影响其他层次,这必将使系统维护和扩充变得更加容易。

分层结构的主要缺点是系统效率降低。由于层次结构是分层单向依赖的,必须在每层之间都建立层次间的通信机制,OS 每执行一个功能,通常要自上而下地穿越多个层次,这无疑会增加系统的通信开销,从而导致系统效率的降低。

◀ 1.5.2 客户/服务器模式(Client/Server Model) 简介

客户/服务器(Client/Server)模式可简称为 C/S 模式。其在 20 世纪 90 年代已风靡全球,不论是 LAN,还是企业网,以及 Internet 所提供的多种服务,都广泛采用了客户/服务器的模式。

1. 客户/服务器模式的由来、组成和类型

客户/服务器系统主要由三部分组成。

(1) 客户机:通常在一个 LAN 网络上连接有多台网络工作站(简称客户机),每台客户

机都是一个自主计算机，具有一定的处理能力，客户进程在其上运行，平时它处理一些本地业务，也可发送一个消息给服务器，以请求某项服务。

(2) 服务器：通常是一台规模较大的机器，在其上驻留有网络文件系统或数据库系统等，它应能为网上所有的用户提供一种或多种服务。平时它一直处于工作状态，被动地等待来自客户机的请求，一旦检查到有客户提出服务请求，便去完成客户的请求，并将结果送回客户，这样，工作站中的用户进程与服务器进程就形成了客户/服务器关系。

(3) 网络系统：是用于连接所有客户机和服务器，实现它们之间通信和网络资源共享的系统。

2. 客户/服务器之间的交互

在采用客户/服务器的系统中，通常是客户机和服务器共同完成对应用(程序)的处理。这时，在客户机和服务器之间就需要进行交互，即必须利用消息机制在这两者之间进行多次通信。一次完整的交互过程可分成以下四步：

(1) 客户发送请求消息。当客户机上的用户要请求服务器进行应用处理时，应输入相应的命令和有关参数。由客户机上的发送进程先把这些信息装配成请求消息，然后把它发往服务器；客户机上的接收进程则等待接收从服务器发回来的响应消息。

(2) 服务器接收消息。服务器中的接收进程平时处于等待状态，一旦有客户机发来请求，接收进程就被激活，根据请求信息的内容，将之提供给服务器上的相应软件进行处理。

(3) 服务器回送消息。服务器的软件根据请求进行处理，在完成指定的处理后，把处理结果装配成一个响应消息，由服务器中的发送进程将之发往客户机。

(4) 客户机接收消息。客户机中的接收进程把收到的响应消息转交给客户机软件，再由后者做出适当处理后提交给发送该请求的客户。

3. 客户/服务器模式的优点

C/S 模式之所以能成为在分布式系统和网络环境下软件的一种主要工作模式，是由于该模式具有传统集中模式所无法比拟的一系列优点。

(1) 数据的分布处理和存储。由于客户机具有相当强的处理和存储能力，可进行本地处理和数据的分布存储，从而摆脱了由于把一切数据都存放在主机中而造成的既不可靠又容易产生瓶颈现象的困难局面。

(2) 便于集中管理。尽管 C/S 模式具有分布处理功能，但公司(单位)中的有关全局的重要信息、机密资料、重要设备以及网络管理等，仍可采取集中管理方式，这样可较好地保障系统的"可靠"和"安全"。

(3) 灵活性和可扩充性。C/S 模式非常灵活，极易扩充。理论上，客户机和服务器的数量不受限制，其灵活性还表现在可以配置多种类型的客户机和服务器上。

(4) 易于改编应用软件。在客户/服务器模式中，对于客户机程序的修改和增删，比传统集中模式要容易得多，必要时也允许由客户进行修改。

基本客户/服务器模式的不足之处是存在着不可靠性和瓶颈问题。在系统仅有一个服务器时，一旦服务器故障，将导致整个网络瘫痪。当服务器在重负荷下工作时，会因忙不过来而显著地延长对用户请求的响应时间。如果在网络中配置多个服务器，并采取相应的安全措施，则这种不足可加以改善。

◀ 1.5.3 面向对象的程序设计(Object-Orientated Programming)技术简介

1. 面向对象技术的基本概念

面向对象技术是 20 世纪 80 年代初提出并很快流行起来的。该技术是基于"抽象"和"隐蔽"原则来控制大型软件的复杂度的。所谓对象，是指在现实世界中具有相同属性、服从相同规则的一系列事物(事物可以是一个物理实体、一个概念或一个软件模块等)的抽象，而把其中的具体事物称为对象的实例。如果在 OS 中的各类实体如进程、线程、消息、存储器和文件等都使用了对象这一概念，相应地，便有了进程对象、线程对象、消息对象、存储器对象和文件对象等。

1) 对象

在面向对象的技术中，是利用被封装的数据结构(变量)和一组对它进行操作的过程(方法)来表示系统中的某个对象的，如图 1-8 所示。对象中的变量(数据)也称为属性，它可以是单个标量或一张表。面向对象中的方法是用于执行某种功能的过程，它可以改变对象的状态，更新对象中的某些数据值或作用于对象所要访问的外部资源。如果把一个文件作为一个对象(见图 1-9)，该对象的变量便是文件类型、文件大小、文件的创建者等。对象中的方法包含对文件的操作，如创建文件、打开文件、读文件、写文件、关闭文件等。

对象中的变量(数据)对外是隐蔽的，因而外界不能对它直接进行访问，必须通过该对象中的一组方法(操作函数)对它进行访问。例如要想对图 1-9 所示的文件 A 执行打开操作，必须用该对象中的打开过程去打开它。同样地，对象中的一组方法的实现细节也是隐蔽的，因此对象中的变量可以得到很好的保护，而不会允许未经受权者使用和对它进行不正确的操作。

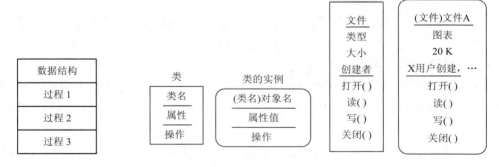

图 1-8 一个对象的示意图　　　　　　　　图 1-9 类和对象的关系

2) 对象类

在实践中，有许多对象可能表示的是同一类事物，每个对象具有自己的变量集合，而它们所具有的方法是相同的。如果为每一个相似的对象都定义一组变量和方法，显然是低效的，由此产生了"对象类"的概念，利用"对象类"来定义一组大体相似的对象。一个类同样定义了一组变量和针对该变量的一组方法，用它们来描述一组对象的共同属性和行为。类是在对象上的抽象，对象则是类的实例。对象类中所定义的变量在实例中均有具体的值。

例如，我们将文件设计成一个类，类的变量同样是文件类型、文件大小和创建者等。类中的方法是文件的创建、打开、读写、关闭等。图 1-9 示出了一个文件类，在类的变量中没有具体数值，一旦被赋予了具体数值就成了文件 A 对象。对象类的概念非常有用，因为它极大地提高了创建多个相似对象的效率。

3) 继承

在面向对象的技术中，可以根据已有类来定义一个新的类，新类被称为子类(B)，原来的类被称为父类(A)，见图 1-10 所示。继承是父类和子类之间共享变量和方法的机制，该机制规定子类自动继承父类中定义的变量和方法，并允许子类再增加新的内容。继承特性可使定义子类变得更容易。一个父类可以定义多个子类，它们分别是父类的某种特例，父类描述了这些子类的公共变量和方法。类似地，这些子类又可以定义自己的子类，通过此途经可以生成一个继承的层次。另外，也允许一个子类有两个父类或多个父类，它可以从多个父类获得继承，此时称为"多重继承"。

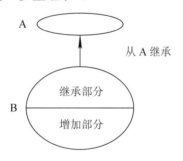

图 1-10　类的继承关系

2. 面向对象技术的优点

在操作系统设计时，将计算机中的实体作为对象来处理，可带来如下好处：

(1) 通过"重用"提高产品质量和生产率。在面向对象技术中可通过"重用"以前项目中经过精心测试的对象或"重用"由其他人编写、测试和维护的对象类来构建新的系统，这不仅可大大降低开发成本，而且能获得更好的系统质量。

(2) 使系统具有更好的易修改性和易扩展性。通过封装，可隐蔽对象中的变量和方法，因而当改变对象中的变量和方法时，不会影响到其它部分，从而可方便地修改老的对象类。另外，继承是面向对象技术的重要特性，在创建一个新对象类时，通过利用继承特性可显著减少开发的时空开销，使系统具有更好的易扩展性和灵活性。

(3) 更易于保证系统的"正确性"和"可靠性"。对象是构成操作系统的基本单元，由于可以独立地对它进行测试，易于保证每个对象的正确性和可靠性，因此也就比较容易保证整个系统的正确性和可靠性。此外，封装对对象类中的信息进行了隐蔽，这样又可有效地防止未经授权者的访问和用户不正确的使用，有助于构建更为安全的系统。

◀ 1.5.4 微内核 OS 结构

微内核(MicroKernel)操作系统结构是 20 世纪 80 年代后期发展起来的。由于它能有效地支持多处理机运行，故非常适用于分布式系统环境，当前比较流行的、能支持多处理机运行的 OS，几乎全部都采用了微内核结构，如 Carngie Mellon 大学研制的 Mach OS，便属于微内核结构 OS；又如当前广泛使用的 Windows 2000/XP 操作系统，也采用了微内核结构。

1. 微内核操作系统的基本概念

为了提高操作系统的"正确性"、"灵活性"、"易维护性"和"可扩充性"，在进行现代操作系统结构设计时，即使在单计算机环境下，大多也采用基于客户/服务器模式的微内核结构，将操作系统划分为两大部分：微内核和多个服务器。至于什么是微内核操作系统结构，现在尚无一致公认的定义，但我们可以从下面四个方面对微内核结构的操作系统进行描述。

1) 足够小的内核

在微内核操作系统中，内核是指精心设计的、能实现现代 OS 最基本核心功能的小型内核，微内核并非是一个完整的 OS，而只是将操作系统中最基本的部分放入微内核，通常包含有：① 与硬件处理紧密相关的部分；② 一些较基本的功能；③ 客户和服务器之间的通信。这些 OS 最基本的部分只是为构建通用 OS 提供一个重要基础，这样就可以确保把操作系统内核做得很小。

2) 基于客户/服务器模式

由于客户/服务器模式具有非常多的优点，故在单机微内核操作系统中几乎无一例外地都采用客户/服务器模式，将操作系统中最基本的部分放入内核中，而把操作系统的绝大部分功能都放在微内核外面的一组服务器(进程)中实现，如用于提供对进程(线程)进行管理的进程(线程)服务器、提供虚拟存储器管理功能的虚拟存储器服务器、提供 I/O 设备管理的 I/O 设备管理服务器等，它们都是被作为进程来实现的，运行在用户态，客户与服务器之间是借助微内核提供的消息传递机制来实现信息交互的。图 1-11 示出了在单机环境下的客户/服务器模式。

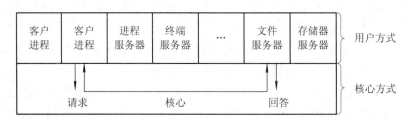

图 1-11 在单机环境下的客户/服务器模式

3) 应用"机制与策略分离"原理

在现在操作系统的结构设计中，经常利用"机制与策略分离"的原理来构造 OS 结构。所谓机制，是指实现某一功能的具体执行机构。而策略，则是在机制的基础上借助于某些参数和算法来实现该功能的优化，或达到不同的功能目标。通常，机制处于一个系统的基层，而策略则处于系统的高层。在传统的 OS 中，将机制放在 OS 的内核的较低层，把策略放在内核的较高层次中。而在微内核操作系统中，通常将机制放在 OS 的微内核中。正因为如此，才有可能将内核做得很小。

4) 采用面向对象技术

操作系统是一个极其复杂的大型软件系统，我们不仅可以通过结构设计来分解操作系统的复杂度，还可以基于面向对象技术中的"抽象"和"隐蔽"原则控制系统的复杂性，再进一步利用"对象"、"封装"和"继承"等概念来确保操作系统的"正确性"、"可靠性"、"易修改性"、"易扩展性"等，并提高操作系统的设计速度。正因为面向对象技术能带来如此多的好处，故面向对象技术被广泛应用于现代操作系统的设计中。

2. 微内核的基本功能

微内核应具有哪些功能，或者说哪些功能应放在微内核内，哪些应放在微内核外，目前尚无明确的规定。现在一般都采用"机制与策略分离"的原理，将机制部分以及与硬件紧密相关的部分放入微内核中。由此可知微内核通常具有如下几方面的功能：

1) 进程(线程)管理

大多数的微内核 OS，对于进程管理功能的实现，都采用"机制与策略分离"的原理，例如，为实现进程(线程)调度功能，须在进程管理中设置一个或多个进程(线程)优先级队列；能将指定优先级进程(线程)从所在队列中取出，并将其投入执行。由于这一部分属于调度功能的机制部分，应将它放入微内核中。而对于用户(进程)如何进行分类，以及其优先级的确认方式或原则，则都是属于策略问题。可将它们放入微内核外的进程(线程)管理服务器中。

由于进程(线程)之间的通信功能是微内核 OS 最基本的功能，被频繁使用，因此几乎所有的微内核 OS 都是将进程(线程)之间的通信功能放入微内核中。此外，还将进程的切换、线程的调度，以及多处理机之间的同步等功能也放入微内核中。

2) 低级存储器管理

通常在微内核中，只配置最基本的低级存储器管理机制，如用于实现将用户空间的逻辑地址变换为内存空间的物理地址的页表机制和地址变换机制，这一部分是依赖于硬件的，因此放入微内核。而实现虚拟存储器管理的策略，则包含应采取何种页面置换算法、采用何种内存分配与回收的策略等，应将这部分放在微内核外的存储器管理服务器中去实现。

3) 中断和陷入处理

大多数微内核操作系统都是将与硬件紧密相关的一小部分放入微内核中处理，此时微内核的主要功能是捕获所发生的中断和陷入事件，并进行相应的前期处理，如进行中断现场保护，识别中断和陷入的类型，然后将有关事件的信息转换成消息后，把它发送给相关的服务器。由服务器根据中断或陷入的类型调用相应的处理程序来进行后期处理。

在微内核 OS 中是将进程管理、存储器管理以及 I/O 管理这些功能一分为二，属于机制的很小一部分放入微内核中，另外绝大部分放在微内核外的各种服务器中来实现。事实上，其中大多数服务器都要比微内核大。这进一步说明了为什么能在采用客户/服务器模式后，还能把微内核做得很小的原因。

3. 微内核操作系统的优点

由于微内核 OS 结构是建立在模块化、层次化结构的基础上的，并采用了客户/服务器模式和面向对象的程序设计技术，因此，微内核结构的操作系统是集各种技术优点之大成，因而使之具有如下优点：

(1) 提高了系统的可扩展性。由于微内核 OS 的许多功能是由相对独立的服务器软件来实现的，当开发了新的硬件和软件时，微内核 OS 只需在相应的服务器中增加新的功能，或再增加一个专门的服务器。与此同时，也必然改善系统的灵活性，不仅可在操作系统中增加新的功能，还可修改原有的功能，以及删除已过时的老功能，以形成一个更为精干的有效的操作系统。

(2) 增强了系统的可靠性。这一方面是由于微内核是通过精心设计和严格测试的，容易保证其正确性，另一方面，它提供了规范而精简的应用程序接口(API)，为微内核外部的程序编制高质量的代码创造了条件。此外，由于所有服务器都是运行在用户态，服务器与服务器之间采用的是消息传递通信机制，因此，当某个服务器出现错误时，不会影响内核，也不会影响其它服务器。

(3) 可移植性强。随着硬件的快速发展，出现了各种各样的硬件平台，作为一个好的操作系统，必须具备可移植性，使其能较容易地运行在不同的计算机硬件平台上。在微内核结构的操作系统中，所有与特定 CPU 和 I/O 设备硬件有关的代码，均放在内核和内核下面的硬件隐藏层中，而操作系统其它绝大部分——各种服务器，均与硬件平台无关，因而，把操作系统移植到另一个计算机硬件平台上所需作的修改是比较小的。

(4) 提供了对分布式系统的支持。由于在微内核 OS 中，客户和服务器之间、服务器和服务器之间的通信采用消息传递通信机制，致使微内核 OS 能很好地支持分布式系统和网络系统。事实上，只要在分布式系统中赋予所有进程和服务器唯一的标识符，在微内核中再配置一张系统映射表(即进程和服务器的标识符与它们所驻留的机器之间的对应表)，在进行客户与服务器通信时，只需在所发送的消息中标上发送进程和接收进程的标识符，微内核便可利用系统映射表将消息发往目标，而无论目标是驻留在哪台机器上。

(5) 融入了面向对象技术。在设计微内核 OS 时采用了面向对象的技术，其中的"封装"，"继承"，"对象类"和"多态性"，以及在对象之间采用消息传递机制等，都十分有利于提高系统的正确性、可靠性、易修改性、易扩展性等，而且还能显著地减少开发系统所付出的开销。

4. 微内核操作系统存在的问题

应当指出，在微内核操作系统中，由于采用了非常小的内核，客户/服务器模式和消息传递机制虽给微内核操作系统带来了许多优点，但由此也使微内核 OS 存在着潜在缺点，其中最主要的是，较之早期的操作系统，微内核操作系统的运行效率有所降低。

效率降低最主要的原因是，在完成一次客户对操作系统提出的服务请求时，需要利用消息实现多次交互和进行用户/内核模式与上下文的多次切换。然而，在早期的 OS 中，用户进程在请求取得 OS 服务时，一般只需进行两次上下文的切换：一次是在执行系统调用后由用户态转向系统态时；另一次是在系统完成用户请求的服务后，由系统态返回用户态时。

在微内核 OS 中，由于客户和服务器、服务器和服务器之间的通信都需通过微内核，致使同样的服务请求至少需要进行四次上下文切换。第一次是发生在客户发送请求消息给内核，以请求取得某服务器特定的服务时；第二次是发生在由内核把客户的请求消息发往服务器时；第三次是当服务器完成客户请求后，把响应消息发送到内核时；第四次是在内核将响应消息发送给客户时。

实际情况是往往还会引起更多的上下文切换。例如，当某个服务器自身尚无能力完成客户请求而需要其它服务器的帮助时，如图 1-12 所示，其中的文件服务器还需要磁盘服务器的帮助，这时就需要进行 8 次上下文的切换。

(a) 在整体式内核文件操作中的上下文切换

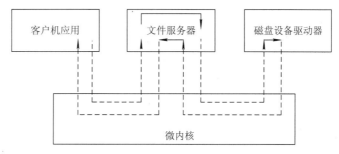

(b) 在微内核中等价操作的上下文切换

图 1-12　在传统 OS 和微内核 OS 中的上下文切换

为了改善运行效率，可以重新把一些常用的操作系统基本功能由服务器移入微内核中。这样可使客户对常用操作系统功能的请求所发生的用户/内核模式和上下文的切换的次数由四次或八次降为两次。但这又会使微内核的容量明显地增大，在小型接口定义和适应性方面的优点也有所下降，并提高了微内核的设计代价。

 习　　题 ▶▶▶▶

1. 设计现代 OS 的主要目标是什么？
2. OS 的作用可表现在哪几个方面？
3. 为什么说操作系统实现了对计算机资源的抽象？
4. 试说明推动多道批处理系统形成和发展的主要动力是什么。
5. 何谓脱机 I/O 和联机 I/O？
6. 试说明推动分时系统形成和发展的主要动力是什么。
7. 实现分时系统的关键问题是什么？应如何解决？

8. 为什么要引入实时操作系统?

9. 什么是硬实时任务和软实时任务? 试举例说明。

10. 试从交互性、及时性以及可靠性方面将分时系统与实时系统进行比较。

11. OS 有哪几大特征? 其最基本的特征是什么?

12. 在多道程序技术的 OS 环境下的资源共享与一般情况下的资源共享有何不同? 对独占资源应采取何种共享方式?

13. 什么是时分复用技术? 举例说明它能提高资源利用率的根本原因是什么。

14. 是什么原因使操作系统具有异步性特征?

15. 处理机管理有哪些主要功能? 其主要任务是什么?

16. 内存管理有哪些主要功能? 其主要任务是什么?

17. 设备管理有哪些主要功能? 其主要任务是什么?

18. 文件管理有哪些主要功能? 其主要任务是什么?

19. 试说明推动传统 OS 演变为现代 OS 的主要因素是什么?

20. 什么是微内核 OS?

21. 微内核操作系统具有哪些优点? 它为何能有这些优点?

22. 现代操作系统较之传统操作系统又增加了哪些功能和特征?

23. 在微内核 OS 中, 为什么要采用客户/服务器模式?

24. 在基于微内核结构的 OS 中, 应用了哪些新技术?

25. 何谓微内核技术? 在微内核中通常提供了哪些功能?

第二章 ◇◇◇◇◇

〖进程的描述与控制〗

在传统的操作系统中，为了提高资源利用率和系统吞吐量，通常采用多道程序技术，将多个程序同时装入内存，并使之并发运行，传统意义上的程序不再能独立运行。此时，作为资源分配和独立运行的基本单位都是进程。操作系统所具有的四大特征也都是基于进程而形成的，并从进程的角度对操作系统进行研究。可见，在操作系统中，进程是一个极其重要的概念。因此，本章专门对进程进行详细阐述。

2.1 前趋图和程序执行

在早期未配置 OS 的系统和单道批处理系统中，程序的执行方式是顺序执行，即在内存中仅装入一道用户程序，由它独占系统中的所有资源，只有在一个用户程序执行完成后，才允许装入另一个程序并执行。可见，这种方式浪费资源、系统运行效率低等缺点。而在多道程序系统中，由于内存中可以同时装入多个程序，使它们共享系统资源，并发执行，显然可以克服上述缺点。程序的这两种执行方式间有着显著的不同，尤其是考虑到程序并发执行时的特征，才导致了在操作系统中引入进程的概念。因此，这里有必要先对程序的顺序和并发执行方式做简单的描述。

2.1.1 前趋图

为了能更好地描述程序的顺序和并发执行情况，我们先介绍用于描述程序执行先后顺序的前趋图。所谓前趋图(Precedence Graph)，是指一个有向无循环图，可记为 DAG(Directed Acyclic Graph)，它用于描述进程之间执行的先后顺序。图中的每个结点可用来表示一个进程或程序段，乃至一条语句，结点间的有向边则表示两个结点之间存在的偏序(Partial Order)或前趋关系(Precedence Relation)。

进程(或程序)之间的前趋关系可用"→"来表示，如果进程 P_i 和 P_j 存在着前趋关系，可表示为$(P_i, P_j)\in\rightarrow$，也可写成 $P_i\rightarrow P_j$，表示在 P_j 开始执行之前 P_i 必须完成。此时称 P_i 是 P_j 的直接前趋，而称 P_j 是 P_i 的直接后继。在前趋图中，把没有前趋的结点称为初始结点(Initial Node)，把没有后继的结点称为终止结点(Final Node)。此外，每个结点还具有一个重量(Weight)，用于表示该结点所含有的程序量或程序的执行时间。在图 2-1(a)所示的前趋图中，存在着如下前趋关系：

$P_1{\rightarrow}P_2$，$P_1{\rightarrow}P_3$，$P_1{\rightarrow}P_4$，$P_2{\rightarrow}P_5$，$P_3{\rightarrow}P_5$，$P_4{\rightarrow}P_6$，$P_4{\rightarrow}P_7$，$P_5{\rightarrow}P_8$，$P_6{\rightarrow}P_8$，$P_7{\rightarrow}P_9$，$P_8{\rightarrow}P_9$
或表示为：

$P = \{P_1, P_2, P_3, P_4, P_5, P_6, P_7, P_8, P_9\}$

$= \{(P_1,P_2), (P_1,P_3), (P_1,P_4), (P_2,P_5), (P_3,P_5), (P_4,P_6), (P_4,P_7), (P_5,P_8), (P_6,P_8), (P_7,P_9), (P_8,P_9)\}$

应当注意，前趋图中是不允许有循环的，否则必然会产生不可能实现的前趋关系。如图 2-1(b)所示的非前趋关系中就存在着循环。它一方面要求在 S3 开始执行之前，S2 必须完成，另一方面又要求在 S2 开始执行之前，S3 必须完成。显然，这种关系是不可能实现的。

$$S_2{\rightarrow}S_3, \quad S_3{\rightarrow}S_2$$

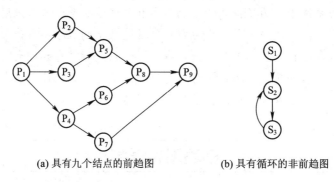

(a) 具有九个结点的前趋图　　　　　　(b) 具有循环的非前趋图

图 2-1　前趋图

◄ 2.1.2　程序顺序执行

1. 程序的顺序执行

通常，一个应用程序由若干个程序段组成，每一个程序段完成特定的功能，它们在执行时，都需要按照某种先后次序顺序执行，仅当前一程序段执行完后，才运行后一程序段。例如，在进行计算时，应先运行输入程序，用于输入用户的程序和数据；然后运行计算程序，对所输入的数据进行计算；最后才是运行打印程序，打印计算结果。我们用结点(Node)代表各程序段的操作(在图 2-1 中用圆圈表示)，其中 I 代表输入操作，C 代表计算操作，P 为打印操作，用箭头指示操作的先后次序。这样，上述的三个程序段间就存在着这样的前趋关系：$I_i{\rightarrow}C_i{\rightarrow}P_i$，其执行的顺序可用前趋图 2-2(a)描述。

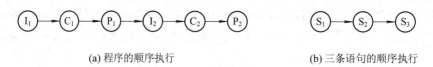

(a) 程序的顺序执行　　　　　　　　　　(b) 三条语句的顺序执行

图 2-2　程序顺序执行的前趋图

即使是一个程序段，也可能存在着执行顺序问题，下面示出了一个包含了三条语句的程序段：

S_1: a = x+y;

S_2: b = a-5;

S_3: c = b+1;

其中，语句 S_2 必须在语句 S_1 后(即 a 被赋值)才能执行，语句 S_3 也只能在 b 被赋值后才能执行，因此，三条语句存在着这样的前趋关系：$S_1 \rightarrow S_2 \rightarrow S_3$，应按前趋图 2-2(b)所示的顺序执行。

2. 程序顺序执行时的特征

由上所述可以得知，在程序顺序执行时，具有这样三个特征：① 顺序性：指处理机严格地按照程序所规定的顺序执行，即每一操作必须在下一个操作开始之前结束；② 封闭性：指程序在封闭的环境下运行，即程序运行时独占全机资源，资源的状态(除初始状态外)只有本程序才能改变它，程序一旦开始执行，其执行结果不受外界因素影响；③ 可再现性：指只要程序执行时的环境和初始条件相同，当程序重复执行时，不论它是从头到尾不停顿地执行，还是"停停走走"地执行，都可获得相同的结果。程序顺序执行时的这种特性，为程序员检测和校正程序的错误带来了很大的方便。

◀ 2.1.3　程序并发执行

程序顺序执行时，虽然可以给程序员带来方便，但系统资源的利用率却很低。为此，在系统中引入了多道程序技术，使程序或程序段间能并发执行。然而，并非所有的程序都能并发执行。事实上，只有在不存在前趋关系的程序之间才有可能并发执行，否则无法并发执行。

1. 程序的并发执行

我们通过一个常见的例子来说明程序的顺序执行和并发执行。在图 2-2 中的输入程序、计算程序和打印程序三者之间，存在着 $I_i \rightarrow C_i \rightarrow P_i$ 这样的前趋关系，以至对一个作业的输入、计算和打印三个程序段必须顺序执行。但若是对一批作业进行处理时，每道作业的输入、计算和打印程序段的执行情况如图 2-3 所示。输入程序(I_1)在输入第一次数据后，由计算程序(C_1)对该数据进行计算的同时，输入程序(I_2)可再输入第二次数据，从而使第一个计算程序(C_1)可与第二个输入程序(I_2)并发执行。事实上，正是由于 C_1 和 I_2 之间并不存在前趋关系，因此它们之间可以并发执行。一般来说，输入程序(I_{i+1})在输入第 i + 1 次数据时，计算程序(C_i)可能正在对程序(I_i)的第 i 次输入的数据进行计算，而打印程序(P_{i-1})正在打印程序(C_{i-1})的计算结果。

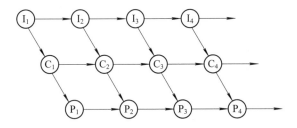

图 2-3　程序并发执行时的前趋图

由图 2-3 可以看出，存在前趋关系 $I_i \rightarrow C_i$，$I_i \rightarrow I_{i+1}$，$C_i \rightarrow P_i$，$C_i \rightarrow C_{i+1}$，$P_i \rightarrow P_{i+1}$，而 I_{i+1} 和 C_i 及 P_{i-1} 是重叠的，即在 P_{i-1} 和 C_i 以及 I_{i+1} 之间，不存在前趋关系，可以并发执行。

对于具有下述四条语句的程序段：

S_1: a = x+2

$S_2: b = y+4$

$S_3: c = a+b$

$S_4: d = c+b$

可画出图 2-4 所示的前趋关系。可以看出：S_3 必须在 a 和 b 被赋值后方能执行；S_4 必须在 S_3 之后执行；但 S_1 和 S_2 则可以并发执行，因为它们彼此互不依赖。

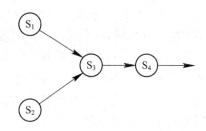

图 2-4　四条语句的前趋关系

2. 程序并发执行时的特征

在引入了程序间的并发执行功能后，虽然提高了系统的吞吐量和资源利用率，但由于它们共享系统资源，以及它们为完成同一项任务而相互合作，致使在这些并发执行的程序之间必将形成相互制约的关系，由此会给程序并发执行带来新的特征。

(1) 间断性。程序在并发执行时，由于它们共享系统资源，以及为完成同一项任务而相互合作，致使在这些并发执行的程序之间形成了相互制约的关系。例如，图 2-3 中的 I、C 和 P 是三个相互合作的程序，当计算程序完成 C_{i-1} 的计算后，如果输入程序 I_i 尚未完成数据的输入，则计算程序 C_i 就无法进行数据处理，必须暂停运行。只有当使程序暂停的因素消失后(如 I_i 已完成数据输入)，计算程序 C_i 便可恢复执行。由此可见，相互制约将导致并发程序具有"执行——暂停——执行"这种间断性的活动规律。

(2) 失去封闭性。当系统中存在着多个可以并发执行的程序时，系统中的各种资源将为它们所共享，而这些资源的状态也由这些程序来改变，致使其中任一程序在运行时，其环境都必然会受到其它程序的影响。例如，当处理机已被分配给某个进程运行时，其它程序必须等待。显然，程序的运行已失去了封闭性。

(3) 不可再现性。程序在并发执行时，由于失去了封闭性，也将导致其又失去可再现性。例如，有两个循环程序 A 和 B，它们共享一个变量 N。程序 A 每执行一次时，都要做 $N = N+1$ 操作；程序 B 每执行一次时，都要执行 Print(N)操作，然后再将 N 置成"0"。程序 A 和 B 以不同的速度运行。这样，可能出现下述三种情况(假定某时刻变量 N 的值为 n)：① $N = N+1$ 在 Print(N)和 $N = 0$ 之前，此时得到的 N 值分别为 $n+1$，$n+1$，0。② $N = N+1$ 在 Print(N)和 $N = 0$ 之后，此时得到的 N 值分别为 n，0，1。③ $N = N+1$ 在 Print(N)和 $N = 0$ 之间，此时得到的 N 值分别为 n，$n+1$，0。

上述情况说明，程序在并发执行时，由于失去了封闭性，其计算结果必将与并发程序的执行速度有关，从而使程序的执行失去了可再现性。换而言之，程序经过多次执行后，虽然它们执行时的环境和初始条件相同，但得到的结果却各不相同。

2.2 进程的描述

◄ 2.2.1 进程的定义和特征

1. 进程的定义

在多道程序环境下，程序的执行属于并发执行，此时它们将失去其封闭性，并具有间断性，以及其运行结果不可再现性的特征。由此，决定了通常的程序是不能参与并发执行的，否则，程序的运行也就失去了意义。为了能使程序并发执行，并且可以对并发执行的程序加以描述和控制，人们引入了"进程"的概念。

为了使参与并发执行的每个程序(含数据)都能独立地运行，在操作系统中必须为之配置一个专门的数据结构，称为进程控制块(Process Control Block，PCB)。系统利用 PCB 来描述进程的基本情况和活动过程，进而控制和管理进程。这样，由程序段、相关的数据段和 PCB 三部分便构成了进程实体(又称进程映像)。一般情况下，我们把进程实体就简称为进程，例如，所谓创建进程，实质上是创建进程实体中的 PCB；而撤消进程，实质上是撤消进程的 PCB，本教材中也是如此。

对于进程的定义，从不同的角度可以有不同的定义，其中较典型的定义有：

(1) 进程是程序的一次执行。

(2) 进程是一个程序及其数据在处理机上顺序执行时所发生的活动。

(3) 进程是具有独立功能的程序在一个数据集合上运行的过程，它是系统进行资源分配和调度的一个独立单位。

在引入了进程实体的概念后，我们可以把传统 OS 中的进程定义为："进程是进程实体的运行过程，是系统进行资源分配和调度的一个独立单位。"

2. 进程的特征

进程和程序是两个截然不同的概念，除了进程具有程序所没有的 PCB 结构外，还具有下面一些特征：

(1) 动态性。进程的实质是进程实体的执行过程，因此，动态性就是进程的最基本的特征。动态性还表现在："它由创建而产生，由调度而执行，由撤消而消亡。"可见，进程实体有一定的生命期，而程序则只是一组有序指令的集合，并存放于某种介质上，其本身并不具有活动的含义，因而是静态的。

(2) 并发性。是指多个进程实体同存于内存中，且能在一段时间内同时运行。引入进程的目的也正是为了使其进程实体能和其它进程实体并发执行。因此，并发性是进程的另一重要特征，同时也成为 OS 的重要特征。而程序(没有建立 PCB)是不能参与并发执行的。

(3) 独立性。在传统的 OS 中，独立性是指进程实体是一个能独立运行、独立获得资源和独立接受调度的基本单位。凡未建立 PCB 的程序都不能作为一个独立的单位参与运行。

(4) 异步性，是指进程是按异步方式运行的，即按各自独立的、不可预知的速度向前推进。正是源于此因，才导致了传统意义上的程序若参与并发执行，会产生其结果的不可再现性。为使进程在并发运行时虽具有异步性，但仍能保证进程并发执行的结果是可再现的，在 OS 中引进了进程的概念，并且配置相应的进程同步机制。

◀ 2.2.2 进程的基本状态及转换

1. 进程的三种基本状态

由于多个进程在并发执行时共享系统资源，致使它们在运行过程中呈现间断性的运行规律，所以进程在其生命周期内可能具有多种状态。一般而言，每一个进程至少应处于以下三种基本状态之一：

(1) 就绪(Ready)状态。这是指进程已处于准备好运行的状态，即进程已分配到除 CPU 以外的所有必要资源后，只要再获得 CPU，便可立即执行。如果系统中有许多处于就绪状态的进程，通常将它们按一定的策略(如优先级策略)排成一个队列，称该队列为就绪队列。

(2) 执行(Running)状态。这是指进程已获得 CPU，其程序正在执行的状态。对任何一个时刻而言，在单处理机系统中，只有一个进程处于执行状态，而在多处理机系统中，则有多个进程处于执行状态。

(3) 阻塞(Block)状态。这是指正在执行的进程由于发生某事件(如 I/O 请求、申请缓冲区失败等)暂时无法继续执行时的状态，亦即进程的执行受到阻塞。此时引起进程调度，OS 把处理机分配给另一个就绪进程，而让受阻进程处于暂停状态，一般将这种暂停状态称为阻塞状态，有时也称为等待状态或封锁状态。通常系统将处于阻塞状态的进程也排成一个队列，称该队列为阻塞队列。实际上，在较大的系统中，为了减少队列操作的开销，提高系统效率，根据阻塞原因的不同，会设置多个阻塞队列。

2. 三种基本状态的转换

进程在运行过程中会经常发生状态的转换。例如，处于就绪状态的进程，在调度程序为之分配了处理机之后便可执行，相应地，其状态就由就绪态转变为执行态；正在执行的进程(当前进程)如果因分配给它的时间片已完而被剥夺处理机暂停执行时，其状态便由执行转为就绪；如果因发生某事件，致使当前进程的执行受阻(例如进程访问某临界资源，而该资源正被其它进程访问时)，使之无法继续执行，则该进程状态将由执行转变为阻塞。图2-5 示出了进程的三种基本状态，以及各状态之间的转换关系。

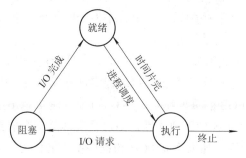

图 2-5　进程的三种基本状态及其转换

3. 创建状态和终止状态

为了满足进程控制块对数据及操作的完整性要求以及增强管理的灵活性，通常在系统中又为进程引入了两种常见的状态：创建状态和终止状态。

1) 创建状态

如前所述，进程是由创建而产生。创建一个进程是个很复杂的过程，一般要通过多个步骤才能完成：如首先由进程申请一个空白 PCB，并向 PCB 中填写用于控制和管理进程的信息；然后为该进程分配运行时所必须的资源；最后，把该进程转入就绪状态并插入就绪队列之中。但如果进程所需的资源尚不能得到满足，比如系统尚无足够的内存使进程无法装入其中，此时创建工作尚未完成，进程不能被调度运行，于是把此时进程所处的状态称为创建状态。

引入创建状态是为了保证进程的调度必须在创建工作完成后进行，以确保对进程控制块操作的完整性。同时，创建状态的引入也增加了管理的灵活性，OS 可以根据系统性能或主存容量的限制推迟新进程的提交(创建状态)。对于处于创建状态的进程，当其获得了所需的资源以及对其 PCB 的初始化工作完成后，便可由创建状态转入就绪状态。

2) 终止状态

进程的终止也要通过两个步骤：首先，是等待操作系统进行善后处理，最后将其 PCB 清零，并将 PCB 空间返还系统。当一个进程到达了自然结束点，或是出现了无法克服的错误，或是被操作系统所终结，或是被其他有终止权的进程所终结，它将进入终止状态。进入终止态的进程以后不能再执行，但在操作系统中依然保留一个记录，其中保存状态码和一些计时统计数据，供其他进程收集。一旦其他进程完成了对其信息的提取之后，操作系统将删除该进程，即将其 PCB 清零，并将该空白 PCB 返还系统。图 2-6 示出了增加了创建状态和终止状态后进程的五种状态及转换关系图。

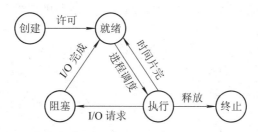

图 2-6　进程的五种基本状态及转换

◀ 2.2.3　挂起操作和进程状态的转换

在许多系统中，进程除了就绪、执行和阻塞三种最基本的状态外，为了系统和用户观察和分析进程的需要，还引入了一个对进程的重要操作——挂起操作。当该操作作用于某个进程时，该进程将被挂起，意味着此时该进程处于静止状态。如果进程正在执行，它将暂停执行。若原本处于就绪状态，则该进程此时暂不接受调度。与挂起操作对应的操作是激活操作。

1. 挂起操作的引入

引入挂起操作的原因，是基于系统和用户的如下需要：

(1) 终端用户的需要。当终端用户在自己的程序运行期间发现有可疑问题，希望暂停自己的程序的运行，使之停止下来，以便用户研究其执行情况或对程序进行修改。

(2) 父进程请求。有时父进程希望挂起自己的某个子进程，以便考查和修改该子进程，或者协调各子进程间的活动。

(3) 负荷调节的需要。当实时系统中的工作负荷较重，已可能影响到对实时任务的控制时，可由系统把一些不重要的进程挂起，以保证系统能正常运行。

(4) 操作系统的需要。操作系统有时希望挂起某些进程，以便检查运行中的资源使用情况或进行记账。

2. 引入挂起原语操作后三个进程状态的转换

在引入挂起原语 Suspend 和激活原语 Active 后，在它们的作用下，进程将可能发生以下几种状态的转换：

(1) 活动就绪→静止就绪。当进程处于未被挂起的就绪状态时，称此为活动就绪状态，表示为 Readya，此时进程可以接受调度。当用挂起原语 Suspend 将该进程挂起后，该进程便转变为静止就绪状态，表示为 Readys，处于 Readys 状态的进程不再被调度执行。

(2) 活动阻塞→静止阻塞。当进程处于未被挂起的阻塞状态时，称它是处于活动阻塞状态，表示为 Blockeda。当用 Suspend 原语将它挂起后，进程便转变为静止阻塞状态，表示为 Blockeds。处于该状态的进程在其所期待的事件出现后，它将从静止阻塞变为静止就绪 Readys 状态。

(3) 静止就绪→活动就绪。处于 Readys 状态的进程若用激活原语 Active 激活后，该进程将转变为 Readya 状态。

(4) 静止阻塞→活动阻塞。处于 Blockeds 状态的进程若用激活原语 Active 激活后，进程将转变为 Blockeda 状态。图 2-7 示出了具有挂起状态的进程状态图。

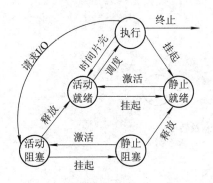

图 2-7　具有挂起状态的进程状态图

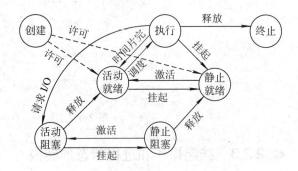

图 2-8　具有创建、终止和挂起状态的进程状态图

3. 引入挂起操作后五个进程状态的转换

如图 2-8 示出了增加了创建状态和终止状态后具有挂起状态的进程状态及转换图。

如图 2-8 所示，引进创建和终止状态后，在进程状态转换时，与图 2-7 所示的进程五状态转换相比较，要增加考虑下面的几种情况：

(1) NULL→创建：一个新进程产生时，该进程处于创建状态。

(2) 创建→活动就绪：在当前系统的性能和内存的容量均允许的情况下，完成对进程创建的必要操作后，相应的系统进程将进程的状态转换为活动就绪状态。

(3) 创建→静止就绪：考虑到系统当前资源状况和性能的要求，不分配给新建进程所需资源，主要是主存，相应的系统将进程状态转为静止就绪状态，被安置在外存，不参与调度，此时进程创建工作尚未完成。

(4) 执行→终止：当一个进程已完成任务时，或是出现了无法克服的错误，或是被 OS 或是被其他进程所终结，此时将进程的状态转换为终止状态。

◄ 2.2.4　进程管理中的数据结构

如第一章 1.1 节所述，一方面，为了便于对计算机中的各类资源(包括硬件和信息)的使用和管理，OS 将它们抽象为相应的各种数据结构，以及提供一组对资源进行操作的命令，用户可利用这些数据结构及操作命令来执行相关的操作，而无需关心其实现的具体细节。另一方面，操作系统作为计算机资源的管理者，尤其是为了协调诸多用户对系统中共享资源的使用，它还必须记录和查询各种资源的使用及各类进程运行情况的信息。OS 对于这些信息的组织和维护也是通过建立和维护各种数据结构的方式来实现的。

1. 操作系统中用于管理控制的数据结构

在计算机系统中，对于每个资源和每个进程都设置了一个数据结构，用于表征其实体，我们称之为资源信息表或进程信息表，其中包含了资源或进程的标识、描述、状态等信息以及一批指针。通过这些指针，可以将同类资源或进程的信息表，或者同一进程所占用的资源信息表分类链接成不同的队列，便于操作系统进行查找。如图 2-9 所示，OS 管理的这些数据结构一般分为以下四类：内存表、设备表、文件表和用于进程管理的进程表，通常进程表又被称为进程控制块 PCB。本节着重介绍 PCB，其它的表将在后面的章节中陆续介绍。

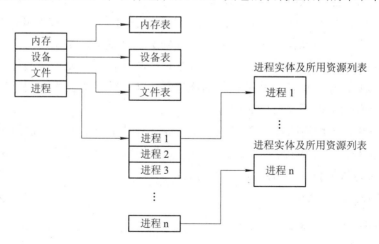

图 2-9　操作系统控制表的一般结构

2. 进程控制块 PCB 的作用

为了便于系统描述和管理进程的运行，在 OS 的核心为每个进程专门定义了一个数据结构——进程控制块 PCB(Process Control Block)。PCB 作为进程实体的一部分，记录了操作系统所需的，用于描述进程的当前情况以及管理进程运行的全部信息，是操作系统中最重要的记录型数据结构。

PCB 的作用是使一个在多道程序环境下不能独立运行的程序(含数据)成为一个能独立运行的基本单位，一个能与其他进程并发执行的进程。下面对 PCB 的具体作用做进一步的阐述：

(1) 作为独立运行基本单位的标志。当一个程序(含数据)配置了 PCB 后，就表示它已是一个能在多道程序环境下独立运行的、合法的基本单位，也就具有取得 OS 服务的权利，如打开文件系统中的文件，请求获得系统中的 I/O 设备，以及与其它相关进程进行通信等。因此，当系统创建一个新进程时，就为它建立了一个 PCB。进程结束时又回收其 PCB，进程于是也随之消亡。系统是通过 PCB 感知进程的存在的。事实上，PCB 已成为进程存在于系统中的唯一标志。

(2) 能实现间断性运行方式。在多道程序环境下，程序是采用停停走走间断性的运行方式运行的。当进程因阻塞而暂停运行时，它必须保留自己运行时的 CPU 现场信息，再次被调度运行时，还需要恢复其 CPU 现场信息。在有了 PCB 后，系统就可将 CPU 现场信息保存在被中断进程的 PCB 中，供该进程再次被调度执行时恢复 CPU 现场时使用。由此，可再次明确，在多道程序环境下，作为传统意义上的静态程序，因其并不具有保护或保存自己运行现场的手段，无法保证其运行结果的可再现性，从而失去运行的意义。

(3) 提供进程管理所需要的信息。当调度程序调度到某进程运行时，只能根据该进程 PCB 中记录的程序和数据在内存或外存中的始址指针，找到相应的程序和数据；在进程运行过程中，当需要访问文件系统中的文件或 I/O 设备时，也都需要借助于 PCB 中的信息。另外，还可根据 PCB 中的资源清单了解到该进程所需的全部资源等。可见，在进程的整个生命期中，操作系统总是根据 PCB 实施对进程的控制和管理。

(4) 提供进程调度所需要的信息。只有处于就绪状态的进程才能被调度执行，而在 PCB 中就提供了进程处于何种状态的信息。如果进程处于就绪状态，系统便将它插入到进程就绪队列中，等待着调度程序的调度；另外在进行调度时往往还需要了解进程的其他信息，如在优先级调度算法中，就需要知道进程的优先级。在有些较为公平的调度算法中，还需要知道进程的等待时间和已执行的时间等。

(5) 实现与其它进程的同步与通信。进程同步机制是用于实现诸进程的协调运行的，在采用信号量机制时，它要求在每个进程中都设置有相应的用于同步的信号量。在 PCB 中还具有用于实现进程通信的区域或通信队列指针等。

3. 进程控制块中的信息

在进程控制块中，主要包括下述四个方面的信息。

1) 进程标识符

进程标识符用于唯一地标识一个进程。一个进程通常有两种标识符：

(1) 外部标识符。为了方便用户(进程)对进程的访问，须为每一个进程设置一个外部标识符。它是由创建者提供的，通常由字母、数字组成。为了描述进程的家族关系，还应设置父进程标识及子进程标识。此外，还可设置用户标识，以指示拥有该进程的用户。

(2) 内部标识符。为了方便系统对进程的使用，在 OS 中又为进程设置了内部标识符，即赋予每一个进程一个唯一的数字标识符，它通常是一个进程的序号。

2) 处理机状态

处理机状态信息也称为处理机的上下文，主要是由处理机的各种寄存器中的内容组成的。这些寄存器包括：① 通用寄存器，又称为用户可视寄存器，它们是用户程序可以访问的，用于暂存信息，在大多数处理机中，有 8~32 个通用寄存器，在 RISC 结构的计算机中可超过 100 个；② 指令计数器，其中存放了要访问的下一条指令的地址；③ 程序状态字 PSW，其中含有状态信息，如条件码、执行方式、中断屏蔽标志等；④ 用户栈指针，指每个用户进程都有一个或若干个与之相关的系统栈，用于存放过程和系统调用参数及调用地址。栈指针指向该栈的栈顶。处理机处于执行状态时，正在处理的许多信息都是放在寄存器中。当进程被切换时，处理机状态信息都必须保存在相应的 PCB 中，以便在该进程重新执行时能再从断点继续执行。

3) 进程调度信息

在 OS 进行调度时，必须了解进程的状态及有关进程调度的信息，这些信息包括：① 进程状态，指明进程的当前状态，它是作为进程调度和对换时的依据；② 进程优先级，是用于描述进程使用处理机的优先级别的一个整数，优先级高的进程应优先获得处理机；③ 进程调度所需的其它信息，它们与所采用的进程调度算法有关，比如，进程已等待 CPU 的时间总和、进程已执行的时间总和等；④ 事件，是指进程由执行状态转变为阻塞状态所等待发生的事件，即阻塞原因。

4) 进程控制信息

是指用于进程控制所必须的信息，它包括：① 程序和数据的地址，进程实体中的程序和数据的内存或外存地(首)址，以便再调度到该进程执行时，能从 PCB 中找到其程序和数据；② 进程同步和通信机制，这是实现进程同步和进程通信时必需的机制，如消息队列指针、信号量等，它们可能全部或部分地放在 PCB 中；③ 资源清单，在该清单中列出了进程在运行期间所需的全部资源(除 CPU 以外)，另外还有一张已分配到该进程的资源的清单；④ 链接指针，它给出了本进程(PCB)所在队列中的下一个进程的 PCB 的首地址。

4. 进程控制块的组织方式

在一个系统中，通常可拥有数十个、数百个乃至数千个 PCB。为了能对它们加以有效的管理，应该用适当的方式将这些 PCB 组织起来。目前常用的组织方式有以下三种。

(1) 线性方式，即将系统中所有的 PCB 都组织在一张线性表中，将该表的首址存放在内存的一个专用区域中。该方式实现简单、开销小，但每次查找时都需要扫描整张表，因此适合进程数目不多的系统。图 2-10 示出了线性表的 PCB 组织方式。

(2) 链接方式，即把具有相同状态进程的 PCB 分别通过 PCB 中的链接字链接成一个队列。这样，可以形成就绪队列、若干个阻塞队列和空白队列等。对就绪队列而言，往往按进程的优先级将 PCB 从高到低进行排列，将优先级高的进程 PCB 排在队列的前面。同样，也可把处于阻塞状态进程的 PCB 根据其阻塞原因的不同，排成多个阻塞队列，如等待 I/O 操作完成的队列和等待分配内存的队列等。图 2-11 示出了一种链接队列的组织方式。

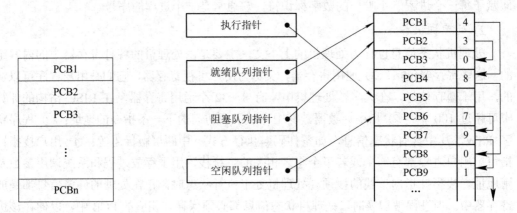

图 2-10   PCB 线性表示意图   图 2-11   PCB 链接队列示意图

(3) 索引方式，即系统根据所有进程状态的不同，建立几张索引表，例如，就绪索引表、阻塞索引表等，并把各索引表在内存的首地址记录在内存的一些专用单元中。在每个索引表的表目中，记录具有相应状态的某个 PCB 在 PCB 表中的地址。图 2-12 示出了索引方式的 PCB 组织。

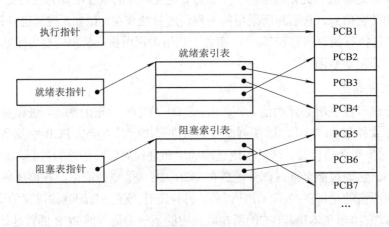

图 2-12   按索引方式组织 PCB

2.3 进程控制

进程控制是进程管理中最基本的功能，主要包括创建新进程、终止已完成的进程、将因发生异常情况而无法继续运行的进程置于阻塞状态、负责进程运行中的状态转换等功能。如当一个正在执行的进程因等待某事件而暂时不能继续执行时，将其转变为阻塞状态，而在该进程所期待的事件出现后，又将该进程转换为就绪状态等。进程控制一般是由 OS 的内核中的原语来实现的。

◀ 2.3.1　操作系统内核

现代操作系统一般将 OS 划分为若干层次,再将 OS 的不同功能分别设置在不同的层次中。通常将一些与硬件紧密相关的模块(如中断处理程序等)、各种常用设备的驱动程序以及运行频率较高的模块(如时钟管理、进程调度和许多模块所公用的一些基本操作),都安排在紧靠硬件的软件层次中,将它们常驻内存,即通常被称为的 OS 内核。这种安排方式的目的在于两方面:一是便于对这些软件进行保护,防止遭受其他应用程序的破坏;二是可以提高 OS 的运行效率。

相对应的是,为了防止 OS 本身及关键数据(如 PCB 等)遭受到应用程序有意或无意的破坏,通常也将处理机的执行状态分成系统态和用户态两种:① 系统态:又称为管态,也称为内核态。它具有较高的特权,能执行一切指令,访问所有寄存器和存储区,传统的 OS 都在系统态运行。② 用户态:又称为目态。它是具有较低特权的执行状态,仅能执行规定的指令,访问指定的寄存器和存储区。一般情况下,应用程序只能在用户态运行,不能去执行 OS 指令及访问 OS 区域,这样可以防止应用程序对 OS 的破坏。

总体而言,不同类型和规模的 OS,它们的内核所包含的功能间存在着一定的差异,但大多数 OS 内核都包含了以下两大方面的功能:

1. 支撑功能

该功能是提供给 OS 其它众多模块所需要的一些基本功能,以便支撑这些模块工作。其中三种最基本的支撑功能是:中断处理、时钟管理和原语操作。

(1) 中断处理。中断处理是内核最基本的功能,是整个操作系统赖以活动的基础,OS 中许多重要的活动,如各种类型的系统调用、键盘命令的输入、进程调度、设备驱动等,无不依赖于中断。通常,为减少处理机中断的时间,提高程序执行的并发性,内核在对中断进行"有限处理"后,便转入相关的进程,由这些进程继续完成后续的处理工作。

(2) 时钟管理。时钟管理是内核的一项基本功能,在 OS 中的许多活动都需要得到它的支撑,如在时间片轮转调度中,每当时间片用完时,便由时钟管理产生一个中断信号,促使调度程序重新进行调度。同样,在实时系统中的截止时间控制、批处理系统中的最长运行时间控制等,也无不依赖于时钟管理功能。

(3) 原语操作。所谓原语(Primitive),就是由若干条指令组成的,用于完成一定功能的一个过程。它与一般过程的区别在于:它们是"原子操作(Action Operation)"。所谓原子操作是指,一个操作中的所有动作要么全做,要么全不做。换言之,它是一个不可分割的基本单位。因此,原语在执行过程中不允许被中断。原子操作在系统态下执行,常驻内存。在内核中可能有许多原语,如用于对链表进行操作的原语、用于实现进程同步的原语等。

2. 资源管理功能

(1) 进程管理。在进程管理中,或者由于各个功能模块的运行频率较高,如进程的调度与分派、进程的创建与撤消等;或者由于它们为多种功能模块所需要,如用于实现进程同步的原语、常用的进程通信原语等。通常都将它们放在内核中,以提高 OS 的性能。

(2) 存储器管理。存储器管理软件的运行频率也比较高，如用于实现将用户空间的逻辑地址变换为内存空间的物理地址的地址转换机构、内存分配与回收的功能模块以及实现内存保护和对换功能的模块等。通常也将它们放在内核中，以保证存储器管理具有较高的运行速度。

(3) 设备管理。由于设备管理与硬件(设备)紧密相关，因此其中很大部分也都设置在内核中。如各类设备的驱动程序、用于缓和 CPU 与 I/O 速度不匹配矛盾的缓冲管理、用于实现设备分配和设备独立性功能的模块等。

◄ 2.3.2 进程的创建

1. 进程的层次结构

在 OS 中，允许一个进程创建另一个进程，通常把创建进程的进程称为父进程，而把被创建的进程称为子进程。子进程可继续创建更多的孙进程，由此便形成了一个进程的层次结构。如在 UNIX 中，进程与其子孙进程共同组成一个进程家族(组)。

了解进程间的这种关系是十分重要的。因为子进程可以继承父进程所拥有的资源，例如，继承父进程打开的文件，继承父进程所分配到的缓冲区等。当子进程被撤消时，应将其从父进程那里获得的资源归还给父进程。此外，在撤消父进程时，也必须同时撤消其所有的子进程。为了标识进程之间的家族关系，在 PCB 中设置了家族关系表项，以标明自己的父进程及所有的子进程。进程不能拒绝其子进程的继承权。

值得注意的是，在 Windows 中不存在任何进程层次结构的概念，所有的进程都具有相同的地位。如果一个进程创建另外的进程时创建进程获得了一个句柄，其作用相当于一个令牌，可以用来控制被创建的进程。但是，这个句柄是可以进行传递的，也就是说，获得了句柄的进程就拥有控制其它进程的权力，因此，进程之间的关系不再是层次关系了，而是获得句柄与否、控制与被控制的简单关系。

2. 进程图

为了形象地描述一个进程的家族关系而引入了进程图(Process Graph)。所谓进程图就是用于描述进程间关系的一棵有向树，如图 2-13 所示。图中的结点代表进程。在进程 D 创建了进程 I 之后，称 D 是 I 的父进程(Parent Process)，I 是 D 的子进程(Progeny Process)。

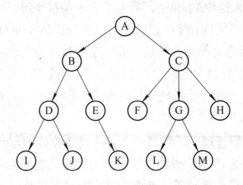

图 2-13　进程树

这里可用一条由进程 D 指向进程 I 的有向边来描述它们之间的父子关系。创建父进程的进程称为祖先进程，这样便形成了一棵进程树，把树的根结点作为进程家族的祖先(Ancestor)。

3. 引起创建进程的事件

为使程序之间能并发运行，应先为它们分别创建进程。导致一个进程去创建另一个进程的典型事件有四类：

(1) 用户登录。在分时系统中，用户在终端键入登录命令后，若登录成功，系统将为该用户建立一个进程，并把它插入就绪队列中。

(2) 作业调度。在多道批处理系统中，当作业调度程序按一定的算法调度到某个(些)作业时，便将它(们)装入内存，为它(们)创建进程，并把它(们)插入就绪队列中。

(3) 提供服务。当运行中的用户程序提出某种请求后，系统将专门创建一个进程来提供用户所需要的服务，例如，用户程序要求进行文件打印，操作系统将为它创建一个打印进程，这样不仅可使打印进程与该用户进程并发执行，而且还便于计算为完成打印任务所花费的时间。

(4) 应用请求。在上述三种情况下，都是由系统内核为用户创建一个新进程；而这类事件则是由用户进程自己创建新进程，以便使新进程以同创建者进程并发运行的方式完成特定任务。例如，某用户程序需要不断地先从键盘终端读入数据，继而再对输入数据进行相应的处理，然后，再将处理结果以表格形式在屏幕上显示。该应用进程为使这几个操作能并发执行，以加速任务的完成，可以分别建立键盘输入进程、表格输出进程。

4. 进程的创建(Creation of Process)

在系统中每当出现了创建新进程的请求后，OS 便调用进程创建原语 Creat 按下述步骤创建一个新进程：

(1) 申请空白 PCB，为新进程申请获得唯一的数字标识符，并从 PCB 集合中索取一个空白 PCB。

(2) 为新进程分配其运行所需的资源，包括各种物理和逻辑资源，如内存、文件、I/O 设备和 CPU 时间等。这些资源或从操作系统或仅从其父进程获得。新进程对这些资源的需求详情一般也要提前告知操作系统或其父进程。例如，为新进程的程序和数据以及用户栈分配必要的内存空间时，操作系统必须知道新进程所需内存的大小：① 对于批处理作业，其大小可在用户提出创建进程要求时提供；② 若是为应用进程创建子进程，也应是在该进程提出创建进程的请求中给出所需内存的大小；③ 对于交互型作业，用户可以不给出内存要求而由系统分配一定的空间；如果新进程要共享某个已在内存的地址空间(即已装入内存的共享段)，则必须建立相应的链接。

(3) 初始化进程控制块(PCB)。PCB 的初始化包括： ① 初始化标识信息，将系统分配的标识符和父进程标识符填入新 PCB 中；② 初始化处理机状态信息，使程序计数器指向程序的入口地址，使栈指针指向栈顶；③ 初始化处理机控制信息，将进程的状态设置为就绪状态或静止就绪状态，对于优先级，通常是将它设置为最低优先级，除非用户以显式方式提出高优先级要求。

(4) 如果进程就绪队列能够接纳新进程，便将新进程插入就绪队列。

◀ 2.3.3 进程的终止

1. 引起进程终止(Termination of Process)的事件

(1) 正常结束，表示进程的任务已经完成，准备退出运行。在任何系统中，都应有一个用于表示进程已经运行完成的指示。在批处理系统中，通常会在程序的最后安排一条 Halt 指令，用于向 OS 表示运行已结束。当程序运行到 Halt 指令时，将产生一个中断，去通知 OS 本进程已经完成；在分时系统中，用户可利用 Logs off 去表示进程运行完毕，此时同样可产生一个中断，去通知 OS 进程已运行完毕。

(2) 异常结束，是指进程在运行时发生了某种异常事件，使程序无法继续运行。常见的异常事件有：① 越界错，这是指程序所访问的存储区，已越出该进程的区域；② 保护错，指进程试图去访问一个不允许访问的资源或文件，或者以不适当的方式进行访问，例如，进程试图去写一个只读文件；③ 非法指令，指程序试图去执行一条不存在的指令。出现该错误的原因可能是程序错误地转移到数据区，把数据当成了指令；④ 特权指令错，指用户进程试图去执行一条只允许 OS 执行的指令；⑤ 运行超时，指进程的执行时间超过了指定的最大值；⑥ 等待超时，指进程等待某事件的时间超过了规定的最大值；⑦ 算术运算错，指进程试图去执行一个被禁止的运算，例如，被 0 除；⑧ I/O 故障，这是指在 I/O 过程中发生了错误等。

(3) 外界干预，是指进程应外界的请求而终止运行。这些干预有：① 操作员或操作系统干预，指如果系统中发生了某事件，例如，发生了系统死锁，由操作员或操作系统采取终止某些进程的方式使系统从死锁状态中解救出来；② 父进程请求，指当子进程已完成父进程所要求的任务时，父进程可以提出请求结束该子进程；③ 因父进程终止，指当父进程终止时，它的所有子进程也都应当结束，因此，OS 在终止父进程的同时，也将它的所有子孙进程终止。

2. 进程的终止过程

如果系统中发生了要求终止进程的某事件，OS 便调用进程终止原语，按下述过程去终止指定的进程：

(1) 根据被终止进程的标识符，从 PCB 集合中检索出该进程的 PCB，从中读出该进程的状态；

(2) 若被终止进程正处于执行状态，应立即终止该进程的执行，并置调度标志为真，用于指示该进程被终止后应重新进行调度；

(3) 若该进程还有子孙进程，还应将其所有子孙进程也都予以终止，以防它们成为不可控的进程；

(4) 将被终止进程所拥有的全部资源或者归还给其父进程，或者归还给系统；

(5) 将被终止进程(PCB)从所在队列(或链表)中移出，等待其它程序来搜集信息。

◀ 2.3.4 进程的阻塞与唤醒

1. 引起进程阻塞和唤醒的事件

有下述几类事件会引起进程阻塞或被唤醒：

(1) 向系统请求共享资源失败。进程在向系统请求共享资源时，由于系统已无足够的资源分配给它，此时进程因不能继续运行而转变为阻塞状态。例如，一进程请求使用打印机，由于系统已将打印机分配给其它进程，已无可以再可分配的打印机，这时请求者进程只能被阻塞，仅在其它进程释放出打印机时，请求进程才被唤醒。

(2) 等待某种操作的完成。当进程启动某种操作后，如果该进程必须在该操作完成之后才能继续执行，则应先将该进程阻塞起来，以等待操作完成。例如，进程启动了某 I/O 设备，如果只有在 I/O 设备完成了指定的 I/O 操作任务后进程才能继续执行，则该进程在启动了 I/O 设备后便应自动进入阻塞状态去等待。在 I/O 操作完成后，再由中断处理程序将该进程唤醒。

(3) 新数据尚未到达。对于相互合作的进程，如果一个进程需要先获得另一进程提供的数据后才能对该数据进行处理，只要其所需数据尚未到达，进程便只有阻塞。例如，有两个进程，进程 A 用于输入数据，进程 B 对输入数据进行加工。假如 A 尚未将数据输入完毕，则进程 B 将因没有所需处理的数据而阻塞；一旦进程 A 把数据输入完毕，便可去唤醒进程 B。

(4) 等待新任务的到达。在某些系统中，特别是在网络环境下的 OS，往往设置一些特定的系统进程，每当这种进程完成任务后便把自己阻塞起来，等待新任务的到来。例如，在网络环境中的发送进程，其主要任务是发送数据包，若已有的数据包已全部发送完成，而又无新的数据包发送，这时发送进程将把自己阻塞起来；仅当有新的数据包到达时，才将发送进程唤醒。

2. 进程阻塞过程

正在执行的进程，如果发生了上述某事件，进程便通过调用阻塞原语 block 将自己阻塞。可见，阻塞是进程自身的一种主动行为。进入 block 过程后，由于该进程还处于执行状态，所以应先立即停止执行，把进程控制块中的现行状态由"执行"改为阻塞，并将 PCB 插入阻塞队列。如果系统中设置了因不同事件而阻塞的多个阻塞队列，则应将本进程插入到具有相同事件的阻塞队列。最后，转调度程序进行重新调度，将处理机分配给另一就绪进程，并进行切换，亦即，保留被阻塞进程的处理机状态，按新进程的 PCB 中的处理机状态设置 CPU 的环境。

3. 进程唤醒过程

当被阻塞进程所期待的事件发生时，比如它所启动的 I/O 操作已完成，或其所期待的数据已经到达，则由有关进程(比如提供数据的进程)调用唤醒原语 wakeup，将等待该事件的进程唤醒。wakeup 执行的过程是：首先把被阻塞的进程从等待该事件的阻塞队列中移出，将其 PCB 中的现行状态由阻塞改为就绪，然后再将该 PCB 插入到就绪队列中。

应当指出，block 原语和 wakeup 原语是一对作用刚好相反的原语。在使用它们时，必须成对使用，即如果在某进程中调用了阻塞原语，则必须在与之相合作的、或其它相关的进程中安排一条相应的唤醒原语，以便能唤醒被阻塞进程；否则，阻塞进程将会因不能被唤醒而永久地处于阻塞状态，再无机会继续运行。

◀ 2.3.5　进程的挂起与激活

1. 进程的挂起

当系统中出现了引起进程挂起的事件时，OS 将利用挂起原语 suspend 将指定进程或处于阻塞状态的进程挂起。suspend 的执行过程是：首先检查被挂起进程的状态，若处于活动就绪状态，便将其改为静止就绪；对于活动阻塞状态的进程，则将之改为静止阻塞；为了方便用户或父进程考查该进程的运行情况，而把该进程的 PCB 复制到某指定的内存区域；最后，若被挂起的进程正在执行，则转向调度程序重新调度。

2. 进程的激活过程

当系统中发生激活进程的事件时，OS 将利用激活原语 active，将指定进程激活。激活原语先将进程从外存调入内存，检查该进程的现行状态，若是静止就绪，便将之改为活动就绪；若为静止阻塞，便将之改为活动阻塞。假如采用的是抢占调度策略，则每当有静止就绪进程被激活而插入就绪队列时，便应检查是否要进行重新调度，即由调度程序将被激活的进程与当前进程两者的优先级进行比较，如果被激活进程的优先级低，就不必重新调度；否则，立即剥夺当前进程的运行，把处理机分配给刚刚被激活的进程。

2.4 进 程 同 步

在 OS 中引入进程后，一方面可以使系统中的多道程序并发执行，这不仅能有效地改善资源利用率，还可显著地提高系统的吞吐量，但另一方面却使系统变得更加复杂。如果不能采取有效的措施，对多个进程的运行进行妥善的管理，必然会因为这些进程对系统资源的无序争夺给系统造成混乱。致使每次处理的结果存在着不确定性，即显现出其不可再现性。

为保证多个进程能有条不紊地运行，在多道程序系统中，必须引入进程同步机制。在本章中，将详细介绍在单处理机系统中的进程同步机制——硬件同步机制、信号量机制、管程机制等，利用它们来保证程序执行的可再现性。

◀ 2.4.1 进程同步的基本概念

进程同步机制的主要任务，是对多个相关进程在执行次序上进行协调，使并发执行的诸进程之间能按照一定的规则(或时序)共享系统资源，并能很好地相互合作，从而使程序的执行具有可再现性。

1. 两种形式的制约关系

在多道程序环境下，对于同处于一个系统中的多个进程，由于它们共享系统中的资源，或为完成某一任务而相互合作，它们之间可能存在着以下两种形式的制约关系：

1) 间接相互制约关系

多个程序在并发执行时，由于共享系统资源，如 CPU、I/O 设备等，致使在这些并发执行的程序之间形成相互制约的关系。对于像打印机、磁带机这样的临界资源，必须保证多个进程对之只能互斥地访问，由此，在这些进程间形成了源于对该类资源共享的所谓间接相互制约关系。为了保证这些进程能有序地运行，对于系统中的这类资源，必须由系统实施统一分配，即用户在要使用之前，应先提出申请，而不允许用户进程直接使用。

2) 直接相互制约关系

某些应用程序，为了完成某任务而建立了两个或多个进程。这些进程将为完成同一项任务而相互合作。进程间的直接制约关系就是源于它们之间的相互合作。例如，有两个相互合作的进程——输入进程 A 和计算进程 B，它们之间共享一个缓冲区。进程 A 通过缓冲向进程 B 提供数据。进程 B 从缓冲中取出数据，并对数据进行处理。但如果该缓冲空时，计算进程因不能获得所需数据而被阻塞。一旦进程 A 把数据输入缓冲区后便将进程 B 唤醒；反之，当缓冲区已满时，进程 A 因不能再向缓冲区投放数据而被阻塞，当进程 B 将缓冲区数据取走后便可唤醒 A。

在多道程序环境下，由于存在着上述两类相互制约关系，进程在运行过程中是否能获得处理机运行与以怎样的速度运行，并不能由进程自身所控制，此即进程的异步性。由此会产生对共享变量或数据结构等资源不正确的访问次序，从而造成进程每次执行结果的不一致。这种差错往往与时间有关，故称为"与时间有关的错误"。为了杜绝这种差错，必须对进程的执行次序进行协调，保证诸进程能按序执行。

2. 临界资源(Critical Resource)

在第一章中我们曾经介绍过，许多硬件资源如打印机、磁带机等，都属于临界资源，诸进程间应采取互斥方式，实现对这种资源的共享。下面我们将通过一个简单的例子来说明这一过程。

生产者-消费者(producer-consumer)问题是一个著名的进程同步问题。它描述的是：有一群生产者进程在生产产品，并将这些产品提供给消费者进程去消费。为使生产者进程与消费者进程能并发执行，在两者之间设置了一个具有 n 个缓冲区的缓冲池，生产者进程将其所生产的产品放入一个缓冲区中； 消费者进程可从一个缓冲区中取走产品去消费。尽管所有的生产者进程和消费者进程都是以异步方式运行的，但它们之间必须保持同步，既不允许消费者进程到一个空缓冲区去取产品，也不允许生产者进程向一个已装满产品且尚未被取走的缓冲区中投放产品。

我们可利用一个数组 buffer 来表示上述的具有 n 个缓冲区的缓冲池。每投入(或取出)一个产品时，缓冲池 buffer 中暂存产品(或已取走产品的空闲单元)的数组单元指针 in(或 out)加 1。由于这里由 buffer 组成的缓冲池是被组织成循环缓冲的，故应把输入指针 in(或输出指针 out)加 1，表示成 in = (in+1) % n(或 out = (out+1) % n)。当(in+1) % n = out 时表示缓冲池满；而 in = out 则表示缓冲池空。此外，还引入了一个整型变量 counter，其初始值为 0。每当生产者进程向缓冲池中投放(或取走)一个产品后，使 counter 加 1(或减 1)。生产者和消费者两进程共享下面的变量：

```
int in = 0, out = 0, count = 0;
item buffer[n];
```

指针 in 和 out 初始化为 0。在生产者进程中使用一局部变量 nextp，用于暂时存放每次刚刚生产出来的产品；而在消费者进程中，则使用一个局部变量 nextc，用于存放每次要消费的产品。

```
void producer(){
    while(1){
```

```
        produce an item in nextp;
        …
        while (counter == n)
        ;
        buffer[in] = nextp;
        in = (in+1) % n;
        counter++;
    }
};
void consumer()
{
    while(1){
        while (counter == 0)
        ;
        nextc = buffer[out];
        out = (out+1) % n;
        counter--;
        consumer the item in nextc;
        …
    }
};
```

虽然上面的生产者程序和消费者程序在分别看时都是正确的,而且两者在顺序执行时其结果也会是正确的,但若并发执行时就会出现差错,问题就在于这两个进程共享变量counter。生产者对它做加 1 操作,消费者对它做减 1 操作,这两个操作在用机器语言实现时,常可用下面的形式描述:

```
register1 = counter;            register2 = counter;
register1 = register1+1;        register2 = register2-1;
counter = register1;            counter = register2;
```

假设:counter 的当前值是 5。如果生产者进程先执行左列的三条机器语言语句,然后消费者进程再执行右列的三条语句,则最后共享变量 counter 的值仍为 5; 反之,如果让消费者进程先执行右列的三条语句,然后再让生产者进程执行左列的三条语句,counter 值也还是 5,但是,如果按下述顺序执行:

```
register1 = counter;            (register1 = 5)
register1 = register1+1;        (register1 = 6)
register2 = counter;            (register2 = 5)
register2 = register2-1;        (register2 = 4)
counter = register1;            (counter = 6)
```

```
                counter = register2;              (counter = 4)
```

正确的 counter 值应当是 5，但现在是 4。读者可以自己试试，倘若再将两段程序中各语句交叉执行的顺序改变，将可看到又可能得到 counter = 6 的答案，这表明程序的执行已经失去了再现性。为了预防产生这种错误，解决此问题的关键是应把变量 counter 作为临界资源处理，亦即，令生产者进程和消费者进程互斥地访问变量 counter。

3. 临界区(critical section)

由前所述可知，不论是硬件临界资源还是软件临界资源，多个进程必须互斥地对它进行访问。人们把在每个进程中访问临界资源的那段代码称为临界区(critical section)。显然，若能保证诸进程互斥地进入自己的临界区，便可实现诸进程对临界资源的互斥访问。为此，每个进程在进入临界区之前，应先对欲访问的临界资源进行检查，看它是否正被访问。如果此刻临界资源未被访问，进程便可进入临界区对该资源进行访问，并设置它正被访问的标志；如果此刻该临界资源正被某进程访问，则本进程不能进入临界区。因此，必须在临界区前面增加一段用于进行上述检查的代码，把这段代码称为进入区(entry section)。相应地，在临界区后面也要加上一段称为退出区(exit section)的代码，用于将临界区正被访问的标志恢复为未被访问的标志。进程中除上述进入区、临界区及退出区之外的其它部分的代码在这里都称为剩余区。这样，可把一个访问临界资源的循环进程描述如下：

```
        while(TURE)
        {
            进入区
            临界区
            退出区
            剩余区
        }
```

4. 同步机制应遵循的规则

为实现进程互斥地进入自己的临界区，可用软件方法，更多的是在系统中设置专门的同步机构来协调各进程间的运行。所有同步机制都应遵循下述四条准则：

(1) 空闲让进。当无进程处于临界区时，表明临界资源处于空闲状态，应允许一个请求进入临界区的进程立即进入自己的临界区，以有效地利用临界资源。

(2) 忙则等待。当已有进程进入临界区时，表明临界资源正在被访问，因而其它试图进入临界区的进程必须等待，以保证对临界资源的互斥访问。

(3) 有限等待。对要求访问临界资源的进程，应保证在有限时间内能进入自己的临界区，以免陷入"死等"状态。

(4) 让权等待。当进程不能进入自己的临界区时，应立即释放处理机，以免进程陷入"忙等"状态。

◀ 2.4.2　硬件同步机制

虽然可以利用软件方法解决诸进程互斥进入临界区的问题，但有一定难度，并且存在很大的局限性，因而现在已很少采用。相应地，目前许多计算机已提供了一些特殊的硬件指令，允许对一个字中的内容进行检测和修正，或者是对两个字的内容进行交换等。可利用这些特殊的指令来解决临界区问题。实际上，在对临界区进行管理时，可以将标志看做一个锁，"锁开"进入，"锁关"等待，初始时锁是打开的。每个要进入临界区的进程必须先对锁进行测试，当锁未开时，则必须等待，直至锁被打开。反之，当锁是打开的时候，则应立即把其锁上，以阻止其它进程进入临界区。显然，为防止多个进程同时测试到锁为打开的情况，测试和关锁操作必须是连续的，不允许分开进行。

1. 关中断

关中断是实现互斥的最简单的方法之一。在进入锁测试之前关闭中断，直到完成锁测试并上锁之后才能打开中断。这样，进程在临界区执行期间，计算机系统不响应中断，从而不会引发调度，也就不会发生进程或线程切换。由此，保证了对锁的测试和关锁操作的连续性和完整性，有效地保证了互斥。但是，关中断的方法存在许多缺点：① 滥用关中断权力可能导致严重后果；② 关中断时间过长，会影响系统效率，限制了处理器交叉执行程序的能力；③ 关中断方法也不适用于多 CPU 系统，因为在一个处理器上关中断并不能防止进程在其它处理器上执行相同的临界段代码。

2. 利用 Test-and-Set 指令实现互斥

这是一种借助一条硬件指令——"测试并建立"指令 TS(Test-and-Set)以实现互斥的方法。在许多计算机中都提供了这种指令。TS 指令的一般性描述如下：

```
boolean TS(boolean *lock){
    boolean old;
    old = *lock;
    *lock = TRUE;
    return old;
}
```

这条指令可以看作为一个函数过程，其执行过程是不可分割的，即是一条原语。其中，lock 有两种状态：当 *lock = FALSE 时，表示该资源空闲；当 *lock = TRUE 时，表示该资源正在被使用。

用 TS 指令管理临界区时，为每个临界资源设置一个布尔变量 lock，由于变量 lock 代表了该资源的状态，故可把它看成一把锁。lock 初值为 FALSE，表示该临界资源空闲。进程在进入临界区之前，首先用 TS 指令测试 lock，如果其值为 FALSE，则表示没有进程在临界区内，可以进入，并将 TRUE 值赋予 lock，这等效于关闭了临界资源，使任何进程都不能进入临界区，否则必须循环测试直到 TS(s)为 TRUE。利用 TS 指令实现互斥的循环进程结构可描述如下：

```
do {
    ...
    while TS(&lock);              /*do skip */
```

```
    critical    section;
    lock = FALSE;
    remainder section;
}while(TRUE);
```

3. 利用 Swap 指令实现进程互斥

该指令称为对换指令，在 Intel 80x86 中又称为 XCHG 指令，用于交换两个字的内容。其处理过程描述如下：

```
void swap(boolean *a, boolean *b)
{
    boolean temp;
    temp = *a;
    *a = *b;
    *b = temp;
}
```

用对换指令可以简单有效地实现互斥，方法是为每个临界资源设置一个全局的布尔变量 lock，其初值为 false，在每个进程中再利用一个局部布尔变量 key。利用 Swap 指令实现进程互斥的循环进程可描述如下：

```
do {
    key = TRUE;
    do {
        swap(&lock，&key);
    }while (key != FALSE);
    临界区操作;
    lock = FALSE;
    ...
} while (TRUE);
```

利用上述硬件指令能有效地实现进程互斥，但当临界资源忙碌时，其它访问进程必须不断地进行测试，处于一种"忙等"状态，不符合"让权等待"的原则，造成处理机时间的浪费，同时也很难将它们用于解决复杂的进程同步问题。

◀ 2.4.3　信号量机制

1965 年，荷兰学者 Dijkstra 提出的信号量(Semaphores)机制是一种卓有成效的进程同步工具。在长期且广泛的应用中，信号量机制又得到了很大的发展，它从整型信号量经记录型信号量，进而发展为"信号量集"机制。现在，信号量机制已被广泛地应用于单处理机和多处理机系统以及计算机网络中。

1. 整型信号量

最初由 Dijkstra 把整型信号量定义为一个用于表示资源数目的整型量 S，它与一般整型量不同，除初始化外，仅能通过两个标准的原子操作(Atomic Operation) wait(S)和 signal(S)来访问。很长时间以来，这两个操作一直被分别称为 P、V 操作。wait 和 signal 操作可描述如下：

```
wait(S){
    while (S <= 0);              /*do no-op*/
    S--;
}
signal(S)
{
    S++;
}
```

wait(S)和 signal(S)是两个原子操作，因此，它们在执行时是不可中断的。亦即，当一个进程在修改某信号量时，没有其它进程可同时对该信号量进行修改。此外，在 wait 操作中，对 S 值的测试和做 S = S − 1 操作时都不可中断。

2. 记录型信号量

在整型信号量机制中的 wait 操作，只要是信号量 S≤0，就会不断地测试。因此，该机制并未遵循"让权等待"的准则，而是使进程处于"忙等"的状态。记录型信号量机制则是一种不存在"忙等"现象的进程同步机制。但在采取了"让权等待"的策略后，又会出现多个进程等待访问同一临界资源的情况。为此，在信号量机制中，除了需要一个用于代表资源数目的整型变量 value 外，还应增加一个进程链表指针 list，用于链接上述的所有等待进程。记录型信号量是由于它采用了记录型的数据结构而得名的。它所包含的上述两个数据项可描述如下：

```
typedef struct {
    int value;
    struct process_control_block *list;
}semaphore;
```

相应地，wait(S)和 signal(S)操作可描述如下：

```
wait(semaphore *S) {
    S->value--;
    if (S->value < 0) block(S->list);
}
signal(semaphore *S)    {
    S->value++；
    if (S -> value <= 0) wakeup(S -> list);
}
```

在记录型信号量机制中，S -> value 的初值表示系统中某类资源的数目，因而又称为资源信号量，对它的每次 wait 操作，意味着进程请求一个单位的该类资源，使系统中可供分配的该类资源数减少一个，因此描述为 S -> value--；当 S→value < 0 时，表示该类资源已分配完毕，因此进程应调用 block 原语进行自我阻塞，放弃处理机，并插入到信号量链表 S -> list 中。可见，该机制遵循了"让权等待"准则。此时 S->value 的绝对值表示在该信号量链表中已阻塞进程的数目。对信号量的每次 signal 操作表示执行进程释放一个单位资源，使系统中可供分配的该类资源数增加一个，故 S -> value++ 操作表示资源数目加 1。若加 1 后仍是 S -> value≤0，则表示在该信号量链表中仍有等待该资源的进程被阻塞，故还应调用 wakeup 原语，将 S -> list 链表中的第一个等待进程唤醒。如果 S -> value 的初值为 1，表示只允许一个进程访问临界资源，此时的信号量转化为互斥信号量，用于进程互斥。

3. AND 型信号量

前面所述的进程互斥问题针对的是多个并发进程仅共享一个临界资源的情况。在有些应用场合，是一个进程往往需要获得两个或更多的共享资源后方能执行其任务。假定现有两个进程 A 和 B，它们都要求访问共享数据 D 和 E，当然，共享数据都应作为临界资源。为此，可为这两个数据分别设置用于互斥的信号量 Dmutex 和 Emutex，并令它们的初值都是 1。相应地，在两个进程中都要包含两个对 Dmutex 和 Emutex 的操作，即

      process A: process B:

      wait(Dmutex);   wait(Emutex);

      wait(Emutex);   wait(Dmutex);

若进程 A 和 B 按下述次序交替执行 wait 操作：

      process A: wait(Dmutex); 于是 Dmutex = 0

      process B: wait(Emutex); 于是 Emutex = 0

      process A: wait(Emutex); 于是 Emutex = -1 A 阻塞

      process B: wait(Dmutex); 于是 Dmutex = -1 B 阻塞

最后，进程 A 和 B 就将处于僵持状态。在无外力作用下，两者都将无法从僵持状态中解脱出来。我们称此时的进程 A 和 B 已进入死锁状态。显然，当进程同时要求的共享资源愈多时，发生进程死锁的可能性也就愈大。

AND 同步机制的基本思想是：将进程在整个运行过程中需要的所有资源，一次性全部地分配给进程，待进程使用完后再一起释放。只要尚有一个资源未能分配给进程，其它所有可能为之分配的资源也不分配给它。亦即，对若干个临界资源的分配采取原子操作方式：要么把它所请求的资源全部分配到进程，要么一个也不分配。由死锁理论可知，这样就可避免上述死锁情况的发生。为此，在 wait 操作中增加了一个"AND"条件，故称为 AND 同步，或称为同时 wait 操作，即 Swait(Simultaneous wait)定义如下：

```
Swait(S1, S2, …, Sn)
{
    while (TRUE)
    {
        if (Si >= 1 && … && Sn >= 1){
```

```
            for (i = 1; i <= n; i++) Si--;
            break;
        }
        else    {
            place the process in the waiting queue associated with the first Si found with
            Si<1, and set the program count of this process to the beginning of Swait operation
        }
    }
}
Ssignal(S1, S2, …, Sn)    {
    while (TRUE) {
        for (i = 1; i <= n; i++) {
            Si++;
            Remove all the process waiting in the queue associated with Si into
                the ready queue
        }
    }
}
```

4. 信号量集

在前面所述的记录型信号量机制中，wait(S)或 signal(S)操作仅能对信号量施以加 1 或减 1 操作，意味着每次只能对某类临界资源进行一个单位的申请或释放。当一次需要 N 个单位时，便要进行 N 次 wait(S)操作，这显然是低效的，甚至会增加死锁的概率。此外，在有些情况下，为确保系统的安全性，当所申请的资源数量低于某一下限值时，还必须进行管制，不予以分配。因此，当进程申请某类临界资源时，在每次分配之前，都必须测试资源的数量，判断是否大于可分配的下限值，决定是否予以分配。

基于上述两点，可以对 AND 信号量机制加以扩充，对进程所申请的所有资源以及每类资源不同的资源需求量，在一次 P、V 原语操作中完成申请或释放。进程对信号量 S_i 的测试值不再是 1，而是该资源的分配下限值 t_i，即要求 $S_i \geq t_i$，否则不予分配。一旦允许分配，进程对该资源的需求值为 d_i，即表示资源占用量，进行 $S_i = S_i - d_i$ 操作，而不是简单的 $S_i = S_i - 1$。由此形成一般化的"信号量集"机制。对应的 Swait 和 Ssignal 格式为：

$Swait(S_1, t_1, d_1, …, S_n, t_n, d_n)$；

$Ssignal(S_1, d_1, …, S_n, d_n)$；

一般"信号量集"还有下面几种特殊情况：

(1) Swait(S, d, d)。此时在信号量集中只有一个信号量 S，但允许它每次申请 d 个资源，当现有资源数少于 d 时，不予分配。

(2) Swait(S, 1, 1)。此时的信号量集已蜕化为一般的记录型信号量(S > 1 时)或互斥信号量(S = 1 时)。

(3) Swait(S, 1, 0)。这是一种很特殊且很有用的信号量操作。当 S≥1 时，允许多个进程进入某特定区；当 S 变为 0 后，将阻止任何进程进入特定区。换言之，它相当于一个可控开关。

◆ 2.4.4　信号量的应用

1. 利用信号量实现进程互斥

为使多个进程能互斥地访问某临界资源，只需为该资源设置一互斥信号量 mutex，并设其初始值为 1，然后将各进程访问该资源的临界区 CS 置于 wait(mutex)和 signal(mutex)操作之间即可。这样，每个欲访问该临界资源的进程在进入临界区之前，都要先对 mutex 执行 wait 操作，若该资源此刻未被访问，本次 wait 操作必然成功，进程便可进入自己的临界区，这时若再有其它进程也欲进入自己的临界区，由于对 mutex 执行 wait 操作定会失败，因而此时该进程阻塞，从而保证了该临界资源能被互斥地访问。当访问临界资源的进程退出临界区后，又应对 mutex 执行 signal 操作，以便释放该临界资源。利用信号量实现两个进程互斥的描述如下：

(1) 设 mutex 为互斥信号量，其初值为 1，取值范围为(–1, 0, 1)。当 mutex = 1 时，表示两个进程皆未进入需要互斥的临界区；当 mutex = 0 时，表示有一个进程进入临界区运行，另外一个必须等待，挂入阻塞队列；当 mutex = –1 时，表示有一个进程正在临界区运行，另外一个进程因等待而阻塞在信号量队列中，需要被当前已在临界区运行的进程退出时唤醒。

(2) 代码描述：

```
semaphore mutex = 1;
   PA(){                              PB(){
   while(1) {                         while(1) {
      wait(mutex);                       wait(mutex);
      临界区;                            临界区;
      signal(mutex);                     signal(mutex);
      剩余区;                            剩余区;
   }                                  }
}                                  }
```

在利用信号量机制实现进程互斥时应该注意，wait(mutex)和 signal(mutex)必须成对地出现。缺少 wait(mutex)将会导致系统混乱，不能保证对临界资源的互斥访问；而缺少 signal(mutex)将会使临界资源永远不被释放，从而使因等待该资源而阻塞的进程不能被唤醒。

2. 利用信号量实现前趋关系

还可利用信号量来描述程序或语句之间的前趋关系。设有两个并发执行的进程 P_1 和 P_2。P_1 中有语句 S_1；P_2 中有语句 S_2。我们希望在 S_1 执行后再执行 S_2。为实现这种前趋关系，只需使进程 P_1 和 P_2 共享一个公用信号量 S，并赋予其初值为 0，将 signal(S)操作放在语句 S_1 后面，而在 S_2 语句前面插入 wait(S)操作，即

在进程 P_1 中，用 S_1；signal(S);

在进程 P_2 中，用 wait(S); S_2;

由于 S 被初始化为 0，这样，若 P_2 先执行必定阻塞，只有在进程 P_1 执行完 S_1；signal(S); 操作后使 S 增为 1 时，P_2 进程方能成功执行语句 S_2。同样，我们可以利用信号量按照语句间的前趋关系(见图 2-14)，写出一个更为复杂的可并发执行的程序。图 2-14 中 $S_1, S_2, S_3, \cdots$，S_6 是最简单的程序段(只有一条语句)。为使各程序段能正确执行，应设置若干个初始值为"0"的信号量。如为保证 $S_1 \rightarrow S_2$，$S_1 \rightarrow S_3$ 的前趋关系，应分别设置信号量 a 和 b，同样，为了保证 $S_2 \rightarrow S_4$，$S_2 \rightarrow S_5$，$S_3 \rightarrow S_6$，$S_4 \rightarrow S_6$ 和 $S_5 \rightarrow S_6$，应设置信号量 c，d，e，f，g。代码框架描述如下：

```
p1() { S₁; signal(a); signal(b);}
p2() { wait(a); S₂; signal(c); signal(d);}
p3() { wait(b); S₃; signal(e);}
p4() { wait(c); S₄; signal(f);}
p5() { wait(d); S₅; signal(g);}
p6() { wait(e); wait(f); wait(g); S₆;}
main() {
    semaphore a, b, c, d, e, f, g;
    a.value = b.value = c.value = 0;
    d.value = e.value = 0;
    f.value = g.value = 0;
    cobegin
        p1(); p2(); p3(); p4(); p5(); p6();
    coend
}
```

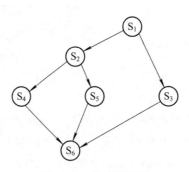

图 2-14　前趋图举例

◄ 2.4.5　管程机制

虽然信号量机制是一种既方便、又有效的进程同步机制，但每个要访问临界资源的进程都必须自备同步操作 wait(S) 和 signal(S)。这就使大量的同步操作分散在各个进程中。这不仅给系统的管理带来了麻烦，而且还会因同步操作的使用不当而导致系统死锁。这样，在解决上述问题的过程中，便产生了一种新的进程同步工具——管程(Monitors)。

1. 管程的定义

系统中的各种硬件资源和软件资源均可用数据结构抽象地描述其资源特性，即用少量信息和对该资源所执行的操作来表征该资源，而忽略它们的内部结构和实现细节。因此，可以利用共享数据结构抽象地表示系统中的共享资源，并且将对该共享数据结构实施的特定操作定义为一组过程。进程对共享资源的申请、释放和其它操作必须通过这组过程，间接地对共享数据结构实现操作。对于请求访问共享资源的诸多并发进程，可以根据资源的情况接受或阻塞，确保每次仅有一个进程进入管程，执行这组过程，使用共享资源，达到对共享资源所有访问的统一管理，有效地实现进程互斥。

代表共享资源的数据结构以及由对该共享数据结构实施操作的一组过程所组成的资源管理程序共同构成了一个操作系统的资源管理模块，我们称之为管程。管程被请求和释放资源的进程所调用。Hansan 为管程所下的定义是："一个管程定义了一个数据结构和能为并发进程所执行(在该数据结构上)的一组操作，这组操作能同步进程和改变管程中的数据。"

由上述的定义可知，管程由四部分组成：① 管程的名称；② 局部于管程的共享数据结构说明；③ 对该数据结构进行操作的一组过程；④ 对局部于管程的共享数据设置初始值的语句。图 2-15 是一个管程的示意图。

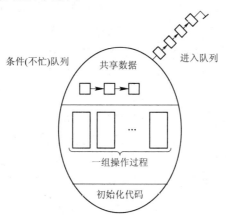

图 2-15　管程的示意图

管程的语法描述如下：

```
Monitor monitor_name    {   /*管程名*/
    share variable declarations;        /*共享变量说明*/
    cond declarations;                  /*条件变量说明*/
    public:                             /*能被进程调用的过程*/
    void P1(……)                        /*对数据结构操作的过程*/
    {……}
    void P2(……)
    {……}
```

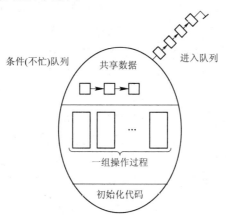条件(不忙)队列　共享数据　进入队列　一组操作过程　初始化代码

```
……
    void (……)
    {……}
    ……
    {                              /*管程主体*/
        initialization code;       /*初始化代码*/
        ……
    }
}
```

实际上，管程中包含了面向对象的思想，它将表征共享资源的数据结构及其对数据结构操作的一组过程，包括同步机制，都集中并封装在一个对象内部，隐藏了实现细节。封装于管程内部的数据结构仅能被封装于管程内部的过程所访问，任何管程外的过程都不能访问它；反之，封装于管程内部的过程也仅能访问管程内的数据结构。所有进程要访问临界资源时，都只能通过管程间接访问，而管程每次只准许一个进程进入管程，执行管程内的过程，从而实现了进程互斥。

管程是一种程序设计语言的结构成分，它和信号量有同等的表达能力，从语言的角度看，管程主要有以下特性：① 模块化，即管程是一个基本程序单位，可以单独编译；② 抽象数据类型，指管程中不仅有数据，而且有对数据的操作；③ 信息掩蔽，指管程中的数据结构只能被管程中的过程访问，这些过程也是在管程内部定义的，供管程外的进程调用，而管程中的数据结构以及过程(函数)的具体实现外部不可见。

管程和进程不同：① 虽然二者都定义了数据结构，但进程定义的是私有数据结构 PCB，管程定义的是公共数据结构，如消息队列等；② 二者都存在对各自数据结构上的操作，但进程是由顺序程序执行有关操作，而管程主要是进行同步操作和初始化操作；③ 设置进程的目的在于实现系统的并发性，而管程的设置则是解决共享资源的互斥使用问题；④ 进程通过调用管程中的过程对共享数据结构实行操作，该过程就如通常的子程序一样被调用，因而管程为被动工作方式，进程则为主动工作方式；⑤ 进程之间能并发执行，而管程则不能与其调用者并发；⑥ 进程具有动态性，由"创建"而诞生，由"撤消"而消亡，而管程则是操作系统中的一个资源管理模块，供进程调用。

2. 条件变量

在利用管程实现进程同步时，必须设置同步工具，如两个同步操作原语 wait 和 signal。当某进程通过管程请求获得临界资源而未能满足时，管程便调用 wait 原语使该进程等待，并将其排在等待队列上，如图 2-13 所示。仅当另一进程访问完成并释放该资源之后，管程才又调用 signal 原语，唤醒等待队列中的队首进程。

但是仅仅有上述的同步工具是不够的，考虑一种情况：当一个进程调用了管程，在管程中时被阻塞或挂起，直到阻塞或挂起的原因解除，而在此期间，如果该进程不释放管程，则其它进程无法进入管程，被迫长时间的等待。为了解决这个问题，引入了条件变量 condition。通常，一个进程被阻塞或挂起的条件(原因)可有多个，因此在管程中设置了多个条件变量，对这些条件变量的访问只能在管程中进行。

管程中对每个条件变量都须予以说明，其形式为：condition x, y；对条件变量的操作仅仅是 wait 和 signal，因此条件变量也是一种抽象数据类型，每个条件变量保存了一个链表，用于记录因该条件变量而阻塞的所有进程，同时提供的两个操作即可表示为 x.wait 和 x.signal，其含义为：

① x.wait：正在调用管程的进程因 x 条件需要被阻塞或挂起，则调用 x.wait 将自己插入到 x 条件的等待队列上，并释放管程，直到 x 条件变化。此时其它进程可以使用该管程。

② x.signal：正在调用管程的进程发现 x 条件发生了变化，则调用 x.signal，重新启动一个因 x 条件而阻塞或挂起的进程，如果存在多个这样的进程，则选择其中的一个，如果没有，继续执行原进程，而不产生任何结果。这与信号量机制中的 signal 操作不同。因为，后者总是要执行 s = s+1 操作，因而总会改变信号量的状态。

如果有进程 Q 因 x 条件处于阻塞状态，当正在调用管程的进程 P 执行了 x.signal 操作后，进程 Q 被重新启动，此时两个进程 P 和 Q，如何确定哪个执行哪个等待，可采用下述两种方式之一进行处理：

(1) P 等待，直至 Q 离开管程或等待另一条件。

(2) Q 等待，直至 P 离开管程或等待另一条件。

采用哪种处理方式，当然是各执一词。Hoare 采用了第一种处理方式，而 Hansan 选择了两者的折中，他规定管程中的过程所执行的 signal 操作是过程体的最后一个操作，于是，进程 P 执行 signal 操作后立即退出管程，因而，进程 Q 马上被恢复执行。

2.5 经典进程的同步问题

在多道程序环境下，进程同步问题十分重要，也是相当有趣的问题，因而吸引了不少学者对它进行研究，由此而产生了一系列经典的进程同步问题，其中较有代表性的是"生产者—消费者"问题、"读者—写者问题"、"哲学家进餐问题"等等。通过对这些问题的研究和学习，可以帮助我们更好地理解进程同步的概念及实现方法。

◄ 2.5.1 生产者−消费者问题

前面我们已经对生产者−消费者问题(The proceducer-consumer problem)做了一些描述，但未考虑进程的互斥与同步问题，因而造成了数据 Counter 的不定性。由于生产者−消费者问题是相互合作的进程关系的一种抽象，例如，在输入时，输入进程是生产者，计算进程是消费者；而在输出时，则计算进程是生产者，而打印进程是消费者，因此，该问题有很大的代表性及实用价值。本小节将利用信号量机制来解决生产者−消费者问题。

1. 利用记录型信号量解决生产者−消费者问题

假定在生产者和消费者之间的公用缓冲池中具有 n 个缓冲区，这时可利用互斥信号量 mutex 实现诸进程对缓冲池的互斥使用；利用信号量 empty 和 full 分别表示缓冲池中空缓冲区和满缓冲区的数量。又假定这些生产者和消费者相互等效，只要缓冲池未满，生产者便可将消息送入缓冲池；只要缓冲池未空，消费者便可从缓冲池中取走一个消息。对生产者-消费者问题可描述如下：

```
int in = 0, out = 0;
item buffer[n];
semaphore mutex = 1, empty = n, full = 0;
void producer() {
    do {
        producer an item nextp;
        …
        wait(empty);
        wait(mutex);
        buffer[in] = nextp;
        in = (in+1) % n;
        signal(mutex);
        signal(full);
    }while(TRUE);
}
void consumer() {
    do {
        wait(full);
        wait(mutex);
        nextc = buffer[out];
        out = (out+1) % n;
        signal(mutex);
        signal(empty);
        consumer the item in nextc;
        …
    }while(TRUE);
}
void main()   {
    cobegin
        producer();   consumer();
    coend
}
```

在生产者-消费者问题中应注意：首先，在每个程序中用于实现互斥的 wait(mutex)和 signal(mutex)必须成对地出现；其次，对资源信号量 empty 和 full 的 wait 和 signal 操作，同样需要成对地出现，但它们分别处于不同的程序中。例如，wait(empty)在计算进程中，而signal(empty)则在打印进程中，计算进程若因执行 wait(empty)而阻塞，则以后将由打印进程将它唤醒；最后，在每个程序中的多个 wait 操作顺序不能颠倒。应先执行对资源信号量的 wait 操作，然后再执行对互斥信号量的 wait 操作，否则可能引起进程死锁。

2. 利用 AND 信号量解决生产者-消费者问题

对于生产者-消费者问题，也可利用 AND 信号量来解决，即用 Swait(empty, mutex)来代替 wait(empty)和 wait(mutex)；用 Ssignal(mutex, full)来代替 signal(mutex)和 signal(full)；用 Swait(full，mutex)代替 wait(full)和 wait(mutex)，以及用 Ssignal(mutex，empty)代替 Signal(mutex)和 Signal(empty)。利用 AND 信号量来解决生产者-消费者问题的算法中的生产者和消费者可描述如下：

```
int in = 0, out = 0;
item buffer[n];
semaphore mutex = 1, empty = n, full = 0;
void producer() {
  do {
    producer an item nextp;
    …
    Swait(empty，mutex);
    buffer[in] = nextp;
    in = (in+1) % n;
    Ssignal(mutex，full);
  }while(TRUE);
}
void consumer() {
  do {
    Swait(full，mutex);
    nextc = buffer[out];
    out = (out+1) % n;
    Ssignal(mutex，empty);
    consumer the item in nextc;
    …
  }while(TRUE);
}
```

3. 利用管程解决生产者-消费者问题

在利用管程方法来解决生产者-消费者问题时，首先便是为它们建立一个管程，并命名为 procducerconsumer，或简称为 PC。其中包括两个过程：

(1) put(x)过程。生产者利用该过程将自己生产的产品投放到缓冲池中，并用整型变量 count 来表示在缓冲池中已有的产品数目，当 count≥N 时，表示缓冲池已满，生产者须等待。

(2) get(x)过程。消费者利用该过程从缓冲池中取出一个产品，当 count≤0 时，表示缓冲池中已无可取用的产品，消费者应等待。

对于条件变量 notfull 和 notempty，分别有两个过程 cwait 和 csignal 对它们进行操作：

(1) cwait(condition)过程：当管程被一个进程占用时，其他进程调用该过程时阻塞，并挂在条件 condition 的队列上。

(2) csignal(condition)过程：唤醒在 cwait 执行后阻塞在条件 condition 队列上的进程，如果这样的进程不止一个，则选择其中一个实施唤醒操作；如果队列为空，则无操作而返回。

PC 管程可描述如下：

```
Monitor producerconsumer {
    item buffer[N];
    int in, out;
    condition notfull, notempty;
    int count;
    public:
    void put(item x) {
        if (count >= N) cwait(notfull);
        buffer[in] = x;
        in = (in+1) % N;
        count++;
        csignal(notempty);
    }
    void get(item x) {
        if (count <= 0) cwait(notempty);
        x = buffer[out];
        out = (out+1) % N;
        count--;
        csignal(notfull);
    }
    {   in = 0; out = 0; count = 0; }
}PC;
```

在利用管程解决生产者–消费者问题时，其中的生产者和消费者可描述为：

```
void producer() {
    item x;
    while(TRUE) {
        ...
```

```
        produce an item in nextp;
        PC.put(x);
      }
  }
  void consumer() {
    item x;
    while(TRUE) {
      PC.get(x);
      consume the item in nextc;
      …
    }
  }
  void main()   {
    cobegin
    producer();   consumer();
    coend
  }
```

◄ 2.5.2 哲学家进餐问题

由 Dijkstra 提出并解决的哲学家进餐问题(The Dinning Philosophers Problem)是典型的同步问题。该问题是描述有五个哲学家共用一张圆桌，分别坐在周围的五张椅子上，在圆桌上有五个碗和五只筷子，他们的生活方式是交替地进行思考和进餐。平时，一个哲学家进行思考，饥饿时便试图取用其左右最靠近他的筷子，只有在他拿到两只筷子时才能进餐。进餐毕，放下筷子继续思考。

1. 利用记录型信号量解决哲学家进餐问题

经分析可知，放在桌子上的筷子是临界资源，在一段时间内只允许一位哲学家使用。为了实现对筷子的互斥使用，可以用一个信号量表示一只筷子，由这五个信号量构成信号量数组。其描述如下：

semaphore chopstick[5] = {1, 1, 1, 1, 1};

所有信号量均被初始化为 1，第 i 位哲学家的活动可描述为：

```
do {
  wait(chopstick[i]);
  wait(chopstick[(i+1)%5]);
  …
  //eat
  …
```

```
        signal(chopstick[i]);
        signal(chopstick[(i+1)%5]);
        …
        //think
        …

    }while(TRUE);
```

在以上描述中，当哲学家饥饿时，总是先去拿他左边的筷子，即执行 wait(chopstick[i])；成功后，再去拿他右边的筷子，即执行 wait(chopstick[(i+1)%5])；又成功后便可进餐。进餐毕，又先放下他左边的筷子，然后再放他右边的筷子。虽然，上述解法可保证不会有两个相邻的哲学家同时进餐，但却有可能引起死锁。假如五位哲学家同时饥饿而各自拿起左边的筷子时，就会使五个信号量 chopstick 均为 0；当他们再试图去拿右边的筷子时，都将因无筷子可拿而无限期地等待。对于这样的死锁问题，可采取以下几种解决方法：

(1) 至多只允许有四位哲学家同时去拿左边的筷子，最终能保证至少有一位哲学家能够进餐，并在用毕时能释放出他用过的两只筷子，从而使更多的哲学家能够进餐。

(2) 仅当哲学家的左、右两只筷子均可用时，才允许他拿起筷子进餐。

(3) 规定奇数号哲学家先拿他左边的筷子，然后再去拿右边的筷子；而偶数号哲学家则相反。按此规定，将是 1、2 号哲学家竞争 1 号筷子；3、4 号哲学家竞争 3 号筷子。即五位哲学家都先竞争奇数号筷子，获得后，再去竞争偶数号筷子，最后总会有一位哲学家能获得两只筷子而进餐。

2. 利用 AND 信号量机制解决哲学家进餐问题

在哲学家进餐问题中，要求每个哲学家先获得两个临界资源(筷子)后方能进餐，这在本质上就是前面所介绍的 AND 同步问题，故用 AND 信号量机制可获得最简洁的解法。

```
    semaphore chopstick[5] = {1, 1, 1, 1, 1};
    do {
      …
      //think
      …
      Swait(chopstick[(i+1)%5], chopstick[i]);
        …
       //eat
        …
      Signal(chopstick[(i+1)%5], chopstick[i]);
    }while[TRUE];
```

◀ 2.5.3 读者-写者问题

一个数据文件或记录可被多个进程共享，我们把只要求读该文件的进程称为"Reader

进程", 其他进程则称为"Writer 进程"。允许多个进程同时读一个共享对象, 因为读操作不会使数据文件混乱。但不允许一个 Writer 进程和其他 Reader 进程或 Writer 进程同时访问共享对象。因为这种访问将会引起混乱。所谓"读者-写者(Reader-Writer Problem)问题"是指保证一个 Writer 进程必须与其他进程互斥地访问共享对象的同步问题。读者-写者问题常被用来测试新同步原语。

1. 利用记录型信号量解决读者-写者问题

为实现 Reader 与 Writer 进程间在读或写时的互斥而设置了一个互斥信号量 wmutex。另外, 再设置一个整型变量 readcount 表示正在读的进程数目。由于只要有一个 Reader 进程在读, 便不允许 Writer 进程去写。因此, 仅当 readcount = 0, 表示尚无 Reader 进程在读时, Reader 进程才需要执行 wait(wmutex)操作。若 wait(wmutex)操作成功, Reader 进程便可去读, 相应地, 做 readcount+1 操作。同理, 仅当 Reader 进程在执行了 readcount 减 1 操作后其值为 0 时, 才须执行 signal(wmutex)操作, 以便让 Writer 进程写操作。又因为 readcount 是一个可被多个 Reader 进程访问的临界资源, 因此, 也应该为它设置一个互斥信号量 rmutex。

读者-写者问题可描述如下:

```
semaphore rmutex = 1, wmutex = 1;
int readcount = 0;
void reader() {
    do {
        wait(rmutex);
        if (readcount == 0) wait(wmutex);
        readcount++;
        signal(rmutex);
        …
        perform read operation;
        …
        wait(rmutex);
        readcount--;
        if (readcount == 0) signal(wmutex);
        signal(rmutex);
    }while(TRUE);
}
void Writer()  {
    do {
        wait(wmutex);
        perform write operation;
        signal(wmutex);
```

```
        }while(TRUE);
    }
    void main()  {
        cobegin
            Reader();   Writer();
        coend
    }
```

2. 利用信号量集机制解决读者-写者问题

这里的读者—写者问题，与前面的略有不同，它增加了一个限制，即最多只允许 RN 个读者同时读。为此，又引入了一个信号量 L，并赋予其初值为 RN，通过执行 wait(L, 1, 1) 操作来控制读者的数目，每当有一个读者进入时，就要先执行 wait(L, 1, 1)操作，使 L 的值减 1。当有 RN 个读者进入读后，L 便减为 0，第 RN + 1 个读者要进入读时，必然会因 wait(L, 1, 1)操作失败而阻塞。对利用信号量集来解决读者-写者问题的描述如下：

```
    int RN;
    semaphore L = RN, mx = 1;
    void Reader() {
        do {
            Swait(L, 1, 1);
            Swait(mx, 1, 0);
            …
            perform read operation;
            …
            Ssignal(L, 1);
        }while(TRUE);
    }
    void   Writer() {
        do {
            Swait(mx, 1, 1;  L, RN, 0);
            perform write operation;
            Ssignal(mx, 1);
        }while(TRUE);
    }
    void main()   {
        cobegin
            Reader();   Writer();
        coend
    }
```

其中，Swait(mx, 1, 0)语句起着开关的作用。只要无 writer 进程进入写操作，mx = 1，reader 进程就都可以进入读操作。但只要一旦有 writer 进程进入写操作时，其 mx = 0，则任何 reader 进程就都无法进入读操作。Swait(mx, 1, 1, L, RN, 0)语句表示仅当既无 writer 进程在写操作(mx = 1)、又无 reader 进程在读操作(L = RN)时，writer 进程才能进入临界区进行写操作。

◁　　　 2.6　进　程　通　信

进程通信是指进程之间的信息交换。由于进程的互斥与同步，需要在进程间交换一定的信息，故不少学者将它们也归为进程通信，但只能把它们称为低级进程通信。我们以信号量机制为例来说明，它们之所以低级的原因在于：① 效率低，生产者每次只能向缓冲池投放一个产品(消息)，消费者每次只能从缓冲区中取得一个消息；② 通信对用户不透明，OS 只为进程之间的通信提供了共享存储器。而关于进程之间通信所需之共享数据结构的设置、数据的传送、进程的互斥与同步，都必须由程序员去实现，显然，对于用户而言，这是非常不方便的。

在进程之间要传送大量数据时，应当利用 OS 提供的高级通信工具，该工具最主要的特点是：

(1) 使用方便。OS 隐藏了实现进程通信的具体细节，向用户提供了一组用于实现高级通信的命令(原语)，用户可方便地直接利用它实现进程之间的通信。或者说，通信过程对用户是透明的。这样就大大减少了通信程序编制上的复杂性。

(2) 高效地传送大量数据。用户可直接利用高级通信命令(原语)高效地传送大量的数据。

◄ 2.6.1　进程通信的类型

随着 OS 的发展，用于进程之间实现通信的机制也在发展，并已由早期的低级进程通信机制发展为能传送大量数据的高级通信工具机制。目前，高级通信机制可归结为四大类：共享存储器系统、管道通信系统、消息传递系统以及客户机-服务器系统。

1. 共享存储器系统(Shared-Memory System)

在共享存储器系统中，相互通信的进程共享某些数据结构或共享存储区，进程之间能够通过这些空间进行通信。据此，又可把它们分成以下两种类型：

(1) 基于共享数据结构的通信方式。在这种通信方式中，要求诸进程公用某些数据结构，借以实现诸进程间的信息交换，如在生产者-消费者问题中的有界缓冲区。操作系统仅提供共享存储器，由程序员负责对公用数据结构的设置及对进程间同步的处理。这种通信方式仅适于传递相对少量的数据，通信效率低下，属于低级通信。

(2) 基于共享存储区的通信方式。为了传输大量数据，在内存中划出一块共享存储区域，诸进程可通过对该共享区的读或写交换信息，实现通信，数据的形式和位置甚至访问控制都是由进程负责，而不是 OS。这种通信方式属于高级通信。需要通信的进程在通信

计算机操作系统

前，先向系统申请获得共享存储区中的一个分区，并将其附加到自己的地址空间中，便可对其中的数据进行正常读、写，读写完成或不再需要时，将其归还给共享存储区。

2. 管道(pipe)通信系统

所谓"管道"，是指用于连接一个读进程和一个写进程以实现它们之间通信的一个共享文件，又名 pipe 文件。向管道(共享文件)提供输入的发送进程(即写进程)以字符流形式将大量的数据送入管道；而接受管道输出的接收进程(即读进程)则从管道中接收(读)数据。由于发送进程和接收进程是利用管道进行通信的，故又称为管道通信。这种方式首创于 UNIX 系统，由于它能有效地传送大量数据，因而又被引入到许多其它操作系统中。

为了协调双方的通信，管道机制必须提供以下三方面的协调能力：① 互斥，即当一个进程正在对 pipe 执行读/写操作时，其它(另一)进程必须等待。② 同步，指当写(输入)进程把一定数量(如 4 KB)的数据写入 pipe，便去睡眠等待，直到读(输出)进程取走数据后再把它唤醒。当读进程读一空 pipe 时，也应睡眠等待，直至写进程将数据写入管道后才将之唤醒。③ 确定对方是否存在，只有确定了对方已存在时才能进行通信。

3. 消息传递系统(Message passing system)

在该机制中，进程不必借助任何共享存储区或数据结构，而是以格式化的消息(message)为单位，将通信的数据封装在消息中，并利用操作系统提供的一组通信命令(原语)，在进程间进行消息传递，完成进程间的数据交换。

该方式隐藏了通信实现细节，使通信过程对用户透明化，降低了通信程序设计的复杂性和错误率，成为当前应用最为广泛的一类进程间通信的机制。例如：在计算机网络中，消息(message)又称为报文；在微内核操作系统中，微内核与服务器之间的通信无一例外都是采用了消息传递机制；由于该机制能很好地支持多处理机系统、分布式系统和计算机网络，因此也成为这些领域最主要的通信工具。

基于消息传递系统的通信方式属于高级通信方式，因其实现方式的不同，可进一步分成两类：

(1) 直接通信方式，是指发送进程利用 OS 所提供的发送原语，直接把消息发送给目标进程；

(2) 间接通信方式，是指发送和接收进程，都通过共享中间实体(称为邮箱)的方式进行消息的发送和接收，完成进程间的通信。

4. 客户机-服务器系统(Client-Server system)

前面所述的共享内存、消息传递等技术，虽然也可以用于实现不同计算机间进程的双向通信，但客户机-服务器系统的通信机制，在网络环境的各种应用领域已成为当前主流的通信实现机制，其主要的实现方法分为三类：套接字、远程过程调用和远程方法调用。

1) 套接字(Socket)

套接字起源于 20 世纪 70 年代加州大学伯克利分校版本的 UNIX(即 BSD Unix)，是 UNIX 操作系统下的网络通信接口。一开始，套接字被设计用在同一台主机上多个应用程序之间的通信(即进程间的通信)，主要是为了解决多对进程同时通信时端口和物理线路的多路复用问题。随着计算机网络技术的发展以及 UNIX 操作系统的广泛使用，套接字已逐渐成为最流行的网络通信程序接口之一。

一个套接字就是一个通信标识类型的数据结构，包含了通信目的的地址、通信使用的端口号、通信网络的传输层协议、进程所在的网络地址，以及针对客户或服务器程序提供的不同系统调用(或 API 函数)等，是进程通信和网络通信的基本构件。套接字是为客户/服务器模型而设计的，通常，套接字包括两类：

(1) 基于文件型：通信进程都运行在同一台机器的环境中，套接字是基于本地文件系统支持的，一个套接字关联到一个特殊的文件，通信双方通过对这个特殊文件的读写实现通信，其原理类似于前面所讲的管道。

(2) 基于网络型：该类型通常采用的是非对称方式通信，即发送者需要提供接收者命名。通信双方的进程运行在不同主机的网络环境下，被分配了一对套接字，一个属于接收进程(或服务器端)，一个属于发送进程(或客户端)。一般地，发送进程(或客户端)发出连接请求时，随机申请一个套接字，主机为之分配一个端口，与该套接字绑定，不再分配给其它进程。接收进程(或服务器端)拥有全局公认的套接字和指定的端口(如 ftp 服务器监听端口为 21，Web 或 http 服务器监听端口为 80)，并通过监听端口等待客户请求。因此，任何进程都可以向它发出连接请求和信息请求，以方便进程之间通信连接的建立。接收进程(或服务器端)一旦收到请求，就接受来自发送进程(或客户端)的连接，完成连接，即在主机间传输的数据可以准确地发送到通信进程，实现进程间的通信；当通信结束时，系统通过关闭接收进程(或服务器端)的套接字撤销连接。

套接字的优势在于，它不仅适用于同一台计算机内部的进程通信，也适用于网络环境中不同计算机间的进程通信。由于每个套接字拥有唯一的套接字号(也称套接字标识符)，这样系统中所有的连接都持有唯一的一对套接字及端口连接，对于来自不同应用程序进程或网络连接的通信，能够方便地加以区分，确保了通信双方之间逻辑链路的唯一性，便于实现数据传输的并发服务，而且隐藏了通信设施及实现细节，采用统一的接口进行处理。

2) 远程过程调用和远程方法调用

远程过程(函数)调用 RPC(Remote Procedure Call)，是一个通信协议，用于通过网络连接的系统。该协议允许运行于一台主机(本地)系统上的进程调用另一台主机(远程)系统上的进程，而对程序员表现为常规的过程调用，无需额外地为此编程。如果涉及的软件采用面向对象编程，那么远程过程调用亦可称做远程方法调用。

负责处理远程过程调用的进程有两个，一个是本地客户进程，另一个是远程服务器进程，这两个进程通常也被称为网络守护进程，主要负责在网络间的消息传递，一般情况下，这两个进程都是处于阻塞状态，等待消息。

为了使远程过程调用看上去与本地过程调用一样，即希望实现 RPC 的透明性，使得调用者感觉不到此次调用的过程是在其他主机(远程)上执行的，RPC 引入一个存根(stub)的概念：在本地客户端，每个能够独立运行的远程过程都拥有一个客户存根(client stubborn)，本地进程调用远程过程实际是调用该过程关联的存根；与此类似，在每个远程进程所在的服务器端，其所对应的实际可执行进程也存在一个服务器存根(stub)与其关联。本地客户存根与对应的远程服务器存根一般也是处于阻塞状态，等待消息。

实际上，远程过程调用的主要步骤是：

(1) 本地过程调用者以一般方式调用远程过程在本地关联的客户存根，传递相应的参数，然后将控制权转移给客户存根；

(2) 客户存根执行，完成包括过程名和调用参数等信息的消息建立，将控制权转移给本地客户进程；

(3) 本地客户进程完成与服务器的消息传递，将消息发送到远程服务器进程；

(4) 远程服务器进程接收消息后转入执行，并根据其中的远程过程名找到对应的服务器存根，将消息转给该存根；

(5) 该服务器存根接到消息后，由阻塞状态转入执行状态，拆开消息从中取出过程调用的参数，然后以一般方式调用服务器上关联的过程；

(6) 在服务器端的远程过程运行完毕后，将结果返回给与之关联的服务器存根；

(7) 该服务器存根获得控制权运行，将结果打包为消息，并将控制权转移给远程服务器进程；

(8) 远程服务器进程将消息发送回客户端；

(9) 本地客户进程接收到消息后，根据其中的过程名将消息存入关联的客户存根，再将控制权转移给客户存根；

(10) 客户存根从消息中取出结果，返回给本地调用者进程，并完成控制权的转移。

这样，本地调用者再次获得控制权，并且得到了所需的数据，得以继续运行。显然，上述步骤的主要作用在于：将客户过程的本地调用转化为客户存根，再转化为服务器过程的本地调用，对客户与服务器来说，它们的中间步骤是不可见的，因此，调用者在整个过程中并不知道该过程的执行是在远程，而不是在本地。

◀ 2.6.2 消息传递通信的实现方式

在进程之间通信时，源进程可以直接或间接地将消息传送给目标进程，因此可将进程通信分为直接和间接两种通信方式。常见的直接消息传递系统和信箱通信就是分别采用这两种通信方式。

1. 直接消息传递系统

在直接消息传递系统中采用直接通信方式，即发送进程利用 OS 所提供的发送命令(原语)，直接把消息发送给目标进程。

1) 直接通信原语

(1) 对称寻址方式。该方式要求发送进程和接收进程都必须以显式方式提供对方的标识符。通常，系统提供下述两条通信命令(原语)：

   send(receiver，message)； 发送一个消息给接收进程

   receive(sender，message)； 接收 Sender 发来的消息

例如，原语 Send(P2，m1)表示将消息 m1 发送给接收进程 P2；而原语 Receive(P1，m1)

则表示接收由 P1 发来的消息 m1。

对称寻址方式的不足在于，一旦改变进程的名称，则可能需要检查所有其它进程的定义，有关对该进程旧名称的所有引用都必须查找到，以便将其修改为新名称，显然，这样的方式不利于实现进程定义的模块化。

(2) 非对称寻址方式。在某些情况下，接收进程可能需要与多个发送进程通信，无法事先指定发送进程。例如，用于提供打印服务的进程，它可以接收来自任何一个进程的"打印请求"消息。对于这样的应用，在接收进程的原语中，不需要命名发送进程，只填写表示源进程的参数，即完成通信后的返回值，而发送进程仍需要命名接收进程。该方式的发送和接收原语可表示为：

　　　　send(P，message)；　　发送一个消息给进程 P

receive (id，message)；接收来自任何进程的消息，id 变量可设置为进行通信的发送方进程 id 或名字。

2) 消息的格式

在消息传递系统中所传递的消息，必须具有一定的消息格式。在单机系统环境中，由于发送进程和接收进程处于同一台机器中，有着相同的环境，所以消息的格式比较简单，可采用比较短的定长消息格式，以减少对消息的处理和存储开销。该方式可用于办公自动化系统中，为用户提供快速的便笺式通信。但这种方式对于需要发送较长消息的用户是不方便的。为此，可采用变长的消息格式，即进程所发送消息的长度是可变的。对于变长消息，系统无论在处理方面还是存储方面，都可能会付出更多的开销，但其优点在于方便了用户。

3) 进程的同步方式

在进程之间进行通信时，同样需要有进程同步机制，以使诸进程间能协调通信。不论是发送进程还是接收进程，在完成消息的发送或接收后，都存在两种可能性，即进程或者继续发送(或接收)或者阻塞。由此，我们可得到三种情况：① 发送进程阻塞，接收进程阻塞。这种情况主要用于进程之间紧密同步，发送进程和接收进程之间无缓冲时。② 发送进程不阻塞、接收进程阻塞。这是一种应用最广的进程同步方式。平时，发送进程不阻塞，因而它可以尽快地把一个或多个消息发送给多个目标；而接收进程平时则处于阻塞状态，直到发送进程发来消息时才被唤醒。③ 发送进程和接收进程均不阻塞。这也是一种较常见的进程同步形式。平时，发送进程和接收进程都在忙于自己的事情，仅当发生某事件使它无法继续运行时，才把自己阻塞起来等待。

4) 通信链路

为使在发送进程和接收进程之间能进行通信，必须在两者之间建立一条通信链路。有两种方式建立通信链路。第一种方式是：由发送进程在通信之前用显式的"建立连接"命令(原语)请求系统为之建立一条通信链路，在链路使用完后拆除链路。这种方式主要用于计算机网络中。第二种方式是：发送进程无须明确提出建立链路的请求，只须利用系统提供的发送命令(原语)，系统会自动地为之建立一条链路。这种方式主要用于单机系统中。而根据通信方式的不同，则又可把链路分成两种：① 单向通信链路，只允许发送进程向接收进程发送消息，或者相反；② 双向通信链路，既允许由进程 A 向进程 B 发送消息，也允许进程 B 同时向进程 A 发送消息。

2. 信箱通信

信箱通信属于间接通信方式，即进程之间的通信，需要通过某种中间实体(如共享数据结构等)来完成。该实体建立在随机存储器的公用缓冲区上，用来暂存发送进程发送给目标进程的消息；接收进程可以从该实体中取出发送进程发送给自己的消息，通常把这种中间实体称为邮箱(或信箱)，每个邮箱都有一个唯一的标识符。消息在邮箱中可以安全地保存，只允许核准的目标用户随时读取。因此，利用邮箱通信方式既可实现实时通信，又可实现非实时通信。

1) 信箱的结构

信箱定义为一种数据结构。在逻辑上，可以将其分为两个部分：

(1) 信箱头，用以存放有关信箱的描述信息，如信箱标识符、信箱的拥有者、信箱口令、信箱的空格数等；

(2) 信箱体，由若干个可以存放消息(或消息头)的信箱格组成，信箱格的数目以及每格的大小是在创建信箱时确定的。

在消息传递方式上，最简单的情况是单向传递。消息的传递也可以是双向的。图 2-16 示出了双向通信链路的通信方式。

图 2-16 双向信箱示意图

2) 信箱通信原语

系统为邮箱通信提供了若干条原语，分别用于：

(1) 邮箱的创建和撤消。进程可利用邮箱创建原语来建立一个新邮箱，创建者进程应给出邮箱名字、邮箱属性(公用、私用或共享)；对于共享邮箱，还应给出共享者的名字。当进程不再需要读邮箱时，可用邮箱撤消原语将之撤消。

(2) 消息的发送和接收。当进程之间要利用邮箱进行通信时，必须使用共享邮箱，并利用系统提供的下述通信原语进行通信。

　　　　Send(mailbox，message)；　　　将一个消息发送到指定邮箱
　　　　Receive(mailbox，message)；　　从指定邮箱中接收一个消息

3) 信箱的类型

邮箱可由操作系统创建，也可由用户进程创建，创建者是邮箱的拥有者。据此，可把邮箱分为以下三类：

(1) 私用邮箱。用户进程可为自己建立一个新邮箱，并作为该进程的一部分。邮箱的

拥有者有权从邮箱中读取消息,其他用户则只能将自己构成的消息发送到该邮箱中。这种私用邮箱可采用单向通信链路的邮箱来实现。当拥有该邮箱的进程结束时,邮箱也随之消失。

(2) 公用邮箱。由操作系统创建,并提供给系统中的所有核准进程使用。核准进程既可把消息发送到该邮箱中,也可从邮箱中读取发送给自己的消息。显然,公用邮箱应采用双向通信链路的邮箱来实现。通常,公用邮箱在系统运行期间始终存在。

(3) 共享邮箱。由某进程创建,在创建时或创建后指明它是可共享的,同时须指出共享进程(用户)的名字。邮箱的拥有者和共享者都有权从邮箱中取走发送给自己的消息。

在利用邮箱通信时,在发送进程和接收进程之间,存在以下四种关系:① 一对一关系。发送进程和接收进程可以建立一条两者专用的通信链路,使两者之间的交互不受其他进程的干扰。② 多对一关系。允许提供服务的进程与多个用户进程之间进行交互,也称为客户/服务器交互(client/server interaction)。③ 一对多关系。允许一个发送进程与多个接收进程进行交互,使发送进程可用广播方式向接收者(多个)发送消息。④ 多对多关系。允许建立一个公用邮箱,让多个进程都能向邮箱中投递消息;也可从邮箱中取走属于自己的消息。

◀ 2.6.3 直接消息传递系统实例

消息缓冲队列通信机制首先由美国的 Hansan 提出,并在 RC 4000 系统上实现,后来被广泛应用于本地进程之间的通信中。在这种通信机制中,发送进程利用 Send 原语将消息直接发送给接收进程;接收进程则利用 Receive 原语接收消息。

1. 消息缓冲队列通信机制中的数据结构

(1) 消息缓冲区。在消息缓冲队列通信方式中,主要利用的数据结构是消息缓冲区。它可描述如下:

```
typedef struct message_buffer    {
    int sender;                        发送者进程标识符
    int size;                          消息长度
    char *text;                        消息正文
    struct message_buffer *next;       指向下一个消息缓冲区的指针
}
```

(2) PCB 中有关通信的数据项。在操作系统中采用了消息缓冲队列通信机制时,除了需要为进程设置消息缓冲队列外,还应在进程的 PCB 中增加消息队列队首指针,用于对消息队列进行操作,以及用于实现同步的互斥信号量 mutex 和资源信号量 sm。在 PCB 中应增加的数据项可描述如下:

```
typedef struct processcontrol_block    {
    …
    struct message_buffer *mq    ;     消息队列队首指针
    semaphore mutex;                   消息队列互斥信号量
    semaphore sm;                      消息队列资源信号量
```

…
　　}PCB;

2. 发送原语

　　发送进程在利用发送原语发送消息之前，应先在自己的内存空间设置一发送区 a，如图 2-17 所示，把待发送的消息正文、发送进程标识符、消息长度等信息填入其中，然后调用发送原语，把消息发送给目标(接收)进程。发送原语首先根据发送区 a 中所设置的消息长度 a.size 来申请一缓冲区 i，接着，把发送区 a 中的信息复制到缓冲区 i 中。为了能将 i 挂在接收进程的消息队列 mq 上，应先获得接收进程的内部标识符 j，然后将 i 挂在 j.mq 上。由于该队列属于临界资源，故在执行 insert 操作的前后都要执行 wait 和 signal 操作。

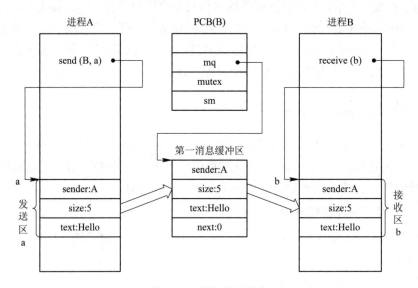

图 2-17　消息缓冲通信

　　发送原语可描述如下：

```
void send(receiver，a)  {          receiver 为接收进程标识符，a 为发送区首址；
        getbuf(a.size, i);         根据 a.size 申请缓冲区；
        i.sender = a.sender;
        i.size = a.size;
        copy(i.text，a.text);       将发送区 a 中的信息复制到消息缓冲区 i 中；
        i.next = 0;
        getid(PCBset，receiver.j);  获得接收进程内部的标识符；
        wait(j.mutex);
        insert(&j.mq，i);           将消息缓冲区插入消息队列；
        signal(j.mutex);
        signal(j.sm);
    }
```

3. 接收原语

接收进程调用接收原语 receive(b)，从自己的消息缓冲队列 mq 中摘下第一个消息缓冲区 i，并将其中的数据复制到以 b 为首址的指定消息接收区内。接收原语描述如下：

```
void receive(b)    {
        j = internal name；          j 为接收进程内部的标识符；
        wait(j.sm)；
        wait(j.mutex)；
        remove(j.mq，i)；            将消息队列中第一个消息移出；
        signal(j.mutex)；
        b.sender = i.sender；
        b.size = i.size；
        copy(b.text，i.text)；        将消息缓冲区 i 中的信息复制到接收区 b；
        releasebuf(i)；              释放消息缓冲区；
    }
```

2.7 线程(Threads)的基本概念

在 20 世纪 60 年代中期，人们在设计多道程序 OS 时，引入了进程的概念，从而解决了在单处理机环境下的程序并发执行问题。此后在长达 20 年的时间里，在多道程序 OS 中一直是以进程作为能拥有资源和独立调度(运行)的基本单位的。直到 80 年代中期，人们又提出了比进程更小的基本单位——线程的概念，试图用它来提高程序并发执行的程度，以进一步改善系统的服务质量。特别是在进入 20 世纪 90 年代后，多处理机系统得到迅速发展，由于线程能更好地提高程序的并行执行程度，因而近几年推出的多处理机 OS 无一例外地都引入了线程，用以改善 OS 的性能。

◄ 2.7.1 线程的引入

如果说，在 OS 中引入进程的目的是为了使多个程序能并发执行，以提高资源利用率和系统吞吐量，那么，在操作系统中再引入线程，则是为了减少程序在并发执行时所付出的时空开销，使 OS 具有更好的并发性。

1. 进程的两个基本属性

首先让我们来回顾进程的两个基本属性：① 进程是一个可拥有资源的独立单位，一个进程要能独立运行，它必须拥有一定的资源，包括用于存放程序正文、数据的磁盘和内存地址空间，以及它在运行时所需要的 I/O 设备、已打开的文件、信号量等；② 进程同时又是一个可独立调度和分派的基本单位，一个进程要能独立运行，它还必须是一个可独立调度和分派的基本单位。每个进程在系统中有唯一的 PCB，系统可根据其 PCB 感知进程的存在，也可以根据其 PCB 中的信息，对进程进行调度，还可将断点信息保存在其 PCB 中。反之，再利用进程 PCB 中的信息来恢复进程运行的现场。正是由于进程有这两个基本属性，才使进程成为一个能独立运行的基本单位，从而也就构成了进程并发执行的基础。

2. 程序并发执行所需付出的时空开销

为使程序能并发执行，系统必须进行以下的一系列操作：

(1) 创建进程，系统在创建一个进程时，必须为它分配其所必需的、除处理机以外的所有资源，如内存空间、I/O 设备，以及建立相应的 PCB；

(2) 撤消进程，系统在撤消进程时，又必须先对其所占有的资源执行回收操作，然后再撤消 PCB；

(3) 进程切换，对进程进行上下文切换时，需要保留当前进程的 CPU 环境，设置新选中进程的 CPU 环境，因而须花费不少的处理机时间。

据此可知，由于进程是一个资源的拥有者，因而在创建、撤消和切换中，系统必须为之付出较大的时空开销。这就限制了系统中所设置进程的数目，而且进程切换也不宜过于频繁，从而限制了并发程度的进一步提高。

3. 线程——作为调度和分派的基本单位

如何能使多个程序更好地并发执行，同时又尽量减少系统的开销，已成为近年来设计操作系统时所追求的重要目标。有不少研究操作系统的学者们想到，要设法将进程的上述两个属性分开，由 OS 分开处理，亦即并不把作为调度和分派的基本单位也同时作为拥有资源的单位，以做到"轻装上阵"；而对于拥有资源的基本单位，又不对之施以频繁的切换。正是在这种思想的指导下，形成了线程的概念。

随着 VLSI 技术和计算机体系结构的发展，出现了对称多处理机(SMP)计算机系统。它为提高计算机的运行速度和系统吞吐量提供了良好的硬件基础。但要使多个 CPU 很好地协调运行，充分发挥它们的并行处理能力，以提高系统性能，还必须配置性能良好的多处理机 OS。但利用传统的进程概念和设计方法已难以设计出适合于 SMP 结构计算机系统的 OS。其最根本的原因是进程"太重"，致使为实现多处理机环境下的进程的创建、调度、分派，都需花费较大的时间和空间开销。如果在 OS 中引入线程，以线程作为调度和分派的基本单位，则可以有效地改善多处理机系统的性能。因此，一些主要的 OS(UNIX、Windows)厂家又进一步对线程技术做了开发，使之适用于 SMP 的计算机系统。

◄ **2.7.2 线程与进程的比较**

由于线程具有许多传统进程所具有的特征，所以又称之为轻型进程(Light-Weight Process)或进程元，相应地，把传统进程称为重型进程(Heavy-Weight Process)。它相当于只有一个线程的任务。下面我们从调度性、并发性、系统开销和拥有资源等方面对线程和进程进行比较。

1. 调度的基本单位

在传统的 OS 中，进程是作为独立调度和分派的基本单位，因而进程是能独立运行的基本单位。在每次被调度时，都需要进行上下文切换，开销较大。而在引入线程的 OS 中，已把线程作为调度和分派的基本单位，因而线程是能独立运行的基本单位。当线程切换时，仅需保存和设置少量寄存器内容，切换代价远低于进程。在同一进程中，线程的切换不会引起进程的切换，但从一个进程中的线程切换到另一个进程中的线程时，必然就会引起进程的切换。

2. 并发性

在引入线程的 OS 中，不仅进程之间可以并发执行，而且在一个进程中的多个线程之间亦可并发执行，甚至还允许在一个进程中的所有线程都能并发执行。同样，不同进程中的线程也能并发执行。这使得 OS 具有更好的并发性，从而能更加有效地提高系统资源的利用率和系统的吞吐量。例如，在文字处理器中可以设置三个线程：第一个线程用于显示文字和图形，第二个线程从键盘读入数据，第三个线程在后台进行拼写和语法检查。又如，在网页浏览器中，可以设置一个线程来显示图像或文本，再设置一个线程用于从网络中接收数据。

此外，有的应用程序需要执行多个相似的任务。例如，一个网络服务器经常会接到许多客户的请求，如果仍采用传统的单线程的进程来执行该任务，则每次只能为一个客户服务。但如果在一个进程中可以设置多个线程，将其中的一个专用于监听客户的请求，则每当有一个客户请求时，便立即创建一个线程来处理该客户的请求。

3. 拥有资源

进程可以拥有资源，并作为系统中拥有资源的一个基本单位。然而，线程本身并不拥有系统资源，而是仅有一点必不可少的、能保证独立运行的资源。比如，在每个线程中都应具有一个用于控制线程运行的线程控制块 TCB、用于指示被执行指令序列的程序计数器、保留局部变量、少数状态参数和返回地址等的一组寄存器和堆栈。

线程除了拥有自己的少量资源外，还允许多个线程共享该进程所拥有的资源，这首先表现在：属于同一进程的所有线程都具有相同的地址空间，这意味着，线程可以访问该地址空间中的每一个虚地址；此外，还可以访问进程所拥有的资源，如已打开的文件、定时器、信号量机构等的内存空间和它所申请到的 I/O 设备等。

4. 独立性

在同一进程中的不同线程之间的独立性要比不同进程之间的独立性低得多。这是因为，为防止进程之间彼此干扰和破坏，每个进程都拥有一个独立的地址空间和其它资源，除了共享全局变量外，不允许其它进程的访问。但是同一进程中的不同线程往往是为了提高并发性以及进行相互之间的合作而创建的，它们共享进程的内存地址空间和资源，如每个线程都可以访问它们所属进程地址空间中的所有地址，如一个线程的堆栈可以被其它线程读、写，甚至完全清除。由一个线程打开的文件可以供其它线程读、写。

5. 系统开销

在创建或撤消进程时，系统都要为之分配和回收进程控制块、分配或回收其它资源，如内存空间和 I/O 设备等。OS 为此所付出的开销，明显大于线程创建或撤消时所付出的开销。类似地，在进程切换时，涉及到进程上下文的切换，而线程的切换代价也远低于进程的。例如，在 Solaris 2 OS 中，线程的创建要比进程的创建快 30 倍，而线程上下文切换要比进程上下文的切换快 5 倍。此外，由于一个进程中的多个线程具有相同的地址空间，线程之间的同步和通信也比进程的简单。因此，在一些 OS 中，线程的切换、同步和通信都无需操作系统内核的干预。

6. 支持多处理机系统

在多处理机系统中，对于传统的进程，即单线程进程，不管有多少处理机，该进程只能运行在一个处理机上。但对于多线程进程，就可以将一个进程中的多个线程分配到多个处理机上，使它们并行执行，这无疑将加速进程的完成。因此，现代多处理机 OS 都无一例外地引入了多线程。

◀ 2.7.3　线程的状态和线程控制块

1. 线程运行的三个状态

与传统的进程一样，在各线程之间也存在着共享资源和相互合作的制约关系，致使线程在运行时也具有间断性。相应地，线程在运行时也具有下述三种基本状态：

(1) 执行状态，表示线程已获得处理机而正在运行；

(2) 就绪状态，指线程已具备了各种执行条件，只须再获得 CPU 便可立即执行；

(3) 阻塞状态，指线程在执行中因某事件受阻而处于暂停状态，例如，当一个线程执行从键盘读入数据的系统调用时，该线程就被阻塞。

线程状态之间的转换和进程状态之间的转换是一样的，如图 2-5 所示。

2. 线程控制块 TCB

如同每个进程有一个进程控制块一样，系统也为每个线程配置了一个线程控制块 TCB，将所有用于控制和管理线程的信息记录在线程控制块中。线程控制块通常有这样几项：① 线程标识符，为每个线程赋予一个唯一的线程标识符；② 一组寄存器，包括程序计数器 PC、状态寄存器和通用寄存器的内容；③ 线程运行状态，用于描述线程正处于何种运行状态；④ 优先级，描述线程执行的优先程度；⑤ 线程专有存储区，用于线程切换时存放现场保护信息，和与该线程相关的统计信息等；⑥ 信号屏蔽，即对某些信号加以屏蔽；⑦ 堆栈指针，在线程运行时，经常会进行过程调用，而过程的调用通常会出现多重嵌套的情况，这样，就必须将每次过程调用中所使用的局部变量以及返回地址保存起来。为此，应为每个线程设置一个堆栈，用它来保存局部变量和返回地址。相应地，在 TCB 中，也须设置两个指向堆栈的指针：指向用户自己堆栈的指针和指向核心栈的指针。前者是指当线程运行在用户态时，使用用户自己的用户栈来保存局部变量和返回地址，后者是指当线程运行在核心态时使用系统的核心栈。

3. 多线程 OS 中的进程属性

通常在多线程 OS 中的进程都包含了多个线程，并为它们提供资源。OS 支持在一个进程中的多个线程能并发执行，但此时的进程就不再作为一个执行的实体。多线程 OS 中的

进程有以下属性:

(1) 进程是一个可拥有资源的基本单位。在多线程 OS 中,进程仍是作为系统资源分配的基本单位,任一进程所拥有的资源都包括:用户的地址空间、实现进程(线程)间同步和通信的机制、已打开的文件和已申请到的 I/O 设备,以及一张由核心进程维护的地址映射表,该表用于实现用户程序的逻辑地址到其内存物理地址的映射。

(2) 多个线程可并发执行。通常一个进程都含有若干个相对独立的线程,其数目可多可少,但至少要有一个线程。由进程为这些(个)线程提供资源及运行环境,使它们能并发执行。在 OS 中的所有线程都只能属于某一个特定进程。实际上,现在把传统进程的执行方法称为单线程方法。如传统的 UNIX 系统能支持多用户进程,但只支持单线程方法。反之,将每个进程支持多个线程执行的方法称为多线程方法。如 Java 的运行环境是单进程多线程的, Windows 2000、Solaris、Mach 等采用的则是多进程多线程的方法。

(3) 进程已不是可执行的实体。在多线程 OS 中,是把线程作为独立运行(或称调度)的基本单位。此时的进程已不再是一个基本的可执行实体。虽然如此,进程仍具有与执行相关的状态。例如,所谓进程处于"执行"状态,实际上是指该进程中的某线程正在执行。此外,对进程所施加的与进程状态有关的操作也对其线程起作用。例如,在把某个进程挂起时,该进程中的所有线程也都将被挂起;又如,在把某进程激活时,属于该进程的所有线程也都将被激活。

2.8 线程的实现

◄ 2.8.1 线程的实现方式

线程已在许多系统中实现,但各系统的实现方式并不完全相同。在有的系统中,特别是一些数据库管理系统,如 infomix 所实现的是用户级线程; 而另一些系统(如 Macintosh 和 OS/2 操作系统)所实现的是内核支持线程;还有一些系统如 Solaris 操作系统,则同时实现了这两种类型的线程。

1. 内核支持线程 KST(Kernel Supported Threads)

在 OS 中的所有进程,无论是系统进程还是用户进程,都是在操作系统内核的支持下运行的,是与内核紧密相关的。而内核支持线程 KST 同样也是在内核的支持下运行的,它们的创建、阻塞、撤消和切换等,也都是在内核空间实现的。为了对内核线程进行控制和管理,在内核空间也为每一个内核线程设置了一个线程控制块,内核根据该控制块而感知某线程的存在,并对其加以控制。当前大多数 OS 都支持内核支持线程。

这种线程实现方式主要有四个主要优点:

(1) 在多处理器系统中,内核能够同时调度同一进程中的多个线程并行执行;

(2) 如果进程中的一个线程被阻塞了,内核可以调度该进程中的其它线程占有处理器运行,也可以运行其它进程中的线程;

(3) 内核支持线程具有很小的数据结构和堆栈，线程的切换比较快，切换开销小；

(4) 内核本身也可以采用多线程技术，可以提高系统的执行速度和效率。

内核支持线程的主要缺点是：对于用户的线程切换而言，其模式切换的开销较大，在同一个进程中，从一个线程切换到另一个线程时，需要从用户态转到核心态进行，这是因为用户进程的线程在用户态运行，而线程调度和管理是在内核实现的，系统开销较大。

2. 用户级线程 ULT(User Level Threads)

用户级线程是在用户空间中实现的。对线程的创建、撤消、同步与通信等功能，都无需内核的支持，即用户级线程是与内核无关的。在一个系统中的用户级线程的数目可以达到数百个至数千个。由于这些线程的任务控制块都是设置在用户空间，而线程所执行的操作也无需内核的帮助，因而内核完全不知道用户级线程的存在。

值得说明的是，对于设置了用户级线程的系统，其调度仍是以进程为单位进行的。在采用轮转调度算法时，各个进程轮流执行一个时间片，这对诸进程而言貌似是公平的。但假如在进程 A 中包含了一个用户级线程，而在另一个进程 B 中含有 100 个用户级线程，这样，进程 A 中线程的运行时间将是进程 B 中各线程运行时间的 100 倍；相应地，其速度要快上 100 倍，因此说实质上并不公平。

假如系统中设置的是内核支持线程，则调度便是以线程为单位进行的。在采用轮转法调度时，是各个线程轮流执行一个时间片。同样假定进程 A 中只有一个内核支持线程，而在进程 B 中有 100 个内核支持线程。此时进程 B 可以获得的 CPU 时间是进程 A 的 100 倍，且进程 B 可使 100 个系统调用并发工作。

使用用户级线程方式有许多优点：

(1) 线程切换不需要转换到内核空间。对一个进程而言，其所有线程的管理数据结构均在该进程的用户空间中，管理线程切换的线程库也在用户地址空间运行，因此进程不必切换到内核方式来做线程管理，从而节省了模式切换的开销。

(2) 调度算法可以是进程专用的。在不干扰 OS 调度的情况下，不同的进程可以根据自身需要选择不同的调度算法，对自己的线程进行管理和调度，而与 OS 的低级调度算法是无关的。

(3) 用户级线程的实现与 OS 平台无关，因为对于线程管理的代码是属于用户程序的一部分，所有的应用程序都可以对之进行共享。因此，用户级线程甚至可以在不支持线程机制的操作系统平台上实现。

而用户级线程方式的主要缺点则在于：

(1) 系统调用的阻塞问题。在基于进程机制的 OS 中，大多数系统调用将使进程阻塞，因此，当线程执行一个系统调用时，不仅该线程被阻塞，而且，进程内的所有线程会被阻塞。而在内核支持线程方式中，则进程中的其它线程仍然可以运行。

(2) 在单纯的用户级线程实现方式中，多线程应用不能利用多处理机进行多重处理的优点，内核每次分配给一个进程的仅有一个 CPU，因此，进程中仅有一个线程能执行，在该线程放弃 CPU 之前，其它线程只能等待。

3. 组合方式

有些 OS 把用户级线程和内核支持线程两种方式进行组合，提供了组合方式 ULT/KST 线程。在组合方式线程系统中，内核支持多个内核支持线程的建立、调度和管理，同时，也允许用户应用程序建立、调度和管理用户级线程。一些内核支持线程对应多个用户级线程，这是用户级线程通过时分多路复用内核支持线程来实现的。即将用户级线程对部分或全部内核支持线程进行多路复用，程序员可按应用需要和机器配置，对内核支持线程数目进行调整，以达到较好效果。组合方式线程中，同一个进程内的多个线程可以同时在多处理器上并行执行，而且在阻塞一个线程时并不需要将整个进程阻塞。所以，组合方式多线程机制能够结合 KST 和 ULT 两者的优点，并克服了其各自的不足。由于用户级线程和内核支持线程连接方式的不同，从而形成了三种不同的模型：多对一模型、一对一模型和多对多模型：

(1) 多对一模型，即将用户线程映射到一个内核控制线程。如图 2-18(a)所示，这些用户线程一般属于一个进程，运行在该进程的用户空间，对这些线程的调度和管理也是在该进程的用户空间中完成。仅当用户线程需要访问内核时，才将其映射到一个内核控制线程上，但每次只允许一个线程进行映射。该模型的主要优点是线程管理的开销小，效率高；其主要缺点在于，如果一个线程在访问内核时发生阻塞，则整个进程都会被阻塞；此外，在任一时刻，只有一个线程能够访问内核，多个线程不能同时在多个处理机上运行。

(2) 一对一模型，即将每一个用户级线程映射到一个内核支持线程。如图 2-18(b)所示，为每一个用户线程都设置一个内核控制线程与之连接。该模型的主要优点是：当一个线程阻塞时，允许调度另一个线程运行，所以它提供了比多对一模型更好的并发功能。此外，在多处理机系统中，它允许多个线程并行地运行在多处理机系统上。该模型的唯一缺点是：每创建一个用户线程，相应地就需要创建一个内核线程，开销较大，因此需要限制整个系统的线程数。Windows 2000、Windows NT、OS/2 等系统上都实现了该模型。

(3) 多对多模型，即将许多用户线程映射到同样数量或更少数量的内核线程上。如图 2-18(c)所示，内核控制线程的数目可以根据应用进程和系统的不同而变化，可以比用户线程少，也可以与之相同。该模型结合上述两种模型的优点，它可以像一对一模型那样，使一个进程的多个线程并行地运行在多处理机系统上，也可像多对一模型那样，减少线程的管理开销和提高效率。

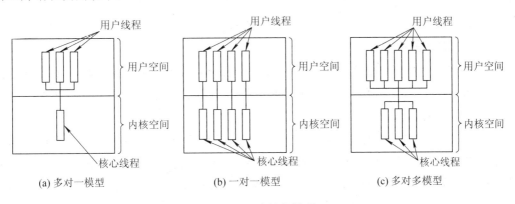

(a) 多对一模型　　　　(b) 一对一模型　　　　(c) 多对多模型

图 2-18　多线程模型

◄ 2.8.2 线程的实现

不论是进程还是线程，都必须直接或间接地取得内核的支持。由于内核支持线程可以直接利用系统调用为它服务，故线程的控制相当简单；而用户级线程必须借助于某种形式的中间系统的帮助方能取得内核的服务，故在对线程的控制上要稍复杂些。

1. 内核支持线程的实现

在仅设置了内核支持线程的 OS 中，一种可能的线程控制方法是，系统在创建一个新进程时，便为它分配一个任务数据区 PTDA(Per Task Data Area)，其中包括若干个线程控制块 TCB 空间，如图 2-19 所示。在每一个 TCB 中可保存线程标识符、优先级、线程运行的 CPU 状态等信息。虽然这些信息与用户级线程 TCB 中的信息相同，但现在却是被保存在内核空间中。

图 2-19　任务数据区空间

每当进程要创建一个线程时，便为新线程分配一个 TCB，将有关信息填入该 TCB 中，并为之分配必要的资源，如为线程分配数百至数千个字节的栈空间和局部存储区，于是新创建的线程便有条件立即执行。当 PTDA 中的所有 TCB 空间已用完，而进程又要创建新的线程时，只要其所创建的线程数目未超过系统的允许值(通常为数十至数百个)，系统可再为之分配新的 TCB 空间；在撤消一个线程时，也应回收该线程的所有资源和 TCB。可见，内核支持线程的创建、撤消均与进程的相类似。在有的系统中为了减少在创建和撤消一个线程时的开销，在撤消一个线程时并不立即回收该线程的资源和 TCB，这样，当以后再要创建一个新线程时，便可直接利用已被撤消但仍保持有资源的 TCB 作为新线程的 TCB。

内核支持线程的调度和切换与进程的调度和切换十分相似，也分抢占式方式和非抢占式方式两种。在线程的调度算法上，同样可采用时间片轮转法、优先权算法等。当线程调度选中一个线程后，便将处理机分配给它。当然，线程在调度和切换上所花费的开销要比进程的小得多。

2. 用户级线程的实现

用户级线程是在用户空间实现的。所有的用户级线程都具有相同的结构，它们都运行在一个中间系统上。当前有两种方式实现中间系统，即运行时系统和内核控制线程。

1) 运行时系统(Runtime System)

所谓"运行时系统"，实质上是用于管理和控制线程的函数(过程)的集合，其中包括用于创建和撤消线程的函数、线程同步和通信的函数，以及实现线程调度的函数等。正因为有这些函数，才能使用户级线程与内核无关。运行时系统中的所有函数都驻留在用户空间，并作为用户级线程与内核之间的接口。

在传统的 OS 中，进程在切换时必须先由用户态转为核心态，再由核心来执行切换任务；而用户级线程在切换时则不须转入核心态，而是由运行时系统中的线程切换过程(函数)，来执行切换任务，该过程将线程的 CPU 状态保存在该线程的堆栈中，然后按照一定的算法，选择一个处于就绪状态的新线程运行，将新线程堆栈中的 CPU 状态装入到 CPU 相应的寄存器中，一旦将栈指针和程序计数器切换后，便开始了新线程的运行。由于用户级线程的切换无须进入内核，且切换操作简单，因而使用户级线程的切换速度非常快。

不论在传统的 OS 中，还是在多线程 OS 中，系统资源都是由内核管理的。在传统的 OS 中，进程是利用 OS 提供的系统调用来请求系统资源的，系统调用通过软中断(如 trap)机制进入 OS 内核，由内核来完成相应资源的分配。用户级线程是不能利用系统调用的。当线程需要系统资源时，是将该要求传送给运行时系统，由后者通过相应的系统调用来获得系统资源。

2) 内核控制线程

这种线程又称为轻型进程 LWP(Light Weight Process)。每一个进程都可拥有多个 LWP，同用户级线程一样，每个 LWP 都有自己的数据结构(如 TCB)，其中包括线程标识符、优先级、状态，另外还有栈和局部存储区等。LWP 也可以共享进程所拥有的资源。LWP 可通过系统调用来获得内核提供的服务，这样，当一个用户级线程运行时，只须将它连接到一个 LWP 上，此时它便具有了内核支持线程的所有属性。这种线程实现方式就是组合方式。

在一个系统中的用户级线程数量可能很大，为了节省系统开销，不可能设置太多的 LWP，而是把这些 LWP 做成一个缓冲池，称为"线程池"。用户进程中的任一用户线程都可以连接到 LWP 池中的任何一个 LWP 上。为使每一用户级线程都能利用 LWP 与内核通信，可以使多个用户级线程多路复用一个 LWP，但只有当前连接到 LWP 上的线程才能与内核通信，其余进程或者阻塞，或者等待 LWP。而每一个 LWP 都要连接到一个内核级线程上，这样，通过 LWP 可把用户级线程与内核线程连接起来，用户级线程可通过 LWP 来访问内核，但内核所看到的总是多个 LWP 而看不到用户级线程。亦即，由 LWP 实现了内核与用户级线程之间的隔离，从而使用户级线程与内核无关。图 2-20 示出了利用轻型进程作为中间系统时用户级线程的实现方法。

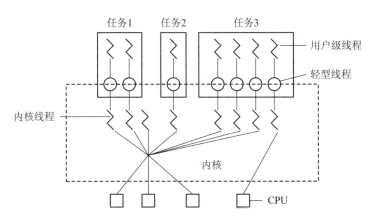

图 2-20　利用轻型进程作为中间系统

当用户级线程不需要与内核通信时，并不需要 LWP；而当要通信时，便须借助于 LWP，而且每个要通信的用户级线程都需要一个 LWP。例如，在一个任务中，如果同时有 5 个用户级线程发出了对文件的读、写请求，这就需要有 5 个 LWP 来予以帮助，即由 LWP 将对文件的读、写请求发送给相应的内核级线程，再由后者执行具体的读、写操作。如果一个任务中只有 4 个 LWP，则只能有 4 个用户级线程的读、写请求被传送给内核线程，余下的一个用户级线程必须等待。

在内核级线程执行操作时，如果发生阻塞，则与之相连接的多个 LWP 也将随之阻塞，进而使连接到 LWP 上的用户级线程也被阻塞。如果进程中只包含了一个 LWP，此时进程也应阻塞。这种情况与前述的传统 OS 一样，在进程执行系统调用时，该进程实际上是阻塞的。但如果在一个进程中含有多个 LWP，则当一个 LWP 阻塞时，进程中的另一个 LWP 可继续执行；即使进程中的所有 LWP 全部阻塞，进程中的线程也仍然能继续执行，只是不能再去访问内核。

◀ 2.8.3　线程的创建和终止

如同进程一样，线程也是具有生命期的，它由创建而产生，由调度而执行，由终止而消亡。相应的，在 OS 中也就有用于创建线程的函数(或系统调用)和用于终止线程的函数(或系统调用)。

1. 线程的创建

应用程序在启动时，通常仅有一个线程在执行，人们把线程称为"初始化线程"，它的主要功能是用于创建新线程。在创建新线程时，需要利用一个线程创建函数(或系统调用)，并提供相应的参数，如指向线程主程序的入口指针、堆栈的大小，以及用于调度的优先级等。在线程的创建函数执行完后，将返回一个线程标识符供以后使用。

2. 线程的终止

当一个线程完成了自己的任务(工作)后，或是线程在运行中出现异常情况而须被强行终止时，由终止线程通过调用相应的函数(或系统调用)对它执行终止操作。但有些线程(主要是系统线程)，它们一旦被建立起来之后，便一直运行下去而不被终止。在大多数的 OS 中，线程被中止后并不立即释放它所占有的资源，只有当进程中的其它线程执行了分离函数后，被终止的线程才与资源分离，此时的资源才能被其它线程利用。

虽已被终止但尚未释放资源的线程仍可以被需要它的线程所调用，以使被终止线程重新恢复运行。为此，调用线程须调用一条被称为"等待线程终止"的连接命令来与该线程进行连接。如果在一个调用者线程调用"等待线程终止"的连接命令，试图与指定线程相连接时，若指定线程尚未被终止，则调用连接命令的线程将会阻塞，直至指定线程被终止后，才能实现它与调用者线程的连接并继续执行；若指定线程已被终止，则调用者线程不会被阻塞而是继续执行。

![习题图标] 习 题 ▶▶▶

1. 什么是前趋图？为什么要引入前趋图？

2. 试画出下面四条语句的前趋图：

    S1: a = x+y;

    S2: b = z+1;

    S3: c = a−b;

    S4: w = c+1;

3. 为什么程序并发执行会产生间断性特征？

4. 程序并发执行时为什么会失去封闭性和可再现性？

5. 在操作系统中为什么要引入进程的概念？它会产生什么样的影响？

6. 试从动态性、并发性和独立性上比较进程和程序。

7. 试说明 PCB 的作用具体表现在哪几个方面？为什么说 PCB 是进程存在的唯一标志？

8. PCB 提供了进程管理和进程调度所需要的哪些信息？

9. 进程控制块的组织方式有哪几种？

10. 何谓操作系统内核？内核的主要功能是什么？

11. 试说明进程在三个基本状态之间转换的典型原因。

12. 为什么要引入挂起状态？该状态有哪些性质？

13. 在进行进程切换时，所要保存的处理机状态信息有哪些？

14. 试说明引起进程创建的主要事件。

15. 试说明引起进程被撤消的主要事件。

16. 在创建一个进程时所要完成的主要工作是什么？

17. 在撤消一个进程时所要完成的主要工作是什么？

18. 试说明引起进程阻塞或被唤醒的主要事件是什么？

19. 为什么要在 OS 中引入线程？

20. 试说明线程具有哪些属性？

21. 试从调度性、并发性、拥有资源及系统开销方面对进程和线程进行比较。

22. 线程控制块 TCB 中包含了哪些内容？

23. 何谓用户级线程和内核支持线程？

24. 试说明用户级线程的实现方法。

25. 试说明内核支持线程的实现方法。

26. 多线程模型有哪几种类型？多对一模型有何优缺点？

第三章 ◇◇◇◇◇

〖处理机调度与死锁〗

在多道程序环境下，内存中存在着多个进程，其数目往往多于处理机数目。这就要求系统能按某种算法，动态地将处理机分配给处于就绪状态的一个进程，使之执行。分配处理机的任务是由处理机调度程序完成的。对于大型系统运行时的性能，如系统吞吐量、资源利用率、作业周转时间或响应的及时性等，在很大程度上都取决于处理机调度性能的好坏。因而，处理机调度便成为 OS 中至关重要的部分。

3.1 处理机调度的层次和调度算法的目标

在多道程序系统中，调度的实质是一种资源分配，处理机调度是对处理机资源进行分配。处理机调度算法是指根据处理机分配策略所规定的处理机分配算法。在多道批处理系统中，一个作业从提交到获得处理机执行，直至作业运行完毕，可能需要经历多级处理机调度，下面先来了解处理机调度的层次。

3.1.1 处理机调度的层次

1. 高级调度(High Level Scheduling)

高级调度又称长程调度或作业调度，它的调度对象是作业。其主要功能是根据某种算法，决定将外存上处于后备队列中的哪几个作业调入内存，为它们创建进程、分配必要的资源，并将它们放入就绪队列。高级调度主要用于多道批处理系统中，而在分时和实时系统中不设置高级调度。

2. 低级调度(Low Level Scheduling)

低级调度又称为进程调度或短程调度，其所调度的对象是进程(或内核级线程)。其主要功能是，根据某种算法，决定就绪队列中的哪个进程应获得处理机，并由分派程序将处理机分配给被选中的进程。进程调度是最基本的一种调度，在多道批处理、分时和实时三种类型的 OS 中，都必须配置这级调度。

3. 中级调度(Intermediate Scheduling)

中级调度又称为内存调度。引入中级调度的主要目的是，提高内存利用率和系统吞吐量。为此，应把那些暂时不能运行的进程，调至外存等待，此时进程的状态称为就绪驻外存状态(或挂起状态)。当它们已具备运行条件且内存又稍有空闲时，由中级调度来决定，把外存上的那些已具备运行条件的就绪进程再重新调入内存，并修改其状态为就绪状态，挂在就绪队列上等待。中级调度实际上就是存储器管理中的对换功能，将在第四章中介绍。

在上述三种调度中，进程调度的运行频率最高，在分时系统中通常仅 10～100 ms 便进行一次进程调度，因此把它称为短程调度。为避免调度本身占用太多的 CPU 时间，不宜使进程调度算法太复杂。作业调度往往是发生在一批作业已运行完毕并退出系统，又需要重新调入一批作业进入内存时，作业调度的周期较长，大约几分钟一次，因此把它称为长程调度。由于其运行频率较低，故允许作业调度算法花费较多的时间。中级调度的运行频率基本上介于上述两种调度之间，因此把它称为中程调度。

◄ 3.1.2 处理机调度算法的目标

一般而言，在一个操作系统的设计中，应如何选择调度方式和算法，在很大程度上取决于操作系统的类型及其设计目标，例如，在批处理系统、分时系统和实时系统中，通常都采用不同的调度方式和算法。

1. 处理机调度算法的共同目标

(1) 资源利用率。为提高系统的资源利用率，应使系统中的处理机和其它所有资源都尽可能地保持忙碌状态，其中最重要的处理机利用率可用以下方法计算：

$$CPU 的利用率 = \frac{CPU 有效工作时间}{CPU 有效工作时间 + CPU 空闲等待时间}$$

(2) 公平性。公平性是指应使诸进程都获得合理的 CPU 时间，不会发生进程饥饿现象。公平性是相对的，对相同类型的进程应获得相同的服务；但对于不同类型的进程，由于其紧急程度或重要性的不同，则应提供不同的服务。

(3) 平衡性。由于在系统中可能具有多种类型的进程，有的属于计算型作业，有的属于 I/O 型。为使系统中的 CPU 和各种外部设备都能经常处于忙碌状态，调度算法应尽可能保持系统资源使用的平衡性。

(4) 策略强制执行。对所制订的策略其中包括安全策略，只要需要，就必须予以准确地执行，即使会造成某些工作的延迟也要执行。

2. 批处理系统的目标

(1) 平均周转时间短。所谓周转时间，是指从作业被提交给系统开始，到作业完成为止的这段时间间隔(称为作业周转时间)。它包括四部分时间：作业在外存后备队列上等待(作业)调度的时间，进程在就绪队列上等待进程调度的时间，进程在 CPU 上执行的时间，以及进程等待 I/O 操作完成的时间。其中的后三项在一个作业的整个处理过程中，可能发生多次。

对每个用户而言，都希望自己作业的周转时间最短。但作为计算机系统的管理者，则总是希望能使平均周转时间最短，这不仅会有效地提高系统资源的利用率，而且还可使大多数用户都感到满意。应使作业周转时间和作业的平均周转时间尽可能短。否则，会使许多用户的等待时间过长，这将会引起用户特别是短作业用户的不满。可把平均周转时间描述为：

$$T = \frac{1}{n} \left[\sum_{i=1}^{n} T_i \right]$$

为了进一步反映调度的性能，更清晰地描述各进程在其周转时间中，等待和执行时间的具体分配状况，往往使用带权周转时间，即作业的周转时间 T 与系统为它提供服务的时间 T_s 之比，即 $W = T/T_s$。而平均带权周转时间则可表示为：

$$W = \frac{1}{n} \sum_{i=1}^{n} \frac{T_i}{T_s}$$

(2) 系统吞吐量高。由于吞吐量是指在单位时间内系统所完成的作业数，因而它与批处理作业的平均长度有关。事实上，如果单纯是为了获得高的系统吞吐量，就应尽量多地选择短作业运行。

(3) 处理机利用率高。对于大、中型计算机，CPU 价格十分昂贵，致使处理机的利用率成为衡量系统性能的十分重要的指标；而调度方式和算法又对处理机的利用率起着十分重要的作用。如果单纯是为使处理机利用率高，应尽量多地选择计算量大的作业运行。由上所述可以看出，这些要求之间是存在着一定矛盾的。

3. 分时系统的目标

(1) 响应时间快。响应时间快是选择分时系统中进程调度算法的重要准则。所谓响应时间，是从用户通过键盘提交一个请求开始，直到屏幕上显示出处理结果为止的一段时间间隔。它包括三部分时间：一是请求信息从键盘输入开始，直至将其传送到处理机的时间；二是处理机对请求信息进行处理的时间；三是将所形成的响应信息回送到终端显示器的时间。

(2) 均衡性。用户对响应时间的要求并非完全相同。通常用户对较复杂任务的响应时间允许较长，而对较简单任务的响应时间则要短。所谓均衡性，是指系统响应时间的快慢应与用户所请求服务的复杂性相适应。

4. 实时系统的目标

(1) 截止时间的保证。所谓截止时间，是指某任务必须开始执行的最迟时间，或必须完成的最迟时间。对于严格的实时系统，其调度方式和调度算法必须能保证这一点，否则将可能造成难以预料的后果。对于实时系统而言，调度算法的一个主要目标是保证实时任务对截止时间的要求。对于 HRT 任务，其调度方式和调度算法必须确保对截止时间的要求，否则将可能造成难以预料的后果；而对于 SRT 任务，其调度方式和调度算法也应基本上能保证对截止时间的要求。

(2) 可预测性。在实时系统中，可预测性显得非常重要。例如，在多媒体系统中，无论是电影还是电视剧都应是连续播放的，这就提供了请求的可预测性。如果系统中采用了双缓冲，则因为可实现第 i 帧的播放和第 i+1 帧的读取并行处理，进而可提高其实时性。

3.2 作业与作业调度

在多道批处理系统中，作业是用户提交给系统的一项相对独立的工作。操作员把用户提交的作业通过相应的输入设备输入到磁盘存储器，并保存在一个后备作业队列中。再由作业调度程序将其从外存调入内存。

◀ 3.2.1 批处理系统中的作业

1. 作业和作业步

(1) 作业(Job)。作业是一个比程序更为广泛的概念，它不仅包含了通常的程序和数据，而且还应配有一份作业说明书，系统根据该说明书来对程序的运行进行控制。在批处理系统中，是以作业为基本单位从外存调入内存的。

(2) 作业步(Job Step)。通常，在作业运行期间，每个作业都必须经过若干个相对独立，又相互关联的顺序加工步骤才能得到结果。我们把其中的每一个加工步骤称为一个作业步，各作业步之间存在着相互联系，往往是上一个作业步的输出作为下一个作业步的输入。例如，一个典型的作业可分成："编译"作业步，"链接装配"作业步和"运行"作业步。

2. 作业控制块(Job Control Block，JCB)

为了管理和调度作业，在多道批处理系统中，为每个作业设置了一个作业控制块 JCB，它是作业在系统中存在的标志，其中保存了系统对作业进行管理和调度所需的全部信息。通常在 JCB 中包含的内容有：作业标识、用户名称、用户账号、作业类型(CPU 繁忙型、I/O 繁忙型、批量型、终端型)、作业状态、调度信息(优先级、作业运行时间)、资源需求(预计运行时间、要求内存大小等)、资源使用情况等。

每当一个作业进入系统时，便由"作业注册"程序为该作业建立一个作业控制块 JCB。再根据作业类型，将它放到相应的作业后备队列中等待调度。调度程序依据一定的调度算法来调度它们，被调度到的作业将被装入内存。在作业运行期间，系统就按照 JCB 中的信息和作业说明书对作业进行控制。当一个作业执行结束进入完成状态时，系统负责回收已分配给它的资源，撤销该作业控制块。

3. 作业运行的三个阶段和三种状态

作业从进入系统到运行结束，通常需要经历收容、运行和完成三个阶段。相应的作业也就有"后备状态"、"运行状态"和"完成状态"。

(1) 收容阶段。操作员把用户提交的作业通过某种输入方式或 SPOOLing 系统输入到硬盘上，再为该作业建立 JCB，并把它放入作业后备队列中。相应地，此时作业的状态为"后备状态"。

(2) 运行阶段。当作业被作业调度选中后，便为它分配必要的资源和建立进程，并将它放入就绪队列。一个作业从第一次进入就绪状态开始，直到它运行结束前，在此期间都处于"运行状态"。

(3) 完成阶段。当作业运行完成、或发生异常情况而提前结束时，作业便进入完成阶段，相应的作业状态为"完成状态"。此时系统中的"终止作业"程序将会回收已分配给该作业的作业控制块和所有资源，并将作业运行结果信息形成输出文件后输出。

◀ 3.2.2 作业调度的主要任务

作业调度的主要任务是，根据 JCB 中的信息，检查系统中的资源能否满足作业对资源的需求，以及按照一定的调度算法，从外存的后备队列中选取某些作业调入内存，并为它们创建进程、分配必要的资源。然后再将新创建的进程排在就绪队列上等待调度。因此，也把作业调度称为接纳调度(Admission Scheduling)。在每次执行作业调度时，都需做出以下两个决定。

1. 接纳多少个作业

在每一次进行作业调度时，应当从后备队列中选取多少作业调入内存，取决于多道程序度(Degree of Multiprogramming)，即允许多少个作业同时在内存中运行。对系统来说，希望装入较多的作业，有利于提高 CPU 的利用率和系统的吞吐量。但如果内存中同时运行的作业太多时，进程在运行时因内存不足所发生的中断就会急剧增加。这将会使平均周转时间显著延长，影响到系统的服务质量。因此，多道程序度的确定是根据计算机的系统规模、运行速度、作业大小，以及能否获得较好的系统性能等情况作出适当的抉择的。

2. 接纳哪些作业

应选择后备队列中的哪些作业调入内存，取决于所采用的调度算法。最简单的是先来先服务调度算法，它是将最早进入外存的作业优先调入内存。较常用的一种算法是短作业优先调度算法，是将外存上所需执行时间最短的作业优先调入内存。另一种较常用的是基于作业优先级的调度算法，该算法是将外存上作业优先级最高的作业优先调入内存。比较好的一种算法是"响应比高者优先"的调度算法。我们将在后面对上述的几种算法作较详细的介绍。

在批处理系统中，作业进入系统后，总是先驻留在外存的作业后备队列上，因此需要有作业调度，以便将它们分批地装入内存。然而在分时系统中，为了做到及时响应，用户通过键盘输入的命令或数据等都被直接送入内存，因而无需配置上述的作业调度机制，但也需要有某种接纳控制措施来限制进入系统的用户数目。即如果系统尚有能力处理更多的任务，将会接纳授权用户的请求，否则，便拒绝接纳。类似地，在实时系统中也不需要作业调度，而必需具有接纳控制措施。

◀ 3.2.3 先来先服务(FCFS)和短作业优先(SJF)调度算法

1. 先来先服务(first-come first-served，FCFS)调度算法

FCFS 是最简单的调度算法，该算法既可用于作业调度，也可用于进程调度。当在作业调度中采用该算法时，系统将按照作业到达的先后次序来进行调度，或者说它是优先考虑在系统

中等待时间最长的作业，而不管该作业所需执行时间的长短，从后备作业队列中选择几个最先进入该队列的作业，将它们调入内存，为它们分配资源和创建进程。然后把它放入就绪队列。

当在进程调度中采用 FCFS 算法时，每次调度是从就绪的进程队列中选择一个最先进入该队列的进程，为之分配处理机，使之投入运行。该进程一直运行到完成或发生某事件而阻塞后，进程调度程序才将处理机分配给其它进程。

顺便说明，FCFS 算法在单处理机系统中已很少作为主调度算法，但经常把它与其它调度算法相结合使用，形成一种更为有效的调度算法。例如，可以在系统中按进程的优先级设置多个队列，每个优先级一个队列，其中每一个队列的调度都基于 FCFS 算法。

2. 短作业优先(short job first，SJF)的调度算法

由于在实际情况中，短作业(进程)占有很大比例，为了能使它们能比长作业优先执行，而产生了短作业优先调度算法。

1) 短作业优先算法

SJF 算法是以作业的长短来计算优先级，作业越短，其优先级越高。作业的长短是以作业所要求的运行时间来衡量的。SJF 算法可以分别用于作业调度和进程调度。在把短作业优先调度算法用于作业调度时，它将从外存的作业后备队列中选择若干个估计运行时间最短的作业，优先将它们调入内存运行。

2) 短作业优先算法的缺点

SJF 调度算法较之 FCFS 算法有了明显的改进，但仍然存在不容忽视的缺点：

(1) 必须预知作业的运行时间。在采用这种算法时，要先知道每个作业的运行时间。即使是程序员也很难准确估计作业的运行时间，如果估计过低，系统就可能按估计的时间终止作业的运行，但此时作业并未完成，故一般都会偏长估计。

(2) 对长作业非常不利，长作业的周转时间会明显地增长。更严重的是，该算法完全忽视作业的等待时间，可能使作业等待时间过长，出现饥饿现象。

(3) 在采用 SJF 算法时，人—机无法实现交互。

(4) 该调度算法完全未考虑作业的紧迫程度，故不能保证紧迫性作业能得到及时处理。

◀ 3.2.4　优先级调度算法和高响应比优先调度算法

1. 优先级调度算法(priority-scheduling algorithm，PSA)

我们可以这样来看作业的优先级，对于先来先服务调度算法，作业的等待时间就是作业的优先级，等待时间越长，其优先级越高。对于短作业优先调度算法，作业的长短就是作业的优先级，作业所需运行的时间越短，其优先级越高。但上述两种优先级都不能反映作业的紧迫程度。而在优先级调度算法中，则是基于作业的紧迫程度，由外部赋予作业相应的优先级，调度算法是根据该优先级进行调度的。这样就可以保证紧迫性作业优先运行。优先级调度算法可作为作业调度算法，也可作为进程调度算法。当把该算法用于作业调度时，系统是从后备队列中选择若干个优先级最高的作业装入内存。

2. 高响应比优先调度算法(Highest Response Ratio Next，HRRN)

在批处理系统中，FCFS 算法所考虑的只是作业的等待时间，而忽视了作业的运行时间。而 SJF 算法正好与之相反，只考虑作业的运行时间，而忽视了作业的等待时间。高响应比优先调度算法则是既考虑了作业的等待时间，又考虑作业运行时间的调度算法，因此既照顾了短作业，又不致使长作业的等待时间过长，从而改善了处理机调度的性能。

高响应比优先算法是如何实现的呢？如果我们能为每个作业引入一个动态优先级，即优先级是可以改变的，令它随等待时间延长而增加，这将使长作业的优先级在等待期间不断地增加，等到足够的时间后，必然有机会获得处理机。该优先级的变化规律可描述为：

$$优先权 = \frac{等待时间 + 要求服务时间}{要求服务时间}$$

由于等待时间与服务时间之和就是系统对该作业的响应时间，故该优先级又相当于响应比 R_P。据此，优先又可表示为：

$$R_P = \frac{等待时间 + 要求服务时间}{要求服务时间} = \frac{响应时间}{要求服务时间}$$

由上式可以看出：① 如果作业的等待时间相同，则要求服务的时间愈短，其优先权愈高，因而类似于 SJF 算法，有利于短作业。② 当要求服务的时间相同时，作业的优先权又决定于其等待时间，因而该算法又类似于 FCFS 算法。③ 对于长作业的优先级，可以随等待时间的增加而提高，当其等待时间足够长时，也可获得处理机。因此该算法实现了较好的折中。当然在利用该算法时，每次要进行调度之前，都需要先做响应比的计算，显然会增加系统开销。

3.3 进 程 调 度

进程调度是 OS 中必不可少的一种调度。因此在三种类型的 OS 中，都无一例外地配置了进程调度。此外它也是对系统性能影响最大的一种处理机调度，相应的，有关进程调度的算法也较多。

◀ 3.3.1 进程调度的任务、机制和方式

1. 进程调度的任务

进程调度的任务主要有三：

(1) 保存处理机的现场信息。在进行调度时首先需要保存当前进程的处理机的现场信息，如程序计数器、多个通用寄存器中的内容等。

(2) 按某种算法选取进程。调度程序按某种算法从就绪队列中选取一个进程，将其状态改为运行状态，并准备把处理机分配给它。

(3) 把处理器分配给进程。由分派程序把处理器分配给该进程，此时需要将选中进程的进程控制块内有关处理机现场的信息装入处理器相应的各个寄存器中，把处理器的控制

权交予该进程，让它从上次的断点处恢复运行。

2. 进程调度机制

为了实现进程调度，在进程调度机制中，应具有如下三个基本部分，如图 3-1 所示。

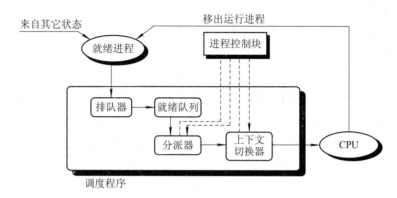

图 3-1　进程调度机制

(1) 排队器。为了提高进程调度的效率，应事先将系统中的所有就绪进程按照一定的策略排成一个或多个队列，以便调度程序能最快地找到它。以后每当有一个进程转变为就绪状态时，排队器便将它插入到相应的就绪队列。

(2) 分派器。分派器依据进程调度程序所选定的进程，将其从就绪队列中取出，然后进行从分派器到新选出进程间的上下文切换，将处理机分配给新选出的进程。

(3) 上下文切换器。在对处理机进行切换时，会发生两对上下文的切换操作：① 第一对上下文切换时，OS 将保存当前进程的上下文，即把当前进程的处理机寄存器内容保存到该进程的进程控制块内的相应单元，再装入分派程序的上下文，以便分派程序运行；② 第二对上下文切换是移出分派程序的上下文，而把新选进程的 CPU 现场信息装入到处理机的各个相应寄存器中，以便新选进程运行。

在进行上下文切换时，需要执行大量的 load 和 store 等操作指令，以保存寄存器的内容。即使是现代计算机，每一次上下文切换所花费的时间大约可执行上千条指令。为此，现在已有靠硬件实现的方法来减少上下文切换时间。一般采用两组(或多组)寄存器，其中的一组寄存器供处理机在系统态时使用，而另一组寄存器供应用程序使用。在这样条件下的上下文切换，只需改变指针，使其指向当前寄存器组即可。

3. 进程调度方式

早期所采用的非抢占方式存在着很大的局限性，很难满足交互性作业和实时任务的需求。为此，在进程调度中又引入了抢占方式。我们先了解一下非抢占方式时的情况。

1) 非抢占方式(Nonpreemptive Mode)

在采用这种调度方式时，一旦把处理机分配给某进程后，就一直让它运行下去，决不会因为时钟中断或任何其它原因去抢占当前正在运行进程的处理机，直至该进程完成，或发生某事件而被阻塞时，才把处理机分配给其它进程。

在采用非抢占调度方式时，可能引起进程调度的因素可归结为：① 正在执行的进程运行完毕，或因发生某事件而使其无法再继续运行；② 正在执行中的进程因提出 I/O 请求而暂停执行；③ 在进程通信或同步过程中，执行了某种原语操作，如 Block 原语。这种调度方式的优点是实现简单，系统开销小，适用于大多数的批处理系统。但它不能用于分时系统和大多数实时系统。

2) 抢占方式(Preemptive Mode)

这种调度方式允许调度程序根据某种原则，去暂停某个正在执行的进程，将已分配给该进程的处理机重新分配给另一进程。在现代 OS 中广泛采用抢占方式，这是因为：对于批处理机系统，可以防止一个长进程长时间地占用处理机，以确保处理机能为所有进程提供更为公平的服务。在分时系统中，只有采用抢占方式才有可能实现人—机交互。在实时系统中，抢占方式能满足实时任务的需求。但抢占方式比较复杂，所需付出的系统开销也较大。

"抢占"不是一种任意性行为，必须遵循一定的原则。主要原则有：

① 优先权原则，指允许优先级高的新到进程抢占当前进程的处理机，即当有新进程到达时，如果它的优先级比正在执行进程的优先级高，则调度程序将剥夺当前进程的运行，将处理机分配给新到的优先权高的进程。

② 短进程优先原则，指允许新到的短进程可以抢占当前长进程的处理机，即当新到达的进程比正在执行的进程(尚须运行的时间)明显短时，将处理机分配给新到的短进程。

③ 时间片原则，即各进程按时间片轮转运行时，当正在执行的进程的一个时间片用完后，便停止该进程的执行而重新进行调度。

◆ 3.3.2 轮转调度算法

在分时系统中，最简单也是较常用的是基于时间片的轮转(round robin，RR)调度算法。该算法采取了非常公平的处理机分配方式，即让就绪队列上的每个进程每次仅运行一个时间片。如果就绪队列上有 n 个进程，则每个进程每次大约都可获得 1/n 的处理机时间。

1. 轮转法的基本原理

在轮转(RR)法中，系统根据 FCFS 策略，将所有的就绪进程排成一个就绪队列，并可设置每隔一定时间间隔(如 30 ms)即产生一次中断，激活系统中的进程调度程序，完成一次调度，将 CPU 分配给队首进程，令其执行。当该进程的时间片耗尽或运行完毕时，系统再次将 CPU 分配给新的队首进程(或新到达的紧迫进程)。由此，可保证就绪队列中的所有进程在一个确定的时间段内，都能够获得一次 CPU 执行。

2. 进程切换时机

在 RR 调度算法中，应在何时进行进程的切换，可分为两种情况：① 若一个时间片尚未用完，正在运行的进程便已经完成，就立即激活调度程序，将它从就绪队列中删除，再调度就绪队列中队首的进程运行，并启动一个新的时间片。② 在一个时间片用完时，计时器中断处理程序被激活。如果进程尚未运行完毕，调度程序将把它送往就绪队列的末尾。

3. 时间片大小的确定

在轮转算法中，时间片的大小对系统性能有很大的影响。若选择很小的时间片，将有利于短作业，因为它能在该时间片内完成。但时间片小，意味着会频繁地执行进程调度和进程上下文的切换，这无疑会增加系统的开销。反之，若时间片选择得太长，且为使每个进程都能在一个时间片内完成，RR 算法便退化为 FCFS 算法，无法满足短作业和交互式用户的需求。一个较为可取的时间片大小是略大于一次典型的交互所需要的时间，使大多数交互式进程能在一个时间片内完成，从而可以获得很小的响应时间。图 3-2 示出了时间片大小对响应时间的影响，其中图(a)是时间片略大于典型交互的时间，而图(b)是时间片小于典型交互的时间。图 3-3 示出了时间片分别为 q=1 和 q=4 时对平均周转时间的影响。

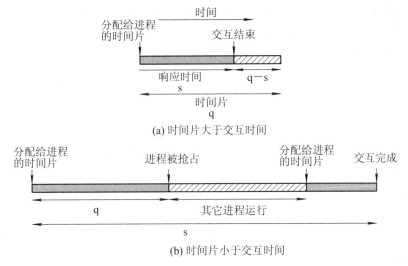

(a) 时间片大于交互时间

(b) 时间片小于交互时间

图 3-2 时间片大小对响应时间的影响

作业情况	进程名	A	B	C	D	E	平均
时 间 片	到达时间	0	1	2	3	4	
	服务时间	4	3	4	2	4	
RR q = 1	完成时间	15	12	16	9	17	
	周转时间	15	11	14	6	13	11.8
	带权周转时间	3.75	3.67	3.5	3	3.33	3.46
RR q = 4	完成时间	4	7	11	13	17	
	周转时间	4	6	9	10	13	8.4
	带权周转时间	1	2	2.25	5	3.33	2.5

图 3-3　q=1 和 q=4 时进程的周转时间

◄ 3.3.3　优先级调度算法

在时间片轮转调度算法中，做了一个隐含的假设，即系统中所有进程的紧迫性是相同的。但实际情况并非如此。为了能满足实际情况的需要，在进程调度算法中引入优先级，而形成优先级调度算法。

1. 优先级调度算法的类型

优先级进程调度算法，是把处理机分配给就绪队列中优先级最高的进程。这时，又可进一步把该算法分成如下两种。

(1) 非抢占式优先级调度算法。该算法规定，一旦把处理机分配给就绪队列中优先级最高的进程后，该进程便一直执行下去直至完成，或者因该进程发生某事件而放弃处理机时，系统方可将处理机重新分配给另一优先级最高的进程。

(2) 抢占式优先级调度算法。把处理机分配给优先级最高的进程，使之执行。但在其执行期间，只要出现了另一个其优先级更高的进程，调度程序就将处理机分配给新到的优先级最高的进程。因此，在采用这种调度算法时，每当系统中出现一个新的就绪进程 i 时，就将其优先级 P_i 与正在执行的进程 j 的优先级 P_j 进行比较，如果 $P_i \leqslant P_j$，原进程 P_j 便继续执行；但如果是 $P_i > P_j$，则立即停止 P_j 的执行，进行进程切换，使 i 进程投入执行。抢占式的优先级调度算法常用于对实时性要求较高的系统中。

2. 优先级的类型

优先级调度算法的关键在于：应如何确定进程的优先级，以及确定是使用静态优先级还是动态优先级。

1) 静态优先级

静态优先级是在创建进程时确定的，在进程的整个运行期间保持不变。优先级是利用某一范围内的一个整数来表示的，例如 0～255 中的某一整数，又把该整数称为优先数。确定进程优先级大小的依据有如下三个：

(1) 进程类型。通常系统进程(如接收进程、对换进程)的优先级高于一般用户进程的优先级。

(2) 进程对资源的需求。对资源要求少的进程应赋予较高的优先级。

(3) 用户要求。根据进程的紧迫程度及用户所付费用的多少确定优先级。

静态优先级法简单易行，系统开销小，但不够精确，可能会出现优先级低的进程长期没有被调度的情况。

2) 动态优先级

动态优先级是指在创建进程之初，先赋予其一个优先级，然后其值随进程的推进或等待时间的增加而改变，以便获得更好的调度性能。例如，可以规定在就绪队列中的进程随其等待时间的增长，使其优先级相应提高。若所有的进程都具有相同优先级初值，则最先进入就绪队列的进程会因其优先级变得最高，而优先获得处理机，这相当于 FCFS 算法。若所有的就绪进程具有各不相同的优先级初值，那么对于优先级初值低的进程，在等待了足够的时间后，也可以获得处理机。当采用抢占式调度方式时，若再规定当前进程的优先级随运行时间的推移而下降，则可防止一个长作业长期地垄断处理机。

◆ **3.3.4　多队列调度算法**

如前所述的各种调度算法，尤其在应用于进程调度时，由于系统中仅设置一个进程的就绪队列，即低级调度算法是固定的、单一的，无法满足系统中不同用户对进程调度策略的不同要求，在多处理机系统中，这种单一调度策略实现机制的缺点更显突出，由此，多级队列调度算法能够在一定程度上弥补这一缺点。

该算法将系统中的进程就绪队列从一个拆分为若干个，将不同类型或性质的进程固定分配在不同的就绪队列，不同的就绪队列采用不同的调度算法，一个就绪队列中的进程可以设置不同的优先级，不同的就绪队列本身也可以设置不同的优先级。

多队列调度算法由于设置多个就绪队列，因此对每个就绪队列就可以实施不同的调度算法，因此，系统针对不同用户进程的需求，很容易提供多种调度策略。

在多处理机系统中，该算法由于安排了多个就绪队列，因此，很方便为每个处理机设置一个单独的就绪队列。这样，不仅对每个处理机的调度可以实施各自不同的调度策略，而且对于一个含有多个线程的进程而言，可以根据其要求将其所有线程分配在一个就绪队列，全部在一个处理机上运行。再者，对于一组需要相互合作的进程或线程而言，也可以将它们分配到一组处理机所对应的多个就绪队列，使得它们能同时获得处理机并行执行。

◀ 3.3.5　多级反馈队列(multileved feedback queue)调度算法

前面介绍的各种用于进程调度的算法都有一定的局限性。如果未指明进程长度，则短进程优先和基于进程长度的抢占式调度算法都将无法使用。而下述的多级反馈队列调度算法则不必事先知道各种进程所需的执行时间，还可以较好地满足各种类型进程的需要，因而它是目前公认的一种较好的进程调度算法。

1. 调度机制

多级反馈队列调度算法的调度机制可描述如下：

(1) 设置多个就绪队列。在系统中设置多个就绪队列，并为每个队列赋予不同的优先级。第一个队列的优先级最高，第二个次之，其余队列的优先级逐个降低。该算法为不同队列中的进程所赋予的执行时间片的大小也各不相同，在优先级愈高的队列中，其时间片就愈小。例如第二个队列的时间片要比第一个的时间片长一倍，……，第 i+1 个队列的时间片要比第 i 个的时间片长一倍。图 3-4 是多级反馈队列算法的示意图。

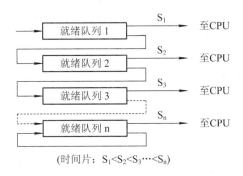

(时间片：$S_1 < S_2 < S_3 \cdots < S_n$)

图 3-4　多级反馈队列调度算法

(2) 每个队列都采用 FCFS 算法。当新进程进入内存后，首先将它放入第一队列的末尾，按 FCFS 原则等待调度。当轮到该进程执行时，如它能在该时间片内完成，便可撤离系统。否则，即它在一个时间片结束时尚未完成，调度程序将其转入第二队列的末尾等待调度；如果它在第二队列中运行一个时间片后仍未完成，再依次将它放入第三队列，……，依此类推。当进程最后被降到第 n 队列后，在第 n 队列中便采取按 RR 方式运行。

（3）按队列优先级调度。调度程序首先调度最高优先级队列中的诸进程运行，仅当第一队列空闲时才调度第二队列中的进程运行；换言之，仅当第 1～(i-1) 所有队列均空时，才会调度第 i 队列中的进程运行。如果处理机正在第 i 队列中为某进程服务时又有新进程进入任一优先级较高的队列，此时须立即把正在运行的进程放回到第 i 队列的末尾，而把处理机分配给新到的高优先级进程。

2. 调度算法的性能

在多级反馈队列调度算法中，如果规定第一个队列的时间片略大于多数人机交互所需之处理时间时，便能较好地满足各种类型用户的需要。

（1）终端型用户。由于终端型用户提交的作业多属于交互型作业，通常较小，系统只要能使这些作业在第一队列规定的时间片内完成，便可使终端型用户感到满意。

（2）短批处理作业用户。对于这类作业，如果可在第一队列中执行完成，便获得与终端型作业一样的响应时间。对于稍长的短作业，也只需在第二和第三队列各执行一时间片完成，其周转时间仍然较短。

（3）长批处理作业用户。对于长作业，它将依次在第 1，2，…，n 个队列中运行，然后再按轮转方式运行，用户不必担心其作业长期得不到处理。

◄ 3.3.6　基于公平原则的调度算法

以上介绍的几种调度算法所保证的只是优先运行，如优先级算法是优先级最高的作业优先运行，但并不保证作业占用了多少处理机时间。另外也未考虑到调度的公平性。本小节将介绍两种相对公平的调度算法。

1. 保证调度算法

保证调度算法是另外一种类型的调度算法，它向用户所做出的保证并不是优先运行，而是明确的性能保证，该算法可以做到调度的公平性。一种比较容易实现的性能保证是处理机分配的公平性。如果在系统中有 n 个相同类型的进程同时运行，为公平起见，须保证每个进程都获得相同的处理机时间 1/n。在实施公平调度算法时系统中必须具有这样一些功能：

（1）跟踪计算每个进程自创建以来已经执行的处理时间。

（2）计算每个进程应获得的处理机时间，即自创建以来的时间除以 n。

（3）计算进程获得处理机时间的比率，即进程实际执行的处理时间和应获得的处理机时间之比。

（4）比较各进程获得处理机时间的比率。如进程 A 的比率最低，为 0.5，而进程 B 的比率为 0.8，进程 C 的比率为 1.2 等。

（5）调度程序应选择比率最小的进程将处理机分配给它，并让该进程一直运行，直到超过最接近它的进程比率为止。

2. 公平分享调度算法

分配给每个进程相同的处理机时间，显然，这对诸进程而言，是体现了一定程度的公平，但如果各个用户所拥有的进程数不同，就会发生对用户的不公平问题。假如系统中仅有两个用户，用户 1 启动了 4 个进程，用户 2 只启动 1 个进程，采用轮转法让每个进程轮流运行一个时间片时间，对进程而言很公平，但用户 1 和用户 2 得到的处理机时间分别为80% 和 20%，显然对用户 2 而言就有失公平。在该调度算法中，调度的公平性主要是针对用户而言，使所有用户能获得相同的处理机时间，或所要求的时间比例。然而调度又是以进程为基本单位，为此，必须考虑到每一个用户所拥有的进程数目。例如系统中有两个用户，用户 1 有 4 个进程 A、B、C、D，用户 2 只有 1 个进程 E。为保证两个用户能获得相同的处理机时间，则必须执行如下所示的强制调度序列：

$$A \quad E \quad B \quad E \quad C \quad E \quad D \quad E \quad A \quad E \quad B \quad E \quad C \quad E \quad D \quad E\cdots$$

如果希望用户 1 所获得的处理机时间是用户 2 的两倍，则必须执行如下所示的强制调度序列：

$$A \quad B \quad E \quad C \quad D \quad E \quad A \quad B \quad E \quad C \quad D \quad E \quad A \quad B \quad E \quad C \quad D \quad E\cdots$$

3.4 实 时 调 度

在实时系统中，可能存在着两类不同性质的实时任务，即 HRT 任务和 SRT 任务，它们都联系着一个截止时间。为保证系统能正常工作，实时调度必须能满足实时任务对截止时间的要求。为此，实现实时调度应具备一定的条件。

3.4.1 实现实时调度的基本条件

1. 提供必要的信息

为了实现实时调度，系统应向调度程序提供有关任务的信息：

(1) 就绪时间，是指某任务成为就绪状态的起始时间，在周期任务的情况下，它是事先预知的一串时间序列。

(2) 开始截止时间和完成截止时间，对于典型的实时应用，只须知道开始截止时间，或者完成截止时间。

(3) 处理时间，一个任务从开始执行，直至完成时所需的时间。

(4) 资源要求，任务执行时所需的一组资源。

(5) 优先级，如果某任务的开始截止时间错过，势必引起故障，则应为该任务赋予"绝对"优先级；如果其开始截止时间的错过，对任务的继续运行无重大影响，则可为其赋予"相对"优先级，供调度程序参考。

2. 系统处理能力强

在实时系统中，若处理机的处理能力不够强，则有可能因处理机忙不过，而致使某些实时任务不能得到及时处理，从而导致发生难以预料的后果。假定系统中有 m 个周期性的硬实时任务 HRT，它们的处理时间可表示为 C_i，周期时间表示为 P_i，则在单处理机情况下，必须满足下面的限制条件系统才是可调度的：

$$\sum_{i=1}^{m} \frac{C_i}{P_i} \leqslant 1$$

顺便说明一下，上述的限制条件并未考虑到任务切换所花费的时间，因此，当利用上述限制条件时，还应适当地留有余地。

提高系统处理能力的途径有二：一是采用单处理机系统，但须增强其处理能力，以显著地减少对每一个任务的处理时间；二是采用多处理机系统。假定系统中的处理机数为 N，则应将上述的限制条件改为：

$$\sum_{i=1}^{m} \frac{C_i}{P_i} \leqslant N$$

3. 采用抢占式调度机制

在含有 HRT 任务的实时系统中，广泛采用抢占机制。这样便可满足 HRT 任务对截止时间的要求。但这种调度机制比较复杂。对于一些小的实时系统，如果能预知任务的开始截止时间，则对实时任务的调度可采用非抢占调度机制，以简化调度程序和在任务调度时所花费的系统开销。在设计这种调度机制时，应使所有的实时任务都比较小，并在执行完关键性程序和临界区后，能及时地将自己阻塞起来，以便释放出处理机，供调度程序去调度那个开始截止时间即将到达的任务。

4. 具有快速切换机制

为保证硬实时任务能及时运行，在系统中还应具有快速切换机制，使之能进行任务的快速切换。该机制应具有如下两方面的能力：

(1) 对中断的快速响应能力。对紧迫的外部事件请求中断能及时响应，要求系统具有快速硬件中断机构，还应使禁止中断的时间间隔尽量短，以免耽误时机(其它紧迫任务)。

(2) 快速的任务分派能力。为了提高分派程序进行任务切换时的速度，应使系统中的每个运行功能单位适当的小，以减少任务切换的时间开销。

◄ 3.4.2　实时调度算法的分类

可以按不同方式对实时调度算法加以分类：① 根据实时任务性质，可将实时调度的算法分为硬实时调度算法和软实时调度算法；② 按调度方式，则可分为非抢占调度算法和抢占调度算法。

1. 非抢占式调度算法

(1) 非抢占式轮转调度算法。由一台计算机控制若干个相同的(或类似的)对象，为每一个被控对象建立一个实时任务，并将它们排成一个轮转队列。调度程序每次选择队列中的第一个任务投入运行。当该任务完成后，便把它挂在轮转队列的末尾等待，调度程序再选择下一个队首任务运行。这种调度算法可获得数秒至数十秒的响应时间，可用于要求不太严格的实时控制系统中。

(2) 非抢占式优先调度算法。如果在系统中还含有少数具有一定要求的实时任务，则可采用非抢占式优先调度算法，系统为这些任务赋予了较高的优先级。当这些实时任务到达时，把它们安排在就绪队列的队首，等待当前任务自我终止或运行完成后，便可去调度执行队首的高优先进程。这种调度算法在做了精心的处理后有可能使其响应时间减少到数秒至数百毫秒，因而可用于有一定要求的实时控制系统中。

2. 抢占式调度算法

可根据抢占发生时间的不同而进一步分成以下两种调度算法：

(1) 基于时钟中断的抢占式优先级调度算法。在某实时任务到达后，如果它的优先级高于当前任务的优先级，这时并不立即抢占当前任务的处理机，而是等到时钟中断发生时，调度程序才剥夺当前任务的执行，将处理机分配给新到的高优先级任务。该算法能获得较好的响应效果，其调度延迟可降为几十至几毫秒，可用于大多数的实时系统中。

(2) 立即抢占(Immediate Preemption)的优先级调度算法。在这种调度策略中，要求操作系统具有快速响应外部事件中断的能力。一旦出现外部中断，只要当前任务未处于临界区，便能立即剥夺当前任务的执行，把处理机分配给请求中断的紧迫任务。这种算法能获得非常快的响应，可把调度延迟降低到几毫秒至 100 微秒，甚至更低。图 3-5 中的(a)、(b)、(c)、(d)分别示出了四种情况的调度时间。

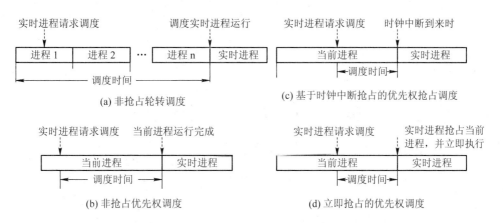

图 3-5　实时进程调度

◀ 3.4.3　最早截止时间优先 EDF(Earliest Deadline First)算法

该算法是根据任务的截止时间确定任务的优先级，任务的截止时间愈早，其优先级愈高，具有最早截止时间的任务排在队列的队首。调度程序在选择任务时，总是选择就绪队列中的第一个任务，为之分配处理机。最早截止时间优先算法既可用于抢占式调度方式中，也可用于非抢占式调度方式中。

1. 非抢占式调度方式用于非周期实时任务

图 3-6 示出了将该算法用于非抢占调度方式之例。该例中具有四个非周期任务，它们先后到达。系统先调度任务 1 执行，在任务 1 执行期间，任务 2、3 又先后到达。由于任务 3 的开始截止时间早于任务 2 的，故系统在任务 1 后将先调度任务 3 执行。在此期间又到达作业 4，其开始截止时间仍是早于任务 2 的，故在任务 3 执行完后，系统又先调度任务 4 执行，最后才调度任务 2 执行。

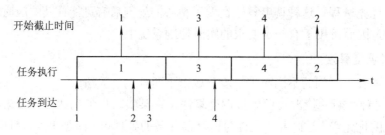

图 3-6　EDF 算法用于非抢占调度方式

2. 抢占式调度方式用于周期实时任务

图 3-7 示出了将该算法用于抢占调度方式之例。在该例中有两个周期任务，任务 A 和任务 B 的周期时间分别为 20 ms 和 50 ms，每个周期的处理时间分别为 10 ms 和 25 ms。

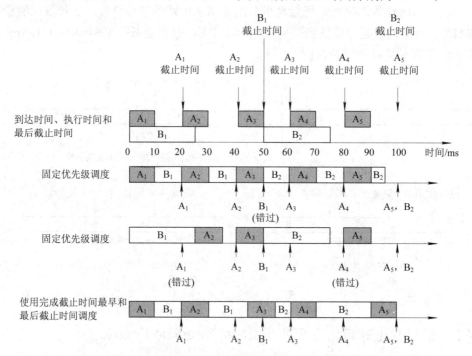

图 3-7　最早截止时间优先算法用于抢占调度方式之例

图 3-7 示出了将最早截止时间(最后期限)优先算法用于抢占调度的示意图。图中的第一行示出了两个任务的到达时间、截止时间和执行时间图。其中任务 A 的到达时间为 0、20 ms、40 ms …，任务 A 的最后期限为 20 ms、40 ms、60 ms…，任务 B 的到达时间为 0、50 ms、

100 ms…，任务 B 的最后期限为 50 ms、100 ms…。

为了说明通常的优先级调度不能适用于实时系统，该图特增加了第二和第三行。在第二行中，假定任务 A 具有较高的优先级，所以在 t=0 ms 时，先调度 A_1 执行，在 A_1 完成后 (t=10 ms) 才调度 B_1 执行。在 t=20 ms 时，又重新调度 A_2 执行，在 t=30 ms 时，A_2 完成，又调度 B_1 执行。在 t=40 ms 时，又调度 A_3 执行，在 t=50 ms 时，虽然 A_3 已完成，但 B_1 已错过了它的最后期限。这说明利用通常的优先级调度已经失败。第三行与第二行类似，只是假定任务 B 具有较高的优先级。

第四行是采用最早截止时间优先算法的时间图。在 t=0 时，A_1 和 B_1 同时到达，由于 A_1 的截止时间比 B_1 早，故调度 A_1 执行。在 t=10 时，A_1 完成又调度 B_1 执行。在 t=20 时，A_2 到达，由于 A_2 的截止时间比 B_1 早，B_1 被中断而调度 A_2 执行。在 t=30 时，A_2 完成，又重新调度 B_1 执行。在 t=40 时，A_3 又到达，但 B_1 的截止时间要比 A_3 早，仍应让 B_1 继续执行直到完成 (t=45)，然后再调度 A_3 执行。在 t=55 时，A_3 完成又调度 B_2 执行。在该例中，利用最早截止时间优先算法可以满足系统的要求。

◄ 3.4.4 最低松弛度优先 LLF(Least Laxity First) 算法

该算法在确定任务的优先级时，根据的是任务的紧急(或松弛)程度。任务紧急程度愈高，赋予该任务的优先级就愈高，以使之优先执行。例如，一个任务在 200 ms 时必须完成，而它本身所需的运行时间是 100 ms，因此调度程序必须在 100 ms 之前调度执行，该任务的紧急程度(松弛程度)为 100 ms。又如另一任务在 400 ms 时必须完成，它本身需要运行 150 ms，则其松弛程度为 250 ms。在实现该算法时要求系统中有一个按松弛度排序的实时任务就绪队列，松弛度最低的任务排在最前面，调度程序选择队列中的队首任务执行。

该算法主要用于可抢占调度方式中。假如在一个实时系统中有两个周期性实时任务 A 和 B，任务 A 要求每 20 ms 执行一次，执行时间为 10 ms，任务 B 要求每 50 ms 执行一次，执行时间为 25 ms。由此可知，任务 A 和 B 每次必须完成的时间分别为：A_1、A_2、A_3、… 和 B_1、B_2、B_3、…，见图 3-8。为保证不遗漏任何一次截止时间，应采用最低松弛度优先的抢占调度策略。

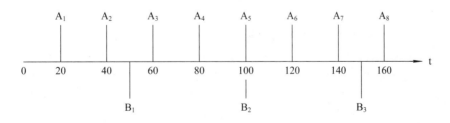

图 3-8 A 和 B 任务每次必须完成的时间

在刚开始时 ($t_1=0$)，A_1 必须在 20 ms 时完成，而它本身运行又需 10 ms，可算出 A_1 的松弛度为 10 ms。B_1 必须在 50 ms 时完成，而它本身运行就需 25 ms，可算出 B_1 的松弛度为 25 ms，故调度程序应先调度 A_1 执行。在 $t_2=10$ ms 时，A_2 的松弛度可按下式算出：

$$A_2 \text{ 的松弛度} = \text{必须完成时间} - \text{其本身的运行时间} - \text{当前时间}$$
$$= 40\,\text{ms} - 10\,\text{ms} - 10\,\text{ms} = 20\,\text{ms}$$

类似地，可算出 B_1 的松弛度为 15 ms，故调度程序应选择 B_1 运行。在 $t_3 = 30\,\text{ms}$ 时，A_2 的松弛度已减为 0(即 $40 - 10 - 30$)，而 B_1 的松弛度为 15ms(即 $50 - 5 - 30$)，于是调度程序应抢占 B_1 的处理机而调度 A_2 运行。在 $t_4 = 40\,\text{ms}$ 时，A_3 的松弛度为 10ms(即 $60 - 10 - 40$)，而 B_1 的松弛度仅为 5ms(即 $50 - 5 - 40$)，故又应重新调度 B_1 执行。在 $t_5 = 45\,\text{ms}$ 时，B_1 执行完成，而此时 A_3 的松弛度已减为 5ms(即 $60 - 10 - 45$)，而 B_2 的松弛度为 30ms(即 $100 - 25 - 45$)，于是又应调度 A_3 执行。在 $t_6 = 55\,\text{ms}$ 时，任务 A 尚未进入第 4 周期，而任务 B 已进入第 2 周期，故再调度 B_2 执行。在 $t_7 = 70\,\text{ms}$ 时，A_4 的松弛度已减至 0ms(即 $80 - 10 - 70$)，而 B_2 的松弛度为 20ms(即 $100 - 10 - 70$)，故此时调度程序又应抢占 B_2 的处理机而调度 A_4 执行。图 3-9 示出了具有两个周期性实时任务的调度情况。

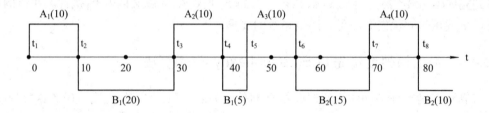

图 3-9　利用 ELLF 算法进行调度的情况

◄ 3.4.5　优先级倒置(priority inversion problem)

1. 优先级倒置的形成

当前 OS 广泛采用优先级调度算法和抢占方式，然而在系统中存在着影响进程运行的资源而可能产生"优先级倒置"的现象，即高优先级进程(或线程)被低优先级进程(或线程)延迟或阻塞。我们通过一个例子来说明该问题。假如有三个完全独立的进程 P_1、P_2 和 P_3，P_1 的优先级最高，P_2 次之，P_3 最低。P_1 和 P_3 通过共享的一个临界资源进行交互。下面是一段代码：

P_1:　…P(mutex);　CS-1; V(mutex);…

P_2:　… program2…;

P_3:　…P(mutex); CS-3; V(mutex);…

假如 P_3 最先执行，在执行了 P(mutex)操作后，进入到临界区 CS-3。在时刻 a，P_2 就绪，因为它比 P_3 的优先级高，P_2 抢占了 P_3 的处理机而运行，如图 3-10 所示。在时刻 b，P_1 就绪，因为它又比 P_2 的优先级高，P_1 抢占了 P_2 的处理机而运行。在时刻 c，P_1 执行 P(mutex)操作，试图进入临界区 CS-1，但因为相应的临界资源已被 P_3 占用，故 P_1 将被阻塞。由 P_2 继续运行，直到时刻 d 运行结束。然后由 P_3 接着运行，到时刻 e 时 P_3 退出临界区，并唤醒 P_1。因为它比 P_3 的优先级高，故它抢占了 P_3 的处理机而运行。

根据优先级原则，高优先级进程应当能优先执行，但在此例中，P_1 和 P_3 共享着"临界资源"，而出现了不合常理的现象，高优先级进程 P_1 因 P_3 进程被阻塞了，又因为 P_2 进程的

存在而延长了 P_1 被阻塞的时间，而且被延长的时间是不可预知和无法限定的。由此所产生的"优先级倒置"的现象是非常有害的，它不应出现在实时系统中。

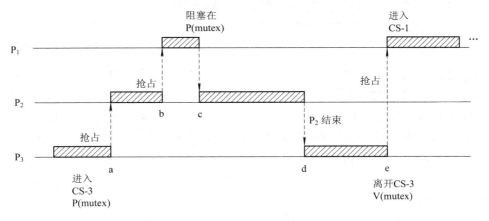

图 3-10　优先级倒置示意图

2. 优先级倒置的解决方法

一种简单的解决方法是规定：假如进程 P_3 在进入临界区后 P_3 所占用的处理机就不允许被抢占。由图 3-10 可以看出，P_2 即使优先级高于 P_3 也不能执行。于是 P_3 就有可能会较快地退出临界区，不会出现上述情况。如果系统中的临界区都较短且不多，该方法是可行的。反之，如果 P_3 临界区非常长，则高优先级进程 P_1 仍会等待很长的时间，其效果是无法令人满意的。

一个比较实用的方法是建立在动态优先级继承基础上的。该方法规定，当高优先级进程 P_1 要进入临界区，去使用临界资源 R，如果已有一个低优先级进程 P_3 正在使用该资源，此时一方面 P_1 被阻塞，另一方面由 P_3 继承 P_1 的优先级，并一直保持到 P_3 退出临界区。这样做的目的在于不让比 P_3 优先级稍高，但比 P_1 优先级低的进程如 P_2 进程插进来，导致延缓 P_3 退出临界区。图 3-11 示出了采用动态优先级继承方法后，P_1、P_2、P_3 三个进程的运行情况。由图可以看出，在时刻 c，P_1 被阻塞，但由于 P_3 已继承了 P_1 的优先级，它比 P_2 优先级高，这样就避免了 P_2 的插入，使 P_1 在时刻 d 进入临界区。该方法已在一些操作系统中得到应用，而在实时操作系统中是必须的。

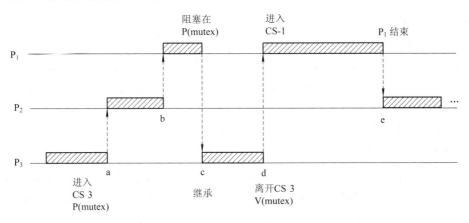

图 3-11　采用了动态优先级继承方法的运行情况

3.5　死锁概述

在第二章中，我们已经涉及到死锁的概念。例如，系统中只有一台扫描仪 R_1 和一台刻录机 R_2。有两个进程 P_1 和 P_2，它们都准备将扫描的文挡刻录到 CD 光盘上，进程 P_1 先请求扫描仪 R_1 并获得成功，进程 P_2 先请求 CD 刻录机 R_2 也获得成功。后来 P_1 又请求 CD 刻录机，因它已被分配给了 P_2 而阻塞。P_2 又请求扫描仪，也因被分配给了 P_1 而阻塞，此时两个进程都被阻塞，双方都希望对方能释放出自己所需要的资源，但它们谁都因不能获得自己所需的资源去继续运行，从而无法释放出自己占有的资源，并且一直处于这样的僵持状态而形成死锁。又如，在第二章的哲学家进餐问题中，如果每一个哲学家因饥饿都拿起了他们左边的筷子，当每一个哲学家又试图去拿起他们右边的筷子时，将会因无筷子可拿而无限期地等待，从而产生死锁问题。在本章的后半部分，我们将对死锁发生的原因、如何预防和避免死锁等问题作较详细的介绍。

◀ 3.5.1　资源问题

在系统中有许多不同类型的资源，其中可以引起死锁的主要是，需要采用互斥访问方法的、不可以被抢占的资源，即在前面介绍的临界资源。系统中这类资源有很多，如打印机、数据文件、队列、信号量等。

1. 可重用性资源和消耗性资源

1) 可重用性资源

可重用性资源是一种可供用户重复使用多次的资源，它具有如下性质：

(1) 每一个可重用性资源中的单元只能分配给一个进程使用，不允许多个进程共享。

(2) 进程在使用可重用性资源时，须按照这样的顺序：① 请求资源。如果请求资源失败，请求进程将会被阻塞或循环等待。② 使用资源。进程对资源进行操作，如用打印机进行打印；③ 释放资源。当进程使用完后自己释放资源。

(3) 系统中每一类可重用性资源中的单元数目是相对固定的，进程在运行期间既不能创建也不能删除它。

对资源的请求和释放通常都是利用系统调用来实现的，例如对于设备，一般用 request/release；对于文件，可用 open/close。对于需要互斥访问的资源，进程可以用信号量的 wait/signal 操作来完成。进程在每次提出资源请求后，系统在执行时都需要做一系列的工作。计算机系统中大多数资源都属于可重用性资源。

2) 可消耗性资源

可消耗性资源又称为临时性资源，它是在进程运行期间，由进程动态地创建和消耗的，它具有如下性质：① 每一类可消耗性资源的单元数目在进程运行期间是可以不断变化的，有时它可以有许多，有时可能为 0；② 进程在运行过程中，可以不断地创造可消耗性资源的单元，将它们放入该资源类的缓冲区中，以增加该资源类的单元数目。③ 进程在运行过程中，可以请求若干个可消耗性资源单元，用于进程自己的消耗，不再将它们返回给该资源类中。可消耗性资源通常是由生产者进程创建，由消费者进程消耗。最典型的可消耗性资源就是用于进程间通信的消息等。

2. 可抢占性资源和不可抢占性资源

1) 可抢占性资源

可把系统中的资源分成两类，一类是可抢占性资源，是指某进程在获得这类资源后，该资源可以再被其它进程或系统抢占。例如优先级高的进程可以抢占优先级低的进程的处理机。又如可把一个进程从一个存储区转移到另一个存储区，在内存紧张时，还可将一个进程从内存调出到外存上，即抢占该进程在内存的空间。可见，CPU 和主存均属于可抢占性资源。对于这类资源是不会引起死锁的。

2) 不可抢占性资源

另一类资源是不可抢占性资源，即一旦系统把某资源分配给该进程后，就不能将它强行收回，只能在进程用完后自行释放。例如，当一个进程已开始刻录光盘时，如果突然将刻录机分配给另一个进程，其结果必然会损坏正在刻录的光盘，因此只能等刻好光盘后由进程自己释放刻录机。另外磁带机、打印机等也都属于不可抢占性资源。

◄ 3.5.2　计算机系统中的死锁

死锁的起因，通常是源于多个进程对资源的争夺，不仅对不可抢占资源进行争夺时会引起死锁，而且对可消耗资源进行争夺时，也会引起死锁。

1. 竞争不可抢占性资源引起死锁

通常系统中所拥有的不可抢占性资源其数量不足以满足多个进程运行的需要，使得进程在运行过程中，会因争夺资源而陷入僵局。例如，系统中有两个进程 P_1 和 P_2，它们都准备写两个文件 F_1 和 F_2，而这两者都属于可重用和不可抢占性资源。进程 P_1 先打开 F_1，然后再打开文件 F_2；进程 P_2 先打开文件 F_2，后打开 F_1，下面示出了这段代码。

P_1	P_2
…	…
Open(f_1, w)　;	Open(f_2, w)　;
Open(f_2, w)　;	Open(f_1, w)　;

两个进程 P_1 和 P_2 在并发执行时，如果 P_1 先打开 F_1 和 F_2，然后 P_2 才去打开 F_1(或 F_2)，由于文件 F_1(F_2)已被 P_1 打开，故 P_2 会被阻塞。当 P_1 写完文件 F_1(或 F_2)而关闭 F_1(F_2)时，P_2 会由阻塞状态转为就绪状态，被调度执行后重新打开文件 F_1(或 F_2)。在这种情况下，P_1 和 P_2 都能正常运行下去。若 P_2 先打开 F_1 和 F_2，然后 P_1 才去打开 F_1(或 F_2)，P_1 和 P_2 同样也可以正常运行下去。

但如果在 P_1 打开 F_1 的同时，P_2 去打开 F_2，每个进程都占有一个打开的文件，此时就可能出现问题。因为当 P_1 试图去打开 F_2，而 P_2 试图去打开 F_1 时，这两个进程都会因文件已被打开而阻塞，它们希望对方关闭自己所需要的文件，但谁也无法运行，因此这两个进程将会无限期地等待下去，而形成死锁。

我们可将上面的问题利用资源分配图进行描述，用方块代表可重用的资源(文件)，用圆圈代表进程，见图 3-12 所示。当箭头从进程指向文件时，表示进程请求资源(打开文件)；当箭头从资源指向进程时，表示该资源已被分配给该进程(已被进程打开)。从中可以看出，这时在 P_1、P_2 及 R_1 和 R_2 之间，已经形成了一个环路，说明已进入死锁状态。

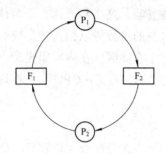 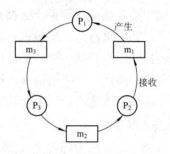

图 3-12　共享文件时的死锁情况　　　　图 3-13　进程之间通信时的死锁

2. 竞争可消耗资源引起死锁

现在进一步介绍竞争可消耗资源所引起的死锁。图 3-13 示出了在三个进程之间，在利用消息通信机制进行通信时所形成的死锁情况。图中，m_1、m_2 和 m_3 是可消耗资源。进程 P_1 一方面产生消息 m_1，利用 send(p_2, m_1)原语将它发送给 P_2；另一方面，它又要求从 P_3 接收消息 m_3。而进程 P_2 一方面产生消息 m_2，利用 send(p_3, m_2)原语将它发送给 P_3；另一方面，它又需要接收进程 P_1 所产生的消息 m_1。类似地，进程 P_3 也产生消息 m_3，利用 send(p_1, m_3)原语将它发送给 P_1，而它又要求从进程 P_2 接收其所产生的消息 m_2。如果三个进程间的消息通信，则按下述顺序进行：

P_1:　…send(p_2, m_1);　　receive(p_3, m_3); …

P_2:　…send(p_3, m_2);　　receive(p_1, m_1); …

P_3:　…send(p_1, m_3);　　receive(p_2, m_2); …

这三个进程都可以先将消息发送给下一个进程，相应地它们也都能够接收到从上一个进程发来的消息，因此三个进程可以顺利地运行下去，而不会发生死锁。但若改成三个进程都先执行 receive 操作，后执行 send 操作，即按下述的运行顺序：

P_1:　…receive(p_3, m_3);　　send(p_2, m_1); …

P_2:　…receive(p_1, m_1);　　send(p_3, m_2); …

P_3:　…receive(p_2, m_2);　　send(p_1, m_3); …

则这三个进程就会永远阻塞在它们的 receive 操作上，等待一条永远不会发出的消息，于是发生了死锁。

3. 进程推进顺序不当引起死锁

除了系统中多个进程对资源的竞争会引发死锁外，进程在运行过程中，对资源进行申请和释放的顺序是否合法，也是在系统中是否会产生死锁的一个重要因素。例如，系统中

只有一台打印机 R_1 和一台磁带机 R_2，可供进程 P_1 和 P_2 共享，由于进程在运行中具有异步性特征，这就可能使 P_1 和 P_2 两个进程按下述两种顺序向前推进。

1) 进程推进顺序合法

在进程 P_1 和 P_2 并发执行时，如果按图 3-14 中的曲线①所示的顺序推进：P_1：Request(R_1) $\rightarrow P_1$：Request(R_2)$\rightarrow P_1$：Release(R_1)$\rightarrow P_1$：Release(R_2)$\rightarrow P_2$：Request(R_2)$\rightarrow P_2$：Request(R_1) $\rightarrow P_2$：Release(R_2)$\rightarrow P_2$：Release(R_1)，两个进程可顺利完成。类似地，若按图中曲线②和③所示的顺序推进，两进程也可以顺利完成。我们称这种不会引起进程死锁的推进顺序是合法的。

2) 进程推进顺序非法

若并发进程 P_1 和 P_2 按图 3-14 中曲线④所示的顺序推进，它们将进入不安全区 D 内。此时 P_1 保持了资源 R_1，P_2 保持了资源 R_2，系统处于不安全状态。此刻，如果两个进程继续向前推进，就可能发生死锁。例如，当 P_1 运行到 P_1：Request(R_2)时，将因 R_2 已被 P_2 占用而阻塞；当 P_2 运行到 P_2：Request(R_1)时，也将因 R_1 已被 P_1 占用而阻塞，于是发生了进程死锁，这样的进程推进顺序就是非法的。

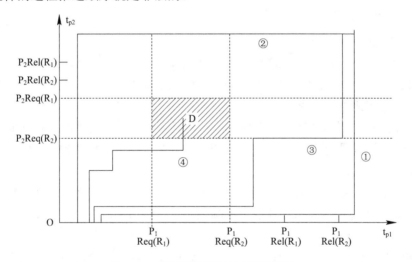

图 3-14 进程推进顺序对死锁的影响

◄ 3.5.3 死锁的定义、必要条件和处理方法

1. 死锁的定义

在一组进程发生死锁的情况下，这组死锁进程中的每一个进程，都在等待另一个死锁进程所占有的资源。或者说每个进程所等待的事件是该组中其它进程释放所占有的资源。但由于所有这些进程已都无法运行，因此它们谁也不能释放资源，致使没有任何一个进程可被唤醒。这样这组进程只能无限期地等待下去。由此可以给死锁做出如下的定义：

如果一组进程中的每一个进程都在等待仅由该组进程中的其它进程才能引发的事件，那么该组进程是死锁的(Deadlock)。

2. 产生死锁的必要条件

虽然进程在运行过程中可能会发生死锁，但产生进程死锁是必须具备一定条件的。综上所述不难看出，产生死锁必须同时具备下面四个必要条件，只要其中任一个条件不成立，死锁就不会发生：

(1) 互斥条件。进程对所分配到的资源进行排它性使用，即在一段时间内，某资源只能被一个进程占用。如果此时还有其它进程请求该资源，则请求进程只能等待，直至占有该资源的进程用毕释放。

(2) 请求和保持条件。进程已经保持了至少一个资源，但又提出了新的资源请求，而该资源已被其它进程占有，此时请求进程被阻塞，但对自己已获得的资源保持不放。

(3) 不可抢占条件。进程已获得的资源在未使用完之前不能被抢占，只能在进程使用完时由自己释放。

(4) 循环等待条件。在发生死锁时，必然存在一个进程—资源的循环链，即进程集合 $\{P_0, P_1, P_2, \cdots, P_n\}$ 中的 P_0 正在等待一个 P_1 占用的资源，P_1 正在等待 P_2 占用的资源，……，P_n 正在等待已被 P_0 占用的资源。

3. 处理死锁的方法

目前处理死锁的方法可归结为四种：

(1) 预防死锁。这是一种较简单和直观的事先预防方法。该方法是通过设置某些限制条件，去破坏产生死锁四个必要条件中的一个或几个来预防产生死锁。预防死锁是一种较易实现的方法，已被广泛使用。

(2) 避免死锁。同样是属于事先预防策略，但它并不是事先采取各种限制措施，去破坏产生死锁的四个必要条件，而是在资源的动态分配过程中，用某种方法防止系统进入不安全状态，从而可以避免发生死锁。

(3) 检测死锁。这种方法无须事先采取任何限制性措施，允许进程在运行过程中发生死锁。但可通过检测机构及时地检测出死锁的发生，然后采取适当的措施，把进程从死锁中解脱出来。

(4) 解除死锁。当检测到系统中已发生死锁时，就采取相应措施，将进程从死锁状态中解脱出来。常用的方法是撤消一些进程，回收它们的资源，将它们分配给已处于阻塞状态的进程，使其能继续运行。

上述的四种方法，从(1)到(4)对死锁的防范程度逐渐减弱，但对应的是资源利用率的提高，以及进程因资源因素而阻塞的频度下降(即并发程度提高)。

3.6 预 防 死 锁

预防死锁的方法是通过破坏产生死锁的四个必要条件中的一个或几个，以避免发生死锁。由于互斥条件是非共享设备所必须的，不仅不能改变，还应加以保证，因此主要是破坏产生死锁的后三个条件。

◄ 3.6.1　破坏"请求和保持"条件

为了能破坏"请求和保持"条件，系统必须保证做到：当一个进程在请求资源时，它不能持有不可抢占资源。该保证可通过如下两个不同的协议实现：

1. 第一种协议

该协议规定，所有进程在开始运行之前，必须一次性地申请其在整个运行过程中所需的全部资源。此时若系统有足够的资源分配给某进程，便可把其需要的所有资源分配给它。这样，该进程在整个运行期间，便不会再提出资源要求，从而破坏了"请求"条件。系统在分配资源时，只要有一种资源不能满足进程的要求，即使其它所需的各资源都空闲也不分配给该进程，而让该进程等待。由于该进程在等待期间未占有任何资源，于是破坏了"保持"条件，从而可以预防死锁的发生。

第一种协议的优点是简单、易行且安全。但缺点也极其明显：

(1) 资源被严重浪费，严重地恶化了资源的利用率。进程在开始运行时就一次性地占用了整个运行过程所需的全部资源，其中有些资源可能仅在运行初期或运行快结束时才使用，甚至根本不使用。

(2) 使进程经常会发生饥饿现象。因为仅当进程在获得了其所需的全部资源后才能开始运行，这样就可能由于个别资源长期被其它进程占用，而致使等待该资源的进程迟迟不能开始运行，而个别资源有可能仅在进程运行到最后才需要，如打印机往往就是如此。

2. 第二种协议

该协议是对第一种协议的改进，它允许一个进程只获得运行初期所需的资源后，便开始运行。进程运行过程中再逐步释放已分配给自己的、且已用毕的全部资源，然后再请求新的所需资源。我们可以通过一个具体例子来说明，第二种协议比第一种协议要好。例如有一个进程，它所要完成的任务是，先将数据从磁带上复制到磁盘文件上，然后对磁盘文件进行排序，最后把结果打印出来。在采用第一种协议时，进程必须在开始时就请求磁带机、磁盘文件和打印机。然而打印机仅在最后才会用到，既影响到其利用率，还会影响到其它进程的运行。此外，又如磁带机和磁盘文件虽然空闲，但因打印机已分配给其它进程，因而进程还需要等待。

在采用第二种协议时，进程在开始时只需请求磁带机、磁盘文件，然后就可运行。等到全部磁带上的数据已复制到磁盘文件中并已排序好后，便可将磁带机和磁盘文件释放掉，再去请求磁盘文件和打印机。这不仅能使进程更快地完成任务，提高设备的利用率，还可减少进程发生饥饿的机率。

◄ 3.6.2　破坏"不可抢占"条件

为了能破坏"不可抢占"条件，协议中规定，当一个已经保持了某些不可被抢占资源的进程，提出新的资源请求而不能得到满足时，它必须释放已经保持的所有资源，待以后需要时再重新申请。这意味着进程已占有的资源会被暂时地释放，或者说是被抢占了，从而破坏了"不可抢占"条件。

该方法实现起来比较复杂，且需付出很大的代价。因为一个不可抢占的资源如打印机、CD 刻录机等在使用一段时间后被抢占，可能会造成进程前一阶段工作的失效，即使是采取了某些防范措施，也还会使进程前后两次运行的信息不连续。这种策略还可能因为反复地申请和释放资源致使进程的执行被无限地推迟，这不仅延长了进程的周转时间，而且也增加了系统开销，降低了系统吞吐量。

◀ 3.6.3　破坏"循环等待"条件

一个能保证"循环等待"条件不成立的方法是，对系统所有资源类型进行线性排序，并赋予不同的序号。设 $R = (R_1, R_2, R_3, \cdots, R_m)$ 为资源类型的集合，为每个资源类型赋予唯一的序号。如果系统中有磁带驱动器、硬盘驱动器、打印机，则函数 F 可按如下形式来定义：

F(tape drive) = 1;

F(disk drive) = 5;

F(printer) = 12;

在对系统所有资源类型进行线性排序后，便可采用这样的预防协议：规定每个进程必须按序号递增的顺序请求资源。一个进程在开始时，可以请求某类资源 R_i 的单元。以后，当且仅当 $F(R_j) > F(R_i)$ 时，进程才可以请求资源 R_j 的单元。如果需要多个同类资源单元，则必须一起请求。例如，当某进程需要同时使用打印机和磁带机时，由于磁带机序号低，而打印机序号高，故必须先请求磁带机，再请求打印机。假如某进程已请求到一些序号较高的资源，后来它又想请求一个序号低的资源时，它必须先释放所有具有相同和更高序号的资源后，才能申请序号低的资源。在采用这种策略后所形成的资源分配图中，不可能再出现环路，因而破坏了"循环等待"条件。事实上，总有一个进程占据了较高序号的资源，此后它继续申请的资源必然是空闲的，因而进程可以一直向前推进。

在采用这种策略时，应如何来规定每种资源的序号是十分重要的。通常应根据大多数进程需要资源的先后顺序来确定。一般情况下，进程总是先输入程序和数据，继而进行运算，最后将计算结果输出。故可以为输入设备规定较低的序号，如前面是将磁带机定为 1；为输出设备规定较高的序号，如把打印机定为 12。

这种预防死锁的策略与前两种策略比较，其资源利用率和系统吞吐量都有较明显的改善。但也存在下述问题：首先，为系统中各类资源所规定的序号必须相对稳定，这就限制了新类型设备的增加；其次，尽管在为资源的类型分配序号时，已经考虑到大多数作业在实际使用这些资源时的顺序，但也经常会发生这种情况：作业使用各类资源的顺序与系统规定的顺序不同，造成对资源的浪费。第三，为方便用户，系统对用户在编程时所施加的限制条件应尽量少，然而这种按规定次序申请资源的方法必然会限制用户简单、自主地编程。

3.7 避免死锁

避免死锁同样是属于事先预防的策略，但并不是事先采取某种限制措施，破坏产生死锁的必要条件，而是在资源动态分配过程中，防止系统进入不安全状态，以避免发生死锁。这种方法所施加的限制条件较弱，可能获得较好的系统性能，目前常用此方法来避免发生死锁。

◀ 3.7.1 系统安全状态

在死锁避免方法中，把系统的状态分为安全状态和不安全状态。当系统处于安全状态时，可避免发生死锁。反之，当系统处于不安全状态时，则可能进入到死锁状态。

1. 安全状态

在该方法中，允许进程动态地申请资源，但系统在进行资源分配之前，应先计算此次资源分配的安全性。若此次分配不会导致系统进入不安全状态，才可将资源分配给进程，否则，令进程等待。所谓安全状态，是指系统能按某种进程推进顺序(P_1, P_2, …, P_n)为每个进程 P_i 分配其所需资源，直至满足每个进程对资源的最大需求，使每个进程都可顺利地完成。此时称(P_1, P_2, …, P_n)为安全序列。如果系统无法找到这样一个安全序列，则称系统处于不安全状态。虽然并非所有不安全状态都必然会转为死锁状态，但当系统进入不安全状态后，就有可能进入死锁状态。反之，只要系统处于安全状态，系统便不会进入死锁状态。因此，避免死锁的实质在于，系统在进行资源分配时，应使系统不进入不安全状态。

2. 安全状态之例

假定系统中有三个进程 P_1、P_2 和 P_3，共有 12 台磁带机。进程 P_1 总共要求 10 台磁带机，P_2 和 P_3 分别要求 4 台和 9 台。假设在 T_0 时刻，进程 P_1、P_2 和 P_3 已分别获得 5 台、2 台和 2 台磁带机，尚有 3 台空闲未分配，如下表所示：

进 程	最 大 需 求	已 分 配	可 用
P_1	10	5	3
P_2	4	2	
P_3	9	2	

经分析发现，在 T_0 时刻系统是安全的，因为这时存在一个安全序列〈P_2，P_1，P_3〉，即只要系统按此进程序列分配资源，就能使每个进程都顺利完成。例如将剩余的磁带机取 2 台分配给 P_2，使之继续运行，待 P_2 完成便可释放出 4 台磁带机，于是可用资源增至 5 台；以后再将这些全部分配给进程 P_1，使之运行，待 P_1 完成后，将释放出 10 台磁带机，P_3 便能获得足够的资源，从而使 P_1、P_2、P_3 每个进程都能顺利完成。

3. 由安全状态向不安全状态的转换

如果不按照安全序列分配资源，则系统可能会由安全状态进入不安全状态。例如在 T_0

时刻以后 P_3 又请求 1 台磁带机，若此时系统把剩余 3 台中的 1 台分配给 P_3，则系统便进入不安全状态。因为此时也无法再找到一个安全序列。例如把其余的 2 台分配给 P_2，这样在 P_2 完成后，只能释放出 4 台，既不能满足 P_1 尚需 5 台的要求，也不能满足 P_3 需要 6 台的要求，致使它们都无法推进到完成，彼此都在等待对方释放资源，结果导致死锁。类似地，如果我们将剩余的 2 台磁带机先分配给 P_1 或 P_3，也同样都无法使它们推进到完成，因此从给 P_3 分配了第 3 台磁带机开始，系统便又进入了不安全状态。

在建立了系统安全状态的概念后，便可知道避免死锁的基本思想，就是确保系统始终处于安全状态。一个系统开始是处于安全状态的。当有进程请求一个可用资源时，系统需对该进程的请求进行计算，若将资源分配给进程后系统仍处于安全状态，才将该资源分配给进程。在上面的例子中，在 P_3 请求 1 台磁带机时，尽管系统中有可用的磁带机，但却不能分配给它。必须等待到 P_1 和 P_2 完成并释放出资源后再将足够的资源分配给 P_3。

◄ 3.7.2 利用银行家算法避免死锁

最有代表性的避免死锁的算法是 Dijkstra 的银行家算法。起这样的名字是由于该算法原本是为银行系统设计的，以确保银行在发放现金贷款时，不会发生不能满足所有客户需要的情况。在 OS 中也可用它来实现避免死锁。

为实现银行家算法，每一个新进程在进入系统时，它必须申明在运行过程中，可能需要每种资源类型的最大单元数目，其数目不应超过系统所拥有的资源总量。当进程请求一组资源时，系统必须首先确定是否有足够的资源分配给该进程。若有，再进一步计算在将这些资源分配给进程后，是否会使系统处于不安全状态。如果不会，才将资源分配给它，否则让进程等待。

1. 银行家算法中的数据结构

为了实现银行家算法，在系统中必须设置这样四个数据结构，分别用来描述系统中可利用的资源、所有进程对资源的最大需求、系统中的资源分配，以及所有进程还需要多少资源的情况。

(1) 可利用资源向量 Available。这是一个含有 m 个元素的数组，其中的每一个元素代表一类可利用的资源数目，其初始值是系统中所配置的该类全部可用资源的数目，其数值随该类资源的分配和回收而动态地改变。如果 Available[j]=K，则表示系统中现有 R_j 类资源 K 个。

(2) 最大需求矩阵 Max。这是一个 n×m 的矩阵，它定义了系统中 n 个进程中的每一个进程对 m 类资源的最大需求。如果 Max[i, j]=K，则表示进程 i 需要 R_j 类资源的最大数目为 K。

(3) 分配矩阵 Allocation。这也是一个 n×m 的矩阵，它定义了系统中每一类资源当前已分配给每一进程的资源数。如果 Allocation[i, j]=K，则表示进程 i 当前已分得 R_j 类资源的数目为 K。

(4) 需求矩阵 Need。这也是一个 n×m 的矩阵,用以表示每一个进程尚需的各类资源数。

如果 Need[i, j] = K，则表示进程 i 还需要 R_j 类资源 K 个方能完成其任务。

上述三个矩阵间存在下述关系：

$$Need[i, j] = Max[i, j] - Allocation[i, j]$$

2. 银行家算法

设 $Request_i$ 是进程 P_i 的请求向量，如果 $Request_i[j] = K$，表示进程 P_i 需要 K 个 R_j 类型的资源。当 P_i 发出资源请求后，系统按下述步骤进行检查：

(1) 如果 $Request_i[j] \leqslant Need[i, j]$，便转向步骤(2)；否则认为出错，因为它所需要的资源数已超过它所宣布的最大值。

(2) 如果 $Request_i[j] \leqslant Available[j]$，便转向步骤(3)；否则，表示尚无足够资源，$P_i$ 须等待。

(3) 系统试探着把资源分配给进程 P_i，并修改下面数据结构中的数值：

$Available[j] = Available[j] - Request_i[j]$;

$Allocation[i, j] = Allocation[i, j] + Request_i[j]$;

$Need[i, j] = Need[i, j] - Request_i[j]$;

(4) 系统执行安全性算法，检查此次资源分配后系统是否处于安全状态。若安全，才正式将资源分配给进程 P_i，以完成本次分配；否则，将本次的试探分配作废，恢复原来的资源分配状态，让进程 P_i 等待。

3. 安全性算法

系统所执行的安全性算法可描述如下：

(1) 设置两个向量：① 工作向量 Work，它表示系统可提供给进程继续运行所需的各类资源数目，它含有 m 个元素，在执行安全算法开始时，Work = Available；② Finish：它表示系统是否有足够的资源分配给进程，使之运行完成。开始时先做 Finish[i] = false；当有足够资源分配给进程时，再令 Finish[i] = true。

(2) 从进程集合中找到一个能满足下述条件的进程：

① Finish[i] = false；

② $Need[i, j] \leqslant Work[j]$；

若找到，执行步骤(3)，否则，执行步骤(4)。

(3) 当进程 P_i 获得资源后，可顺利执行，直至完成，并释放出分配给它的资源，故应执行：

$Work[j] = Work[j] + Allocation[i, j]$;

$Finish[i] = true$;

go to step 2;

(4) 如果所有进程的 Finish[i] = true 都满足，则表示系统处于安全状态；否则，系统处于不安全状态。

4. 银行家算法之例

假定系统中有五个进程{P_0, P_1, P_2, P_3, P_4}和三类资源{A, B, C}，各种资源的数量分别为 10、5、7，在 T_0 时刻的资源分配情况如图 3-15 所示。

资源情况 进 程	Max			Allocation			Need			Available		
	A	B	C	A	B	C	A	B	C	A	B	C
P_0	7	5	3	0	1	0	7	4	3	3	3	2
										(2	3	0)
P_1	3	2	2	2	0	0	1	2	2			
				(3	0	2)	(0	2	0)			
P_2	9	0	2	3	0	2	6	0	0			
P_3	2	2	2	2	1	1	0	1	1			
P_4	4	3	3	0	0	2	4	3	1			

图 3-15 T_0 时刻的资源分配表

(1) T_0 时刻的安全性：利用安全性算法对 T_0 时刻的资源分配情况进行分析(如图 3-16 所示)可知，在 T_0 时刻存在着一个安全序列$\{P_1, P_3, P_4, P_2, P_0\}$，故系统是安全的。

资源情况 进 程	Work			Need			Allocation			Work + Allocation			Finish
	A	B	C	A	B	C	A	B	C	A	B	C	
P_1	3	3	2	1	2	2	2	0	0	5	3	2	true
P_3	5	3	2	0	1	1	2	1	1	7	4	3	true
P_4	7	4	3	4	3	1	0	0	2	7	4	5	true
P_2	7	4	5	6	0	0	3	0	2	10	4	7	true
P_0	10	4	7	7	4	3	0	1	0	10	5	7	true

图 3-16 T_0 时刻的安全序列

(2) P_1 请求资源：P_1 发出请求向量 $Request_1(1, 0, 2)$，系统按银行家算法进行检查：

① $Request_1(1, 0, 2) \leqslant Need_1(1, 2, 2)$；

② $Request_1(1, 0, 2) \leqslant Available_1(3, 3, 2)$；

③ 系统先假定可为 P_1 分配资源，并修改 Available，$Allocation_1$ 和 $Need_1$ 向量，由此形成的资源变化情况如图 3-15 中的圆括号所示；

④ 再利用安全性算法检查此时系统是否安全，如图 3-17 所示。

资源情况 进 程	Work			Need			Allocation			Work+Allocation			Finish
	A	B	C	A	B	C	A	B	C	A	B	C	
P_1	2	3	0	0	2	0	3	0	2	5	3	2	true
P_3	5	3	2	0	1	1	2	1	1	7	4	3	true
P_4	7	4	3	4	3	1	0	0	2	7	4	5	true
P_0	7	4	5	7	4	3	0	1	0	7	5	5	true
P_2	7	5	5	6	0	0	3	0	2	10	5	7	true

图 3-17 P_1 申请资源时的安全性检查

由所进行的安全性检查得知，可以找到一个安全序列$\{P_1, P_3, P_4, P_0, P_2\}$。因此，系统是安全的，可以立即将 P_1 所申请的资源分配给它。

(3) P_4 请求资源：P_4 发出请求向量 $Request_4(3，3，0)$，系统按银行家算法进行检查：

① $Request_4(3，3，0) \leqslant Need_4(4，3，1)$；

② $Request_4(3，3，0) > Available(2，3，0)$，让 P_4 等待。

(4) P_0 请求资源：P_0 发出请求向量 $Request_0(0，2，0)$，系统按银行家算法进行检查：

① $Request_0(0，2，0) \leqslant Need_0(7，4，3)$；

② $Request_0(0，2，0) \leqslant Available(2，3，0)$；

③ 系统暂时先假定可为 P_0 分配资源，并修改有关数据，如图 3-18 所示。

资源情况 进程	Allocation			Need			Available		
	A	B	C	A	B	C	A	B	C
P_0	0	3	0	7	2	3	2	1	0
P_1	3	0	2	0	2	0			
P_2	3	0	2	6	0	0			
P_3	2	1	1	0	1	1			
P_4	0	0	2	4	3	1			

图 3-18　为 P_0 分配资源后的有关资源数据

(5) 进行安全性检查：可用资源 $Available(2，1，0)$ 已不能满足任何进程的需要，故系统进入不安全状态，此时系统不分配资源。

如果在银行家算法中把 P_0 发出的请求向量改为 $Request_0(0，1，0)$，系统是否能将资源分配给它，请读者考虑。

3.8　死锁的检测与解除

如果在系统中，既不采取死锁预防措施，也未配有死锁避免算法，系统很可能会发生死锁。在这种情况下，系统应当提供两个算法：

① 死锁检测算法。该方法用于检测系统状态，以确定系统中是否发生了死锁。

② 死锁解除算法。当认定系统中已发生了死锁，利用该算法可将系统从死锁状态中解脱出来。

3.8.1　死锁的检测

为了能对系统中是否已发生了死锁进行检测，在系统中必须：① 保存有关资源的请求和分配信息；② 提供一种算法，它利用这些信息来检测系统是否已进入死锁状态。

1. 资源分配图(Resource Allocation Graph)

系统死锁，可利用资源分配图来描述。该图是由一组结点 N 和一组边 E 所组成的一个对偶 $G=(N, E)$，它具有下述形式的定义和限制：

(1) 把 N 分为两个互斥的子集，即一组进程结点 $P = \{P_1, P_2, \cdots, P_n\}$ 和一组资源结点

R = {R₁, R₂, …, Rₙ}，N = P∪。在图 3-19 所示的例子中，P = {P₁, P₂}，R = {R₁, R₂}，N = {R₁, R₂}∪{P₁, P₂}。

(2) 凡属于 E 中的一个边 e∈E，都连接着 P 中的一个结点和 R 中的一个结点，e = {Pᵢ, Rⱼ} 是资源请求边，由进程 Pᵢ 指向资源 Rⱼ，它表示进程 Pᵢ 请求一个单位的 Rⱼ 资源。E = {Rⱼ, Pᵢ} 是资源分配边，由资源 Rⱼ 指向进程 Pᵢ，它表示把一个单位的资源 Rⱼ 分配给进程 Pᵢ。图 3-19 中示出了两个请求边和两个分配边，即 E = {(P₁, R₂), (R₂, P₂), (P₂, R₁), (R₁, P₁)}。

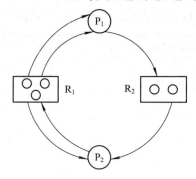

图 3-19　每类资源有多个时的情况

我们用圆圈代表一个进程，用方框代表一类资源。由于一种类型的资源可能有多个，我们用方框中的一个点代表一类资源中的一个资源。此时，请求边是由进程指向方框中的 Rⱼ，而分配边则应始于方框中的一个点。图 3-20 示出了一个资源分配图。图中，P₁ 进程已经分得了两个 R₁ 资源，并又请求一个 R₂ 资源；P₂ 进程分得了一个 R₁ 和一个 R₂ 资源，并又请求 R₁ 资源。

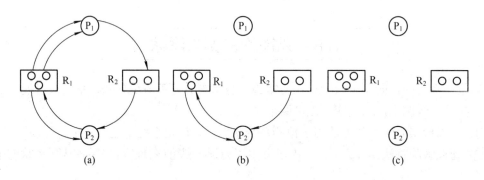

图 3-20　资源分配图的简化

2. 死锁定理

我们可以利用把资源分配图加以简化的方法(图 3-19)，来检测当系统处于 S 状态时，是否为死锁状态。简化方法如下：

(1) 在资源分配图中，找出一个既不阻塞又非独立的进程结点 Pᵢ。在顺利的情况下，Pᵢ 可获得所需资源而继续运行，直至运行完毕，再释放其所占有的全部资源，这相当于消去 Pᵢ 的请求边和分配边，使之成为孤立的结点。在图 3-20(a)中，将 P₁ 的两个分配边和一个请求边消去，便形成图(b)所示的情况。

(2) P_1 释放资源后，便可使 P_2 获得资源而继续运行，直至 P_2 完成后又释放出它所占有的全部资源，形成图(c)所示的情况，即将 P_2 的两条请求边和一条分配边消去。

(3) 在进行一系列的简化后，若能消去图中所有的边，使所有的进程结点都成为孤立结点，则称该图是可完全简化的；若不能通过任何过程使该图完全简化，则称该图是不可完全简化的。

对于较复杂的资源分配图，可能有多个既未阻塞又非孤立的进程结点。不同的简化顺序，是否会得到不同的简化图？有关文献已经证明，所有的简化顺序都将得到相同的不可简化图。同样可以证明：S 为死锁状态的充分条件是：当且仅当 S 状态的资源分配图是不可完全简化的。该充分条件被称为死锁定理。

3. 死锁检测中的数据结构

死锁检测中的数据结构类似于银行家算法中的数据结构：

(1) 可利用资源向量 Available，它表示了 m 类资源中每一类资源的可用数目。

(2) 把不占用资源的进程(向量 Allocation = 0)记入 L 表中，即 $L_i \cup L$。

(3) 从进程集合中找到一个 $Request_i \leqslant Work$ 的进程，做如下处理：① 将其资源分配图简化，释放出资源，增加工作向量 $Work = Work + Allocation_i$。② 将它记入 L 表中。

(4) 若不能把所有进程都记入 L 表中，便表明系统状态 S 的资源分配图是不可完全简化的。因此，该系统状态将发生死锁。

```
Work = Available;
L = {Li|Allocation I = 0 ∩ Request I = 0}
for (all Li∉ L)
{
    for(all Request i≤Work) {
        Work = Work + Allocation i;
            Li∪L;
    }
}
deadlock = ﹁(L = {P1，P2，…，Pn});
```

◄ 3.8.2 死锁的解除

如果利用死锁检测算法检测出在系统中已发生了死锁，则应立即采取相应的措施，以解除死锁。最简单的处理措施就是立即通知操作员，请操作员来以人工方法处理死锁。另一种措施则是利用死锁解除算法，把系统从死锁状态中解脱出来。常采用解除死锁的两种方法是：

(1) 抢占资源。从一个或多个进程中抢占足够数量的资源，分配给死锁进程，以解除死锁状态。

(2) 终止(或撤消)进程。终止(或撤消)系统中的一个或多个死锁进程，直至打破循环环路，使系统从死锁状态解脱出来。

1. 终止进程的方法

1) 终止所有死锁进程

这是一种最简单的方法，即是终止所有的死锁进程，死锁自然也就解除了，但所付出的代价可能会很大。因为其中有些进程可能已经运行了很长时间，已接近结束，一旦被终止真可谓"功亏一篑"，以后还得从头再来。还可能会有其它方面的代价，在此不再一一列举。

2) 逐个终止进程

稍微温和的方法是，按照某种顺序，逐个地终止进程，直至有足够的资源，以打破循环等待，把系统从死锁状态解脱出来为止。但该方法所付出的代价也可能很大。因为每终止一个进程，都需要用死锁检测算法确定系统死锁是否已经被解除，若未解除还需再终止另一个进程。另外，在采取逐个终止进程策略时，还涉及到应采用什么策略选择一个要终止的进程。选择策略最主要的依据是，为死锁解除所付出的"代价最小"。但怎么样才算是"代价最小"，很难有一个精确的度量。我们在此仅提供在选择被终止进程时应考虑的若干因素：

(1) 进程的优先级的大小；

(2) 进程已执行了多少时间，还需要多少时间方能完成？

(3) 进程在运行中已经使用资源的多少，以后还需要多少资源？

(4) 进程的性质是交互式的还是批处理式的？

2. 付出代价最小的死锁解除算法

一种付出代价最小的死锁解除算法如图 3-21 所示。假定在死锁状态时，已有死锁进程 $P_1, P_2, \cdots, P_k$。首先终止进程 P_1，使系统状态由 $S \rightarrow U_1$，付出的代价为 C_{u1}，然后，仍然从 S 状态中终止进程 P_2，使状态由 $S \rightarrow U_2$，其代价为 $C_{u2}, \cdots$，如此下去可得到状态 $U_1, U_2, \cdots, U_n$。若此时系统仍处于死锁状态，需再进一步终止进程，如此下去，直至解除死锁状态为止。可见，如果在每一层中找到了所有终止代价最小的进程后，此时通过终止进程以解除死锁的代价最小。但是，这种方法为了找到这些进程可能付出的代价将是 $k(k-1)(k-2)\cdots/2C$。显然，所花费的代价很大，因此，这是一种很不实际的方法。

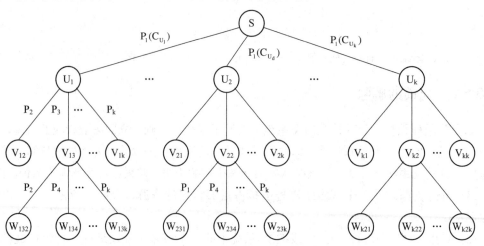

图 3-21　付出代价最小的死锁解除算法

一个比较有效的方法是对死锁状态 S 做如下处理：从死锁状态 S 中先终止一个死锁进程 P_1，使系统状态由 S 演变成 U_1，将 P_1 记入被终止进程的集合 $d(T)$ 中，并把所付出的代价 C_1 加入到 $Rc(T)$ 中；对死锁进程 P_2、P_3 等重复上述过程，得到状态 $U_1, U_2, \cdots, U_i, U_n$ 后，再按终止进程时所花费代价的大小，把它插入到由 S 状态所演变的新状态的队列 L 中。显然，队列 L 中的第一个状态 U_1 是由 S 状态花最小代价终止一个进程所演变成的状态。在终止一个进程后，若系统仍处于死锁状态，则再从 U_1 状态按照上述处理方式再依次地终止一个进程，得到 $U'_1, U'_2, U'_3, \cdots, U'_k$ 状态，再从 U' 状态中选取一个代价最小的 U'_j，如此下去，直到死锁状态解除为止。这样，为把系统从死锁状态中解脱出来，所花费的代价可表示为：

$$R(S)_{min} = \min\{C_{ui}\} + \min\{C_{uj}\} + \min\{C_{uk}\} + \cdots$$

习 题 ▶▶▶

1. 高级调度与低级调度的主要任务是什么？为什么要引入中级调度？

2. 处理机调度算法的共同目标是什么？批处理系统的调度目标又是什么？

3. 何谓作业、作业步和作业流？

4. 在什么情况下需要使用作业控制块 JCB，其中包含了哪些内容？

5. 在作业调度中应如何确定接纳多少个作业和接纳哪些作业？

6. 为什么要引入高响应比优先调度算法？它有何优点？

7. 试说明低级调度的主要功能。

8. 在抢占调度方式中，抢占的原则是什么？

9. 在选择调度方式和调度算法时，应遵循的准则是什么？

10. 在批处理系统、分时系统和实时系统中，各采用哪几种进程(作业)调度算法？

11. 何谓静态和动态优先级？确定静态优先级的依据是什么？

12. 试比较 FCFS 和 SJF 两种进程调度算法。

13. 在时间片轮转法中，应如何确定时间片的大小？

14. 通过一个例子来说明通常的优先级调度算法为什么不能适用于实时系统？

15. 为什么说多级反馈队列调度算法能较好地满足各方面用户的需要？

16. 为什么说传统的几种调度算法都不能算是公平调度算法？

17. 保证调度算法是如何做到调度的公平性的？

18. 公平分享调度算法又是如何做到调度的公平性的？

19. 为什么在实时系统中，要求系统(尤其是 CPU)具有较强的处理能力？

20. 按调度方式可将实时调度算法分为哪几种？

21. 什么是最早截止时间优先调度算法？举例说明之。

22. 什么是最低松弛度优先调度算法？举例说明之。

23. 何谓"优先级倒置"现象，可采取什么方法来解决？

24. 试分别说明可重用资源和可消耗资源的性质。

25. 试举例说明竞争不可抢占资源所引起的死锁。

26. 为了破坏"请求和保持"条件而提出了两种协议，试比较这两种协议。

27. 何谓死锁？产生死锁的原因和必要条件是什么？

28. 在解决死锁问题的几个方法中，哪种方法最易于实现？哪种方法使资源利用率最高？

29. 请详细说明可通过哪些途径预防死锁。

30. 在银行家算法的例子中，如果 P_0 发出的请求向量由 Request(0, 2, 0)改为 Request(0, 1, 0)，问系统可否将资源分配给它？

31. 在银行家算法中，若出现下述资源分配情况，试问：

Process	Allocation	Need	Available
P_0	0032	0012	1622
P_1	1000	1750	
P_2	1354	2356	
P_3	0332	0652	
P_4	0014	0656	

(1) 该状态是否安全？

(2) 若进程 P_2 提出请求 Request(1, 2, 2, 2)后，系统能否将资源分配给它？

第四章 ◇◇◇◇◇

〖存储器管理〗

存储器历来都是计算机系统的重要组成部分。近年来，随着计算机技术的发展，系统软件和应用软件在种类、功能上都急剧地膨胀，虽然存储器容量一直在不断扩大，但仍不能满足现代软件发展的需要。因此，存储器仍然是一种宝贵而又稀缺的资源。如何对它加以有效的管理，不仅直接影响到存储器的利用率，而且对系统性能也有重大影响。存储器管理的主要对象是内存。由于对外存的管理与对内存的管理相类似，只是它们的用途不同，即外存主要用来存放文件，所以我们把对外存的管理放在文件管理一章介绍。

4.1 存储器的层次结构

在计算机执行时，几乎每一条指令都涉及对存储器的访问，因此要求对存储器的访问速度能跟得上处理机的运行速度。或者说，存储器的速度必须非常快，能与处理机的速度相匹配，否则会明显地影响到处理机的运行。此外还要求存储器具有非常大的容量，而且存储器的价格还应很便宜。对于这样十分严格的三个条件，目前是无法同时满足的。于是在现代计算机系统中都无一例外地采用了多层结构的存储器系统。

◄ 4.1.1 多层结构的存储器系统

1. 存储器的多层结构

对于通用计算机而言，存储层次至少应具有三级：最高层为 CPU 寄存器，中间为主存，最底层是辅存。在较高档的计算机中，还可以根据具体的功能细分为寄存器、高速缓存、主存储器、磁盘缓存、固定磁盘、可移动存储介质等 6 层。如图 4-1 所示。在存储层次中，层次越高(越靠近 CPU)，存储介质的访问速度越快，价格也越高，相对所配置的存储容量也越小。其中，寄存器、高速缓存、主存储器和磁盘缓存均属于操作系统存储管理的管辖范畴，掉电后它们中存储的信息不再存在。而低层的固定磁盘和可移动存储介质则属于设备管理的管辖范畴，它们存储的信息将被长期保存。

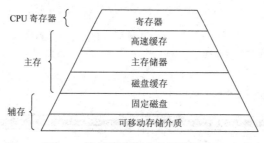

图 4-1　计算机系统存储层次示意

2. 可执行存储器

在计算机系统的存储层次中，寄存器和主存储器又被称为可执行存储器。对于存放于其中的信息，与存放于辅存中的信息相比较而言，计算机所采用的访问机制是不同的，所需耗费的时间也是不同的。进程可以在很少的时钟周期内使用一条 load 或 store 指令对可执行存储器进行访问。但对辅存的访问则需要通过 I/O 设备实现，因此，在访问中将涉及到中断、设备驱动程序以及物理设备的运行，所需耗费的时间远远高于访问可执行存储器的时间，一般相差 3 个数量级甚至更多。

对于不同层次的存储介质，由操作系统进行统一管理。操作系统的存储管理负责对可执行存储器的分配、回收以及提供在存储层次间数据移动的管理机制，例如主存与磁盘缓存、高速缓存与主存间的数据移动等。而设备和文件管理则根据用户的需求，提供对辅存的管理机制。本章主要讨论有关存储管理部分的内容，对于辅存部分则放在以后的章节中进行介绍。

◀ 4.1.2　主存储器与寄存器

1. 主存储器

主存储器简称内存或主存，是计算机系统中的主要部件，用于保存进程运行时的程序和数据，也称可执行存储器。通常，处理机都是从主存储器中取得指令和数据的，并将其所取得的指令放入指令寄存器中，而将其所读取的数据装入到数据寄存器中；或者反之，将寄存器中的数据存入到主存储器。早期的内存是由磁芯做成的，其容量一般为数十 KB 到数百 KB。随着 VLSI 的发展，现在的内存已由 VLSI 构成，其容量，即使是微机系统，也在数十 MB 到数 GB，而且还在不断增加。而嵌入式计算机系统一般仅有几十 KB 到几 MB。CPU 与外围设备交换的信息一般也依托于主存储器的地址空间。由于主存储器访问速度远低于 CPU 执行指令的速度，为缓和这一矛盾，在计算机系统中引入了寄存器和高速缓存。

2. 寄存器

寄存器具有与处理机相同的速度，故对寄存器的访问速度最快，完全能与 CPU 协调工作，但价格却十分昂贵，因此容量不可能做得很大。在早期计算机中，寄存器的数目仅为几个，主要用于存放处理机运行时的数据，以加速存储器的访问速度，如使用寄存器存放操作数，或用作地址寄存器加快地址转换速度等。随着 VLSI 的发展，寄存器的成本也在迅速降低，在当前的微机系统和大中型机中，寄存器的数目都已增加到数十个到数百个，而寄存器的字长一般是 32 位或 64 位；而在小型的嵌入式计算机中，寄存器的数目仍只有几个到十几个，而且寄存器的字长通常只有 8 位。

◄ 4.1.3　高速缓存和磁盘缓存

1. 高速缓存

高速缓存是现代计算机结构中的一个重要部件，它是介于寄存器和存储器之间的存储器，主要用于备份主存中较常用的数据，以减少处理机对主存储器的访问次数，这样可大幅度地提高程序执行速度。高速缓存容量远大于寄存器，而比内存约小两到三个数量级左右，从几十 KB 到几 MB，访问速度快于主存储器。在计算机系统中，为了缓和内存与处理机速度之间的矛盾，许多地方都设置了高速缓存。在以后各章中将会经常遇见各种高速缓存的，届时再对它们进行详细的介绍。

将一些常用数据放在高速缓存中是否有效，这将涉及到程序执行的局部性原理(前已提及：程序在执行时将呈现出局部性规律，即在一较短的时间内，程序的执行仅局限于某个部分。关于局部性原理问题，我们将在第五章中做进一步的介绍)。通常，进程的程序和数据存放在主存储器中，每当要访问时，才被临时复制到一个速度较快的高速缓存中。这样，当 CPU 访问一组特定信息时，须首先检查它是否在高速缓存中，如果已存在，便可直接从中取出使用，以避免访问主存，否则，就须从主存中读出信息。如大多数计算机都有指令高速缓存，用来暂存下一条将执行的指令，如果没有指令高速缓存，CPU 将会空等若干个周期，直到下一条指令从主存中取出。由于高速缓存的速度越高价格也越贵，故在有的计算机系统中设置了两级或多级高速缓存。紧靠内存的一级高速缓存的速度最高，而容量最小，二级高速缓存的容量稍大，速度也稍低。

2. 磁盘缓存

由于目前磁盘的 I/O 速度远低于对主存的访问速度，为了缓和两者之间在速度上的不匹配，而设置了磁盘缓存，主要用于暂时存放频繁使用的一部分磁盘数据和信息，以减少访问磁盘的次数。但磁盘缓存与高速缓存不同，它本身并不是一种实际存在的存储器，而是利用主存中的部分存储空间暂时存放从磁盘中读出(或写入)的信息。主存也可以看作是辅存的高速缓存，因为，辅存中的数据必须复制到主存方能使用，反之，数据也必须先存在主存中，才能输出到辅存。

一个文件的数据可能先后出现在不同层次的存储器中，例如，一个文件的数据通常被存储在辅存中(如硬盘)，当其需要运行或被访问时，就必须调入主存，也可以暂时存放在主存的磁盘高速缓存中。大容量的辅存常常使用磁盘，磁盘数据经常备份到磁带或可移动磁盘组上，以防止硬盘故障时丢失数据。有些系统自动地把老文件数据从辅存转储到海量存储器中，如磁带上，这样做还能降低存储价格。

4.2　程序的装入和链接

用户程序要在系统中运行，必须先将它装入内存，然后再将其转变为一个可以执行的程序，通常都要经过以下几个步骤：

(1) 编译，由编译程序(Compiler)对用户源程序进行编译，形成若干个目标模块(Object Module)；

(2) 链接，由链接程序(Linker)将编译后形成的一组目标模块以及它们所需要的库函数链接在一起，形成一个完整的装入模块(Load Module)；

(3) 装入，由装入程序(Loader)将装入模块装入内存。

图 4-2 示出了这样的三步过程。本节将扼要阐述程序(含数据)的链接和装入过程。

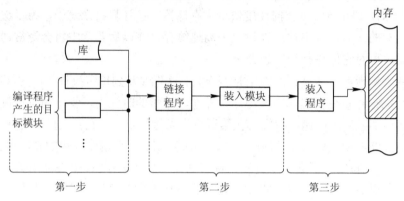

图 4-2　对用户程序的处理步骤

◀ 4.2.1　程序的装入

为了阐述上的方便，我们先介绍一个无需进行链接的单个目标模块的装入过程。该目标模块也就是装入模块。在将一个装入模块装入内存时，可以有如下三种装入方式：

1. 绝对装入方式(Absolute Loading Mode)

当计算机系统很小，且仅能运行单道程序时，完全有可能知道程序将驻留在内存的什么位置。此时可以采用绝对装入方式。用户程序经编译后，将产生绝对地址(即物理地址)的目标代码。例如，事先已知用户程序(进程)驻留在从 R 处开始的位置，则编译程序所产生的目标模块(即装入模块)，便可从 R 处开始向上扩展。绝对装入程序便可按照装入模块中的地址，将程序和数据装入内存。装入模块被装入内存后，由于程序中的相对地址(即逻辑地址)与实际内存地址完全相同，故不需对程序和数据的地址进行修改。

程序中所使用的绝对地址既可在编译或汇编时给出，也可由程序员直接赋予。但由程序员直接给出绝对地址时，不仅要求程序员熟悉内存的使用情况，而且一旦程序或数据被修改后，可能要改变程序中的所有地址。因此，通常是宁可在程序中采用符号地址，然后在编译或汇编时，再将这些符号地址转换为绝对地址。

2. 可重定位装入方式(Relocation Loading Mode)

绝对装入方式只能将目标模块装入到内存中事先指定的位置，这只适用于单道程序环境。而在多道程序环境下，编译程序不可能预知经编译后所得到的目标模块应放在内存的何处。因此，对于用户程序编译所形成的若干个目标模块，它们的起始地址通常都是从 0 开始的，程序中的其它地址也都是相对于起始地址计算的。此时，不可能再用绝对装入方式，而应采用可重定位装入方式，它可以根据内存的具体情况将装入模块装入到内存的适当位置。

值得注意的是，在采用可重定位装入程序将装入模块装入内存后，会使装入模块中的所有逻辑地址与实际装入内存后的物理地址不同，图 4-3 示出了这一情况。例如，在用户程序的 1000 号单元处有一条指令 LOAD 1，2500，该指令的功能是将 2500 单元中的整数 365 取至寄存器 1。但若将该用户程序装入到内存的 10000~15000 号单元而不进行地址变换，则在执行 11000 号单元中的指令时，它将仍从 2500 号单元中把数据取至寄存器 1，而导致数据错误。由图 4-3 可见，正确的方法应该是，将取数指令中的地址 2500 修改成 12500，即把指令中的逻辑地址 2500 与本程序在内存中的起始地址 10000 相加，才得到正确的物理地址 12500。除了数据地址应修改外，指令地址也须做同样的修改，即将指令的逻辑地址 1000 与起始地址 10000 相加，得到绝对地址 11000。通常，把在装入时对目标程序中指令和数据地址的修改过程称为重定位。又因为地址变换通常是在进程装入时一次完成的，以后不再改变，故称为静态重定位。

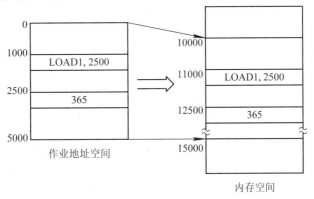

图 4-3 作业装入内存时的情况

3. 动态运行时的装入方式(Dynamic Run-time Loading)

可重定位装入方式可将装入模块装入到内存中任何允许的位置，故可用于多道程序环境。但该方式并不允许程序运行时在内存中移动位置。因为，程序在内存中的移动，意味着它的物理位置发生了变化，这时必须对程序和数据的地址(绝对地址)进行修改后方能运行。然而，实际情况是，在运行过程中它在内存中的位置可能经常要改变，例如，在具有对换功能的系统中，一个进程可能被多次换出，又多次被换入，每次换入后的位置通常是不同的。在这种情况下，就应采用动态运行时装入的方式。

动态运行时的装入程序在把装入模块装入内存后，并不立即把装入模块中的逻辑地址转换为物理地址，而是把这种地址转换推迟到程序真正要执行时才进行。因此，装入内存后的所有地址都仍是逻辑地址。为使地址转换不影响指令的执行速度，这种方式需要一个重定位寄存器的支持，我们将在本章 4.3 节中做详细介绍。

◄ 4.2.2 程序的链接

源程序经过编译后，可得到一组目标模块。链接程序的功能是将这组目标模块以及它们所需要的库函数装配成一个完整的装入模块。在对目标模块进行链接时，根据进行链接的时间不同，可把链接分成如下三种。

1. 静态链接(Static Linking)方式

在程序运行之前，先将各目标模块及它们所需的库函数链接成一个完整的装配模块，以后不再拆开。我们把这种事先进行链接的方式称为静态链接方式。我们通过一个例子来说明在实现静态链接时应解决的一些问题。在图 4-4(a)中示出了经过编译后所得到的三个目标模块 A、B、C，它们的长度分别为 L、M 和 N。在模块 A 中有一条语句 CALL B，用于调用模块 B。在模块 B 中有一条语句 CALL C，用于调用模块 C。B 和 C 都属于外部调用符号，在将这几个目标模块装配成一个装入模块时，须解决以下两个问题：

(1) 对相对地址进行修改。在由编译程序所产生的所有目标模块中，使用的都是相对地址，其起始地址都为 0，每个模块中的地址都是相对于起始地址计算的。在链接成一个装入模块后，原模块 B 和 C 在装入模块的起始地址不再是 0，而分别是 L 和 L+M，所以此时须修改模块 B 和 C 中的相对地址，即把原 B 中的所有相对地址都加上 L，把原 C 中所有相对地址都加上 L+M。

(2) 变换外部调用符号。将每个模块中所用的外部调用符号也都变换为相对地址，如把 B 的起始地址变换为 L，把 C 的起始地址变换为 L+M，如图 4-4(b)所示。这种先进行链接所形成的一个完整的装入模块，又称为可执行文件。通常都不再把它拆开，要运行时可直接将它装入内存。把这种事先进行链接而以后不再拆开的链接方式称为静态链接方式。

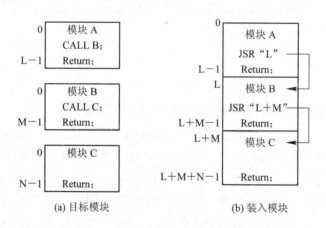

(a) 目标模块   (b) 装入模块

图 4-4　程序链接示意图

2. 装入时动态链接(Load-time Dynamic Linking)

这是指将用户源程序编译后所得到的一组目标模块，在装入内存时，采用边装入边链接的链接方式。即在装入一个目标模块时，若发生一个外部模块调用事件，将引起装入程序去找出相应的外部目标模块，并将它装入内存，还要按照图 4-4 所示的方式修改目标模块中的相对地址。装入时动态链接方式有以下优点：

(1) 便于修改和更新。对于经静态链接装配在一起的装入模块，如果要修改或更新其中的某个目标模块，则要求重新打开装入模块。这不仅是低效的，而且有时是不可能的。

若采用动态链接方式，由于各目标模块是分开存放的，所以要修改或更新各目标模块是件非常容易的事。

(2) 便于实现对目标模块的共享。在采用静态链接方式时，每个应用模块都必须含有其目标模块的拷贝，无法实现对目标模块的共享。但采用装入时动态链接方式时，OS 就很容易将一个目标模块链接到几个应用模块上，实现多个应用程序对该模块的共享。

3. 运行时动态链接(Run-time Dynamic Linking)

在许多情况下，应用程序在运行时，每次要运行的模块可能是不相同的。但由于事先无法知道本次要运行哪些模块，故只能是将所有可能要运行到的模块全部都装入内存，并在装入时全部链接在一起。显然这是低效的，因为往往会有部分目标模块根本就不运行。比较典型的例子是作为错误处理用的目标模块，如果程序在整个运行过程中都不出现错误，则显然就不会用到该模块。

近几年流行起来的运行时动态链接方式，是对上述装入时链接方式的一种改进。这种链接方式是，将对某些模块的链接推迟到程序执行时才进行。亦即，在执行过程中，当发现一个被调用模块尚未装入内存时，立即由 OS 去找到该模块，并将之装入内存，将其链接到调用者模块上。凡在执行过程中未被用到的目标模块，都不会被调入内存和被链接到装入模块上，这样不仅能加快程序的装入过程，而且可节省大量的内存空间。

4.3　连续分配存储管理方式

为了能将用户程序装入内存，必须为它分配一定大小的内存空间。连续分配方式是最早出现的一种存储器分配方式，曾被广泛应用于上世纪 60～80 年代的 OS 中，该分配方式为一个用户程序分配一个连续的内存空间，即程序中代码或数据的逻辑地址相邻，体现在内存空间分配时物理地址的相邻。连续分配方式可分为四类：单一连续分配、固定分区分配、动态分区分配以及动态可重定位分区分配算法四种方式。

4.3.1　单一连续分配

在单道程序环境下，当时的存储器管理方式是把内存分为系统区和用户区两部分，系统区仅提供给 OS 使用，它通常是放在内存的低址部分。而在用户区内存中，仅装有一道用户程序，即整个内存的用户空间由该程序独占。这样的存储器分配方式被称为单一连续分配方式。

虽然在早期的单用户、单任务操作系统中，有不少都配置了存储器保护机构，用于防止用户程序对操作系统的破坏，但在 20 世纪 80 年代所产生的几种常见的单用户操作系统中，如 CP/M、MS-DOS 及 RT11 等，并未采取存储器保护措施。这是因为，一方面可以节省硬件，另一方面在单用户环境下，机器由一用户独占，不可能存在其他用户干扰的问题，因此这是可行的。即使出现破坏行为，也仅仅会是用户程序自己破坏操作系统，其后果并不严重，只会影响该用户程序的运行，且操作系统也很容易通过系统的再启动而重新装入内存。

◀ 4.3.2 固定分区分配

20 世纪 60 年代出现的多道程序系统，如 IBM 360 的 MFT 操作系统，为了能在内存中装入多道程序，且使这些程序之间又不会发生相互干扰，于是将整个用户空间划分为若干个固定大小的区域，在每个分区中只装入一道作业，这样就形成了最早的、也是最简单的一种可运行多道程序的分区式存储管理方式。如果在内存中有四个用户分区，便允许四个程序并发运行。当有一空闲分区时，便可以再从外存的后备作业队列中选择一个适当大小的作业，装入该分区。当该作业结束时，又可再从后备作业队列中找出另一作业调入该分区。

1. 划分分区的方法

可用下述两种方法将内存的用户空间划分为若干个固定大小的分区：

(1) 分区大小相等(指所有的内存分区大小相等)。其缺点是缺乏灵活性，即当程序太小时，会造成内存空间的浪费。当程序太大时，一个分区又不足以装入该程序，致使该程序无法运行。尽管如此，对于利用一台计算机同时控制多个相同对象的场合，因为这些对象所需的内存空间大小往往相同，这种划分方式比较方便和实用，所以被广泛采用。例如，炉温群控系统就是利用一台计算机去控制多台相同的冶炼炉。

(2) 分区大小不等。为了增加存储器分配的灵活性，应将存储器分区划分为若干个大小不等的分区。最好能对常在该系统中运行的作业大小进行调查，根据用户的需要来划分。通常，可把内存区划分成含有多个较小的分区、适量的中等分区及少量的大分区，这样，便可根据程序的大小，为之分配适当的分区。

2. 内存分配

为了便于内存分配，通常将分区按其大小进行排队，并为之建立一张分区使用表，其中各表项包括每个分区的起始地址、大小及状态(是否已分配)，如图 4-5 所示。当有一用户程序要装入时，由内存分配程序依据用户程序的大小检索该表，从中找出一个能满足要求的、尚未分配的分区，将之分配给该程序，然后将该表项中的状态置为"已分配"。若未找到大小足够的分区，则拒绝为该用户程序分配内存。

分区号	大小(KB)	起址(K)	状态
1	12	20	已分配
2	32	32	已分配
3	64	64	未分配
4	128	128	已分配

(a) 分区说明表

空间	操作系统
24 KB	作业 A
32 KB	作业 B
64 KB	作业 C
128 KB	
...	...
256 KB	

(b) 存储空间分配情况

图 4-5 固定分区使用表

固定分区分配是最早出现的、可用于多道程序系统中的存储管理方式，由于每个分区的大小固定，必然会造成存储空间的浪费，因而现在已很少将它用于通用的 OS 中。但在某些用于控制多个相同对象的控制系统中，由于每个对象的控制程序大小相同，是事先已编好的，其所需的数据也是一定的，故仍采用固定分区式存储管理方式。

◀ 4.3.3　动态分区分配

动态分区分配又称为可变分区分配，它是根据进程的实际需要，动态地为之分配内存空间。在实现动态分区分配时，将涉及到分区分配中所用的数据结构、分区分配算法和分区的分配与回收操作这样三方面的问题。

1. 动态分区分配中的数据结构

为了实现动态分区分配，系统中必须配置相应的数据结构，用以描述空闲分区和已分配分区的情况，为分配提供依据。常用的数据结构有以下两种形式：① 空闲分区表，在系统中设置一张空闲分区表，用于记录每个空闲分区的情况。每个空闲分区占一个表目，表目中包括分区号、分区大小和分区始址等数据项，如图 4-6 所示。② 空闲分区链。为了实现对空闲分区的分配和链接，在每个分区的起始部分设置一些用于控制分区分配的信息，以及用于链接各分区所用的前向指针，在分区尾部则设置一后向指针。通过前、后向链接指针，可将所有的空闲分区链接成一个双向链，如图 4-7 所示。为了检索方便，在分区尾部重复设置状态位和分区大小表目。当分区被分配出去以后，把状态位由"0"改为"1"，此时，前、后向指针已无意义。

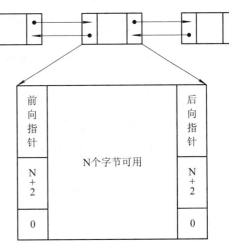

分区号	分区大小(KB)	分区始址(K)	状态
1	50	85	空闲
2	32	155	空闲
3	70	275	空闲
4	60	532	空闲
5	…	…	…

图 4-6　空闲分区表

图 4-7　空闲链结构

2. 动态分区分配算法

为把一个新作业装入内存，须按照一定的分配算法，从空闲分区表或空闲分区链中选出一分区分配给该作业。由于内存分配算法对系统性能有很大的影响，故人们对它进行了较为广泛而深入的研究，于是产生了许多动态分区分配算法。我们将在下一小节先介绍传统的四种分配算法，它们都属于顺序式搜索算法。再下一节，我们将介绍三种较新的索引式搜索算法。

3. 分区分配操作

在动态分区存储管理方式中，主要的操作是分配内存和回收内存。

1) 分配内存

系统应利用某种分配算法，从空闲分区链(表)中找到所需大小的分区。设请求的分区大小为 u.size，表中每个空闲分区的大小可表示为 m.size。若 m.size-u.size≤size(size 是事先规定的不再切割的剩余分区的大小)，说明多余部分太小，可不再切割，将整个分区分配给请求者。否则(即多余部分超过 size)，便从该分区中按请求的大小划分出一块内存空间分配出去，余下的部分仍留在空闲分区链(表)中。然后，将分配区的首址返回给调用者。图 4-8 示出了分配流程。

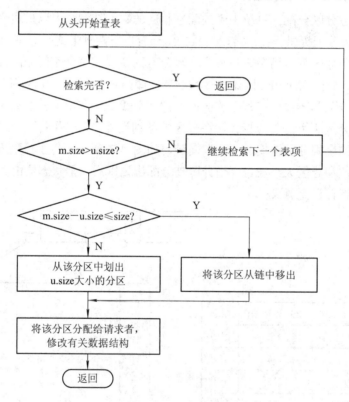

图 4-8　内存分配流程

2) 回收内存

当进程运行完毕释放内存时，系统根据回收区的首址，从空闲区链(表)中找到相应的插入点，此时可能出现以下四种情况之一：

(1) 回收区与插入点的前一个空闲分区 F_1 相邻接，见图 4-9(a)。此时应将回收区与插入点的前一分区合并，不必为回收分区分配新表项，而只需修改其前一分区 F_1 的大小。

(2) 回收分区与插入点的后一空闲分区 F_2 相邻接，见图 4-9(b)。此时也可将两分区合并，形成新的空闲分区，但用回收区的首址作为新空闲区的首址，大小为两者之和。

(3) 回收区同时与插入点的前、后两个分区邻接，见图 4-9(c)。此时将三个分区合并，使用 F_1 的表项和 F_1 的首址，取消 F_2 的表项，大小为三者之和。

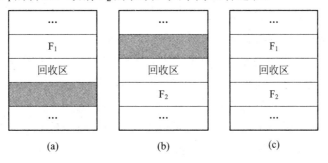

图 4-9　内存回收时的情况

(4) 回收区既不与 F_1 邻接，又不与 F_2 邻接。这时应为回收区单独建立一个新表项，填写回收区的首址和大小，并根据其首址插入到空闲链中的适当位置。图 4-10 示出了内存回收时的流程。

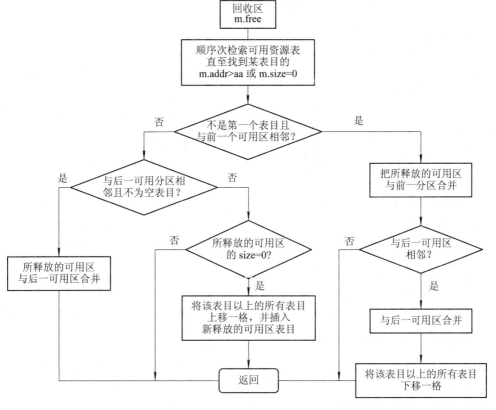

图 4-10　内存回收流程

◂ 4.3.4　基于顺序搜索的动态分区分配算法

为了实现动态分区分配，通常是将系统中的空闲分区链接成一个链。所谓顺序搜索，是指依次搜索空闲分区链上的空闲分区，去寻找一个其大小能满足要求的分区。基于顺序搜索的动态分区分配算法有如下四种：首次适应算法、循环首次适应算法、最佳适应算法和最坏适应算法，下面分别进行介绍。

1. 首次适应(first fit，FF)算法

我们以空闲分区链为例来说明采用 FF 算法时的分配情况。FF 算法要求空闲分区链以地址递增的次序链接。在分配内存时，从链首开始顺序查找，直至找到一个大小能满足要求的空闲分区为止。然后再按照作业的大小，从该分区中划出一块内存空间，分配给请求者，余下的空闲分区仍留在空闲链中。若从链首直至链尾都不能找到一个能满足要求的分区，则表明系统中已没有足够大的内存分配给该进程，内存分配失败，返回。

该算法倾向于优先利用内存中低址部分的空闲分区，从而保留了高址部分的大空闲区。这为以后到达的大作业分配大的内存空间创造了条件。其缺点是低址部分不断被划分，会留下许多难以利用的、很小的空闲分区，称为碎片。而每次查找又都是从低址部分开始的，这无疑又会增加查找可用空闲分区时的开销。

2. 循环首次适应(next fit，NF)算法

为避免低址部分留下许多很小的空闲分区，以及减少查找可用空闲分区的开销，循环首次适应算法在为进程分配内存空间时，不再是每次都从链首开始查找，而是从上次找到的空闲分区的下一个空闲分区开始查找，直至找到一个能满足要求的空闲分区，从中划出一块与请求大小相等的内存空间分配给作业。为实现该算法，应设置一起始查寻指针，用于指示下一次起始查寻的空闲分区，并采用循环查找方式，即如果最后一个(链尾)空闲分区的大小仍不能满足要求，则应返回到第一个空闲分区，比较其大小是否满足要求。找到后，应调整起始查寻指针。该算法能使内存中的空闲分区分布得更均匀，从而减少了查找空闲分区时的开销，但这样会缺乏大的空闲分区。

3. 最佳适应(best fit，BF)算法

所谓"最佳"是指，每次为作业分配内存时，总是把能满足要求、又是最小的空闲分区分配给作业，避免"大材小用"。为了加速寻找，该算法要求将所有的空闲分区按其容量以从小到大的顺序形成一空闲分区链。这样，第一次找到的能满足要求的空闲区必然是最佳的。孤立地看，最佳适应算法似乎是最佳的，然而在宏观上却不一定。因为每次分配后所切割下来的剩余部分总是最小的，这样，在存储器中会留下许多难以利用的碎片。

4. 最坏适应(worst fit，WF)算法

由于最坏适应分配算法选择空闲分区的策略正好与最佳适应算法相反：它在扫描整个空闲分区表或链表时，总是挑选一个最大的空闲区，从中分割一部分存储空间给作业使用，以至于存储器中缺乏大的空闲分区，故把它称为是最坏适应算法。实际上，这样的算法未必是最坏的，它的优点是可使剩下的空闲区不至于太小，产生碎片的可能性最小，对中、小作业有利。同时，最坏适应分配算法查找效率很高，该算法要求，将所有的空闲分区，按其容量以从大到小的顺序形成一空闲分区链，查找时，只要看第一个分区能否满足作业要求即可。

◀ 4.3.5　基于索引搜索的动态分区分配算法

基于顺序搜索的动态分区分配算法，比较适用于不太大的系统。当系统很大时，系统中的内存分区可能会很多，相应的空闲分区链就可能很长，这时采用顺序搜索分区方法可能会很慢。为了提高搜索空闲分区的速度，在大、中型系统中往往会采用基于索引搜索的动态分区分配算法，目前常用的有快速适应算法、伙伴系统和哈希算法。

1. 快速适应(quick fit)算法

该算法又称为分类搜索法，是将空闲分区根据其容量大小进行分类，对于每一类具有相同容量的所有空闲分区，单独设立一个空闲分区链表，这样系统中存在多个空闲分区链表。同时，在内存中设立一张管理索引表，其中的每一个索引表项对应了一种空闲分区类型，并记录了该类型空闲分区链表表头的指针。空闲分区的分类是根据进程常用的空间大小进行划分的，如2KB、4KB、8KB等，对于其它大小的分区，如7KB这样的空闲区，既可以放在8KB的链表中，也可以放在一个特殊的空闲区链表中。

该算法在搜索可分配的空闲分区时分为两步：第一步是根据进程的长度，从索引表中去寻找到能容纳它的最小空闲区链表；第二步是从链表中取下第一块进行分配即可。另外该算法在进行空闲分区分配时，不会对任何分区产生分割，所以能保留大的分区，满足对大空间的需求，也不会产生内存碎片。优点是查找效率高。

该算法的主要缺点在于为了有效合并分区，在分区归还主存时的算法复杂，系统开销较大。此外，该算法在分配空闲分区时，是以进程为单位的，一个分区只属于一个进程，因此在为进程所分配的一个分区中，或多或少地存在一定的浪费。这是典型的以空间换时间的做法。

2. 伙伴系统(buddy system)

该算法规定，无论已分配分区或空闲分区，其大小均为2的k次幂(k为整数，$1 \leqslant k \leqslant m$)。通常$2^m$是整个可分配内存的大小(也就是最大分区的大小)。假设系统的可利用空间容量为2^m个字，则系统开始运行时，整个内存区是一个大小为2^m的空闲分区。在系统运行过程中，由于不断地划分，将会形成若干个不连续的空闲分区，将这些空闲分区按分区的大小进行分类。对于具有相同大小的所有空闲分区，单独设立一个空闲分区双向链表，这样，不同大小的空闲分区形成了k个空闲分区链表。

当需要为进程分配一个长度为n的存储空间时，首先计算一个i值，使$2^{i-1}<n \leqslant 2^i$，然后在空闲分区大小为2^i的空闲分区链表中查找。若找到，即把该空闲分区分配给进程。否则，表明长度为2^i的空闲分区已经耗尽，则在分区大小为2^{i+1}的空闲分区链表中寻找。若存在2^{i+1}的一个空闲分区，则把该空闲分区分为相等的两个分区，这两个分区称为一对伙伴，其中的一个分区用于分配，而把另一个加入分区大小为2^i的空闲分区链表中。若大小为2^{i+1}的空闲分区也不存在，则需要查找大小为2^{i+2}的空闲分区，若找到则也对其进行两次分割：第一次，将其分割为大小为2^{i+1}的两个分区，一个用于分配，一个加入到大小为2^{i+1}的空闲分区链表中；第二次，将第一次用于分配的空闲区分割为2^i的两个分区，一个用于分配，一个加入到大小为2^i的空闲分区链表中。若仍然找不到，则继续查找大小为

2^{i+3} 的空闲分区，以此类推。由此可见，在最坏的情况下，可能需要对 2^k 的空闲分区进行 k 次分割才能得到所需分区。

与一次分配可能要进行多次分割一样，一次回收也可能要进行多次合并，如回收大小为 2^i 的空闲分区时，若事先已存在 2^i 的空闲分区，则应将其与伙伴分区合并为大小为 2^{i+1} 的空闲分区，若事先已存在 2^{i+1} 的空闲分区，又应继续与其伙伴分区合并为大小为 2^{i+2} 的空闲分区，依此类推。

在伙伴系统中，对于一个大小为 2^k，地址为 x 的内存块，其伙伴块的地址则用 $buddy_k(x)$ 表示，其通式为：

$$buddy_k(x) = \begin{cases} x + 2^k \, (若\ x MOD \quad 2^{k+1} = 0) \\ x - 2^k \, (若\ x MOD \quad 2^{k+1} = 2^k) \end{cases}$$

在伙伴系统中，其分配和回收的时间性能取决于查找空闲分区的位置和分割、合并空闲分区所花费的时间。在回收空闲分区时，需要对空闲分区进行合并，所以其时间性能比快速适应算法差，但由于它采用了索引搜索算法，比顺序搜索算法好。而其空间性能，由于对空闲分区进行合并，减少了小的空闲分区，提高了空闲分区的可使用率，故优于快速适应算法，比顺序搜索法略差。

需要指出的是，在当前的操作系统中，普遍采用的是下面将要讲述的基于离散分配方式的分页和分段机制的虚拟内存机制，该机制较伙伴算法更为合理和高效，但在多处理机系统中，伙伴系统仍不失为一种有效的内存分配和释放的方法，目前仍被广泛使用。

3. 哈希算法

在上述的分类搜索算法和伙伴系统算法中，都是将空闲分区根据分区大小进行分类，对于每一类具有相同大小的空闲分区，单独设立一个空闲分区链表。在为进程分配空间时，需要在一张管理索引表中查找到所需空间大小所对应的表项，从中得到对应的空闲分区链表表头指针，从而通过查找得到一个空闲分区。如果对空闲分区分类较细，则相应索引表的表项也就较多，因此会显著地增加搜索索引表的表项的时间开销。

哈希算法就是利用哈希快速查找的优点，以及空闲分区在可利用空闲区表中的分布规律，建立哈希函数，构造一张以空闲分区大小为关键字的哈希表，该表的每一个表项记录了一个对应的空闲分区链表表头指针。

当进行空闲分区分配时，根据所需空闲分区大小，通过哈希函数计算，即得到在哈希表中的位置，从中得到相应的空闲分区链表，实现最佳分配策略。

◄ 4.3.6 动态可重定位分区分配

1. 紧凑

连续分配方式的一个重要特点是，一个系统或用户程序必须被装入一片连续的内存空间中。当一台计算机运行了一段时间后，它的内存空间将会被分割成许多小的分区，而缺乏大的空闲空间。即使这些分散的许多小分区的容量总和大于要装入的程序，但由于这些分区不相邻接，也无法把该程序装入内存。例如，图 4-11(a)中示出了在内存中现有四个互不邻接的小分区，它们的容量分别为 10 KB、30 KB、14 KB 和 26 KB，其总容量是 80 KB。但如果现在有一个作业到达，要求获得 40 KB 的内存空间，由于必须为它分配一个连续空间，故此作业无法装入。这种不能被利用的小分区即是前已提及的"碎片"，或称为"零头"。

图 4-11   紧凑的示意

若想把大作业装入，可采用的一种方法是：将内存中的所有作业进行移动，使它们全都相邻接。这样，即可把原来分散的多个空闲小分区拼接成一个大分区，可将一个作业装入该区。这种通过移动内存中作业的位置，把原来多个分散的小分区拼接成一个大分区的方法，称为"拼接"或"紧凑"，见图 4-11(b)。

虽然"紧凑"能获得大的空闲空间，但也带来了新的问题，即经过紧凑后的用户程序在内存中的位置发生了变化，此时若不对程序和数据的地址加以修改(变换)，则程序必将无法执行。为此，在每次"紧凑"后，都必须对移动了的程序或数据进行重定位。为了提高内存的利用率，系统在运行过程中是经常需要进行"紧凑"的，每"紧凑"一次，就要对移动了的程序或数据的地址进行修改，这不仅是一件相当麻烦的事情，而且还大大地影响到系统的效率。下面要介绍的动态重定位方法将能很好地解决此问题。

2. 动态重定位

在 4.2.1 节中所介绍的动态运行时装入的方式中，作业装入内存后的所有地址仍然都是相对(逻辑)地址。而将相对地址转换为绝对(物理)地址的工作被推迟到程序指令要真正执行时进行。为使地址的转换不会影响到指令的执行速度，必须有硬件地址变换机构的支持，即须在系统中增设一个重定位寄存器，用它来存放程序(数据)在内存中的起始地址。程序在执行时，真正访问的内存地址是相对地址与重定位寄存器中的地址相加而形成的。图 4-12 示出了动态重定位的实现原理。地址变换过程是在程序执行期间，随着对每条指令或数据的访问自动进行的，故称为动态重定位。当系统对内存进行了"紧凑"，而使若干程序从内存的某处移至另一处时，不需对程序做任何修改，只要用该程序在内存的新起始地址去置换原来的起始地址即可。

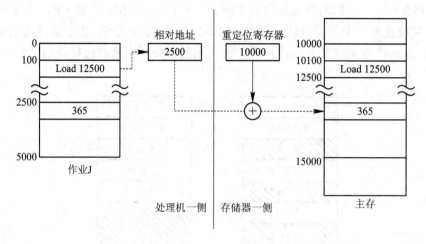

图 4-12　动态重定位示意图

3. 动态重定位分区分配算法

动态重定位分区分配算法与动态分区分配算法基本上相同，差别仅在于：在这种分配算法中，增加了紧凑的功能。通常，当该算法不能找到一个足够大的空闲分区以满足用户需求时，如果所有的小的空闲分区的容量总和大于用户的要求，这时便须对内存进行"紧凑"，将经"紧凑"后所得到的大空闲分区分配给用户。如果所有的小的空闲分区的容量总和仍小于用户的要求，则返回分配失败信息。图 4-13 示出了动态重定位分区分配算法。

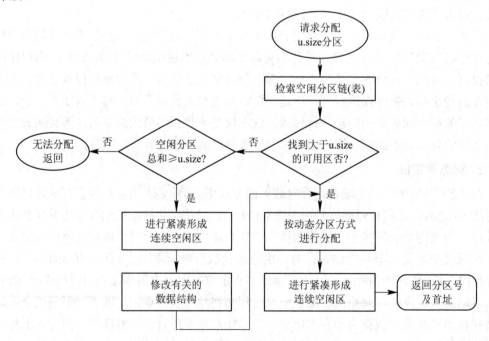

图 4-13　动态分区分配算法流程图

4.4 对换(Swapping)

对换技术也称为交换技术，最早用于麻省理工学院的单用户分时系统 CTSS 中。由于当时计算机的内存都非常小，为了使该系统能分时运行多个用户程序而引入了对换技术。系统把所有的用户作业存放在磁盘上，每次只能调入一个作业进入内存，当该作业的一个时间片用完时，将它调至外存的后备队列上等待，再从后备队列上将另一个作业调入内存。这就是最早出现的分时系统中所用的对换技术。现在已经很少使用。

由上所述可知，要实现内、外存之间的对换，系统中必须有一台 I/O 速度较高的外存，而且其容量也必须足够大，能容纳正在分时运行的所有用户作业，目前最常使用的是大容量磁盘存储器。下面我们主要介绍目前在多道程序环境中广泛使用的对换技术。

◀ 4.4.1 多道程序环境下的对换技术

1. 对换的引入

在多道程序环境下，一方面，在内存中的某些进程由于某事件尚未发生而被阻塞运行，但它却占用了大量的内存空间，甚至有时可能出现在内存中所有进程都被阻塞，而无可运行之进程，迫使 CPU 停止下来等待的情况；另一方面，却又有着许多作业，因内存空间不足，一直驻留在外存上，而不能进入内存运行。显然这对系统资源是一种严重的浪费，且使系统吞吐量下降。为了解决这一问题，在系统中又增设了对换(也称交换)设施。所谓"对换"，是指把内存中暂时不能运行的进程或者暂时不用的程序和数据换出到外存上，以便腾出足够的内存空间，再把已具备运行条件的进程或进程所需要的程序和数据换入内存。对换是改善内存利用率的有效措施，它可以直接提高处理机的利用率和系统的吞吐量。

自从 20 世纪 60 年代初期出现"对换"技术后，便引起了人们的重视。在早期的 UNIX 系统中已引入了对换功能，该功能一直保留至今，各个 UNIX 版本实现对换功能的方法也大体上是一样的，即在系统中设置一个对换进程，由它将内存中暂时不能运行的进程调出到磁盘的对换区；同样也由该进程将磁盘上已具备运行条件的进程调入内存。在 Windows OS 中也具有对换功能。如果一个新进程在装入内存时发现内存不足，可以将已在内存中的老进程调至磁盘，腾出内存空间。由于对换技术的确能有效地改善内存的利用率，故现在已被广泛地应用于 OS 中。

2. 对换的类型

在每次对换时，都是将一定数量的程序或数据换入或换出内存。根据每次对换时所对换的数量，可将对换分为如下两类：

(1) 整体对换。在第三章中介绍处理机调度时已经说明了，处理机中级调度实际上就是存储器的对换功能，其目的是用来解决内存紧张问题，并可进一步提高内存的利用率和系统的吞吐量。由于在中级调度中对换是以整个进程为单位的，故称之为"进程对换"或"整体对换"。这种对换被广泛地应用于多道程序系统中，并作为处理机中级调度。

(2) 页面(分段)对换。如果对换是以进程的一个"页面"或"分段"为单位进行的，则分别称之为"页面对换"或"分段对换"，又统称为"部分对换"。这种对换方法是实现后面要讲到的请求分页和请求分段式存储管理的基础，其目的是为了支持虚拟存储系统。在此，我们只介绍进程对换，而分页或分段对换，将放在虚拟存储器中介绍。为了实现进程对换，系统必须能实现三方面的功能：对对换空间的管理、进程的换出和进程的换入。

◀ 4.4.2　对换空间的管理

1. 对换空间管理的主要目标

在具有对换功能的 OS 中，通常把磁盘空间分为文件区和对换区两部分。

1) 对文件区管理的主要目标

文件区占用磁盘空间的大部分，用于存放各类文件。由于通常的文件都是较长时间地驻留在外存上，对它访问的频率是较低的，故对文件区管理的主要目标是提高文件存储空间的利用率，然后才是提高对文件的访问速度。因此，对文件区空间的管理采取离散分配方式。

2) 对对换空间管理的主要目标

对换空间只占用磁盘空间的小部分，用于存放从内存换出的进程。由于这些进程在对换区中驻留的时间是短暂的，而对换操作的频率却较高，故对对换空间管理的主要目标，是提高进程换入和换出的速度，然后才是提高文件存储空间的利用率。为此，对对换区空间的管理采取连续分配方式，较少考虑外存中的碎片问题。

2. 对换区空闲盘块管理中的数据结构

为了实现对对换区中的空闲盘块的管理，在系统中应配置相应的数据结构，用于记录外存对换区中的空闲盘块的使用情况。其数据结构的形式与内存在动态分区分配方式中所用数据结构相似，即同样可以用空闲分区表或空闲分区链。在空闲分区表的每个表目中，应包含两项：对换区的首址及其大小，分别用盘块号和盘块数表示。

3. 对换空间的分配与回收

由于对换分区的分配采用的是连续分配方式，因而对换空间的分配与回收与动态分区方式时的内存分配与回收方法雷同。其分配算法可以是首次适应算法、循环首次适应算法或最佳适应算法等。具体的分配操作也与图 4-8 中内存的分配过程相同。对换区的回收操作可分为四种情况：

(1) 回收分区与插入点的前一个空闲分区 F_1 相邻接；

(2) 回收分区与插入点的后一个空闲分区 F_2 相邻接；

(3) 回收分区同时与插入点的前、后两个分区邻接；

(4) 回收分区既不与 F_1 邻接，又不与 F_2 邻接。

对上述这几种情况的处理方法也与动态分区方式相同，故在这里不再赘述。

◀ 4.4.3　进程的换出与换入

当内核因执行某操作而发现内存不足时，例如，当一进程由于创建子进程而需要更多的内存空间，但又无足够的内存空间等情况发生时，便调用(或换醒)对换进程，它的主要任务是实现进程的换出和换入。

1. 进程的换出

对换进程在实现进程换出时，是将内存中的某些进程调出至对换区，以便腾出内存空间。换出过程可分为以下两步：

(1) 选择被换出的进程。对换进程在选择被换出的进程时，将检查所有驻留在内存中的进程，首先选择处于阻塞状态或睡眠状态的进程，当有多个这样的进程时，应当选择优先级最低的进程作为换出进程。在有的系统中，为了防止低优先级进程在被调入内存后很快又被换出，还需考虑进程在内存的驻留时间。如果系统中已无阻塞进程，而现在的内存空间仍不足以满足需要，便选择优先级最低的就绪进程换出。

(2) 进程换出过程。应当注意，在选择换出进程后，在对进程换出时，只能换出非共享的程序和数据段，而对于那些共享的程序和数据段，只要还有进程需要它，就不能被换出。在进行换出时，应先申请对换空间，若申请成功，就启动磁盘，将该进程的程序和数据传送到磁盘的对换区上。若传送过程未出现错误，便可回收该进程所占用的内存空间，并对该进程的进程控制块和内存分配表等数据结构做相应的修改。若此时内存中还有可换出的进程，则继续执行换出过程，直到内存中再无阻塞进程为止。

2. 进程的换入

对换进程将定时执行换入操作，它首先查看 PCB 集合中所有进程的状态，从中找出"就绪"状态但已换出的进程。当有许多这样的进程时，它将选择其中已换出到磁盘上时间最久(必须大于规定时间，如 2s)的进程作为换入进程，为它申请内存。如果申请成功，可直接将进程从外存调入内存；如果失败，则需先将内存中的某些进程换出，腾出足够的内存空间后，再将进程调入。

在对换进程成功地换入一个进程后，若还有可换入的进程，则再继续执行换入换出过程，将其余处于"就绪且换出"状态的进程陆续换入，直到外存中再无"就绪且换出"状态的进程为止，或者已无足够的内存来换入进程，此时对换进程才停止换入。

由于要交换一个进程需要很多的时间，因此，对于提高处理机的利用率而言，它并不是一个非常有效的解决方法。目前用得较多的对换方案是，在处理机正常运行时，并不启动对换程序。但如果发现有许多进程在运行时经常发生缺页且显现出内存紧张的情况，才启动对换程序，将一部分进程调至外存。如果发现所有进程的缺页率都已明显减少，而系统的吞吐量已下降时，则可暂停运行对换程序。

◢ 4.5　分页存储管理方式

连续分配方式会形成许多"碎片"，虽然可通过"紧凑"方法将许多碎片拼接成可用的大块空间，但须为之付出很大开销。如果允许将一个进程直接分散地装入到许多不相邻接的分区中，便可充分地利用内存空间，而无须再进行"紧凑"。基于这一思想而产生了离散分配方式。根据在离散分配时所分配地址空间的基本单位的不同，又可将离散分配分为以下三种：

(1) 分页存储管理方式。在该方式中，将用户程序的地址空间分为若干个固定大小的区域，称为"页"或"页面"。典型的页面大小为 1 KB。相应地，也将内存空间分为若干个物理块或页框(frame)，页和块的大小相同。这样可将用户程序的任一页放入任一物理块中，实现了离散分配。

(2) 分段存储管理方式。这是为了满足用户要求而形成的一种存储管理方式。它把用户程序的地址空间分为若干个大小不同的段，每段可定义一组相对完整的信息。在存储器分配时，以段为单位，这些段在内存中可以不相邻接，所以也同样实现了离散分配。

(3) 段页式存储管理方式。这是分页和分段两种存储管理方式相结合的产物。它同时具有两者的优点，是目前应用较广泛的一种存储管理方式。

◀ 4.5.1 分页存储管理的基本方法

1. 页面和物理块

(1) 页面。分页存储管理将进程的逻辑地址空间分成若干个页，并为各页加以编号，从 0 开始，如第 0 页、第 1 页等。相应地，也把内存的物理地址空间分成若干个块，同样也为它们加以编号，如 0#块、1#块等等。在为进程分配内存时，以块为单位，将进程中的若干个页分别装入到多个可以不相邻接的物理块中。由于进程的最后一页经常装不满一块，而形成了不可利用的碎片，称之为"页内碎片"。

(2) 页面大小。在分页系统中，若选择过小的页面大小，虽然一方面可以减小内存碎片，起到减少内存碎片总空间的作用，有利于内存利用率的提高，但另一方面却会造成每个进程占用较多的页面，从而导致进程的页表过长，占用大量内存。此外，还会降低页面换进换出的效率。然而，如果选择的页面过大，虽然可以减少页表的长度，提高页面换进换出的速度，但却又会使页内碎片增大。因此，页面的大小应选择适中，且页面大小应是 2 的幂，通常为 1 KB～8 KB。

2. 地址结构

分页地址中的地址结构如下：

31	12 11	0
页号 P	位移量 W	

它包含两部分内容：前一部分为页号 P，后一部分为位(偏)移量 W，即页内地址。图中的地址长度为 32 位，其中 0～11 位为页内地址，即每页的大小为 4 KB；12～31 位为页号，地址空间最多允许有 1M 页。

对某特定机器，其地址结构是一定的。若给定一个逻辑地址空间中的地址为 A，页面的大小为 L，则页号 P 和页内地址 d 可按下式求得：

$$P = INT\left[\frac{A}{L}\right], \qquad d = [A]\ MOD\ L$$

其中，INT 是整除函数，MOD 是取余函数。例如，其系统的页面大小为 1 KB，设 A＝2170B，则由上式可以求得 P＝2，d＝122。

3. 页表

在分页系统中，允许将进程的各个页离散地存储在内存的任一物理块中，为保证进程仍然能够正确地运行，即能在内存中找到每个页面所对应的物理块，系统又为每个进程建立了一张页面映像表，简称页表。在进程地址空间内的所有页(0～n)，依次在页表中有一页表项，其中记录了相应页在内存中对应的物理块号，见图 4-14 的中间部分。在配置了页表后，进程执行时，通过查找该表，即可找到每页在内存中的物理块号。可见，页表的作用是实现从页号到物理块号的地址映射。

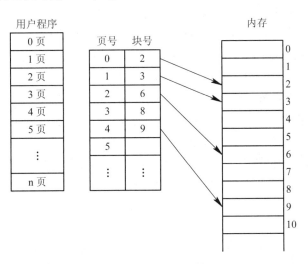

图 4-14　页表的作用

即使在简单的分页系统中，也常在页表的表项中设置一存取控制字段，用于对该存储块中的内容加以保护。当存取控制字段仅有一位时，可用来规定该存储块中的内容是允许读/写还是只读；若存取控制字段为二位，则可规定为读/写、只读和只执行等存取方式。如果有一进程试图去写一个只允许读的存储块时，将引起操作系统的一次中断。如果要利用分页系统去实现虚拟存储器，则还须增设一个数据项。我们将在本章后面做详细介绍。

◄ 4.5.2　地址变换机构

为了能将用户地址空间中的逻辑地址转换为内存空间中的物理地址，在系统中必须设置地址变换机构。该机构的基本任务是实现从逻辑地址到物理地址的转换。由于页内地址和物理地址是一一对应的(例如，对于页面大小是 1 KB 的页内地址是 0～1023，其相应的物理块内的地址也是 0～1023，无需再进行转换)，因此，地址变换机构的任务实际上只是将逻辑地址中的页号转换为内存中的物理块号。又因为页面映射表的作用就是用于实现从页号到物理块号的变换,因此,地址变换任务是借助于页表来完成的。

1. 基本的地址变换机构

进程在运行期间,需要对程序和数据的地址进行变换,即将用户地址空间中的逻辑地址变换为内存空间中的物理地址,由于它执行的频率非常高,每条指令的地址都需要进行变换,因此需要采用硬件来实现。页表功能是由一组专门的寄存器来实现的。一个页表项用一个寄存器。由于寄存器具有较高的访问速度,因而有利于提高地址变换的速度;但由于寄存器成本较高,且大多数现代计算机的页表又可能很大,使页表项的总数可达几千甚至几十万个,显然这些页表项不可能都用寄存器来实现。因此,页表大多驻留在内存中。在系统中只设置一个页表寄存器 PTR(Page-Table Register),在其中存放页表在内存的始址和页表的长度。平时,进程未执行时,页表的始址和页表长度存放在本进程的 PCB 中。当调度程序调度到某进程时,才将这两个数据装入页表寄存器中。因此,在单处理机环境下,虽然系统中可以运行多个进程,但只需一个页表寄存器。

当进程要访问某个逻辑地址中的数据时,分页地址变换机构会自动地将有效地址(相对地址)分为页号和页内地址两部分,再以页号为索引去检索页表。查找操作由硬件执行。在执行检索之前,先将页号与页表长度进行比较,如果页号大于或等于页表长度,则表示本次所访问的地址已超越进程的地址空间。于是,这一错误将被系统发现,并产生一地址越界中断。若未出现越界错误,则将页表始址与页号和页表项长度的乘积相加,便得到该表项在页表中的位置,于是可从中得到该页的物理块号,将之装入物理地址寄存器中。与此同时,再将有效地址寄存器中的页内地址送入物理地址寄存器的块内地址字段中。这样便完成了从逻辑地址到物理地址的变换。图 4-15 示出了分页系统的地址变换机构。

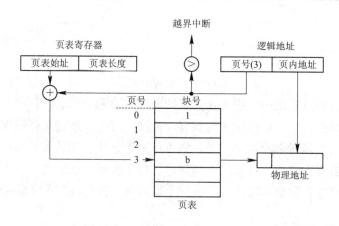

图 4-15　分页系统的地址变换机构

2. 具有快表的地址变换机构

由于页表是存放在内存中的,这使 CPU 在每存取一个数据时,都要两次访问内存。第一次是访问内存中的页表,从中找到指定页的物理块号,再将块号与页内偏移量 W 拼接,以形成物理地址。第二次访问内存时,才是从第一次所得地址中获得所需数据(或向此地址中写入数据)。因此,采用这种方式将使计算机的处理速度降低近 1/2。可见,以此高昂代价来换取存储器空间利用率的提高，是得不偿失的。

为了提高地址变换速度，可在地址变换机构中增设一个具有并行查寻能力的特殊高速缓冲寄存器，又称为"联想寄存器"(Associative Memory)，或称为"快表"，在 IBM 系统中又取名为 TLB(Translation Look aside Buffer)，用以存放当前访问的那些页表项。此时的地址变换过程是：在 CPU 给出有效地址后，由地址变换机构自动地将页号 P 送入高速缓冲寄存器，并将此页号与高速缓存中的所有页号进行比较，若其中有与此相匹配的页号，便表示所要访问的页表项在快表中。于是，可直接从快表中读出该页所对应的物理块号，并送到物理地址寄存器中。如在快表中未找到对应的页表项，则还须再访问内存中的页表，找到后，把从页表项中读出的物理块号送往地址寄存器；同时，再将此页表项存入快表的一个寄存器单元中，亦即，重新修改快表。但如果联想寄存器已满，则 OS 必须找到一个老的且已被认为是不再需要的页表项，将它换出。图 4-16 示出了具有快表的地址变换机构。

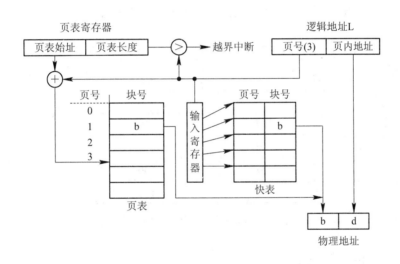

图 4-16　具有快表的地址变换机构

由于成本的关系，快表不可能做得很大，通常只存放 16～512 个页表项，这对中、小型作业来说，已有可能把全部页表项放在快表中；但对于大型作业而言，则只能将其一部分页表项放入其中。由于对程序和数据的访问往往带有局限性，因此，据统计，从快表中能找到所需页表项的概率可达 90% 以上。这样，由于增加了地址变换机构而造成的速度损失可减少到 10% 以下，达到了可接受的程度。

◣ 4.5.3　访问内存的有效时间

从进程发出指定逻辑地址的访问请求，经过地址变换，到在内存中找到对应的实际物理地址单元并取出数据，所需要花费的总时间，称为内存的有效访问时间(Effective Access Time，EAT)。假设访问一次内存的时间为 t，在基本分页存储管理方式中，有效访问时间分为第一次访问内存时间(即查找页表对应的页表项所耗费的时间 t)与第二次访问内存时间(即将页表项中的物理块号与负内地址拼接成实际物理地址所耗费的时间 t)之和：

$$EAT = t + t = 2t$$

在引入快表的分页存储管理方式中，通过快表查询，可以直接得到逻辑页所对应的物理块号，由此拼接形成实际物理地址，减少了一次内存访问，缩短了进程访问内存的有效时间。但是，由于快表的容量限制，不可能将一个进程的整个页表全部装入快表，所以在快表中查找到所需表项存在着命中率的问题。所谓命中率，是指使用快表并在其中成功查找到所需页面的表项的比率。这样，在引入快表的分页存储管理方式中，有效访问时间的计算公式即为：

$$EAT = a \times \lambda + (t + \lambda)(1 - a) + t = 2t + \lambda - t \times a$$

上式中，λ 表示查找快表所需要的时间，a 表示命中率，t 表示访问一次内存所需要的时间。

可见，引入快表后的内存有效访问时间分为查找到逻辑页对应的页表项的平均时间 $a \times \lambda + (t + \lambda)(1 - a)$，以及对应实际物理地址的内存访问时间 t。假设对快表的访问时间 λ 为 20ns(纳秒)，对内存的访问时间 t 为 100ns，则下表中列出了不同的命中率 a 与有效访问时间的关系：

命中率（%） a	有效访问时间 EAT
0	220
50	170
80	140
90	130
98	122

正是由于引入了快表，CPU 访问数据所耗费的时间明显减少。

4.5.4 两级和多级页表

现代的大多数计算机系统都支持非常大的逻辑地址空间(2^{32} B～2^{64} B)。在这样的环境下，页表就变得非常大，要占用相当大的内存空间。例如，对于一个具有 32 位逻辑地址空间的分页系统，规定页面大小为 4KB 即 2^{12}B，则在每个进程页表中的页表项数可达 1MB 之多。又因为每个页表项占用一个字节，故每个进程仅仅其页表就要占用 1MB 的内存空间，而且还要求是连续的。显然这是不现实的，我们可以采用这样两个方法来解决这一问题：① 对于页表所需的内存空间，可采用离散分配方式，以解决难以找到一块连续的大内存空间的问题；② 只将当前需要的部分页表项调入内存，其余的页表项仍驻留在磁盘上，需要时再调入。

1. 两级页表(Two-Level Page Table)

针对难于找到大的连续的内存空间来存放页表的问题，可利用将页表进行分页的方法，使每个页面的大小与内存物理块的大小相同，并为它们进行编号，即依次为 0#页、1#页，…，n#页，然后离散地将各个页面分别存放在不同的物理块中。同样，也要为离散分配的页表再建立一张页表，称为外层页表(Outer Page Table)，在每个页表项中记录了页表页面的物理块号。下面我们仍以前面的 32 位逻辑地址空间为例来说明。当页面大小为 4 KB 时(12 位)，若采用一级页表结构，应具有 20 位的页号，即页表项应有 1M 个；在采用两级页表结构时，再对页表进行分页，使每页中包含 2^{10} (即 1024)个页表项，最多允许有 2^{10} 个页表分页；或者说，外层页表中的外层页内地址 P_2 为 10 位，外层页号 P_1 也为 10 位。此时的逻辑地址结构如图 4-17 所示。

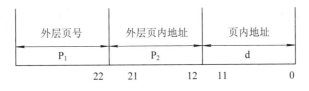

图 4-17　两级页表结构

由图可以看出，在页表的每个表项中，存放的是进程的某页在内存中的物理块号，如 0# 页存放在 1# 物理块中，1# 页存放在 4# 物理块中。而在外层页表的每个页表项中所存放的是某页表分页的首址，如 0# 页表存放在 1011# 物理块中。我们可以利用外层页表和页表这两级页表来实现进程从逻辑地址到内存中物理地址的变换。

为了方便实现地址变换，在地址变换机构中，同样需要增设一个外层页表寄存器，用于存放外层页表的始址，并利用逻辑地址中的外层页号作为外层页表的索引，从中找到指定页表分页的始址，再利用 P_2 作为指定页表分页的索引，找到指定的页表项，其中即含有该页在内存的物理块号，用该块号 P 和页内地址 d 即可构成访问的内存物理地址。图 4-18 示出了两级页表时的地址变换机构。

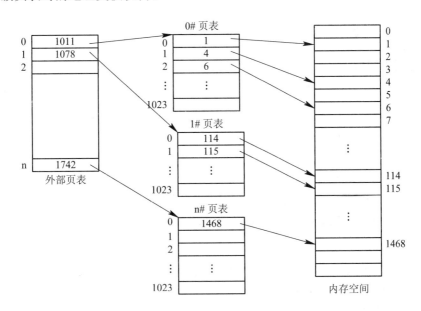

图 4-18　具有两级页表的地址变换机构

上述对页表施行离散分配的方法，虽然解决了对于大页表无需大片连续存储空间的问题，但并未解决用较少的内存空间去存放大页表的问题。换言之，只用离散分配空间的办法并未减少页表所占用的内存空间。能够用较少的内存空间存放页表的唯一方法是，仅把当前需要的一批页表项调入内存，以后再根据需要陆续调入。在采用两级页表结构的情况下，对于正在运行的进程，必须将其外层页表调入内存，而对于页表则只需调入一页或几页。为了表征某页的页表是否已经调入内存，还应在外层页表项中增设一个状态位 S，其值若为 0，表示该页表分页不在内存中，否则说明其分页已调入内存。进程运行时，地址变换机构根据逻辑地址中的 P_1 去查找外层页表；若所找到的页表项中的状态位为 0，则产生一个中断信号，请求 OS 将该页表分页调入内存。关于请求调页的详细情况，将在虚拟存储器一章中介绍。

2. 多级页表

对于 32 位的机器，采用两级页表结构是合适的，但对于 64 位的机器，采用两级页表是否仍然合适，须做以下简单分析。如果页面大小仍采用 4 KB 即 2^{12} B，那么还剩下 52 位，假定仍按物理块的大小(2^{12} 位)来划分页表，则将余下的 42 位用于外层页号。此时在外层页表中可能有 4096 G 个页表项，要占用 16 384 GB 的连续内存空间。这样的结果显然是不能令人接受的。因此，必须采用多级页表，将外层页表再进行分页，也就是将各分页离散地装入到不相邻接的物理块中，再利用第 2 级的外层页表来映射它们之间的关系。

对于 64 位的计算机，如果要求它能支持 2^{64}(=1 844 744 TB)规模的物理存储空间，则即使是采用三级页表结构也是难以办到的，而在当前的实际应用中也无此必要。故在近两年推出的 64 位 OS 中，把可直接寻址的存储器空间减少为 45 位长度(即 2^{45})左右，这样便可利用三级页表结构来实现分页存储管理。

◄ 4.5.5　反置页表(Inverted Page Table)

1. 反置页表的引入

在分页系统中，为每个进程配置了一张页表，进程逻辑地址空间中的每一页，在页表中都对应有一个页表项。在现代计算机系统中，通常允许一个进程的逻辑地址空间非常大，因此就需要有许多的页表项，而因此也会占用大量的内存空间。为了减少页表占用的内存空间，引入了反置页表。一般页表的页表项是按页号进行排序的，页表项中的内容是物理块号。而反置页表则是为每一个物理块设置一个页表项，并将它们按物理块的编号排序，其中的内容则是页号和其所隶属进程的标识符。在 IBM 公司推出的许多系统中都采用了反置页表，如 AS/400、IBM RISC System 和 IBM RT 等系统。

2. 地址变换

在利用反置页表进行地址变换时，是根据进程标识符和页号，去检索反置页表。如果检索到与之匹配的页表项，则该页表项(中)的序号 i 便是该页所在的物理块号，可用该块号与页内地址一起构成物理地址送内存地址寄存器。若检索了整个反置页表仍未找到匹配的页表项，则表明此页尚未装入内存。对于不具有请求调页功能的存储器管理系统，此时则表示地址出错。对于具有请求调页功能的存储器管理系统，此时应产生请求调页中断，系统将把此页调入内存。

虽然反置页表可有效地减少页表占用的内存，例如，对于一个具有 64 MB 的机器，如果页面大小为 4 KB，那么反置页表只占用 64 KB 内存。然而在该表中只包含了已经调入内存的页面，并未包含尚未调入内存的页面。因此，还必须为每个进程建立一个外部页表 (External Page Table)。该页表与传统的页表一样，当所访问的页面在内存时，并不需要访问外部页表，仅当发现所需之页面不在内存时，才使用它。在页表中包含了各个页在外存的物理位置，通过它可将所需之页面调入内存。

由于在反置页表中是为每一个物理块设置一个页表项，当内存容量很大时，页表项的数目还是会非常大的。要利用进程标识符和页号去检索这样大的一张线性表是相当费时的。于是可利用 Hash 算法来进行检索，这样可以很快地找到在反置页表中的相应页表项。不过在采用 Hash 算法时，可能会出现所谓的"地址冲突"，即有多个逻辑地址被映射到同一个 Hash 表项上，必须妥善解决这一问题。我们将在文件系统中作进一步的介绍。

4.6 分段存储管理方式

存储管理方式随着 OS 的发展也在不断地发展。当 OS 由单道向多道发展时，存储管理方式便由单一连续分配发展为固定分区分配。为了能更好地适应不同大小的用户程序要求，存储管理方式又从固定分区分配，发展到动态分区分配。为了能更好地提高内存的利用率，进而又从连续分配方式发展到离散分配方式——分页存储管理方式。如果说，推动上述发展的主要动力都是直接或间接地出于提高内存利用率的目的，那么，引入分段存储管理方式的目的，则主要是为了满足用户(程序员)在编程和使用上多方面的要求，其中有些要求是其它几种存储管理方式所难以满足的。因此，这种存储管理方式已成为当今所有存储管理方式的基础，许多高级语言和 C 语言的编译程序也都支持分段存储管理方式。

4.6.1 分段存储管理方式的引入

为什么要引入分段存储管理方式，可从下面两个方面说明：一方面是由于通常的程序都可分为若干个段，如主程序段、子程序段 A、子程序段 B、…、数据段以及栈段等，每个段大多是一个相对独立的逻辑单位；另一方面，实现和满足信息共享、信息保护、动态链接以及信息的动态增长等需要，也都是以段为基本单位的。更具体地说，分段存储管理方式更符合用户和程序员如下多方面的需要。

1. 方便编程

通常，用户把自己的作业按照逻辑关系划分为若干个段，每个段都从 0 开始编址，并有自己的名字和长度。因此，程序员们都迫切地需要访问的逻辑地址是由段名(段号)和段内偏移量(段内地址)决定的，这不仅可以方便程序员编程，也可使程序非常直观，更具可读性。例如，下述的两条指令便使用段名和段内地址：

> LOAD 1，[A]|〈D〉；
> STORE 1，[B]|〈C〉；

其中，前一条指令的含义是，将分段 A 中 D 单元内的值读入寄存器 1；后一条指令的含义是，将寄存器 1 的内容存入 B 分段的 C 单元中。

2. 信息共享

在实现对程序和数据的共享时，是以信息的逻辑单位为基础的。比如，为了共享某个过程、函数或文件。分页系统中的"页"只是存放信息的物理单位(块)，并无完整的逻辑意义，这样，一个可被共享的过程往往可能需要占用数十个页面，这为实现共享增加了困难。如前所述，段可以是信息的逻辑单位，因此，我们可以为该被共享过程建立一个独立的段，这就极大地简化了共享的实现。为了实现段的共享，存储管理应能与用户程序分段的组织方式相适应，有关段共享的具体实现方法将在下一节中介绍。

3. 信息保护

信息保护同样是以信息的逻辑单位为基础的，而且经常是以一个过程、函数或文件为基本单位进行保护的。例如，我们希望函数 A 仅允许进程执行，而不允许读，更不允许写，那么，我们只须在包含了函数 A 的这个段上标上只执行标志即可。但是在分页系统中，函数 A 可能要占用若干个页面，而且其中的第一个和最后一个页面还会装有其它程序段的数据，它们可能有着不同的保护属性，如可以允许进程读写，这样就很难对这些页面实施统一的保护，因此，分段管理方式能更有效和方便地实现对信息的保护功能。

4. 动态增长

在实际应用中，往往存在着一些段，尤其是数据段，在它们的使用过程中，由于数据量的不断增加，而使数据段动态增长，相应地它所需要的存储空间也会动态增加。然而，对于数据段究竟会增长到多大，事先又很难确切地知道。对此，很难采取预先多分配的方法进行解决。前述的其它几种存储管理方式都难以应付这种动态增长的情况，而分段存储管理方式却能较好地解决这一问题。

5. 动态链接

在 4.2.2 节中我们已对运行时动态链接做了介绍。为了提高内存的利用率，系统只将真正要运行的目标程序装入内存，也就是说，动态链接在作业运行之前，并不是把所有的目标程序段都链接起来。当程序要运行时，首先将主程序和它立即需要用到的目标程序装入内存，即启动运行。而在程序运行过程中，当需要调用某个目标程序时，才将该段(目标程序)调入内存并进行链接。可见，动态链接要求的是以目标程序(即段)作为链接的基本单位，因此，分段存储管理方式非常适合于动态链接。

◀ 4.6.2　分段系统的基本原理

1. 分段

在分段存储管理方式中，作业的地址空间被划分为若干个段，每个段定义了一组逻辑信息。例如，有主程序段 MAIN、子程序段 X、数据段 D 及栈段 S 等，如图 4-19 所示。每个段都有自己的名字。为了实现简单起见，通常可用一个段号来代替段名，每个段都从 0

开始编址，并采用一段连续的地址空间。段的长度由相应的逻辑信息组的长度决定，因此各段的长度并不相等。整个作业的地址空间由于被分成多个段，所以呈现出二维特性，亦即，每个段既包含了一部分地址空间，又标识了逻辑关系。其逻辑地址由段号(段名)和段内地址所组成。

分段地址中的地址具有如下结构：

段号	段内地址
31　　　　　　16	15　　　　　　0

在该地址结构中，允许一个作业最长有 64 K 个段，每个段的最大长度为 64 KB。

分段方式已得到许多编译程序的支持，编译程序能自动地根据源程序的情况产生若干个段。例如，Pascal 编译程序可以为全局变量、用于存储相应参数及返回地址的过程调用栈、每个过程或函数的代码部分、每个过程或函数的局部变量等，分别建立各自的段。类似地，Fortran 编译程序可以为公共块(Common block)建立单独的段，也可以为数组分配一个单独的段。装入程序将装入所有这些段，并为每个段赋予一个段号。

2. 段表

在前面所介绍的动态分区分配方式中，系统为整个进程分配一个连续的内存空间。而在分段式存储管理系统中，则是为每个分段分配一个连续的分区。进程中的各个段，可以离散地装入内存中不同的分区中。为保证程序能正常运行，就必须能从物理内存中找出每个逻辑段所对应的位置。为此，在系统中，类似于分页系统，需为每个进程建立一张段映射表，简称"段表"。每个段在表中占有一个表项，其中记录了该段在内存中的起始地址(又称为"基址")和段的长度，如图 4-19 所示。段表可以存放在一组寄存器中，以利于提高地址转换速度。但更常见的方法是将段表放在内存中。在配置了段表后，执行中的进程可通过查找段表，找到每个段所对应的内存区。可见，段表是用于实现从逻辑段到物理内存区的映射的。

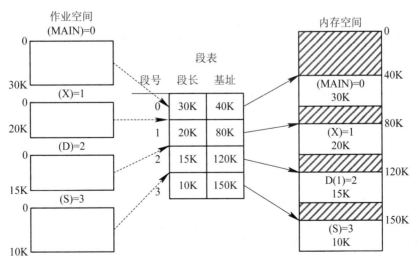

图 4-19　利用段表实现地址映射

3. 地址变换机构

为了实现进程从逻辑地址到物理地址的变换功能，在系统中设置了段表寄存器，用于存放段表始址和段表长度 TL。在进行地址变换时，系统将逻辑地址中的段号与段表长度 TL 进行比较。若 S>TL，表示段号太大，是访问越界，于是产生越界中断信号。若未越界，则根据段表的始址和该段的段号，计算出该段对应段表项的位置，从中读出该段在内存的起始地址。然后，再检查段内地址 d 是否超过该段的段长 SL。若超过，即 d>SL，同样发出越界中断信号。若未越界，则将该段的基址 d 与段内地址相加，即可得到要访问的内存物理地址。图 4-20 示出了分段系统的地址变换过程。

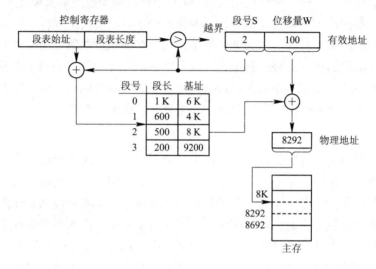

图 4-20　分段系统的地址变换过程

像分页系统一样，当段表放在内存中时，每要访问一个数据，都须访问两次内存，从而成倍地降低了计算机的速率。解决的方法和分页系统类似，也增设一个联想存储器，用于保存最近常用的段表项。一般情况下，由于是段比页大，因而段表项的数目比页表项的数目少，其所需的联想存储器也相对较小，所以可以显著地减少存取数据的时间，与没有地址变换的常规存储器相比而言，其存取速度约慢 10%～15%。

4. 分页和分段的主要区别

由上所述不难看出，分页和分段系统有许多相似之处。比如，两者都采用离散分配方式，且都是通过地址映射机构实现地址变换。但在概念上两者完全不同，主要表现在下述三个方面：

(1) 页是信息的物理单位。采用分页存储管理方式是为实现离散分配方式，以消减内存的外零头，提高内存的利用率。或者说，分页仅仅只是系统管理上的需要，完全是系统的行为，对用户是不可见的。分段存储管理方式中的段则是信息的逻辑单位，它通常包含的是一组意义相对完整的信息。分段的目的主要在于能更好地满足用户的需要。

(2) 页的大小固定且由系统决定。在采用分页存储管理方式的系统中，在硬件结构上，就把用户程序的逻辑地址划分为页号和页内地址两部分，也就是说是直接由硬件实现的，因而在每个系统中只能有一种大小的页面。而段的长度却不固定，决定于用户所编写的程序，通常由编译程序在对源程序进行编译时，根据信息的性质来划分。

(3) 分页的用户程序地址空间是一维的。分页完全是系统的行为，故在分页系统中，用户程序的地址是属于单一的线性地址空间，程序员只需利用一个记忆符即可表示一个地址。而分段是用户的行为，故在分段系统中，用户程序的地址空间是二维的，程序员在标识一个地址时，既需给出段名，又需给出段内地址。

◄ 4.6.3 信息共享

分段系统的一个突出优点，是易于实现段的共享，即允许若干个进程共享一个或多个分段，且对段的保护也十分简单易行。

1. 分页系统中对程序和数据的共享

在分页系统中，虽然也能实现对程序和数据的共享，但远不如分段系统来得方便。我们通过一个例子来说明这个问题。例如，有一个多用户系统，可同时接纳 40 个用户，他们都执行一个文本编辑程序(Text Editor)。如果文本编辑程序有 160 KB 的代码和另外 40 KB 的数据区，则总共需有 8 MB 的内存空间来支持 40 个用户。如果 160 KB 的代码是可重入的(Reentrant)，则无论是在分页系统还是在分段系统中，该代码都能被共享，在内存中只需保留一份文本编辑程序的副本，此时所需的内存空间仅为 1760 KB($40×40+160$)，而不是 8000 KB。假定每个页面的大小为 4 KB，那么，160 KB 的代码将占用 40 个页面，数据区占 10 个页面。为实现代码的共享，应在每个进程的页表中都建立 40 个页表项，它们的物理块号都是 21#～60#。在每个进程的页表中，还须为自己的数据区建立页表项，它们的物理块号分别是 61#～70#、71#～80#、81#～90#、…，等等。图 4-21 是分页系统中共享 editor 的示意图。

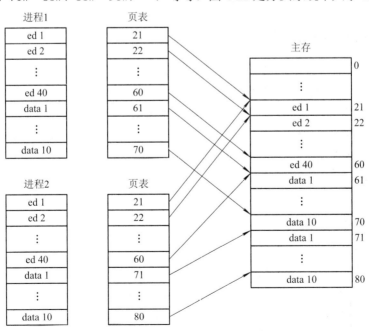

图 4-21 分页系统中共享 editor 的示意图

2. 分段系统中程序和数据的共享

在分段系统中，由于是以段为基本单位的，不管该段有多大，我们都只需为该段设置一个段表项，因此使实现共享变得非常容易。我们仍以共享 editor 为例，此时只需在(每个)进程 1 和进程 2 的段表中，为文本编辑程序设置一个段表项，让段表项中的基址(80)指向 editor 程序在内存的起始地址。图 4-22 是分段系统中共享 editor 的示意图。

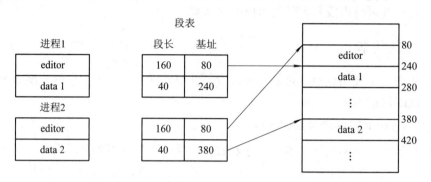

图 4-22　分段系统中共享 editor 的示意图

可重入代码(Reentrant Code)又称为"纯代码"(Pure Code)，是一种允许多个进程同时访问的代码。为使各个进程所执行的代码完全相同，绝对不允许可重入代码在执行中有任何改变。因此，可重入代码是一种不允许任何进程对它进行修改的代码。但事实上，大多数代码在执行时都可能有些改变，例如，用于控制程序执行次数的变量以及指针、信号量及数组等。为此，在每个进程中，都必须配以局部数据区，把在执行中可能改变的部分拷贝到该数据区，这样，程序在执行时，只需对该数据区(属于该进程私有)中的内容进行修改，并不去改变共享的代码，这时的可共享代码即成为可重入代码。

◀ 4.6.4　段页式存储管理方式

分页系统以页面作为内存分配的基本单位，能有效地提高内存利用率，而分段系统以段作为内存分配的基本单位，它能够更好地满足用户多方面的需要。如果能对两种存储管理方式"各取所长"，则可形成一种新的存储器管理方式——段页式存储管理方式。这种新的系统既具有分段系统的便于实现、分段可共享、易于保护、可动态链接等一系列优点，又能像分页系统那样，很好地解决内存的外部碎片问题。

1. 基本原理

段页式系统的基本原理是分段和分页原理的结合，即先将用户程序分成若干个段，再把每个段分成若干个页，并为每一个段赋予一个段名。图 4-23(a)示出了一个作业地址空间的结构。该作业有三个段：主程序段、子程序段和数据段；页面大小为 4 KB。在段页式系统中，其地址结构由段号、段内页号及页内地址三部分所组成，如图 4-23(b)所示。

在段页式系统中，为了实现从逻辑地址到物理地址的变换，系统中需要同时配置段表和页表。段表的内容与分段系统略有不同，它不再是内存始址和段长，而是页表始址和页表长度。图 4-24 示出了利用段表和页表进行从用户地址空间到物理(内存)空间的映射。

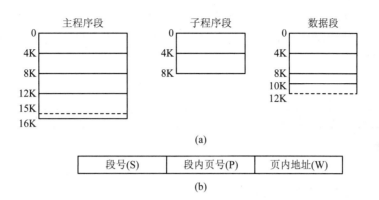

(a)

段号(S)	段内页号(P)	页内地址(W)

(b)

图 4-23 作业地址空间和地址结构

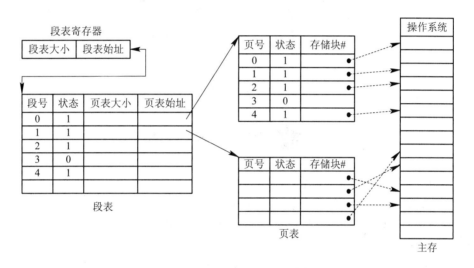

图 4-24 利用段表和页表实现地址映射

2. 地址变换过程

在段页式系统中，为了便于实现地址变换，须配置一个段表寄存器，其中存放段表始址和段长 TL。进行地址变换时，首先利用段号 S，将它与段长 TL 进行比较。若 S<TL，表示未越界，于是利用段表始址和段号来求出该段所对应的段表项在段表中的位置，从中得到该段的页表始址，并利用逻辑地址中的段内页号 P 来获得对应页的页表项位置，从中读出该页所在的物理块号 b，再利用块号 b 和页内地址来构成物理地址。图 4-25 示出了段页式系统中的地址变换机构。

在段页式系统中，为了获得一条指令或数据，须三次访问内存。第一次访问是访问内存中的段表，从中取得页表始址；第二次访问是访问内存中的页表，从中取出该页所在的物理块号，并将该块号与页内地址一起形成指令或数据的物理地址；第三次访问才是真正从第二次访问所得的地址中取出指令或数据。

显然，这使访问内存的次数增加了近两倍。为了提高执行速度，在地址变换机构中增设一个高速缓冲寄存器。每次访问它时，都须同时利用段号和页号去检索高速缓存，若找到匹配的表项，便可从中得到相应页的物理块号，用来与页内地址一起形成物理地址；若未找到匹配表项，则仍需第三次访问内存。由于它的基本原理与分页及分段的情况相似，故在此不再赘述。

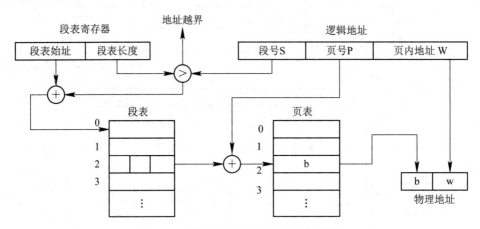

图 4-25　段页式系统中的地址变换机构

 习　　题 ▶▶▶▶

1. 为什么要配置层次式存储器？

2. 可采用哪几种方式将程序装入内存？它们分别适用于何种场合？

3. 何谓静态链接？静态链接时需要解决两个什么问题？

4. 何谓装入时动态链接？装入时动态链接方式有何优点？

5. 何谓运行时动态链接？运行时动态链接方式有何优点？

6. 在动态分区分配方式中，应如何将各空闲分区链接成空闲分区链？

7. 为什么要引入动态重定位？如何实现？

8. 什么是基于顺序搜索的动态分区分配算法？它可分为哪几种？

9. 在采用首次适应算法回收内存时，可能出现哪几种情况？应怎样处理这些情况？

10. 什么是基于索引搜索的动态分区分配算法？它可分为哪几种？

11. 令 $buddy_k(x)$ 为大小为 2^k、地址为 x 的块的伙伴系统地址，试写出 $buddy_k(x)$ 的通用表达式。

12. 分区存储管理中常用哪些分配策略？比较它们的优缺点。

13. 为什么要引入对换？对换可分为哪几种类型？

14. 对文件区管理的目标和对对换空间管理的目标有何不同？

15. 为实现对换，系统应具备哪几方面的功能？

16. 在以进程为单位进行对换时，每次是否都将整个进程换出？为什么？

17. 基于离散分配时所用的基本单位不同，可将离散分配分为哪几种？

18. 什么是页面？什么是物理块？页面的大小应如何确定？

19. 什么是页表？页表的作用是什么？

20. 为实现分页存储管理，需要哪些硬件支持？

21. 在分页系统中是如何实现地址变换的？

22. 具有快表时是如何实现地址变换的？

23. 较详细地说明引入分段存储管理是为了满足用户哪几方面的需要。

24. 在具有快表的段页式存储管理方式中，如何实现地址变换？

25. 为什么说分段系统比分页系统更易于实现信息的共享和保护？

26. 分页和分段存储管理有何区别？

27. 试全面比较连续分配和离散分配方式。

计算机操作系统

第五章 ◇◇◇◇◇

〖虚拟存储器〗

虚拟存储器作为现代操作系统中存储器管理的一项重要技术，实现了内存扩充功能。但该功能并非是从物理上实际地扩大内存的容量，而是从逻辑上实现对内存容量的扩充，让用户所感觉到的内存容量比实际内存容量大得多。于是便可以让比内存空间更大的程序运行，或者让更多的用户程序并发运行。这样既满足了用户的需要，又改善了系统的性能。本章将对虚拟存储的有关概念和技术做较详细的阐述。

5.1 虚拟存储器概述

第四章所介绍的各种存储器管理方式有一个共同的特点，即它们都要求将一个作业全部装入内存后方能运行。于是，出现了下面这样两种情况：

(1) 有的作业很大，其所要求的内存空间超过了内存总容量，作业不能全部被装入内存，致使该作业无法运行；

(2) 有大量作业要求运行，但由于内存容量不足以容纳所有这些作业，只能将少数作业装入内存让它们先运行，而将其它大量的作业留在外存上等待。

出现上述两种情况的原因都是由于内存容量不够大。一个显而易见的解决方法是从物理上增加内存容量，但这往往会受到机器自身的限制，而且无疑要增加系统成本，因此这种方法是受到一定限制的。另一种方法是从逻辑上扩充内存容量，这正是虚拟存储技术所要解决的主要问题。

5.1.1 常规存储管理方式的特征和局部性原理

1. 常规存储器管理方式的特征

我们把前一章中所介绍的各种存储器管理方式统称为传统存储器管理方式，它们全都具有如下两个共同的特征：

(1) 一次性，是指作业必须一次性地全部装入内存后方能开始运行。在传统存储器管理方式中，无一例外地要求先将作业全部装入内存后方能运行。正是这一特征导致了大作业无法在小内存中运行，以及无法进一步提高系统的多道程序度，直接限制了对处理机的利用率和系统的吞吐量的提高。事实上，许多作业在运行时，并非需要用到全部程序和数据，如果一次性地装入其全部程序和数据，显然也是对内存空间的一种浪费。

(2) 驻留性，是指作业被装入内存后，整个作业都一直驻留在内存中，其中任何部分都不会被换出，直至作业运行结束。尽管运行中的进程会因 I/O 等原因而被阻塞，可能处于长期等待状态，或者有的程序模块在运行过一次后就不再需要(运行)了，它们都仍将驻留在内存中，继续占用宝贵的内存资源。

由此可以看出，上述的一次性及驻留性特征使得许多在程序运行中不用或暂时不用的程序(数据)占据了大量的内存空间，而一些需要运行的作业又无法装入运行，显然，这是在浪费宝贵的内存资源。现在要研究的问题是：一次性及驻留性特征是否是程序在运行时所必需的和不可改变的。

2. 局部性原理

程序运行时存在的局部性现象，很早就已被人发现，但直到 1968 年，P.Denning 才真正指出：程序在执行时将呈现出局部性规律，即在一较短的时间内，程序的执行仅局限于某个部分，相应地，它所访问的存储空间也局限于某个区域。他提出了下述几个论点：

(1) 程序执行时，除了少部分的转移和过程调用指令外，在大多数情况下是顺序执行的。该论点也在后来许多学者对高级程序设计语言(如 FORTRAN 语言、PASCAL 语言及 C 语言)规律的研究中被证实。

(2) 过程调用将会使程序的执行轨迹由一部分区域转至另一部分区域。但经研究看出，过程调用的深度在大多数情况下都不超过 5。这就是说，程序将会在一段时间内，都局限在这些过程的范围内运行。

(3) 程序中存在许多循环结构，这些结构虽然只由少数指令构成，但是它们将被多次执行。

(4) 程序中还包括许多对数据结构的处理，如对数组进行操作，这些处理往往都局限于很小的范围内。

局限性又表现在下述两个方面：

(1) 时间局限性。如果程序中的某条指令被执行，则不久以后该指令可能再次执行；如果某数据被访问过，则不久以后该数据可能再次被访问。产生时间局限性的典型原因是在程序中存在着大量的循环操作。

(2) 空间局限性。一旦程序访问了某个存储单元，在不久之后，其附近的存储单元也将被访问，即程序在一段时间内所访问的地址可能集中在一定的范围之内，其典型情况便是程序的顺序执行。

3. 虚拟存储器的基本工作情况

基于局部性原理可知，应用程序在运行之前没有必要将之全部装入内存，而仅须将那些当前要运行的少数页面或段先装入内存便可运行，其余部分暂留在盘上。程序在运行时，如果它所要访问的页(段)已调入内存，便可继续执行下去；但如果程序所要访问的页(段)尚未调入内存(称为缺页或缺段)，便发出缺页(段)中断请求，此时 OS 将利用请求调页(段)功能将它们调入内存，以使进程能继续执行下去。如果此时内存已满，无法再装入新的页

(段)，OS 还须再利用页(段)的置换功能，将内存中暂时不用的页(段)调至盘上，腾出足够的内存空间后，再将要访问的页(段)调入内存，使程序继续执行下去。这样，便可使一个大的用户程序在较小的内存空间中运行，也可在内存中同时装入更多的进程，使它们并发执行。

5.1.2 虚拟存储器的定义和特征

1. 虚拟存储器的定义

当用户看到自己的程序能在系统中正常运行时，他会认为，该系统所具有的内存容量一定比自己的程序大，或者说，用户所感觉到的内存容量会比实际内存容量大得多。但用户所看到的大容量只是一种错觉，是虚的，故人们把这样的存储器称为虚拟存储器。

综上所述，所谓虚拟存储器，是指具有请求调入功能和置换功能，能从逻辑上对内存容量加以扩充的一种存储器系统。其逻辑容量由内存容量和外存容量之和所决定，其运行速度接近于内存速度，而每位的成本却又接近于外存。可见，虚拟存储技术是一种性能非常优越的存储器管理技术，故被广泛地应用于大、中、小型机器和微型机中。

2. 虚拟存储器的特征

与传统的存储器管理方式比较，虚拟存储器具有以下三个重要特征：

(1) 多次性。多次性是相对于传统存储器管理方式的一次性而言的，是指一个作业中的程序和数据无需在作业运行时一次性地全部装入内存，而是允许被分成多次调入内存运行，即只需将当前要运行的那部分程序和数据装入内存即可开始运行。以后每当要运行到尚未调入的那部分程序时，再将它调入。正是由于虚拟存储器的多次性特征，才使它具有从逻辑上扩大内存的功能。无疑，多次性是虚拟存储器最重要的特征，它是任何其它的存储管理方式所不具有的。因此，我们也可以认为虚拟存储器是具有多次性特征的存储器管理系统。

(2) 对换性。对换性是相对于传统存储器管理方式的常驻性而言的，是指一个作业中的程序和数据，无须在作业运行时一直常驻内存，而是允许在作业的运行过程中进行换进、换出，亦即，在进程运行期间，允许将那些暂不使用的代码和数据从内存调至外存的对换区(换出)，待以后需要时再将它们从外存调至内存(换进)。甚至还允许将暂时不运行的进程调至外存，待它们重又具备运行条件时再调入内存。换进和换出能有效地提高内存利用率。可见，虚拟存储器具有对换性特征，也正是由于这一特征，才使得虚拟存储器得以正常运行。试想，如果虚拟存储器不具有换出功能，即不能把那些在存储器中暂时不运行的进程或页面(段)换至外存，不仅不能充分地利用内存，而且还会使在换入时，因无足够的内存空间，而经常以失败告终。

(3) 虚拟性。虚拟性是指能够从逻辑上扩充内存容量，使用户所看到的内存容量远大于实际内存容量。这样，就可以在小的内存中运行大的作业，或者能提高多道程序度。它不仅能有效地改善内存的利用率，还可提高程序执行的并发程度，从而可以增加系统的吞吐量。这是虚拟存储器所表现出来的最重要的特征，也是实现虚拟存储器的最重要的目标。正是由于它具有这一特征，才使得虚拟存储器目前已成为在大、中、小及微机上最广泛采用的存储器管理方式。

值得说明的是，虚拟性是以多次性和对换性为基础的，或者说，仅当系统允许将作业分多次调入内存，并能将内存中暂时不运行的程序和数据换至盘上时，才有可能实现虚拟存储器；而多次性和对换性显然又必须建立在离散分配的基础上。

◄ 5.1.3 虚拟存储器的实现方法

在虚拟存储器中，允许将一个作业分多次调入内存。如果采用连续分配方式时，要求必须将作业装入一个连续的内存区域中，则必须事先为作业一次性地申请一个足以容纳整个作业的内存空间，以便能将该作业分先后地多次装入内存。这不仅会使相当一部分内存空间都处于暂时或"永久"的空闲状态，造成内存资源的严重浪费，而且无法、也无意义再从逻辑上扩大内存容量。所以，虚拟存储器的实现，都毫无例外地建立在离散分配存储管理方式的基础上。目前，所有的虚拟存储器都是采用下述方式之一实现的。

1. 分页请求系统

分页请求系统是在分页系统的基础上增加了请求调页功能和页面置换功能所形成的页式虚拟存储系统。它允许用户程序只装入少数页面的程序(及数据)即可启动运行。以后，再通过调页功能及页面置换功能陆续地把即将运行的页面调入内存，同时把暂不运行的页面换出到外存上。置换时以页面为单位。为了能实现请求调页和页面置换功能，系统必须提供必要的硬件支持和实现请求分页的软件。

1) 硬件支持

主要的硬件支持有：

(1) 请求分页的页表机制。它是在纯分页的页表机制上增加若干项而形成的，作为请求分页的数据结构。

(2) 缺页中断机构。每当用户程序要访问的页面尚未调入内存时，便产生一缺页中断，以请求 OS 将所缺的页调入内存。

(3) 地址变换机构。它同样是在纯分页地址变换机构的基础上发展形成的。

2) 实现请求分页的软件

这里包括有用于实现请求调页的软件和实现页面置换的软件。它们在硬件的支持下，将程序正在运行时所需的页面(尚未在内存中的)调入内存，再将内存中暂时不用的页面从内存置换到磁盘上。

2. 请求分段系统

请求分段系统是在分段系统的基础上，增加了请求调段及分段置换功能后所形成的段式虚拟存储系统。它允许用户程序只要装入少数段(而非所有的段)的程序和数据即可启动运行。以后通过调段功能和段的置换功能将暂不运行的段调出，再调入即将运行的段。置换是以段为单位进行的。为了实现请求分段，系统同样需要必要的硬件和软件支持。

1) 硬件支持

主要的硬件支持有：

(1) 请求分段的段表机制。它是在纯分段的段表机制上增加若干项而形成的，作为请求分段的数据结构。

(2) 缺段中断机构。每当用户程序要访问的段尚未调入内存时，便产生一缺段中断，以请求 OS 将所缺的段调入内存。

(3) 地址变换机构。它同样是在纯分段地址变换机构的基础上发展形成的。

2) 软件支持

这里包括有用于实现请求调段的软件和实现段置换的软件。它们在硬件的支持下，先将内存中暂时不用的段从内存置换到磁盘上，再将程序正在运行时所需的段(尚未在内存中的)调入内存。虚拟存储器在实现上是具有一定难度的。相对于请求分段系统，因为请求分页系统换进和换出的基本单位都是固定大小的页面，所以在实现上要容易些。而请求分段系统换进换出的基本单位是段，其长度是可变的，分段的分配类似于动态分区方式，它在内存分配和回收上都比较复杂。

目前，有不少虚拟存储器是建立在段页式系统基础上的，通过增加请求调页和页面置换功能形成了段页式虚拟存储器系统，而且把实现虚拟存储器所需支持的硬件集成在处理器芯片上。例如，早在 20 世纪 80 年代中期，Intel 80386 处理器芯片便已具备了支持段页式虚拟存储器的功能，以后推出的 80486、80586 以及 P2、P3、P4 等芯片中，都无一例外地具有支持段页式虚拟存储器的功能。

5.2 请求分页存储管理方式

请求分页系统是建立在基本分页基础上的，为了能支持虚拟存储器功能，而增加了请求调页功能和页面置换功能。相应地，每次调入和换出的基本单位都是长度固定的页面，这使得请求分页系统在实现上要比请求分段系统简单(后者在换进和换出时是可变长度的段)。因此，请求分页便成为目前最常用的一种实现虚拟存储器的方式。

5.2.1 请求分页中的硬件支持

为了实现请求分页，系统必须提供一定的硬件支持。计算机系统除了要求一定容量的内存和外存外，还需要有请求页表机制、缺页中断机构以及地址变换机构。

1. 请求页表机制

在请求分页系统中需要的主要数据结构是请求页表，其基本作用仍然是将用户地址空间中的逻辑地址映射为内存空间中的物理地址。为了满足页面换进换出的需要，在请求页表中又增加了四个字段。这样，在请求分页系统中的每个页表应含以下诸项：

页号	物理块号	状态位 P	访问字段 A	修改位 M	外存地址

现对其中各字段说明如下：

(1) 状态位(存在位)P：由于在请求分页系统中，只将应用程序的一部分调入内存，还有一部分仍在外存磁盘上，故须在页表中增加一个存在位字段。由于该字段仅有一位，故又称位字。它用于指示该页是否已调入内存，供程序访问时参考。

(2) 访问字段 A：用于记录本页在一段时间内被访问的次数，或记录本页最近已有多长时间未被访问，提供给置换算法(程序)在选择换出页面时参考。

(3) 修改位 M：标识该页在调入内存后是否被修改过。由于内存中的每一页都在外存上保留一份副本，因此，在置换该页时，若未被修改，就不需再将该页写回到外存上，以减少系统的开销和启动磁盘的次数；若已被修改，则必须将该页重写到外存上，以保证外存中所保留的副本始终是最新的。简而言之，M 位供置换页面时参考。

(4) 外存地址：用于指出该页在外存上的地址，通常是物理块号，供调入该页时参考。

2. 缺页中断机构

在请求分页系统中，每当所要访问的页面不在内存时，便产生一缺页中断，请求 OS 将所缺之页调入内存。缺页中断作为中断，它们同样需要经历诸如保护 CPU 环境、分析中断原因、转入缺页中断处理程序进行处理，以及在中断处理完成后再恢复 CPU 环境等几个步骤。但缺页中断又是一种特殊的中断，它与一般的中断相比有着明显的区别，主要表现在下面两个方面：

(1) 在指令执行期间产生和处理中断信号。通常，CPU 都是在一条指令执行完后，才检查是否有中断请求到达。若有，便去响应，否则，继续执行下一条指令。然而，缺页中断是在指令执行期间，若发现所要访问的指令或数据不在内存时，便立即产生和处理缺页中断信号，以便能及时将所缺之页面调入内存。

(2) 一条指令在执行期间可能产生多次缺页中断。在图 5-1 中示出了一个例子。如在执行一条指令 copy A to B 时，可能要产生 6 次缺页中断，其中指令本身跨了两个页面，A 和 B 又分别各是一个数据块，也都跨了两个页面。基于这些特征，系统中的硬件机构应能保存多次中断时的状态，并保证最后能返回到中断前产生缺页中断的指令处继续执行。

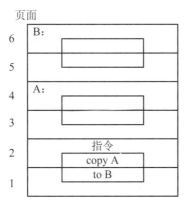

图 5-1　涉及 6 次缺页中断的指令

3. 地址变换机构

请求分页系统中的地址变换机构是在分页系统地址变换机构的基础上，为实现虚拟存储器，再增加了某些功能所形成的，如产生和处理缺页中断，以及从内存中换出一页的功能等等。图 5-2 示出了请求分页系统中的地址变换过程。

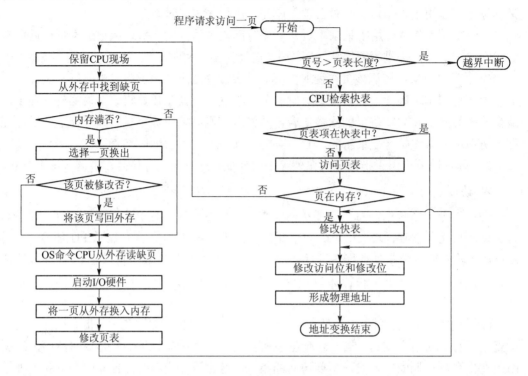

图 5-2　请求分页中的地址变换过程

在进行地址变换时，首先检索快表，试图从中找出所要访问的页。若找到，便修改页表项中的访问位，供置换算法选换出页面时参考。对于写指令，还须将修改位置成"1"，表示该页在调入内存后已被修改。然后利用页表项中给出的物理块号和页内地址形成物理地址。地址变换过程到此结束。

如果在快表中未找到该页的页表项，则应到内存中去查找页表，再从找到的页表项中的状态位 P 来了解该页是否已调入内存。若该页已调入内存，这时应将该页的页表项写入快表。当快表已满时，则应先调出按某种算法所确定的页的页表项，然后再写入该页的页表项；若该页尚未调入内存，这时应产生缺页中断，请求 OS 从外存把该页调入内存。

5.2.2　请求分页中的内存分配

在为进程分配内存时，将涉及到三个问题：第一，为保证进程能正常运行，所需要的最小物理块数的确定；第二，在为每个进程分配物理块时，应采取什么样的分配策略，即所分配的物理块是固定的，还是可变的；第三，为不同进程所分配的物理块数，是采取平均分配算法，还是根据进程的大小按比例分配。

1. 最小物理块数的确定

一个显而易见的事实是，随着为每个进程所分配的物理块的减少，将使进程在执行中的缺页率上升，从而会降低进程的执行速度。为使进程能有效地工作，应为它分配一定数目的物理块，但这并不是最小物理块数的概念。

最小物理块数是指能保证进程正常运行所需的最小物理块数，当系统为进程分配的物理块数少于此值时，进程将无法运行。至于进程应获得的最少物理块数，与计算机的硬件结构有关，取决于指令的格式、功能和寻址方式。对于某些简单的机器，若是单地址指令，且采用直接寻址方式，则所需的最少物理块数为 2。其中，一块是用于存放指令的页面，另一块则是用于存放数据的页面。如果该机器允许间接寻址，则至少要求有三个物理块。对于某些功能较强的机器，其指令长度可能是两个或多于两个字节，因而其指令本身有可能跨两个页面，且源地址和目标地址所涉及的区域也都可能跨两个页面。正如前面所介绍的在缺页中断机构中要发生 6 次中断的情况一样，对于这种机器，至少要为每个进程分配 6 个物理块，以装入 6 个页面。

2. 内存分配策略

在请求分页系统中，可采取两种内存分配策略，即固定和可变分配策略。在进行置换时，也可采取两种策略，即全局置换和局部置换。于是可组合出以下三种适用的策略。

1) 固定分配局部置换(Fixed Allocation，Local Replacement)

所谓固定分配，是指为每个进程分配一组固定数目的物理块，在进程运行期间不再改变。所谓局部置换，是指如果进程在运行中发现缺页，则只能从分配给该进程的 n 个页面中选出一页换出，然后再调入一页，以保证分配给该进程的内存空间不变。采用该策略时，为每个进程分配多少物理块是根据进程类型(交互型或批处理型等)或根据程序员、程序管理员的建议来确定的。实现这种策略的困难在于：应为每个进程分配多少个物理块难以确定。若太少，会频繁地出现缺页中断，降低了系统的吞吐量。若太多，又必然使内存中驻留的进程数目减少，进而可能造成 CPU 空闲或其它资源空闲的情况，而且在实现进程对换时，会花费更多的时间。

2) 可变分配全局置换(Variable Allocation，Global Replacement)

所谓可变分配，是指先为每个进程分配一定数目的物理块，在进程运行期间，可根据情况做适当的增加或减少。所谓全局置换，是指如果进程在运行中发现缺页，则将 OS 所保留的空闲物理块(一般组织为一个空闲物理块队列)取出一块分配给该进程，或者以所有进程的全部物理块为标的，选择一块换出，然后将所缺之页调入。这样，分配给该进程的内存空间就随之增加。可变分配全局置换这可能是最易于实现的一种物理块分配和置换策略，已用于若干个 OS 中。在采用这种策略时，凡产生缺页(中断)的进程，都将获得新的物理块，仅当空闲物理块队列中的物理块用完时，OS 才能从内存中选择一页调出。被选择调出的页可能是系统中任何一个进程中的页，因此这个被选中的进程拥有的物理块会减少，这将导致其缺页率增加。

3) 可变分配局部置换(Variable Allocation，Local Replacement)

该策略同样是基于进程的类型或根据程序员的要求，为每个进程分配一定数目的物理块，但当某进程发现缺页时，只允许从该进程在内存的页面中选择一页换出，这样就不会影响其它进程的运行。如果进程在运行中频繁地发生缺页中断，则系统须再为该进程分配若干附加的物理块，直至该进程的缺页率减少到适当程度为止。反之，若一个进程在运行过程中的缺页率特别低，则此时可适当减少分配给该进程的物理块数，但不应引起其缺页率的明显增加。

3. 物理块分配算法

在采用固定分配策略时，如何将系统中可供分配的所有物理块分配给各个进程，可采用下述几种算法：

(1) 平均分配算法，即将系统中所有可供分配的物理块平均分配给各个进程。例如，当系统中有 100 个物理块，有 5 个进程在运行时，每个进程可分得 20 个物理块。这种方式貌似公平，但由于未考虑到各进程本身的大小，会造成实际上的不公平。假设系统平均分配给每个进程 20 个物理块，这样，一个进程只有 10 页，闲置了 10 个物理块，而另外一个进程有 200 页，也仅被分配了 20 块，显然，后者必然会有很高的缺页率。

(2) 按比例分配算法，即根据进程的大小按比例分配物理块。如果系统中共有 n 个进程，每个进程的页面数为 S_i，则系统中各进程页面数的总和为：

$$S = \sum_{i=1}^{n} S_i$$

又假定系统中可用的物理块总数为 m，则每个进程所能分到的物理块数为 b_i 可由下式计算：

$$b_i = \frac{S_i}{S} \times m$$

这里，b_i 应该取整，它必须大于最小物理块数。

(3) 考虑优先权的分配算法。在实际应用中，为了照顾到重要的、紧迫的作业能尽快地完成，应为它分配较多的内存空间。通常采取的方法是把内存中可供分配的所有物理块分成两部分：一部分按比例地分配给各进程；另一部分则根据各进程的优先权进行分配，为高优先进程适当地增加其相应份额。在有的系统中，如重要的实时控制系统，则可能是完全按优先权为各进程分配其物理块的。

◄ 5.2.3 页面调入策略

为使进程能够正常运行，必须事先将要执行的那部分程序和数据所在的页面调入内存。现在的问题是：

(1) 系统应在何时调入所需页面；

(2) 系统应从何处调入这些页面；

(3) 是如何进行调入的。

1. 何时调入页面

为了确定系统将进程运行时所缺的页面调入内存的时机，可采取预调页策略或请求调页策略，现分述如下。

(1) 预调页策略。如果进程的许多页是存放在外存的一个连续区域中，一次调入若干个相邻的页会比一次调入一页更高效些。但如果调入的一批页面中的大多数都未被访问，则又是低效的。于是便考虑采用一种以预测为基础的预调页策略，将那些预计在不久之后便会被访问的页面预先调入内存。如果预测较准确，那么这种策略显然是很有吸引力的。但遗憾的是，目前预调页的成功率仅约 50%。

但预调页策略又因其特有的长处取得了很好的效果。首先可用于在第一次将进程调入内存时，此时可将程序员指出的那些页先调入内存。其次是，在采用工作集的系统中，每个进程都具有一张表，表中记录有运行时的工作集，每当程序被调度运行时，将工作集中的所有页调入内存。关于工作集的概念将在 5.4 节中介绍。

(2) 请求调页策略。当进程在运行中需要访问某部分程序和数据时，若发现其所在的页面不在内存，便立即提出请求，由 OS 将其所需页面调入内存。由请求调页策略所确定调入的页是一定会被访问的，再加之请求调页策略比较易于实现，故在目前的虚拟存储器中，大多采用此策略。但这种策略每次仅调入一页，故须花费较大的系统开销，增加了磁盘 I/O 的启动频率。

2. 从何处调入页面

将请求分页系统中的外存分为两部分：用于存放文件的文件区和用于存放对换页面的对换区。通常，由于对换区是采用连续分配方式，而文件区是采用离散分配方式，所以对换区的数据存取(磁盘 I/O)速度比文件区的高。这样，每当发生缺页请求时，系统应从何处将缺页调入内存，可分成如下三种情况进行：

(1) 系统拥有足够的对换区空间，这时可以全部从对换区调入所需页面，以提高调页速度。为此，在进程运行前，便须将与该进程有关的文件从文件区拷贝到对换区。

(2) 系统缺少足够的对换区空间，这时凡是不会被修改的文件，都直接从文件区调入；而当换出这些页面时，由于它们未被修改，则不必再将它们重写到磁盘(换出)，以后再调入时，仍从文件区直接调入。但对于那些可能被修改的部分，在将它们换出时便须调到对换区，以后需要时再从对换区调入。

(3) UNIX 方式。由于与进程有关的文件都放在文件区，故凡是未运行过的页面，都应从文件区调入。而对于曾经运行过但又被换出的页面，由于是被放在对换区，因此在下次调入时应从对换区调入。由于 UNIX 系统允许页面共享，因此，某进程所请求的页面有可能已被其它进程调入内存，此时也就无需再从对换区调入。

3. 页面调入过程

每当程序所要访问的页面未在内存时(存在位为"0")，便向 CPU 发出一缺页中断，中断处理程序首先保留 CPU 环境，分析中断原因后转入缺页中断处理程序。该程序通过查找页表得到该页在外存的物理块后，如果此时内存能容纳新页，则启动磁盘 I/O，将所缺之页调入内存，然后修改页表。如果内存已满，则须先按照某种置换算法，从内存中选出一页准备换出；如果该页未被修改过(修改位为"0")，可不必将该页写回磁盘；但如果此页已被修改(修改位为"1")，则必须将它写回磁盘，然后再把所缺的页调入内存，并修改页表中的相应表项，置其存在位为"1"，并将此页表项写入快表中。在缺页调入内存后，利用修改后的页表形成所要访问数据的物理地址，再去访问内存数据。整个页面的调入过程对用户是透明的。

4. 缺页率

假设一个进程的逻辑空间为 n 页，系统为其分配的内存物理块数为 m(m≤n)。如果在进程的运行过程中，访问页面成功(即所访问页面在内存中)的次数为 S，访问页面失败(即所访问页面不在内存中，需要从外存调入)的次数为 F，则该进程总的页面访问次数为 A = S + F，那么该进程在其运行过程中的缺页率即为

$$f = \frac{F}{A}$$

通常，缺页率受到以下几个因素的影响：

(1) 页面大小。页面划分较大，则缺页率较低；反之，缺页率较高。

(2) 进程所分配物理块的数目。所分配的物理块数目越多，缺页率越低；反之则越高。

(3) 页面置换算法。算法的优劣决定了进程执行过程中缺页中断的次数，因此缺页率是衡量页面置换算法的重要指标。

(4) 程序固有特性。程序本身的编制方法对缺页中断次数有影响，根据程序执行的局部性原理，程序编制的局部化程度越高，相应执行时的缺页程度越低。

事实上，在缺页中断处理时，当由于空间不足，需要置换部分页面到外存时，选择被置换页面还需要考虑到置换的代价，如页面是否被修改过。没有修改过的页面可以直接放弃，而修改过的页面则必须进行保存，所以处理这两种情况时的时间也是不同的。假设被置换的页面被修改的概率是 β，其缺页中断处理时间为 t_a，被置换页面没有被修改的缺页中断时间为 t_b，那么，缺页中断处理时间的计算公式为

$$t = \beta \times t_a + (1 - \beta) \times t_b$$

5.3 页面置换算法

在进程运行过程中，若其所要访问的页面不在内存，而需把它们调入内存，但内存已无空闲空间时，为了保证该进程能正常运行，系统必须从内存中调出一页程序或数据送到磁盘的对换区中。但应将哪个页面调出，须根据一定的算法来确定。通常，把选择换出页面的算法称为页面置换算法(Page-Replacement Algorithms)。置换算法的好坏将直接影响到系统的性能。

不适当的算法可能会导致进程发生"抖动"(Thrashing)，即刚被换出的页很快又要被访问，需要将它重新调入，此时又需要再选一页调出；而此刚被调出的页很快又被访问，又需将它调入，如此频繁地更换页面，以致一个进程在运行中把大部分时间都花费在页面置换工作上，我们称该进程发生了"抖动"。

一个好的页面置换算法应具有较低的页面更换频率。从理论上讲，应将那些以后不再会访问的页面换出，或把那些在较长时间内不会再访问的页面调出。目前已有多种置换算

法，它们都试图更接近于理论上的目标。下面介绍几种常用的置换算法。

5.3.1 最佳置换算法和先进先出置换算法

目前有许多页面置换算法，相比而言，下面将介绍的是两种比较极端的算法。最佳置换算法是一种理想化的算法，它具有最好的性能，但实际上是无法实现的。通常使用最佳置换算法作为标准，来评价其它算法的优劣。先进先出置换算法是最直观的算法，由于与通常页面的使用规律不符，可能是性能最差的算法，故实际应用极少。

1. 最佳(Optimal)置换算法

最佳置换算法是由 Belady 于 1966 年提出的一种理论上的算法。其所选择的被淘汰页面将是以后永不使用的，或许是在最长(未来)时间内不再被访问的页面。采用最佳置换算法通常可保证获得最低的缺页率。但由于人们目前还无法预知，一个进程在内存的若干个页面中，哪一个页面是未来最长时间内不再被访问的，因而该算法是无法实现的，但可以利用该算法去评价其它算法。现举例说明如下。

假定系统为某进程分配了三个物理块，并考虑有以下的页面号引用串：

7, 0, 1, 2, 0, 3, 0, 4, 2, 3, 0, 3, 2, 1, 2, 0, 1, 7, 0, 1

进程运行时，先将 7，0，1 三个页面装入内存。以后，当进程要访问页面 2 时，将会产生缺页中断。此时 OS 根据最佳置换算法将选择页面 7 予以淘汰。这是因为页面 0 将作为第 5 个被访问的页面，页面 1 是第 14 个被访问的页面，而页面 7 则要在第 18 次页面访问时才需调入。下次访问页面 0 时，因它已在内存而不必产生缺页中断。当进程访问页面 3 时，又将引起页面 1 被淘汰；因为，它在现有的 1，2，0 三个页面中，将是以后最晚才被访问的。图 5-3 示出了采用最佳置换算法时的置换图。由图可看出，采用最佳置换算法发生了 6 次页面置换。

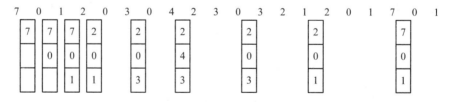

图 5-3　利用最佳页面置换算法时的置换图

2. 先进先出(FIFO)页面置换算法

FIFO 算法是最早出现的置换算法。该算法总是淘汰最先进入内存的页面，即选择在内存中驻留时间最久的页面予以淘汰。该算法实现简单，只需把一个进程已调入内存的页面按先后次序链接成一个队列，并设置一个指针，称为替换指针，使它总是指向最老的页面。但该算法与进程实际运行的规律不相适应，因为在进程中，有些页面经常被访问，比如，含有全局变量、常用函数、例程等的页面，FIFO 算法并不能保证这些页面不被淘汰。

这里，我们仍用上面的例子，但采用 FIFO 算法进行页面置换(图 5-4)。当进程第一次访问页面 2 时，将把第 7 页换出，因为它是最先被调入内存的；在第一次访问页面 3 时，又将把第 0 页换出，因为它在现有的 2、0、1 三个页面中是最老的页。由图 5-4 可以看出，利用 FIFO 算法时，进行了 12 次页面置换，比最佳置换算法正好多一倍。

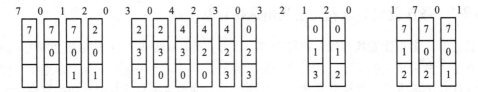

图 5-4　利用 FIFO 置换算法时的置换图

◀ 5.3.2　最近最久未使用和最少使用置换算法

1. LRU(Least Recently Used)置换算法的描述

FIFO 置换算法的性能之所以较差，是因为它所依据的条件是各个页面调入内存的时间，而页面调入的先后并不能反映页面的使用情况。最近最久未使用(LRU)的页面置换算法是根据页面调入内存后的使用情况做出决策的。由于无法预测各页面将来的使用情况，只能利用"最近的过去"作为"最近的将来"的近似，因此，LRU 置换算法是选择最近最久未使用的页面予以淘汰。该算法赋予每个页面一个访问字段，用来记录一个页面自上次被访问以来所经历的时间 t。当需淘汰一个页面时，选择现有页面中其 t 值最大的，即最近最久未使用的页面予以淘汰。

利用 LRU 算法对上例进行页面置换的结果如图 5-5 所示。当进程第一次对页面 2 进行访问时，由于页面 7 是最近最久未被访问的，故将它置换出去。当进程第一次对页面 3 进行访问时，第 1 页成为最近最久未使用的页，将它换出。由图可以看出，前 5 个时间的图像与最佳置换算法时的相同，但这并非是必然的结果。因为最佳置换算法是从"向后看"的观点出发的，即它是依据以后各页的使用情况进行判断；而 LRU 算法则是"向前看"的，即根据各页以前的使用情况来判断，而页面过去和未来的走向之间并无必然的联系。

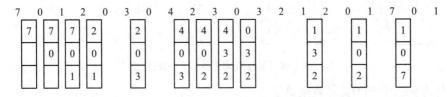

图 5-5　LRU 页面置换算法

2. LRU 置换算法的硬件支持

LRU 置换算法虽然是一种比较好的算法，但要求系统有较多的支持硬件。为了了解一个进程在内存中的各个页面各有多少时间未被进程访问，以及如何快速地知道哪一页是最近最久未使用的页面，须有寄存器和栈两类硬件之一的支持。

1) 寄存器

为了记录某进程在内存中各页的使用情况，须为每个在内存中的页面配置一个移位寄存器，可表示为

$$R = R_{n-1}R_{n-2}R_{n-3} \cdots R_2R_1R_0$$

当进程访问某物理块时，要将相应寄存器的 R_{n-1} 位置成 1。此时，定时信号将每隔一定时间(例如 100 ms)将寄存器右移一位。如果我们把 n 位寄存器的数看作是一个整数，那么，具有最小数值的寄存器所对应的页面，就是最近最久未使用的页面。图 5-6 示出了某进程在内存中具有 8 个页面、为每个内存页面配置一个 8 位寄存器时的 LRU 访问情况。这里，把 8 个内存页面的序号分别定为 1～8。由图可以看出，第 3 个内存页面的 R 值最小，当发生缺页时，应首先将它置换出去。

实 页 \ R	R_7	R_6	R_5	R_4	R_3	R_2	R_1	R_0
1	0	1	0	1	0	0	1	0
2	1	0	1	0	1	1	0	0
3	0	0	0	0	0	1	0	0
4	0	1	1	0	1	0	1	1
5	1	1	0	1	0	1	1	0
6	0	0	1	0	1	0	1	1
7	0	0	0	0	0	1	1	1
8	0	1	1	0	1	1	0	1

图 5-6　某进程具有 8 个页面时的 LRU 访问情况

2) 栈

可利用一个特殊的栈保存当前使用的各个页面的页面号。每当进程访问某页面时，便将该页面的页面号从栈中移出，将它压入栈顶。因此，栈顶始终是最新被访问页面的编号，而栈底则是最近最久未使用页面的页面号。假定现有一进程，它分有五个物理块，所访问的页面的页面号序列为：

$$4, 7, 0, 7, 1, 0, 1, 2, 1, 2, 6$$

在前三次访问时，系统将依次将 4、7、0 放入栈中，4 是栈底，0 是栈顶；第四次是访问第 7 页，使 7 成为栈顶。在第八次访问页面 2 时，该进程的五个物理块已装满，在第九和十次访问时，未发生缺页。在第 11 次访问页面 6 时发生了缺页，此时页面 4 是最近最久未被访问的页，应将它置换出去。随着进程的访问，栈中页面号的变化情况如图 5-7 所示。

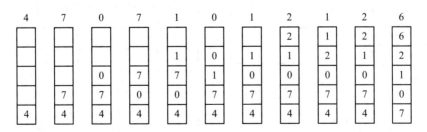

图 5-7　用栈保存当前使用页面时栈的变化情况

3. 最少使用(Least Frequently Used，LFU)置换算法

在采用 LFU 算法时，应为在内存中的每个页面设置一个移位寄存器，用来记录该页面

被访问的频率。该置换算法选择在最近时期使用最少的页面作为淘汰页。由于存储器具有较高的访问速度，例如 100 ns，在 1 ms 时间内可能对某页面连续访问成千上万次，因此，直接利用计数器来记录某页被访问的次数是不现实的，只能采用较大的时间间隔来记录对存储器某页的访问。在最少使用置换算法中采用了移位寄存器方式。每次访问某页时，便将该移位寄存器的最高位置 1，再每隔一定时间(例如 100 ms)右移一次。这样，在最近一段时间使用最少的页面将是 $\sum R_i$ 最小的页。LFU 置换算法的页面访问图，与 LRU 置换算法的访问图完全相同；或者说，利用这样一套硬件既可实现 LRU 算法，又可实现 LFU 算法。应该指出，这种算法并不能真正反映出页面的使用情况，因为在每一时间间隔内，只是用寄存器的一位来记录页的使用情况，因此，在该时间间隔内，对某页访问一次和访问 1000 次是完全等效的。

◀ 5.3.3　Clock 置换算法

　　虽然 LRU 是一种较好的算法，但由于它要求有较多的硬件支持，使得其实现所需的成本较高，故在实际应用中，大多采用 LRU 的近似算法。Clock 算法就是用得较多的一种 LRU 近似算法。

1. 简单的 Clock 置换算法

　　当利用简单 Clock 算法时，只需为每页设置一位访问位，再将内存中的所有页面都通过链接指针链接成一个循环队列。当某页被访问时，其访问位被置 1。置换算法在选择一页淘汰时，只需检查页的访问位。如果是 0，就选择该页换出；若为 1，则重新将它置 0，暂不换出，给予该页第二次驻留内存的机会，再按照 FIFO 算法检查下一个页面。当检查到队列中的最后一个页面时，若其访问位仍为 1，则再返回到队首去检查第一个页面。图 5-8 示出了该算法的流程和示例。由于该算法是循环地检查各页面的使用情况，故称为 Clock 算法。但因该算法只有一位访问位，只能用它表示该页是否已经使用过，而置换时是将未使用过的页面换出去，故又把该算法称为最近未用算法或 NRU(Not Recently Used)算法。

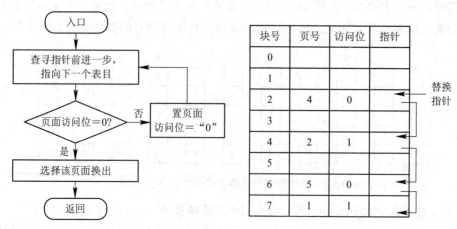

图 5-8　简单 Clock 置换算法的流程和示例

2. 改进型 Clock 置换算法

在将一个页面换出时，如果该页已被修改过，便须将该页重新写回到磁盘上；但如果该页未被修改过，则不必将它拷回磁盘。换而言之，对于修改过的页面，在换出时所付出的开销比未修改过的页面大，或者说，置换代价大。在改进型 Clock 算法中，除须考虑页面的使用情况外，还须再增加一个因素——置换代价。这样，选择页面换出时，既要是未使用过的页面，又要是未被修改过的页面。把同时满足这两个条件的页面作为首选淘汰的页面。由访问位 A 和修改位 M 可以组合成下面四种类型的页面：

1 类(A = 0，M = 0)：表示该页最近既未被访问，又未被修改，是最佳淘汰页。

2 类(A = 0，M = 1)：表示该页最近未被访问，但已被修改，并不是很好的淘汰页。

3 类(A = 1，M = 0)：表示最近已被访问，但未被修改，该页有可能再被访问。

4 类(A = 1，M = 1)：表示最近已被访问且被修改，该页可能再被访问。

在内存中的每个页，都必定是这四类页面之一。在进行页面置换时，可采用与简单 Clock 算法相类似的算法，其差别在于该算法须同时检查访问位与修改位，以确定该页是四类页面中的哪一种。其执行过程可分成以下三步：

(1) 从指针所指示的当前位置开始，扫描循环队列，寻找 A = 0 且 M = 0 的第一类页面，将所遇到的第一个页面作为所选中的淘汰页。在第一次扫描期间不改变访问位 A。

(2) 如果第一步失败，即查找一轮后未遇到第一类页面，则开始第二轮扫描，寻找 A = 0 且 M = 1 的第二类页面，将所遇到的第一个这类页面作为淘汰页。在第二轮扫描期间，将所有扫描过的页面的访问位都置 0。

(3) 如果第二步也失败，亦即未找到第二类页面，则将指针返回到开始的位置，并将所有的访问位复 0。然后重复第一步，即寻找 A = 0 且 M = 0 的第一类页面，如果仍失败，必要时再重复第二步，寻找 A = 0 且 M = 1 的第二类页面，此时就一定能找到被淘汰的页。

该算法与简单 Clock 算法比较，可减少磁盘的 I/O 操作次数。但为了找到一个可置换的页，可能须经过几轮扫描。换言之，实现该算法本身的开销将有所增加。

◣ 5.3.4 页面缓冲算法(Page Buffering Algorithm，PBA)

在请求分页系统中，由于进程在运行时经常会发生页面换进换出的情况，所以一个十分明显的事实就是，页面换进换出所付出的开销将对系统性能产生重大的影响。在此，我们首先对影响页面换进换出效率的若干因素进行分析。

1. 影响页面换进换出效率的若干因素

影响页面换进换出效率的因素有许多，其中包括有：对页面进行置换的算法、将已修改页面写回磁盘的频率，以及将磁盘内容读入内存的频率。

(1) 页面置换算法。影响页面换进换出效率最重要的因素，无疑是页面置换算法。因为一个好的页面置换算法，可使进程在运行过程中具有较低的缺页率，从而可以减少页面换进换出的开销。正因如此，才会有许多学者去研究页面置换算法，相应地也就出现了大量的页面置换算法，其中主要的算法前面已对它做了介绍。

(2) 写回磁盘的频率。对于已经被修改过的页面，在将其换出时，应当写回磁盘。如果是采取每当有一个页面要被换出时就将它写回磁盘的策略，这意味着每换出一个页面，便需要启动一次磁盘。但如果在系统中已建立了一个已修改换出页面的链表，则对每一个要被换出的页面(已修改)，系统可暂不把它们写回磁盘，而是将它们挂在已修改换出页面的链表上，仅当被换出页面数目达到一定值时，例如 64 个页面，再将它们一起写回到磁盘上，这样就显著地减少了磁盘 I/O 的操作次数。或者说，减少已修改页面换出的开销。

(3) 读入内存的频率。在设置了已修改换出页面链表后，在该链表上就暂时有一批装有数据的页面，如果有进程在这批数据还未写回磁盘时需要再次访问这些页面时，就不需从外存上调入，而直接从已修改换出页面链表中获取，这样也可以减少将页面从磁盘读入内存的频率，减少页面换进的开销。或者说，只需花费很小的开销便可使这些页面又回到该进程的驻留集中。

2. 页面缓冲算法 PBA

PBA 算法的主要特点是：① 显著地降低了页面换进、换出的频率，使磁盘 I/O 的操作次数大为减少，因而减少了页面换进、换出的开销；② 正是由于换入换出的开销大幅度减小，才能使其采用一种较简单的置换策略，如先进先出(FIFO)算法，它不需要特殊硬件的支持，实现起来非常简单。页面缓冲算法已在不少系统中采用，下面我们介绍 VAX/VMS 操作系统中所使用的页面缓冲算法。在该系统中，内存分配策略上采用了可变分配和局部置换方式，系统为每个进程分配一定数目的物理块，系统自己保留一部分空闲物理块。为了能显著地降低页面换进、换出的频率，在内存中设置了如下两个链表：

1) 空闲页面链表

实际上该链表是一个空闲物理块链表，是系统掌握的空闲物理块，用于分配给频繁发生缺页的进程，以降低该进程的缺页率。当这样的进程需要读入一个页面时，便可利用空闲物理块链表中的第一个物理块来装入该页。当有一个未被修改的页要换出时，实际上并不将它换出到外存，而是把它们所在的物理块挂在空闲链表的末尾。应当注意，这些挂在空闲链表上的未被修改的页面中是有数据的，如果以后某进程需要这些页面中的数据时，便可从空闲链表上将它们取下，免除了从磁盘读入数据的操作，减少了页面换进的开销。

2) 修改页面链表

它是由已修改的页面所形成的链表。设置该链表的目的是为了减少已修改页面换出的次数。当进程需要将一个已修改的页面换出时，系统并不立即把它换出到外存上，而是将它所在的物理块挂在修改页面链表的末尾。这样做的目的是：降低将已修该页面写回磁盘的频率，降低将磁盘内容读入内存的频率。

◀ 5.3.5　访问内存的有效时间

与基本分页存储管理方式不同，在请求分页管理方式中，内存有效访问时间不仅要考虑访问页表和访问实际物理地址数据的时间，还必须要考虑到缺页中断的处理时间。这样，在具有快表机制的请求分页管理方式中，存在下面三种方式的内存访问操作，其有效访问时间的计算公式也有所不同：

(1) 被访问页在内存中，且其对应的页表项在快表中。

显然，此时不存在缺页中断情况，内存的有效访问时间(EAT)分为查找快表的时间(λ)和访问实际物理地址所需的时间(t)：

$$EAT = \lambda + t$$

(2) 被访问页在内存中，且其对应的页表项不在快表中。

显然，此时也不存在缺页中断情况，但需要两次访问内存，一次读取页表，一次读取数据，另外还需要更新快表。所以，这种情况内存的有效访问时间可分为查找快表的时间、查找页表的时间、修改快表的时间和访问实际物理地址的时间：

$$EAT = \lambda + t + \lambda + t = 2 \times (\lambda + t)$$

(3) 被访问页不在内存中。

因为被访问页不在内存中，需要进行缺页中断处理，所以这种情况的内存的有效访问时间可分为查找快表的时间、查找页表的时间、处理缺页中断的时间、更新快表的时间和访问实际物理地址的时间：

假设缺页中断处理时间为 ε，则

$$EAT = \lambda + t + \varepsilon + \lambda + t = \varepsilon + 2(\lambda + t)$$

上面的几种讨论没有考虑快表的命中率和缺页率等因素，因此，加入这两个因素后，内存的有效访问时间的计算公式应为

$$EAT = \lambda + a \times t + (1 - a) \times [t + f \times (\varepsilon + \lambda + t) + (1 - f) \times (\lambda + t)]$$

式中，a 表示命中率，f 表示缺页率。

如果不考虑命中率，仅考虑缺页率，即上式中的 $\lambda = 0$ 和 $a = 0$，设缺页中断处理时间为 ϕ，由此可得

$$EAT = t + f \times (\phi + t) + (1 - f) \times t$$

5.4 "抖动"与工作集

由于请求分页式虚拟存储器系统的性能优越，在正常运行情况下，它能有效地减少内存碎片，提高处理机的利用率和吞吐量，故是目前最常用的一种系统。但如果在系统中运行的进程太多，进程在运行中会频繁地发生缺页情况，这又会对系统的性能产生很大的影响，故还须对请求分页系统的性能做简单的分析。

5.4.1 多道程序度与"抖动"

1. 多道程序度与处理机的利用率

由于虚拟存储器系统能从逻辑上扩大内存，这时，只需装入一个进程的部分程序和数据便可开始运行，故人们希望在系统中能运行更多的进程，即增加多道程序度，以提高处理机的利用率。但处理机的实际利用率却如图 5-9 中的实线所示。其中横轴表示多道程序

的数量，纵轴表示相应的处理机的利用率。在横轴的开始部分，随着进程数目的增加，处理机的利用率急剧增加；但到达 N_1 时，其增速就明显地减慢了，当到达 N_{max} 时，处理机的利用率达到最大，以后先开始缓慢下降，当到达 N_2 点时，若再继续增加进程数，利用率将加速下降而趋于 0，见图 5-9 中的 N_3 点。之所以会发生在后面阶段利用率趋于 0 的情况，是因为在系统中已发生了"抖动"。

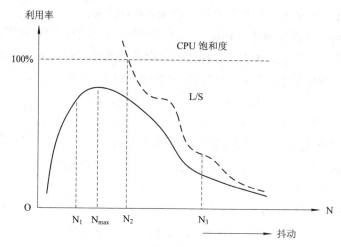

图 5-9　处理机的利用率

2. 产生"抖动"的原因

发生"抖动"的根本原因是，同时在系统中运行的进程太多，由此分配给每一个进程的物理块太少，不能满足进程正常运行的基本要求，致使每个进程在运行时，频繁地出现缺页，必须请求系统将所缺之页调入内存。这会使得在系统中排队等待页面调进/调出的进程数目增加。显然，对磁盘的有效访问时间也随之急剧增加，造成每个进程的大部分时间都用于页面的换进/换出，而几乎不能再去做任何有效的工作，从而导致发生处理机的利用率急剧下降并趋于 0 的情况。我们称此时的进程是处于"抖动"状态。

"抖动"是在进程运行中出现的严重问题，必须采取相应的措施来解决它。为此有不少学者对它进行了深入的研究，提出了许多非常有效的解决方法。由于"抖动"的发生与系统为进程分配物理块的多少有关，于是有人提出了关于进程"工作集"的概念。

◄ 5.4.2　工作集

1. 工作集的基本概念

进程发生缺页率的时间间隔与进程所获得的物理块数有关。图 5-10 示出了缺页率与物理块数之间的关系。从图中可以看出，缺页率随着所分配物理块数的增加明显地减少，当物理块数超过某个数目时，再为进程增加一物理块，对缺页率的改善已不明显。可见，此时已无必要再为它分配更多的物理块。反之，当为某进程所分配的物理块数低于某个数目时，每减少一块，对缺页率的影响都变得十分明显，此时又应为该进程分配更多的物理块。为了能清楚地说明形成图 5-10 所示曲线的原因，还须先介绍关于"工作集"的概念。

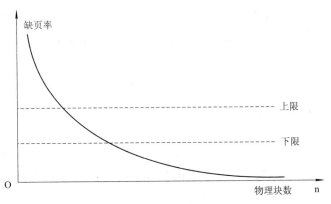

图 5-10   缺页率与物理块数之间的关系

关于工作集的理论是 1968 年由 Denning 提出并推广的。Denning 认为，基于程序运行时的局部性原理得知，程序在运行期间，对页面的访问是不均匀的，在一段时间内仅局限于较少的页面，在另一段时间内，又可能仅局限于对另一些较少的页面进行访问。这些页面被称为活跃页面。如果能够预知程序在某段时间间隔内要访问哪些页面，并将它们调入内存，将会大大降低缺页率，从而可显著地提高处理机的利用率。

2. 工作集的定义

所谓工作集，是指在某段时间间隔 Δ 里，进程实际所要访问页面的集合。Denning 指出，虽然程序只需要少量的几页在内存便可运行，但为了较少地产生缺页，应将程序的全部工作集装入内存中。然而我们无法事先预知程序在不同时刻将访问哪些页面，故仍只有像置换算法那样，用程序的过去某段时间内的行为作为程序在将来某段时间内行为的近似。具体地说，是把某进程在时间 t 的工作集记为 w(t, Δ)，其中的变量 Δ 称为工作集的"窗口尺寸"(Windows size)。图 5-11 示出了某进程访问页面的序列和窗口大小分别为 3、4、5时的工作集。由此可将工作集定义为，进程在时间间隔(t−Δ, t)中引用页面的集合。

| | 窗口大小 | | |
引用页序列	3	4	5
24	24	24	24
15	15 24	15 24	15 24
18	18 15 24	18 15 24	18 15 24
23	23 18 15	23 18 15 24	23 18 15 24
24	24 23 18	—	—
17	17 24 23	17 24 23 18	17 24 23 18 15
18	18 17 24	—	—
24	—	—	—
18	—	—	—
17	—	—	—
17	—	—	—
15	15 17 18	15 17 18 24	—
24	24 15 17	—	—
17	—	—	—
24	—	—	—
18	18 24 17	—	—

图 5-11   窗口为 3、4、5 时进程的工作集

工作集 w(t, Δ)是二元函数，即在不同时间 t 的工作集大小不同，所含的页面数也不同；工作集与窗口尺寸 Δ 有关，是窗口尺寸 Δ 的非降函数(nondecreasing function)，从图 5-11 也可看出这点，即

$$w(t, \Delta) \subseteq w(t, \Delta+1)$$

◄ 5.4.3 "抖动"的预防方法

为了保证系统具有较大的吞吐量，必须防止"抖动"的发生。目前已有许多防止"抖动"发生的方法。这些方法几乎都是采用调节多道程序度来控制"抖动"发生的。下面介绍几个较常用的预防"抖动"发生的方法。

1. 采取局部置换策略

在页面分配和置换策略中，如果采取的是可变分配方式，则为了预防发生"抖动"，可采取局部置换策略。根据这种策略，当某进程发生缺页时，只能在分配给自己的内存空间内进行置换，不允许从其它进程去获得新的物理块。这样，即使该进程发生了"抖动"，也不会对其它进程产生影响，于是可把该进程"抖动"所造成的影响限制在较小的范围内。该方法虽然简单易行，但效果不是很好，因为在某进程发生"抖动"后，它还会长期处在磁盘 I/O 的等待队列中，使队列的长度增加，这会延长其它进程缺页中断的处理时间，也就是延长了其它进程对磁盘的访问时间。

2. 把工作集算法融入到处理机调度中

当调度程序发现处理机利用率低下时，它将试图从外存调入一个新作业进入内存，来改善处理机的利用率。如果在调度中融入了工作集算法，则在调度程序从外存调入作业之前，必须先检查每个进程在内存的驻留页面是否足够多。如果都已足够多，此时便可以从外存调入新的作业，不会因新作业的调入而导致缺页率的增加；反之，如果有些进程的内存页面不足，则应首先为那些缺页率居高的作业增加新的物理块，此时将不再调入新的作业。

3. 利用"L = S"准则调节缺页率

Denning 于 1980 年提出了"L = S"的准则来调节多道程序度，其中 L 是缺页之间的平均时间，S 是平均缺页服务时间，即用于置换一个页面所需的时间。如果是 L 远比 S 大，说明很少发生缺页，磁盘的能力尚未得到充分的利用；反之，如果是 L 比 S 小，则说明频繁发生缺页，缺页的速度已超过磁盘的处理能力。只有当 L 与 S 接近时，磁盘和处理机都可达到它们的最大利用率。理论和实践都已证明，利用"L = S"准则，对于调节缺页率是十分有效的。

4. 选择暂停的进程

当多道程序度偏高时，已影响到处理机的利用率，为了防止发生"抖动"，系统必须减少多道程序的数目。此时应基于某种原则选择暂停某些当前活动的进程，将它们调出到磁盘上，以便把腾出的内存空间分配给缺页率发生偏高的进程。系统通常都是采取与调度程序一致的策略，即首先选择暂停优先级最低的进程，若需要，再选择优先级较低的进程。当内存还显拥挤时，还可进一步选择暂停一个并不十分重要、但却较大的进程，以便能释放出较多的物理块，或者暂停剩余执行时间最多的进程等。

5.5 请求分段存储管理方式

在分页基础上建立的请求分页式虚拟存储器系统，是以页面为单位进行换入、换出的。而在分段基础上所建立的请求分段式虚拟存储器系统，则是以分段为单位进行换入、换出的。它们在实现原理以及所需要的硬件支持上都是十分相似的。在请求分段系统中，程序运行之前，只需先调入少数几个分段(不必调入所有的分段)便可启动运行。当所访问的段不在内存中时，可请求 OS 将所缺的段调入内存。像请求分页系统一样，为实现请求分段存储管理方式，同样需要一定的硬件支持和相应的软件。

5.5.1 请求分段中的硬件支持

为了实现请求分段式存储管理，应在系统中配置多种硬件机构，以支持快速地完成请求分段功能。与请求分页系统相似，在请求分段系统中所需的硬件支持有段表机制、缺段中断机构，以及地址变换机构。

1. 请求段表机制

在请求分段式管理中所需的主要数据结构是请求段表。在该表中除了具有请求分页机制中有的访问字段 A、修改位 M、存在位 P 和外存始址四个字段外，还增加了存取方式字段和增补位。这些字段供程序在调进、调出时参考。下面给出请求分段的段表项。

段名	段长	段基址	存取方式	访问字段 A	修改位 M	存在位 P	增补位	外存始址

在段表项中，除了段名(号)、段长、段在内存中的起始地址(段基址)外，还增加了以下字段：

(1) 存取方式。由于应用程序中的段是信息的逻辑单位，可根据该信息的属性对它实施保护，故在段表中增加存取方式字段，如果该字段为两位，则存取属性是只执行、只读和允许读/写。

(2) 访问字段 A。其含义与请求分页的相应字段相同，用于记录该段被访问的频繁程度。提供给置换算法选择换出页面时参考。

(3) 修改位 M。该字段用于表示该页在进入内存后是否已被修改过，供置换页面时参考。

(4) 存在位 P。该字段用于指示本段是否已调入内存，供程序访问时参考。

(5) 增补位。这是请求分段式管理中所特有的字段，用于表示本段在运行过程中是否做过动态增长。

(6) 外存始址。指示本段在外存中的起始地址，即起始盘块号。

2. 缺段中断机构

在请求分段系统中采用的是请求调段策略。每当发现运行进程所要访问的段尚未调入内存时，便由缺段中断机构产生一缺段中断信号，进入 OS 后，由缺段中断处理程序将所需的段调入内存。与缺页中断机构类似，缺段中断机构同样需要在一条指令的执行期间产生和处理中断，以及在一条指令执行期间，可能产生多次缺段中断。但由于分段是信息的逻辑单位，因而不可能出现一条指令被分割在两个分段中，和一组信息被分割在两个分段中的情况。缺段中断的处理过程如图 5-12 所示。由于段不是定长的，这使对缺段中断的处理要比对缺页中断的处理复杂。

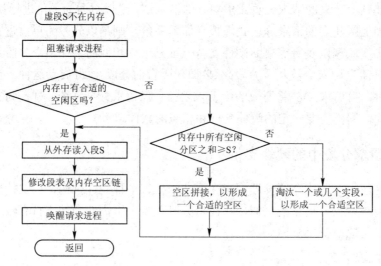

图 5-12　请求分段系统中的中断处理过程

3. 地址变换机构

请求分段系统中的地址变换机构是在分段系统地址变换机构的基础上形成的。因为被访问的段并非全在内存，所以在地址变换时，若发现所要访问的段不在内存，必须先将所缺的段调入内存，并修改段表，然后才能再利用段表进行地址变换。为此，在地址变换机构中又增加了某些功能，如缺段中断的请求及处理等。图 5-13 示出了请求分段系统的地址变换过程。

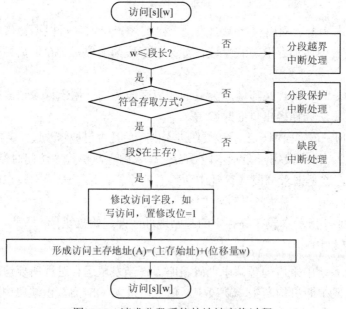

图 5-13　请求分段系统的地址变换过程

◀ 5.5.2 分段的共享与保护

本章前面曾介绍过分段存储管理方式的优点是便于实现分段的共享与保护，也扼要地介绍了实现分段共享的方法。本小节将进一步介绍为了实现分段共享，还应配置相应的数据结构——共享段表，以及对共享段进行操作的过程。

1. 共享段表

为了实现分段共享，可在系统中配置一张共享段表，所有各共享段都在共享段表中占有一表项。在表项的上面记录了共享段的段号、段长、内存始址、状态(存在)位、外存始址以及共享计数等信息。接下去就是记录了共享此分段的每个进程的情况。共享段表如图5-14所示，其中各项说明如下：

(1) 共享进程计数 count。非共享段仅为一个进程所需要。当进程不再需要该段时，可立即释放该段，并由系统回收该段所占用的空间。而共享段是为多个进程所需要的，为记录有多少进程正在共享该分段，须设置共享进程计数 count。当某进程不再需要而释放它时，系统并不立即回收该段所占内存区，而是检查 count 是否为 0，若不是 0，则表示还有进程需要它，仅当所有共享该段的进程全都不再需要它时，此时 count 为 0，才由系统回收该段所占内存区。

(2) 存取控制字段。对于一个共享段，应为不同的进程赋予不同的存取权限。例如，对于文件主，通常允许他读和写；而对其它进程，则可能只允许读，甚至只允许执行。

(3) 段号。对于一个共享段，在不同的进程中可以具有不同的段号，每个进程可用自己进程的段号去访问该共享段。

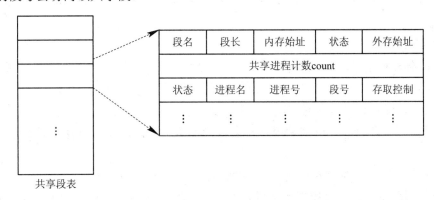

图 5-14 共享段表项

2. 共享段的分配与回收

1) 共享段的分配

由于共享段是供多个进程所共享的，因此，对共享段的内存分配方法，与非共享段的内存分配方法有所不同。在为共享段分配内存时，对第一个请求使用该共享段的进程，由系统为该共享段分配一物理区，再把共享段调入该区，同时将该区的始址填入请求进程的段表的相应项中，还须在共享段表中增加一表项，填写请求使用该共享段的进程名、段号和存取控制等有关数据，把 count 置为 1。当又有其它进程需要调用该共享段时，由于该共享段已被调入内存，故此时无须再为该段分配内存，而只需在调用进程的段表中增加一表项，填写该共享段的物理地址。在共享段的段表中增加一个表项，填上调用进程的进程名、该共享段在本进程中的段号、存取控制等，再执行 count = count + 1 操作，以表明有两个进程共享该段。以后，凡有进程需要访问此共享段的，都按上述方式在共享段的段表中增加一个表项。

2) 共享段的回收

当共享此段的某进程不再需要该段时，应将该段释放，包括撤消在该进程段表中共享段所对应的表项，以及执行 count = count − 1 操作。若结果为 0，则须由系统回收该共享段的物理内存，以及取消在共享段表中该段所对应的表项，表明此时已没有进程使用该段；否则(减 1 结果不为 0)，只是取消调用者进程在共享段表中的有关记录。

3. 分段保护

在分段系统中，由于每个分段在逻辑上是相对独立的，因而比较容易实现信息保护。目前，常采用以下几种措施来确保信息的安全。

1) 越界检查

越界检查是利用地址变换机构来完成的。为此，在地址变换机构中设置了段表寄存器，用于存放段表始址和段表长度信息。在进行地址变换时，首先将逻辑地址空间的段号与段表长度进行比较，如果段号等于或大于段表长度，将发出地址越界中断信号。此外，还在段表中为每个段设置有段长字段，在进行地址变换时，还要检查段内地址是否等于或大于段长，若大于段长，将产生地址越界中断信号，从而保证了每个进程只能在自己的地址空间内运行。

2) 存取控制检查

存取控制检查是以段为基本单位进行的。为此，在段表的每个表项中都设置了一个"存取控制"字段，用于规定对该段的访问方式。通常的访问方式有：

(1) 只读，即只允许进程对该段中的程序或数据进行读访问；

(2) 只执行，即只允许进程调用该段去执行，但不准读该段的内容，更不允许对该段执行写操作；

(3) 读/写，即允许进程对该段进行读/写访问。

对于共享段而言，存取控制就显得尤为重要，因而对不同的进程应赋予不同的读写权限。这时，既要保证信息的安全性，又要满足运行需要。例如，对于一个企业的财务账目，应该只允许会计人员进行读或写，允许领导及有关人员去读。而对于一般人员，则既不准读，更不能写。值得一提的是，这里所介绍的存取控制检查是基于硬件实现的，它能较好地保证信息的安全，因为攻击者很难对存取控制字段进行修改。

3) 环保护机构

这是一种功能较完善的保护机制。在该机制中规定：低编号的环具有高优先权。OS核心处于 0 号环内；某些重要的实用程序和操作系统服务占居中间环；而一般的应用程序，则被安排在外环上。在环系统中，程序的访问和调用应遵循以下规则：

(1) 一个程序可以访问驻留在相同环或较低特权环(外环)中的数据；

(2) 一个程序可以调用驻留在相同环或较高特权环(内环)中的服务。

图 5-15 示出了在环保护机构中的调用程序和数据访问的关系。

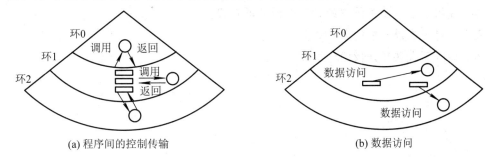

(a) 程序间的控制传输   (b) 数据访问

图 5-15　环保护机构

 习　　题 ▶▶▶▶

1. 常规存储器管理方式具有哪两大特征？它对系统性能有何影响？

2. 什么是程序运行时的时间局限性和空间局限性？

3. 虚拟存储器有哪些特征？其中最本质的特征是什么？

4. 实现虚拟存储器需要哪些硬件支持？

5. 实现虚拟存储器需要哪几个关键技术？

6. 在请求分页系统中，页表应包括哪些数据项？每项的作用是什么？

7. 试比较缺页中断机构与一般的中断，它们之间有何明显的区别？

8. 试说明请求分页系统中的地址变换过程。

9. 何谓固定分配局部置换和可变分配全局置换的内存分配策略？

10. 在请求分页系统中，应从何处将所需页面调入内存？

11. 试说明在请求分页系统中页面的调入过程。

12. 在请求分页系统中，常采用哪几种页面置换算法？

13. 在一个请求分页系统中，采用 FIFO 页面置换算法时，假如一个作业的页面走向为 4、3、2、1、4、3、5、4、3、2、1、5，当分配给该作业的物理块数 M 分别为 3 和 4 时，试计算在访问过程中所发生的缺页次数和缺页率，并比较所得结果。

14. 实现 LRU 算法所需的硬件支持是什么？

15. 试说明改进型 Clock 置换算法的基本原理。

16. 影响页面换进换出效率的若干因素是什么？

17. 页面缓冲算法的主要特点是什么？它是如何降低页面换进、换出的频率的？

18. 在请求分页系统中，产生"抖动"的原因是什么？

19. 何谓工作集？它是基于什么原理确定的？

20. 当前可以利用哪几种方法来防止"抖动"？

21. 试说明如何利用"L＝S"准则来调节缺页率，以避免"抖动"的发生。

22. 为了实现请求分段式存储管理，应在系统中增加配置哪些硬件机构？

23. 在请求段表机制中，应设置哪些段表项？

24. 说明请求分段系统中的缺页中断处理过程。

25. 请对共享段表中的各项作简要说明。

26. 如何实现共享分段的分配和回收？

第六章 ◇◇◇◇◇◇

〖输入输出系统〗

I/O 系统是 OS 的重要组成部分，用于管理诸如打印机和扫描仪等 I/O 设备，以及用于存储数据，如磁盘驱动器和磁带机等各种存储设备。由于 I/O 系统所含设备类型繁多，差异又非常大，致使 I/O 系统成为操作系统中最繁杂且与硬件最紧密相关的部分。

6.1 I/O 系统的功能、模型和接口

I/O 系统管理的主要对象是 I/O 设备和相应的设备控制器。其最主要的任务是，完成用户提出的 I/O 请求，提高 I/O 速率，以及提高设备的利用率，并能为更高层的进程方便地使用这些设备提供手段。

6.1.1 I/O 系统的基本功能

为了满足系统和用户的要求，I/O 系统应具有下述几方面的基本功能，其中，第一、二方面的功能是为了方便用户使用 I/O 设备；第三、四方面的功能是用于提高 CPU 和 I/O 设备的利用率；第五、六方面的功能是为用户在共享设备时提供方便，以保证系统能有条不紊的运行，当系统发生错误时能及时发现错误，甚至于能自动修正错误。

1. 隐藏物理设备的细节

I/O 设备的类型非常多，且彼此间在多方面都有差异，诸如它们接收和产生数据的速度，传输方向、粒度、数据的表示形式及可靠性等方面。为了对这些千差万别的设备进行控制，通常都为它们配置相应的设备控制器。这是一种硬件设备，其中包含有若干个用于存放控制命令的寄存器和存放参数的寄存器。用户通过这些命令和参数，可以控制外部设备执行所要求的操作。

显然，对于不同的设备，需要有不同的命令和参数。例如，在对磁盘进行操作时，不仅要给出本次是读还是写的命令，还需给出源或目标数据的位置，包括磁盘的盘面号、磁道号和扇区号。由此可见，如果要求程序员或用户编写直接面向这些设备的程序，是极端困难的。因此，I/O 系统必须通过对设备加以适当的抽象，以隐藏掉物理设备的实现细节，仅向上层进程提供少量的、抽象的读/写命令，如 read、write 等。实际上，关于隐藏性问题，我们在第一章中已做了类似的介绍。

2. 与设备的无关性

隐藏物理设备的细节，在早期的 OS 中就已实现，它可方便用户对设备的使用。与设备的无关性是在较晚时才实现的，这是在隐藏物理设备细节的基础上实现的。一方面，用户不仅可以使用抽象的 I/O 命令，还可使用抽象的逻辑设备名来使用设备，例如，当用户要输出打印时，他只须提供读(或写)的命令(提出对 I/O 的要求)，和提供抽象的逻辑设备名，如 /dev/printer，而不必指明是哪一台打印机；另一方面，也可以有效地提高 OS 的可移植性和易适应性，对于 OS 本身而言，应允许在不需要将整个操作系统进行重新编译的情况下，增添新的设备驱动程序，以方便新的 I/O 设备的安装。如 Windows 中，系统可以为新 I/O 设备自动安装和寻找驱动程序，从而做到即插即用。

3. 提高处理机和 I/O 设备的利用率

在一般的系统中，许多 I/O 设备间是相互独立的，能够并行操作，在处理机与设备之间也能并行操作。因此，I/O 系统的第三个功能是要尽可能地让处理机和 I/O 设备并行操作，以提高它们的利用率。为此，一方面要求处理机能快速响应用户的 I/O 请求，使 I/O 设备尽快地运行起来；另一方面也应尽量减少在每个 I/O 设备运行时处理机的干预时间。在本章中将介绍许多有助于实现该目标的方法。

4. 对 I/O 设备进行控制

对 I/O 设备进行控制是驱动程序的功能。目前对 I/O 设备有四种控制方式：① 采用轮询的可编程 I/O 方式；② 采用中断的可编程 I/O 方式；③ 直接存储器访问方式；④ I/O 通道方式。具体应采用何种控制方式，与 I/O 设备的传输速率、传输的数据单位等因素有关。如打印机、键盘终端等低速设备，由于其传输数据的基本单位是字节(或字)，故应采用中断的可编程 I/O 方式；而对于磁盘、光盘等高速设备，由于其传输的数据的基本单位是数据块，故应采用直接存储器访问方式，以提高系统的利用率；而 I/O 通道方式的引入，使对 I/O 操作的组织和数据的传输，都能独立进行而无需 CPU 的干预。为了方便高层软件和用户，显然 I/O 软件也应屏蔽掉这种差异，向高层软件提供统一的操作接口。

5. 确保对设备的正确共享

从设备的共享属性上，可将系统中的设备分为如下两类：

(1) 独占设备，进程应互斥地访问这类设备，即系统一旦把这类设备分配给了某进程后，便由该进程独占，直至用完释放。典型的独占设备有打印机、磁带机等。系统在对独占设备进行分配时，还应考虑到分配的安全性。

(2) 共享设备，是指在一段时间内允许多个进程同时访问的设备。典型的共享设备是磁盘，当有多个进程需对磁盘执行读、写操作时，可以交叉进行，不会影响到读、写的正确性。

6. 错误处理

大多数的设备都包括了较多的机械和电气部分，运行时容易出现错误和故障。从处理的角度，可将错误分为临时性错误和持久性错误。对于临时性错误，可通过重试操作来纠正，只有在发生了持久性错误时，才需要向上层报告。例如，在磁盘传输过程中发生错误，系统并不认为磁盘已发生了故障，而是可以重新再传，一直要重传多次后，若仍有错，才认为磁盘发生了故障。由于多数错误是与设备紧密相关的，因此对于错误的处理，应该尽可能在接近硬件的层面上进行，即在低层软件能够解决的错误就不向上层报告，因此高层也就不能感知；只有低层软件解决不了的错误才向上层报告，请求高层软件解决。

6.1.2 I/O 系统的层次结构和模型

I/O 软件涉及的面很宽，向下与硬件有密切关系，向上又与文件系统、虚拟存储器系统和用户直接交互，它们都需要 I/O 系统来实现 I/O 操作。为使十分复杂的 I/O 软件能具有清晰的结构、更好的可移植性和易适应性，目前已普遍采用层次式结构的 I/O 系统。这是将系统中的设备管理模块分为若干个层次，每一层都是利用其下层提供的服务，完成输入输出功能中的某些子功能，并屏蔽这些功能实现的细节，向高层提供服务。

1. I/O 软件的层次结构

通常把 I/O 软件组织成四个层次，如图 6-1 所示，各层次及其功能如下，图中的箭头表示 I/O 的控制流：

(1) 用户层 I/O 软件，实现与用户交互的接口，用户可直接调用该层所提供的、与 I/O 操作有关的库函数对设备进行操作。

(2) 设备独立性软件，用于实现用户程序与设备驱动器的统一接口、设备命名、设备的保护以及设备的分配与释放等，同时为设备管理和数据传送提供必要的存储空间。

(3) 设备驱动程序，与硬件直接相关，用于具体实现系统对设备发出的操作指令，驱动 I/O 设备工作的驱动程序。

(4) 中断处理程序，用于保存被中断进程的 CPU 环境，转入相应的中断处理程序进行处理，处理完毕再恢复被中断进程的现场后，返回到被中断的进程。

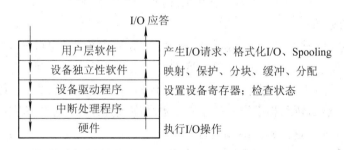

图 6-1　I/O 系统的层次结构

2. I/O 系统中各种模块之间的层次视图

为了能更清晰地描述 I/O 系统中主要模块之间的关系，我们进一步介绍 I/O 系统中各种 I/O 模块之间的层次视图。见图 6-2 所示。

1) I/O 系统的上、下接口

(1) I/O 系统接口。它是 I/O 系统与上层系统之间的接口，向上层提供对设备进行操作的抽象 I/O 命令，以方便高层对设备的使用。有不少 OS 在用户层提供了与 I/O 操作有关的库函数，供用户使用。在上层系统中有文件系统、虚拟存储器系统以及用户进程等。

(2) 软件/硬件(RW/HW)接口。下面一个接口是软件/硬件接口，在它的上面是中断处理程序和用于不同设备的设备驱动程序。在它的下面是各种设备的控制器。如 CD-ROM 控制器、硬盘控制器、键盘控制器、打印机控制器、网络控制器等，它们都属于硬件。由于设备种类繁多，故该接口相当复杂。如图 6-2 所示，在上、下两个接口之间则是 I/O 系统。

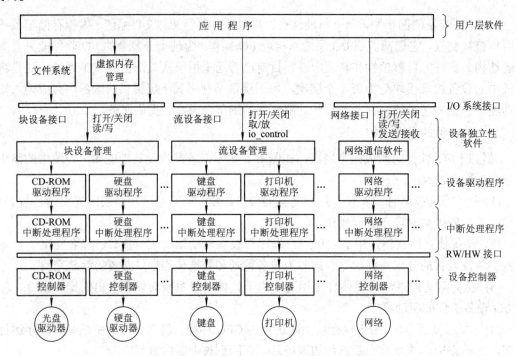

图 6-2　I/O 系统中各种模块之间的层次视图

2) I/O 系统的分层

与前面所述的 I/O 软件组织的层次结构相对应，I/O 系统本身也可分为如下三个层次：

(1) 中断处理程序。它处于 I/O 系统的底层，直接与硬件进行交互。当有 I/O 设备发来中断请求信号时，在中断硬件做了初步处理后，便转向中断处理程序。它首先保存被中断进程的 CPU 环境，然后转入相应设备的中断处理程序进行处理，在处理完成后，又恢复被中断进程的 CPU 环境，返回断点继续运行。

(2) 设备驱动程序。它处于 I/O 系统的次底层，是进程和设备控制器之间的通信程序，其主要功能是，将上层发来的抽象 I/O 请求转换为对 I/O 设备的具体命令和参数，并把它装入到设备控制器中的命令和参数寄存器中，或者相反。由于设备之间的差异很大，每类设备的驱动程序都不相同，故必须由设备制造厂商提供，而不是由 OS 设计者来设计。因此，每当在系统中增加一个新设备时，都需要由安装厂商提供新的驱动程序。

(3) 设备独立性软件。现代 OS 中的 I/O 系统基本上都实现了与设备无关性，也称为与设备无关的软件。其基本含义是：I/O 软件独立于具体使用的物理设备。由此带来的最大好处是，提高了 I/O 系统的可适应性和可扩展性。使它们能应用于许多类型的设备，而且在每次增加新设备或替换老设备时，都不需要对 I/O 软件进行修改，这样就方便了系统的更新和扩展。设备独立性软件的内容包括设备命名、设备分配、数据缓冲和数据高速缓冲一类软件等。

◀ 6.1.3 I/O 系统接口

在 I/O 系统与高层之间的接口中，根据设备类型的不同，又进一步分为若干个接口。在图 6-2 中示出了块设备接口、流设备接口和网络接口。

1. 块设备接口

块设备接口是块设备管理程序与高层之间的接口。该接口反映了大部分磁盘存储器和光盘存储器的本质特征，用于控制该类设备的输入或输出。

(1) 块设备。所谓块设备，是指数据的存取和传输都是以数据块为单位的设备。典型的块设备是磁盘。该设备的基本特征是传输速率较高，通常每秒钟为数 MB 到数十 MB。另一特征是可寻址，即能指定数据的输入源地址及输出的目标地址，可随机地读/写磁盘中任一块；磁盘设备的 I/O 常采用 DMA 方式。

(2) 隐藏了磁盘的二维结构。块设备接口将磁盘上的所有扇区从 0 到 n−1 依次编号，n 是磁盘中的扇区总数。经过这样编号后，就把磁盘的二维结构改变为一种线性序列。在二维结构中，每个扇区的地址需要用磁道号和扇区号来表示。或者说，块设备接口隐藏了磁盘地址是二维结构的情况。

(3) 将抽象命令映射为低层操作。块设备接口支持上层发来的对文件或设备的打开、读、写和关闭等抽象命令。该接口将上述命令映射为设备能识别的较低层具体操作。例如，上层发来读磁盘命令时，它先将抽象命令中的逻辑块号转换为磁盘的盘面、磁道和扇区等。

虚拟存储器系统也需要使用块设备接口，因为在进程运行期间，每当它所访问的页面不在内存时便会发生缺页中断，此时就需要利用 I/O 系统，通过块设备接口从磁盘存储器中将所缺之页面调入内存。

2. 流设备接口

流设备接口是流设备管理程序与高层之间的接口。该接口又称为字符设备接口，它反映了大部分字符设备的本质特征，用于控制字符设备的输入或输出。

(1) 字符设备。所谓字符设备，是指数据的存取和传输是以字符为单位的设备，如键盘、打印机等。字符设备的基本特征是传输速率较低，通常为每秒几个字节至数千字节。另一特征是不可寻址，即不能指定数据的输入源地址及输出的目标地址。字符设备在输入/输出时，常采用中断驱动方式。

(2) get 和 put 操作。由于字符设备是不可寻址的，因而对它只能采取顺序存取方式。通常是为字符设备建立一个字符缓冲区(队列)，设备的I/O字符流顺序地进入字符缓冲区(读入)，或从字符缓冲区顺序地送出到设备(输出)。用户程序获取或输出字符的方法是采用 get 和 put 操作。get 操作用于从字符缓冲区取得一个字符(到内存)，将它返回给调用者。而 put 操作则用于把一个新字符(从内存)输出到字符缓冲区中，以待送出到设备。

(3) in-control 指令。因字符设备的类型非常多，且差异甚大，为了以统一的方式来处理它们，通常在流设备接口中提供了一种通用的 in-control 指令，在该指令中包含了许多参数，每个参数表示一个与具体设备相关的特定功能。

由于大多数流设备都属于独占设备，必须采取互斥方式实现共享，为此，流设备接口提供了打开和关闭操作。在使用这类设备时，必须先用打开操作来打开设备。如果设备已被打开，则表示它正被其它进程使用。

3. 网络通信接口

在现代 OS 中，都提供了面向网络的功能。但首先还需要通过某种方式把计算机连接到网络上。同时操作系统也必须提供相应的网络软件和网络通信接口，使计算机能通过网络与网络上的其它计算机进行通信或上网浏览。由于网络通信接口涉及到许多关于网络方面的知识，如网络中的网络通信协议和网络的层次结构等，故放在第 10.6 节(网络操作系统)中做专门的介绍。

6.2 I/O 设备和设备控制器

I/O 设备一般是由执行 I/O 操作的机械部分和执行控制 I/O 的电子部件组成。通常将这两部分分开，执行 I/O 操作的机械部分就是一般的 I/O 设备，而执行控制 I/O 的电子部件则称为设备控制器或适配器(adapter)。在微型机和小型机中的控制器常做成印刷电路卡形式，因而也常称为控制卡、接口卡或网卡，可将它插入计算机的扩展槽中。在有的大、中型计算机系统中，还配置了 I/O 通道或 I/O 处理机。

6.2.1 I/O 设备

1. I/O 设备的类型

I/O 设备的类型繁多，除了能将它们分为块设备和字符设备、独占设备和共享设备外，还可从设备使用特性上分为存储设备和 I/O 设备；从设备的传输速率上又分为高速设备、中速共享设备和高速共享设备。下面对这两种分类进行介绍。

1) 按使用特性分类

第一类是存储设备，也称外存、辅存，是用以存储信息的主要设备。该类设备存取速度较内存慢，但容量却大得多，价格也便宜。第二类就是 I/O 设备，它又可分为输入设备、输出设备和交互式设备。输入设备用来接收外部信息，如键盘、鼠标、扫描仪、视频摄像等。输出设备用于将计算机处理后的信息送向处理机外部的设备，如打印机、绘图仪等。交互式设备则是指集成的上述两类设备，主要是显示器，用于同步显示用户命令以及命令执行的结果。

2) 按传输速率分类

按传输速度的高低，可将 I/O 设备分为三类。第一类是低速设备，其传输速率仅为每秒钟几个字节至数百个字节。典型的低速设备有键盘、鼠标器。第二类是中速设备，其传输速率在每秒钟数千个字节至数十万个字节。典型的中速设备有行式打印机、激光打印机等。第三类是高速设备，其传输速率在数十万字节至千兆字节。典型的高速设备有磁带机、磁盘机、光盘机等。

2. 设备与控制器之间的接口

通常，设备并不是直接与 CPU 进行通信，而是与设备控制器通信，因此，在 I/O 设备中应含有与设备控制器间的接口，在该接口中有三种类型的信号(见图 6-3 所示)，各对应一条信号线。

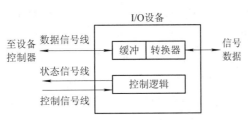

图 6-3　设备与控制器间的接口

(1) 数据信号线。这类信号线用于在设备和设备控制器之间传送数据信号。对输入设备而言，由外界输入的信号经转换器转换后，所形成的数据通常先送入缓冲器中，当数据量达到一定的比特(字符)数后，再从缓冲器通过一组数据信号线传送给设备控制器，如图 6-3 所示。对输出设备而言，则是将从设备控制器经过数据信号线传送来的一批数据先暂存于缓冲器中，经转换器作适当转换后，再逐个字符地输出。

(2) 控制信号线。这是作为由设备控制器向 I/O 设备发送控制信号时的通路。该信号规定了设备将要执行的操作，如读操作(指由设备向控制器传送数据)或写操作(从控制器接收数据)，或执行磁头移动等操作。

(3) 状态信号线。该信号线用于传送指示设备当前状态的信号。设备的当前状态有正在读(或写)；设备已读(写)完成，并准备好新的数据传送。

◀ 6.2.2　设备控制器

设备控制器的主要功能是，控制一个或多个 I/O 设备，以实现 I/O 设备和计算机之间的数据交换。它是 CPU 与 I/O 设备之间的接口，接收从 CPU 发来的命令，去控制 I/O 设备工作，使处理机能够从繁杂的设备控制事务中解脱出来。设备控制器是一个可编址的设备，当它仅控制一个设备时，它只有一个唯一的设备地址；若控制器可连接多个设备，则应含有多个设备地址，每一个设备地址对应一个设备。可把设备控制器分成两类：一类是用于控制字符设备的控制器，另一类是用于控制块设备的控制器。

1. 设备控制器的基本功能

(1) 接收和识别命令。设备控制器能接收并识别处理机发来的多种命令。在控制器中具有相应的控制寄存器，用来存放接收的命令和参数，并对所接收的命令进行译码。例如，磁盘控制器可以接收 CPU 发来的 read、 write、 format 等 15 条不同的命令，而且有些命令还带有参数。相应地，在磁盘控制器中有多个寄存器和命令译码器等。

(2) 数据交换。设备控制器可实现 CPU 与控制器之间、控制器与设备之间的数据交换。对于前者，是通过数据总线，由 CPU 并行地把数据写入控制器，或从控制器中并行地读出数据。对于后者，是设备将数据输入到控制器，或从控制器传送给设备。为此，在控制器中须设置数据寄存器。

(3) 标识和报告设备的状态。控制器应记下设备的状态供 CPU 了解。例如，仅当该设备处于发送就绪状态时，CPU 才能启动控制器从设备中读出数据。为此，在控制器中应设置一状态寄存器，用其中的每一位反映设备的某一种状态。当 CPU 将该寄存器的内容读入后，便可了解该设备的状态。

(4) 地址识别。就像内存中的每一个单元都有一个地址一样，系统中的每一个设备也都有一个地址。设备控制器必须能够识别其所控制的每个设备的地址。此外，为使 CPU 能向(或从)寄存器中写入(或读出)数据，这些寄存器都应具有唯一的地址。控制器应能正确识别这些地址。为此，在控制器中应配置地址译码器。

(5) 数据缓冲区。由于 I/O 设备的速率较低，而 CPU 和内存的速率却很高，故在控制器中必须设置一缓冲区。在输出时，用此缓冲区暂存由主机高速传来的数据，然后才以与 I/O 设备所匹配的速率将缓冲器中的数据传送给 I/O 设备。在输入时，缓冲区则用于暂存从 I/O 设备送来的数据，待接收到一批数据后，再将缓冲区中的数据高速地传送给主机。

(6) 差错控制。对于由 I/O 设备传送来的数据，设备控制器还兼管进行差错检测。若发现传送中出现了错误，通常是将差错检测码置位，并向 CPU 报告，于是 CPU 将本次传送来的数据作废，并重新进行一次传送。这样便可保证数据输入的正确性。

2. 设备控制器的组成

由于设备控制器位于 CPU 与设备之间，它既要与 CPU 通信，又要与设备通信，还应具有按照 CPU 所发来的命令去控制设备工作的功能，因此，现有的大多数控制器都是由以下三部分组成：

(1) 设备控制器与处理机的接口。该接口用于实现 CPU 与设备控制器之间的通信，在该接口中共有三类信号线：数据线、地址线和控制线。数据线通常与两类寄存器相连接：① 第一类是数据寄存器，在控制器中可以有一个或多个数据寄存器，用于存放从设备送来的数据(输入)，或从 CPU 送来的数据(输出)。② 第二类是控制/状态寄存器，在控制器中可以有一个或多个这类寄存器，用于存放从 CPU 送来的控制信息或设备的状态信息。

(2) 设备控制器与设备的接口。在一个设备控制器上，可以连接一个或多个设备。相应的，在控制器中便有一个或多个设备接口。在每个接口中都存在数据、控制和状态三种类型的信号。控制器中的 I/O 逻辑根据处理机发来的地址信号去选择一个设备接口。

(3) I/O 逻辑。I/O 逻辑用于实现对设备的控制。它通过一组控制线与处理机交互，处理机利用该逻辑向控制器发送 I/O 命令。每当 CPU 要启动一个设备时，一方面将启动命令发送给控制器，另一方面又同时通过地址线把地址发送给控制器，由控制器的 I/O 逻辑对收到的地址进行译码，再根据所译出的命令对所选设备进行控制。

设备控制器的组成示于图6-4中。

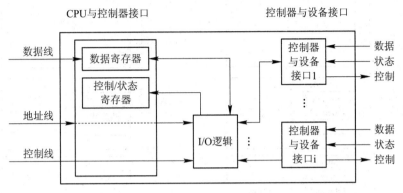

图 6-4　设备控制器的组成

◄ 6.2.3　内存映像 I/O

驱动程序将抽象 I/O 命令转换出的一系列具体的命令、参数等数据装入设备控制器的相应寄存器，由控制器来执行这些命令，具体实施对 I/O 设备的控制。这一工作可用如下两种方法完成：

1. 利用特定的 I/O 指令

在早期的计算机中，包括大型计算机，为实现 CPU 和设备控制器之间的通信，为每个控制寄存器分配一个 I/O 端口，这是一个 8 位或 16 位的整数，如图 6-5(a)所示。另外还设置了一些特定的 I/O 指令。例如，为了将 CPU 寄存器中的内容复制到控制器寄存器中，所需使用的特定 I/O 指令可表示如下：

　　　io-store　cpu-reg, dev-no, dev-reg

其中，cpu-reg 是 CPU 的某个寄存器；dev-no 是指定的设备，即控制器地址；dev-reg 指定控制器中的寄存器。如果是将 CPU 寄存器中的内容存入内存的某个单元(k)中，将使用下面的指令：

　　　Store　cpu-reg, k

该方法的主要缺点是，访问内存和访问设备需要两种不同的指令。

2. 内存映像 I/O

在这种方式中，在编址上不再区分内存单元地址和设备控制器中的寄存器地址，都采用 k。当 k 值处于 0～n−1 范围时，被认为是内存地址，若 k 大于等于 n 时，被认为是某个控制器的寄存器地址。由图 6-5(b)可以看出，当 k = n 时，表示设备控制器 0 的第 1 个寄存器 opcode 的地址。因此，如果要想将 CPU 寄存器中的内容传送到控制器 0 的第 1 个寄存器 opcode，只需要用下面的一般存储指令：

　　　Store　cpu-reg, n

内存映像 I/O 方式统一了对内存和对控制器的访问方法，这无疑将简化 I/O 的编程。

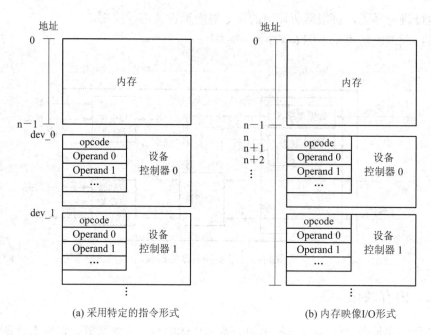

(a) 采用特定的指令形式   (b) 内存映像I/O形式

图 6-5 设备寻址形式

6.2.4 I/O 通道

1. I/O 通道设备的引入

虽然在 CPU 与 I/O 设备之间增加了设备控制器后，已能大大减少 CPU 对 I/O 的干预，但当主机所配置的外设很多时，CPU 的负担仍然很重。为此，在 CPU 和设备控制器之间又增设了 I/O 通道(I/O Channel)。其主要目的是为了建立独立的 I/O 操作，不仅使数据的传送能独立于 CPU，而且也希望有关对 I/O 操作的组织、管理及其结束处理尽量独立，以保证 CPU 有更多的时间去进行数据处理；或者说，其目的是使一些原来由 CPU 处理的 I/O 任务转由通道来承担，从而把 CPU 从繁杂的 I/O 任务中解脱出来。在设置了通道后，CPU 只需向通道发送一条 I/O 指令。通道在收到该指令后，便从内存中取出本次要执行的通道程序，然后执行该通道程序，仅当通道完成了规定的 I/O 任务后，才向 CPU 发中断信号。

实际上，I/O 通道是一种特殊的处理机。它具有执行 I/O 指令的能力，并通过执行通道(I/O)程序来控制 I/O 操作。但 I/O 通道又与一般的处理机不同，主要表现在以下两个方面：一是其指令类型单一，这是由于通道硬件比较简单，其所能执行的命令，主要局限于与 I/O 操作有关的指令；二是通道没有自己的内存，通道所执行的通道程序是放在主机的内存中的，换言之，是通道与 CPU 共享内存。

2. 通道类型

前已述及，通道是用于控制外围设备(包括字符设备和块设备)的。由于外围设备的类型较多，且其传输速率相差甚大，因而使通道具有多种类型。这里，根据信息交换方式的不同，可把通道分成以下三种类型。

1) 字节多路通道(Byte Multiplexor Channel)

这是一种按字节交叉方式工作的通道。它通常都含有许多非分配型子通道，其数量可从几十到数百个，每一个子通道连接一台 I/O 设备，并控制该设备的 I/O 操作。这些子通道按时间片轮转方式共享主通道。当第一个子通道控制其 I/O 设备完成一个字节的交换后，便立即腾出主通道，让给第二个子通道使用；当第二个子通道也完成一个字节的交换后，同样也把主通道让给第三个子通道；依此类推。当所有子通道轮转一周后，重又返回来由第一个子通道去使用字节多路主通道。这样，只要字节多路通道扫描每个子通道的速率足够快，而连接到子通道上的设备的速率又不是太高，便不致丢失信息。

图 6-6 示出了字节多路通道的工作原理。它所含有的多个子通道为 A，B，C，D，E，…，N…，分别通过控制器各与一台设备相连。假定这些设备的速率相近，且都同时向主机传送数据。设备 A 所传送的数据流为 A_1，A_2，A_3，…；设备 B 所传送的数据流为 B_1，B_2，B_3，…；……把这些数据流合成后(通过主通道)送往主机的数据流为 A_1，B_1，C_1，D_1，…，A_2，B_2，C_2，D_2，…，A_3，B_3，C_3，D_3，…。

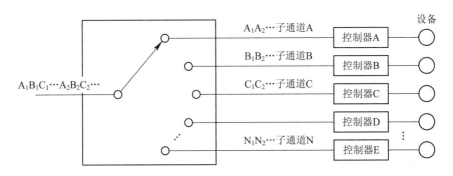

图 6-6 字节多路通道的工作原理

2) 数组选择通道(Block Selector Channel)

字节多路通道不适于连接高速设备，这推动了按数组方式进行数据传送的数组选择通道的形成。这种通道虽然可以连接多台高速设备，但由于它只含有一个分配型子通道，在一段时间内只能执行一道通道程序，控制一台设备进行数据传送，致使当某台设备占用了该通道后，便一直由它独占，即使是它无数据传送，通道被闲置，也不允许其它设备使用该通道，直至该设备传送完毕释放该通道。可见，这种通道的利用率很低。

3) 数组多路通道(Block Multiplexor Channel)

数组选择通道虽有很高的传输速率，但它却每次只允许一个设备传输数据。数组多路通道是将数组选择通道传输速率高和字节多路通道能使各子通道(设备)分时并行操作的优点相结合而形成的一种新通道。它含有多个非分配型子通道，因而这种通道既具有很高的数据传输速率，又能获得令人满意的通道利用率。也正因此，才使该通道能被广泛地用于连接多台高、中速的外围设备，其数据传送是按数组方式进行的。

3. "瓶颈"问题

由于通道价格昂贵，致使机器中所设置的通道数量势必较少，这往往又使它成了 I/O

的瓶颈，进而造成整个系统吞吐量的下降。例如，在图 6-7 中，假设设备 1 至设备 4 是四个磁盘，为了启动磁盘 4，必须用通道 1 和控制器 2；但若这两者已被其它设备占用，必然无法启动磁盘 4。类似地，若要启动盘 1 和盘 2，由于它们都要用到通道 1，因而也不可能启动。这些就是由于通道不足所造成的"瓶颈"现象。

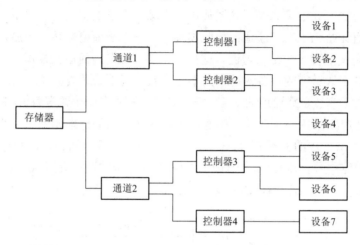

图 6-7　单通路 I/O 系统

　　解决"瓶颈"问题的最有效的方法，便是增加设备到主机间的通路而不增加通道，如图 6-8 所示。换言之，就是把一个设备连接到多个控制器上，而一个控制器又连接到多个通道上。图中的设备 1、2、3 和 4，都有 4 条通往存储器的通路。例如，通过控制器 1 和通道 1 到存储器；也可通过控制器 2 和通道 1 到存储器。多通路方式不仅解决了"瓶颈"问题，而且提高了系统的可靠性，因为个别通道或控制器的故障不会使设备和存储器之间没有通路。

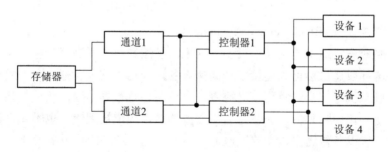

图 6-8　多通路 I/O 系统

6.3　中断机构和中断处理程序

　　对于操作系统中的 I/O 系统，本章采取从低层向高层的介绍方法，从本节开始首先介绍中断处理程序。中断在操作系统中有着特殊重要的地位，它是多道程序得以实现的基础，没有中断，就不可能实现多道程序，因为进程之间的切换是通过中断来完成的。另一方面，中断也是设备管理的基础，为了提高处理机的利用率和实现 CPU 与 I/O 设备并行执行，也必需有中断的支持。中断处理程序是 I/O 系统中最低的一层，它是整个 I/O 系统的基础。

◀ 6.3.1　中断简介

1. 中断和陷入

1) 中断

中断是指 CPU 对 I/O 设备发来的中断信号的一种响应。CPU 暂停正在执行的程序，保留 CPU 环境后，自动地转去执行该 I/O 设备的中断处理程序。执行完后，再回到断点，继续执行原来的程序。I/O 设备可以是字符设备，也可以是块设备、通信设备等。由于中断是由外部设备引起的，故又称外中断。

2) 陷入

另外还有一种由 CPU 内部事件所引起的中断，例如进程在运算中发生了上溢或下溢，又如程序出错，如非法指令、地址越界，以及电源故障等。通常把这类中断称为内中断或陷入(trap)。与中断一样，若系统发现了有陷入事件，CPU 也将暂停正在执行的程序，转去执行该陷入事件的处理程序。中断和陷入的主要区别是信号的来源，即是来自 CPU 外部，还是 CPU 内部。

2. 中断向量表和中断优先级

1) 中断向量表

为了处理上的方便，通常是为每种设备配以相应的中断处理程序，并把该程序的入口地址放在中断向量表的一个表项中，并为每一个设备的中断请求规定一个中断号，它直接对应于中断向量表的一个表项中。当 I/O 设备发来中断请求信号时，由中断控制器确定该请求的中断号，根据该设备的中断号去查找中断向量表，从中取得该设备中断处理程序的入口地址，这样便可以转入中断处理程序执行。

2) 中断优先级

然而实际情况是：经常会有多个中断信号源，每个中断源对服务要求的紧急程度并不相同，例如，键盘终端的中断请求的紧急程度不如打印机，而打印机中断请求的紧急程度又不如磁盘等。为此，系统就需要为它们分别规定不同的优先级。

3. 对多中断源的处理方式

对于多中断信号源的情况，当处理机正在处理一个中断时，又来了一个新的中断请求，这时应如何处理。例如，当系统正在处理打印机中断时，又收到了优先级更高的磁盘中断信号。对于这种情况，可有两种处理方式：屏蔽(禁止)中断与嵌套中断。

1) 屏蔽(禁止)中断

当处理机正在处理一个中断时，将屏蔽掉所有的中断，即处理机对任何新到的中断请求，都暂时不予理睬，而让它们等待。直到处理机已完成本次中断的处理后，处理机再去检查是否有中断发生。若有，再去处理新到的中断，若无，则返回被中断的程序。在该方法中，所有中断都将按顺序依次处理。其优点是简单，但不能用于对实时性要求较高的中断请求。图 6-9(a)示出了禁止中断时多中断顺序处理时的情况。

2) 嵌套中断

在设置了中断优先级的系统中，通常按这样的规则来进行优先级控制：

(1) 当同时有多个不同优先级的中断请求时，CPU 优先响应最高优先级的中断请求；

(2) 高优先级的中断请求可以抢占正在运行的低优先级中断的处理机，该方式类似于基于优先级的抢占式进程调度。例如，处理机正在处理打印机中断，当有磁盘中断到来时，可暂停对打印机中断的处理，转去处理磁盘中断。如果新到的是键盘中断，由于它的优先级低于打印机的优先级，故处理机继续处理打印机中断。图 6-9(b)示出了可多重中断时的情况。

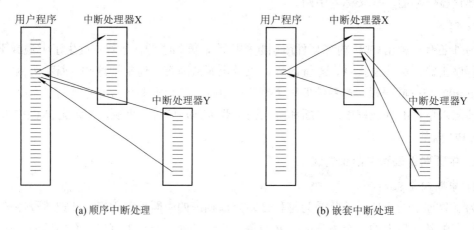

(a) 顺序中断处理   (b) 嵌套中断处理

图 6-9　对多中断的处理方式

◀ 6.3.2　中断处理程序

当一个进程请求 I/O 操作时，该进程将被挂起，直到 I/O 设备完成 I/O 操作后，设备控制器便向 CPU 发送一个中断请求，CPU 响应后便转向中断处理程序，中断处理程序执行相应的处理，处理完后解除相应进程的阻塞状态。

中断处理程序的处理过程可分成以下几个步骤：

(1) 测定是否有未响应的中断信号。每当设备完成一个字符(字或数据块)的读入(或输出)，设备控制器便向处理机发送一个中断请求信号。请求处理机将设备已读入的数据传送到内存的缓冲区中(读入)，或者请求处理机将要输出的数据(输出)传送给设备控制器。程序每当执行完当前指令后，处理机都要测试是否有未响应的中断信号。若没有，继续执行下一条指令。若有，则停止原有进程的执行，准备转去执行中断处理程序，为把处理机的控制权转交给中断处理程序做准备。

(2) 保护被中断进程的 CPU 环境。在把控制权转交给中断处理程序之前，需要先保护被中断进程的 CPU 环境，以便以后能恢复运行。首先需要保存的是，从中断现场恢复到当前进程运行所需要的信息。通常由硬件自动将处理机状态字(PSW)和保存在程序计数器(PC)中下一条指令的地址保存在中断保留区(栈)中。然后，把被中断进程的 CPU 现场信息，即将包括所有 CPU 寄存器的(如通用寄存器、段寄存器等)内容都压入中断栈中。因为在中断处理时可能会用到这些寄存器。图 6-10 给出了一个简单的保护中断现场的示意图。该程序是指令在 N 位置时被中断的，程序计数器中的内容为 N+1，所有寄存器的内容都被保留在栈中。

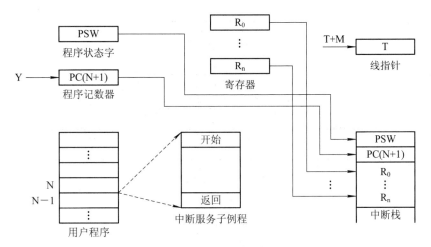

图 6-10　中断现场保护示意图

(3) 转入相应的设备处理程序。由处理机对各个中断源进行测试，以确定引起本次中断的 I/O 设备，并向提供中断信号的设备发送确认信号。在该设备收到确认信号后，就立即取消它所发出的中断请求信号。然后，将相应的设备中断处理程序的入口地址装入到程序计数器中。这样，当处理机运行时，便可自动地转向中断处理程序。

(4) 中断处理。对不同的设备，有不同的中断处理程序。该程序首先从设备控制器中读出设备状态，以判别本次中断是正常完成中断还是异常结束中断。若是前者，中断程序便做结束处理。假如这次是字符设备的读操作，则来自输入设备的中断是表明该设备已经读入了一个字符(字)的数据，并已放入数据寄存器中。此时中断处理应将该数据传送给 CPU，再将它存入缓冲区中，并修改相应的缓冲区指针，使其指向下一个内存单元。若还有命令，可再向控制器发送新的命令，进行新一轮的数据传送。若是异常结束中断，则根据发生异常的原因做相应的处理。

(5) 恢复 CPU 的现场并退出中断。当中断处理完成以后，需要恢复 CPU 的现场，退出中断。但是，此刻是否返会到被中断的进程，取决于两个因素：

① 本中断是否采用了屏蔽(禁止)中断方式，若是，就会返回被中断的进程。

② 采用的是中断嵌套方式，如果没有优先级更高的中断请求 I/O，在中断完成后，仍会返回被中断的进程；反之，系统将处理优先级更高的中断请求。

如果是要返回到被中断的进程，可将保存在中断栈中的被中断进程的现场信息取出，并装入到相应的寄存器中，其中包括该程序下一次要执行的指令的地址 N + 1、处理机状态字 PSW，以及各通用寄存器和段寄存器的内容。这样，当处理机再执行本程序时，便从 N + 1 处开始，最终返回到被中断的程序。

中断的处理流程如图 6-11 所示。

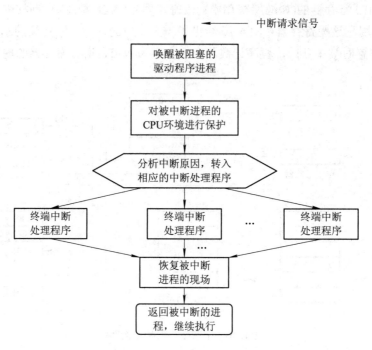

图 6-11　中断处理流程

I/O 操作完成后，驱动程序必须检查本次 I/O 操作中是否发生了错误，并向上层软件报告，最终向调用者报告本次 I/O 的执行情况。除了上述的第 4 步外，其它各步骤对所有 I/O 设备都是相同的，因而对于某种操作系统，例如 UNIX 系统，是把这些共同的部分集中起来，形成中断总控程序。每当要进行中断处理时，都要首先进入中断总控程序。而对于第 4 步，则对不同设备须采用不同的设备中断处理程序继续执行。

6.4　设备驱动程序

设备处理程序通常又称为设备驱动程序，它是 I/O 系统的高层与设备控制器之间的通信程序，其主要任务是接收上层软件发来的抽象 I/O 要求，如 read 或 write 命令，再把它转换为具体要求后，发送给设备控制器，启动设备去执行；反之，它也将由设备控制器发来的信号传送给上层软件。由于驱动程序与硬件密切相关，故通常应为每一类设备配置一种驱动程序。例如，打印机和显示器需要不同的驱动程序。

6.4.1　设备驱动程序概述

1. 设备驱动程序的功能

为了实现 I/O 系统的高层与设备控制器之间的通信，设备驱动程序应具有以下功能：

(1) 接收由与设备无关的软件发来的命令和参数，并将命令中的抽象要求转换为与设备相关的低层操作序列。

(2) 检查用户 I/O 请求的合法性，了解 I/O 设备的工作状态，传递与 I/O 设备操作有关的参数，设置设备的工作方式。

(3) 发出 I/O 命令，如果设备空闲，便立即启动 I/O 设备，完成指定的 I/O 操作；如果设备忙碌，则将请求者的请求块挂在设备队列上等待。

(4) 及时响应由设备控制器发来的中断请求，并根据其中断类型，调用相应的中断处理程序进行处理。

2. 设备驱动程序的特点

设备驱动程序属于低级的系统例程，它与一般的应用程序及系统程序之间有下述明显差异：

(1) 驱动程序是实现在与设备无关的软件和设备控制器之间通信和转换的程序，具体说，它将抽象的 I/O 请求转换成具体的 I/O 操作后传送给控制器。又把控制器中所记录的设备状态和 I/O 操作完成情况，及时地反映给请求 I/O 的进程。

(2) 驱动程序与设备控制器以及 I/O 设备的硬件特性紧密相关，对于不同类型的设备，应配置不同的驱动程序。但可以为相同的多个终端设置一个终端驱动程序。

(3) 驱动程序与 I/O 设备所采用的 I/O 控制方式紧密相关，常用的 I/O 控制方式是中断驱动和 DMA 方式。

(4) 由于驱动程序与硬件紧密相关，因而其中的一部分必须用汇编语言书写。目前有很多驱动程序的基本部分已经固化在 ROM 中。

(5) 驱动程序应允许可重入。一个正在运行的驱动程序常会在一次调用完成前被再次调用。

3. 设备处理方式

在不同的操作系统中，所采用的设备处理方式并不完全相同。根据在设备处理时是否设置进程，以及设置什么样的进程，而把设备处理方式分成以下三类：

(1) 为每一类设备设置一个进程，专门用于执行这类设备的 I/O 操作。比如，为所有的交互式终端设置一个交互式终端进程；又如，为同一类型的打印机设置一个打印进程。这种方式比较适合于较大的系统。

(2) 在整个系统中设置一个 I/O 进程，专门用于执行系统中所有各类设备的 I/O 操作。也可以设置一个输入进程和一个输出进程，分别处理系统中的输入或输出操作。

(3) 不设置专门的设备处理进程，而只为各类设备设置相应的设备驱动程序，供用户或系统进程调用。这种方式目前用得较多。

◀ 6.4.2　设备驱动程序的处理过程

设备驱动程序的主要任务是启动指定设备，完成上层指定的 I/O 工作。但在启动之前，应先完成必要的准备工作，如检测设备状态是否为"忙"等。在完成所有的准备工作后，才向设备控制器发送一条启动命令。以下是设备驱动程序的处理过程：

(1) 将抽象要求转换为具体要求。通常在每个设备控制器中都含有若干个寄存器，分别用于暂存命令、参数和数据等。由于用户及上层软件对设备控制器的具体情况毫无了解，因而只能发出命令(抽象的要求)，这些命令是无法传送给设备控制器的。因此，就需要将这些抽象要求转换为具体要求。例如，将抽象要求中的盘块号转换为磁盘的盘面、磁道号及扇区。而这一转换工作只能由驱动程序来完成，因为在 OS 中只有驱动程序才同时了解抽象要求和设备控制器中的寄存器情况，也只有它才知道命令、数据和参数应分别送往哪个寄存器。

(2) 对服务请求进行校验。驱动程序在启动 I/O 设备之前，必须先检查该用户的 I/O 请求是不是该设备能够执行的。一个非法请求的典型例子是，用户试图请求从一台打印机读入数据。如果驱动程序能检查出这类错误，便认为这次 I/O 请求非法，它将向 I/O 系统报告 I/O 请求出错。I/O 系统可以根据具体情况做出不同的决定。如可以停止请求进程的运行，或者仅通知请求进程它的 I/O 请求有错，但仍然让它继续运行。此外，还有些设备如磁盘和终端，它们虽然都是既可读、又可写的，但若在打开这些设备时规定的是读，则用户的写请求必然被拒绝。

(3) 检查设备的状态。启动某个设备进行 I/O 操作，其前提条件应是该设备正处于就绪状态。为此，在每个设备控制器中，都配置有一个状态寄存器。驱动程序在启动设备之前，要先把状态寄存器中的内容读入到 CPU 的某个寄存器中，通过测试寄存器中的不同位，来了解设备的状态，如图 6-12 所示。例如，为了向某设备写入数据，此前应先检查状态寄存器中接收就绪的状态位，看它是否处于接收就绪状态。仅当它处于接收就绪状态时，才能启动其设备控制器，否则只能等待。

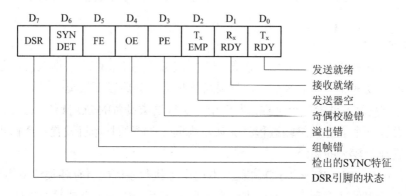

图 6-12　状态寄存器中的格式

(4) 传送必要的参数。在确定设备处于接收(发送)就绪状态后，便可向控制器的相应寄存器传送数据及与控制本次数据传输有关的参数。例如，在某种设备控制器中配置了两个控制寄存器，其中一个是命令寄存器，用于存放处理机发来的各种控制命令，以决定本次 I/O 操作是接收数据还是发送数据等。另一个是方式寄存器，它用于控制本次传送数据的速率、发送的字符长度等。如果是利用 RS232C 接口进行异步通信，在启动该接口之前，应先按通信规程设定下述参数：波特率、奇偶校验方式、停止位数目及数据字节长度等。对于较为复杂的块设备，除必须向其控制器发出启动命令外，还需传送更多的参数。

(5) 启动 I/O 设备。在完成上述各项准备工作后，驱动程序便可以向控制器中的命令寄存器传送相应的控制命令。对于字符设备,若发出的是写命令,驱动程序便把一个字符(或字),传送给控制器;若发出的是读命令,则驱动程序等待接收数据,并通过读入控制器的状态寄存器中状态字的方法来确定数据是否到达。

在多道程序系统中,驱动程序一旦发出 I/O 命令,启动了一个 I/O 操作后,驱动程序便把控制返回给 I/O 系统,把自己阻塞起来,直到中断到来时再被唤醒。具体的 I/O 操作是在设备控制器的控制下进行的,因此,在设备忙于传送数据时,处理机又可以去干其它的事情,实现了处理机与 I/O 设备的并行操作。

◀ 6.4.3 对 I/O 设备的控制方式

对设备的控制,早期是使用轮询的可编程 I/O 方式,后来发展为使用中断的可编程 I/O 方式。随着 DMA 控制器的出现,从以字节为单位,改为以数据块为单位进行转输,大大地改善了块设备的 I/O 性能。I/O 通道的出现,又使对 I/O 操作的组织和数据的传送都能独立进行,而无需 CPU 的干预。应当指出,在 I/O 控制方式的整个发展过程中,始终贯穿着这样一条宗旨,即尽量减少主机对 I/O 控制的干预,把主机从繁杂的 I/O 控制事务中解脱出来,以便更多地去完成数据处理任务。

1. 使用轮询的可编程 I/O 方式

处理机对 I/O 设备的控制采取轮询的可编程 I/O 方式,即在处理机向控制器发出一条 I/O 指令,启动输入设备输入数据时,要同时把状态寄存器中的忙/闲标志 busy 置为 1,然后便不断地循环测试 busy(称为轮询)。当 busy = 1 时,表示输入机尚未输完一个字(符),处理机应继续对该标志进行测试,直至 busy = 0,表明输入机已将输入数据送入控制器的数据寄存器中。于是处理机将数据寄存器中的数据取出,送入内存指定单元中,这样便完成了一个字(符)的 I/O。接着再去启动读下一个数据,并置 busy = 1。图 6-13(a)示出了程序 I/O 方式的流程。

在程序 I/O 方式中,CPU 的绝大部分时间都处于等待 I/O 设备完成数据 I/O 的循环测试中,造成对 CPU 的极大浪费。在该方式中,CPU 之所以要不断地测试 I/O 设备的状态,就是因为在 CPU 中无中断机构,使 I/O 设备无法向 CPU 报告它已完成了一个字符的输入操作。

2. 使用中断的可编程 I/O 方式

当前,对 I/O 设备的控制,广泛采用中断的可编程 I/O 方式,即当某进程要启动某个 I/O 设备工作时,便由 CPU 向相应的设备控制器发出一条 I/O 命令,然后立即返回继续执行原来的任务。设备控制器于是按照该命令的要求去控制指定 I/O 设备。此时,CPU 与 I/O 设备并行操作。例如,在输入时,当设备控制器收到 CPU 发来的读命令后,便去控制相应的输入设备读数据。一旦数据进入数据寄存器,控制器便通过控制线向 CPU 发送一中断信号,由 CPU 检查输入过程中是否出错,若无错,便向控制器发送取走数据的信号,然后再通过控制器及数据线,将数据写入内存指定单元中。图 6-13(b)示出了中断驱动方式的流程。

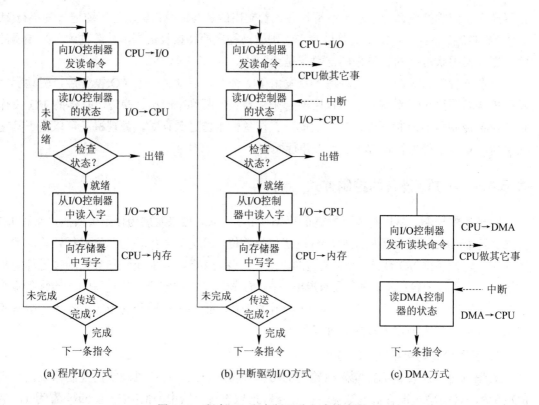

图 6-13　程序 I/O 和中断驱动方式的流程

在 I/O 设备输入每个数据的过程中，可使 CPU 与 I/O 设备并行工作。仅当输完一个数据时，才需 CPU 花费极短的时间去做些中断处理。这样可使 CPU 和 I/O 设备都处于忙碌状态，从而提高了整个系统的资源利用率及吞吐量。例如，从终端输入一个字符的时间约为 100 ms，而将字符送入终端缓冲区的时间小于 0.1 ms。若采用程序 I/O 方式，CPU 约有 99.9 ms 的时间处于忙—等待中。但采用中断驱动方式后，CPU 可利用这 99.9 ms 的时间去做其它的事情，而仅用 0.1 ms 的时间来处理由控制器发来的中断请求。可见，中断驱动方式可以成百倍地提高 CPU 的利用率。

3. 直接存储器访问方式

1) 直接存储器访问方式的引入

虽然中断驱动 I/O 比程序 I/O 方式更有效，但它仍是以字(节)为单位进行 I/O 的。每当完成一个字(节)的 I/O 时，控制器便要向 CPU 请求一次中断。换而言之，采用中断驱动 I/O 方式时的 CPU，是以字(节)为单位进行干预的。如果将这种方式用于块设备的 I/O，显然是极其低效的。例如，为了从磁盘中读出 1 KB 的数据块，需要中断 CPU 1K 次。为了进一步减少 CPU 对 I/O 的干预，而引入了直接存储器访问方式，见图 6-13(c)所示。该方式的特点是：

(1) 数据传输的基本单位是数据块，即在 CPU 与 I/O 设备之间，每次传送至少一个数据块。

(2) 所传送的数据是从设备直接送入内存的，或者相反。

(3) 仅在传送一个或多个数据块的开始和结束时，才需 CPU 干预，整块数据的传送是在控制器的控制下完成的。可见，DMA 方式较之中断驱动方式又进一步提高了 CPU 与 I/O 设备的并行操作程度。

2) DMA 控制器的组成

DMA 控制器由三部分组成：主机与 DMA 控制器的接口；DMA 控制器与块设备的接口；I/O 控制逻辑。图 6-14 示出了 DMA 控制器的组成。这里主要介绍主机与控制器之间的接口。

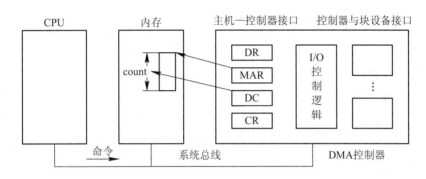

图 6-14 DMA 控制器的组成

为了实现在主机与控制器之间成块数据的直接交换，必须在 DMA 控制器中，设置如下四类寄存器：

(1) 命令/状态寄存器 CR，用于接收从 CPU 发来的 I/O 命令，或有关控制信息，或设备的状态。

(2) 内存地址寄存器 MAR，在输入时，它存放把数据从设备传送到内存的起始目标地址，在输出时，它存放由内存到设备的内存源地址。

(3) 数据寄存器 DR，用于暂存从设备到内存，或从内存到设备的数据。

(4) 数据计数器 DC，存放本次 CPU 要读或写的字(节)数。

3) DMA 工作过程

当 CPU 要从磁盘读入一数据块时，便向磁盘控制器发送一条读命令。该命令被送入命令寄存器 CR 中。同时，需要将本次要读入数据在内存的起始目标地址送入内存地址寄存器 MAR 中。将要读数据的字(节)数送入数据计数器 DC 中。还须将磁盘中的源地址直接送至 DMA 控制器的 I/O 控制逻辑上。然后，启动 DMA 控制器进行数据传送。以后，CPU 便可去处理其它任务，整个数据传送过程由 DMA 控制器进行控制。当 DMA 控制器已从磁盘中读入一个字(节)的数据，并送入数据寄存器 DR 后，再挪用一个存储器周期，将该字(节)传送到 MAR 所指示的内存单元中。然后便对 MAR 内容加 1，将 DC 内容减 1，若减 1 后 DC 内容不为 0，表示传送未完，便继续传送下一个字(节)；否则，由 DMA 控制器发出中断请求。图 6-15 是 DMA 方式的工作流程。

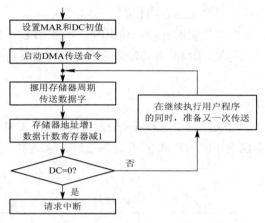

图 6-15　DMA 方式的工作流程图

4. I/O 通道控制方式

1) I/O 通道控制方式的引入

虽然 DMA 方式比起中断方式来已经显著地减少了 CPU 的干预，即已由以字(节)为单位的干预减少到以数据块为单位的干预，但 CPU 每发出一条 I/O 指令，也只能去读(或写)一个连续的数据块。而当我们需要一次去读多个数据块且将它们分别传送到不同的内存区域，或者相反时，则须由 CPU 分别发出多条 I/O 指令及进行多次中断处理才能完成。

I/O 通道方式是 DMA 方式的发展，它可进一步减少 CPU 的干预，即把对一个数据块的读(或写)为单位的干预，减少为对一组数据块的读(或写)及有关的控制和管理为单位的干预。同时，又可实现 CPU、通道和 I/O 设备三者的并行操作，从而更有效地提高整个系统的资源利用率。例如，当 CPU 要完成一组相关的读(或写)操作及有关控制时，只需向 I/O 通道发送一条 I/O 指令，以给出其所要执行的通道程序的首址和要访问的 I/O 设备，通道接到该指令后，通过执行通道程序便可完成 CPU 指定的 I/O 任务。

2) 通道程序

通道是通过执行通道程序并与设备控制器共同实现对 I/O 设备的控制的。通道程序是由一系列通道指令(或称为通道命令)所构成的。通道指令与一般的机器指令不同，在它的每条指令中都包含下列诸信息：

(1) 操作码，它规定了指令所执行的操作，如读、写、控制等操作。

(2) 内存地址，标明字符送入内存(读操作)和从内存取出(写操作)时的内存首址。

(3) 计数，表示本条指令所要读(或写)数据的字节数。

(4) 通道程序结束位 P，用于表示通道程序是否结束。P = 1 表示本条指令是通道程序的最后一条指令。

(5) 记录结束标志 R，R = 0 表示本通道指令与下一条指令所处理的数据是同属于一个记录；R = 1 表示这是处理某记录的最后一条指令。

下面示出了一个由六条通道指令所构成的简单的通道程序。该程序的功能是将内存中不同地址的数据写成多个记录。其中，前三条指令是分别将 813～892 单元中的 80 个字符

和 1034~1173 单元中的 140 个字符及 5830~5889 单元中的 60 个字符写成一个记录；第 4
条指令是单独写一个具有 300 个字符的记录；第 5、6 条指令共写含 300 个字符的记录。

操作	P	R	计数	内存地址
WRITE	0	0	80	813
WRITE	0	0	140	1034
WRITE	0	1	60	5830
WRITE	0	1	300	2000
WRITE	0	0	50	1650
WRITE	1	1	250	2720

6.5　与设备无关的 I/O 软件

为了方便用户和提高 OS 的可适应性与可扩展性，在现代 OS 的 I/O 系统中，都无一例
外地增加了与设备无关的 I/O 软件，以实现设备独立性，也称为设备无关性。其基本含义
是：应用程序中所用的设备，不局限于使用某个具体的物理设备。为每个设备所配置的设
备驱动程序是与硬件紧密相关的软件。为了实现设备独立性，必须再在设备驱动程序之上
设置一层软件，称为与设备无关的 I/O 软件，或设备独立性软件。

6.5.1　与设备无关(Device Independence)软件的基本概念

1. 以物理设备名使用设备

在早期 OS 中，应用程序在使用 I/O 设备时，都使用设备的物理名称，这使应用程序与
系统中的物理设备直接相关。当应用进程运行时，如果所请求的物理设备(独占设备类型)
已分配给其它进程，而此时尽管还有几台其它的相同设备空闲可用，但系统只能根据设备
的物理名来分配，无法将另外相同的设备(但具有不同的物理设备名)分配给它，致使该应
用进程请求 I/O 失败而被阻塞。特别是，当应用程序所需要的设备在系统中已经被更新时，
该应用程序将再也无法在该系统上运行。可见，应用程序直接与物理设备相关是非常不灵
活的，给用户带来了很大的不便，且对提高 I/O 设备的利用率也很不利。

2. 引入了逻辑设备名

为了实现与设备的无关性而引入了逻辑设备和物理设备两个概念。逻辑设备是抽象的
设备名。如 /dev/printer，该设备名只是说明用户需要使用打印机来打印输出，但并没有指
定具体是哪一台打印机。这样，如果在应用程序中，使用逻辑设备名称请求使用某类设备，
系统在对它进行设备分配时，先查找该类设备中的第一台，如它已被分配，系统可立即去
查找该类设备中第二台，若又被分配，系统接着去找第三台，若它尚未分配，便可将这台
设备分配给进程。事实上，只要系统中有一台该类设备未被分配，进程就不会被阻塞。仅
当所请求的此类设备已全部分配完毕时，进程才会因请求失败而阻塞。所以，应用进程就

不会由于某台指定设备退役而无法在本系统上运行。

与设备的无关软件还可实现 I/O 重定向。所谓 I/O 重定向，是指用于 I/O 操作的设备可以更换(即重定向)，而不必改变应用程序。例如，我们在调试一个应用程序时，可将程序的所有输出送往屏幕显示。而在程序调试完后，若须正式将程序的运行结果打印出来，此时便须将 I/O 重定向的数据结构——逻辑设备表中的显示终端改为打印机即可，而不必修改应用程序。I/O 重定向功能具有很大的实用价值，现已被广泛地引入到各类 OS 中。

3. 逻辑设备名称到物理设备名称的转换

在应用程序中，用逻辑设备名称使用设备虽然方便了用户，但系统却只识别物理设备名称，因此在实际执行时，还必须使用物理名称。为此，在系统中，必须具有将逻辑设备名称转换为某物理设备名称的功能。关于逻辑设备名称和物理设备名称的概念，与存储器管理中所介绍的逻辑地址和物理地址的概念非常类似，在应用程序中所使用的是逻辑地址，而系统在分配和使用内存时，必须使用物理地址。在程序执行时，必须先将逻辑地址转换为物理地址。类似地，为实现从逻辑设备名称和物理设备名称，在系统中需要配置一张逻辑设备表。转换的详细情况将在后面介绍。

◀ 6.5.2　与设备无关的软件

与设备无关的软件是 I/O 系统的最高层软件，在它下面的是设备驱动程序，其间的界限，因操作系统和设备的不同而有所差异。比如，对于一些本应由设备独立性软件实现的功能，却放在设备驱动程序中实现。这样的差异主要是出于对操作系统、设备独立性和设备驱动程序运行效率等多方面因素的权衡和考虑。总的来说，在与设备无关的软件中，包括了执行所有设备公有操作的软件，具体有如下几项。

1. 设备驱动程序的统一接口

为了使所有的设备驱动程序有着统一的接口，一方面，要求每个设备驱动程序与 OS 之间都有着相同的接口，或者相近的接口，这样会使添加一个新的设备驱动程序变得很容易，同时在很大程度上方便了开发人员对设备驱动程序的编制。另一方面，要将抽象的设备名映射到适当的驱动程序上，或者说，将抽象的设备名转换为具体的物理设备名，并进一步可以找到相应物理设备的驱动程序入口。此外，还应对设备进行保护，禁止用户直接访问设备，以防止无权访问的用户使用。

2. 缓冲管理

无论是字符设备还是块设备，它们的运行速度都远低于 CPU 的速度。为了缓和 CPU 和 I/O 设备之间的矛盾、提高 CPU 的利用率，在现代 OS 中都无一例外地分别为字符设备和块设备配置了相应的缓冲区。缓冲区有着多种形式，如单缓冲区、双缓冲区、循环缓冲区、公用缓冲池等，以满足不同情况的需要。由于这部分的内容较多，故我们将它作为独立的一节，在 6.7 节中对它进行详细介绍。

3. 差错控制

由于设备中有着许多的机械和电气部分，因此，它们比主机更容易出现故障，这就导致 I/O 操作中的绝大多数错误都与设备有关。错误可分为如下两类：

(1) 暂时性错误。暂时性错误是因发生暂时性事件引起的，如电源的波动。它可以通过重试操作来纠正。例如，在网络传输中，由于传输路途较远、缓冲区数量暂时不足等因素，会经常发生在网络中传输的数据包丢失或延误性的暂时性错误。当网络传输软件检测到这种情况后，可以通过重新传送来纠正错误。又如，当磁盘传送发生错误后，开始驱动程序并不立即认为传送出错，而是令磁盘重传，只有连续多次(如 10 次)出错，才认为磁盘出错，并向上层报告。一般地，设备出现故障后，主要由设备驱动程序处理，而设备独立性软件只处理那些设备驱动程序无法处理的错误。

(2) 持久性错误。持久性错误是由持久性故障引起的，如电源掉电、磁盘上有一条划痕或者在计算中发生除以零的情况等。持久性错误容易发现，有些错误是只要重复执行相同的程序就会再现的错误。要排除持久性错误，通常需要查清发生错误的原因。但也有某些持久性硬件错误可由操作系统进行有效的处理，而不用涉及高层软件。如磁盘上的少数盘块遭到破坏而失效，此时无需更换磁盘，而只需将它们作为坏的盘块记录下来，并放入一张坏盘块表中，以后不再使用这些坏块即可。

4. 对独立设备的分配与回收

在系统中有两类设备：独占设备和共享设备。对于独占设备，为了避免诸进程对独占设备的争夺，必须由系统来统一分配，不允许进程自行使用。每当进程需要使用某(独占)设备时，必须先提出申请。OS 接到对设备的请求后，先对进程所请求的独占设备进行检查，看该设备是否空闲。若空闲，才把该设备分配给请求进程。否则，进程将被阻塞，放入该设备的请求队列中等待。等到其它进程释放该设备时，再将队列中的第一个进程唤醒，该进程得到设备后继续运行。

5. 独立于设备的逻辑数据块

不同类型的设备，其数据交换单位是不同的，读取和传输速率也各不相同，如字符型设备以单个字符(字)为单位，块设备是以一个数据块为单位。即使同一类型的设备，其数据交换单位的大小也是有差异的，如不同磁盘由于扇区大小的不同，可能造成数据块大小的不一致。设备独立性软件应能够隐藏这些差异而被逻辑设备使用，并向高层软件提供大小统一的逻辑数据块。与设备无关软件的功能如图 6-16 所示。

| 设备驱动程序的统一接口 |
| 缓冲 |
| 错误报告 |
| 分配与释放专用设备 |
| 提供与设备无关的块大小 |

图 6-16　与设备无关软件的功能层次

◀ 6.5.3　设备分配

系统为实现对独占设备的分配，必须在系统中配置相应的数据结构。

1. 设备分配中的数据结构

在用于设备分配的数据结构中，记录了对设备或控制器进行控制所需的信息。在进行设备分配时需要如下的数据结构。

1) 设备控制表 DCT

系统为每一个设备都配置了一张设备控制表，用于记录设备的情况，如图 6-17 所示。

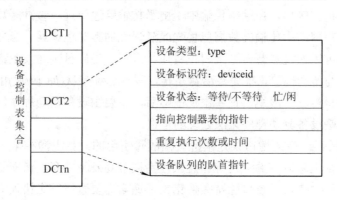

图 6-17　设备控制表

设备控制表中，除了有用于指示设备类型的字段 type 和设备标识字段 deviceid 外，还应含有下列字段：

(1) 设备队列队首指针，凡因请求本设备而未得到满足的进程，应将其 PCB 按照一定的策略排成一个设备请求队列，其队首指针指向队首 PCB；

(2) 忙/闲标志，用于表示当前设备的状态是忙或闲；

(3) 与设备连接的控制器表指针，该指针指向该设备所连接的控制器的控制表；

(4) 重复执行次数，由于外部设备在传送数据时较易发生数据传送错误，因而在许多系统中规定了设备在工作中发生错误时应重复执行的次数，在重复执行时，若能恢复正常传送，则仍认为传送成功，仅当重复执行次数达到规定值仍不成功时，才认为传送失败。

2) 控制器控制表、通道控制表和系统设备表

(1) 控制器控制表(COCT)。系统为每一个控制器都设置了用于记录控制器情况的控制器控制表，如图 6-18(a)所示。

(2) 通道控制表(CHCT)。每个通道都有一张通道控制表，如图 6-18(b)所示。

(3) 系统设备表(SDT)。这是系统范围的数据结构，记录了系统中全部设备的情况，每个设备占一个表目，其中包括有设备类型、设备标识符、设备控制表及设备驱动程序的入口等项，如图 6-18(c)所示。

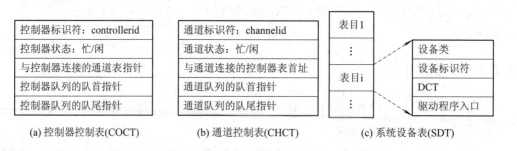

图 6-18　COCT、CHCT 和 SDT 表

2. 设备分配时应考虑的因素

系统在分配设备时，应考虑如下几个因素：

1) 设备的固有属性

设备的固有属性可分成三种，对它们应采取不同的分配策略：

(1) 独占设备的分配策略。将一个设备分配给某进程后，便由该进程独占，直至该进程完成或释放该设备。

(2) 共享设备的分配策略。对于共享设备，可同时分配给多个进程使用，此时须注意对这些进程访问该设备的先后次序进行合理的调度。

(3) 虚拟设备的分配策略，虚拟设备属于可共享的设备，可以将它同时分配给多个进程使用。

2) 设备分配算法

对设备分配的算法，通常只采用以下两种分配算法：

(1) 先来先服务。该算法是根据诸进程对某设备提出请求的先后次序，将这些进程排成一个设备请求队列，设备分配程序总是把设备首先分配给队首进程。

(2) 优先级高者优先。在利用该算法形成设备队列时，将优先级高的进程排在设备队列前面，而对于优先级相同的 I/O 请求，则按先来先服务原则排队。

3) 设备分配中的安全性

从进程运行的安全性上考虑，设备分配有以下两种方式：

(1) 安全分配方式。每当进程发出 I/O 请求后，便进入阻塞状态，直到其 I/O 操作完成时才被唤醒。在采用该策略时，一旦进程已经获得某种设备后便阻塞，不能再请求任何资源，而在它阻塞时又不保持任何资源。因此，摒弃了造成死锁的四个必要条件之一的"请求和保持"条件，故设备分配是安全的。其缺点是 CPU 与 I/O 设备是顺序工作的。

(2) 不安全分配方式。在这种分配方式中，进程在发出 I/O 请求后仍继续运行，需要时又发出第二个 I/O 请求、第三个 I/O 请求等。仅当进程所请求的设备已被另一进程占用时，才进入阻塞状态。该策略的优点是，一个进程可同时操作多个设备，使进程推进迅速。其缺点是分配不安全，因为它可能具备"请求和保持"条件，从而可能造成死锁。因此，在设备分配程序中，应对本次的设备分配是否会发生死锁进行安全性计算，仅当计算结果说明分配是安全的情况下，才进行设备分配。

3. 独占设备的分配程序

1) 基本的设备分配程序

我们通过一个例子来介绍设备分配过程。当某进程提出 I/O 请求后，系统的设备分配程序可按下述步骤进行设备分配：

(1) 分配设备。首先根据 I/O 请求中的物理设备名查找系统设备表 SDT，从中找出该设备的 DCT，再根据 DCT 中的设备状态字段，可知该设备是否正忙。若忙，便将请求 I/O 的进程的 PCB 挂在设备队列上；否则，便按照一定的算法，计算本次设备分配的安全性。如果不会导致系统进入不安全状态，便将设备分配给请求进程；否则，仍将其 PCB 插入设备等待队列。

(2) 分配控制器。在系统把设备分配给请求 I/O 的进程后，再到其 DCT 中找出与该设备连接的控制器的 COCT，从 COCT 的状态字段中可知该控制器是否忙碌。若忙，便将请求 I/O 进程的 PCB，挂在该控制器的等待队列上。否则，便将该控制器分配给进程。

(3) 分配通道。在该 COCT 中又可找到与该控制器连接的通道的 CHCT，再根据 CHCT 内的状态信息可知该通道是否忙碌。若忙，便将请求 I/O 的进程挂在该通道的等待队列上；否则，将该通道分配给进程。只有在设备、控制器和通道三者都分配成功时，这次的设备分配才算成功。然后，便可启动该 I/O 设备进行数据传送。

2) 设备分配程序的改进

在上面的例子中，进程是以物理设备名提出 I/O 请求的。如果所指定的设备已分配给其它进程，则分配失败。或者说上面的设备分配程序不具有与设备无关性。为获得设备的独立性，进程应使用逻辑设备名请求 I/O。这样，系统首先从 SDT 中找出第一个该类设备的 DCT。若该设备忙，又查找第二个该类设备的 DCT，仅当所有该类设备都忙时，才把进程挂在该类设备的等待队列上。而只要有一个该类设备可用，系统便进一步计算分配该设备的安全性。如安全，便可把设备分配给它。

◀ 6.5.4　逻辑设备名到物理设备名映射的实现

为了实现与设备的无关性，当应用程序请求使用 I/O 设备时，应当用逻辑设备名。但系统只识别物理设备名，因此在系统中需要配置一张逻辑设备表，用于将逻辑设备名映射为物理设备名。

1. 逻辑设备表 LUT(Logical Unit Table)

在逻辑设备表的每个表目中包含了三项：逻辑设备名、物理设备名和设备驱动程序的入口地址，如图 6-19(a)所示。当进程用逻辑设备名请求分配 I/O 设备时，系统根据当时的具体情况，为它分配一台相应的物理设备。与此同时，在逻辑设备表上建立一个表目，填上应用程序中使用的逻辑设备名和系统分配的物理设备名，以及该设备驱动程序的入口地址。当以后进程再利用该逻辑设备名请求 I/O 操作时，系统通过查找 LUT，便可找到该逻辑设备所对应的物理设备和该设备的驱动程序。

逻辑设备名	物理设备名	驱动程序 入口地址
/dev/tty	3	1024
/dev/printer	5	2046
⋮	⋮	⋮

(a) 表一

逻辑设备名	系统设备表指针
/dev/tty	3
/dev/printer	5
⋮	⋮

(b) 表二

图 6-19　逻辑设备表

2. 逻辑设备表的设置问题

在系统中可采取两种方式设置逻辑设备表：

第一种方式，是在整个系统中只设置一张 LUT。由于系统中所有进程的设备分配情况都记录在同一张 LUT 中，因而不允许在 LUT 中具有相同的逻辑设备名，这就要求所有用户都不使用相同的逻辑设备名。在多用户环境下这通常是难以做到的，因而这种方式主要用于单用户系统中。

第二种方式，是为每个用户设置一张 LUT。每当用户登录时，系统便为该用户建立一个进程，同时也为之建立一张 LUT，并将该表放入进程的 PCB 中。由于通常在多用户系统中都配置了系统设备表，故此时的逻辑设备表可以采用图 6-19(b)中的格式。

6.6　用户层的 I/O 软件

一般而言，大部分的 I/O 软件都放在操作系统内部，但仍有一小部分在用户层，其中包括与用户程序链接在一起的库函数，以及完全运行于内核之外的假脱机系统等。

6.6.1　系统调用与库函数

1. 系统调用

一方面，为使诸进程能有条不紊地使用 I/O 设备，且能保护设备的安全性，不允许运行在用户态的应用进程去直接调用运行在核心态(系统态)的 OS 过程。但另一方面，应用进程在运行时，又必须取得 OS 所提供的服务，否则，应用程序几乎无法运行。为了解决此矛盾，OS 在用户层中引入了一个中介过程——系统调用，应用程序可以通过它间接调用 OS 中的 I/O 过程，对 I/O 设备进行操作。

系统中会有许多系统调用，它们的实现方法是基本相同的。下面简单说明系统调用的执行过程。当应用程序需要执行某种 I/O 操作时，在应用程序中必须使用相应的系统调用。当 OS 捕获到应用程序中的该系统调用后，便将 CPU 的状态从用户态转换到核心态，然后转向操作系统中相应过程，由该过程完成所需的 I/O 操作。执行完成后，系统又将 CPU 状态从核心态转换到用户态，返回到应用程序继续执行。图 6-20 示出了系统调用的执行过程。

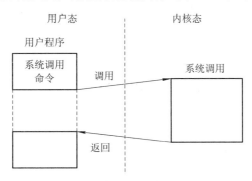

图 6-20　系统调用的执行过程

事实上，由 OS 向用户提供的所有功能，用户进程都必须通过系统调用来获取，或者说，系统调用是应用程序取得 OS 所有服务的唯一途径。在早期的操作中，系统调用是以汇编语言形式提供的，所以只有在用汇编语言编写的程序中，才能直接使用系统调用，这对用户是非常不方便的，后来在 C 语言中，首先提供了与系统调用相对应的库函数。

2. 库函数

在 C 语言以及 UNIX 系统中，系统调用(如 read)与各系统调用所使用的库函数(如 read)之间几乎是一一对应的。而微软定义了一套过程，称为 Win32 API 的应用程序接口(Application Program Interface)，程序员利用它们取得 OS 服务，该接口与实际的系统调用并不一一对应。用户程序通过调用对应的库函数使用系统调用，这些库函数与调用程序连接在一起，被嵌入在运行时装入内存的二进制程序中。

在 C 语言中提供了多种类型的库函数，对于 I/O 方面，主要是对文件和设备进行读/写的库函数，以及控制/检查设备状态的库函数。显然这些库函数的集合也应是 I/O 系统的组成部分。而且我们可以这样来看待内核和库函数之间的关系：内核提供了 OS 的基本功能，而库函数扩展了 OS 内核，使用户能方便取得操作系统的服务。在许多现代 OS 中，系统调用本身已经采用 C 语言编写，并以函数形式提供，所以在使用 C 语言编写的用户程序中，可以直接使用这些系统调用。

另外，操作系统在用户层中还提供了一些非常有用的程序，如下面将要介绍的假脱机系统，以及在网络传输文件时常使用的守护进程等，它们是运行在内核之外的程序，但它们仍属于 I/O 系统。

◆ 6.6.2　假脱机(Spooling)系统

如果说，通过多道程序技术可将一台物理 CPU 虚拟为多台逻辑 CPU，从而允许多个用户共享一台主机，那么，通过假脱机技术，则可将一台物理 I/O 设备虚拟为多台逻辑 I/O 设备，这样也就允许多个用户共享一台物理 I/O 设备。

1. 假脱机技术

在 20 世纪 50 年代，为了缓和 CPU 的高速性与 I/O 设备低速性间的矛盾，而引入了脱机输入、脱机输出技术。该技术是利用专门的外围控制机，先将低速 I/O 设备上的数据传送到高速磁盘上，或者相反。这样当处理机需要输入数据时，便可以直接从磁盘中读取数据，极大地提高了输入速度。反之，在处理机需要输出数据时，也可以很快的速度把数据先输出到磁盘上，处理机便可去做自己的事情。

事实上，当系统中引入了多道程序技术后，完全可以利用其中的一道程序，来模拟脱机输入时的外围控制机功能，把低速 I/O 设备上的数据传送到高速磁盘上。再用另一道程序模拟脱机输出时外围控制机的功能，把数据从磁盘传送到低速输出设备上。这样，便可在主机的直接控制下，实现以前的脱机输入、输出功能。此时的外围操作与 CPU 对数据的处理同时进行，我们把这种在联机情况下实现的同时外围操作的技术称为 SPOOLing (Simultaneous Peripheral Operation On-Line)技术，或称为假脱机技术。

2. SPOOLing 的组成

如前所述，SPOOLing 技术是对脱机输入/输出系统的模拟，相应地，如图 6-21(a)所示，

SPOOLing 系统建立在通道技术和多道程序技术的基础上，以高速随机外存(通常为磁盘)为后援存储器。SPOOLing 的工作原理如图 6-21(b)所示。

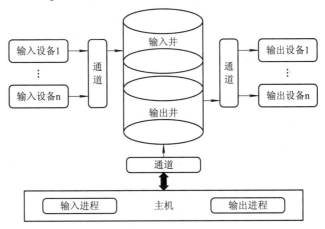

(a) SPOOLing系统的组成

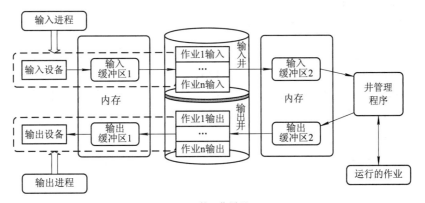

(b) SPOOLing的工作原理

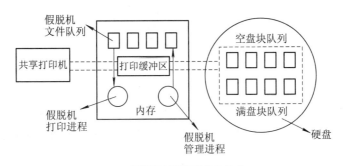

(c) 假脱机打印机系统的组成

图 6-21　SPOOLing 系统组成及工作原理

SPOOLing 系统主要由以下四部分构成：

(1) 输入井和输出井。这是在磁盘上开辟出来的两个存储区域。输入井模拟脱机输入时的磁盘，用于收容 I/O 设备输入的数据。输出井模拟脱机输出时的磁盘，用于收容用户程序的输出数据。输入/输出井中的数据一般以文件的形式组织管理，我们把这些文件称为井文件。一个文件仅存放某一个进程的输入(或者输出)数据，所有进程的数据输入(或输出)文件链接成为一个输入(或输出)队列。

(2) 输入缓冲区和输出缓冲区。这是在内存中开辟的两个缓冲区，用于缓和 CPU 和磁盘之间速度不匹配的矛盾。输入缓冲区用于暂存由输入设备传送的数据，之后再传送到输入井。输出缓冲区用于暂存从输出井传送的数据，之后再传送到输出设备。

(3) 输入进程和输出进程。输入进程也称为预输入进程，用于模拟脱机输入时的外围控制机，将用户要求的数据从输入设备传送到输入缓冲区，再存放到输入井。当 CPU 需要输入设备时，直接从输入井读入内存。输出进程也称为缓输出进程，用于模拟脱机输出时的外围控制机，把用户要求输入的数据从内存传送并存放到输出井，待输出设备空闲时，再将输出井中的数据经过输出缓冲区输出至输出设备上。

(4) 井管理程序。用于控制作业与磁盘井之间信息的交换。当作业执行过程中向某台设备发出启动输入或输出操作请求时，由操作系统调用井管理程序，由其控制从输入井读取信息或将信息输出至输出井。

3. SPOOLing 系统的特点

(1) 提高了 I/O 的速度。这里，对数据所执行的 I/O 操作，已从对低速 I/O 设备执行的 I/O 操作演变为对磁盘缓冲区中数据的存取，如同脱机输入输出一样，提高了 I/O 速度，缓和了 CPU 与低速 I/O 设备之间速度不匹配的矛盾。

(2) 将独占设备改造为共享设备。因为在假脱机打印机系统中，实际上并没为任何进程分配设备，而只是在磁盘缓冲区中为进程分配一个空闲盘块和建立一张 I/O 请求表。这样，便把独占设备改造为共享设备。

(3) 实现了虚拟设备功能。宏观上，虽然是多个进程在同时使用一台独占设备，而对于每一个进程而言，它们都会认为自己是独占了一个设备。当然，该设备只是逻辑上的设备。假脱机打印机系统实现了将独占设备变换为若干台对应的逻辑设备的功能。

4. 假脱机打印机系统

打印机是经常用到的输出设备，属于独占设备。利用假脱机技术可将它改造为一台可供多个用户共享的打印设备，从而提高设备的利用率，也方便了用户。共享打印机技术已被广泛地用于多用户系统和局域网络中。假脱机打印系统主要有以下三部分：

(1) 磁盘缓冲区。它是在磁盘上开辟的一个存储空间，用于暂存用户程序的输出数据，在该缓冲区中可以设置几个盘块队列，如空盘块队列、满盘块队列等。

(2) 打印缓冲区。用于缓和 CPU 和磁盘之间速度不匹配的矛盾，设置在内存中，暂存从磁盘缓冲区送来的数据，以后再传送给打印设备进行打印。

(3) 假脱机管理进程和假脱机打印进程。由假脱机管理进程为每个要求打印的用户数据建立一个假脱机文件，并把它放入假脱机文件队列中，由假脱机打印进程依次对队列中的文件进行打印。

图 6-21(c)示出了假脱机打印机系统的组成。

每当用户进程发出打印输出请求时，假脱机打印机系统并不是立即把打印机分配给该用户进程，而是由假脱机管理进程完成两项工作：① 在磁盘缓冲区中为之申请一个空闲盘块，并将要打印的数据送入其中暂存；② 为用户进程申请一张空白的用户请求打印表，并将用户的打印要求填入其中，再将该表挂到假脱机文件队列上。在这两项工作完成后，虽然还没有进行任何实际的打印输出，但对于用户进程而言，其打印请求已经得到满足，打印输出任务已经完成。

真正的打印输出是假脱机打印进程负责的，当打印机空闲时，该进程首先从假脱机文件队列的队首摘取一张请求打印表，然后根据表中的要求将要打印的数据由输出井传送到内存缓冲区，再交付打印机进行打印。一个打印任务完成后，假脱机打印进程将再次查看假脱机文件队列，若队列非空，则重复上述的工作，直至队列为空。此后，假脱机打印进程将自己阻塞起来，仅当再次有打印请求时，才被重新唤醒运行。

由此可见，利用假脱机系统向用户提供共享打印机的概念是：对每个用户而言，系统并非即时执行其程序输出数据的真实打印操作，而只是即时将数据输出到缓冲区，这时的数据并未真正被打印，只是让用户感觉系统已为他打印；真正的打印操作，是在打印机空闲且该打印任务在等待队列中已排到队首时进行的；而且，打印操作本身也是利用 CPU 的一个时间片，没有使用专门的外围机；以上的过程是对用户屏蔽的，用户是不可见的。

5. 守护进程(daemon)

前面是利用假脱机系统来实现打印机共享的一种方案，人们对该方案进行了某些修改，如取消该方案中的假脱机管理进程，为打印机建立一个守护进程，由它执行一部分原来由假脱机管理进程实现的功能，如为用户在磁盘缓冲区中申请一个空闲盘块，并将要打印的数据送入其中，将该盘块的首址返回给请求进程。另一部分由请求进程自己完成，每个要求打印的进程首先生成一份要求打印的文件，其中包含对打印的要求和指向装有打印输出数据盘块的指针等信息，然后将用户请求打印文件放入假脱机文件队列(目录)中。

守护进程是允许使用打印机的唯一进程。所有需要使用打印机进行打印的进程都需将一份要求打印的文件放在假脱机文件队列(目录)中。如果守护进程正在睡眠，便将它唤醒，由它按照目录中第一个文件中的说明进行打印，打印完成后，再按照目录中第二个文件中的说明进行打印，如此逐份文件地进行打印，直到目录中的全部文件打印完毕，守护进程无事可做，又去睡眠。等待用户进程再次发来打印请求。

除了打印机守护进程之外，还可能有许多其它的守护进程，如服务器守护进程和网络守护进程等。事实上，凡是需要将独占设备改造为可供多个进程共享的设备时，都要为该设备配置一个守护进程和一个假脱机文件队列(目录)。同样，守护进程是允许使用该独占设备的唯一进程，所有其它进程都不能直接使用该设备，只能将对该设备的使用要求写入一份文件中，放在假脱机目录中。由守护进程按照目录中的文件依次来完成诸进程对该设备的请求，这样就把一台独占设备改造为可为多个进程共享的设备。

6.7　缓冲区管理

在现代操作系统中，几乎所有的 I/O 设备在与处理机交换数据时都用了缓冲区。缓冲区是一个存储区域，它可以由专门的硬件寄存器组成，但由于硬件的成本较高，容量也较小，一般仅用在对速度要求非常高的场合，如存储器管理中所用的联想存储器；设备控制器中用的数据缓冲区等。在一般情况下，更多的是利用内存作为缓冲区。本节所要介绍的也正是由内存组成的缓冲区。缓冲区管理的主要功能是组织好这些缓冲区，并提供获得和释放缓冲区的手段。

◀ 6.7.1 缓冲的引入

引入缓冲区的原因有很多，可归结为以下几点：

(1) 缓和 CPU 与 I/O 设备间速度不匹配的矛盾。

事实上，凡在数据到达速率与其离去速率不同的地方，都可设置缓冲区，以缓和它们之间速率不匹配的矛盾。众所周知，CPU 的运算速率远远高于 I/O 设备的速率，如果没有缓冲区，在输出数据时，必然会由于打印机的速度跟不上，而使 CPU 停下来等待；然而在计算阶段，打印机又空闲无事。如果在打印机或控制器中设置一缓冲区，用于快速暂存程序的输出数据，以后由打印机“慢慢地”从中取出数据打印，这样，就可提高 CPU 的工作效率。类似地，在输入设备与 CPU 之间设置缓冲，也可使 CPU 的工作效率得以提高。

(2) 减少对 CPU 的中断频率，放宽对 CPU 中断响应时间的限制。

在远程通信系统中，如果从远地终端发来的数据仅用一位缓冲来接收，如图 6-22(a)所示，则必须在每收到一位数据时便中断一次 CPU，这样，对于速率为 9.6 kb/s 的数据通信来说，就意味着其中断 CPU 的频率也为 9.6 kb/s，即每 100 μs 就要中断 CPU 一次，而且 CPU 必须在 100 μs 内予以响应，否则缓冲区内的数据将被冲掉。倘若设置一个具有 8 位的缓冲(移位)寄存器，如图 6-22(b)所示，则可使 CPU 被中断的频率降低为原来的 1/8；若再设置一个 8 位寄存器，如图 6-22(c)所示，则又可把 CPU 对中断的响应时间从 100 μs 放宽到 800 μs。类似地，在磁盘控制器和磁带控制器中，都需要配置缓冲寄存器，以减少对 CPU 的中断频率，放宽对 CPU 中断响应时间的限制。随着传输速率的提高，需要配置位数更多的寄存器进行缓冲。

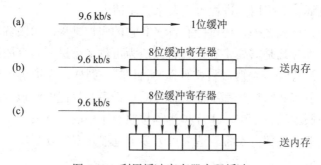

图 6-22 利用缓冲寄存器实现缓冲

(3) 解决数据粒度不匹配的问题。

缓冲区可用于解决在生产者和消费者之间交换的数据粒度(数据单元大小)不匹配的问题。例如，生产者所生产的数据粒度比消费者消费的数据粒度小时，生产者进程可以一连生产好几个数据单元的数据，当其总和已达到消费者进程所要求的数据单元大小时，消费者便可从缓冲区中取出消费。反之，如果生产者所生产的数据粒度比消费者消费的数据粒度大时，生产者每次生产的数据消费者可以分几次从缓冲区中取出消费。

(4) 提高 CPU 和 I/O 设备之间的并行性。

缓冲区的引入可显著地提高 CPU 和 I/O 设备间的并行操作程度，提高系统的吞吐量和设备的利用率。例如，在 CPU(生产者)和打印机(消费者)之间设置了缓冲区后，生产者在生产了一批数据并将它放入缓冲区后，便可立即去进行下一次的生产。与此同时，消费者可以从缓冲区中取出数据消费，这样便可使 CPU 与打印机处于并行工作状态。

◀ 6.7.2 单缓冲区和双缓冲区

如果在生产者与消费者之间未设置任何缓冲，生产者与消费者之间在时间上会相互限制。例如，生产者已经完成了数据的生产，但消费者尚未准备好接收，生产者无法把所生产的数据交付给消费者，此时生产者必须暂停等待，直到消费者就绪。如果在生产者与消费者之间设置了一个缓冲区，则生产者无需等待消费者就绪，便可把数据输出到缓冲区。

1. 单缓冲区(Single Buffer)

在单缓冲情况下，每当用户进程发出一 I/O 请求时，操作系统便在主存中为之分配一缓冲区，如图 6-23 所示。在块设备输入时，假定从磁盘把一块数据输入到缓冲区的时间为 T，OS 将该缓冲区中的数据传送到用户区的时间为 M，而 CPU 对这一块数据处理(计算)的时间为 C。由于 T 和 C 是可以并行的(见图 6-23)，当 T > C 时，系统对每一块数据的处理时间为 M+T；反之则为 M+C，故可把系统对每一块数据的处理时间表示为 Max(C, T)+M。

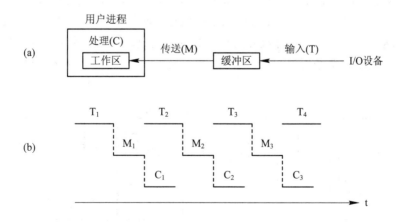

图 6-23 单缓冲工作示意图

在字符设备输入时，缓冲区用于暂存用户输入的一行数据，在输入期间，用户进程被挂起以等待数据输入完毕；在输出时，用户进程将一行数据输入到缓冲区后继续进行处理。当用户进程已有第二行数据输出时，如果第一行数据尚未被提取完毕，则此时用户进程应阻塞。

2. 双缓冲区(Double Buffer)

由于缓冲区是共享资源，生产者与消费者在使用缓冲区时必须互斥。如果消费者尚未取走缓冲区中的数据，即使生产者又生产出新的数据，也无法将它送入缓冲区，生产者等待。如果为生产者与消费者设置了两个缓冲区，便能解决这一问题。

为了加快输入和输出速度，提高设备利用率，人们又引入了双缓冲区机制，也称为缓冲对换(Buffer Swapping)。在设备输入时，先将数据送入第一缓冲区，装满后便转向第二缓冲区。此时操作系统可以从第一缓冲区中移出数据，并送入用户进程(见图 6-24)。接着由CPU对数据进行计算。在双缓冲时，系统处理一块数据的时间可以粗略地认为是 $\text{Max}(C, T)$，如果 $C < T$，可使块设备连续输入；如果 $C > T$，则可使 CPU 不必等待设备输入。对于字符设备，若采用行输入方式，则采用双缓冲通常能消除用户的等待时间，即用户在输入完第一行后，在 CPU 执行第一行中的命令时，用户可继续向第二缓冲区输入下一行数据。

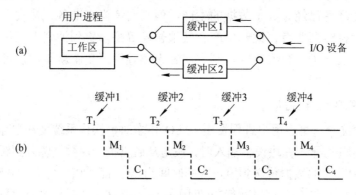

图 6-24　双缓冲工作示意图

如果在实现两台机器之间的通信时仅为它们配置了单缓冲，如图 6-25(a)所示，那么，它们之间在任一时刻都只能实现单方向的数据传输。例如，只允许把数据从 A 传送到 B，或者从 B 传送到 A，而绝不允许双方同时向对方发送数据。为了实现双向数据传输，必须在两台机器中都设置两个缓冲区，一个用作发送缓冲区，另一个用作接收缓冲区，如图 6-25(b)所示。

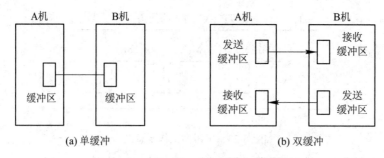

图 6-25　双机通信时缓冲区的设置

◀ 6.7.3　环形缓冲区

当输入与输出的速度基本相匹配时，采用双缓冲能获得较好的效果，可使生产者和消费者基本上能并行操作。但若两者的速度相差甚远，双缓冲的效果则不够理想，不过可以随着缓冲区数量的增加，使情况有所改善。因此，又引入了多缓冲机制，可将多个缓冲区组织成环形缓冲区形式。

1. 环形缓冲区的组成

(1) 多个缓冲区。在环形缓冲中包括多个缓冲区，其每个缓冲区的大小相同。作为输入的多缓冲区可分为三种类型：用于装输入数据的空缓冲区 R、已装满数据的缓冲区 G 以及计算进程正在使用的现行工作缓冲区 C，如图 6-26 所示。

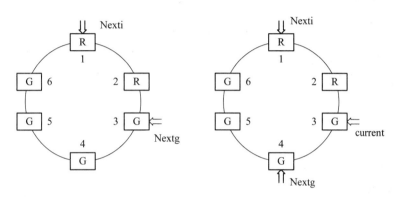

图 6-26　环形缓冲区

(2) 多个指针。作为输入的缓冲区可设置三个指针：用于指示计算进程下一个可用缓冲区 G 的指针 Nextg、指示输入进程下次可用的空缓冲区 R 的指针 Nexti，以及用于指示计算进程正在使用的缓冲区 C 的指针 Current。

2. 环形缓冲区的使用

计算进程和输入进程可利用下述两个过程来使用形环缓冲区。

(1) Getbuf 过程。当计算进程要使用缓冲区中的数据时，可调用 Getbuf 过程。该过程将由指针 Nextg 所指示的缓冲区提供给进程使用，相应地，须把它改为现行工作缓冲区，并令 Current 指针指向该缓冲区的第一个单元，同时将 Nextg 移向下一个 G 缓冲区。类似地，每当输入进程要使用空缓冲区来装入数据时，也调用 Getbuf 过程，由该过程将指针 Nexti 所指示的缓冲区提供给输入进程使用，同时将 Nexti 指针移向下一个 R 缓冲区。

(2) Releasebuf 过程。当计算进程把 C 缓冲区中的数据提取完毕时，便调用 Releasebuf 过程，将缓冲区 C 释放。此时，把该缓冲区由当前(现行)工作缓冲区 C 改为空缓冲区 R。类似地，当输入进程把缓冲区装满时，也应调用 Releasebuf 过程，将该缓冲区释放，并改为 G 缓冲区。

3. 进程之间的同步问题

使用输入循环缓冲，可使输入进程和计算进程并行执行。相应地，指针 Nexti 和指针 Nextg 将不断地沿着顺时针方向移动，这样就可能出现下述两种情况：

(1) Nexti 指针追赶上 Nextg 指针。这意味着输入进程输入数据的速度大于计算进程处理数据的速度，已把全部可用的空缓冲区装满，再无缓冲区可用。此时，输入进程应阻塞，直到计算进程把某个缓冲区中的数据全部提取完，使之成为空缓冲区 R，并调用 Releasebuf 过程将它释放时，才将输入进程唤醒。这种情况被称为系统受计算限制。

(2) Nextg 指针追赶上 Nexti 指针。这意味着输入数据的速度低于计算进程处理数据的速度，使全部装有输入数据的缓冲区都被抽空，再无装有数据的缓冲区供计算进程提取数据。这时，计算进程只能阻塞，直至输入进程又装满某个缓冲区，并调用 Releasebuf 过程将它释放时，才去唤醒计算进程。这种情况被称为系统受 I/O 限制。

◄ 6.7.4 缓冲池(Buffer Pool)

上述的缓冲区是专门为特定的生产者和消费者设置的，它们属于专用缓冲。当系统较大时，应该有许多这样的循环缓冲，这不仅要消耗大量的内存空间，而且其利用率不高。为了提高缓冲区的利用率，目前广泛流行既可用于输入又可用于输出的公用缓冲池，在池中设置了多个可供若干个进程共享的缓冲区。缓冲池与缓冲区的区别在于：缓冲区仅仅是一组内存块的链表，而缓冲池则是包含了一个管理的数据结构及一组操作函数的管理机制，用于管理多个缓冲区。

1. 缓冲池的组成

缓冲池管理着多个缓冲区，每个缓冲区由用于标识和管理的缓冲首部以及用于存放数据的缓冲体两部分组成。缓冲首部一般包括缓冲区号、设备号、设备上的数据块号、同步信号量以及队列链接指针等。为了管理上的方便，一般将缓冲池中具有相同类型的缓冲区链接成一个队列，于是可形成以下三个队列：

(1) 空白缓冲队列 emq。这是由空缓冲区所链成的队列。其队首指针 F(emq)和队尾指针 L(emq)分别指向该队列的首缓冲区和尾缓冲区。

(2) 输入队列 inq。这是由装满输入数据的缓冲区所链成的队列。其队首指针 F(inq)和队尾指针 L(inq)分别指向输入队列的队首和队尾缓冲区。

(3) 输出队列 outq。这是由装满输出数据的缓冲区所链成的队列。其队首指针 F(outq)和队尾指针 L(outq)分别指向该队列的首、尾缓冲区。

除了上述三个队列外，还应具有四种工作缓冲区：用于收容输入数据的工作缓冲区、用于提取输入数据的工作缓冲区、用于收容输出数据的工作缓冲区，以及用于提取输出数据的工作缓冲区。

2. Getbuf 过程和 Putbuf 过程

在数据结构课程中，曾介绍过队列和对队列进行操作的两个过程，第一个是 Addbuf(type，number)过程。该过程用于将由参数 number 所指示的缓冲区 B 挂在 type 队列上。第二个是 Takebuf(type)过程。它用于从 type 所指示的队列的队首摘下一个缓冲区。

这两个过程能否用于对缓冲池中的队列进行操作呢？答案是否定的。因为缓冲池中的队列本身是临界资源，多个进程在访问一个队列时，既应互斥，又须同步。为此，需要对这两个过程加以改造，以形成可用于对缓冲池中的队列进行操作的 Getbuf 和 Putbuf 过程。

为使诸进程能互斥地访问缓冲池队列，可为每一队列设置一个互斥信号量 MS(type)。

此外，为了保证诸进程同步地使用缓冲区，又为每个缓冲队列设置了一个资源信号量 RS(type)。既可实现互斥又可保证同步的 Getbuf 过程和 Putbuf 过程描述如下：

```
void Getbuf(unsigned type)
{
    Wait(RS(type));
    Wait(MS(type));
    B(number) = Takebuf(type);
    Signal(MS(type));
}
void Putbuf(type，number)
{
    Wait(MS(type));
    Addbuf(type，number);
    Signal(MS(type));
    Signal(RS(type));
}
```

3. 缓冲区的工作方式

缓冲区可以工作在如下四种工作方式，如图 6-27 所示。

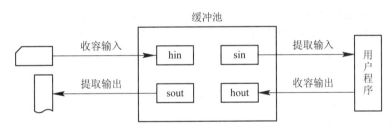

图 6-27　缓冲区的工作方式

(1) 收容输入。输入进程可调用 Getbuf(emq)过程，从空缓冲队列 emq 的队首摘下一空缓冲区，把它作为收容输入工作缓冲区 hin。然后，把数据输入其中，装满后再调用 Putbuf(inq，hin)过程，将它挂在输入队列 inq 队列上。

(2) 提取输入。计算进程可调用 Getbuf(inq)过程，从输入队列 inq 的队首取得一缓冲区，作为提取输入工作缓冲区(sin)，计算进程从中提取数据。计算进程用完该数据后，再调用 Putbuf(emq，sin)过程，将它挂到空缓冲队列 emq 上。

(3) 收容输出。计算进程可调用 Getbuf(emq)，从空缓冲队列 emq 的队首取得一空缓冲，作为收容输出工作缓冲区 hout。当其中装满输出数据后，又调用 Putbuf(outq，hout)过程，将它挂在 outq 末尾。

(4) 提取输出。输出进程可调用 Getbuf(outq)过程，从输出队列的队首取得一装满输出数据的缓冲区，作为提取输出工作缓冲区 sout。在数据提取完后，再调用 Putbuf(emq，sout)过程，将它挂在空缓冲队列末尾。

6.8 磁盘存储器的性能和调度

磁盘存储器是计算机系统中的最重要的存储设备，在其中存放了大量的文件。对文件的读、写操作都将涉及到对磁盘的访问。磁盘 I/O 速度的高低和磁盘系统的可靠性，将直接影响到系统的性能。可以通过多种途经来改善磁盘系统的性能。首先可通过选择好的磁盘调度算法，以减少磁盘的寻道时间；其次是提高磁盘 I/O 速度，以提高对文件的访问速度；第三采取冗余技术，提高磁盘系统的可靠性，建立高度可靠的文件系统。第二和第三点我们将它放在磁盘存储器管理一章中介绍。

6.8.1 磁盘性能简述

磁盘设备是一种相当复杂的机电设备，在此仅对磁盘的某些性能，如数据的组织、磁盘的类型和访问时间等方面做扼要的阐述。

1. 数据的组织和格式

磁盘设备可包括一个或多个物理盘片，每个磁盘片分一个或两个存储面(Surface)(见图 6-28(a))，每个盘面上有若干个磁道(Track)，磁道之间留有必要的间隙(Gap)。为使处理简单起见，在每条磁道上可存储相同数目的二进制位。这样，磁盘密度即每英寸中所存储的位数，显然是内层磁道的密度较外层磁道的密度高。每条磁道又被从逻辑上划分成若干个扇区(Sectors)，软盘大约为 8 至 32 个扇区，硬盘则可多达数百个，图 6-28(b)显示了一个磁道分成 8 个扇区的布局情况。一个扇区称为一个盘块(或数据块)，各扇区之间保留一定的间隙(Gap)。

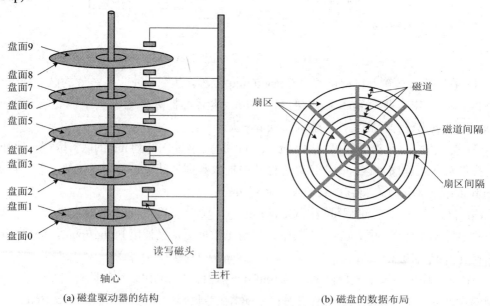

(a) 磁盘驱动器的结构   (b) 磁盘的数据布局

图 6-28　磁盘的结构和布局

一个物理记录存储在一个扇区上，磁盘上能存储的物理记录块数目是由扇区数、磁道数以及磁盘面数所决定的。例如，一个 10 GB 容量的磁盘，有 8 个双面可存储盘片，共 16 个存储面(盘面)，每面有 16383 个磁道(也称柱面)，63 个扇区。

为了提高磁盘的存储容量，充分利用磁盘外面磁道的存储能力，现代磁盘不再把内外磁道划分为相同数目的扇区，而是利用外层磁道容量较内层磁道大的特点，将盘面划分成若干条环带，同一环带内的所有磁道具有相同的扇区数。显然外层环带的磁道拥有较内层环带的磁道更多的扇区。为了减少这种磁道和扇区在盘面分布的几何形式变化对驱动程序的影响，大多数现代磁盘都隐藏了这些细节，仅向操作系统提供虚拟几何的磁盘规格，而不是实际的物理几何规格。

为了在磁盘上存储数据，必须先将磁盘低级格式化。图 6-29 示出了一种温盘(温切斯特盘)中一条磁道格式化的情况。其中每条磁道(Track)含有 30 个固定大小的扇区(Sectors)，每个扇区容量为 600 个字节，其中 512 个字节存放数据，其余的用于存放控制信息。每个扇区包括两个字段：① 标识符字段(ID Field)，其中一个字节的 SYNCH 具有特定的位图像，作为该字段的定界符，利用磁道号(Track)、磁头号(Head #)及扇区号(Sectors #)三者来标识一个扇区；CRC 字段用于段校验。② 数据字段(Data Field)，存放 512 个字节的数据。值得强调的是，在磁盘一个盘面的不同磁道(Track)、每个磁道的不同扇区(Sector)，以及每个扇区的不同字段(Field)之间，为了简化和方便磁头的辨识，都设置了一个到若干个字节不同长度的间距(Gap，也称间隙)。

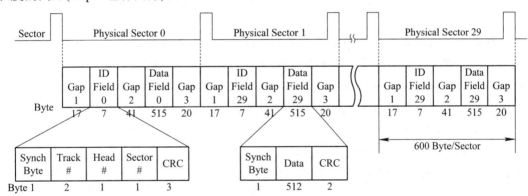

图 6-29　磁盘的格式化

在磁盘格式化完成后，一般要对磁盘进行分区。在逻辑上，每个分区就是一个独立的逻辑磁盘。每个分区的起始扇区和大小都记录在磁盘 0 扇区的主引导记录分区表所包含的分区表中。在这个分区表中必须有一个分区被标记成活动的(即引导块)，以保证能够从硬盘引导系统。

但是，在真正可以使用磁盘前，还需要对磁盘进行一次高级格式化，即设置一个引导块、空闲存储管理、根目录和一个空文件系统，同时在分区表中标记该分区所使用的文件系统。

2. 磁盘的类型

对于磁盘，可以从不同的角度进行分类。最常见的有：将磁盘分成硬盘和软盘、单片盘和多片盘、固定头磁盘和活动头(移动头)磁盘等。下面仅对固定头磁盘和移动头磁盘做些介绍。

(1) 固定头磁盘。这种磁盘在每条磁道上都有一读/写磁头，所有的磁头都被装在一刚性磁臂中。通过这些磁头可访问所有各磁道，并进行并行读/写，有效地提高了磁盘的 I/O 速度。这种结构主要用于大容量磁盘上。

(2) 移动头磁盘。每一个盘面仅配有一个磁头，也被装入磁臂中。为能访问该盘面上的所有磁道，该磁头必须能移动以进行寻道。可见，移动磁头仅能以串行方式读/写，致使其 I/O 速度较慢；但由于其结构简单，故仍广泛应用于中小型磁盘设备中。在微型机上配置的温盘和软盘，都采用移动磁头结构，故本节主要针对这类磁盘的 I/O 进行讨论。

3. 磁盘访问时间

磁盘设备在工作时以恒定速率旋转。为了读或写，磁头必须能移动到所指定的磁道上，并等待所指定的扇区的开始位置旋转到磁头下，然后再开始读或写数据。故可把对磁盘的访问时间分成以下三部分。

(1) 寻道时间 T_s。这是指把磁臂(磁头)移动到指定磁道上所经历的时间。该时间是启动磁臂的时间 s 与磁头移动 n 条磁道所花费的时间之和，即

$$T_s = m \times n + s$$

其中，m 是一常数，与磁盘驱动器的速度有关，对一般磁盘，m = 0.2；对高速磁盘，m≤0.1，磁臂的启动时间约为 2 ms。这样，对一般的温盘，其寻道时间将随寻道距离的增大而增加，大体上是 5～30 ms。

(2) 旋转延迟时间 T_τ。这是指定扇区移动到磁头下面所经历的时间，不同的磁盘类型中，旋转速度至少相差一个数量级，如软盘为 300 r/min，硬盘一般为 7200 r/min 到 15 000 r/min 甚至更高。对于磁盘旋转延迟时间而言，如硬盘，旋转速度为 15 000 r/min，每转需时 4 ms，平均旋转延迟时间 T_τ 为 2 ms；而对于软盘，其旋转速度为 300 r/min 或 600 r/min，这样，平均 T_τ 为 50～100 ms。

(3) 传输时间 T_t。这是指把数据从磁盘读出或向磁盘写入数据所经历的时间。T_t 的大小与每次所读/写的字节数 b 和旋转速度有关：

$$T_t = \frac{b}{rN}$$

其中，r 为磁盘每秒钟的转数；N 为一条磁道上的字节数，当一次读/写的字节数相当于半条磁道上的字节数时，T_t 与 T_τ 相同，因此，可将访问时间 T_a 表示为：

$$T_a = T_s + \frac{1}{2r} + \frac{b}{rN}$$

由上式可以看出，在访问时间中，寻道时间和旋转延迟时间基本上都与所读/写数据的多少无关，而且它通常占据了访问时间中的大头。例如，我们假定寻道时间和旋转延迟时间平均为 20 ms，而磁盘的传输速率为 10 MB/s，如果要传输 10 KB，此时总的访问时间为 21 ms，可见传输时间所占比例是非常小的。当传输 100 KB 数据时，其访问时间也只是 30 ms，即当传输的数据量增大 10 倍时，访问时间只增加约 50%。目前磁盘的传输速率已

达 80 MB/s 以上，数据传输时间所占的比例更低。可见，适当地集中数据(不要太零散)传输，将有利于提高传输效率。

◆ 6.8.2 早期的磁盘调度算法

为了减少对文件的访问时间，应采用一种最佳的磁盘调度算法，以使各进程对磁盘的平均访问时间最小。由于在访问磁盘的时间中主要是寻道时间，因此，磁盘调度的目标是使磁盘的平均寻道时间最少。目前常用的磁盘调度算法有先来先服务、最短寻道时间优先及扫描等算法。下面逐一介绍。

1. 先来先服务(FCFS)

这是最简单的磁盘调度算法。它根据进程请求访问磁盘的先后次序进行调度。此算法的优点是公平、简单，且每个进程的请求都能依次地得到处理，不会出现某一进程的请求长期得不到满足的情况。但此算法由于未对寻道进行优化，致使平均寻道时间可能较长。图 6-30 示出了有 9 个进程先后提出磁盘 I/O 请求时，按 FCFS 算法进行调度的情况。这里，将进程号(请求者)按他们发出请求的先后次序排队。这样，平均寻道距离为 55.3 条磁道，与后面即将讲到的几种调度算法相比，其平均寻道距离较大，故 FCFS 算法仅适用于请求磁盘 I/O 的进程数目较少的场合。

2. 最短寻道时间优先(SSTF)

该算法选择这样的进程，其要求访问的磁道与当前磁头所在的磁道距离最近，以使每次的寻道时间最短，但这种算法不能保证平均寻道时间最短。图 6-31 示出按 SSTF 算法进行调度时，各进程被调度的次序、每次磁头移动的距离，以及 9 次磁头平均移动的距离。比较图 6-30 和图 6-31 可以看出，SSTF 算法平均每次磁头移动的距离明显低于 FCFS 算法的距离，因而 SSTF 较之 FCFS 有更好的寻道性能，故过去曾一度被广泛采用。

(从100号磁道开始)	
被访问的下一个磁道号	移动距离(磁道数)
55	45
58	3
39	19
18	21
90	72
160	70
150	10
38	112
184	146
平均寻道长度：55.3	

图 6-30　FCFS 调度算法

(从100号磁道开始)	
被访问的下一个磁道号	移动距离(磁道数)
90	10
58	32
55	3
39	16
38	1
18	20
150	132
160	10
184	24
平均寻道长度：27.5	

图 6-31　SSTF 调度算法

◀ 6.8.3 基于扫描的磁盘调度算法

1. 扫描(SCAN)算法

SSTF 算法的实质是基于优先级的调度算法，因此就可能导致优先级低的进程发生"饥饿"(Starvation)现象。因为只要不断有新进程的请求到达，且其所要访问的磁道与磁头当前所在磁道的距离较近，这种新进程的 I/O 请求必然优先满足。在对 SSTF 算法略加修改后，则可防止低优先级进程出现"饥饿"现象。

扫描(SCAN)算法不仅考虑到欲访问的磁道与当前磁道间的距离，更优先考虑的是磁头当前的移动方向。例如，当磁头正在自里向外移动时，SCAN 算法所考虑的下一个访问对象应是其欲访问的磁道既在当前磁道之外，又是距离最近的。这样自里向外地访问，直至再无更外的磁道需要访问时，才将磁臂换向为自外向里移动。这时，同样也是每次选择这样的进程来调度：即要访问的磁道在当前位置内为距离最近者，这样，磁头又逐步地从外向里移动，直至再无更里面的磁道要访问，从而避免了出现"饥饿"现象。由于在这种算法中磁头移动的规律颇似电梯的运行，因而又常称之为电梯调度算法。图 6-32 示出了按 SCAN 算法对 9 个进程进行调度及磁头移动的情况。

(从100# 磁道开始，向磁道号增加方向访问)	
被访问的 下一个磁道号	移动距离 (磁道数)
150	50
160	10
184	24
90	94
58	32
55	3
39	16
38	1
18	20
平均寻道长度：27.8	

图 6-32　SCAN 调度算法示例

2. 循环扫描(CSCAN)算法

SCAN 算法既能获得较好的寻道性能，又能防止"饥饿"现象，故被广泛用于大、中、小型机器和网络中的磁盘调度。但也存在这样的问题：当磁头刚从里向外移动而越过了某一磁道时，恰好又有一进程请求访问此磁道，这时，该进程必须等待，待磁头继续从里向外，然后再从外向里扫描完处于外面的所有要访问的磁道后，才处理该进程的请求，致使该进程的请求被大大地推迟。为了减少这种延迟，CSCAN 算法规定磁头单向移动，例如，只是自里向外移动，当磁头移到最外的磁道并访问后，磁头立即返回到最里的欲访问磁道，亦即将最小磁道号紧接着最大磁道号构成循环，进行循环扫描。采用循环扫描方式后，上述请求进程的请求延迟将从原来的 2T 减为 $T + S_{max}$，其中 T 为由里向外或由外向里单向扫描完要访问的磁道所需的寻道时间，而 S_{max} 是将磁头从最外面被访问的磁道直接移到最里面欲访问的磁道的寻道时间(或相反)。图 6-33 示出了 CSCAN 算法对 9 个进程调度的次序及每次磁头移动的距离。

(从100# 磁道开始，向磁道号增加方向访问)	
被访问的下一个磁道号	移动距离(磁道数)
150	50
160	10
184	24
18	166
38	20
39	1
55	16
58	3
90	32
平均寻道长度：35.8	

图 6-33　CSCAN 调度算法示例

3. NStepSCAN 和 FSCAN 调度算法

1) NStepSCAN 算法

在 SSTF、SCAN 及 CSCAN 几种调度算法中，都可能出现磁臂停留在某处不动的情况，例如，有一个或几个进程对某一磁道有较高的访问频率，即这个(些)进程反复请求对某一磁道的 I/O 操作，从而垄断了整个磁盘设备。我们把这一现象称为"磁臂粘着"(Armstickiness)。在高密度磁盘上容易出现此情况。N 步 SCAN 算法是将磁盘请求队列分成若干个长度为 N 的子队列，磁盘调度将按 FCFS 算法依次处理这些子队列。而每处理一个队列时又是按 SCAN 算法，对一个队列处理完后，再处理其他队列。当正在处理某了队列时，如果又出现新的磁盘 I/O 请求，便将新请求进程放入其他队列，这样就可避免出现粘着现象。当 N 值取得很大时，会使 N 步扫描法的性能接近于 SCAN 算法的性能；当 N = 1 时，N 步 SCAN 算法便蜕化为 FCFS 算法。

2) FSCAN 算法

FSCAN 算法实质上是 N 步 SCAN 算法的简化，即 FSCAN 只将磁盘请求队列分成两个子队列。一个是由当前所有请求磁盘 I/O 的进程形成的队列，由磁盘调度按 SCAN 算法进行处理。另一个是在扫描期间，将新出现的所有请求磁盘 I/O 的进程放入等待处理的请求队列。这样，所有的新请求都将被推迟到下一次扫描时处理。

习 题 ▶▶▶

1. 试说明 I/O 系统的基本功能。
2. 简要说明 I/O 软件的四个层次的基本功能。
3. I/O 系统接口与软件/硬件(RW/HW)接口分别是什么接口？
4. 与设备无关性的基本含义是什么？为什么要设置该层？
5. 试说明设备控制器的组成。
6. 为了实现 CPU 与设备控制器间的通信，设备控制器应具备哪些功能？
7. 什么是内存映像 I/O？它是如何实现的？
8. 为什么说中断是 OS 赖以生存的基础？
9. 对多中断源的两种处理方式分别用于何种场合？
10. 设备中断处理程序通常需完成哪些工作？
11. 简要说明中断处理程序对中断进行处理的几个步骤。
12. 试说明设备驱动程序具有哪些特点。
13. 设备驱动程序通常要完成哪些工作？
14. 简要说明设备驱动程序的处理过程可分为哪几步。
15. 试说明推动 I/O 控制发展的主要因素是什么。
16. 有哪几种 I/O 控制方式？各适用于何种场合？
17. 试说明 DMA 的工作流程。
18. 为何要引入与设备的无关性？如何实现设备的独立性？
19. 与设备的无关的软件中，包括了哪些公有操作的软件？
20. 在考虑到设备的独立性时，应如何分配独占设备？
21. 何谓设备虚拟？实现设备虚拟时所依赖的关键技术是什么？
22. 在实现后台打印时，SPOOLing 系统应为请求 I/O 的进程提供哪些服务？
23. 假脱机系统向用户提供共享打印机的基本思想是什么？
24. 引入缓冲的主要原因是什么？
25. 在单缓冲情况下，为什么系统对一块数据的处理时间为 $\max(C, T) + M$？
26. 为什么在双缓冲情况下，系统对一块数据的处理时间为 $\max(T, C)$？
27. 试绘图说明把多缓冲用于输出时的情况。
28. 试说明收容输入工作缓冲区和提取输出工作缓冲区的工作情况。
29. 何谓安全分配方式和不安全分配方式？
30. 磁盘访问时间由哪几部分组成？每部分时间应如何计算？
31. 目前常用的磁盘调度算法有哪几种？每种算法优先考虑的问题是什么？

第七章 ◇◇◇◇◇

〖文件管理〗

由于计算机中的内存是易失性设备，断电后所存储之信息即会丢失，其容量又十分有限，所以在现代计算机系统中，都必须配置外存，将系统和用户需要用到的大量程序和数据以文件的形式存放在外存中，需要时再随时将它们调入内存，或将它们打印出来。如果由用户直接管理存放在外存上的文件，不仅要求用户熟悉外存特性，了解各种文件的属性，以及它们在外存上的位置，而且在多用户环境下还必须能保持数据的安全性和一致性。显然，这是用户所不能胜任的。于是在操作系统中又增加了文件管理功能，专门管理在外存上的文件，并把对文件的存取、共享和保护等手段提供给用户。这不仅方便了用户，保证了文件的安全性，还可有效地提高系统资源的利用率。

7.1 文件和文件系统

文件系统的管理功能是将其管理的程序和数据通过组织为一系列文件的方式实现的。而文件则是指具有文件名的若干相关元素的集合。元素通常是记录，而记录又是一组有意义的数据项的集合。可见，基于文件系统的概念，可以把数据组成分为数据项、记录和文件三级。

◀ 7.1.1 数据项、记录和文件

1. 数据项

在文件系统中，数据项是最低级的数据组织形式，可把它分成以下两种类型：

(1) 基本数据项。这是用于描述一个对象的某种属性的字符集，是数据组织中可以命名的最小逻辑数据单位，又称为字段。例如，用于描述一个学生的基本数据项有：学号、姓名、年龄、所在班级等。

(2) 组合数据项。是由若干个基本数据项组成的，简称组项。例如工资是个组项，它可由基本工资、工龄工资和奖励工资等基本项所组成。

基本数据项除了数据名外，还应有数据类型。因为基本项仅描述某个对象的属性，根据属性的不同，需要用不同的数据类型来描述。例如，在描述学生的学号时应使用整数；描述学生的姓名则应使用字符串(含汉字)；描述性别时可用逻辑变量或汉字。可见，由数据项的名字和类型两者共同定义了一个数据项的"型"。而表征一个实体在数据项上的数据则称为"值"。例如，学号/30211、姓名/王有年、性别/男等。

2. 记录

记录是一组相关数据项的集合，用于描述一个对象在某方面的属性。一个记录应包含哪些数据项，取决于需要描述对象的哪个方面。由于对象所处的环境不同可把他作为不同的对象。例如，一个学生，当把他作为班上的一名学生时，对他的描述应使用学号、姓名、年龄及所在系班，也可能还包括他所学过的课程的名称、成绩等数据项。但若把学生作为一个医疗对象时，对他描述的数据项则应使用诸如病历号、姓名、性别、出生年月、身高、体重、血压及病史等项。

在诸多记录中，为了能唯一地标识一个记录，必须在一个记录的各个数据项中确定出一个或几个数据项，把它们的集合称为关键字(key)。或者说，关键字是唯一能标识一个记录的数据项。通常，只需用一个数据项作为关键字。例如，前面的病历号或学号便可用来从诸多记录中标识出唯一的一个记录。然而有时找不到这样的数据项，只好把几个数据项定为能在诸多记录中唯一地标识出某个记录的关键字。

3. 文件

文件是指由创建者所定义的、具有文件名的一组相关元素的集合，可分为有结构文件和无结构文件两种。在有结构的文件中，文件由若干个相关记录组成，而无结构文件则被看成是一个字符流。文件在文件系统中是一个最大的数据单位，它描述了一个对象集。例如，可以将一个班的学生记录作为一个文件。

文件属性可以包括：

(1) 文件类型。可以从不同的角度来规定文件的类型，如源文件、目标文件及可执行文件等。

(2) 文件长度。文件长度指文件的当前长度，长度的单位可以是字节、字或块，也可能是最大允许的长度。

(3) 文件的物理位置。该项属性通常用于指示文件所在的设备及所在设备中地址的指针。

(4) 文件的建立时间。这是指最后一次的修改时间等。

图 7-1 示出了文件、记录和数据项之间的层次关系。

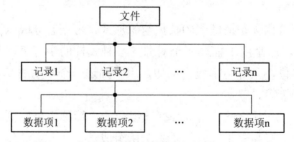

图 7-1 文件、记录和数据项之间的层次关系

◆ 7.1.2 文件名和类型

1. 文件名和扩展名

(1) 文件名。在不同的系统之间，对文件名的规定是不同的，在一些老的系统中，名

字的长度受到限制。例如，MS-DOS 最多只允许 8 个字符，老版的 UNIX 系统支持 14 个字符。另外，一些特殊字符也规定不能用于文件名，如空格，因其常被用作分隔命令、参数和其它数据项的分隔符。近年推出的不少 OS 已放宽了这种限制，如 Windows NT 及以后的 Windows 2000/XP/Vista/7/8 等所采用的 NTFS 文件系统，便可以很好地支持长文件名。另外，在早期的 OS 中，如 MS-DOS 和 Windows 95 等，是不区分大小写字母的，如 MYFILE、MYfile 和 myfile 都是指同一个文件。但在 UNIX 和 Linux 系统中是区分大小写的，因此，上面的三个文件名字用于标识不同的文件。

(2) 扩展名。扩展名是添加在文件名后面的若干个附加字符，又称为后缀名，用于指示文件的类型。它可以方便系统和用户了解文件的类型，它是文件名中的重要组成部分。在大多数系统中，用圆点"."将文件名和扩展名分开。例如，myfile.txt 中的扩展名 txt，表示该文件是文本文件；myprog.bin 中的扩展名 bin，表示该文件是一个可执行的二进制文件。扩展名的长度一般是 1~4 个字符。

2. 文件类型

为了便于管理和控制文件，将文件分成若干种类型。由于不同的系统对文件管理方式的不同，因此它们对文件的分类方法也有很大差异。下面是常用的几种文件分类方法。

1) 按用途分类

根据文件的性质和用途的不同，可将文件分为三类：

(1) 系统文件，这是指由系统软件构成的文件。大多数的系统文件只允许用户调用，但不允许用户去读，更不允许修改；有的系统文件不直接对用户开放。

(2) 用户文件，指由用户的源代码、目标文件、可执行文件或数据等所构成的文件。用户将这些文件委托给系统保管。

(3) 库文件，这是由标准子例程及常用的例程等所构成的文件。这类文件允许用户调用，但不允许修改。

2) 按文件中数据的形式分类

按这种方式分类，也可把文件分为三类：

(1) 源文件，这是指由源程序和数据构成的文件。通常，由终端或输入设备输入的源程序和数据所形成的文件都属于源文件。它通常是由 ASCII 码或汉字所组成的。

(2) 目标文件，这是指把源程序经过编译程序编译过，但尚未经过链接程序链接的目标代码所构成的文件。目标文件所使用的后缀名是".obj"。

(3) 可执行文件，这是指把编译后所产生的目标代码经过链接程序链接后所形成的文件。其后缀名是 .exe。

3) 按存取控制属性分类

根据系统管理员或用户所规定的存取控制属性，可将文件分为三类：

(1) 只执行文件，该类文件只允许被核准的用户调用执行，不允许读和写。

(2) 只读文件，该类文件只允许文件主及被核准的用户去读，不允许写。

(3) 读写文件，这是指允许文件主和被核准的用户去读或写的文件。

4) 按组织形式和处理方式分类

根据文件的组织形式和系统对其处理方式的不同，可将文件分为三类：

(1) 普通文件，是由 ASCII 码或二进制码组成的字符文件，一般用户建立的源程序文件、数据文件以及操作系统自身代码文件、实用程序等都是普通文件。

(2) 目录文件，是由文件目录组成的文件，通过目录文件可以对其下属文件的信息进行检索，对其可执行的文件进行操作，与普通文件一样。

(3) 特殊文件，特指系统中的各类 I/O 设备。为了便于统一管理，系统将所有的 I/O 设备都视为文件，并按文件方式提供给用户使用，如目录的检索、权限的验证等都与普通文件相似，只是对这些文件的操作将由设备驱动程序来完成。

◄ 7.1.3 文件系统的层次结构

如图 7-2 所示，文件系统的模型可分为三个层次：最底层是对象及其属性，中间层是对对象进行操纵和管理的软件集合，最高层是文件系统提供给用户的接口。

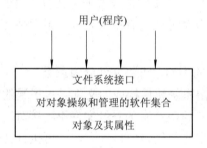

图 7-2   文件系统模型

1. 对象及其属性

文件管理系统管理的对象如下：

(1) 文件。在文件系统中有着各种不同类型的文件，它们都作为文件管理的直接对象。

(2) 目录。为了方便用户对文件的存取和检索，在文件系统中必须配置目录，在目录的每个目录项中，必须含有文件名、对文件属性的说明，以及该文件所在的物理地址(或指针)。对目录的组织和管理，是方便用户和提高对文件存取速度的关键。

(3) 磁盘(磁带)存储空间。文件和目录必定占用存储空间，对这部分空间的有效管理，不仅能提高外存的利用率，而且能提高对文件的存取速度。

2. 对对象操纵和管理的软件集合

该层是文件管理系统的核心部分。文件系统的功能大多是在这一层实现的，其中包括有：① 对文件存储空间的管理；② 对文件目录的管理；③ 用于将文件的逻辑地址转换为物理地址的机制；④ 对文件读和写的管理；⑤ 对文件的共享与保护等功能。在实现这些功能时，OS 通常都采取了层次组织结构，即在每一层中都包含了一定的功能，处于某个层次的软件，只能调用同层或更低层次中的功能模块。

一般地，把与文件系统有关的软件分为四个层次：

(1) I/O 控制层，是文件系统的最低层，主要由磁盘驱动程序等组成，也可称为设备驱动程序层。

(2) 基本文件系统层，主要用于处理内存与磁盘之间数据块的交换。

(3) 基本 I/O 管理程序，该层用于完成与磁盘 I/O 有关的事务，如将文件逻辑块号转换为物理块号，管理磁盘中的空闲盘块，I/O 缓冲的指定等。

(4) 逻辑文件系统，用于处理与记录和文件相关的操作，如允许用户和应用程序使用符号文件名访问文件及记录，实现对文件和记录的保护等。

3. 文件系统的接口

为方便用户的使用，文件系统以接口的形式提供了一组对文件和记录操作的方法和手段。通常是下面两种类型的接口：

(1) 命令接口，是指作为用户与文件系统直接交互的接口，用户可通过键盘终端键入命令取得文件系统的服务。

(2) 程序接口，是指作为用户程序与文件系统的接口，用户程序可通过系统调用取得文件系统的服务，例如，用于创建文件的系统调用 Creat，用于打开一个文件的系统调用 Open 等。

◀ 7.1.4　文件操作

用户可以通过文件系统提供的系统调用实施对文件的操作。最基本的文件操作包括创建、删除、读、写和设置文件的读/写位置等。实际上，一般的 OS 都提供了更多对文件的操作，如打开和关闭一个文件及改变文件名等操作。

1. 最基本的文件操作

最基本的文件操作包含下述内容：

(1) 创建文件。在创建一个新文件时，要为新文件分配必要的外存空间，并在文件目录中为之建立一个目录项；目录项中应记录新文件的文件名及其在外存的地址等属性。

(2) 删除文件。在删除时，应先从目录中找到要删除文件的目录项，使之成为空项，然后回收该文件所占用的存储空间。

(3) 读文件。在读文件时，根据用户给出的文件名去查找目录，从中得到被读文件在外存中的位置；在目录项中，还有一个指针用于对文件的读/写。

(4) 写文件。在写文件时，根据文件名查找目录，找到指定文件的目录项，再利用目录中的写指针进行写操作。

(5) 设置文件的读/写位置。前面所述的文件读/写操作，都只提供了对文件顺序存取的手段，即每次都是从文件的始端进行读或写；设置文件读/写位置的操作，通过设置文件读/写指针的位置，以便读/写文件时不再每次都从其始端，而是从所设置的位置开始操作，因此可以改顺序存取为随机存取。

2. 文件的"打开"和"关闭"操作

当用户要求对一个文件实施多次读/写或其它操作时，每次都要从检索目录开始。为了避免多次重复地检索目录，在大多数 OS 中都引入了"打开"(open)这一文件系统调用，当用户第一次请求对某文件进行操作时，须先利用 open 系统调用将该文件打开。所谓"打开"，是指系统将指名文件的属性(包括该文件在外存上的物理位置)，从外存拷贝到内存打开文件表的一个表目中，并将该表目的编号(或称为索引号)返回给用户。换而言之，"打开"，就是在用户和指定文件之间建立起一个连接。此后，用户可通过该连接直接得到文件信息，从而避免了再次通过目录检索文件，即当用户再次向系统发出文件操作请求时，系统根据用户提供的索引号可以直接在打开文件表中查找到文件信息。这样不仅节省了大量的检索开销，也显著地提高了对文件的操作速度。如果用户已不再需要对该文件实施相应的操作，可利用"关闭"(close)系统调用来关闭此文件，即断开此连接，OS 将会把该文件从打开文件表中的表目上删除掉。

3. 其它文件操作

OS 为用户都提供了一系列文件操作的系统调用，其中最常用的一类是有关对文件属性的操作，即允许用户直接设置和获得文件的属性，如改变已存文件的文件名、改变文件的拥有者(文件主)、改变对文件的访问权，以及查询文件的状态(包括文件类型、大小和拥有者以及对文件的访问权等)。另一类是有关目录的操作，如创建一个目录，删除一个目录，改变当前目录和工作目录等。此外，还有用于实现文件共享的系统调用，以及用于对文件系统进行操作的系统调用等。

7.2 文件的逻辑结构

用户所看到的文件称为逻辑文件，它是由一系列的逻辑记录组成的。从用户的观点而言，文件的逻辑记录是能够被存取的基本单位。在进行文件系统高层设计时，所涉及的主要问题是文件的逻辑结构，即如何将这些逻辑记录构成一个逻辑文件。在进行文件系统低层设计时，所涉及的主要问题是文件的物理结构，即如何将一个文件存储在外存上。由此可见，在系统中的所有文件都存在着以下两种形式的文件结构：

(1) 文件的逻辑结构(File Logical Structure)。这是从用户观点出发所观察到的文件组织形式，即文件是由一系列的逻辑记录组成的，是用户可以直接处理的数据及其结构，它独立于文件的物理特性，又称为文件组织(File Organization)。

(2) 文件的物理结构，又称为文件的存储结构。这是指系统将文件存储在外存上所形成的一种存储组织形式，是用户不能看见的。文件的物理结构不仅与存储介质的存储性能有关，而且与所采用的外存分配方式有关。无论是文件的逻辑结构，还是其物理结构，都会影响对文件的检索速度。

7.2.1 文件逻辑结构的类型

对文件逻辑结构所提出的基本要求，首先是有助于提高对文件的检索速度，即在将大批记录组成文件时，应采用一种有利于提高检索记录速度和效率的逻辑结构形式。其次是该结构应方便对文件进行修改，即便于在文件中增加、删除和修改一个或多个记录。第三是降低文件存放在外存上的存储费用，即尽量减少文件占用的存储空间，不要求大片的连续存储空间。

文件的逻辑结构从是否有结构来分，可分为两大类：一类是有结构文件，这是指由一个以上的记录构成的文件，故又把它称为记录式文件；另一类是无结构文件，这是指由字符流构成的文件，故又称为流式文件。从文件的组织方式来分，可以分为顺序文件、索引文件和索引顺序文件几种。

1. 按文件是否有结构分类

1) 有结构文件

在记录式文件中，每个记录都用于描述实体集中的一个实体，各记录有着相同或不同数目的数据项。记录的长度可分为定长和不定长两类。

(1) 定长记录，是指文件中所有记录的长度都是相同的，所有记录中的各数据项都处在记录中相同的位置，具有相同的顺序和长度，文件的长度用记录数目表示。定长记录能有效地提高检索记录的速度和效率，能方便对文件进行处理和修改，所以这是目前较常用的一种记录格式，被广泛用于数据处理中。

(2) 变长记录，是指文件中各记录的长度不相同。产生变长记录的原因可能是由于一个记录中所包含的数据项数目并不相同，如书的著作者、论文中的关键词等，也可能是数据项本身的长度不定，例如，病历记录中的病因、病史，科技情报记录中的摘要等。不论是哪一种，在处理前，每个记录的长度都是可知的。对变长记录的检索速度慢，也不便于对文件进行处理和修改。但由于变长记录很适合于某些场合的需要，所以也是目前较常用的一种记录格式，被广泛用于许多商业领域。

2) 无结构文件

如果说在大量的信息管理系统和数据库系统中，广泛采用了有结构的文件形式的话(即文件是由定长或变长记录构成的)，那么在系统中运行的大量的源程序、可执行文件、库函数等，所采用的就是无结构的文件形式，即流式文件。其文件的长度是以字节为单位的。对流式文件的访问，则是利用读、写指针来指出下一个要访问的字符。可以把流式文件看做是记录式文件的一个特例：一个记录仅有一个字节。

2. 按文件的组织方式分类

根据文件的组织方式，可把有结构文件分为三类：

(1) 顺序文件，指由一系列记录按某种顺序排列所形成的文件，其中的记录可以是定长记录或可变长记录。

(2) 索引文件，指为可变长记录文件建立一张索引表，为每个记录设置一个表项，以加速对记录的检索速度。

(3) 索引顺序文件，这是顺序文件和索引文件相结合的产物，这里，在为每个文件建立一张索引表时，并不是为每一个记录建立一个索引表项，而是为一组记录中的第一个记录建立一个索引表项。

7.2.2 顺序文件(Sequential File)

文件的逻辑结构中记录的组织方式来源于用户和系统在管理上的目标和需求。不同的目标和需求产生了多种组织方式，从而形成了多种逻辑结构的文件。其中最基本也是最常见的是顺序文件。

1. 顺序文件的排列方式

在顺序文件中的记录，可以按照各种不同的顺序进行排列。一般地，可分为两种情况：

(1) 串结构。在串结构文件中的记录，通常是按存入时间的先后进行排序的，各记录之间的顺序与关键字无关。在对串结构文件进行检索时，每次都必须从头开始，逐个记录地查找，直到找到指定的记录或查完所有的记录为止。显然，对串结构文件进行检索是比较费时的。

(2) 顺序结构。由用户指定一个字段作为关键字，它可以是任意类型的变量，其中最简单的是正整数，如 0 到 N - 1。为了能唯一地标识每一个记录，必须使每个记录的关键字值在文件中具有唯一性。这样，文件中的所有记录就可以按关键字来排序，可以按关键字的大小进行排序，或按其英文字母顺序排序。在对顺序结构文件进行检索时，还可以利用某种有效的查找算法，如折半查找法、插值查找法、跳步查找法等方法提高检索效率。故顺序结构文件可有更高的检索速度和效率。

2. 顺序文件的优缺点

顺序文件的最佳应用场合是在对文件中的记录进行批量存取时(即每次要读或写一大批记录)。所有逻辑文件中顺序文件的存取效率是最高的。此外，对于顺序存储设备(如磁带)，也只有顺序文件才能被存储并能有效地工作。

在交互应用的场合，如果用户(程序)要求查找或修改单个记录，系统需要在文件的记录中逐个地查找，此时，顺序文件所表现出来的性能就可能很差。尤其是当文件较大时，情况更为严重。例如，对于一个含有 10^4 个记录的顺序文件，如果采用顺序查找法，查找到一个指定的记录，平均需要查找 5×10^3 次。如果顺序文件中是可变长记录，则需付出的开销将更大，因此也限制了顺序文件的长度。

顺序文件的另一个缺点是，如果想增加或删除一个记录都比较困难。为了解决这一问题，可以为顺序文件配置一个运行记录文件(Log File)或称为事务文件(Transaction File)，把试图增加、删除或修改的信息记录于其中，规定每隔一定时间(例如 4 小时)，将运行记录文件与原来的主文件加以合并，产生一个按关键字排序的新文件。

7.2.3 记录寻址

为了访问顺序文件中的一条记录，首先应找到该记录的地址。查找记录地址的方法有隐式寻址和显式寻址方式两种。

1. 隐式寻址方式

对于定长记录的顺序文件，如果已知当前记录的逻辑地址，便很容易确定下一个记录的逻辑地址。在读一个文件时，为了读文件，在系统中应设置一个读指针 Rptr(见图 7-3)，令它指向下一个记录的首地址，每当读完一个记录时，便执行 Rptr = Rptr + L 操作，使之指向下一个记录的首地址，其中的 L 为记录长度。类似地，为了写文件，也应设置一个写指针 Wptr，使之指向要写的记录的首地址。同样，在每写完一个记录时，又须执行操作：Wptr = Wptr + L。

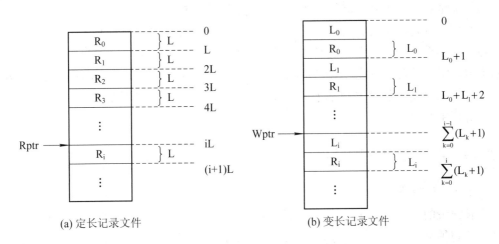

图 7-3　定长和变长记录文件

对于变长记录的顺序文件，与顺序读或写时的情况相似，只是每次都需要从正在读(写)的记录中读出该记录的长度。同样需要分别为它们设置读或写指针，但在每次读或写完一个记录后，须将读或写指针加上 L_i，L_i 是刚读或刚写完的记录的长度。这种顺序访问的方式可用于所有文件类型，其主要问题是，访问一个指定记录 i，必须扫描或读取前面第 0～i－1 个记录，访问速度是比较慢的。

2. 显式寻址方式

该方式可用于对定长记录的文件实现直接或随机访问。因为任何记录的位置都很容易通过记录长度计算出来。而对于可变长度记录的文件则不能利用显式寻址方式实现直接或随机访问，必须增加适当的支持机构方能实现。下面我们通过两种方式对定长记录实现随机访问：

(1) 通过文件中记录的位置。此时，在文件中的每一个记录，可用从 0 到 N－1 的整数来标识，即用一个整数来唯一地标识一个记录。对于定长记录文件，如果要查找第 i 个记录，可直接根据下式计算，获得第 i 个记录相对于第一个记录首址的地址：$A_i = i \times L$。由于获得任何记录地址的时间都非常短，故可利用这种方法对定长记录实现随机访问。

然而，对于可变长度记录则不能利用显式寻址方式，对一个文件实现随机访问，因为要查找其中的第 i 个记录时须首先计算出该记录的首地址，为此，须顺序地查找每个记录，从中获得相应记录的长度 L_i，然后才能按下式计算出第 i 个记录的首址。假定在每个记录前用一个字节指明该记录的长度，则

$$A_i = \sum_{i=0}^{i-1} L_i + 1$$

可见，用直接存取方法来访问变长记录文件中的一个记录是十分低效的，其检索时间也很难令人接受，因此不能利用这种方法对可变长记录实现随机访问。

(2) 利用关键字。此时用户必须指定一个字段作为关键字，通过指定的关键字来查找该记录。当用户给出要检索记录的关键字时，系统将利用该关键字顺序地从第一个记录开始，与每一个记录的关键字进行比较，直到找到匹配的记录。

值得一提的是，可变长度的、基于关键字的记录在商业领域很重要，用得也很多，但因为在专门的数据库系统中，已经实现了对它们的支持，并能从不同的角度来管理组织和显示数据，所以只有一些现代 OS 的文件系统对它们提供了支持。不过文件目录是个例外，对目录的检索是基于利用关键字来进行检索的。其中关键字是符号文件名，我们将在 7.3 节目录管理中介绍。

◀ 7.2.4 索引文件(Index File)

1. 按关键字建立索引

定长记录的文件可以通过简单的计算，很容易地实现随机查找。但变长记录文件查找一个记录必须从第一个记录查起，一直顺序查找到目标记录为止，耗时很长。如果我们为变长记录文件建立一张索引表，为主文件中的每个记录在索引表中分别设置一个表项，记录指向记录的指针(即记录在逻辑地址空间的首址)以及记录的长度 L，索引表按关键字排序，因此其本身也是一个定长记录的顺序文件，这样就把对变长记录顺序文件的顺序检索转变为对定长记录索引文件的随机检索，从而加快对记录检索的速度，实现直接存取。图7-4 示出了索引文件的组织形式。

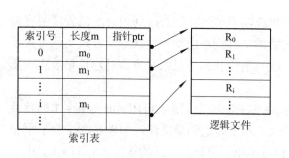
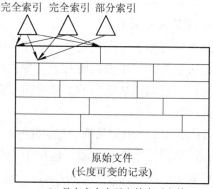

(a) 具有单个索引表的索引文件　　　　　(b) 具有多个索引表的索引文件

图 7-4　具有单个和多个索引表的索引文件

由于是按关键字建立的索引，所以在对索引文件进行检索时，可以根据用户(程序)提供的关键字利用折半查找法去检索索引表，从中找到相应的表项。再利用该表项中给出的指向记录的指针值去访问所需的记录。而每当要向索引文件中增加一个新记录时，便须对索引表进行修改。由于索引文件可有较快的检索速度，故它主要用于对信息处理的及时性要求较高的场合。

2. 具有多个索引表的索引文件

使用按关键字建立索引表的索引文件与顺序文件一样，都只能按该关键字进行检索。而实际应用情况往往是：不同的用户，为了不同的目的，希望能按不同的属性(或不同的关键字)来检索一条记录。为实现此要求，需要为顺序文件建立多个索引表，即为每一种可能成为检索条件的域(属性或关键字)都配置一张索引表。在每一个索引表中，都按相应的一种属性或关键字进行排序。例如，有一个图书文件，为每一本书建立了一个记录，此时可以为该文件建立多个索引表，其中第一个索引表所用的关键字是图书编号，第二个索引表所用的关键字是书名，第三个索引表所用的关键字是作者姓名，第四个索引表所用的关键字是出版时间等。这样用户也就可以根据自己的需要，用不同的关键字来进行检索。

索引文件的主要优点是，它将一个需要顺序查找的文件改造成一个可随机查找的文件，极大地提高了对文件的查找速度。同时，利用索引文件插入和删除记录也非常方便，故索引文件已成为当今应用最为广泛的一种文件形式。只是它除了有主文件外，还须配置一张索引表，而且每个记录都要有一个索引项，因此增加了存储开销。

◄ 7.2.5 索引顺序文件 (Index Sequential File)

1. 索引顺序文件的特征

索引顺序文件是对顺序文件的一种改进，它基本上克服了变长记录的顺序文件不能随机访问，以及不便于记录的删除和插入的缺点。但它仍保留了顺序文件的关键特征，即记录是按关键字的顺序组织起来的。它又增加了两个新特征：一个是引入了文件索引表，通过该表可以实现对索引顺序文件的随机访问；另一个是增加了溢出(overflow)文件，用它来记录新增加的、删除的和修改的记录。可见，索引顺序文件是顺序文件和索引文件相结合的产物，能有效地克服变长记录文件的缺点，而且所付出的代价也不算太大。

2. 一级索引顺序文件

最简单的索引顺序文件只使用了一级索引。其具体的建立方法是，首先将变长记录顺序文件中的所有记录分为若干个组，如 50 个记录为一个组。然后为顺序文件建立一张索引表，并为每组中的第一个记录在索引表中建立一个索引项，其中含有该记录的关键字和指向该记录的指针。索引顺序文件是最常见的一种逻辑文件形式，如图 7-5 所示。

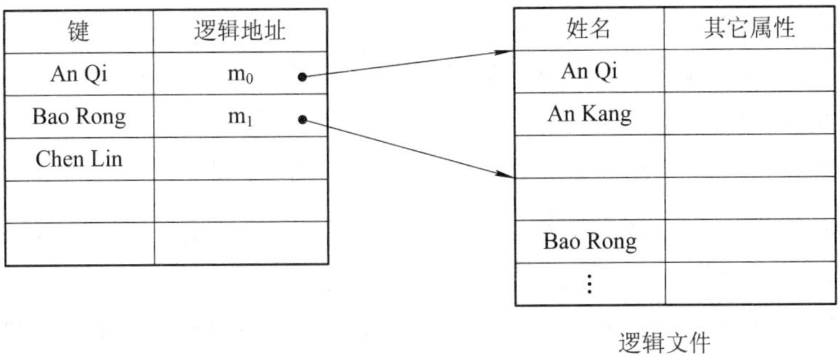

逻辑文件

图 7-5 索引顺序文件

在对索引顺序文件进行检索时，首先也是利用用户(程序)所提供的关键字以及某种查找算法去检索索引表，找到该记录所在记录组中第一个记录的表项，从中得到该记录组第一个记录在主文件中的位置。然后，再利用顺序查找法去查找主文件，从中找到所要求的记录。

如果在一个顺序文件中所含有的记录数为 N，则为检索到具有指定关键字的记录，平均须查找 N/2 个记录。但对于索引顺序文件，则为能检索到具有指定关键字的记录，平均只要查找 $\sqrt{N}$ 个记录数，因而其检索效率 S 比顺序文件约提高 $\sqrt{N}/2$ 倍。例如，有一个顺序文件含有 10000 个记录，平均须查找的记录数为 5000 个。但对于索引顺序文件，则平均只须查找 100 个记录。可见，它的检索效率是顺序文件的 50 倍。

3. 两级索引顺序文件

对于一个非常大的文件，为找到一个记录而须查找的记录数目仍然很多，例如，对于一个含有 10^6 个记录的顺序文件，当把它作为索引顺序文件时，为找到一个记录，平均须查找 1000 个记录。为了进一步提高检索效率，可以为顺序文件建立多级索引，即为索引文件再建立一张索引表，从而形成两级索引表。例如，对于一个含有 10^6 个记录的顺序文件，可先为该文件建立一张低级索引表，每 100 个记录为一组，故低级索引表应含有 10^4 个表项，在每个表项中存放顺序文件中每个组第一个记录的记录键值和指向该记录的指针，然后再为低级索引表建立一张高级索引表。这时，也同样是每 100 个索引表项为一组，故具有 10^2 个表项。这里的每个表项中存放的是低级索引表每组第一个表项中的关键字，以及指向该表项的指针。此时，为找到一个具有指定关键字的记录，所需查找的记录数平均为 50 + 50 + 50 = 150，或者可表示为 $(3/2)\sqrt[3]{N}$。其中，N 是顺序文件中记录的个数。注意，在未建立索引文件时，所需查找的记录数平均为 50 万个，而对于建立了一级索引的顺序索引文件，平均需查找 1000 次，建立两级索引的顺序索引文件，平均只需查找 150 次。

◀ 7.2.6 直接文件和哈希文件

1. 直接文件

采用前述几种文件结构对记录进行存取时，都须利用给定的记录键值，先对线性表或链表进行检索，以找到指定记录的物理地址。然而对于直接文件，则可根据给定的关键字直接获得指定记录的物理地址。换而言之，关键字本身就决定了记录的物理地址。这种由关键字到记录物理地址的转换被称为键值转换(Key to address transformation)。组织直接文件的关键在于用什么方法进行从记录值到物理地址的转换。

2. 哈希(Hash)文件

这是目前应用最为广泛的一种直接文件。它利用 Hash 函数(或称散列函数)可将关键字转换为相应记录的地址。但为了能实现文件存储空间的动态分配，通常由 Hash 函数所求得的并非是相应记录的地址，而是指向某一目录表相应表目的指针，该表目的内容指向相应记录所在的物理块，如图 7-6 所示。例如，若令 K 为记录键值，用 A 作为通过 Hash 函数 H 的转换所形成的该记录在目录表中对应表目的位置，则有关系 A = H(K)。通常，把 Hash 函数作为标准函数存于系统中，供存取文件时调用。

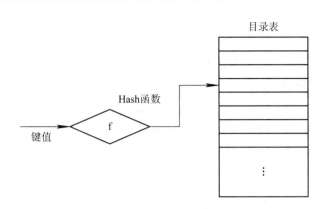

图 7-6　Hash 文件的逻辑结构

7.3　文件目录

通常，在现代计算机系统中，都要存储大量的文件。为了能对这些文件实施有效的管理，必须对它们加以妥善组织，这主要是通过文件目录实现的。文件目录也是一种数据结构，用于标识系统中的文件及其物理地址，供检索时使用。对目录管理的要求如下：

(1) 实现"按名存取"。用户只须向系统提供所需访问文件的名字，便能快速准确地找到指定文件在外存上的存储位置。这是目录管理中最基本的功能，也是文件系统向用户提供的最基本的服务。

(2) 提高对目录的检索速度。通过合理地组织目录结构加快对目录的检索速度，从而提高对文件的存取速度。这是在设计一个大、中型文件系统时所追求的主要目标。

(3) 文件共享。在多用户系统中，应允许多个用户共享一个文件。这样就只须在外存中保留一份该文件的副本供不同用户使用，以节省大量的存储空间，并方便用户和提高文件利用率。

(4) 允许文件重名。系统应允许不同用户对不同文件采用相同的名字，以便于用户按照自己的习惯给文件命名和使用文件。

◄ 7.3.1　文件控制块和索引结点

为了能对一个文件进行正确的存取，必须为文件设置用于描述和控制文件的数据结构，称之为"文件控制块"。文件管理程序可借助于文件控制块中的信息对文件施以各种操作。文件与文件控制块一一对应，而人们把文件控制块的有序集合称为文件目录，即一个文件控制块就是一个文件目录项。通常，一个文件目录也被看做是一个文件，称为目录文件。

1. 文件控制块 FCB(File Control Block)

为了能对系统中的大量文件施以有效的管理，在文件控制块中，通常应含有三类信息，即基本信息、存取控制信息及使用信息。

1) 基本信息类

基本信息类包括：

(1) 文件名，指用于标识一个文件的符号名，在每个系统中，每一个文件都必须有唯一的名字，用户利用该名字进行存取。

(2) 文件物理位置，指文件在外存上的存储位置，它包括存放文件的设备名、文件在外存上的起始盘块号、指示文件所占用的盘块数，或字节数的文件长度。

(3) 文件逻辑结构，指示文件是流式文件还是记录式文件、记录数，文件是定长记录还是变长记录等。

(4) 文件的物理结构，指示文件是顺序文件，还是链接式文件或索引文件。

2) 存取控制信息类

存取控制信息类包括文件主的存取权限、核准用户的存取权限以及一般用户的存取权限。

3) 使用信息类

使用信息类包括文件的建立日期和时间、文件上一次修改的日期和时间，以及当前使用信息。这些信息包括当前已打开该文件的进程数，是否被其它进程锁住，文件在内存中是否已被修改但尚未拷贝到盘上等。应该说明，对于不同 OS 的文件系统，由于功能不同，可能只含有上述信息中的某些部分。

图 7-7 示出了 MS-DOS 中的文件控制块，其中含有文件名、文件所在的第一个盘块号、文件属性、文件建立日期和时间及文件长度等。FCB 的长度为 32 个字节，对 360 KB 的软盘，总共可包含 112 个 FCB，共占 4 KB 的存储空间。

文件名	扩展名	属性	备用	时间	日期	第一块号	盘块数

图 7-7　MS-DOS 的文件控制块

2. 索引结点

1) 索引结点的引入

文件目录通常是存放在磁盘上的，当文件很多时，文件目录可能要占用大量的盘块。在查找目录的过程中，必须先将存放目录文件的第一个盘块中的目录调入内存，然后将用户所给定的文件名，与目录项中的文件名逐一比较。若未找到指定文件，还需要将下一盘块的目录项调入内存。假设目录文件所占用的盘块数为 N，按此方法查找，则查找一个目录项，平均需要调入盘块(N+1)/2 次。假如一个 FCB 为 64 B，盘块大小为 1 KB，则每个盘块中只能存放 16 个 FCB。若一个文件目录中共有 640 个 FCB，需占用 40 个盘块，故平均查找一个文件需启动磁盘 20 次。

稍加分析可以发现，在检索目录文件的过程中，只用到了文件名，仅当找到一个目录项(即其中的文件名与指定要查找的文件名相匹配)时，才需从该目录项中读出该文件的物理地址。而其它一些对该文件进行描述的信息在检索目录时一概不用。显然，这些信息在检索目录时不需调入内存。为此，在有的系统中，如 UNIX 系统，便采用了把文件名与文件描述信息分开的办法，亦即，使文件描述信息单独形成一个称为索引结点的数据结构，简称为 i 结点。在文件目录中的每个目录项仅由文件名和指向该文件所对应的 i 结点的指针所构成。在 UNIX 系统中一个目录仅占 16 个字节，其中 14 个字节是文件名，2 个字节为 i 结点指针。在 1 KB 的盘块中可做 64 个目录项，这样，为找到一个文件，可使平均启动磁盘次数减少到原来的 1/4，大大节省了系统开销。图 7-8 示出了 UNIX 的文件目录项。

文件名	索引结点编号
文件名 1	
文件名 2	
...	...

0　　　　　　　　　13　14　　　　　　　　　　15

图 7-8　UNIX 的文件目录

2) 磁盘索引结点

这是存放在磁盘上的索引结点。每个文件有唯一的一个磁盘索引结点，它主要包括以下内容：

(1) 文件主标识符，即拥有该文件的个人或小组的标识符；

(2) 文件类型，包括正规文件、目录文件或特别文件；

(3) 文件存取权限，指各类用户对该文件的存取权限；

(4) 文件物理地址，每一个索引结点中含有 13 个地址项，即 iaddr(0)～iaddr(12)，它们以直接或间接方式给出数据文件所在盘块的编号；

(5) 文件长度，指以字节为单位的文件长度；

(6) 文件连接计数，表明在本文件系统中所有指向该(文件的)文件名的指针计数；

(7) 文件存取时间，指出本文件最近被进程存取的时间、最近被修改的时间及索引结点最近被修改的时间。

3) 内存索引结点

这是存放在内存中的索引结点。当文件被打开时，要将磁盘索引结点拷贝到内存的索引结点中，便于以后使用。在内存索引结点中又增加了以下内容：

(1) 索引结点编号，用于标识内存索引结点；

(2) 状态，指示 i 结点是否上锁或被修改；

(3) 访问计数，每当有一进程要访问此 i 结点时，将该访问计数加 1，访问完再减 1；

(4) 文件所属文件系统的逻辑设备号；

(5) 链接指针，设置有分别指向空闲链表和散列队列的指针。

◄ **7.3.2　简单的文件目录**

目录结构的组织，关系到文件系统的存取速度，也关系到文件的共享性和安全性。因此，组织好文件的目录，是设计好文件系统的重要环节。目前最简单的文件目录形式是单级目录和两级目录。

1. 单级文件目录

这是最简单的文件目录。在整个文件系统中只建立一张目录表，每个文件占一个目录项，目录项中含文件名、文件扩展名、文件长度、文件类型、文件物理地址以及其它文件属性。此外，为表明每个目录项是否空闲，又设置了一个状态位。单级文件目录如图 7-9 所示。

文件名	扩展名	文件长度	物理地址	文件类型	文件说明	状态位	
文件名 1							
文件名 2							
文件名 3							

图 7-9 单级文件目录

每当要建立一个新文件时，必须先检索所有的目录项，以保证新文件名在目录中是唯一的。然后再从目录表中找出一个空白目录项，填入新文件的文件名及其它说明信息，并置状态位为 1。删除文件时，先从目录中找到该文件的目录项，回收该文件所占用的存储空间，然后再清除该目录项。

单级文件目录的优点是简单，但它只能实现目录管理中最基本的功能——按名存取，不能满足对文件目录的其它三方面的要求，具体如下：

(1) 查找速度慢。对于稍具规模的文件系统，为找到一个指定的目录项要花费较多的时间。对于一个具有 N 个目录项的单级目录，为检索出一个目录项，平均需查找 N/2 个目录项。

(2) 不允许重名。在一个目录表中的所有文件，都不能与另一个文件有相同的名字。然而，重名问题在多道程序环境下却又是难以避免的；即使在单用户环境下，当文件数超过数百个时，也难于记忆。

(3) 不便于实现文件共享。通常，每个用户都有自己的名字空间或命名习惯。因此，应当允许不同用户使用不同的文件名来访问同一个文件。然而，单级目录却要求所有用户都只能用同一个名字来访问同一文件。简而言之，单级目录只能满足对目录管理的四点要求中的第一点，因而，它只适用于单用户环境。

2. 两级文件目录

为了克服单级文件目录所存在的缺点，可以为每一个用户再建立一个单独的用户文件目录 UFD(User File Directory)。这些文件目录具有相似的结构，它由用户所有文件的文件控制块组成。此外，在系统中再建立一个主文件目录 MFD(Master File Directory)；在主文件目录中，每个用户目录文件都占有一个目录项，其目录项中包括用户名和指向该用户目录文件的指针。如图 7-10 所示，图中的主目录中示出了三个用户名，即 Wang、Zhang 和 Gao。

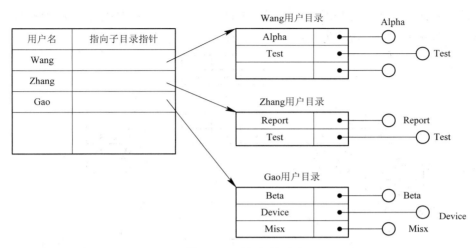

图 7-10 两级文件目录

在两级文件目录中，如果用户希望有自己的用户文件目录 UFD，可以请求系统为自己建立一个用户文件目录；如果自己不再需要 UFD，也可以请求系统管理员将它撤消。在有了 UFD 后，用户可以根据自己的需要创建新文件。每当此时，OS 只需检查该用户的 UFD，判定在该 UFD 中是否已有同名的另一个文件。若有，用户必须为新文件重新命名。若无，便在 UFD 中建立一个新目录项，将新文件名及其有关属性填入目录项中，并置其状态位为"1"。当用户要删除一个文件时，OS 也只需查找该用户的 UFD，从中找出指定文件的目录项，在回收该文件所占用的存储空间后，将该目录项删除。两级文件目录已基本上能够满足对文件目录的四方面的要求，现对能满足第 2、3、4 方面的要求作进一步的说明：

(1) 提高了检索目录的速度。如果在主目录中有 n 个子目录，每个用户目录最多为 m 个目录项，则为查找一指定的目录项，最多只需检索 n + m 个目录项。但如果是采用单级目录结构，则最多需检索 n × m 个目录项。假定 n = m，可以看出，采用两级目录可使检索效率提高 n/2 倍。

(2) 在不同的用户目录中，可以使用相同的文件名。只要在用户自己的 UFD 中，每一个文件名都是唯一的。例如，用户 Wang 可以用 Test 来命名自己的一个测试文件；而用户 Zhang 则可用 Test 来命名自己的一个并不同于 Wang 的 Test 的测试文件。

(3) 不同用户还可使用不同的文件名访问系统中的同一个共享文件。

采用两级目录结构也存在一些问题。该结构虽然能有效地将多个用户隔开，在各用户之间完全无关时，这种隔离是一个优点。但当多个用户之间要相互合作去完成一个大任务，且一用户又需去访问其他用户的文件时，这种隔离便成为一个缺点，因为这种隔离会使诸用户之间不便于共享文件。

7.3.3 树形结构目录(Tree-Structured Directory)

1. 树形目录

在现代 OS 中，最通用且实用的文件目录无疑是树形结构目录。它可以明显地提高对目录的检索速度和文件系统的性能。主目录在这里被称为根目录，在每个文件目录中，只

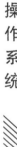

能有一个根目录，每个文件和每个目录都只能有一个父目录。把数据文件称为树叶，其它的目录均作为树的结点，或称为子目录。图 7-11 示出了树形结构目录。

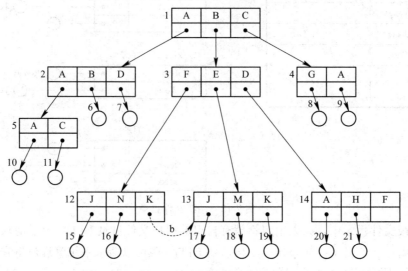

图 7-11　多级目录结构

图中，用方框代表目录文件，圆圈代表数据文件。在该树形结构目录中，主(根)目录中有三个用户的总目录项 A、B 和 C。在 B 项所指出的 B 用户的总目录 B 中，又包括三个分目录 F、E 和 D，其中每个分目录中又包含多个文件。如 B 目录中的 F 分目录中，包含 J 和 N 两个文件。为了提高文件系统的灵活性，应允许在一个目录文件中的目录项，既是作为目录文件的 FCB，又是数据文件的 FCB，这可用目录项中的一位来指示它是属于哪一种 FCB。例如，在图 7-11 中，用户 A 的总目录中，目录项 A 是目录文件的 FCB，而在 A 用户的总目录中目录项 B 和 D 则是数据文件的 FCB。

2. 路径名和当前目录

1) 路径名(path name)

在树形结构目录中，从根目录到任何数据文件都只有一条唯一的通路。在该路径上，从树的根(即主目录)开始，把全部目录文件名与数据文件名依次地用"/"连接起来，即构成该数据文件唯一的路径名。例如，在图 7-11 中用户 B 为访问文件 J，应使用其路径名 /B/F/J 来访问。

2) 当前目录(Current Directory)

当一个文件系统含有许多级时，每访问一个文件，都要使用从树根开始，直到树叶(数据文件)为止的、包括各中间节点(目录)名的全路径名。这是相当麻烦的事，同时由于一个进程运行时所访问的文件大多仅局限于某个范围，因而非常不便。基于这一点，可为每个进程设置一个"当前目录"，又称为"工作目录"。进程对各文件的访问都相对于"当前目录"而进行。此时各文件所使用的路径名只需从当前目录开始，逐级经过中间的目录文件，最后到达要访问的数据文件。把这一路径上的全部目录文件名与数据文件名用"/"连接形成路径名，如用户 B 的当前目录是 F，则此时文件 J 的相对路径名仅是 J 本身。这样，把从当前目录开始直到数据文件为止所构成的路径名称为相对路径名(relative path name)，而把从树根开始的路径名称为绝对路径名(absolute path name)。

较之两级目录而言，树形结构目录的查询速度更快，同时层次结构更加清晰，能够更加有效地进行文件的管理和保护。在多级目录中，不同性质、不同用户的文件，可以构成不同的目录子树。不同层次、不同用户的文件，分别呈现在系统目录树中的不同层次或不同子树中，可以容易地赋予不同的存取权限。但是在树形结构目录中查找一个文件，需要按路径名逐级访问中间节点，增加了磁盘访问次数，无疑影响了查询速度。目前，大多数操作系统如 UNIX、Linux 和 Windows 系列都采用了树形文件目录。

3. 目录操作

(1) 创建目录。在树形目录结构中，用户可为自己建立 UFD，并可再创建子目录。在用户要创建一个新文件时，只需查看在自己的 UFD 及其子目录中有无与新建文件相同的文件名，若无，便可在 UFD 或其某个子目录中增加一个新目录项。

(2) 删除目录。对于一个已不再需要的目录，如何删除其目录项，要视情况而定。如果所要删除的目录是空的，即在该目录中已不再有任何文件，就可简单地将该目录项删除，使它在其上一级目录中对应的目录项为空。如果要删除的目录不空，即其中尚有几个文件或子目录，则可采用下述两种方法处理：

① 不删除非空目录。当目录(文件)不空时，不能将其删除，而为了删除一个非空目录，必须先删除目录中的所有文件，使之先成为空目录，然后再予以删除。如果目录中还包含有子目录，还必须采取递归调用方式来将其删除，在 MS-DOS 中就是采用这种删除方式。

② 可删除非空目录。当要删除一目录时，如果在该目录中还包含有文件，则目录中的所有文件和子目录也同时被删除。

上述两种方法实现起来都比较容易，第二种方法比较方便，但却比较危险。因为整个目录结构虽然用一条命令即能删除，但如果是一条错误命令，其后果则可能很严重。

(3) 改变目录。使用绝对路径名对用户来说是比较麻烦的。用户可利用改变目录的命令，通过指定目录的绝对或相对路径名设置当前目录。如果在使用改变目录的命令时没有明确指明任何目录，通常在默认情况下会自动改变到主目录(与指定用户相关的最顶层目录)。

(4) 移动目录。到了一个阶段，通常都需要对目录组织进行调整，即将文件或子目录在不同的父目录之间移动。文件或子目录经移动后，其文件的路径名将随之改变。

(5) 链接(Link)操作。对于树形结构目录，每个文件和每个目录都只允许有一个父目录，这样不适合文件共享，但可以通过链接操作让指定文件具有多个父目录，从而方便了文件共享。关于链接操作将在文件共享中作详细介绍。

(6) 查找。当文件目录非常庞大时，要查找一个指定文件是有点困难的。因此在所有的 OS 中都支持以多种方式进行查找，如可以从根目录或当前目录位置开始进行查找。在进行搜索时，可用精确匹配或局部匹配方式等。

◀ 7.3.4 目录查询技术

当用户要访问一个已存文件时，系统首先利用用户提供的文件名对目录进行查询，找出该文件的文件控制块或对应索引结点。然后，根据 FCB 或索引结点中记录的文件物理地址(盘块号)，换算出文件在磁盘上的物理位置。最后，再通过磁盘驱动程序将所需文件读入内存。目前，对目录进行查询的方式主要有两种：线性检索法和 Hash 方法。

1. 线性检索法

线性检索法又称为顺序检索法。在单级目录中，利用用户提供的文件名，用顺序查找法直接从文件目录中找到指名文件的目录项。在树形目录中，用户提供的文件名是由多个文件分量名组成的路径名，此时需对多级目录进行查找。假定用户给定的文件路径名是/usr/ast/mbox，则查找 /usr/ast/mbox 文件的过程如图 7-12 所示。

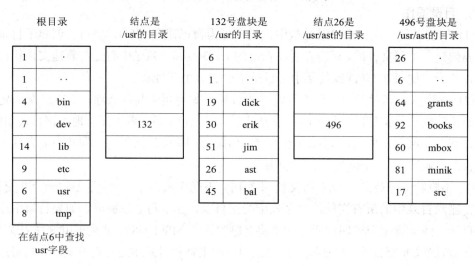

图 7-12　查找/usr/ast/mbox 的步骤

其查找过程说明如下：

首先，系统应先读入第一个文件分量名 usr，用它与根目录文件(或当前目录文件)中各目录项中的文件名顺序地进行比较，从中找出匹配者，并得到匹配项的索引结点号 6，再从 6 号索引结点中得知 usr 目录文件放在 132 号盘块中，将该盘块内容读入内存。

其次，系统再将路径名中的第二个分量名 ast 读入，用它与放在 132 号盘块中的第二级目录文件中各目录项的文件名顺序进行比较，又找到匹配项，从中得到 ast 的目录文件放在 26 号索引结点中，再从 26 号索引结点中得知 /usr/ast 存放在 496 号盘块中，再读入 496 号盘块。

然后，系统又将该文件的第三分量名 mbox 读入，用它与第三级目录文件 /usr/ast 中各目录项中的文件名进行比较，最后得到 /usr/ast/mbox 的索引结点号为 60，即在 60 号索引结点中存放了指定文件的物理地址。目录查询操作到此结束。如果在顺序查找过程中，发现有一个文件分量名未能找到，则应停止查找，并返回"文件未找到"信息。

2. Hash 方法

在 7.2.6 节中曾介绍了 Hash 文件。如果我们建立了一张 Hash 索引文件目录，便可利用 Hash 方法进行查询，即系统利用用户提供的文件名，并将它变换为文件目录的索引值，再利用该索引值到目录中去查找，这样将显著地提高检索速度。

顺便指出，在现代操作系统中，通常都提供了模式匹配功能，即在文件名中使用了通配符"＊"、"？"等。对于使用了通配符的文件名，此时系统便无法利用 Hash 法检索目录，因此，系统还是需要利用线性查找法查找目录。

在进行文件名的转换时，有可能把 n 个不同的文件名转换为相同的 Hash 值，即出现了所谓的"冲突"。一种处理此"冲突"的有效规则是：

(1) 在利用 Hash 法索引查找目录时，如果目录表中相应的目录项是空的，则表示系统中并无指定文件。

(2) 如果目录项中的文件名与指定文件名相匹配，则表示该目录项正是所要寻找的文件所对应的目录项，故而可从中找到该文件所在的物理地址。

(3) 如果在目录表的相应目录项中的文件名与指定文件名并不匹配，则表示发生了"冲突"，此时须将其 Hash 值再加上一个常数(该常数应与目录的长度值互质)，形成新的索引值，再返回到第一步重新开始查找。

7.4 文 件 共 享

在现代计算机系统中，必须提供文件共享手段，即指系统应允许多个用户(进程)共享同一份文件。这样，在系统中只需保留该共享文件的一份副本。如果系统不能提供文件共享功能，就意味着凡是需要该文件的用户，都须各自备有此文件的副本，显然这会造成对存储空间的极大浪费。随着计算机技术的发展，文件共享的范围也在不断扩大，从单机系统中的共享，扩展为多机系统的共享，进而又扩展为计算机网络范围的共享，甚至实现全世界的文件共享。

早在 20 世纪的 60 和 70 年代，已经出现了不少实现文件共享的方法，如绕弯路法、连访法，以及利用基本文件实现文件共享的方法；而现代的一些文件共享方法，也是在早期这些方法的基础上发展起来的。下面我们仅介绍当前常用的两种文件共享方法，它们是在树形结构目录的基础上经适当修改形成的。

7.4.1 基于有向无循环图实现文件共享

1. 有向无循环图 DAG(Directed Acyclic Graph)

在严格的树形结构目录中，每个文件只允许有一个父目录，父目录可以有效地拥有该文件，其它用户要想访问它，必须经过其属主目录来访问该文件。这就是说，对文件的共享是不对称的，或者说，树形结构目录是不适合文件共享的。如果允许一个文件可以有多个父目录，即有多个属于不同用户的多个目录，同时指向同一个文件，这样虽会破坏树的特性，但这些用户可用对称的方式实现文件共享，而不必再通过其属主目录来访问。

图 7-13 示出了一个有向无循环图，它允许每一个文件都可以有多个父目录。如图中的文件 F8 有三个父目录，它们分别是 D5、D6 和 D3，其中 D5 和 D3 还使用了相同的名字 p，目录 D6 有两个父目录 D2 和 D1。

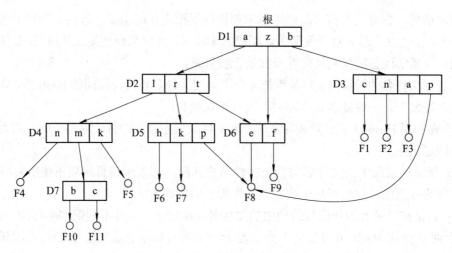

图 7-13 有向无循环图目录层次

由上所述得知，当有多个用户要共享一个子目录或文件时，必须将共享文件或子目录链接到多个用户的父目录中，才能方便地找到该文件。现在的问题是，如何建立父目录 D5 与共享文件 F8 之间的链接呢？如果在文件目录中所包含的是文件的物理地址，即文件所在盘块的盘块号，则在链接时，必须将文件的物理地址拷贝到 D5 目录中去。但如果以后 D5 或 D6 还要继续向该文件中添加新内容，也必然要相应地再增加新的盘块，这些是由附加操作 Append 来完成的。而这些新增加的盘块也只会出现在执行了操作的目录中。可见，这种变化对其他用户而言，是不可见的，因而新增加的这部分内容已不能被共享。

2. 利用索引结点

为了解决这个问题，可以引用索引结点，即诸如文件的物理地址及其它的文件属性等信息，不再是放在目录项中，而是放在索引结点中。在文件目录中只设置文件名及指向相应索引结点的指针，如图 7-14 所示。图中的用户 Wang 和 Lee 的文件目录中，都设置有指向共享文件的索引结点指针。此时，由任何用户对共享文件所进行的 Append 操作或修改，都将引起其相应结点内容的改变(例如，增加了新的盘块号和文件长度等)，这些改变是其他用户可见的，从而也就能提供给其他用户来共享。

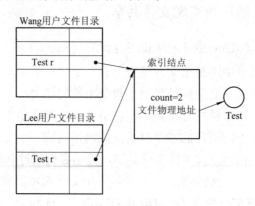

图 7-14 基于索引结点的共享方式

在索引结点中还应有一个链接计数 count，用于表示链接到本索引结点(亦即文件)上的用户目录项的数目。当 count = 3 时，表示有三个用户目录项连接到本文件上，或者说是有三个用户共享此文件。

当用户 C 创建一个新文件时，他便是该文件的所有者，此时将 count 置 1。当有用户 B 要共享此文件时，在用户 B 的目录中增加一目录项，并设置一指针指向该文件的索引结点，此时，文件主仍然是 C，count = 2。如果用户 C 不再需要此文件，是否能将此文件删除呢？ 回答是否定的。因为，若删除了该文件，也必然删除了该文件的索引结点，这样便会使 B 的指针悬空，而 B 则可能正在此文件上执行写操作，此时将因此半途而废。但如果 C 不删除此文件而等待 B 继续使用，这样，由于文件主是 C，如果系统要记账收费，则 C 必须为 B 使用此共享文件而付账，直至 B 不再需要。图 7-15 示出了 B 链接到文件前后的情况。

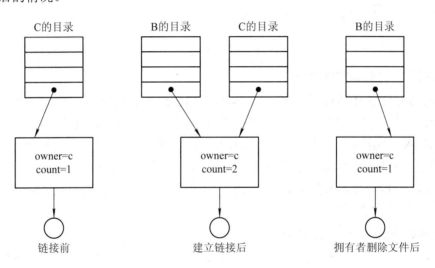

图 7-15　进程 B 链接前后的情况

◀ 7.4.2　利用符号链接实现文件共享

1. 利用符号链接(Symbolic Linking)的基本思想

利用符号链接实现文件共享的基本思想，是允许一个文件或子目录有多个父目录，但其中仅有一个作为主(属主)父目录，其它的几个父目录都是通过符号链接方式与之相链接的(简称链接父目录)。图 7-16 及图 7-13 基本相同，差别仅在于将原图中的某些实线改为虚线，如在图 7-13 中有三条实线指向了文件 F8。而在图 7-16 中仅有 D6 指向 F8 的一条实线，另外两条都已成为虚线。这表示 F8 仍然有三个父目录，但只有 D6 才是其主父目录，而 D5 和 D3 都是链接父目录。类似地，D6 的主父目录是 D2，D1 是链接父目录。这样做的最大好处是，属主结构(用实线连接起来的结构)仍然是简单树，这对文件的删除、查找等都更为方便。

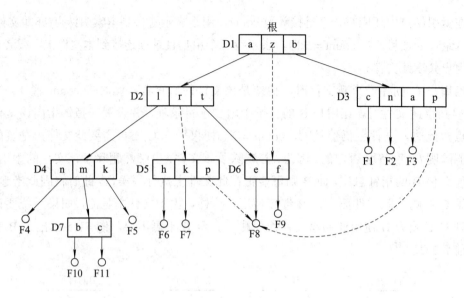

图 7-16　使用符号链接的目录层次

2. 如何利用符号链实现共享

为使链接父目录 D5 能共享文件 F，可以由系统创建一个 LINK 类型的新文件，也取名为 F，并将 F 写入链接父目录 D5 中，以实现 D5 与文件 F8 的链接。在新文件 F 中只包含被链接文件 F8 的路径名。这样的链接方法被称为符号链接。新文件 F 中的路径名则只被看做是符号链。当用户通过 D5 访问被链接的文件 F8，且正要读 LINK 类新文件时，此要求将被 OS 截获，OS 根据新文件中的路径名去找到文件 F8，然后对它进行读(写)，这样就实现了用户 B 对文件 F 的共享。

3. 利用符号链实现共享的优点

在利用符号链方式实现文件共享时，只是文件主才拥有指向其索引结点的指针；而共享该文件的其他用户则只有该文件的路径名，并不拥有指向其索引结点的指针。这样，也就不会发生在文件主删除一共享文件后留下一悬空指针的情况。当文件的拥有者把一个共享文件删除后，如果其他用户又试图通过符号链去访问一个已被删除的共享文件，则会因系统找不到该文件而使访问失败，于是再将符号链删除，此时不会产生任何影响。

值得一提的是，在计算机网络中，Web 浏览器在进行浏览时所使用的文件是 HTML 类型的文件。在 HTML 文件中有着许多链接符，通过这些链接符能够链接(通过计算机网络)世界上任何地方的机器中的文件。在利用符号链实现共享时，同样可以通过网络链接到分布在世界各地的计算机系统中的文件。

4. 利用符号链的共享方式存在的问题

利用符号链的共享方式也存在着一些问题：当其他用户去读共享文件时，系统是根据给定的文件路径名逐个分量(名)地去查找目录，直至找到该文件的索引结点。因此，在每次访问共享文件时，都可能要多次地读盘。这使每次访问文件的开销甚大，且增加了启动磁盘的频率。此外，要为每个共享用户建立一条符号链，而由于链本身实际上是一个文件，尽管该文件非常简单，却仍要为它配置一个索引结点，这也要耗费一定的磁盘空间。

上述两种链接方式都存在这样一个共同的问题，即每一个共享文件都有几个文件名。换言之，每增加一条链接，就增加一个文件名。这在实质上就是每个用户都使用自己的路径名去访问共享文件。当我们试图去遍历(traverse)整个文件系统时，将会多次遍历到该共享文件。例如，当有一个程序员要将一个目录中的所有文件都转储到磁带上去时，就可能对一个共享文件产生多个拷贝。

7.5 文 件 保 护

在现代计算机系统中，存放了越来越多的宝贵信息供用户使用，给人们带来了极大的好处和方便，但同时也有着潜在的不安全性。影响文件安全性的主要因素有：

(1) 人为因素。人们有意或无意的行为，会使文件系统中的数据遭到破坏或丢失。

(2) 系统因素。由于系统的某部分出现异常情况，而造成数据的破坏或丢失，特别是作为数据存储主要介质的磁盘，一旦出现故障，会产生难以估量的影响。

(3) 自然因素。随着时间的推移，存放在磁盘上的数据会逐渐消失。

为了确保文件系统的安全性，可针对上述原因而采取三方面的措施：

(1) 通过存取控制机制，防止由人为因素所造成的文件不安全性。

(2) 采取系统容错技术，防止系统部分的故障所造成的文件的不安全性。

(3) 建立后备系统，防止由自然因素所造成的不安全性。

本节主要介绍第一方面的措施——存取控制机制。在下一章再介绍第二和第三方面的措施。

7.5.1 保护域(Protection Domain)

在现代 OS 中，几乎都配置了用于对系统中资源进行保护的保护机制，并引入了"保护域"和"访问权"的概念。规定每一个进程仅能在保护域内执行操作，而且只允许进程访问它们具有"访问权"的对象。

1. 访问权

为了对系统中的对象加以保护，应由系统来控制进程对对象的访问。对象可以是硬件对象，如磁盘驱动器、打印机；也可以是软件对象，如文件、程序。对对象所施加的操作也有所不同，如对文件可以是读，也可以是写或执行操作。我们把一个进程能对某对象执行操作的权力，称为访问权(Access right)。每个访问权可以用一个有序对(对象名，权集)来表示，例如，某进程有对文件 F_1 执行读和写操作的权力，则可将该进程的访问权表示成(F_1, {R/W})。

2. 保护域

为了对系统中的资源进行保护而引入了保护域的概念，保护域简称为"域"。"域"是进程对一组对象访问权的集合，进程只能在指定域内执行操作。这样，"域"也就规定了进程所能访问的对象和能执行的操作。在图 7-17 中示出了三个保护域。在域 1 中有两个对象，即文件 F_1 和 F_2，只允许进程对 F_1 读，而允许对 F_2 读和写；而对象 Printer1 同时出现在域 2 和域 3 中，这表示在这两个域中运行的进程都能使用打印机。

图 7-17   三个保护域

3. 进程和域间的静态联系

在进程和域之间可以一一对应，即一个进程只联系着一个域。这意味着，在进程的整个生命期中，其可用资源是固定的，我们把这种域称为"静态域"。在这种情况下，进程运行的全过程都是受限于同一个域，这将会使赋予进程的访问权超过了实际需要。例如，某进程在运行开始时需要磁带机输入数据，而在进程快结束时，又需要用打印机打印数据。在一个进程只联系着一个域的情况下，则需要在该域中同时设置磁带机和打印机这两个对象，这将超过进程运行的实际需要。

4. 进程和域间的动态联系方式

在进程和域之间，也可以是一对多的关系，即一个进程可以联系着多个域。在此情况下，可将进程的运行分为若干个阶段，其每个阶段联系着一个域，这样便可根据运行的实际需要来规定在进程运行的每个阶段中所能访问的对象。用上述的同一个例子，我们可以把进程的运行分成三个阶段：进程在开始运行的阶段联系着域 D_1，其中包括用磁带机输入；在运行快结束的第三阶段联系着域 D_3，其中是用打印机输出；中间运行阶段联系着域 D_2，其中既不含磁带机，也不含打印机。我们把这种一对多的联系方式称为动态联系方式，在采用这种方式的系统中，应增设保护域切换功能，以使进程能在不同的运行阶段从一个保护域切换到另一个保护域。

◀ 7.5.2   访问矩阵

1. 基本的访问矩阵

我们可以利用一个矩阵来描述系统的访问控制，并把该矩阵称为访问矩阵(Access Matrix)。访问矩阵中的行代表域，列代表对象，矩阵中的每一项是由一组访问权组成的。因为对象已由列显式地定义，故可以只写出访问权而不必写出是对哪个对象的访问权，每一项访问权 access(i, j)定义了在域 D_i 中执行的进程能对对象 Q_j 所施加的操作集。

访问矩阵中的访问权通常是由资源的拥有者或者管理者所决定的。当用户创建一个新文件时，创建者便是拥有者，系统在访问矩阵中为新文件增加一列，由用户决定在该列的某个项中应具有哪些访问权，而在另一项中又具有哪些访问权。当用户删除此文件时，系统也要相应地在访问矩阵中将该文件对应的列撤消。

图 7-17 的访问矩阵如图 7-18 所示。它是由三个域和 8 个对象所组成的。当进程在域 D_1 中运行时，它能读文件 F_1、读和写文件 F_2。进程在域 D_2 中运行时，它能读文件 F_3、F_4 和 F_5，以及写文件 F_4、F_5 和执行文件 F_4，此外还可以使用打印机 1。只有当进程在域 D_3 中运行时，才可使用绘图仪 2。

对象 域	F_1	F_2	F_3	F_4	F_5	F_6	Printer 1	Plotter 2
D_1	R	R, W						
D_2			R	R, W, E	R, W		W	
D_3						R, W, E	W	W

图 7-18　一个访问矩阵

2. 具有域切换权的访问矩阵

为了实现在进程和域之间的动态联系，应能够将进程从一个保护域切换到另一个保护域。为了能对进程进行控制，同样应将切换作为一种权力，仅当进程有切换权时，才能进行这种切换。为此，在访问矩阵中又增加了几个对象，分别把它们作为访问矩阵中的几个域；当且仅当 switch∈access(i, j)时，才允许进程从域 i 切换到域 j。例如，在图 7-19 中，由于域 D_1 和 D_2 所对应的项目中有一个 S 即 Switch，故而允许在域 D_1 中的进程切换到域 D_2 中。类似地，在域 D_2 和对象 D_3 所对应的项中，也有 Switch，这表示在 D_2 域中运行的进程可以切换到域 D_3 中，但不允许该进程再从域 D_3 返回到域 D_1。

对象 域	F_1	F_2	F_3	F_4	F_5	F_6	Printer 1	Plotter 2	域 D_1	域 D_2	域 D_3
域D_1	R	R, W								S	
域D_2			R	R, W, E	R, W		W				S
域D_3						R, W, E	W	W			

图 7-19　具有切换权的访问控制矩阵

◄ 7.5.3　访问矩阵的修改

在系统中建立起访问矩阵后，随着系统的发展及用户的增加和改变，必然要经常对访问矩阵进行修改。因此，应当允许可控性地修改访问矩阵中的内容，这可通过在访问权中增加拷贝权、拥有权及控制权的方法来实现有控制的修改。

1. 拷贝权(Copy Right)

我们可利用拷贝权将在某个域中所拥有的访问权(access(i, j))扩展到同一列的其它域中，亦即，为进程在其它的域中也赋予对同一对象的访问权(access(k, j))，如图 7-20 所示。

域＼对象	F_1	F_2	F_3
D_1	E		W^*
D_2	E	R^*	E
D_3	E		

(a)

域＼对象	F_1	F_2	F_3
D_1	E		W^*
D_2	E	R^*	E
D_3	E	R	W

(b)

图 7-20　具有拷贝权的访问控制矩阵

在图 7-20 中，凡是在访问权(access(i, j))上加星号(*)者，都表示在 i 域中运行的进程能将其对对象 j 的访问权复制成在任何域中对同一对象的访问权。例如，图中在域 D_2 中对文件 F_2 的读访问权上加有 * 号时，表示运行在 D_2 域中的进程可以将其对文件 F_2 的读访问权扩展到域 D_3 中去。又如，在域 D_1 中对文件 F_3 的写访问权上加有*号时，使运行在域 D_1 中的进程可以将其对文件 F_3 的写访问权扩展到域 D_3 中去，使在域 D_3 中运行的进程也具有对文件 F_3 的写访问权。

应注意的是，把带有 * 号的拷贝权如 R^*，由 access(i, j)拷贝成 access(k, j)后，其所建立的访问权只是 R 而不是 R^*，这使在域 D_K 上运行的进程不能再将其拷贝权进行扩散，从而限制了访问权的进一步扩散。这种拷贝方式被称为限制拷贝。

2. 所有权(Owner Right)

人们不仅要求能将已有的访问权进行有控制的扩散，而且同样需要能增加某种访问权，或者能删除某种访问权。此时，可利用所有权(O)来实现这些操作。见图 7-21，如果在 access(i, j)中包含所有访问权，则在域 D_i 上运行的进程可以增加或删除其在 j 列上任何项中的访问权。换言之，进程可以增加或删除在任何其它域中运行的进程对对象 j 的访问权。例如，在图 7-21(a)中，在域 D_1 中运行的进程(用户)是文件 F_1 的所有者，它能增加或删除在其它域中的运行进程对文件 F_1 的访问权；类似地，在域 D_2 中运行的进程(用户)是文件 F_2 和文件 F_3 的拥有者，该进程可以增加或删除在其它域中运行的进程对这两个文件的访问权。在图 8-21(b)中示出了在域 D_1 中运行的进程删除了在域 D_3 中运行的进程对文件 F_1 的执行权；在域 D_2 中运行的进程增加了在域 D_3 中运行的进程对文件 F_2 和 F_3 的写访问权。

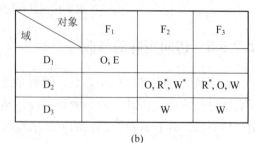

域＼对象	F_1	F_2	F_3
D_1	O, E		W
D_2		R^*, O	R^*, O, W
D_3	E		

(a)

域＼对象	F_1	F_2	F_3
D_1	O, E		
D_2		O, R^*, W^*	R^*, O, W
D_3		W	W

(b)

图 7-21　带所有权的访问矩阵

3. 控制权(Control Right)

拷贝权和所有权都是用于改变矩阵内同一列的各项访问权的，或者说，是用于改变在不同域中运行的进程对同一对象的访问权的。控制权则可用于改变矩阵内同一行中(域中)的各项访问权，亦即，用于改变在某个域中运行的进程对不同对象的访问权的。如果在access(i，j)中包含了控制权，则在域 D_i 中运行的进程可以删除在域 D_j 中运行的进程对各对象的任何访问权。例如在图 7-22 中，在 access(D_2，D_3)中包括了控制权，则一个在域 D_2 中运行的进程能够改变对域 D_3 内各项的访问权。比较图 7-19 和图 7-22 可以看出，在 D_3 中已无对文件 F_6 和 Plotter2 的写访问权。

对象＼域	F_1	F_2	F_3	F_4	F_5	F_6	Printer 1	Plotter 2	域 D_1	域 D_2	域 D_3
域D_1	R	R, W									
域D_2			R	R, W, E	R, W		W				Control
域D_3						R, E	W	W			

图 7-22　具有控制权的访问矩阵

◄ 7.5.4　访问矩阵的实现

虽然访问矩阵在概念上是简单的，因而极易理解，但在具体实现上却有一定的困难，这是因为，在稍具规模的系统中，域的数量和对象的数量都可能很大，例如，在系统中有100 个域，10^5 个对象，此时在访问矩阵中便会有 10^8 个表项，即使每个表项只占一个字节，此时也需占用 100 MB 的存储空间来保存这个访问矩阵。而要对这个矩阵(表)进行访问，则必然是十分费时的。简言之，访问该矩阵所花费的时空开销是令人难以接受的。

事实上，每个用户(进程)所需访问的对象通常都很有限，例如只有几十个，因而在这个访问矩阵中的绝大多数项都会是空项。或者说，这是一个非常稀疏的矩阵。目前的实现方法，是将访问矩阵按列划分，或者按行划分，以分别形成访问控制表或访问权力表。

1. 访问控制表(Access Control List)

这是指对访问矩阵按列(对象)划分，为每一列建立一张访问控制表 ACL。在该表中，已把矩阵中属于该列的所有空项删除，此时的访问控制表是由一有序对(域，权集)所组成的。由于在大多数情况下，矩阵中的空项远多于非空项，因而使用访问控制表可以显著地减少所占用的存储空间，并能提高查找速度。在不少系统中，当对象是文件时，便把访问控制表存放在该文件的文件控制表中，或放在文件的索引结点中，作为该文件的存取控制信息。

域是一个抽象的概念，可用各种方式实现。最常见的一种情况是每一个用户是一个域，而对象则是文件。此时，用户能够访问的文件集和访问权限取决于用户的身份。通常，在一个用户退出而另一个用户进入时，即用户发生改变时，要进行域的切换；另一种情况是，每个进程是一个域，此时，能够访问的对象集中的各访问权取决于进程的身份。

访问控制表也可用于定义缺省的访问权集，即在该表中列出了各个域对某对象的缺省访问权集。在系统中配置了这种表后，当某用户(进程)要访问某资源时，通常是首先由系统到缺省的访问控制表中，去查找该用户(进程)是否具有对指定资源进行访问的权力。如果找不到，再到相应对象的访问控制表中去查找。

2. 访问权限(Capabilities)表

如果把访问矩阵按行(即域)划分，便可由每一行构成一张访问权限表。换言之，这是由一个域对每一个对象可以执行的一组操作所构成的表。表中的每一项即为该域对某对象的访问权限。当域为用户(进程)、对象为文件时，访问权限表便可用来描述一个用户(进程)对每一个文件所能执行的一组操作。

图 7-23 示出了对应于图 7-19 中域 D_2 的访问权限表。在表中共有三个字段。其中类型字段用于说明对象的类型；权力字段是指域 D_2 对该对象所拥有的访问权限；对象字段是一个指向相应对象的指针，对 UNIX 系统来说，它就是索引结点的编号。由该表可以看出，域 D_2 可以访问的对象有 4 个，即文件 3、4、5 和打印机，对文件 3 的访问权限是只读；对文件 4 的访问权限是读、写和执行等。

	类　　型	权力	对　　象
0	文件	R--	指向文件 3 的指针
1	文件	RWE	指向文件 4 的指针
2	文件	RW-	指向文件 5 的指针
3	打印机	-W-	指向打印机 1 的指针

图 7-23　访问权限表

应当指出，仅当访问权限表安全时，由它所保护的对象才可能是安全的。因此，访问权限表不能允许直接被用户(进程)所访问。通常，将访问权限表存储到系统区内的一个专用区中，只有通过访问合法性检查的程序才能对该表进行访问，以实现对访问控制表的保护。

目前，大多数系统都同时采用访问控制表和访问权限表，在系统中为每个对象配置一张访问控制表。当一个进程第一次试图去访问一个对象时，必须先检查访问控制表，检查进程是否具有对该对象的访问权。如果无权访问，便由系统来拒绝进程的访问，并构成一例外(异常)事件；否则(有权访问)，便允许进程对该对象进行访问，并为该进程建立一访问权限，将之连接到该进程。以后，该进程便可直接利用这一返回的权限去访问该对象，这样，便可快速地验证其访问的合法性。当进程不再需要对该对象进行访问时，便可撤消该访问权限。

 习　　题 ▶▶▶

1. 何谓数据项、记录和文件？
2. 文件系统的模型可分为三层，试说明其每一层所包含的基本内容。
3. 与文件系统有关的软件可分为哪几个层次？

4. 试说明用户可以对文件施加的主要操作有哪些。

5. 为什么在大多数 OS 中都引入了"打开"这一文件系统调用？打开的含意是什么？

6. 何谓文件的逻辑结构？何谓文件的物理结构？

7. 按文件的组织方式可将文件分为哪几种类型？

8. 如何提高对变长记录顺序文件的检索速度？

9. 通过哪两种方式来对固定长记录实现随机访问？

10. 可以采取什么方法来实现对变长记录文件进行随机检索？

11. 试说明索引顺序文件的几个主要特征。

12. 试说明对索引文件和索引顺序文件的检索方法。

13. 试从检索速度和存储费用两方面来比较两级索引文件和索引顺序文件。

14. 对目录管理的主要要求是什么？

15. 采用单级目录能否满足对目录管理的主要要求？为什么？

16. 目前广泛采用的目录结构形式是哪种？它有什么优点？

17. 何谓路径名和当前目录？

18. Hash 检索法有何优点？又有何局限性？

19. 在 Hash 检索法中，如何解决"冲突"问题？

20. 试说明在树形目录结构中线性检索法的检索过程，并给出相应的流程图。

21. 基于索引结点的文件共享方式有何优点？

22. 什么是主父目录和链接父目录？如何利用符号链实现共享？

23. 基于符号链的文件共享方式有何优点？

24. 什么是保护域？进程与保护域之间存在着的动态联系是什么？

25. 试举例说明具有域切换权的访问控制矩阵。

26. 如何利用拷贝权来扩散某种访问权？

27. 如何利用拥有权来增、删某种访问权？

28. 增加控制权的主要目的是什么？试举例说明控制权的应用。

29. 什么是访问控制表？什么是访问权限表？

30. 系统如何利用访问控制表和访问权限表来实现对文件的保护？

第八章 ◇◇◇◇◇

〖磁盘存储器的管理〗

磁盘存储器不仅容量大，存取速度快，而且可以实现随机存取，故它是当前实现虚拟存储器和存放文件最理想的外存，因此在现代计算机系统中无一例外地都配置了磁盘存储器。对磁盘存储器管理的主要任务和要求是：

(1) 有效地利用存储空间。采取合理的文件分配方式，为文件分配必要的存储空间，使每个文件都能"各得其所"，并能有效地减少磁盘碎片，改善存储空间的利用率。

(2) 提高磁盘的 I/O 速度。通过各种途经，包含采用磁盘高速缓存等措施，来提高磁盘的 I/O 速度，以增加对文件的访问速度，从而改善文件系统的性能。

(3) 提高磁盘系统的可靠性。采取多种技术，其中包含必要的冗余措施和后备系统，来提高磁盘系统的可靠性。

8.1 外存的组织方式

如前所述，文件的物理结构直接与外存的组织方式有关。对于不同的外存组织方式，将形成不同的文件物理结构。目前常用的外存组织方式有：

(1) 连续组织方式。在对文件采取连续组织方式时，为每个文件分配一片连续的磁盘空间，由此所形成的文件物理结构将是顺序式的文件结构。

(2) 链接组织方式。在对文件采取链接组织方式时，可以为每个文件分配不连续的磁盘空间，通过链接指针将一个文件的所有盘块链接在一起，由此所形成的将是链接式文件结构。

(3) 索引组织方式。在对文件采取索引组织方式时，所形成的将是索引式文件结构。在传统的文件系统中，通常仅采用其中的一种组织方式来组织文件。在现代 OS 中，由于存在着多种类型的、特别是实时类型的多媒体文件，因此，对文件可能采取了多种类型的组织形式。

8.1.1 连续组织方式

连续组织方式又称连续分配方式，要求为每一个文件分配一组相邻接的盘块。例如，第一个盘块的地址为 b，则第二个盘块的地址为 b+1，第三个盘块的地址为 b+2，…。通常，它们都位于一条磁道上，在进行读/写时，不必移动磁头。在采用连续组织方式时，可把逻辑文件中的记录顺序地存储到邻接的各物理盘块中，这样所形成的文件结构称为顺序文件结构，此时的物理文件称为顺序文件。

这种组织方式保证了逻辑文件中的记录顺序与存储器中文件占用盘块的顺序的一致性。为使系统能找到文件存放的地址，应在目录项的"文件物理地址"字段中记录该文件第一个记录所在的盘块号和文件长度(以盘块为单位)。图 8-1 示出了连续组织方式的情况。图中假定了记录与盘块的大小相同。Count 文件的第一个盘块号是 0，文件长度为 2，因此是在盘块号为 0 和 1 的两盘块中存放文件 1 的数据。

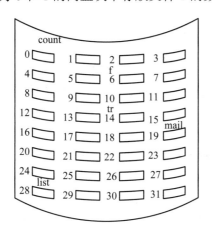

图 8-1　磁盘空间的连续组织方式

如同内存的动态分区分配一样，随着文件建立时空间的分配和文件删除时空间的回收，将使磁盘空间被分割成许多小块，这些较小的连续区已难于用来存储文件，此即外存的碎片。同样，我们也可以利用紧凑的方法，将盘上所有的文件紧靠在一起，把所有的碎片拼接成一大片连续的存储空间。但为了将外存空闲空间进行一次紧凑，所花费的时间远比将内存紧凑一次所花费的时间多。

连续组织方式的主要优点有：

(1) 顺序访问容易。访问连续文件非常容易，系统可从目录中找到该顺序文件所在的第一个盘块号，从此开始逐个盘块地往下读/写。连续分配也支持对定长记录的文件进行随机存取。

(2) 顺序访问速度快。由连续分配所装入的文件，其所占用的盘块可能是位于一条或几条相邻的磁道上，磁头的移动距离最少，因此，这种对文件访问的速度是几种存储空间分配方式中最高的一种。

连续组织方式的主要缺点如下：

(1) 要求为一个文件分配连续的存储空间。由内存的连续分配得知，这样便会产生出许多外部碎片，严重地降低了外存空间的利用率。如果是定期地利用紧凑方法来消除碎片，则又需花费大量的机器时间。

(2) 必须事先知道文件的长度。要将一个文件装入一个连续的存储区中，必须事先知道文件的大小。知道文件的大小有时只能靠估算，如果估计的文件大小比实际文件小，就会因存储空间不足而中止文件的拷贝，要求用户重新估算后再次拷贝。这就促使用户将文件长度估得比实际的大，从而造成浪费。

(3) 不能灵活地删除和插入记录。为保持文件的有序性，在删除和插入记录时，都需要对相邻的记录做物理上的移动，还会动态地改变文件的大小。

(4) 对于那些动态增长的文件，由于事先很难知道文件的最终大小，因而很难为其分配空间，而即使事先知道文件的最终大小，在采用预分配存储空间的方法时，也会使大量的存储空间长期空闲。

◄ 8.1.2　链接组织方式

如果可以将文件装到多个离散的盘块中，就可消除连续组织方式的上述缺点。在采用链接组织方式时，可为文件分配多个不连续的盘块，再通过每个盘块上的链接指针，将同属于一个文件的多个离散的盘块链接成一个链表，由此所形成的物理文件称为链接文件。链接组织方式的主要优点是：

(1) 消除了磁盘的外部碎片，提高了外存的利用率。

(2) 对插入、删除和修改记录都非常容易。

(3) 能适应文件的动态增长，无需事先知道文件的大小。

链接方式又可分为隐式链接和显式链接两种形式。

1. 隐式链接

在采用隐式链接组织方式时，在文件目录的每个目录项中，都须含有指向链接文件第一个盘块和最后一个盘块的指针。图 8-2 中示出了一个占用 5 个盘块的链接式文件。在相应的目录项中，指示了其第一个盘块号是 9，最后一个盘块号是 25。而在每个盘块中都含有一个指向下一个盘块的指针，如在第一个盘块 9 中设置了第二个盘块的盘块号是 16；在16 号盘块中又设置了第三个盘块的盘块号 1。如果指针占用 4 个字节，对于盘块大小为 512字节的磁盘，则每个盘块中只有 508 个字节可供用户使用。

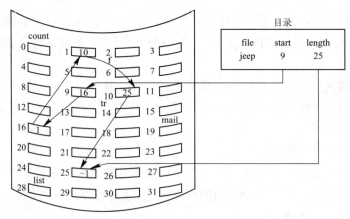

图 8-2　磁盘空间的链接式分配

隐式链接组织方式的主要问题在于，它只适合于顺序访问，它对随机访问是极其低效的。如果要访问文件所在的第 i 个盘块，则必须先读出文件的第一个盘块，……，就这样顺序地查找直至第 i 块。当 i = 100 时，需启动 100 次磁盘去实现读盘块的操作，平均每次都要花费几十 ms。可见，随机访问的速度很低。此外，只通过链接指针将一大批离散的盘块链接起来，其可靠性较差，因为只要其中的任何一个指针出现问题，都会导致整个链的断开。

为了提高检索速度和减小指针所占用的存储空间，可以将几个盘块组成一个簇(cluster)。比如，一个簇可包含 4 个盘块，在进行盘块分配时，是以簇为单位进行的。在链接文件中的每个元素也是以簇为单位的。这样将会成倍地减小查找指定块的时间，而且也可减小指针所占用的存储空间，但却增大了内部碎片，而且这种改进也是非常有限的。

2. 显式链接

这是指把用于链接文件各物理块的指针显式地存放在内存的一张链接表中。该表在整个磁盘中仅设置一张，如图 8-3 所示。表的序号是物理盘块号，从 0 开始，直至 N–1；N 为盘块总数。在每个表项中存放链接指针，即下一个盘块号。在该表中，凡是属于某一文件的第一个盘块号，或者说是每一条链的链首指针所对应的盘块号，均作为文件地址被填入相应文件的 FCB 的"物理地址"字段中。由于查找记录的过程是在内存中进行的，因而不仅显著地提高了检索速度，而且大大减少了访问磁盘的次数。由于分配给文件的所有盘块号都放在该表中，故把该表称为文件分配表 FAT(File Allocation Table)。

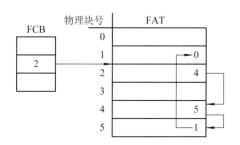

图 8-3 显式链接结构

◀ 8.1.3 FAT 技术

微软公司早、中期推出的操作系统一直都是采用的 FAT 技术。即利用文件分配表 FAT 来记录每个文件中所有盘块之间的链接。在 MS-DOS 中，最早使用的是 12 位的 FAT12，后来为 16 位的 FAT16。在 Windows 95 和 Windows 98 操作系统中则升级为 32 位的 FAT32。Windows NT/2000/XP 及以后的 Windows 操作系统又进一步发展为新技术文件系统 NTFS(New Technology File System)。

在 FAT 中引入了"卷"的概念，支持将一个物理磁盘分成四个逻辑磁盘，每个逻辑磁盘就是一个卷(也称为分区)，也就是说每个卷都是一个能够被单独格式化和使用的逻辑单元，供文件系统分配空间时使用。一个卷中包含了文件系统信息、一组文件以及空闲空间。每个卷都专门划出一个单独区域来存放自己的目录和 FAT 表，以及自己的逻辑驱动器字母。通常对仅有一个硬盘的计算机，最多可将其硬盘分为"C:"、"D:"和"E:""F:"四个卷。需要指出的是，在现代 OS 中，一个物理磁盘可以划分为多个卷，一个卷也可以由多个物理磁盘组成。

1. FAT12

1) 早期的 FAT12 文件系统

FAT12 是以盘块为基本分配单位的。由于 FAT 是文件系统中最重要的数据结构，为了安全起见，在每个分区中都配有两张相同的文件分配表 FAT1 和 FAT2。在 FAT 的每个表项中存放下一个盘块号，它实际上是用于盘块之间的链接的指针，通过它可以将一个文件的所有的盘块链接起来，而将文件的第一个盘块号放在自己的 FCB 中。图8-4 示出了 MS-DOS 的文件物理结构，这里示出了两个文件，文件 A 占用三个盘块，其盘块号依次为 4、6、11；文件 B 则依次占用 9、10 及 5 号三个盘块。每个文件的第一个盘块号放在自己的 FCB 中。对于 1.2 MB 的软盘，每个盘块的大小为 512 B，在每个 FAT 中共含有 2.4 K 个表项，由于每个 FAT 表项占 12 位，故 FAT 表占用 3.6 KB 的存储空间。

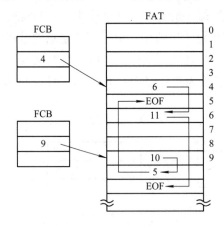

图 8-4　MS-DOS 的文件物理结构

现在我们来计算以盘块为分配单位时所允许的最大磁盘容量。由于每个 FAT 表项为 12 位，因此，在 FAT 表中最多允许有 4096(2^{12})个表项；如果采用以盘块作为基本分配单位，每个盘块(也称扇区)的大小一般是 512 字节，那么，每个磁盘分区的容量为 2 MB(4096 × 512 B)；一个物理磁盘能支持 4 个逻辑磁盘分区，所以相应的磁盘最大容量仅为 8 MB。这对最早时期的硬盘还可应付，但很快磁盘的容量就超过了 8 MB，FAT12 是否还可继续用呢，回答虽是肯定的，但需要引入一个新的分配单位——簇。

2) 以簇为单位的 FAT12 文件系统

稍加分析便可看出，如果把每个盘块(扇区)的容量增大 n 倍，则磁盘的最大容量便可增加 n 倍。但要增加盘块的容量是不方便和不灵活的。为此，引入了簇(cluster)的概念。簇是一组相邻的扇区，在 FAT 中它是作为一个虚拟扇区。在进行盘块分配时，是以簇作为分配的基本单位。簇的大小一般是 2n(n 为整数)个盘块，在 MS-DOS 的实际运用中，簇的容量可以仅有一个扇区(512 B)、两个扇区(1 KB)、四个扇区(2 KB)、八个扇区(4 KB)等。一个簇应包含扇区的数量与磁盘容量的大小直接有关。例如，当一个簇仅有一个扇区时，磁盘的最大容量为 8 MB；当一个簇包含了八个扇区时，磁盘的最大容量便可达到 64 MB。

以簇作为基本的分配单位的好处是，能适应磁盘容量不断增大的情况，还可以减少 FAT 表中的项数(在相同的磁盘容量下，FAT 表的项数是与簇的大小成反比)，使 FAT 表占用更少的存储空间，并减少访问 FAT 表的存取开销；但这样也会造成更大的簇内零头(它与存储器管理中的页内零头相似)。

FAT12 存在的主要问题是，随着支持硬盘的容量的增加，相应的簇内碎片也将随之成倍地增加，限制了磁盘的最大容量，通常只能是数十 MB。此外，FAT12 只能支持短文件名，即 8+3 格式的文件名。

2. FAT16

FAT12 对磁盘容量限制的原因在于，FAT12 表中的表项有限制，亦即最多只允许 4096 个。这样，随着磁盘容量的增加，必定会引起簇的大小和簇内碎片也随之增加。要想增加 FAT 表中的表项数，就必须增加 FAT 表的位数(宽度)。如果我们将 FAT 表项位数增至 16 位，最大表项数将增至 $65\,536(2^{16})$ 个，此时便能将一个磁盘分区分为 $65\,536(2^{16})$ 个簇。我们把具有 16 位表宽的 FAT 表称为 FAT16。在 FAT16 的每个簇中可以有的盘块数为 4、8、…，直到 64，由此得出 FAT16 可以管理的最大分区空间为 $2^{16} \times 64 \times 512 = 2048$ MB。虽然 FAT16 对 FAT12 的局限性有所改善，当磁盘容量迅速增加时，如果再继续使用 FAT16，簇的容量还必须很大，簇内碎片所造成的浪费也越大。例如，当要求磁盘分区的大小为 8 GB 时，则每个簇的大小达到 128 KB，这意味着内部零头最大可达到 128 KB。一般而言，对于 1 GB～4 GB 的硬盘来说，大约会浪费 10%～20%的空间。为了解决这一问题，微软推出了 FAT32。

3. FAT32

由于 FAT16 表的长度只有 65 535 项，随着磁盘容量的增加，簇的大小也必然会随之增加，为了减少簇内零，也就应当增加 FAT 表的长度，为此需要再增加 FAT 表的宽度，这样也就由 FAT16 演变为 FAT32。

FAT32 是 FAT 系列文件系统的最后一个产品。每一簇在 FAT 表中的表项长度固定为 4 字节，允许管理比 FAT16 更多的簇，允许采用较小的簇。在硬盘分区容量不大于 8 GB 的情况，将 FAT32 的每个簇都固定为 4 KB，即每簇为 8 个盘块，这样 FAT 表可以寻址的最大磁盘空间为 $4\ \text{KB} \times 2^{32} = 2$ TB 个簇。按照一个簇最小包含一个扇区的情况，其管理的磁盘空间也达到了 1 TB。对于容量超过 8 GB 的情况，FAT32 按照不同的分区容量大小，规定了对应的簇空间大小，如：分区容量空间在 8 GB 至 16 GB 时，每个簇管理 16 个扇区，每个簇空间为 8 KB；而分区容量在 16 GB 至 32 GB 时，每个簇管理 32 个扇区，每个簇空间容量为 16 KB；在大于 32 GB 的分区容量时，每个簇管理 64 个扇区，每个簇空间容量为 32 KB。三种 FAT 类型的最大分区以及所对应的块的大小如图 8-5 所示。

由于 FAT32 能支持更小的簇，使之具有更高的存储器利用率。例如，两个磁盘容量都为 2 GB，一个磁盘采用了 FAT16 文件系统，簇的大小为 32 KB；另一个磁盘采用了 FAT32 文件系统，簇的大小只有 4 KB。通常情况下，FAT32 比 FAT16 的存储器利用率提高了 15%。FAT32 主要应用于 Windows 98 及后续 Windows 系统，同时支持长文件名，能够有效地节省硬盘空间。

FAT32 仍然有着明显的不足之处：首先是由于文件分配表的扩大，运行速度比 FAT16 格式要慢；其次，FAT32 有最小管理空间的限制，FAT32 卷必须至少有 65 537 个簇，所以 FAT32 不支持容量小于 512 MB 的分区，因此对于小分区，则仍然需要使用 FAT16 或 FAT12。

再之，FAT32 的单个文件的长度也不能大于 4 GB；最后，FAT32 最大的限制在于兼容性方面，FAT32 不能保持向下兼容。

块大小	FAT12	FAT16	FAT32
0.5 KB	2 MB		
1 KB	4 MB		
2 KB	8 MB	128 MB	
4 KB	16 MB	256 MB	1 TB
8 KB		512 MB	2 TB
16 KB		1024 MB	2 TB
32 KB		2048 MB	2 TB

图 8-5 FAT 中簇的大小与最大分区的对应关系

◣ 8.1.4 NTFS 的文件组织方式

1. NTFS 新特征

NTFS(New Technology File System)是一个专门为 Windows NT 开发的、全新的文件系统，并适用于 Windows 2000/XP 及后续的 Windows OS。NTFS 具有许多新的特征：

首先，它使用了 64 位磁盘地址；

其次，在 NTFS 中可以很好地支持长文件名，单个文件名限制在 255 个字符以内，全路径名为 32 767 个字符；

第三，具有系统容错功能，即在系统出现故障或差错时，仍能保证系统正常运行；

第四，能保证系统中的数据一致性，这是一个非常有用的功能。

此外 NTFS 还提供了文件加密、文件压缩等功能。

2. 磁盘组织

NTFS 是以簇作为磁盘空间分配和回收的基本单位的。一个文件占用若干个簇，一个簇只属于一个文件。这样，在为文件分配磁盘空间时，就无须知道盘块的大小，只要根据不同的磁盘容量，选择相应大小的簇，即使 NTFS 具有了与磁盘物理块大小无关的独立性。

在 NTFS 文件系统中，把卷上簇的大小称为"卷因子"，卷因子是在磁盘格式化时确定的，其大小也是物理磁盘扇区的整数倍。簇的大小可由格式化命令按磁盘容量和应用需求来确定，可以为 512 B、1 KB、…，最大可达 64 KB。对于小磁盘(≤512 MB)，默认簇大小为 512 字节；对于 1 GB 磁盘，默认簇大小为 1 KB；对于 2 GB 的磁盘，则默认簇为 4 KB。事实上，为了在传输效率和簇内碎片之间进行折中，NTFS 在大多数情况下都是使用 4 KB。

对于簇的定位，NTFS 是采用逻辑簇号 LCN(Logical Cluster Number)和虚拟簇号 VCN(Virtual Cluster Number)进行的。LCN 是以卷为单位，将整个卷中所有的簇按顺序进行简单的编号，NTFS 在进行地址映射时，可以通过卷因子与 LCN 的乘积，算出卷上的物理字节偏移量，从而得到文件数据所在的物理磁盘地址。为了方便文件中数据的引用，NTFS还可以使用 VCN，以文件为单位，将属于某个文件的簇按顺序进行编号。只要知道了文件开始的簇地址，便可将 VCN 映射到 LCN。

3. 文件的组织

在 NTFS 中，以卷为单位，将一个卷中的所有文件信息、目录信息以及可用的未分配空间信息，都以文件记录的方式记录在一张主控文件表 MFT(Master File Table)中，该表是NTFS 卷结构的中心，从逻辑上讲，卷中的每个文件作为一条记录，在 MFT 表中占有一行，其中还包括 MFT 自己的这一行。每行大小固定为 1 KB，每行称为该行所对应文件的元数据(metadata)，也称为文件控制字。

在 MFT 表中，每个元数据都将其所对应文件的所有信息(包括文件的内容等)组织在所对应文件的一组属性中。由于文件大小相差悬殊，其属性所需空间大小也相差很大。当文件较小时，其属性值所占空间也较小，可以将文件的所有属性直接记录在元数据中。而当文件较大时，元数据仅能记录文件的一部分属性，其余属性，如文件的内容等，只好记录到卷中的其它可用簇中，并将这些簇按其所记录文件的属性进行分类，分别链接成多个队列，并将指向这些队列的指针保存在元数据中。

例如对于一个真正的数据文件，即属性为 DATA 的文件，如果很小，就直接将其存储在 MFT 表中对应的元数据中，这样对文件数据的访问仅需要对 MFT 表进行访问即可，减少了磁盘访问次数，显著地提高了对小文件存取的效率。如果文件较大，则文件的真正数据往往保存在其它簇中。此时通过元数据中指向文件 DATA 属性的队列指针，可以方便地查找到这些簇，完成对文件数据的访问。

实际上，文件在存储过程中，数据往往连续存放在若干个相邻的簇中，仅用一个指针记录这几个相邻的簇即可，而不是每个簇需要一个指针，从而可以节省指针所耗费的空间。一般地，采用上述方式，只需十几个字节就可以含有 FAT32 所需几百个 KB 才可拥有的信息量。

NTFS 的不足之处在于，它只能被 Windows NT 所识别。NTFS 文件系统可以存取 FAT等文件系统的文件，但 NTFS 文件却不能被 FAT 等文件系统所存取，缺乏兼容性。Windows的 95/98/98SE 和 Me 版都不能识别 NTFS 文件系统。

◀ 8.1.5 索引组织方式

1. 单级索引组织方式

链接组织方式虽然解决了连续组织方式所存在的问题(即不便于随机访问)，但又出现了另外两个问题，即：① 不能支持高效的直接存取，要对一个较大的文件进行存取，须在FAT 中顺序地查找许多盘块号；② FAT 需占用较大的内存空间，由于一个文件所占用盘块的盘块号是随机地分布在 FAT 中的，因而只有将整个 FAT 调入内存，才能保证在 FAT 中找到一个文件的所有盘块号。当磁盘容量较大时，FAT 可能要占用数 MB 以上的内存空间。

事实上，在打开某个文件时，只需把该文件占用的盘块的编号调入内存即可，完全没有必要将整个 FAT 调入内存。为此，应将每个文件所对应的盘块号集中地放在一起，在访问到某个文件时，将该文件所对应的盘块号一起调入内存。索引分配方法就是基于这种想法所形成的一种分配方法。它为每个文件分配一个索引块(表),把分配给该文件的所有盘块号都记录在该索引块中。在建立一个文件时,只须在为之建立的目录项中填上指向该索引块的指针。图 8-6 示出了磁盘空间的索引分配图。

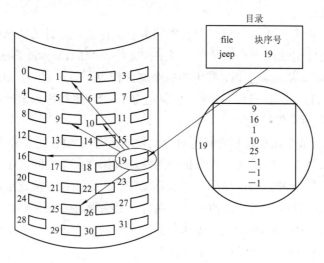

图 8-6 索引分配方式

索引组织方式的主要优点是支持直接访问。当要读文件的第 i 个盘块时,可以方便地直接从该文件的索引块中找到第 i 个盘块的盘块号;此外索引分配方式也不会产生外部碎片。当文件较大时,索引分配方式无疑要优于链接分配方式。

索引组织方式的主要问题是,每当建立一个索引文件时,应为该文件分配一个索引块,将分配给该文件的所有盘块号记录于其中。在每一个索引块中可存放数百个盘块号。但对于中、小型文件,其本身通常只占有数个到数十个盘块,甚至更少,但仍须为之分配一索引块。可见,对于小文件采用索引分配方式时,其索引块的利用率将是极低的。

2. 多级索引组织方式

在为一个大文件分配磁盘空间时,如果所分配出去的盘块的盘块号已经装满一个索引块时,OS 须再为该文件分配另一个索引块,用于将以后继续为之分配的盘块号记录于其中。依此类推,再通过链指针将各索引块按序链接起来。显然,当文件太大,其索引块太多时,这种方法是低效的。此时,应为这些索引块再建立一级索引,称为第一级索引,即系统再分配一个索引块,作为第一级索引的索引块,将第一块、第二块、……等索引块的盘块号填入到此索引表中,这样便形成了两级索引分配方式。如果文件非常大时,还可用三级、四级索引分配方式。

图 8-7 示出了两级索引组织方式下各索引块之间的链接情况。如果每个盘块的大小为 1 KB,每个盘块号占 4 个字节,则在一个索引块中可存放 256 个盘块号。这样,在两级索引时,最多可包含的存放文件的盘块的盘块号总数 N = 256 × 256 = 64 K 个。由此可得出结论:采用两级索引时,所允许的文件最大长度为 64 MB。倘若盘块的大小为 4 KB,在采用单级索引时所允许的最大文件长度为 4 MB,而在采用两级索引时所允许的最大文件长度可达 4 GB。

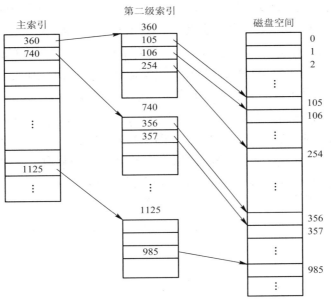

图 8-7　两级索引分配

多级索引的主要优点是：大大加快了对大型文件的查找速度。其主要缺点是，在访问一个盘块时，其所需启动磁盘的次数随着索引级数的增加而增多，即使是对于小文件，也是如此。实际情况是，通常总是以中、小文件居多，而大文件是较少的。因此可见，如果在文件系统中仅采用了多级索引组织方式，并不能获得理想的效果。

3. 增量式索引组织方式

1) 增量式索引组织方式的基本思想

为了能较全面地照顾到小、中、大及特大型作业，可以采取多种组织方式来构成文件的物理结构。如果盘块的大小为 1 KB 或 4 KB，对于小文件(如 1 KB～10 KB 或 4 KB～40 KB)而言，最多只会占用 10 个盘块，为了能提高对数量众多的小型作业的访问速度，最好能将它们的每一个盘块地址都直接放入文件控制块 FCB(或索引结点)中，这样就可以直接从FCB 中获得该文件的盘块地址。一般把这种寻址方式又称为直接寻址。对于中等文件(如11 KB～256 KB 或 5 KB～4 MB)，可以采用单级索引组织方式。此时为获得该文件的盘块地址，只需先从 FCB 中找到该文件的索引表，从中便可获得，可将它称为一次间址；对于大型和特大型文件，可以采用两级和三级索引组织方式，或称为二次间址和三次间址。所谓增量式索引组织方式，就是基于上述的基本思想来组织的，它既采用了直接寻址方式，又采用了单级和多级索引组织方式(间接寻址)。通常又可将这种组织方式称为混合组织方式。在 UNIX 系统中所采用的就是这种组织方式。

2) UNIX System V 的组织方式

在 UNIX System V 的索引结点中设有 13 个地址项，即 i.addr(0)～i.addr(12)，如图 8-8所示。

(1) 直接地址。为了提高对文件的检索速度，在索引结点中可设置 10 个直接地址项，即用 i.addr(0)～i.addr(9)来存放直接地址，也称为直接盘块号，即 direct blocks。换言之，在这里的每项中所存放的是该文件数据所在盘块的盘块号。假如每个盘块的大小为 4 KB，当文件不大于 40 KB 时，便可直接从索引结点中读出该文件的全部盘块号。

(2) 一次间接地址。对于大、中型文件，只采用直接地址是不现实的。为此，可再利用索引结点中的地址项 i.addr(10) 来提供一次间接地址(single indirect)。这种方式的实质就是一级索引分配方式。图中的一次间址块也就是索引块，系统将分配给文件的多个盘块号记入其中。在一次间址块中可存放 1 K 个盘块号，因而允许文件长达 4 MB。

(3) 多次间接地址。当文件长度大于 4 MB + 40 KB 时，使用一次间址与 10 个直接地址项时地址空间仍不足，系统还需采用二次间址分配方式。这时，用地址项 i.addr(11) 提供二次间接地址(double indirect)。该方式的实质是两级索引分配方式。系统此时是在二次间址块中记入所有一次间址块的盘号。在采用二次间址方式时，文件最大长度可达 4 GB。同理，地址项 i.addr(12) 作为三次间接地址(triple indirect)，其所允许的文件最大长度可达 4 TB。

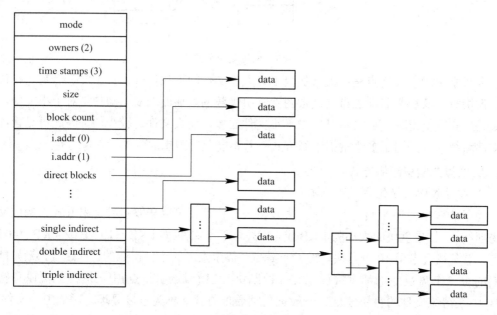

图 8-8 混合索引方式

8.2 文件存储空间的管理

为了实现前面任何一种文件组织方式，都需要为文件分配盘块，因此必须知道磁盘上哪些盘块是可用于分配的。故在为文件分配磁盘时，除了需要文件分配表外，系统还应为可分配存储空间设置相应的数据结构，即设置一个磁盘分配表(Disk Allocation Table)，用于记住可供分配的存储空间情况。此外，还应提供对盘块进行分配和回收的手段。不论哪种分配和回收方式，存储空间的基本分配单位都是磁盘块而非字节。下面介绍几种常用的文件存储空间的管理方法。

◀ 8.2.1 空闲表法和空闲链表法

1. 空闲表法

1) 空闲表

空闲表法属于连续分配方式，它与内存的动态分配方式雷同，它为每个文件分配一块连续的存储空间。即系统也为外存上的所有空闲区建立一张空闲表，每个空闲区对应于一个空闲表项，其中包括表项序号、该空闲区的第一个盘块号、该区的空闲盘块数等信息。再将所有空闲区按其起始盘块号递增的次序排列，形成空闲盘块表，如图 8-9 所示。

序号	第一空闲盘块号	空闲盘块数
1	2	4
2	9	3
3	15	5
4	—	—

图 8-9　空闲盘块表

2) 存储空间的分配与回收

空闲盘区的分配与内存的分区(动态)分配类似，同样是采用首次适应算法和最佳适应算法等，它们对存储空间的利用率大体相当，都优于最坏适应算法。在系统为某新创建的文件分配空闲盘块时，先顺序地检索空闲表的各表项，直至找到第一个其大小能满足要求的空闲区，再将该盘区分配给用户(进程)，同时修改空闲表。系统在对用户所释放的存储空间进行回收时，也采取类似于内存回收的方法，即要考虑回收区是否与空闲表中插入点的前区和后区相邻接，对相邻接者应予以合并。

应该说明，在内存分配上，虽然较少采用连续分配方式，然而在外存的管理中，由于这种分配方式具有较高的分配速度，可减少访问磁盘的 I/O 频率，故它在诸多分配方式中仍占有一席之地。例如，在前面所介绍的对换方式中，对对换空间，一般都采用连续分配方式。对于文件系统，当文件较小(1~4 个盘块)时，仍采用连续分配方式，为文件分配相邻接的几个盘块；当文件较大时，便采用离散分配方式。另外，对于多媒体文件，为了能减少磁头的寻道时间，也采用连续分配方式。

2. 空闲链表法

空闲链表法是将所有空闲盘区拉成一条空闲链。根据构成链所用基本元素的不同，可把链表分成两种形式：空闲盘块链和空闲盘区链。

1) 空闲盘块链

这是将磁盘上的所有空闲空间以盘块为单位拉成一条链，其中的每一个盘块都有指向后继盘块的指针。当用户因创建文件而请求分配存储空间时，系统从链首开始，依次摘下适当数目的空闲盘块分配给用户。当用户因删除文件而释放存储空间时，系统将回收的盘块依次挂在空闲盘块链的末尾。这种方法的优点是用于分配和回收一个盘块的过程非常简单，但在为一个文件分配盘块时，可能要重复操作多次，分配和回收的效率较低。又因为它是以盘块为单位，相应的空闲盘块链会很长。

2) 空闲盘区链

这是将磁盘上的所有空闲盘区(每个盘区可包含若干个盘块)拉成一条链。在每个盘区上除含有用于指示下一个空闲盘区的指针外，还应有能指明本盘区大小(盘块数)的信息。分配盘区的方法与内存的动态分区分配类似，通常采用首次适应算法。在回收盘区时，同样也要将回收区与相邻接的空闲盘区相合并。在采用首次适应算法时，为了提高对空闲盘区的检索速度，可以采用显式链接方法，亦即，在内存中为空闲盘区建立一张链表。这种方法的优点和缺点刚好与前一种方法的优缺点相反，即分配与回收的过程比较复杂，但分配和回收的效率可能较高，每次为文件分配多个连续的块，且空闲盘区链较短。

8.2.2 位示图法

1. 位示图

位示图是利用二进制的一位来表示磁盘中一个盘块的使用情况。当其值为"0"时，表示对应的盘块空闲；为"1"时，表示已分配。有的系统把"0"作为盘块已分配的标志，把"1"作为空闲标志。(它们在本质上是相同的，都是用一位的两种状态来标志空闲和已分配两种情况。)磁盘上的所有盘块都有一个二进制位与之对应，这样，由所有盘块所对应的位构成一个集合，称为位示图。通常可用 m × n 个位数来构成位示图，并使 m × n 等于磁盘的总块数，如图 8-10 所示。位示图也可描述为一个二维数组 map[m, n]。

	1	2	3	4	5	6	7	8	9	10	11	12	13	14	15	16
1	1	1	0	0	0	1	1	1	0	0	1	0	0	1	1	0
2	0	0	0	1	1	1	1	1	1	0	0	0	0	1	1	1
3	1	1	1	0	0	0	1	1	1	1	1	1	0	0	0	0
4																
...																
16																

图 8-10   位示图

2. 盘块的分配

根据位示图进行盘块分配时，可分三步进行：

(1) 顺序扫描位示图，从中找出一个或一组其值为"0"的二进制位("0"表示空闲时)。

(2) 将所找到的一个或一组二进制位转换成与之相应的盘块号。假定找到的其值为"0"的二进制位位于位示图的第 i 行、第 j 列，则其相应的盘块号应按下式计算：

$$b = n(i - 1) + j$$

式中，n 代表每行的位数。

(3) 修改位示图，令 map[i, j] = 1。

3. 盘块的回收

盘块的回收分两步：

(1) 将回收盘块的盘块号转换成位示图中的行号和列号。转换公式为：

$$i = (b - 1)\ \text{DIV}\ n + 1$$

$$j = (b - 1)\ \text{MOD}\ n + 1$$

(2) 修改位示图。令 $map[i, j] = 0$。

这种方法的主要优点是从位示图中很容易找到一个或一组相邻接的空闲盘块。例如，我们需要找到 6 个相邻接的空闲盘块，这只需在位示图中找出 6 个其值连续为 "0" 的位即可。此外，由于位示图很小，占用空间少，因而可将它保存在内存中，进而使在每次进行盘区分配时，无需首先把盘区分配表读入内存，从而节省了许多磁盘的启动操作。因此，位示图常用于微型机和小型机中，如 CP/M、Apple-DOS 等 OS 中。

◀ 8.2.3 成组链接法

空闲表法和空闲链表法都不适用于大型文件系统，因为这会使空闲表或空闲链表太长。在 UNIX 系统中采用的是成组链接法，这是将上述两种方法相结合而形成的一种空闲盘块管理方法，它兼备了上述两种方法的优点而克服了两种方法均有的表太长的缺点。

1. 空闲盘块的组织

(1) 空闲盘块号栈，用来存放当前可用的一组空闲盘块的盘块号(最多含 100 个号)，以及栈中尚有的空闲盘块(号)数 N。顺便指出，N 还兼作栈顶指针用。例如，当 N = 100 时，它指向 S.free(99)。由于栈是临界资源，每次只允许一个进程去访问，故系统为栈设置了一把锁。图 8-11 左部示出了空闲盘块号栈的结构。其中，S.free(0)是栈底，栈满时的栈顶为 S.free(99)。

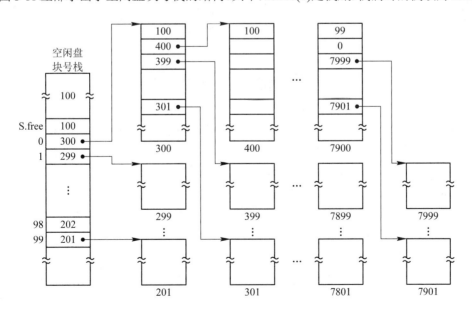

图 8-11　空闲盘块的成组链接法

(2) 文件区中的所有空闲盘块被分成若干个组，比如，将每 100 个盘块作为一组。假定盘上共有 10000 个盘块，每块大小为 1 KB，其中第 201～7999 号盘块用于存放文件，即作为文件区，这样，该区的最末一组盘块号应为 7901～7999；次末组为 7801～7900，…，倒数第二组的盘块号为 301～400；第一组为 201～300，如图 8-11 所示。

(3) 将每一组含有的盘块总数 N 和该组所有的盘块号记入其前一组的第一个盘块的 S.free(0)～S.free(99) 中。这样，由各组的第一个盘块可链成一条链。

(4) 将第一组的盘块总数和所有的盘块号记入空闲盘块号栈中，作为当前可供分配的空闲盘块号。

(5) 最末一组只有 99 个可用盘块，其盘块号分别记入其前一组的 S.free(1)～S.free(99) 中，而在 S.free(0) 中则存放"0"，作为空闲盘块链的结束标志。(注：最后一组的盘块数仍为 100，但实际可供使用的空闲盘块数却是 99，对应的编号应为 (1～99)，0 号中放空闲盘块链的结尾标志，而不再是空闲盘块号。)

2. 空闲盘块的分配与回收

当系统要为用户分配文件所需的盘块时，须调用盘块分配过程来完成。该过程首先检查空闲盘块号栈是否上锁，如未上锁，便从栈顶取出一空闲盘块号，将与之对应的盘块分配给用户，然后将栈顶指针下移一格。若该盘块号已是栈底，即 S.free(0)，这是当前栈中最后一个可分配的盘块号。由于在该盘块号所对应的盘块中记有下一组可用的盘块号，因此，须调用磁盘读过程将栈底盘块号所对应盘块的内容读入栈中，作为新的盘块号栈的内容，并把原栈底对应的盘块分配出去(其中的有用数据已读入栈中)。然后，再分配一相应的缓冲区(作为该盘块的缓冲区)。最后，把栈中的空闲盘块数减 1 并返回。

在系统回收空闲盘块时，须调用盘块回收过程进行回收。它是将回收盘块的盘块号记入空闲盘块号栈的顶部，并执行空闲盘块数加 1 操作。当栈中空闲盘块号数目已达 100 时，表示栈已满，便将现有栈中的 100 个盘块号记入新回收的盘块中，再将其盘块号作为新栈底。

◣ 8.3 提高磁盘 I/O 速度的途径

文件系统的性能可表现在多个方面，其中至关重要的一个方面是对文件的访问速度。为了提高对文件的访问速度，可从三方面着手：

(1) 改进文件的目录结构以及检索目录的方法来减少对目录的查找时间；

(2) 选取好的文件存储结构，以提高对文件的访问速度；

(3) 提高磁盘的 I/O 速度，能将文件中的数据快速地从磁盘传送到内存中，或者相反。其中的第 1 和第 2 点已在上一章或本章作了较详细的阐述，本节主要对如何提高磁盘的 I/O 速度作一简单介绍。

目前，磁盘的 I/O 速度远低于对内存的访问速度，通常要低上 4～6 个数量级。因此，磁盘的 I/O 已成为计算机系统的瓶颈。于是，人们便千方百计地去提高磁盘 I/O 的速度，其中最主要的技术便是采用磁盘高速缓存。

◄ 8.3.1 磁盘高速缓存(Disk Cache)

在前面介绍的高速缓存，是指在内存和 CPU 之间所增设的一个小容量高速存储器。而在这里所要介绍的磁盘高速缓存，是指在内存中为磁盘盘块设置的一个缓冲区，在缓冲区中保存了某些盘块的副本。当出现一个访问磁盘的请求时，由核心先去查看磁盘高速缓冲器，看所请求的盘块内容是否已在磁盘高速缓存中，如果在，便可从磁盘高速缓存中去获取，这样就省去了启动磁盘操作，而且可使本次访问速度提高几个数量级；如果不在，才需要启动磁盘将所需要的盘块内容读入，并把所需盘块内容送给磁盘高速缓存，以便以后又需要访问该盘块的数据时，便可直接从高速缓存中提取。在设计磁盘高速缓存时需要考虑的问题有：

(1) 如何将磁盘高速缓存中的数据传送给请求进程；

(2) 采用什么样的置换策略；

(3) 已修改的盘块数据在何时被写回磁盘。

下面对它们做简单介绍。

1. 数据交付(Data Delivery)方式

如果 I/O 请求所需要的数据能从磁盘高速缓存中获取，此时就需要将磁盘高速缓存中的数据传送给请求进程。所谓的数据交付就是指将磁盘高速缓存中的数据传送给请求者进程。系统可以采取两种方式将数据交付给请求进程：

(1) 数据交付，这是直接将高速缓存中的数据传送到请求者进程的内存工作区中；

(2) 指针交付，只将指向高速缓存中某区域的指针交付给请求者进程。后一种方式由于所传送的数据量少，因而节省了数据从磁盘高速缓存存储空间到进程的内存工作区的时间。

2. 置换算法

如同请求调页(段)一样，在将磁盘中的盘块数据读入高速缓存时，同样会出现因高速缓存中已装满盘块数据，而需要将其中某些盘块的数据先换出的问题。相应地，也存在着采用哪种置换算法的问题。较常用的算法仍然是最近最久未使用算法 LRU、最近未使用算法 NRU 及最少使用算法 LFU 等。由于请求调页中的联想存储器与高速缓存(磁盘 I/O 中)的工作情况不同，因而使得在置换算法中所应考虑的问题也有所差异。因此，现在不少系统在设计其高速缓存的置换算法时，除了考虑到最近最久未使用这一原则外，还考虑了以下几点：

(1) 访问频率。通常，每执行一条指令时，便可能访问一次联想存储器，亦即联想存储器的访问频率基本上与指令执行的频率相当。而对磁盘高速缓存的访问频率，则与磁盘 I/O 的频率相当。因此，对联想存储器的访问频率远远高于对磁盘高速缓存的访问频率。

(2) 可预见性。在磁盘高速缓存中的各盘块数据，有哪些数据可能在较长时间内不会再被访问，又有哪些数据可能很快就再被访问，会有相当一部分是可预知的。例如，对二次地址及目录块等，在它被访问后，可能会很久都不再被访问。又如，正在写入数据的未满盘块，可能会很快又被访问。

(3) 数据的一致性。由于磁盘高速缓存在内存中，而内存是一种易失性的存储器，一旦系统发生故障，存放在缓存中的数据将会丢失；而其中有些盘块(如索引结点盘块)中的数据已被修改，但尚未拷回磁盘。因此，当系统发生故障后，可能造成数据的不一致性。

基于上述考虑，在有的系统中便将磁盘高速缓存中的所有盘块数据拉成一条 LRU 链。对于那些会严重影响到数据一致性的盘块数据和很久都可能不再使用的盘块数据，都放在 LRU 链的头部，使它们能被优先写回磁盘，以减少发生数据不一致性的概率，或者可以尽早地腾出高速缓存的空间。对于那些可能在不久之后便要再次使用的盘块数据，应挂在 LRU 链的尾部，以便在以后需要时，只要该块中数据尚未被写回磁盘，便可直接从 LRU 链中找到它们。

3. 周期性地写回磁盘

还有一种情况值得注意，那就是根据 LRU 算法，那些经常要被访问的盘块数据可能会一直保留在高速缓存中，长期不会被写回磁盘。这是因为链中任一元素在被访问之后，又被挂到链尾而不被写回磁盘，只有一直未被访问的元素才有可能移到链首，而被写回磁盘。为了解决这一问题，在 UNIX 系统中专门增设了一个修改(update)程序，使之在后台运行，该程序周期性地调用一个系统调用 SYNC。其主要功能是强制性地将所有在高速缓存中已修改的盘块数据写回磁盘。一般是把两次调用 SYNC 的时间间隔定为 30 s。这样，因系统故障所造成的工作损失不会超过 30 s 的工作量。

◆ 8.3.2 提高磁盘 I/O 速度的其它方法

能有效地提高磁盘 I/O 速度的方法还有许多，如提前读、延迟写等，现介绍如下：

1. 提前读

如果是采用顺序访问方式对文件进行访问，便可以预知下一次要读的盘块。此时可采取预先读方式，即在读当前块的同时，还要求将下一个盘块(提前读的块)中的数据也读入缓冲区。这样，当下一次要读该盘块中的数据时，由于该数据已被提前读入缓冲区，因而此时便可直接从缓冲区中取得下一盘块的数据，而不须再去启动磁盘 I/O，从而大大减少了读数据的时间，有效地提高了磁盘 I/O 的速度。"提前读"功能已被广泛采用。

2. 延迟写

延迟写是指缓冲区 A 中的数据本应立即写回磁盘，但考虑到该缓冲区中的数据可能会在不久之后再被本进程或其它进程访问(共享资源)，因而并不立即将该缓冲区 A 中的数据写入磁盘，而是将它挂在空闲缓冲区队列的末尾。随着空闲缓冲区的使用，缓冲区也缓缓往前移动，直至移到空闲缓冲队列之首。当再有进程申请到该缓冲区时，才将该缓冲区中的数据写入磁盘，而把该缓冲区作为空闲缓冲区分配出去。只要该缓冲区 A 仍在队列中时，任何访问该数据的进程，都可直接读出其中的数据而不必访问磁盘。这样，又可进一步减少磁盘的 I/O 时间。同样，延迟写功能也已被广泛采用。

3. 优化物理块的分布

在采用链接组织和索引组织方式时，可以将一个文件分散在磁盘的任意位置，但如果安排得过于分散，会增加磁头的移动距离。例如，将文件的第一个盘块安排在最里的一条磁道上，而把第二个盘块安排在最外的一条磁道上，这样，在读完第一个盘块后转去读第二个盘块时，磁头要从最里的磁道移到最外的磁道上。如果我们将这两个数据块安排在属于同一条磁道的两个盘块上，显然会由于消除了磁头在磁道间的移动，而大大提高对这两个盘块的访问速度。

对文件盘块位置的优化，应在为文件分配盘块时进行。如果系统中的空白存储空间是采用位示图方式表示时，要将同属于一个文件的盘块安排在同一条磁道上或相邻的磁道上是十分容易的事。这时，只要从位示图中找到一片相邻接的多个空闲盘块即可。但当系统采用线性表(链)法来组织空闲存储空间时，要为一文件分配多个相邻接的盘块就要困难一些。此时，我们可以将在同一条磁道上的若干个盘块组成一簇，例如，一簇包括 4 个盘块，在分配存储空间时，以簇为单位进行分配。这样就可以保证在访问这几个盘块时，不必移动磁头或者仅移动一条磁道的距离，从而减少了磁头的平均移动距离。

4. 虚拟盘

由于访问内存的速度远高于访问磁盘的速度，于是有人试图利用内存空间去仿真磁盘，形成所谓虚拟盘，又称为 RAM 盘。该盘的设备驱动程序也可以接受所有标准的磁盘操作，但这些操作的执行不是在磁盘上而是在内存中。这对用户都是透明的。换言之，用户不会发现这与真正的磁盘操作有什么不同，而仅仅是略微快些而已。虚拟盘的主要问题是：它是易失性存储器，故一旦系统或电源发生故障，或系统再启动时，原来保存在虚拟盘中的数据将会丢失。因此，虚拟盘通常用于存放临时文件，如编译程序所产生的目标程序等。虚拟盘与磁盘高速缓存的主要区别在于：虚拟盘中的内容完全由用户控制，而磁盘高速缓存中的内容则是由 OS 控制的。例如，RAM 盘在开始时是空的，仅当用户(程序)在 RAM 盘中创建了文件后，RAM 盘中才有内容。

8.3.3 廉价磁盘冗余阵列(RAID)

当今存在着一种非常有用的设计思想，如果使用一个组件对性能的改进受到了很大的限制，那么可通过使用多个相同的组件来获得性能的大幅度提高，这种情况在计算机领域中已屡见不鲜。正是在这种设计思想推动下，由单处理机系统演变为多处理机系统；在芯片上由单核演变为多核。同样也用该思想来指导磁盘存储器的设计，人们于 1987 年开发出由多个小磁盘组成一个大容量的廉价磁盘冗余阵列(Redundant Array of Inexpensive Disk，RAID)。

该系统是利用一台磁盘阵列控制器来统一管理和控制一组(几台到几十台)磁盘驱动器，组成一个大型磁盘系统。RAID 不仅是大幅度地增加了磁盘的容量，而且也极大地提高了磁盘的 I/O 速度和整个磁盘系统的可靠性。故该系统一经推出便很快被许多大型系统所采用。

1. 并行交叉存取

这是把在大、中型机中，用于提高访问内存速度的并行交叉存取技术应用到磁盘存储系统中，以提高对磁盘的 I/O 速度。在该系统中，有多台磁盘驱动器，系统将每一盘块中的数据分为若干个子盘块数据，再把每一个子盘块的数据分别存储到各个不同磁盘中的相同位置上。以后当要将一个盘块的数据传送到内存时，采取并行传输方式，将各个盘块中的子盘块数据同时向内存中传输，从而使传输时间大大减少。例如，在存放一个文件时，可将该文件中的第一个数据子块放在第一个磁盘上；将文件的第二个数据子块放在第二个磁盘上；……；将第 N 个数据子块放在第 N 个磁盘上。以后在读取数据时，采取并行读取方式，即同时从第 1～N 个数据子块中读出数据，这样便把磁盘 I/O 的速度提高了 N-1 倍。图 8-12 示出了磁盘并行交叉存取方式。

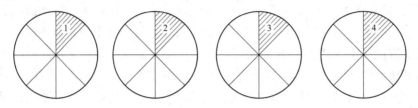

图 8-12   磁盘并行交叉存取方式

2. RAID 的分级

RAID 在刚被推出时，是分成 6 级的，后来又增加了 RAID 6 级和 RAID 7 级。

(1) RAID 0 级。本级仅提供了并行交叉存取。RAID 0 级的主要优点是，它能够实现高效的传输，并能实现高速的 I/O 请求。主要缺点是无冗余校验功能，致使磁盘系统的可靠性并不是很高。只要阵列中有一个磁盘损坏，便会造成不可弥补的数据丢失，故导致该级较少使用。

(2) RAID 1 级。它具有磁盘镜像功能，例如，当磁盘阵列中具有 8 个盘时，可利用其中 4 个作为数据盘，另外 4 个作为镜像盘，在每次访问磁盘时，可利用并行读、写特性，将数据分块同时写入主盘和镜像盘。RAID 1 级的主要优点是可靠性好，且从故障中恢复很简单。其缺点是磁盘容量的利用率只有 50%，它的优点是以牺牲磁盘容量为代价的。

(3) RAID 3 级。这是具有并行传输功能的磁盘阵列。它只利用一台奇偶校验盘来完成数据的校验功能。例如，当阵列中只有 7 个盘时，可利用 6 个盘作数据盘，一个盘作校验盘。磁盘的利用率为 6/7。

(4) RAID 5 级。这是一种具有独立传送功能的磁盘阵列。每个驱动器都各有自己独立的数据通路，独立地进行读/写，且无专门的校验盘。用来进行纠错的校验信息是以螺旋(Spiral)方式散布在所有数据盘上。

(5) RAID 6 级和 RAID 7 级。这是强化了的 RAID。在 RAID 6 级的阵列中，设置了一个专用的、可快速访问的异步校验盘。该盘具有独立的数据访问通路，具有比 RAID 3 级及 RAID 5 级更好的性能，但其性能改进得很有限，且价格昂贵。RAID 7 级是对 RAID 6 级的改进，在该阵列中的所有磁盘都具有较高的传输速率和优异的性能，是目前最高档次的磁盘阵列，但其价格也较高。

3. RAID 的优点

RAID 具有下述一系列明显的优点：

(1) 可靠性高，除了 RAID 0 级外，其余各级都采用了容错技术。当阵列中某一磁盘损坏时，并不会造成数据的丢失。此时可根据其它未损坏磁盘中的信息来恢复已损坏的盘中的信息。其可靠性比单台磁盘机高出一个数量级。

(2) 磁盘 I/O 速度高，由于采取了并行交叉存取方式，可使磁盘 I/O 速度提高 N-1 倍。

(3) 性能/价格比高，RAID 的体积与具有相同容量和速度的大型磁盘系统相比，只是后者的 1/3，价格也只是后者的 1/3，且可靠性高。换言之，它仅以牺牲 1/N 的容量为代价，换取了高可靠性。

8.4 提高磁盘可靠性的技术

在前一章中已经介绍了影响文件安全性的主要因素有人为因素、系统因素和自然因素三类。同时也说明了为确保文件系统的安全性应采取的三方面的措施。采用存取控制机制技术来防止人为因素造成文件的不安全性，已在 7.5 节中进行了较详细的阐述，在本小节主要介绍通过磁盘容错技术来防止由系统因素造成的文件的不安全性和建立"后备系统"来防止由自然因素所造成的不安全性。

容错技术是通过在系统中设置冗余部件的办法，来提高系统可靠性的一种技术。磁盘容错技术则是通过增加冗余的磁盘驱动器、磁盘控制器等方法来提高磁盘系统可靠性的一种技术。即当磁盘系统的某部分出现缺陷或故障时，磁盘仍能正常工作，且不致造成数据的丢失或错误。目前广泛采用磁盘容错技术来改善磁盘系统的可靠性。

磁盘容错技术往往也被人们称为系统容错技术 SFT。可把它分成三个级别：第一级是低级磁盘容错技术；第二级是中级磁盘容错技术；第三级是系统容错技术，它基于集群技术实现容错。

8.4.1 第一级容错技术 SFT-Ⅰ

第一级容错技术(SFT-Ⅰ)是最基本的一种磁盘容错技术，主要用于防止因磁盘表面缺陷所造成的数据丢失。它包含双份目录、双份文件分配表及写后读校验等措施。

1. 双份目录和双份文件分配表

在磁盘上存放的文件目录和文件分配表 FAT，是文件管理所用的重要数据结构。为了防止这些表格被破坏，可在不同的磁盘上或在磁盘的不同区域中分别建立(双份)目录表和FAT。其中一份为主目录及主 FAT，另一份为备份目录及备份 FAT。一旦由于磁盘表面缺陷而造成主文件目录或主 FAT 的损坏时，系统便自动启用备份文件目录及备份 FAT，从而可以保证磁盘上的数据仍是可访问的。

2. 热修复重定向和写后读校验

由于磁盘价格昂贵，在磁盘表面有少量缺陷的情况下，则可采取某种补救措施后继续使用。一般主要采取以下两个补救措施：

(1) 热修复重定向，系统将磁盘容量的很小一部分(例如2%~3%)作为热修复重定向区，用于存放当发现磁盘有缺陷时的待写数据，并对写入该区的所有数据进行登记，以便于以后对数据进行访问。

(2) 写后读校验方式，为保证所有写入磁盘的数据都能写入到完好的盘块中，应该在每次向磁盘中写入一个数据块后，又立即将它读出，并送至另一缓冲区中，再将该缓冲区内容与内存缓冲区中在写后仍保留的数据进行比较，若两者一致，便认为此次写入成功；

否则，再重写。若重写后两者仍不一致，则认为该盘块有缺陷，此时，便将应写入该盘块的数据写入到热修复重定向区中。

◄ 8.4.2　第二级容错技术 SFT-Ⅱ

第二级容错技术主要用于防止由磁盘驱动器和磁盘控制器故障所导致的系统不能正常工作，它具体又可分为磁盘镜像与磁盘双工。

1. 磁盘镜像(Disk Mirroring)

为了避免磁盘驱动器发生故障而丢失数据，便增设了磁盘镜像功能。为实现该功能，须在同一磁盘控制器下，再增设一个完全相同的磁盘驱动器，如图 8-13 所示。当采用磁盘镜像方式时，在每次向主磁盘写入数据后，都需要将数据再写到备份磁盘上，使两个磁盘上具有完全相同的位像图。把备份磁盘看作是主磁盘的一面镜子。当主磁盘驱动器发生故障时，由于有备份磁盘的存在，在进行切换后，使主机仍能正常工作。磁盘镜像虽然实现了容错功能，却使磁盘的利用率降至 50%，也未能使服务器的磁盘 I/O 速度得到提高。如图 8-13 所示。

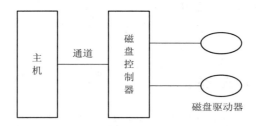

图 8-13　磁盘镜像示意图

2. 磁盘双工(Disk Duplexing)

如果控制这两台磁盘驱动器的磁盘控制器发生故障，或主机到磁盘控制器之间的通道发生故障，磁盘镜像功能便起不到数据保护的作用。因此，在第二级容错技术中，又增加了磁盘双工功能，即将两台磁盘驱动器分别接到两个磁盘控制器上，同样使这两台磁盘机镜像成对，如图 8-14 所示。

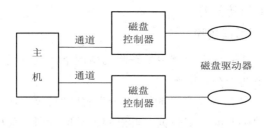

图 8-14　磁盘双工示意图

在磁盘双工时，文件服务器同时将数据写到两个处于不同控制器下的磁盘上，使两者有完全相同的位像图。如果某个通道或控制器发生故障时，另一通道上的磁盘仍能正常工作，不会造成数据的丢失。在磁盘双工时，由于每一个磁盘都有自己的独立通道，故可同时(并行)地将数据写入磁盘或读出数据。

8.4.3 基于集群技术的容错功能

在进入上个世纪 90 年代后，为了进一步增强服务器的并行处理能力和可用性，采用了对称多台处理机 SMP 来实现集群系统的服务器功能。所谓集群，是指由一组互连的自主计算机组成统一的计算机系统，给人们的感觉是，它们是一台机器。利用集群系统不仅可提高系统的并行处理能力，还可用于提高系统的可用性，它们是当前使用最广泛的一类具有容错功能的集群系统。其主要工作模式有三种：热备份模式、互为备份模式和公用磁盘模式。下面我们介绍如何利用集群系统来提高服务器的可用性。

1. 双机热备份模式

如图 8-15 所示，在这种模式的系统中，备有两台服务器，两者的处理能力通常是完全相同的，一台作为主服务器，另一台作为备份服务器。平时主服务器运行，备份服务器则时刻监视着主服务器的运行，一旦主服务器出现故障，备份服务器便立即接替主服务器的工作而成为系统中的主服务器，修复后的服务器再作为备份服务器。

图 8-15 双机热备份模式

为使在这两台服务器间能保持镜像关系，应在这两台服务器上各装入一块网卡，并通过一条镜像服务器链路 MSL(Mirrored Server Link)将两台服务器连接起来。两台服务器之间保持一定的距离，其所允许的距离取决于所配置的网卡和传输介质，如果用 FDDI 单模光纤，两台服务器间的距离可达到 20 公里。此外，还必须在系统中设置某种机制来检测主服务器中数据的改变。一旦该机制检测到主服务器中有数据变化，便立即通过通信系统将修改后的数据传送到备份服务器的相应数据文件中。为了保证在两台服务器之间通信的高速性和安全性，通常都选用高速通信信道，并有备份线路。

在这种模式下，一旦主服务器发生故障，系统能自动地将主要业务用户切换到备份服务器上。为保证切换时间足够快(通常为数分钟)，要求在系统中配置有切换硬件的开关设备，在备份服务器上事先建立好通信配置，并能迅速处理客户机的重新登录等事宜。

该模式是早期使用的一种集群技术，它的最大优点是提高了系统的可用性，易于实现，而且主、备份服务器完全独立，可支持远程热备份，从而能消除由于火灾、爆炸等非计算机因素所造成的隐患。其主要缺点是从服务器处于被动等待状态，整个系统的使用效率只有 50%。

2. 双机互为备份模式

在双机互为备份模式中，平时，两台服务器均为在线服务器，它们各自完成自己的任务，例如，一台作为数据库服务器，另一台作为电子邮件服务器。为了实现两者互为备份的功能，在两台服务器之间，应通过某种专线将其连接起来。如果希望两台服务器之间能相距较远，最好利用 FDDI 单模光纤来连接两台服务器。在此情况下，最好再通过路由器将两台服务器互连起来，作为备份通信线路。图 8-16 示出了双机互为备份系统的情况。

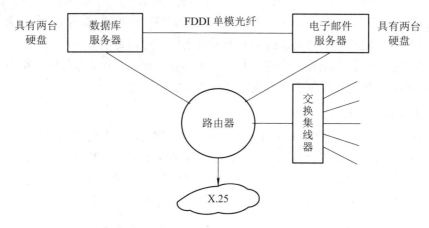

图 8-16 双机互为备份系统的示意图

在互为备份的模式中，最好在每台服务器内都配置两台硬盘，一个用于装载系统程序和应用程序，另一个用于接收由另一台服务器发来的备份数据，作为该服务器的镜像盘。在正常运行时，镜像盘对本地用户是锁死的，这样就较易于保证在镜像盘中数据的正确性。如果仅有一个硬盘，则可用建立虚拟盘的方式或分区方式来分别存放系统程序和应用程序，以及另一台服务器的备份数据。

如果通过专线链接检查到某台服务器发生了故障，此时，再通过路由器去验证这台服务器是否真的发生了故障。如果故障被证实，则由正常服务器向故障服务器的客户机发出广播信息，表明要进行切换。在切换成功后，客户机无须重新登录便可继续使用网络提供的服务，和访问服务器上的数据。而对于连接在非故障服务器上的客户机，则只会感觉到网络服务稍有减慢而已，不会有任何影响。当故障服务器修复并重新连到网上后，已被迁移到无故障服务器上的服务功能将被返回，恢复正常工作。

这种模式的优点是两台服务器都可用于处理任务，因而系统效率较高，现在已将这种模式从两台机器扩大到 4 台、8 台、16 台甚至更多。系统中所有的机器都可用于处理任务，当其中一台发生故障时，系统可指定另一台机器来接替它的工作。

3. 公用磁盘模式

为了减少信息复制的开销，可以将多台计算机连接到一台公共的磁盘系统上去。该公共磁盘被划分为若干个卷。每台计算机使用一个卷。如果某台计算机发生故障，此时系统将重新进行配置，根据某种调度策略来选择另一台替代机器，后者对发生故障的机器的卷拥有所有权，从而可接替故障计算机所承担的任务。这种模式的优点是消除了信息的复制时间，因而减少了网络和服务器的开销。

◄ **8.4.4 后备系统**

在一个完整的系统中是必须配置后备系统的。这一方面是因为磁盘系统不够大，不可能将系统在运行过程中的所有数据都装在磁盘中，应当把暂时不需要但仍然有用的数据，存放在后备系统中保存起来。另一方面是为了防止系统发生故障或病毒的感染，把系统中的数据弄错或丢失，也需要将比较重要的数据存放在后备系统中。目前常用做后备系统的设备有磁带机、磁盘机和光盘机。

1. 磁带机

它是最早作为计算机系统的外存储器。但由于它只适合存储顺序文件，故现在主要把它作为后备设备。磁盘机的主要优点是容量大，一般可达数 GB 至数十 GB，且价格便宜，故在许多大、中型系统中都配置了磁带机。其缺点是只能顺序存取且速度也较慢，为数百 KB 到数 MB，为了将一个大容量磁盘上的数据拷贝到磁带上，需要花费很多时间。

2. 硬盘

(1) 移动磁盘。对于小型系统和个人电脑而言，常用移动磁盘作为后备系统，其最大的优点是速度高，脱机保存方便，而且保存时间也较长，可比磁带机长出 3～5 年。但单位容量的费用较高。近年来，移动磁盘的价格已有明显下降，而且体积也非常小，应用也日益广泛。

(2) 固定硬盘驱动器。在大、中型系统中可利用大容量硬盘兼做后备系统，为此需要在一个系统中配置两个大容量硬盘系统。每个硬盘都被划分为两个分区：一个数据区，一个备份区，如图 8-17 所示。可在每天晚上将硬盘 0 中的"数据 0"拷贝到硬盘 1 中的拷贝区中保存；同样也将硬盘 1 中的"数据 1"拷贝到硬盘 0 中的拷贝区中保存。这种后备系统不仅拷贝速度非常快，而且还具有容错功能，即当其中任何一个硬盘驱动器发生故障时，都不会引起系统瘫痪。

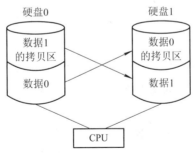

图 8-17   利用大容量硬盘兼做后备系统

3. 光盘驱动器

光盘驱动器是现在最流行的多媒体设备，可将它们分为如下两类：

(1) 只读光盘驱动器 CD-ROM 和 DVD-ROM。这两种驱动器主要用于播放音频和视频信号。但由于它们都只能播放(读)不能写，故难于用它们作为后备设备。

(2) 可读写光盘驱动器。又把它称为刻录机。它们既能播放(读)又能刻录(写)，故可将它们作为后备设备，存储计算机中的数字信息。目前有三种类型的刻录机。① CD-RW 刻录机，它能播放和刻录 CD、VCD 光盘。② COMBO 刻录机，它能播放 DVD 光盘，但只能刻录 CD、VCD 光盘。③ DVD 刻录机，它能播放和刻录 CD、VCD 和 DVD 光盘。

8.5 数据一致性控制

在实际应用中，经常会在多个文件中都含有同一个数据。所谓数据一致性问题是指，保存在多个文件中的同一数据，在任何情况下都必需能保证相同。例如，当我们发现某种商品的进价有错时，我们必须同时修改流水账，付费账、分类账及总账等一系列文件中的该商品的价格，方能保证数据的一致性。但如果在修改进行到中途时系统突然发生故障，就会造成各个账目中该数据的不一致性，进而使多个账目不一致。为了保证数据的一致性，在现代 OS 中都配置了能保证数据一致性的软件。

8.5.1 事务

1. 事务的定义

事务是用于访问和修改各种数据项的一个程序单位。事务也可以被看做是一系列相关读和写操作。被访问的数据可以分散地存放在同一文件的不同记录中，也可放在多个文件中。只有对分布在不同位置的同一数据所进行的读和写(含修改)操作全部完成时，才能以托付操作(Commit Operation)，也称为提交操作，结束事务，确认事务的变化。其后其它的进程或用户才将可以查看到事务变化后的新数据。但是，只要这些操作中有一个读、写或修改操作失败，便必须执行夭折操作(Abort Operation)，也称为回滚操作或取消操作。这些读或写操作的失败可能是由于逻辑错误，也可能是系统故障所导致的。

一个被夭折的事务，通常已执行了一些操作，因而可能已对某些数据做了修改。为使夭折的事务不会引起数据的不一致性，需将该事务内刚被修改的数据项恢复成原来的情况，使系统中各数据项与该事务未执行时的数据项内容完全相同。此时，可以说该事务"已被退回"(rolled back)。不难看出，一个事务在对一批数据执行修改操作时，应该是要么全部完成，并用修改后的数据去代替原来的数据，要么一个也不修改。事务操作所具有的这种特性，就是我们在第二章中曾讲过的"原子操作"，即事务具有原子性(Atomic)。

作为单个程序单元执行的一系列操作，并不是都可以成为事务，也就是说，如果定义其为事务，则必须同时满足四个属性，即事务属性 ACID。除了上述的原子性外，事务还应具备的属性是：① 一致性(Consistent)，即事务在完成时，必须使所有的数据都保持一致状态；② 隔离性(Isolated)，即对一个事务对数据所作的修改，必须与任何其它与之并发事务相隔离，换言之，一个事务查看数据时数据所处的状态，要么是另一并发事务修改它之前的状态，要么是另一事务修改它之后的状态，而不会是任何中间状态的数据；③ 持久性(Durable)，即事务完成之后，它对于系统的影响是永久性的。

2. 事务记录(Transaction Record)

为了实现上述的原子修改，通常须借助于称为事务记录的数据结构来实现。这些数据结构被放在一个非常可靠的存储器(又称稳定存储器)中，用来记录在事务运行时数据项修改的全部信息，故又称为运行记录(Log)。该记录中包括有下列字段：

- 事务名：用于标识该事务的唯一名字；
- 数据项名：它是被修改数据项的唯一名字；
- 旧值：修改前数据项的值；
- 新值：修改后数据项将具有的值。

在事务记录表中的每一记录描述了在事务运行中的重要事务操作，如修改操作、开始事务、托付事务或夭折事务等。在一个事务 T_i 开始执行时，〈T_i 开始〉记录被写入事务记录表中；在 T_i 执行期间，在 T_i 的任何写(修改)操作之前，须先写一适当的新记录到事务记录表中；当 T_i 进行托付时，再把一个〈T_i 托付〉记录写入事务记录表中。

3. 恢复算法

由于一组被事务 T_i 修改的数据以及它们被修改前和修改后的值都能在事务记录表中找到，因此，利用事务记录表系统能处理任何故障而不致使故障造成非易失性存储器中信息的丢失。恢复算法可利用以下两个过程：

(1) undo〈T_i〉。该过程把所有被事务 T_i 修改过的数据恢复为修改前的值。

(2) redo〈T_i〉。该过程能把所有被事务 T_i 修改过的数据设置为新值。

如果系统发生故障，系统应对以前所发生的事务进行清理。通过查找事务记录表，可以把尚未清理的事务分成两类。一类是其所包含的各类操作都已完成的事务。确定为这一类事务的依据是，在事务记录表中，既包含了〈T_i 开始〉记录，又包含了〈T_i 托付〉记录。此时系统利用 redo〈T_i〉过程把所有已被修改的数据设置成新值。另一类是其所包含的各个操作并未全部完成的事务。对于事务 T_i，如果在 Log 表中只有〈T_i 开始〉记录而无〈T_i 托付〉记录，则此 T_i 便属于这类事务。此时，系统便利用 undo〈T_i〉过程将所有已被修改的数据恢复为修改前的值。

◀ 8.5.2 检查点

1. 检查点(Check Points)的作用

如前所述，当系统发生故障时，必须去检查整个 Log 表，以确定哪些事务需要利用 redo〈T_i〉过程去设置新值，而哪些事务又需要利用 undo〈T_i〉过程去恢复数据的旧值。由于在系统中可能存在着许多并发执行的事务，因而在事务记录表中就会有许多事务执行操作的记录。随着时间的推移，记录的数据也会愈来愈多。因此，一旦系统发生故障，在事务记录表中的记录清理起来就非常费时。

引入检查点的主要目的是，使对事务记录表中事务记录的清理工作经常化，即每隔一定时间便做一次下述工作：首先是将驻留在易失性存储器(内存)中的当前事务记录表中的所有记录输出到稳定存储器中；其次是将驻留在易失性存储器中的所有已修改数据输出到稳定存储器中；然后是将事务记录表中的〈检查点〉记录输出到稳定存储器中；最后是每当出现一个〈检查点〉记录时，系统便执行上小节所介绍的恢复操作，即利用 redo 和 undo

过程实现恢复功能。

如果一个事务 T_i 在检查点前就做了托付，则在事务记录表中便会出现一个在检查点记录前的〈T_i 托付〉记录。在这种情况下，所有被 T_i 修改过的数据或者是在检查点前已写入稳定存储器，或者是作为检查点记录自身的一部分写入稳定存储器中。因此，以后在系统出现故障时，就不必再执行 redo 操作了。

2. 新的恢复算法

在引入检查点后，可以大大减少恢复处理的开销。因为在发生故障后，并不需要对事务记录表中的所有事务记录进行处理，而只需对最后一个检查点之后的事务记录进行处理。因此，恢复例程首先查找事务记录表，确定在最近检查点以前开始执行的最后的事务 T_i。在找到这样的事务后，再返回去搜索事务记录表，便可找到第一个检查点记录，恢复例程便从该检查点开始返回搜索各个事务的记录，并利用 redo 和 undo 过程对它们进行处理。

如果把所有在事务 T_i 以后开始执行的事务表示为事务集 T，则新的恢复操作要求是：对所有在 T 中的事务 T_K，如果在事务记录表中出现了〈T_K 托付〉记录，则执行 redo〈T_K〉操作；反之，即如果在事务记录表中并未出现〈T_K 托付〉记录，则执行 undo〈T_K〉操作。

◄ 8.5.3 并发控制(Concurrent Control)

在多用户系统和计算机网络环境下，可能有多个用户在同时执行事务。由于事务具有原子性，这使各个事务的执行必然是按某种次序依次进行的，只有在一个事务执行完后，才允许另一事务执行，即各事务对数据项的修改是互斥的。人们把这种特性称为顺序性，而把用于实现事务顺序性的技术称为并发控制。该技术在应用数据库系统中已被广泛采用，现也广泛应用于 OS 中。虽然可以利用第二章所介绍的信号量机制来保证事务处理的顺序性，但在数据库系统和文件服务器中应用得最多的，还是较简单的且较灵活的同步机制——锁。

1. 利用互斥锁实现"顺序性"

实现顺序性的一种最简单的方法，是设置一种用于实现互斥的锁，简称为互斥锁(Exclusive Lock)。在利用互斥锁实现顺序性时，应为每一个共享对象设置一把互斥锁。当某一事务 T_i 要去访问某对象时，应先获得该对象的互斥锁。若成功，便用该锁将该对象锁住，于是事务 T_i 便可对该对象执行读或写操作；而其它事务由于未能获得该锁，因而不能访问该对象。如果 T_i 需要对一批对象进行访问，则为了保证事务操作的原子性，T_i 应先获得这一批对象的互斥锁，以将这些对象全部锁住。如果成功，便可对这一批对象执行读或写操作；操作完成后又将所有这些锁释放。但如果在这一批对象中的某一个对象已被其它事物锁住，则此时 T_i 应对此前已被 T_i 锁住的其它对象进行开锁，宣布此次事务运行失败，但不致引起数据的变化。

2. 利用互斥锁和共享锁实现顺序性

利用互斥锁实现顺序性的方法简单易行。目前有不少系统都是采用这种方法来保证事务操作的顺序性，但这却存在着效率不高的问题。因为一个共享文件虽然只允许一个事务去写，但却允许多个事务同时去读；而在利用互斥锁来锁住文件后，则只允许一个事务去读。为了提高运行效率而又引入了另一种形式的锁——共享锁(Shared Lock)。共享锁与互斥锁的区别在于：互斥锁仅允许一个事务对相应对象执行读或写操作，而共享锁则允许多个事务对相应对象执行读操作，但不允许其中任何一个事务对对象执行写操作。

在为一个对象设置了互斥锁和共享锁的情况下，如果事务 T_i 要对 Q 执行读操作，则只需去获得对象 Q 的共享锁。如果对象 Q 已被互斥锁锁住，则 T_i 必须等待；否则，便可获得共享锁而对 Q 执行读操作。如果 T_i 要对 Q 执行写操作，则 T_i 还须去获得 Q 的互斥锁。若失败，须等待；否则，可获得互斥锁而对 Q 执行写操作。利用共享锁和互斥锁来实现顺序性的方法非常类似于我们在第二章中所介绍的读者—写者问题的解法。

◀ 8.5.4　重复数据的数据一致性问题

为了保证数据的安全性，最常用的做法是把关键文件或数据结构复制多份，分别存储在不同的地方，当主文件(数据结构)失效时，还有备份文件(数据结构)可以使用，不会造成数据丢失，也不会影响系统工作。显然，主文件(数据结构)中的数据应与各备份文件中的对应数据相一致。此外，还有些数据结构(如空闲盘块表)在系统运行过程中总是不断地对它进行修改，因此，同样应保证不同处的同一数据结构中数据的一致性。

1. 重复文件的一致性

我们以 UNIX 类型的文件系统为例来说明如何保证重复文件的一致性问题。对于通常的 UNIX 文件目录，其每个目录项中含有一个 ASCII 码的文件名和一个索引结点号，后者指向一个索引结点。当有重复文件时，一个目录项可由一个文件名和若干个索引结点号组成，每个索引结点号都是指向各自的索引结点。图 8-18 示出了 UNIX 类型的目录和具有重复文件的目录。

文件名	i结点
文件1	17
文件2	22
文件3	12
文件4	84

文件名	i结点		
文件1	17	19	40
文件2	22	72	91
文件3	12	30	29
文件4	84	15	66

(a) 不允许有重复文件的目录　　　　　　　　(b) 允许有重复文件的目录

图 8-18　UNIX 类型的目录

在有重复文件时，如果一个文件拷贝被修改，则必须也同时修改其它几个文件拷贝，以保证各相应文件中数据的一致性。这可采用两种方法来实现：第一种方法是当一个文件被修改后可查找文件目录，以得到其它几个拷贝的索引结点号，再从这些索引结点中找到各拷贝的物理位置，然后对这些拷贝做同样的修改；第二种方法是为新修改的文件建立几个拷贝，并用新拷贝去取代原来的文件拷贝。

2. 链接数一致性检查

在 UNIX 类型的文件目录中，其每个目录项内都含有一个索引结点号，用于指向该文件的索引结点。对于一个共享文件，其索引结点号会在目录中出现多次。例如，当有 5 个用户(进程)共享某文件时，其索引结点号会在目录中出现 5 次；另一方面，在该共享文件的索引结点中有一个链接计数 count，用来指出共享本文件的用户(进程)数。在正常情况下这两个数据应该一致，否则就会出现数据不一致性差错。

为了检查这种数据不一致性差错，需要配置一张计数器表，此时应是为每个文件建立一个表项，其中含有该索引结点号的计数值。在进行检查时，从根目录开始查找，每当在目录中遇到该索引结点号时，便在该计数器表中相应文件的表项上加 1。当把所有目录都检查完后，便可将该计数器表中每个表项中的索引结点号计数值与该文件索引结点中的链接计数 count 值加以比较，如果两者一致，表示是正确的；否则，便是发生了链接数据不一致的错误。

如果索引结点中的链接计数 count 值大于计数器表中相应索引结点号的计数值，则即使在所有共享此文件的用户都不再使用此文件时，其 count 值仍不为 0，因而该文件不会被删除。这种错误的后果是使一些已无用户需要的文件仍驻留在磁盘上，浪费了存储空间。当然这种错误的性质并不严重。解决的方法是用计数器表中的正确的计数值去为 count 重新赋值。反之，如果出现 count 值小于计数器表中索引结点号计数值的情况时，就有潜在的危险。假如有两个用户共享一个文件，但是 count 值仍为 1，这样，只要其中有一个用户不再需要此文件时，count 值就会减为 0，从而使系统将此文件删除，并释放其索引结点及文件所占用的盘块，导致另一共享此文件的用户所对应的目录项指向了一个空索引结点，最终是使该用户再无法访问此文件。如果该索引结点很快又被分配给其它文件，则又会带来潜在的危险。解决的方法是将 count 值置为正确值。

习　题 ▸▸ ▸▸▸

1. 目前常用的外存有哪几种组织方式?

2. 由连续组织方式所形成的顺序文件的主要优缺点是什么? 它主要应用于何种场合?

3. 在链接式文件中常用哪种链接方式? 为什么?

4. 在文件分配表中为什么要引入"簇"的概念? 以"簇"为基本的分配单位有什么好处?

5. 简要说明为什么要从 FAT12 发展为 FAT16? 又进一步要发展为 FAT32?

6. 试解释逻辑簇号和虚拟簇号这两个名词，NTFS 是如何将它们映射到文件的物理地址上的?

7. 在 MS-DOS 中有两个文件 A 和 B，A 占用 11、12、16 和 14 四个盘块; B 占用 13、18 和 20 三个盘块。试画出在文件 A 和 B 中各盘块间的链接情况及 FAT 的情况。

8. NTFS 文件系统中的文件所采用的是什么样的物理结构?

9. 假定一个文件系统的组织方式与 MS-DOS 相似，在 FAT 中可有 64 K 个指针，磁盘的盘块大小为 512 B，试问该文件系统能否指引一个 512 MB 的磁盘?

10. 为了快速访问，又易于更新，当数据为以下形式时，应选用何种文件组织方式?

(1) 不经常更新，经常随机访问;

(2) 经常更新，经常按一定顺序访问；

(3) 经常更新，经常随机访问。

11. 在 UNIX 中，如果一个盘块的大小为 1 KB，每个盘块号占 4 个字节，即每块可放 256 个地址。请转换下列文件的字节偏移量为物理地址：

(1) 9999；(2) 18000；(3) 420000。

12. 什么是索引文件？为什么要引入多级索引？

13. 试说明增量式索引组织方式。

14. 有一计算机系统利用图 8-19 所示的位示图来管理空闲盘块。盘块的大小为 1 KB，现要为某文件分配两个盘块，试说明盘块的具体分配过程。

	1	2	3	4	5	6	7	8	9	10	11	12	13	14	15	16
1	1	1	1	1	1	1	1	1	1	1	1	1	1	1	1	1
2	1	1	1	1	1	1	1	1	1	1	1	1	1	1	1	1
3	1	1	0	1	1	1	1	1	1	1	1	1	1	1	1	1
4	1	1	1	1	1	1	0	1	1	1	1	0	1	1	1	1
5	0	0	0	0	0	0	0	0	0	0	0	0	0	0	0	0

图 8-19　某计算机系统的位示图

15. 某操作系统的磁盘文件空间共有 500 块，若用字长为 32 位的位示图管理盘空间，试问：

(1) 位示图需多少个字？

(2) 第 i 字第 j 位对应的块号是多少？

(3) 给出申请/归还一块的工作流程。

16. 对空闲磁盘空间的管理常采用哪几种分配方式？在 UNIX 系统中是采用何种分配方式？

17. 可从哪几方面来提高对文件的访问速度？

18. 何谓磁盘高速缓存？在设计磁盘高速缓存时需要考虑哪些问题？

19. 可以采取哪几种方式将磁盘高速缓存中的数据传送给请求者进程？

20. 何谓提前读和延迟写？

21. 试说明廉价磁盘冗余阵列 RAID 的主要优点。

22. 在第一级系统容错技术中，包括哪些容错措施？什么是写后读校验？

23. 在第二级系统容错技术中，包括哪些容错措施？请画图说明之。

24. 具有容错功能的集群系统的主要工作模式有哪几种？请简要说明之。

25. 为什么要在系统中配置后备系统？目前常用做后备系统的设备有哪几种？

26. 何谓事务？如何保证事务的原子性？

27. 引入检查点的目的是什么？引入检查点后又如何进行恢复处理？

28. 为何引入共享锁？如何用互斥锁或共享锁来实现事务的顺序性？

29. 当系统中有重复文件时，如何保证它们的一致性？

30. 如何检查盘块号的一致性？检查时可能出现哪几种情况？

第九章 ◇◇◇◇◇

〖操作系统接口〗

操作系统作为计算机系统资源的管理者，对系统中的所有硬件和软件资源进行统一的管理和操纵。无论是用户(程序)或 OS 的外层软件，凡是涉及到系统资源的有关操作，都必须作为服务请求提交给 OS，由它来完成。为了使用户能方便地使用计算机，操作系统提供了相应的用户接口，帮助用户快速、有效、安全、可靠地操纵计算机系统中的各类资源，完成相关的处理。一般地，操作系统向用户提供了两类接口，即用户接口和程序接口。值得说明的是，在 Internet 广为流行的今天，OS 又增加了一种面向网络的网络用户接口。

9.1 用户接口

在当今几乎所有的 OS 中，都向用户提供了用户接口，允许用户在终端上键入命令，或向 OS 提交作业书来取得 OS 的服务，并控制自己程序的运行。一般地，用户接口又可进一步分为三种类型：字符显示式联机用户接口、图形化联机用户接口和脱机用户接口。其中脱机用户接口已在第一章和第三章中作了较详细的阐述，故在本节中只介绍前两种用户接口。

9.1.1 字符显示式联机用户接口

不同的 OS，其联机用户接口是不同的，即它们的命令形式和用法各不相同，甚至在同一系统中，命令的不同形式构成了不同的用户界面，一般可分为字符显示式联机用户接口和图形化联机用户接口两类。

字符显示式联机用户接口又称为联机命令接口，是指用户通过命令语言实现对作业的控制，以及取得操作系统的服务。即用户在实现与机器的交互时，先在终端的键盘上键入所需的命令，由终端处理程序接收该命令，并在用户终端屏幕上以字符显示方式反馈用户输入的命令信息、命令执行及执行结果信息。

所谓命令语言，就是以命令为基本单位，指示操作系统完成特定的功能，由诸多命令组成了命令集，完整的命令集包含了操作系统提供给用户可使用的全部功能。而命令是由一组命令动词和参数组成的，具有规定的词法、语法、语义和表达形式，用户在终端键盘上以命令行的形式输入，并提交给系统。不同操作系统所提供的命令语言在词法、语法、语义及表达形式等方面各不相同。通常，命令语言可分成两种方式：

1. 命令行方式

该方式是以行为单位，输入和显示不同的命令。每行长度一般不超过 256 个字符，一般情况下，以回车符作为一个命令的结束标记。通常，命令的执行采用的是间断式的串行执行方式，即后一个命令的输入一般需等到前一个命令执行结束，如用户键入的一条命令处理完成后系统发出新的命令输入提示符，用户才可以继续输入下一条命令。

在许多操作系统中也提供了命令的并行执行方式。例如，当两条命令的执行是不相关的情况下，即用户对一条命令的执行结果并不急需，而且该命令的执行可能需要耗费较长时间时，用户可以在该命令的结尾输入特定的标记，将该命令作为后台命令处理，这样，用户不必等待该条命令执行完毕，即可继续输入下一条命令，系统便可对两条命令进行并行处理。

一般而言，对新用户来说，命令行方式十分繁琐，难以记忆，但对有经验的用户而言，命令行方式用起来快捷便当、十分灵活，所以，至今许多操作员仍常使用这种命令方式。

简单命令的一般形式为：

      Command arg1 arg2 ··· argn

其中 Command 是命令名，又称命令动词，其余为该命令所带的执行参数，有些命令可以没有参数。

2. 批命令方式

在操作命令的实际使用过程中，经常遇到需要对多条命令的连续使用、或对若干条命令的重复使用、或对不同命令进行选择性使用的情况，如果用户每次都采用命令行方式将命令一条条由键盘输入，既浪费时间，又容易出错。因此，操作系统都支持一种称为批命令的特别命令方式，允许用户预先把一系列命令组织在一种称为批命令文件的文件中，一次建立，多次执行。使用这种方式可减少用户输入命令的次数，既节省了时间，减少了出错概率，又方便了用户。通常批命令文件都有特殊的文件扩展名，如 MS-DOS 系统的 .BAT 文件。

为此，操作系统还提供了一套控制子命令，以增强对命令文件使用的支持。用户可以使用这些子命令和形式参数书写批命令文件，使得这样的批命令文件可以执行不同的命令序列，从而增强了命令接口的处理能力。如 UNIX 和 Linux 中的 Shell 不仅是一种交互型命令解释程序，也是一种命令级程序设计语言解释系统，它允许用户使用 Shell 简单命令、位置参数和控制流语句编制带形式参数的批命令文件，称做 Shell 文件或 Shell 过程，Shell 可以自动解释和执行该文件或过程中的命令。

◄ 9.1.2　图形化联机用户接口

1. 图形用户接口 GUI(Graphics User Interface)的引入

虽然用户可以通过命令行方式和批命令方式，取得操作系统的服务，并控制自己的作业运行，但却要牢记各种命令的动词和参数，必须严格按规定的格式输入命令，而且不同操作系统所提供的命令语言的词法、语法、语义及表达形式是不一样的，这样既不方便又花费时间。于是，图形化用户接口 GUI(Graphics User Interface)便应运而生。

1981 年，Xerox 公司在 Star8010 工作站操作系统中首次推出了图形用户接口，1983 年，Apple 公司又在 Apple Lisa 机和 Macintosh 机上的操作系统中成功使用 GUI，之后，还有 Microsoft 公司的 Windows、IBM 公司的 OS/2、UNIX 和 Linux 使用的 X-Window 等都使用了 GUI。它已成为近年来最为流行的联机用户接口形式，并制订了国际 GUI 标准。20 世纪 90 年代以后推出的主流 OS 都提供了 GUI。

2. 使用 WIMP 技术

GUI 采用了图形化的操作界面，使用 WIMP 技术，该技术将窗口(Window)、图标(Icon)、菜单(Menu)、鼠标(Pointing device)和面向对象技术等集成在一起，引入形象的各种图标，将系统的各项功能、各种应用程序和文件直观、逼真地表示出来，形成一个图文并茂的视窗操作环境。在有了 GUI 后，在桌面上显示了许多常用的图标，每一个图标对应于一个应用程序，用户为了启动相应的应用程序，已完全不用像以前那样键入复杂的命令和文件名，只需双击命令的图标即可。用户还可以轻松地通过选择窗口、菜单、对话框和滚动条，完成对他们的作业和文件的各种控制与操作。由于 GUI 的可视性，使许多日常任务更加直观，再加上简单的约定，使对计算机的操作变得非常容易。

3. Windows 的 GUI 简介

以 Microsoft 公司的 Windows 操作系统为例，在系统初始化后，OS 为终端用户生成了一个运行 explorer.exe 的进程，它运行一个具有窗口界面的命令解释程序，该窗口是一个特殊的窗口，即桌面。在"开始"菜单中罗列了系统的各种应用程序，点击某个程序，则解释程序会产生一个新进程，由新进程弹出一个新窗口，并运行该应用程序，该新窗口的菜单栏或图标栏会显示应用程序的子命令。用户可进一步选择并点击子命令，如果该子命令需要用户输入参数，则会弹出一个对话窗口，指导用户进行命令参数的输入，完成后用户点击"确定"按钮，命令进入执行处理过程。

在 Windows 系统中，采用的是事件驱动控制方式，用户通过动作来产生事件，以驱动程序工作。事件实质就是发送给应用程序的一个消息。用户的按键或点击鼠标等动作都会产生一个事件，通过中断系统引出事件驱动控制程序工作，对事件进行接收、分析、处理和清除。各种命令和系统中所有的资源，如文件、目录、打印机、磁盘、各种系统应用程序等，都可以定义为一个菜单、一个按钮或一个图标。所有的程序都拥有窗口界面，窗口中所使用的滚动条、按钮、编辑框、对话框等各种操作对象，都采用统一的图形显示方式和操作方法。用户可以通过鼠标(或键盘)点击操作，选择所需要的菜单、图标或按钮，从而达到控制系统、运行某个程序、执行某个操作(命令)的目的。

由于图形用户接口有着非常明显的优点，致使现在多数 OS，特别是面向非程序员和无经验用户的系统，都使用 GUI 作为上层的 OS 接口。但联机命令接口也并未过时，而且还深受高级用户和程序员的欢迎。这是因为使用联机命令可以对资源进行更多和更深入的控制，它可在一个命令行中包含多条命令，系统能连续地执行这些命令，并且还可将命令语言变成强大的编程语言，编制出复杂的脚本。因此在 UNIX、Linux 和其它的 OS 中仍继续支持联机命令接口 shell，当然它们也可以使用图形用户接口。

◀ 9.1.3 联机命令的类型

在联机命令接口中，OS 向用户提供了几十条甚至上百条的联机命令。根据这些命令所完成功能的不同，可把它们分成以下几类：系统访问类、磁盘操作类、文件操作类、目录操作类、通信类，以及其它命令。现分述如下：

1. 系统访问类

在多用户系统中，为了保证系统的安全性，都毫无例外地设置注册命令 Login。凡要在多用户系统的终端上上机的用户，都必须先在系统管理员处获得一合法的注册名和口令。以后，每当用户在接通其所用终端的电源后，便由系统直接调用，并在屏幕上显示出以下的注册命令：

    Login: /提示用户键入自己的注册名

当用户键入正确的注册名并按下回车键后，屏幕上又会出现：

    Password: /提示用户键入自己的口令

用户在键入口令时，系统将关闭掉回送显示，以使口令不在屏幕上显示出来。如果键入的口令正确而使注册成功时，屏幕上会立即出现系统提示符(所用符号随系统而异)，表示用户可以开始键入命令。如果用户多次(通常不超过三次)键入的注册名或口令都有错，系统将解除与用户的联接。

2. 文件操作命令

每个操作系统都提供了一组文件操作命令。在微机 OS 中的文件操作命令有：

(1) 显示文件命令 type，用于将指定文件内容显示在屏幕上。

(2) 拷贝文件命令 copy，用于实现文件的拷贝。

(3) 文件比较命令 comp，该命令用于对两个指定文件进行比较，两文件可以在同一个或不同的驱动器上。

(4) 重新命名命令 Rename，该命令用于将以第一参数命名的文件改成用第二参数给定的名字。

(5) 删除文件命令 erase，该命令用于删除一个或一组文件，例如，当参数路径名为 *.BAK 时，表示删除指定目录下的所有其扩展名为 .Bak 的文件。

3. 目录操作命令

对目录进行操作的命令有：

(1) 建立子目录命令 mkdir，用于建立指定名字的新目录。

(2) 显示目录命令 dir，显示指定磁盘中的目录项。

(3) 删除子目录命令 rmdir，用于删除指定的子目录文件，但不能删除普通文件，而且一次只能删除一个空目录(其中仅含"."和".."两个文件)，不能删除根及当前目录。

(4) 显示目录结构命令 tree，显示指定盘上的所有目录路径及其层次关系。

(5) 改变当前目录命令 chdir，将当前目录改变为由路径名参数给定的目录。用".."作参数时，表示应返回到上一级目录下。

4. 其它命令

(1) 输入输出重定向命令。在有的 OS 中定义了两个标准 I/O 设备。通常，命令的输入取自标准输入设备，即键盘；而命令的输出通常是送往标准输出设备，即显示终端。如果在命令中设置输出重定向">"符，其后接文件名或设备名，表示将命令的输出改向，送到指定文件或设备上。类似地，若在命令中设置输入重定向"<"符，则不再是从键盘而是从重定向符左边参数所指定的文件或设备上取得输入信息。

(2) 管道连接。这是指把第一条命令的输出信息作为第二条命令的输入信息；类似地，又可把第二条命令的输出信息作为第三条命令的输入信息。这样，由两个(含两条)以上的命令可形成一条管道。在 MS-DOS 和 UNIX 中，都用"|"作为管道符号。其一般格式为：

　　　　Command1 |Command2| … | Commandn;

(3) 过滤命令。在 UNIX 及 MS-DOS 中，都有过滤命令，用于读取指定文件或标准输入，从中找出由参数指定的模式，然后把所有包含该模式的行都打印出来。例如，MS-DOS 中用命令

　　　　find/N "erase"(路径名)

可对由路径名指定的输入文件逐行检索，把含有字符串"erase"的行输出。其中，/N 是选择开关，表示输出含有指定字串的行。如果不用 N 而用 C，则表示只输出含有指定字串的行数；若用 V，则表示输出不含指定字串的行。

(4) 批命令。为了能连续地使用多条键盘命令，或多次反复地执行指定的若干条命令，而又免去每次重敲这些命令的麻烦，可以提供一个特定文件。在 MS-DOS 中提供了一种特殊文件，其后缀名用".BAT"；在 UNIX 系统中称为命令文件。它们都是利用一些键盘命令构成一个程序，一次建立供多次使用。在 MS-DOS 中用 batch 命令去执行由指定或默认驱动器的工作目录上指定文件中所包含的一些命令。

9.2　Shell 命令语言

在 Linux 系统中，Shell 是命令语言、命令解释器(程序)及程序设计语言的统称，其特点如下：

(1) 作为命令语言，它拥有自己内建的 Shell 命令集，可以为用户提供使用操作系统的接口，用户利用该接口与机器交互。

(2) 作为一种程序设计语言，它支持绝大多数在高级语言中能见到的程序元素，如函数、变量、数组和程序控制结构。同时，Shell 作为一种编程语言，还具有简单易学的特点，任何在提示符中能键入的命令，都能放到一个可执行的 Shell 程序中，用户可利用多条 Shell 命令构成一个文件(或称为 Shell 过程)。

(3) 作为一个命令解释器(程序)，Shell 可对输入的命令解释执行。

下面对 Shell 命令语言做扼要的介绍。

◀ 9.2.1 简单命令简介

在 Shell 命令语言中提供了许多不同形式的命令，并允许在一条命令行中有多个命令。如果在一条命令行中仅有一个命令，就把它称为简单命令。实际上，一条简单命令便是一个能完成某种功能的目标程序的名字。

1. 简单命令的格式

简单命令的格式比较自由，包括命令名字符的个数及用于分隔命令名、选项、各参数间的空格数等，都是任意的。在 UNIX 和 Linux 系统中都规定，命令由小写字母构成，命令可带有参数表，用于给出执行命令时的附加信息，每个参数是一个单词。命令名与参数表之间还可使用一种称为选项的自变量，用减号开始，后跟一个或多个字母、数字。一条命令可有多个选项，用于改变命令执行动作的类型。命令的格式如下：

$Command -option argument list

例如：

$ ls file1 file2

这是一条不带选项的列目录命令，$ 是系统提示符。该命令用于列出 file1 和 file2 两个目录文件中所包含的目录项，并隐含地指出按英文字母顺序列表。若给出 -tr 选项，该命令可表示成：

$ ls -tr file1 file 2

其中，选项 t 和 r 分别表示按最近修改次序及按反字母顺序列表。

通常，命令名与该程序的功能紧密相关，以便于记忆。命令参数可多可少，也可缺省。例如：

$ ls

表示自动以当前工作目录为缺省参数，打印出当前工作目录所包含的目录项。

2. 简单命令的分类

在 Linux 或 UNIX 系统中，一般把简单命令分为两类：

(1) 系统提供的标准命令，包括调用各种语言处理程序、实用程序等，其数量随系统版本的不同而有所差异，系统管理员可以增添新的系统标准命令。

(2) 用户自定义的命令。系统管理员和用户自行定义的命令的执行方式与系统标准命令的执行方式相同。

对于简单命令，还可根据命令是否包含在 Shell 内部，即是否常驻内存，而分为内部命令和外部命令两类：

(1) 内部命令。Shell 中少数标准命令，如改变工作目录命令 cd 等，是包含在 Shell 内部的，作为内部命令常驻内存。

(2) 外部命令。Shell 中大多数的命令如拷贝命令 cp 和移动命令 rm 等，均保存于外存(盘)

上，即每个命令是存在于文件系统中某个目录下的单独程序。这样做的好处在于，可以很大程度地节省内存空间。

简单命令的数量易于扩充。Shell 对命令的管理，对用户而言也是透明的，即用户在使用时，不必关心一个命令是内部命令还是外部命令。当用户输入一个命令时，Shell 首先检查该命令是否是内部命令，若不是，则检查是否是外部命令。判断是否是外部命令则是通过搜索路径(目录列表)里能否寻找到相应的应用程序进行确定的。如果用户键入的命令不是一个内部命令，也不是外部命令，则返回显示一条错误信息。否则，如果能够成功找到命令，则将命令分解为系统调用，并传给 Linux 内核进行处理。

3. Shell 的种类

现在流行的 Shell 有多种类型，下面简单介绍几种流行的 Shell：

(1) Bourne Shell。在 UNIX 中，最初使用的 Shell 就是 Bourne Shell，简称为 B Shell，可以通用于多种 UNIX 上，用$作为提示符，在提示符之后，可以输入命令或回车键。B She11 比 C Shell 要小和简单，执行效率却比 C Shell 高，但交互性方面相对较差。像所有的 UNIX 程序一样，B Shell 本身也是一个程序，它的名字是 Sh。

B Shell 有多个版本，最著名的是 Bourne Again Shell(也称为 Bash)，与 B Shell 完全向后兼容。它在 B Shell 的基础上加以扩展，增加、增强了很多特性，可以提供如命令补全、命令编辑和命令历史表等功能，它还包含了很多 C Shell 和 Korn Shell 中的优点，有灵活和强大的编程接口，同时又有很友好的用户界面，是 Linux 操作系统中缺省的 Shell。

(2) C Shell。C Shell 是一种比 B Shell 更适于编程的 Shell，是标准 BSD(Berkeley System Distribution)命令解释。它的名字是 C Sh，其语法与 C 语言很相似，用 % 作为提示符。随着 UNIX 系统标准化的发展，使用 UNIX 作为操作系统的工作站，大都同时支持 B Shell 和 C Shell。

C Shell 不仅和 B Shell 提示符兼容，而且还提供比 B Shell 更多的提示符参数。例如，C Shell 可以使用许多特殊的字符，当输入这类字符时，可以执行许多特殊的功能，例如，惊叹号(!)表示重复执行命令，两个惊叹号(!!)表示重复执行最后输入的命令。在 Linux 系统中，与 C Shell 对应的是 Tcsh。Tcsh 也是 C Shell 的一个扩展版本，包括命令行编辑、可编程单词补全、拼写校正、历史命令替换、作业控制等。

(3) Korn Shell。Korn Shell 集合了 C Shell 和 B Shell 的优点，并且和 B Shell 完全兼容，它的名字是 K Sh。对应地，Linux 系统提供了 Pdksh，也是对 Korn Shell 的扩展，它支持任务控制，可以在命令行上挂起、后台执行、唤醒或终止程序。

◄ 9.2.2　简单命令的类型

根据简单命令功能的不同，可将它们分成如下五大类：

1. 进入与退出系统

(1) 进入系统，也称为注册。事先，用户须与系统管理员商定一个唯一的用户名。管理员用该名字在系统文件树上为用户建立一个子目录树的根结点。当用户打开自己的终端时，屏幕上会出现 Login：提示，这时用户便可键入自己的注册名，并用回车符结束。然后，系统又询问用户口令，用户可用回车符或事先约定的口令键入。在通过这两步检查后，才能出现系统提示符，以提示用户可以使用系统。若任一步有错，系统均会提示要用户重新键入。

(2) 退出系统。每当用户用完系统后，应向系统报告自己要退出。系统得知后，马上为用户记账，清除用户的使用环境。如果用户使用的是多终端中的一个终端，为了退出，用户只须按下 Control-D 键即可，系统会重新给出提示符即 Login，以表明该终端可供另一新用户使用。用户的进入与退出过程是由系统直接调用 Login 及 Logout 程序完成的。

2. 文件操作命令

(1) 显示文件内容命令 cat。如果用户想了解自己在当前目录中的某个或某几个指定文件的内容时，便可使用下述格式的 cat 命令：

$ cat filename1 filename2

执行上述命令后，将按参数指定的顺序，依次把所列名字的文件内容送屏幕显示。若键入的文件名有错，或该文件不在当前目录下，则该命令执行结果将显示指定文件不能打开的信息。

(2) 复制文件副本的命令 cp。其格式为：

cp source target

该命令用于对已存在的文件 source 建立一个名为 target 的副本。

(3) 对已有文件改名的命令 mv。其格式为：

mv oldname newname

用于把原来的老名字改成指定的新名字。

(4) 撤消文件的命令 rm。它给出一个参数表，是要撤消的文件名清单。

(5) 确定文件类型的命令 file。该命令带有一个参数表，用于给出想了解其(文件)类型的文件名清单。命令执行的结果，将在屏幕上显示出各个文件的类型。

3. 目录操作命令

(1) 建立目录的命令 mkdir(简称 md)。用户可以自己的注册名作为根结点，建立一棵子目录树。可用 md 命令来构建一个目录，参数是新创建目录的名字。但该命令的使用必须在其父目录中有写许可。

(2) 撤消目录的命令 rmdir(简称 rd)。用于删除一个或多个指定的下级空目录。若目录下仍有文件，该命令将被认为是错误操作，这样可以防止因不慎而消除了一个想保留的文件。命令的参数表给出了要撤消的目录文件清单。

(3) 改变工作目录的命令 cd。不带参数的 cd 命令将使用户从任何其它目录回到自己的注册目录上；若用全路径名作参数，cd 命令将使用户来到由该路径名确定的结点上；若用当前目录的子目录名作参数，将把用户移到当前目录指定的下一级目录上。

4. 系统询问命令

(1) 访问当前日期和时间命令 date。例如，使用命令

$ date

屏幕上将给出当前的日期和时间，如为：

Wed Ang 14 09:27:20 PDT 2006

表示当前日期是 2006 年 9 月 14 日、 星期三，还有时间信息。若在命令名后给出参数，则 date 程序把参数作为重置系统时钟的时间。

(2) 询问系统当前用户的命令 who。who 命令可列出当前每一个处在系统中的用户的注册名、终端名和注册进入时间，并按终端标志的字母顺序排序。例如，报告有下列三用户：

Veronica bxo66 Aug　27　13:28

Rathomas dz24 Aug　28　07:42

Jlyates tty5 Aug　28　07:39

用户可用 who 命令了解系统的当前负荷情况。例如，用户可用"wholwe-L"命令使系统打印出当前的用户数目而不显示系统用户名等的完整清单，以得知当前用户数目。

(3) 显示当前目录路径名的命令 pwd。当前目录的路径名是从根结点开始。用户的当前目录可能经常在树上移动。如果用户忘记了自己在哪里，便可用 pwd 确定自己的位置。

除了上述的命令外，还有许多较常用的命令。输入输出重定向命令、管道连接、通信命令和后台命令等，分别在下面三小节中介绍。

◄ 9.2.3　重定向与管道命令

1. 重定向命令

在 Linux 系统中，由系统定义了三个文件。其中，有两个分别称为标准输入和标准输出的文件，各对应于终端键盘输入和终端屏幕输出。它们是在用户注册时，由 Login 程序打开的。这样，在用户程序执行时，隐含的标准输入是键盘输入，标准输出即屏幕(输出)显示。但用户程序中可能不要求从键盘输入，而是从某个指定文件上读取信息供程序使用；同样，用户可能希望把程序执行时所产生的结果数据写到某个指定文件中而非屏幕上。为此，用户必须不使用标准输入、标准输出，而把另外的某个指定文件或设备作为输入或输出文件。

Shell 向用户提供了这种用于改变输入、 输出设备的手段，此即标准输入与标准输出的重新定向。用重定向符"<"和">"分别表示输入转向与输出转向。例如，对于命令

$ cat file1

表示将文件 file1 的内容在标准输出上打印出来。若改变其输出，用命令

$ cat file1>file2

表示把文件 file1 的内容打印输出到文件 file2 上。同理，对于命令

$ wc

表示对标准输入中的行中字和字符进行计数。若改变其输入，用命令

$ wc<file3

则表示把从文件 file3 中读出的行中的字和字符进行计数。

须指明的是，在做输出转向时，若上述的文件 file2 并不存在，则先创建它；若已存在，则认为它是空白的，执行上述输出转向命令时，是用命令的输出数据去重写该文件；如果文件 file2 事先已有内容，则用文件 file1 的内容去更新文件 file2 的原有内容。现在，如果又要求把 file4 的内容附加到现有的文件 file2 的末尾，则应使用另一个输出转向符"＞＞"，即此时应再用命令

$ cat file4 ＞＞ file2

便可在文件 file2 中，除了上次复制的 file1 内容外，后面又附加上 file4 的内容。

此外，也可在一个命令行中同时改变输入与输出。例如，命令行

a.out<file1>file0

表示在可执行文件 a.out 执行时，将从文件 file1 中提取数据，而把 a.out 的执行结果数据输出到文件 file0 中。

2. 管道命令

人们又进一步把重定向思想加以扩充，用符号"|"来连接两条命令，使其前一条命令的输出作为后一条命令的输入。即

$ command 1 | command 2

例如，对于下述输入

cat file | wc

将使命令 cat 把文件 file 中的数据作为 wc 命令的计数输入。

系统执行上述输入时，将为管道建立一个作为通信通道的 pipe 文件。这时，cat 命令的输出是由 Linux 系统来"缓冲"第一条命令的输出，并作为第二条命令的输入，在用管道线所连接的命令之间实现单向、同步运行。其单向性表现在：只把管道线前面命令的输出送入管道，而管道的输出数据仅供管道线后面的命令去读取。管道的同步特性则表现为：当一条管道满时，其前一条命令停止执行；而当管道空时，则其后一条命令停止运行。除此两种情况外，用管道所连接的两条命令"同时"运行。可见，利用管道功能，可以流水线方式实现命令的流水线化，即在单一命令行下同时运行多条命令，以加速复杂任务的完成。

◀ 9.2.4 通信命令

在 Linux 系统中为用户提供了实时和非实时两种通信方式，分别使用 write 及 mail 命令。此外，联机用户还可根据自己的当前情况，决定是否接受其他用户与他进行通信的要求。

1. 信箱通信命令 mail

信箱通信是作为在 UNIX 的各用户之间进行非交互式通信的工具。发信者把要发送的消息写成信件，"邮寄"到对方的信箱中。通常各用户的私有信箱采用各自的注册名命名，即它是目录 /usr/spool/mail 中的一个文件，而文件名又是用接收者的注册名来命名的。信箱

中的信件可以一直保留到被信箱所有者消除为止。mail 命令在用于发信时，把接收者的注册名当做参数输入后，便可在新行开始键入信件正文，最后仍在一个新行上，用"."来结束信件或用"^D"退出 mail 程序(也可带选项，此处从略)。接收者也用 mail 命令读取信件，可使用可选项 r、q 或 p 等。其命令格式为：

        mail

由于信箱中可存放所接收的多个信件，这就存在一个选取信件的问题。上述几个选项分别表示：按先进先出顺序显示各信件的内容；在输入中断字符(DEL 或 RETURN)后，退出 mail 程序而不改变信箱的内容；一次性地显示信箱全部内容而不带询问，把指定文件当做信件来显示。在不使用 -p 选项时，表示在显示完一个信件后便出现"？"，以询问用户是否继续显示下一条消息，或选读完最后一条消息后退出 mail。

2. 对话通信命令 write

用这条命令可以使用户与当前在系统中的其他用户直接进行联机通信。由于 UNIX 系统允许一个用户同时在几个终端上注册，故在用此命令前，要用 who 命令去查看目标用户当前是否联机，或确定接收者所使用的终端名。命令格式为：

        write user[ttyname]

当接收者只有一个终端时，终端名可缺省。当接收者的终端被允许接收消息时，屏幕提示会通知接收者源用户名及其所用终端名。

3. 允许或拒绝接收消息的 mesg 命令

其格式为：

        mesg[-n][-y]

选项 n 表示拒绝对方的写许可(即拒绝接收消息)；选项 y 指示恢复对方的写许可，仅在此时双方才可联机通信。当用户正在联机编写一份资料而不愿被别人干扰时，常选用 n 选项来拒绝对方的写许可。编辑完毕，再用带有 y 选项的 mesg 命令来恢复对方的写许可，不带自变量的 mesg 命令只报告当前状态而不改变它。

◀ 9.2.5　后台命令

有些命令需要执行很长的时间，这样，当用户键入该命令后，便会发现自己已无事可做，要一直等到该命令执行完毕，方可再键入下一条命令。这时用户自然会想到应该利用这段时间去做些别的事。UNIX 系统提供了这种机制，用户可以在这种命令后面再加上"&"号，以告诉 Shell 将该命令放在后台执行，以便用户能在前台继续键入其它命令，完成其它工作。

在后台运行的程序仍然把终端作为它的标准输出和标准输入文件，除非对它们进行重新定向。其标准输入文件是自动地被从终端定向到一个被称为"/dev/null"的空文件中。若 shell 未重定向标准输入，则 shell 和后台进程将会同时从终端读入。这时，用户从终端键入的字符可能被发送到一个进程或另一个进程，并不能预测哪个进程将得到该字符。因此，对所有在后台运行的命令的标准输入，都必须加以重定向，从而使从终端键入的所有字符都被送到 Shell 进程。用户可使用 ps、wait 及 Kill 命令去了解和控制后台进程的运行。

9.3　联机命令接口的实现

为了实现人机交互，在系统中必须配置相应的软件来实现人机交互。首先需要在微机或终端上配置相应的键盘终端处理程序，它的最基本功能是接收用户从终端键入的命令和数据，将它们暂存在字符缓冲区中；其次需要配置的是命令解释程序，该软件最基本的功能是对所键入的命令进行识别，然后再转入相应的命令处理程序去执行。

9.3.1　键盘终端处理程序

在微机或终端上所配置的键盘终端处理程序应具有下述几方面的功能：① 接收用户从终端上打入的字符；② 字符缓冲，用于暂存所接收的字符；③ 回送显示；④ 屏幕编辑；⑤ 特殊字符处理。

1. 字符接收功能

为了实现人机交互，键盘终端处理程序必须能够接收从终端输入的字符，并将之传送给用户程序。有两种方式可实现字符接收功能：

(1) 面向字符方式。驱动程序只接收从终端打入的字符，并且不加修改地将它传送给用户程序。这通常是一串未加工的 ASCII 码。但大多数的用户并不喜欢这种方式。

(2) 面向行方式。终端处理程序将所接收的字符暂存在行缓冲中，并可对行内字符进行编辑。仅在收到行结束符后，才将一行正确的信息送命令解释程序。在有的计算机中，从键盘硬件送出的是键的编码(简称键码)，而不是 ASCII 码。例如，当打入 a 键时，是将键码"30"放入 I/O 寄存器，此时，终端处理程序必须参照某种表格将键码转换成 ASCII 码。

2. 字符缓冲功能

为了能暂存从终端键入的字符，以降低中断处理器的频率，在终端处理程序中，还必须具有字符缓冲功能。字符缓冲可采用以下两种方式之一：

(1) 专用缓冲方式。系统为每个终端设置一个缓冲区，暂存用户键入的一批字符。缓冲区的典型长度为 200 个字符左右。这种方式较适合于单用户微机或终端很少的多用户机。当终端数目较多时，需要的缓冲数目可能很大，且每个缓冲的利用率也很低。例如，当有 100 个终端时，要求有 20 KB 的缓冲区。但专用缓冲方式可使终端处理程序简化。图 9-1(a) 示出了专用缓冲方式。

(2) 公用缓冲方式。系统只设置一个由多个缓冲区构成的公用缓冲池，而没有为每个终端设置专用缓冲区。其中的每个缓冲区大小相同，如为 20 个字符，再将所有的空缓冲区链接成一个空缓冲区链。当终端有数据输入时，可先向空缓冲区链申请一空缓冲区，来接收输入字符；当该缓冲区装满后，再申请一空缓冲区。这样，直至全部输入完毕，并利用链接指针将这些装有输入数据的缓冲区链接成一条输入链。每当该输入链中一个缓冲区内的字符被全部传送给用户程序后，便将该缓冲区从输入链中移出，再重新链入空缓冲区链中。显然，利用公用缓冲池方式可有效地提高缓冲的利用率。图 9-1(b)示出了公用缓冲池方式。

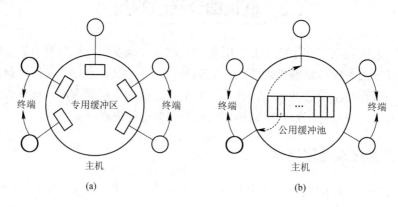

图 9-1　两种缓冲方式

3. 回送显示

回送显示(回显)是指每当用户从键盘输入一个字符后，终端处理程序便将该字符送往屏幕显示。有些终端的回显由硬件实现，其速度较快，但往往会引起麻烦。如当用户键入口令时，为防止口令被盗用，显然不该有回显。此外，用硬件实现回显也缺乏灵活性，因而近年来多改用软件来实现回显，这样可以做到在用户需要时才回显。用软件实现回显，还可方便地进行字符变换，如将键盘输入的小写英文字母变成大写，或相反。驱动程序在将输入的字符送往屏幕回显时，应打印在正确的位置上；当光标走到一行的最后一个位置后，便应返回到下一行的开始位置。例如，当所键入的字符数目超过一行的 80 个(字符)时，应自动地将下一个字符打印到下一行的开始位置。

4. 屏幕编辑

用户经常希望能对从键盘打入的数据(字符)进行修改，如删除(插入)一个或多个字符。为此，在终端处理程序中，还应能实现屏幕编辑功能，包括能提供若干个编辑键。常用的编辑键有：

(1) 删除字符键。它允许将用户刚键入的字符删除。在有的系统中是利用退格键即 Bakespace(Ctrl + H)键。当用户敲击该键时，处理程序并不将刚键入的字符送入字符队列，而是从字符队列中移出其前的一个字符。

(2) 删除一行键。该键用于将刚输入的一行删去。

(3) 插入键。利用该键在光标处可插入一个字符或一行正文。

(4) 移动光标键。在键盘上有用于对光标进行上、下、左、右移动的键。

(5) 屏幕上卷或下移键等。

5. 特殊字符处理

终端处理程序必须能对若干特殊字符进行及时处理，这些字符是：

(1) 中断字符。当程序在运行中出现异常情况时，用户可通过键入中断字符的办法来中止当前程序的运行。在许多系统中是利用 Break 或 Delete 或 Ctrl + C 键作为中断字符。对中断字符的处理比较复杂。当终端处理程序收到用户键入的中断字符后，将向该终端上的所有进程发送一个要求进程终止的软中断信号，这些进程收到该软中断信号后，便进行自我终止。

(2) 停止上卷字符。用户键入此字符后，终端处理程序应使正在上卷的屏幕暂停上卷，以便用户仔细观察屏幕内容。在有的系统中，是利用 Ctrl + S 键来停止屏幕上卷的。

(3) 恢复上卷字符。有的系统利用 Ctrl + Q 键使停止上卷的屏幕恢复上卷。终端处理程序收到该字符后，便恢复屏幕的上卷功能。

上述的 Ctrl + S 与 Ctrl + Q 两字符并不被存储，而是被用去设置终端数据结构中的某个标志。每当终端试图输出时，都须先检查该标志，若该标志已被设置，便不再把字符送至屏幕。

◀ 9.3.2 MS-DOS 解释程序

为了方便与用户交互，通常把命令解释程序放在用户层，以用户态方式运行。我们通过两个具体例子来说明命令解释程序的主要功能和实现方法。本小节先介绍 MS-DOS 中的命令解释程序 COMMAND.COM，下一小节介绍 UNIX 的命令解释程序 Shell。

1. 命令解释程序的作用

在联机操作方式下，终端处理程序把用户键入的信息送键盘缓冲区中保存。一旦用户键入回车符，便立即把控制权交给命令解释程序。显然，对于不同的命令，应有能完成特定功能的命令处理程序与之对应。可见，命令解释程序的主要作用是在屏幕上给出提示符，请用户键入命令，然后读入该命令，识别命令，再转到相应命令处理程序的入口地址，把控制权交给该处理程序去执行，并将处理结果送屏幕上显示。若用户键入的命令有错，而命令解释程序未能予以识别，或在执行中间出现问题时，则应显示出某一出错信息。

2. 命令解释程序的组成

MS-DOS 是 1981 年由 Microsoft 公司开发的、配置在微机上的 OS。随着微机的发展，MS-DOS 的版本也在不断升级，由开始时的 1.0 版本升级到 1994 年的 6.X 版本。在此期间，它已是事实上的 16 位微机 OS 的标准。我们以 MS-DOS 操作系统中的 COMMAND.COM 处理程序为例来说明命令解释程序的组成。它包括以下三部分：

(1) 常驻部分。这部分包括一些中断服务子程序。例如，正常退出中断 INT 20，它用于在用户程序执行完毕后退回操作系统；驻留退出中断 INT 27，用这种方式，退出程序可驻留在内存中；还有用于处理和显示标准错误信息的 INT 24 等。常驻部分还包括这样的程序：当用户程序终止后，它检查暂存部分是否已被用户程序覆盖，若已被覆盖，便重新将暂存部分调入内存。

(2) 初始化部分。它跟随在常驻内存部分之后，在启动时获得控制权。这部分还包括对 AUTOEXEC.BAT 文件的处理程序，并决定应用程序装入的基地址。每当系统接电或重新启动后，由处理程序找到并执行 AUTOEXEC.BAT 文件。由于该文件在用完后不再被需要，因而它将被第一个由 COMMAND.COM 装入的文件所覆盖。

(3) 暂存部分。这部分主要是命令解释程序，并包含了所有的内部命令处理程序、批文件处理程序，以及装入和执行外部命令的程序。它们都驻留在内存中，但用户程序可以使用并覆盖这部分内存，在用户程序结束时，常驻程序又会将它们重新从磁盘调入内存，恢复暂存部分。

3. 命令解释程序的工作流程

系统在接通电源或复位后，初始化部分获得控制权，对整个系统完成初始化工作，并自动执行 AUTOEXEC.BAT 文件，之后便把控制权交给暂存部分。暂存部分首先读入键盘缓冲区中的命令，判别其文件名、扩展名及驱动器名是否正确。若发现有错，在给出出错信息后返回；若无错，再识别该命令。一种简单的识别命令的方法是基于一张表格，其中的每一表目都由命令名及其处理程序的入口地址两项组成。如果暂存部分在该表中能找到键入的命令，且是内部命令，便可以直接从对应表项中获得该命令处理程序的入口地址，然后把控制权交给该处理程序去执行该命令。如果发现键入的命令不属于内部命令而是外部命令，则暂存部分还须为之建立命令行；再通过执行系统调用 exec 来装入该命令的处理程序，并得到其基地址；最后把控制权交给该程序去执行相应的命令。图 9-2 示出了 MS-DOS 的 COMMAND.COM 的工作流程。

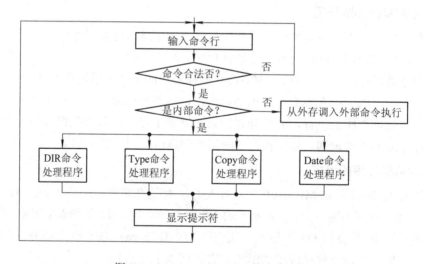

图 9-2　COMMAND.COM 的工作流程

9.3.3　Shell 解释程序

在 UNIX 或 Linux 系统中，Shell 是作为操作系统的最外层(也称为外壳)，是用户及应用程序与操作系统的接口，它是命令语言、命令解释程序及程序设计语言的统称。Shell 作为一个命令解释程序，用于对从标准输入或文件中读入的命令进行解释执行。例如，当用户在提示符下输入命令或其它程序向 Linux 传递命令时，都需经过 Shell 的解释，或称为识别，然后再传递给内核中相应的处理程序，由该程序去完成相应的操作。

1. Shell 命令的特点

前面我们介绍了 MS-DOS 的命令解释程序，它非常简单。而 Shell 命令解释程序就复杂得多，这主要是因为 Shell 命令的类型多而复杂所致。主要表现如下：

(1) 一条命令行中含有多个命令。如果在一条命令行中仅有一个命令，那么命令解释程序便可以利用简单的命令表找到该命令的命令处理程序。然而在 Shell 的一条命令行中，可能含有多个不同的命令，由于每一条命令对应了一个处理程序，故在对一个命令行进行解释后，应产生多个命令处理程序(进程)。

(2) 具有不同的分隔符。在一条命令行中的每个命令之间都采取不同的分隔符。如利用";"分隔符时，要求命令行中命令应顺序执行；如用"&"分隔符时，要求命令行中前面的命令放在后台执行；如利用"I"分隔符时，要求把前一条命令的输出作为后一条命令的输入。换言之，这些分隔符确定了这些命令的执行顺序和方式。

2. 二叉树结构的命令行树

正是由于 Shell 命令的这些特点，使它不能采用简单的译码方式，而是根据命令行中分隔符类型的不同，并按照一定的规律构成二叉树结构的命令行树。采用它的好处是，它能够很好地表示出命令行中所有命令的执行顺序和方式。下面通过简单的例子来说明如何建立二叉树结构的命令行树。

1) 命令表型结点

Shell 命令解释程序按命令行语句的结构顺序进行检查，每当遇到";"及"&"分隔符时便为之建立一个命令表型结点，将分隔符左面部分构成该结点的左子树，右面部分构成右子树。例如下面的命令行所构成的命令树如图 9-3 所示：

Command 1；Command 2；& Command 3

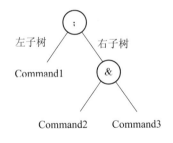

图 9-3 命令表型结点及其左、右子树

由于每一条命令对应了一个处理进程，故在执行命令树时，对应于每一条命令都需要为之创建一个进程，由此为命令树生成一个对应的进程树。在具体执行时，对于";"型结点，先递归地执行其左子树，待其左子数执行完后，再执行其右子树。对于"&"型结点，可在启动了左子结点执行后，无须等待它执行完毕，便可转去执行其右子结点。

2) 管道文件型结点

当 Shell 命令解释程序遇到管道算符"I"时，先为之建立一个管道文件型结点，再将分隔符左面部分构成该结点的左子树，右面部分构成右子树。例如对下面的命令行所构成的命令树如图9-4所示：

Command 1 I Command 2 I   Command 3

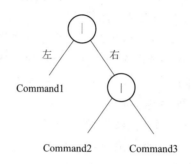

图9-4   管道文件型结点及其左、右子树

3) 简单命令型结点

对于简单命令，在命令行中仅有一条命令，它是属于可以立即执行的命令，系统无需为它建立二叉树结构的命令行树。当命令解释程序读入键盘缓冲区中的命令后，若判定它是简单命令，再进一步确定是否是内部命令。Shell解释程序本身提供了内部命令的可执行程序，因此若是内部命令，Shell便立即执行，此时 Shell 也不需要为该命令创建新进程。如果不是内部命令也非特殊命令，Shell 将认为该命令是一个可执行文件，于是将为它创建一个新进程，并作为 Shell 的子进程执行，直到子进程运行完毕，又恢复 Shell 运行。

3. Linux 命令解释程序的工作流程

在 Linux 系统中，系统初启后，内核为每个终端用户建立一个进程，去执行 Shell 解释程序。它的执行过程基本上按如下步骤进行：

(1) 读取用户由键盘输入的命令行。用户键入的信息送入键盘缓冲区中保存。一旦用户键入回车符，表示本次命令已结束，于是系统立即把控制权交给命令解释程序。它首先从缓冲区中读取用户输入的命令。

(2) 对命令进行分析。Shell 的一条命令行中可能含有多个不同的命令，Shell 顺序查看命令行中的命令，对命令和分隔符进行分析，建立相应的二叉树结构命令行树。并以命令名作为文件名，将其它参数改造为系统调用 execve 内部处理所要求的形式。

(3) 建立相应的子进程。终端进程调用 fork，为二叉树结构命令行中的每一条命令建立相应的子进程。

(4) 等待子进程完成。对于";"型结点，需在其左子树执行完成后，才可继续处理下一条命令。故终端进程本身需要调用系统调用 Wait4() 来等待子进程完成。当子进程运行时调用 execve( )，子进程根据文件名(即命令名)到目录中查找有关文件，将它调入内存，执行这个程序；当子进程完成处理后终止，向父进程(终端进程)报告，此时终端进程醒来，在做必要的判别等工作后，继续处理下一条命令重复上述处理过程。

(5) 对于"&"型结点，在启动其左子结点执行后，因它是后台命令，不需要等待，因此终端进程不用系统调用 Wait4( )，而是再执行其右子树。

Shell 基本执行过程及父子进程之间的关系如图 9-5 所示。

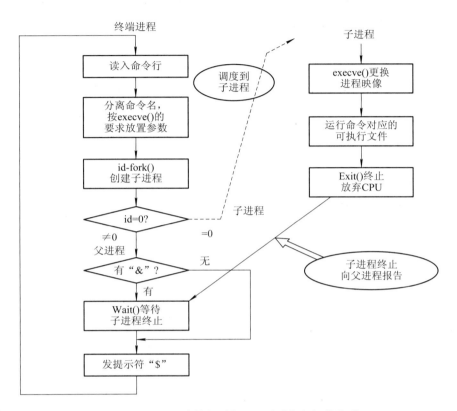

图 9-5　Shell 基本执行过程及父子进程之间的关系

9.4　系统调用的概念和类型

程序接口，是 OS 专门为用户程序设置的，提供给程序员在编程时使用，也是用户程序取得 OS 服务的唯一途径。它是由一组系统调用(system call)组成，因而，也可以说，系统调用提供了用户程序和操作系统内核之间的接口。系统调用不仅可供所有的应用程序使用，而且也可供 OS 自身使用。在每个系统中，通常都有几十条甚至上百条的系统调用，并可根据其功能把它们划分成若干类，每一个系统调用都是一个能完成特定功能的子程序。

9.4.1　系统调用的基本概念

在计算机系统中，通常运行着两类程序：系统程序和应用程序。为了防止应用程序对 OS 的破坏，应用程序和 OS 的内核是运行在不同的状态，即 OS 的内核是运行在系统态，而应用程序是运行在用户态。

1. 系统态和用户态

如在 2.3.1 小节中所述，在计算机系统中设置了两种状态：系统态(或称为核心态)和用户态。在实际运行过程中，处理机会在系统态和用户态间切换。相应地，现代多数 OS 将 CPU 的指令集分为特权指令和非特权指令两类。

(1) 特权指令。特权指令是指在系统态运行的指令，它对内存空间的访问范围基本不受限制，不仅能访问用户空间，也能访问系统空间。如启动外部设备、设置系统时钟时间、关中断、转换执行状态等。特权指令只允许 OS 使用，不允许应用程序使用，以避免引起系统混乱。

(2) 非特权指令。非特权指令是在用户态运行的指令。应用程序所使用的都是非特权指令，它只能完成一般性的操作和任务，不能对系统中的硬件和软件直接进行访问，对内存的访问范围也局限于用户空间。这样，可以防止应用程序的运行异常对系统造成破坏。

这种限制是由硬件实现的，如果在应用程序中使用了特权指令，就会发出权限出错信号，操作系统捕获到这个信号后，将转入相应的错误处理程序，将停止该应用程序的运行，重新调度。

2. 系统调用

在 OS 中提供系统调用的目的，是使应用程序可以通过它间接调用 OS 中的相关过程，取得相应的服务。系统调用在本质上是应用程序请求 OS 内核完成某功能时的一种过程调用，但它是一种特殊的过程调用，它与一般的过程调用有下述几方面的明显差别：

(1) 运行在不同的系统状态。一般的过程调用其调用程序和被调用程序运行在相同的状态——系统态或用户态；而系统调用与一般调用的最大区别就在于：调用程序是运行在用户态，而被调用程序是运行在系统态。

(2) 状态的转换。由于一般的过程调用并不涉及到系统状态的转换，所以可直接由调用过程转向被调用过程。但在运行系统调用时，由于调用和被调用过程是工作在不同的系统状态，因而不允许由调用过程直接转向被调用过程，需要通过软中断机制，先由用户态转换为系统态，经内核分析后，才能转向相应的系统调用处理子程序。

(3) 返回问题。在采用了抢占式(剥夺)调度方式的系统中，在被调用过程执行完后，要对系统中所有要求运行的进程做优先权分析。当调用进程仍具有最高优先级时，才返回到调用进程继续执行；否则，将引起重新调度，以便让优先权最高的进程优先执行。此时，将把调用进程放入就绪队列。

(4) 嵌套调用。像一般过程一样，系统调用也可以嵌套进行，即在一个被调用过程的执行期间，还可以利用系统调用命令去调用另一个系统调用。当然，每个系统对嵌套调用的深度都有一定的限制，例如最大深度为 6。但一般的过程对嵌套的深度则没有什么限制。图 9-6 示出了没有嵌套及有嵌套的两种系统调用情况。

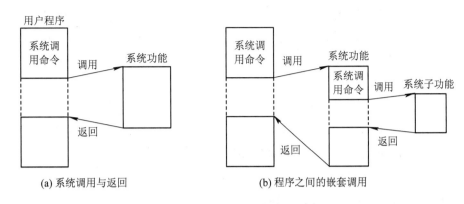

| (a) 系统调用与返回 | (b) 程序之间的嵌套调用 |

图 9-6　系统功能的调用

我们可以通过一个简单的例子来说明在用户程序中是如何使用系统调用的。例如，要写一个简单的程序，用于从一个文件中读出数据，再将该数据拷贝到另一文件中。为此，首先须输入该程序的输入文件名和输出文件名。文件名可用多种方式指定，一种方式是由程序询问用户两个文件的名字。在交互式系统中，该方式要使用一系列的系统调用，先在屏幕上打印出一系列的提示信息，然后从键盘终端读入定义两个文件名的字符串。

一旦获得两个文件名后，程序又必须利用系统调用 open 去打开输入文件，并用系统调用 creat 去创建指定的输出文件；在执行 open 系统调用时，又可能发生错误。例如，程序试图去打开一个不存在的文件；或者，该文件虽然存在，但并不允许被访问等。此时，程序又须利用多条系统调用去显示出错信息，继而再利用一系统调用，去实现程序的异常终止。类似地，在执行系统调用 creat 时，同样可能出现错误。例如，系统中早已有了与输出文件同名的另一文件，这时又须利用一系统调用来结束程序；或者利用一系统调用来删除已存在的那个同名文件，然后，再利用 creat 来创建输出文件。

在打开输入文件和创建输出文件都获得成功后，还须利用申请内存的系统调用 alloc，根据文件的大小，申请一个缓冲区。成功后，再利用 read 系统调用，从输入文件中把数据读到缓冲区内。读完后，又用系统调用 close 去关闭输入文件。然后，再利用 write 系统调用把缓冲区内的数据写到输出文件中。在读或写操作中，也都可能需要回送各种出错信息。比如，在输入时，可能发现已到达文件末尾(指定的字符数尚未读够)；或者，在读过程中，发现硬件故障(如奇、偶错)；在写操作中，可能遇见各种与输出设备类型有关的错误，比如，已无磁盘空间，打印机缺纸等。在将整个文件拷贝完后，程序又须调用 close 去关闭输出文件，并向控制台写出一消息，以指示拷贝完毕。最后，再利用一系统调用 exit 使程序正常结束。由上所述可见，一个用户程序将频繁地利用各种系统调用，以取得 OS 所提供的多种服务。

3. 中断机制

系统调用是通过中断机制实现的，并且一个操作系统的所有系统调用，都通过同一个中断入口来实现。如 MS-DOS 提供了 INT 21H，应用程序通过该中断获取操作系统的服务。

对于拥有保护机制的 OS 来说，中断机制本身也是受保护的，在 IBM PC 上，Intel 提供了多达 255 个中断号，但只有授权给应用程序保护等级的中断号，才是可以被应用程序调用的。对于未被授权的中断号，如果应用程序进行调用，同样会引起保护异常，而导致自己被操作系统停止。如 Linux 仅仅给应用程序授权了 4 个中断号：3，4，5，以及 80h。前三个中断号是提供给应用程序调试所使用的，而 80h 正是系统调用(system call)的中断号。

◀ 9.4.2 系统调用的类型

现在所有的通用 OS 都提供了许多系统调用，但它们所提供的系统调用会有一定的差异。对于一般通用的 OS 而言，可将系统调用分为如下三大类。

1. 进程控制类系统调用

主要用于对进程控制的系统调用有：

(1) 创建和终止进程的系统调用。利用创建进程的系统调用，为欲参加并发执行的程序创建一个进程。当进程已经执行结束时，利用终止进程的系统调用来终止该进程的运行。

(2) 获得和设置进程属性的系统调用。进程的属性包括有进程标识符、进程优先级、最大允许执行时间等。利用获得进程属性的系统调用来了解某进程的属性，利用设置进程属性的系统调用来确定和重新设置进程的属性。

(3) 等待某事件出现的系统调用。进程在运行过程中，需要等待某事件(条件)出现后方可继续执行。此时进程可利用等待(事件)的系统调用，使自己处于等待状态，一旦等待的事件出现，便可将等待进程唤醒。

2. 文件操纵类系统调用

对文件进行操纵的主要系统调用如下：

(1) 创建和删除文件。利用创建文件的系统调用请求系统创建一个新文件。利用删除文件的系统调用将指名文件删除。

(2) 打开和关闭文件的系统调用。用户在第一次访问某个文件之前，应先利用打开文件的系统调用将指名文件打开。利用关闭文件的系统调用将指定文件关闭。

(3) 读和写文件的系统调用。用户可利用读系统调用从已打开的文件中读出给定数目的字符，并送至指定的缓冲区中；也可利用写系统调用从指定的缓冲区中将给定数目的字符写入文件中。读和写系统调用是文件操纵类中使用最频繁的系统调用。

3. 进程通信类系统调用

在单处理机系统中，OS 经常采用消息传递方式和共享存储区方式。当采用消息传递方式时，在通信前需先打开一个连接。为此，应由源进程发出一条打开连接的系统调用，而目标进程则应利用接受连接的系统调用表示同意进行通信；然后，在源和目标进程之间便可开始通信。可以利用发送消息的系统调用或者用接收消息的系统调用来交换信息。通信结束后，还须再利用关闭连接的系统调用结束通信。

用户在利用共享存储区进行通信之前，须先利用建立共享存储区的系统调用来建立一个共享存储区，再利用建立连接的系统调用将该共享存储区连接到进程自身的虚地址空间上，然后便可利用读和写共享存储区的系统调用实现相互通信。

除上述三类系统调用外，常用的系统调用还包括设备管理类系统调用和信息维护类系统调用，前者主要用于实现申请设备、释放设备、设备 I/O 和重定向、获得和设置设备属性等功能，后者主要用来获得包括有关系统和文件的时间、日期信息、操作系统版本、当前用户以及有关空闲内存和磁盘空间大小等多方面的信息。

◀ 9.4.3 POSIX 标准

目前许多操作系统都提供了上面所介绍的各种类型的系统调用，实现的功能也相类似，但在实现的细节和形式方面却相差很大，这种差异给实现应用程序与操作系统平台的无关性带来了很大的困难。为解决这一问题，国际标准化组织 ISO 给出的有关系统调用的国际标准 POSIX1003.1(Portable Operating System IX)，也称为"基于 UNIX 的可移植操作系统接口"。

POSIX 定义了标准应用程序接口(API)，用于保证编制的应用程序可以在源代码一级上在多种操作系统上移植运行。只有符合这一标准的应用程序，才有可能完全兼容多种操作系统，即在多种操作系统下都能够运行。

POSIX 标准定义了一组过程，这组过程是构造系统调用所必须的，通过调用这些过程所提供的服务，确定了一系列系统调用的功能。一般而言，在 POSIX 标准中，大多数的系统调用是一个系统调用直接映射一个过程，但也有一个系统调用对应若干个过程的情形，如当一个系统调用所需要的过程是其它系统调用的组合或变形时，则往往会对应多个过程。

需要明确的是，POSIX 标准所定义的一组过程虽然指定了系统调用的功能，但并没有明确规定系统调用以什么形式实现，是库函数还是其它形式。如早期操作系统的系统调用使用汇编语言编写，这时的系统调用可看成扩展的机器指令，因而，能在汇编语言编程中直接使用。而在一些高级语言或 C 语言中，尤其是最新推出的一些操作系统，如 UNIX 新版本、Linux、Windows 和 OS/2 等，其系统调用干脆用 C 语言编写，并以库函数形式提供，所以在用 C 语言编制的应用程序中，可直接通过使用对应的库函数来使用系统调用，库函数的目的是隐藏访管指令的细节，使系统调用更像过程调用。但一般地说，库函数属于用户程序而非系统调用程序。如图 9-7 示出了 UNIX/Linux 的系统程序、库函数、系统调用的层次关系。

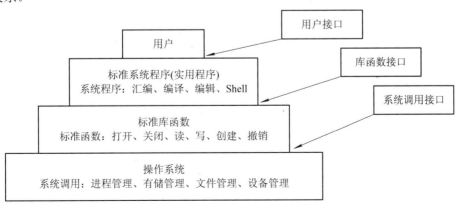

图 9-7　UNIX/Linux 系统程序、库函数、系统调用的分层关系

9.5　UNIX 系统调用

在上一节中，我们对系统调用做了一般性的描述。为使读者能对系统调用有较具体的了解，在本节中将对 UNIX 系统中的系统调用作扼要的阐述。在 UNIX 系统 V 最早的版本中，提供了 56 条系统调用；后来，随着版本的不断翻新，所提供的系统调用也不断增加，其数量已增至数百条，其中较常用的系统调用大约有 30 多条。根据其功能的不同，我们同样可将它们分为：进程控制、文件操纵、进程间通信和信息维护等几大类。

9.5.1　进程控制

该类系统调用包括创建进程的系统调用 fork、终止进程的系统调用 exit、等待子进程结束的系统调用 wait 等十多条。

1. 进程的创建和终止

(1) 创建进程(fork)。一个进程可以利用 fork 系统调用来创建一个新进程。新进程作为调用者的子进程，它继承了其父进程的环境、已打开的所有文件、根目录和当前目录等，即它继承了父进程几乎所有的属性，并具有与其父进程基本上相同的进程映像。

(2) 终止进程(exit)。一个进程可以利用 exit 实现自我终止。通常，在父进程创建子进程时，便在子进程的末尾安排一条 exit 系统调用。这样，子进程在完成规定的任务后，便可进行自我终止。子进程终止后，留下一条记账信息 status，其中包含了子进程运行时记录下来的各种统计信息。

2. 改变进程映像和等待

(1) 执行一个文件(exec)。exec 可使调用者进程的进程映像(包括用户程序和数据等)被一个可执行的文件覆盖，此即改变调用者进程的进程映像。该系统调用是 UNIX 系统中最复杂的系统调用之一。

(2) 等待子进程结束(wait)。wait 用于将调用者进程自身挂起，直至它的某一子进程终止为止。这样，父进程可以利用 wait 使自身的执行与子进程的终止同步。

3. 其它进程调用

(1) 获得进程 ID。UNIX 系统提供了一组用于获得进程标识符的系统调用，比如，可利用 getp-id 系统调用来获得调用进程的标识符，利用 getpgrp 系统调用来获得调用进程的进程组 ID，以及利用 getppid 系统调用来获得调用进程的父进程 ID 等。

(2) 获得用户 ID。UNIX 系统提供了一组用于获得用户 ID 的系统调用，如 getuid 可用于获得真正的用户 ID，geteuid 用于获得有效用户 ID，getgid 用于获得真正用户组 ID 等。

(3) 进程暂停(pause)。可用此系统调用将调用进程挂起，直至它收到一个信号为止。

用于对文件进行操纵的系统调用是数量最多的一类系统调用,其中包括创建文件、打开文件、关闭文件、读文件及写文件等二十多条。

1. 文件的创建和删除

(1) 创建文件(creat)。系统调用 creat 的功能是根据用户提供的文件名和许可权方式,来创建一个新文件或重写一个已存文件。如果系统中不存在指名文件,核心便以给定的文件名和许可权方式,来创建一个新文件;如果系统中已有同名文件,核心便释放其已有的数据块。创建后的文件随即被打开,并返回其文件描述符 fd。若 creat 执行失败,便返回"–1"。

(2) 删除文件。在 UNIX 系统中没有专门的删除文件的系统调用,故无人可对文件进行删除,只有当文件的确已无人需要时才删除它。在建立与文件的连接和去连接系统调用中作进一步的说明。

2. 文件的打开和关闭

(1) 打开文件(open)。设置系统调用 open 的目的是为了方便用户及简化系统的处理。open 的功能是把有关的文件属性从磁盘拷贝到内存中,以及在用户和指名文件之间建立一条快捷的通路,并给用户返回一个文件描述符 fd。文件被打开后,用户对文件的任何操作都只须使用 fd 而非路径名。

(2) 关闭文件(close)。当把一个文件用毕且暂不访问时,可调用 close 将此文件关闭,即断开用户程序与该文件之间已经建立的快捷通路。在 UNIX 系统中,由于允许一个文件被多个进程所共享,故只有在无其他任何进程再需要对它进行访问时,或者说,在对其索引结点中的访问计数 i-count 执行减 1 操作后其值为 0,表示已无进程再访问该文件时,才能真正关闭该文件。

3. 文件的读和写

读和写文件的系统调用是 read 和 write。仅当用户利用 open 打开指定文件后,方可调用 read 或 write 对文件执行读或写操作。两个系统调用都要求用户提供三个输入参数:① 文件描述符 fd。② buf 缓冲区首址。对读而言,这是用户所要求的信息传送的目标地址;对写而言,则是信息传送的源地址。③ 用户要求传送的字节数 nbyte。

系统调用 read 的功能是试图从 fd 所指示的文件中去读入 nbyte 个字节的数据,并将它们送至由指针 buf 所指示的缓冲区中;系统调用 write 的功能是试图把 nbyte 个字节数据从指针 buf 所指示的缓冲区中写到由 fd 所指向的文件中。

4. 建立与文件的连接和去连接

(1) 连接(link)。为了实现文件共享,必须记住所有共享该文件的用户数目。为此,在该文件的索引结点中设置了一个连接计数 i.link。每当有一用户要共享某文件时,须利用系统调用 link 来建立该用户(进程)与此文件之间的连接,并对 i.link 做加 1 操作。

(2) 去连接(unlink)。当用户不再使用此文件时,应利用系统调用 unlink 去断开此连接,亦即做 i.link 的减 1 操作。当 i.link 减 1 后结果为 0 时,表示已无用户需要此文件,此时才能将该文件从文件系统中删除。故在 UNIX 系统中并无一条删除文件的系统调用。

◀ 9.5.3 进程通信和信息保护

1. 进程通信

为了实现进程间的通信，在 UNIX 系统中提供了一个用于进程间通信的软件包，简称 IPC。它由消息机制、共享存储器机制和信号量机制三部分组成。在每一种通信机制中，都提供了相应的系统调用供用户程序进行进程间的同步与通信用。

(1) 消息机制。用户(进程)在利用消息机制进行通信时，必须先利用 msgget 系统调用来建立一个消息队列。若成功，便返回消息队列描述符 msgid，以后用户便可利用 msgid 去访问该消息队列。用户(进程)可利用发送消息的系统调用 msgsend 向用户指定的消息队列发送消息；利用 msgrcv 系统调用从指定的消息队列中接收指定类型的消息。

(2) 共享存储器机制。当用户(进程)要利用共享存储器机制进行通信时，必须先利用 shmget 系统调用来建立一个共享存储区，若成功，便返回该共享存储区描述符 shmid。以后，用户便可利用 shmid 去访问该共享存储区。进程在建立了共享存储区之后，还必须再利用 shmat 将该共享存储区连接到本进程的虚地址空间上。以后，在进程之间便可利用该共享存储区进行通信。当进程不再需要该共享存储区时，可利用 shmdt 系统调用来拆除进程与共享存储区间的连接。

(3) 信号量机制。在 UNIX 系统中所采用的信号量机制，与第二章中所介绍的一般信号量集机制相似，允许将一组信号量形成一个信号量集，并对这组信号量施以原子操作。

2. 信息维护

在 UNIX 系统中，设置了许多条用于系统维护的系统调用，下面介绍常用的几条。

(1) 设置和获得时间。超级用户可利用设置时间的系统调用(stime)来设置系统的日期和时间；如果调用进程并非超级用户，则 stime 失败；一般用户可利用获得时间的系统调用 time 来获得当前的日期和时间。

(2) 获得进程和子进程时间(times)。利用该系统调用可获得进程及其子进程所使用的 CPU 时间，其中包括调用进程在用户空间执行指令所花费的时间，系统为调用进程所花费的 CPU 时间，子进程在用户空间所用的 CPU 时间，系统为各子进程所花费的 CPU 时间等，并可将这些时间填写到一个指定的缓冲区。

(3) 设置文件访问和修改时间(utime)。该系统调用用于设置指名文件被访问和修改的时间。如果该系统调用的参数 times 为 NULL，则文件主和对该文件具有写权限的用户可将对该文件的访问和修改时间设置为当前时间；如果 times 不为 NULL，则把 times 解释为指向 utim buf 结构的指针，此时，文件主和超级用户能将访问时间和修改时间置入 utim buf 结构中。

(4) 获得当前 UNIX 系统的名称(uname)。利用该系统调用可将有关 UNIX 系统的信息存储在 utsname 结构中。这些信息包括 UNIX 系统名称的字符串、系统在网络中的名称、硬件的标准名称等。

9.6 系统调用的实现

系统调用的实现与一般过程调用的实现相比，两者间有很大差异。对于系统调用，控制是由原来的用户态转换为系统态，这是借助于陷入机制来完成的，在该机制中包括陷入硬件机构及陷入处理程序两部分。当应用程序使用 OS 的系统调用时，产生一条相应的指令，CPU 在执行这条指令时发生中断，并将有关信号送给中断和陷入硬件机构，该机构收到信号后，启动相关的陷入处理程序进行处理，实现该系统调用所需要的功能。

9.6.1 系统调用的实现方法

1. 系统调用号和参数的设置

往往在一个系统中设置了许多条系统调用，并赋予每条系统调用一个唯一的系统调用号。在系统调用命令(陷入指令)中把相应的系统调用号传递给中断和陷入机制的方法有很多，在有的系统中，直接把系统调用号放在系统调用命令(陷入指令)中，如 IBM 370 和早期的 UNIX 系统，是把系统调用命令的低 8 位用于存放系统调用号；在另一些系统中，则将系统调用号装入某指定寄存器或内存单元中，如 MS-DOS 是将系统调用号放在 AH 寄存器中，Linux 则是利用 EAX 寄存器来存放应用程序传递的系统调用号。

每一条系统调用都含有若干个参数，在执行系统调用时，如何设置系统调用所需的参数，即如何将这些参数传递给陷入处理机构和系统内部的子程序(过程)，常用的实现方式有以下几种：

(1) 陷入指令自带方式。陷入指令除了携带一个系统调用号外，还要自带几个参数进入系统内部，由于一条陷入指令的长度是有限的，因此自带的只能是少量的、有限的参数。

(2) 直接将参数送入相应的寄存器中。MS-DOS 便是采用的这种方式，即用 MOV 指令将各个参数送入相应的寄存器中。系统程序和应用程序都可以对这些寄存器进行访问。这种方式的主要问题是这种寄存器数量有限，限制了所设置参数的数目。

(3) 参数表方式。将系统调用所需的参数放入一张参数表中，再将指向该参数表的指针放在某个指定的寄存器中。当前大多数的 OS 中，如 UNIX 系统和 Linux 系统，便是采用了这种方式。该方式又可进一步分成直接方式和间接方式，如图 9-8 所示。在直接参数

(a) 直接方式　　　　　　　　　(b) 间接方式

图 9-8　系统调用的参数形式

方式中，所有的参数值和参数的个数 N 都放入一张参数表中；而在间接参数方式中，则在参数表中仅存放参数个数和指向真正参数数据表的指针。

2. 系统调用的处理步骤

在设置了系统调用号和参数后，便可执行一条系统调用命令。不同的系统可采用不同的执行方式。在 UNIX 系统中，是执行 CHMK 命令；而在 MS-DOS 中则是执行 INT 21 软中断。系统调用的处理过程可分成以下三步：

首先，将处理机状态由用户态转为系统态；之后，由硬件和内核程序进行系统调用的一般性处理，即首先保护被中断进程的 CPU 环境，将处理机状态字 PSW、程序计数器 PC、系统调用号、用户栈指针以及通用寄存器内容等压入堆栈；然后，将用户定义的参数传送到指定的地址并保存起来。

其次，分析系统调用类型，转入相应的系统调用处理子程序。为使不同的系统调用能方便地转向相应的系统调用处理子程序，在系统中配置了一张系统调用入口表。表中的每个表目都对应一条系统调用，其中包含该系统调用自带参数的数目、系统调用处理子程序的入口地址等。因此，核心可利用系统调用号去查找该表，即可找到相应处理子程序的入口地址而转去执行它。

最后，在系统调用处理子程序执行完后，应恢复被中断的或设置新进程的 CPU 现场，然后返回被中断进程或新进程，继续往下执行。

3. 系统调用处理子程序的处理过程

系统调用的功能主要是由系统调用子程序来完成的。对于不同的系统调用，其处理程序将执行不同的功能。我们以一条在文件操纵中常用的 Creat 命令为例来说明之。

进入 Creat 的处理子程序后，核心将根据用户给定的文件路径名 Path，利用目录检索过程去查找指定文件的目录项。查找目录的方式可以用顺序查找法，也可用 Hash 查找法。如果在文件目录中找到了指定文件的目录项，表示用户要利用一个已有文件来建立一个新文件。但如果在该已有(存)文件的属性中有不允许写属性，或者创建者不具有对该文件进行修改的权限，便认为是出错而做出错处理；若不存在访问权限问题，便将已存文件的数据盘块释放掉，准备写入新的数据文件。如未找到指名文件，则表示要创建一个新文件，核心便从其目录文件中找出一个空目录项，并初始化该目录项，包括填写文件名、文件属性、文件建立日期等，然后将新建文件打开。

◀ 9.6.2　UNIX 系统调用的实现

在 UNIX 系统 V 的内核程序中，有一个 trap.S 文件，它是中断和陷入总控程序。该程序用于中断和陷入的一般性处理。为提高运行效率，该文件采用汇编语言编写。由于在 trap.S 中包含了绝大部分的中断和陷入向量的入口地址，因此，每当系统发生了中断和陷入情况时，通常都是先进入 trap.S 程序，由它先处理有关 CPU 环境保护的问题。

另外还有一个处理各种陷入情况的 C 语言文件，即 trap.C 程序，共有 12 种陷入的处理要调用 trap.C 程序(如系统调用、进程调度中断、跟踪自陷非法指令、访问违章、算术自陷等)用于处理在中断和陷入发生后需要处理的若干公共问题。如果因系统调用进入 trap.C，它所要进行的处理将包括：确定系统调用号、实现参数传送、转入相应的系统调用处理子程序。在由系统调用处理子程序返回到 trap.C 后，重新计算进程的优先级，对收到的信号进行处理等。

1. CPU 环境保护

当用户程序处在用户态，且在执行系统调用命令(即 CHMK 命令)之前，应在用户空间提供系统调用所需的参数表，并将该参数表的地址送入 R_0 寄存器。在执行 CHMK 命令后，处理机将由用户态转为核心态，并由硬件自动地将处理机状态长字(PSL)、程序计数器(PC)和代码操作数(code)压入用户核心栈，继而从中断和陷入向量表中取出 trap.S 的入口地址，然后便转入中断和陷入总控程序 trap.S 中执行。

trap.S 程序执行后，继续将陷入类型 type 和用户栈指针 usp 压入用户核心栈，接着还要将被中断进程的 CPU 环境中的一系列寄存器如 $R_0 \sim R_{11}$ 的部分或全部内容压入栈中。至于哪些寄存器的内容要压入栈中，这取决于特定寄存器中的屏蔽码，该屏蔽码的每一位都与 $R_0 \sim R_{11}$ 中的一个寄存器相对应。当某一位置成 1 时，表示对应寄存器的内容应压入栈中。

2. AP 和 FP 指针

为了实现系统调用的嵌套使用，在系统中还设置了两个指针，其一是系统调用参数表指针 AP，用于指示正在执行的系统调用所需参数表的地址，通常是把该地址放在某个寄存器中，例如放在 R_{12} 中；再者，还须设置一个调用栈帧指针。所谓调用栈帧(或简称栈帧)，是指每个系统调用需要保存而被压入用户核心栈的所有数据项；而栈帧指针 FP 则是用于指示本次系统调用所保存的数据项。每当出现新的系统调用时，还须将 AP 和 FP325 压入栈中，图 9-9 示出了在 trap.S 总控程序执行后用户核心栈的情况。

图 9-9 用户核心栈

当 trap.S 完成被中断进程的 CPU 环境和 AP 及 FP 指针的保存后，将会调用由 C 语言书写的公共处理程序 trap.C，以继续处理本次的系统调用所要完成的公共处理部分。

3. 确定系统调用号

由上所述得知，在中断和陷入发生后，应先经硬件陷入机构予以处理，再进入中断和陷入总控程序 trap.S，在保护好 CPU 现场后再调用 trap.C 继续处理。其调用形式为：

trap(usp，type，code，PC，PSL)

其中，参数 PSL 为陷入时处理机状态字长，PC 为程序计数器，code 为代码操作数，type 为陷入类型号，usp 为用户栈指针。对陷入的处理可分为多种情况，如果陷入是由于系统调用所引起的，则对此陷入的第一步处理便是确定系统调用号。通常，系统调用号包含在代码操作数中，故可利用 code 来确定系统调用号 i。其方法是：令

i = code & 0377

若 $0 < i < 64$，此 i 便是系统调用号，可根据系统调用号 i 和系统调用定义表，转向相应的处理子程序。若 $i = 0$，则表示系统调用号并未包含在代码操作数中，此时应采用间接参数方式，利用间接参数指针来找到系统调用号。

4. 参数传送

参数传送是指由 trap.C 程序将系统调用参数表中的内容从用户区传送到 User 结构的 U.U-arg 中，供系统调用处理程序使用。由于用户程序在执行系统调用命令之前已将参数表的首址放入 R_0 寄存器中，在进入 trap.C 程序后，该程序便将该首址赋予 U.U-arg 指针，因此，trap.C 在处理参数传送时，可读取该指针的内容，以获得用户所提供的参数表，并将之送至 U.U-arg 中。应当注意，对不同的系统调用所需传送参数的个数并不相同，trap.C 程序应根据在系统调用定义表中所规定的参数个数来进行传送，最多允许 10 个参数。

5. 利用系统调用定义表转入相应的处理程序

在 UNIX 系统中，对于不同(编号)的系统调用，都设置了与之相应的处理子程序。为使不同的系统调用能方便地转入其相应的处理子程序，也将各处理子程序的入口地址放入了系统调用定义表即 Sysent[]中。该表实际上是一个结构数组，在每个结构中包含三个元素，其中第一个元素是相应系统调用所需参数的个数；第二个元素是系统调用经寄存器传送的参数个数；第三个元素是相应系统调用处理子程序的入口地址。在系统中设置了该表之后，便可根据系统调用号 i 从系统调用定义表中找出相应的表目，再按照表目中的入口地址转入相应的处理子程序，由该程序去完成相应系统调用的特定功能。在该子程序执行完后，仍返回到中断和陷入总控程序中的 trap.C 程序中，去完成返回到断点前的公共处理部分。

6. 系统调用返回前的公共处理

在 UNIX 系统中，进程调度的主要依据是进程的动态优先级。随着进程执行时间的加长，其优先级将逐步降低。每当执行了系统调用命令并由系统调用处理子程序返回到 trap.C 后，都将重新计算该进程的优先级；另外，在系统调用执行过程中，若发生了错误使进程无法继续运行时，系统会设置再调度标志。处理子程序在计算了进程的优先级后，又去检查该再调度标志是否已又被设置。若已设置，便调用 switch 调度程序，再去从所有的就绪进程中选择优先级最高的进程，把处理机让给该进程去运行。

UNIX 系统规定，当进程的运行是处于系统态时，即使再有其它进程又发来了信号，

也不予理睬；仅当进程已从系统态返回到用户态时，内核才检查该进程是否已收到了由其它进程发来的信号。若有信号，便立即按该信号的规定执行相应的动作。在从信号处理程序返回后，还将执行一条返回指令 RET，该指令将把已被压入用户核心栈中的所有数据(如 PSL、PC、FP 及 AP 等)都退还到相应的寄存器中，这样，即可将 CPU 控制权从系统调用返回到被中断进程，后者继续执行下去。

◀ 9.6.3　Linux 系统调用

与 UNIX 相似，Linux 采用类似技术实现系统调用。Linux 系统在 CPU 的保护模式下提供了四个特权级别，目前内核都只用到了其中的两个特权级别，分别为"特权级 0"(即内核态)和"特权级 3"(即用户态)。用户对系统调用不能任意拦截和修改，以保证内核的安全性。Linux 最多可以有 190 个系统调用。应用程序和 Shell 需要通过系统调用机制访问 Linux 内核(功能)。每个系统调用由两部分组成：

(1) 内核函数：是实现系统调用功能的(内核)代码，作为操作系统的核心驻留在内存中，是一种共享代码，用 C 语言书写。它运行在内核态，数据也存放在内核空间，通常它不能再使用系统调用，也不能使用应用程序可用的库函数。

(2) 接口函数：是提供给应用程序的 API，以库函数形式存在 Linux 的 lib.a 中，该库中存放了所有系统调用的接口函数的目标代码，用汇编语言书写。其主要功能是：把系统调用号、入口参数地址传送给相应的核心函数，并使用户态下运行的应用程序陷入核心态。

Linux 中有一个用汇编写的系统调用入口程序 entry(sys_call_table)，它包含了系统调用入口地址表，给出了所有系统调用核心函数的名字，而每个系统调用核心函数的编号由 include/asm/unistd.h 定义：

```
ENTRY(sys-call-table)
    long SYMBOL_NAME(sys_xxx) i
```

Linux 的系统调用号就是系统调用入口表中位置的序号。所有系统调用通过接口函数将系统调用号传给内核，内核转入系统调用控制程序，再通过调用号位置来定位核心函数。Linux 内核的陷入由 0x80(int80h)中断实现。

系统调用控制程序的工作流程为：① 取系统调用号，检验合法性；② 执行 int 80h 产生中断；③ 进行地址空间的转换，以及堆栈的切换，进入内核态；④ 进行中断处理，根据系统调用号定位内核函数地址；③ 根据通用寄存器内容，从用户栈中取入口参数；④ 核心函数执行，把结果返回应用程序。

◀ 9.6.4　Win32 的应用程序接口

首先需要说明的是应用程序接口(API)与系统调用的区别和联系。API 是一个函数的定义，说明如何获得一个给定的服务，而系统调用是通过中断向内核发出的一个请求。一个 API 函数可能不与任何系统调用相对应，也可以调用若干个系统调用，不同的 API 函数可能封装了相同的系统调用。

Windows 系统在程序设计模式上与 UNIX 以及 Linux 系统有着根本的不同。Windows 程序采用的是事件驱动方式，即主程序等待事件的发生，如鼠标的点击、键盘的敲击或一个 USB 部件的插入等，然后根据事件内容，调用相应的程序进行处理。因此，在 Windows 系统中，定义了一系列的程序，称为 Win32 API(Application Programming interface)，用来提供操作系统的服务。

通过对 Win32 API 的调用，可以创建各种核心对象，如文件、进程、线程、管道等。每次调用，创建一个对象，并将对象句柄返回给调用者。这个句柄是指向对象表的索引，它是该对象的标识，通过句柄的地址，可以间接地知道对象在内存中的具体位置，因此可用来对对象进行操作。一般句柄不能直接传递给其它进程使用，但在特定的环境下，可以通过复制并受保护的方式传递给其它进程，实现对象的共享。每个对象都有一个安全描述符，详细地描述了所有可以访问该对象的应用程序以及其访问权限。

在 Windows 系统中，CPU 运行在核心态和用户态两个特权级别上，只有对操作系统性能起关键作用的操作系统程序才能运行在核心态，如对象与安全管理器、线程与进程管理器、虚存管理器、高速缓存管理器、文件系统等，这些程序构成了操作系统的执行体(executive)。

在 Intel x86 处理机上，当应用程序(用户态的执行线程)调用操作系统服务时，都要执行 int 2E 指令，由硬件产生一个陷入信号，引发系统服务调度的产生。陷入信号被系统捕捉后，将应用程序(用户态的执行线程)从用户态切换到核心态，并将 CPU 控制权转交给陷入处理程序的系统服务调度程序。该程序首先关中断，保存中断现场和检查参数，将调用参数从用户态堆栈复制到核心态堆栈，并通过查找"系统服务调度表"中的系统服务信息获得给定服务，该表就是在前面介绍的陷入向量表。表中每个入口包含一个指向相应的系统服务程序的指针。最后，系统服务调度程序把控制权转交给执行体中相应的系统服务程序进行处理。

在 Windows 系统中，通过 Kernel、User 和 GUI 三个组件来支持 API。Kernel 包含了大多数操作系统函数，如内存管理、进程管理；User 集中了窗口管理函数，如窗口创建、撤销、移动、对话及各种相关函数；GUI 提供画图函数、打印函数。所有应用程序都共享这三个模块的代码，每个 Windows 的 API 函数都可通过名字来访问。具体做法是，在应用程序中使用函数名，并用适当的函数库进行编译和链接，然后，应用程序便可运行。实际上，Windows 将三个组件置于动态链接库 DLL(Dynamic Link Library)中。

习　题 ▶▶▶▶▶

1. 操作系统用户接口中包括哪几种接口？它们分别适用于哪种情况？
2. 什么是 WIMP 技术？它被应用到何种场合？
3. 联机命令通常有哪几种类型？每种类型中包括哪些主要命令？

4. 什么是输入输出重定向？举例说明之。

5. 何谓管道联接？举例说明之。

6. 为了将已存文件改名，应用什么 UNIX 命令？

7. 要想将工作目录移到目录树的某指定结点上，应使用什么命令？

8. 如果希望把 file 1 的内容附加到原有的文件 file 2 的末尾，应用什么命令？

9. 试比较 mail 和 write 命令的作用有何不同。

10. 联机命令接口由哪几部分组成？

11. 终端设备处理程序的主要作用是什么？它具有哪些功能？

12. 命令解释程序的主要功能是什么？

13. 试说明 MS-DOS 的命令处理程序 COMMAND.COM 的工作流程。

14. Shell 命令有何特点？它对命令解释程序有何影响。

15. 试举例说明如何建立二叉树结构的命令行树。

16. 试比较一般的过程调用与系统调用。

17. 系统调用有哪几种类型？

18. 如何设置系统调用所需的参数？

19. 试说明系统调用的处理步骤。

20. 为什么在访问文件之前，要用 open 系统调用先打开该文件？

21. 在 UNIX 系统中是否设置了专门用来删除文件的系统调用？为什么？

22. 在 IPC 软件包中包含哪几种通信机制？在每种通信机制中设置了哪些系统调用？

23. trap.S 是什么程序？它完成哪些主要功能？

24. 在 UNIX 系统内，被保护的 CPU 环境中包含哪些数据项？

25. trap.C 是什么程序？它将完成哪些处理？

26. 为方便转入系统调用处理程序，在 UNIX 系统中配置了什么样的数据结构？

第十章 ◇◇◇◇◇

〖多处理机操作系统〗

计算机发展的历史清楚地表明：提高计算机系统性能的主要途径有两条：一是提高构成计算机的元器件的运行速度，特别是处理器芯片的速度，二是改进计算机系统的体系结构，特别是在系统中引入多个处理器或多台计算机，以实现对信息的高度并行处理，达到提高系统吞吐量和可靠性的目的。早期的计算机系统都是单处理机系统，到20世纪70年代出现了多处理器系统即MPS(Multiprocessor System)；进入90年代中后期，功能较强的主机系统和服务器几乎都毫无例外地采用了多处理器(机)系统，处理器的数目可从两个至数千个，甚至更多。

10.1 多处理机系统的基本概念

10.1.1 多处理机系统的引入

进入70年代后，已采用多处理机的系统结构从提高运行速度方面来增强系统性能。实际上，多处理机系统MPS就是采用并行技术，令多个单CPU同时运行，使总体的计算能力比单CPU计算机系统的强大得多。归结起来，引入多处理机系统的原因大致如下：

1. CPU的时钟频率问题

在早期，人们首先是采用提高CPU时钟频率的方法提高计算速度。CPU的时钟频率已从早期的每秒钟嘀嗒数十次，发展到现在的数兆赫兹(GHz)，这主要得益于芯片制造工艺水平的提高。

但是，这种方法的收效是有极限的。因为CPU所运算的指令或数据及其结果都是以电子信号的方式，通过传输介质送入或送出。因此，在一个时钟周期内，应至少保证信号在传输介质中能完成一个往返的传输。换言之，CPU的时钟频率将受限于信号在介质上的传输时间。电子信号在真空中的传输速度是 30 cm/ns，而在铜线或光纤中的传输速度大约是20 cm/ns。这意味着，对于 1 GHz 的计算机，信号的路径长度不能超过 200 mm，对于 100 GHz的计算机，则不能超过 2 mm；对于 1000 GHz(1 THz)的计算机，则传输介质的长度必须在100 μm 以下。显然，这对缩小元器件体积的要求越来越高。

但是，随着元器件，尤其是 CPU 体积的缩小，散热又成了一个棘手的问题。CPU 的时钟频率越高，产生的热量也越多，散热问题越难解决。目前，在高端的 Pentium 系统中，CPU 散热器的体积已经超过了其本身的体积。可见，目前的这种依靠提高 CPU 时钟频率来提高计算机运算速度(系统性能)的方法，已经接近了极限。

2. 增加系统吞吐量

随着系统中处理机数目的增加，系统的处理能力也相应增强，显然，这可使系统在单位时间内完成更多的工作，即增加系统吞吐量。当然，为了能使多个处理机协调地工作，系统也必须为此付出一定的开销。因此，利用 n 台处理机运行时所获得的加速比，并不能达到一台处理机时的 n 倍。

3. 节省投资

在达到相同处理能力的情况下，与 n 台独立的计算机相比，采用具有 n 个处理机的系统，可以更节省费用。这是因为，此时的 n 个处理机可以做在同一个机箱中，使用同一个电源和共享一部分资源，如外设、内存等。

4. 提高系统可靠性

在 MPS 中，通常都具有系统重构的功能，即当其中任何一个处理机发生故障时，系统可以进行重构，然后继续运行。亦即可以立即将故障处理机上所处理的任务迁移到其它的一个或多个处理机上继续处理，保证整个系统仍能正常运行，其影响仅仅表现为系统性能上的少许降低。例如，对于一个含有 10 个 CPU 的系统，如果其中某一个 CPU 出现故障，整个系统性能大约降低 10%。

◀ 10.1.2　多处理机系统的类型

对于多处理机系统而言，往往为了解决某个问题，需要多个 CPU 协同地进行处理，彼此之间交换大量的信息。为此，必须将这些处理机加以互连。但是，不同的互连技术形成了不同类型的系统及软件组织结构。其所构成的系统在性能、成本等各方面也存在着差异。一般而言，可以从不同角度对多处理机系统的结构进行如下的分类：

1. 紧密耦合 MPS 和松散耦合 MPS

从多处理机之间耦合的紧密程度上，可把 MPS 分为两类：

(1) 紧密耦合(Tightly Coupled)MPS。紧密耦合通常是通过高速总线或高速交叉开关来实现多个处理器之间的互连的。系统中的所有资源和进程都由操作系统实施统一的控制和管理。这类系统有两种实现方式：① 多处理器共享主存储器系统和 I/O 设备，每台处理器都可以对整个存储器进行访问，访问时间一般需要 10～50 ns；② 将多处理器与多个存储器分别相连，或将主存储器划分为若干个能被独立访问的存储器模块，每个处理器对应一个存储器或存储器模块，而且每个处理器只能访问其所对应的存储器或存储器模块，以便多个处理机能同时对主存进行访问。在第二种互连方式中，处理器之间的访问采用消息通信方式，一条短消息可在 10～50 μs 之内发出，它较第一种互连方式慢，且软件实现复杂，但使用构件较为方便。

(2) 松散耦合(Loosely Coupled)MPS。在松散耦合 MPS 中，通常是通过通道或通信线路来实现多台计算机之间的互连。每台计算机都有自己的存储器和 I/O 设备，并配置了 OS

来管理本地资源和在本地运行的进程。因此，每一台计算机都能独立地工作，必要时可通过通信线路与其它计算机交换信息，以及协调它们之间的工作。但在这种类型的系统中，消息传递的时间一般需要 10～50 ms。

2. 对称多处理器系统和非对称多处理器系统

根据系统中所用处理器的相同与否，可将 MPS 分为如下两类：

(1) 对称多处理器系统 SMPS(Symmetric Multiprocessor System)。在系统中所包含的各处理器单元，在功能和结构上都是相同的，当前的绝大多数 MPS 都属于 SMP 系统。例如，IBM 公司的 SR/6000 Model F50，便是利用 4 片 Power PC 处理器构成的。

(2) 非对称多处理器系统 ASMPS (Asymmetric Multiprocessor System)。在系统中有多种类型的处理单元，它们的功能和结构各不相同。系统中只有一个主处理器，有多个从处理器。

10.2   多处理机系统的结构

在采用共享存储器方式的多处理机系统中，若干个处理器可以共享访问一个公用的 RAM，而这个 RAM 可以由多个不同的存储器模块组成。系统为运行在任何一个 CPU 上的程序提供了一个完整的虚拟地址空间视图。每个存储器地址单元均可被所有的 CPU 进行读写。对于这个性质，一方面可以方便地利用存储器单元实现处理机之间的通信；另一方面也必须在进程同步、资源管理及调度上，做出有别于单处理机系统的特殊处理。但是，由于程序或进程对不同存储器模块的读写速度可能存在的差异，形成了不同的多处理机体系结构：UMA 多处理机结构和 NUMA 多处理机结构。

10.2.1   UMA 多处理机系统的结构

所谓 UMA(Uniform Memory Access)，即统一内存访问(也称一致性内存访问)。在这种结构的多处理机系统中，各处理器单元(CPU)在功能和结构上都是相同的，在处理上没有主从之分(即属于 SMP 系统)，每个处理机可以访问不同模块中的存储器单元，并且对于每个存储器单元的读写速度是相同的。实际上，根据处理机与存储器模块的连接方式的不同，可以具体分为以下三种结构：

1. 基于单总线的 SMP 结构

如图 10-1(a)所示，在这种结构的系统中，把多个处理器与一个集中的存储器相连，所有处理器都通过公用总线访问同一个系统的物理存储器，每个处理机可以访问不同存储器模块中的单元，以及与其它处理机进行通信。这就意味着该系统只需要运行操作系统的一个拷贝，因此，为单处理器系统编写的应用程序可以直接移植到这种系统中运行。实际上，这种结构的 SMP 系统也被称为均匀存储器系统，即对于所有处理器来说，访问存储器中的任何地址所需的时间都是一致的。

例如，当处理机需要读取某个存储器模块单元的内容(即一个存储器字)时，首先检查总线的忙闲状态。如果空闲，CPU 便将所要访问的存储器地址放到总线上，并插入若干控制信号，然后等待存储器将所需的存储器字放到总线上；否则，如果总线状态为忙，则 CPU 进行等待，直到总线空闲。

显然，这种结构的缺点在于可伸缩性有限。系统中所有 CPU 对存储器的访问，都需要通过总线进行。多个 CPU 可能同时需要对总线进行访问，形成了对总线资源的争夺。随着 CPU 数目的增加，由于总线资源的瓶颈效应，对此进行相关协调和管理的难度急剧增加，从而限制了系统中 CPU 的数目。一般而言，在这种系统中，CPU 的数目在 4 至 20 个之间。

对上述的问题，可以通过为每个 CPU 配置一个高速缓存的方法解决。如图 10-1(b)所示，这些高速缓存可以通过在 CPU 内部、处理机板、CPU 附近等多种方式设置。这样，可以把每个 CPU 常用的或者即将用到的数据存放在其本地的高速缓存中，可以很大程度地减少该 CPU 对总线的访问频率，极大地减少总线上的数据流量，以支持更多的 CPU。应该注意的是，在这里，高速缓存的交换和存储是以 32 字节或 64 字节块为单位，而不是单个字节。系统中高速缓存可以为所有 CPU 所共享，也可以为每一个 CPU 所独立拥有。

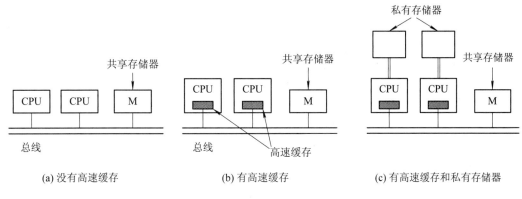

(a) 没有高速缓存　　　　　(b) 有高速缓存　　　　　(c) 有高速缓存和私有存储器

图 10-1　基于总线的 SMP 结构

2. 使用多层总线的 SMP 结构

对于单总线结构中存在的总线瓶颈问题的另一个解决方法，就是使用多层总线结构。在这种结构中，系统中所有的 CPU 不仅共享一个高速缓存，还有一个本地私有的存储器，如图 10-1(c)所示。各 CPU 与本地的私有存储器、I/O 设备通过本地总线连接，系统再使用系统总线将不同 CPU 的本地总线进行连接，并且将系统中的共享存储器连接在系统总线上。系统总线一般在通信主板中实现，各 CPU 使用本地总线访问其本地私有存储器，而通过系统总线访问共享存储器。

为了减少各 CPU 通过系统总线对共享存储器的访问，对于每个 CPU 而言，应尽可能地把所运行程序的正文、字符串、常量和其它只读数据存放在其私有存储器中，仅将共享变量存放在共享存储器中。这种结构可以很大程度地减少各 CPU 对系统总线的占用，因而可以在相当程度上减少系统总线上的流量，使系统可以支持更多的 CPU(16～32 个)。

但是，这种方式提高了对程序编译器的要求，而为了尽可能减少使用总线的频率，就需要对程序中的数据进行仔细的安排，显然这也增加了编程的难度。

3. 使用单级交叉开关的系统结构

在这种结构中,利用电话交换系统中使用交叉开关(crossbar switch)的方法,如图 10-2 所示,将系统中所有的 CPU 与存储器结点,通过交叉开关阵列相互连接。每个交叉开关均为其中两个结点(CPU 与存储器模块)之间提供一条专用连接通路,从而避免了在多个 CPU 之间因为要访问存储器模块所形成的对链路的争夺。而且,在任意两个结点(CPU 与 CPU)之间也都能找到一个交叉开关,在它们之间建立专用连接通路,方便 CPU 之间的通信。

交叉开关的状态可根据程序的要求,动态地设置为"开"(即闭合状态)和"关"(即打开状态)。例如图 10-2(a)中的三个小黑点,表示有三个交叉开关闭合,即允许(CPU,存储器)对(010, 110)、(101, 101)、(110, 010)同时连接。

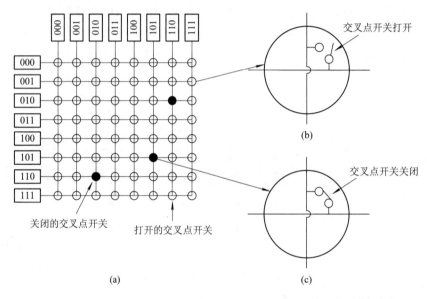

图 10-2 使用交叉开关的 UMA 多处理机系统

使用交叉开关的 UMA 多处理机系统具有如下特征:

(1) 结点之间的连接:交叉开关一般是构成一个 N×N 的阵列,但在每一行和每一列中,都同时只能有一个交叉点开关处于"开"(即闭合)状态,从而它同时只能接通 N 对结点。

(2) CPU 结点与存储器之间的连接:每个存储器模块同时只允许一个 CPU 结点访问,故每一列只能接通一个交叉点开关,但是为了支持并行存储访问,每一行同时可以接通多个交叉开关。

(3) 交叉开关的成本为 N^2,N 为端口数,限制了它在大规模系统中的应用,如 1000 个 CPU 与 1000 个存储器模块连接,就需要 1 百万个交叉点,这在现实中是不可行的。一般只适合于 8～16 个处理器的中等规模系统。

4. 使用多级交换网络的系统结构

图 10-3(a)是一个最简单的 2×2 交叉开关,它有两个输入和两个输出。送入任一输入的信息可以交换到任一输出线上。可以将这样的多级小交换开关分级连接起来,形成

多级交叉开关网络，如图 10-3(b)所示，图中的 1A、2A、…、1B、…、3C 等都是一个交叉开关级，在相邻级别的交叉开关之间设置固定的物理连接。处理机和存储器模块分别位于网络的两侧，每台处理机通过网络访问存储器模块，而且所有处理机的访问方式都是一样的，机会均等。

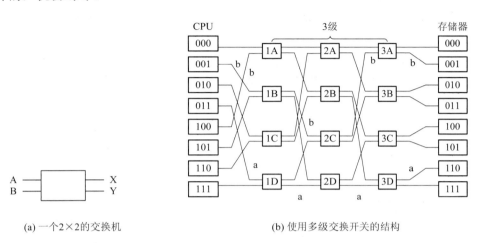

(a) 一个 2×2 的交换机   (b) 使用多级交换开关的结构

图 10-3　使用多级交换网络的 SMP 结构示意图

在这种结构中，由于对每个 CPU 都提供了多条到每个存储器模块的路径，因而减少了阻塞概率，很好地分散了流量，提高了访问速度。其缺点在于，硬件结构昂贵，且系统中处理机数目也不适合过多，一般在 100 个以下。

如前所述，以上四种 SMP 体系结构的多处理机系统具有一个共同的特征，就是共享，每一个处理机对系统中所有资源(内存、I/O 等)都是共享的。也正是由于这种特征，决定了这种结构的扩展能力非常有限：每一个共享的环节都可能造成处理机扩展时的瓶颈；对处理机而言，最受限制的是内存，每个 CPU 必须通过公用的总线(或连接路径)，访问相同(或彼此)的内存资源。随着 CPU 数量的增加，公用总线(或连接路径)的流量急剧增加，形成超载，致使内存访问冲突将迅速增加，并成为制约提高系统性能的瓶颈，造成 CPU 资源的浪费，很大程度地降低了 CPU 性能的有效性。

由于 SMP 在这种扩展能力上的限制，人们开始探究如何进行有效的扩展，才能构建大型系统的技术，NUMA 就是这种探究的成果之一。利用 NUMA 技术，可以把几十个 CPU(甚至上百个 CPU)组合在一个服务器内。

10.2.2　NUMA 多处理机系统结构

1. NUMA 结构和特点

所谓 NUMA(Nonuniform-Memory- Access)，即非统一内存访问(也称非一致存储访问)。在这种结构的多处理机系统中，其访问时间随存储字的位置不同而变化，系统中的公共存储器和分布在所有处理机的本地存储器共同构成了系统的全局地址空间，可被所有的处理机访问。

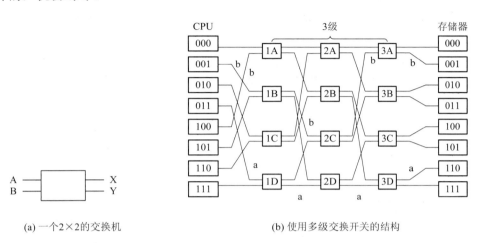

如图 10-4 所示，NUMA 拥有多个处理机模块(也称为节点)，各节点之间通过一条公用总线或互连模块进行连接和信息交互。每个节点又可以由多个处理机(CPU)组成，如四个奔腾微处理器，它们分别拥有各自独立的本地存储器、I/O 槽口等，并通过一条局部总线与一个单独的主板上的共享存储器(也称群内共享存储器)连接。这样一个系统一般可以包含 16 到 256 个 CPU。由此可见，因为通过互连网络会产生附加延迟，处理机访问本地存储器是最快的，但访问属于另一台处理机的远程存储器则比较慢。所有机器都有同等访问公共存储器(也称全局存储器)的权利，但是访问群内存储器的时间要比访问公共存储器短。对于机群间存储器的访问权，也可用不同的方法描述。伊得诺依大学研制的 Cedar 多处理机就使用这种结构。

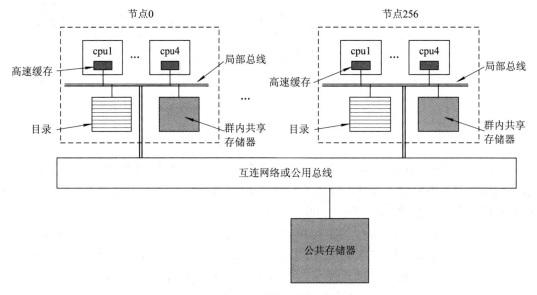

图 10-4　NUMA 结构的多处理机系统

NUMA 结构的特点是：所有共享存储器在物理上是分布式的，在逻辑上是连续的，所有这些存储器的集合就是全局地址空间，系统中的每一个 CPU 都可以访问整个系统的内存，但访问时所使用的指令却不同；因此，在 NUMA 中，存储器一般分为三层：① 本地存储器；② 群内共享存储器；③ 全局共享存储器或其它节点存储器。显然，每一个 CPU 访问本地存储器的速度远远高于访问全局共享存储器或远程访问其它节点存储器(远地内存)的速度。

对一个运行在 NUMA 多处理机系统中的应用程序而言，系统提供了一个地址连续的、完整的内存空间，但当一个处理器在特定内存地址寻找数据的时候，可能需要访问三层(级)存储器：首先察看 CPU 的本地存储器，其次是本节点的共享存储器，最后是其它节点的"远程内存"(或全局共享存储器)。可见，为了更好地发挥系统性能，开发应用程序时，应注意尽量减少不同节点之间的信息交互。

对于 NUMA 多处理机结构，为了减少 CPU 对远程内存的访问，还可以通过为每个 CPU 再配备各自的高速缓存的方法实现，这样的结构称为 CC-NUMA。与此对应的，将每个 CPU

没有配备各自的高速缓存的结构称为 NC-NUMA。

2. CC-NUMA 构造方法

目前，对于构造大型的 CC-NUMA 多处理机系统，最常用的方法是采用基于目录的多处理机。其基本思想是：对于系统中每一个 CPU 所拥有的若干高速缓存单元，都以一定数量的单元为一组，构成一个高速缓存块，为每个 CPU 配置一张高速缓存块目录表(下简称目录表)，对每一个高速缓存块的位置和状态进行记录和维护。每个 CPU 的每条访问存储器单元的指令都必须首先查询这张表，从中判断该存储器单元是否在目录表中，即其内容是否已存在于某个高速缓存块中，并进行相应的操作。如将存储器单元内容移入高速缓存、读取高速缓存内容、变换高速缓存块节点、修改目录表等。下面将用一个简单的例子加以具体的阐述。

例如，在一个拥有 256 个节点的 NUMA 多处理机系统中，每个节点可以包含若干个 CPU(1 到 4 个)，每个 CPU 通过局部总线和一个 16 MB 的 RAM 相连接，节点间通过互连网络连接，其中节点 1 包含 0～16 MB，节点 2 包含 16～32 MB，……，以此类推，系统整个存储器空间包含了 $16\,M \times 256 = 2^{24} \times 2^8 = 2^{32}$ 个字节。其中，由于一个节点中有四个 CPU 共享 16 MB 的本地存储器，因此该存储器被划分为四个部分，分别提供给四个 CPU 作为其本地存储器，即每个 CPU 拥有 4 MB 空间(2^{22})，其中 CPU1 包含 0～4 MB，CPU2 包含 4～8 MB，……，以此类推。

考虑到每一个 CPU 都拥有一张目录表，其中的每一个表项应记录一个本地高速缓存块地址，该高速缓存块中的每一个高速缓存单元内容，是本地某个存储器单元内容的拷贝。因此，对于 32 位机而言，比较合适的方法是采用 16 位的表项长度，将存储器空间划分为若干个长度为 64 字节($2^{22}/2^{16} = 2^6$)的存储器单元组，对应地，也将高速缓存中 64 个字节为一组构成一个高速缓存块，这样每个节点的目录表应包含 $2^{32}/2^8/2^6 = 2^{18}$ 个高速缓存块的目录项。

为使描述简单起见，下面只考虑每个节点中只有一个 CPU 的情况，如图 10-5(a)所示。当 CPU 20(即 20 号节点的 CPU)发出一条远程存储器单元访问指令后，由操作系统(中的 MMU)将地址翻译成物理地址，并拆分为三个部分，如图 10-5(b)所示，节点号 36，第 4 块，块内偏移量 8，即访问的存储器不是 20 号节点的，而是 36 号节点。然后，MMU 将请求消息通过互连网络发送给节点 36，并询问第 4 块是否已在高速缓存中，如果是，则请求高速缓存的地址。

36 号节点接收到请求后，通过硬件检索其本地目录表的第 4 项，如图 10-5(c)所示，该项内容为空，即要访问的存储器块内容没有进入高速缓存。通过硬件将 36 号节点本地 RAM 中的第 4 块内容传送到 20 号节点，并将本地目录中第 4 项内容进行更新，指向 20 号节点，表示该存储块内容进入了 20 号节点的高速缓存。

现在，再考虑第二种情况。CPU 20 发出的请求是节点 36 的第 2 项，如图 10-5(c)所示，36 号节点接收到该请求后，发现该项内容为 82，即要访问的存储器块内容已经进入 82 号节点的高速缓存，于是更改本地目录中的第 2 项内容，将其指向 20 号节点，然后发送一条消息到 82 号节点。82 号节点接收到消息后，从其高速缓存第 2 块中取出内容发送回 20 号节点，并同时修改本地目录中第 2 项内容，将其指向 20 号节点，并将相应高速缓存块中的内容作废。20 号节点接收到 82 号节点返回的内容后，存入本地高速缓存的第 2 块，修改本地目录的第 2 项，将其指向本地高速缓存第 2 块。

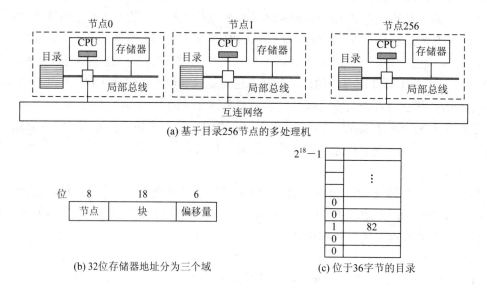

(a) 基于目录256节点的多处理机

(b) 32位存储器地址分为三个域

(c) 位于36字节的目录

图 10-5　CC-NUMA 构造方法

从上述过程可以看出，在这种 NUMA 结构的多处理机系统中，仍然需要通过大量的消息传递的方法实现存储器共享。同时，由于每个存储块只能进入一个节点的高速缓存，因而限制了对存储器访问速度的提高。

因此，NUMA 技术的主要问题是：远程内存访问由于访问远地内存的延时远远超过本地内存，因此当 CPU 数量增加时，系统性能无法线性增加。

10.3　多处理机操作系统的特征与分类

10.3.1　多处理机操作系统的特征

多处理机操作系统是在单机多道程序系统的基础上发展起来的，它们之间有许多相似之处，但也存在着较大的差异。归纳起来，多处理机操作系统具有以下几方面的新特征：

1. 并行性

单机多道程序系统的主要目标是，为用户建立多个虚拟处理机以及模拟多处理机环境，使程序能并发执行，从而改善资源利用率并提高系统的吞吐量。而在多处理机系统中，由于存在着多个实处理机，已经可使多个进程并行执行，因此，多处理机操作系统的主要目标应是进一步增强程序执行的并行性程度，以获得更高的系统吞吐量及提高系统的运算速度。实际上，在多处理机系统中，每个实处理机仍然可以通过多道程序技术，虚拟为若干个虚拟处理机，使多个进程在一个实处理机上并发执行。因此，在多处理机系统中，多个进程之间存在着并行执行和并发执行两种关系。

对于开拓硬件操作的并行性及程序执行的并行性，始终是多处理机系统的中心问题。前者主要依赖于系统结构的改进，后者则是操作系统的主要目标和任务。为了描述任务的并行性，控制它们的并行执行，还应该配置相应的并行程序语言，以便在一个任务开始时，能够派生出与之并行执行的新任务。对于程序执行并行性的开拓，必然导致处理机管理及存储器管理等功能在实现上的复杂化。

2. 分布性

在单处理机系统中，所有的任务都是在同一台处理机上执行的，所有的文件和资源也都处于操作系统的统一管理之下。然而对于多处理机系统而言，无论其结构如何，在任务、资源和对它们的控制等方面，都呈现出一定的分布性。这种情况，在松散耦合系统中表现尤其明显：

(1) 任务的分布：作业可被分配到多个处理机上去执行，即使对于同一作业，只要为其建立若干个可并行执行的子任务，便可以将这些子任务分配到多个处理机上并行执行；

(2) 资源的分布：各处理机都可能拥有属于自己的本地资源，包括存储器、I/O 设备等，对这些资源的使用可以是私有方式，也可以是提供给其它处理机的共享方式；

(3) 控制的分布，在系统的每个处理单元上，都可能配置有自己的操作系统，用于控制本地进程的运行和管理本地资源，以及协调各处理机之间的通信和资源共享。

3. 机间的通信和同步性

在多处理机系统中，不仅在同一处理机上并发执行的诸进程之间，由于资源共享和相互合作的需要，须实现同步和通信，而且在不同处理机上运行的不同进程之间，也需要进行同步和通信，除了它们之间也需要资源共享和相互合作外，这对于提高程序执行的并行性、改善系统的性能至关重要。但在多处理机系统中，不同处理机之间的同步和通信，其实现机制远比单处理机系统要复杂的多，因而成为多处理机操作系统中最重要的问题之一。

4. 可重构性

为提高系统的可靠性，在多处理机系统中，应使操作系统具有这样的能力：当系统中某个处理机或存储模块等资源发生故障时，系统能够自动切除故障资源，换上备份资源，并对系统进行重构，保证其能继续工作。如果在故障的处理机上有一个进程正在执行，系统应能将其安全地转移到其它正常的处理机上继续运行，同时对故障处理机上处于其它状态的进程，也予以安全的转移。

◀ 10.3.2　多处理机操作系统的功能

从资源管理观点来看，虽然多处理机操作系统也具有单机操作系统所具有的各种功能，即进程管理、存储器管理、设备管理、文件管理和作业管理五大功能，但相比之下，在以下几方面又具有明显的不同：

1. 进程管理

对于多处理机系统中的进程管理，主要体现在进程同步和进程通信几个方面：

1) 进程同步

在单处理机多道程序系统中，由于各进程只能交替执行，不会发生两个进程在同一时刻同时访问系统中同一个共享资源的情况。然而，在多处理机环境下，由于多个进程在不同的处理机上是并行执行的，因而可能出现多个进程对于某个共享资源的同时访问。可见，在多处理机操作系统中，不仅需要解决程序并发执行时引发的同步问题，而且还需要解决在多个不同的处理机程序并行执行时所引发的同步问题。因此，对于这两类进程同步问题的解决机制，除了通常的锁、信号量和管程外，还应具有新的同步机制和互斥算法。

2) 进程通信

在单机环境中，所有进程都采用共享同一存储器方式，驻留在同一台机器中。这样，进程间通信的主要方式是"共享存储器"方式和直接通信方式。但在多处理机环境中，相互合作的进程可能运行在不同的处理机上，它们之间的通信必然涉及到处理机间的通信，特别是在松散耦合型的多处理机系统中，进程甚至在不同的机器上，其间的通信还需要较长的通信信道，甚至要经过网络。因此，在多处理机系统中，进程通信的实现广泛地采用了间接通信方式。

3) 进程调度

在单机环境中，进程调度只是简单地按照一定的算法，从就绪队列中选择一个进程，为之分配处理机的一个时间片，使之执行一段时间。为平衡 I/O 负载，在调度时适当地进行 I/O 任务和计算任务的搭配，以提高系统的资源利用率。但在多处理机系统中，发挥多处理机最大效能的关键，在于提高程序执行的并行性。因此，在进程调度时，主要应考虑到如何实现负载的平衡。在调度任务以为其分配处理机时，一方面必须了解每台处理机的能力，以便把适合的任务分配给它，另一方面，也要确切地了解作业中诸任务之间的关系，即哪些任务间必须顺序执行，哪些任务可以并行执行。

2. 存储器管理

在多处理机环境下，通常每个处理机都有属于自己局部的(本地)存储器，也有可供多个处理机所共享的(系统)存储器。每个处理机在访问本地存储器模块时，与访问系统存储器或其它处理机的局部存储器模块(统称远地存储器)时相比，所花费的时间也可能是不同的。因此，在多处理机系统中，存储器系统的结构十分复杂，致使对存储器系统的管理也变得非常复杂：除了需要具有单机多道程序系统中的地址变换机构和虚拟存储器功能外，还应增强和增加下面的功能和机制：

(1) 地址变换机构。该机构不仅用于将虚拟地址转换成实际物理地址，还应能确定所访问的是本地存储器还是远地存储器。事实上，在目前很多支持多处理机的操作系统中，对整个存储器系统已经采用连续的地址方式进行描述，即一个处理机无需专门去识别所要访问的存储器模块的具体位置。

(2) 访问冲突仲裁机构。当多个处理机上的进程同时竞争访问某个存储器模块时，该机构能够按照一定的规则，决定哪一个处理机上的进程可立即访问，哪个或哪些处理机上的进程应等待。

(3) 数据一致性机制。当共享主存中的某个数据在多个处理机的局部(本地)存储器中出现时，操作系统应保证这些数据的一致性。

3. 文件管理

在单处理机系统中，通常只有一个文件系统，所有的文件都存放在磁盘上，采用集中统一管理方式，也称为集中式文件系统。而在多处理机系统中，则可能采用以下三种文件系统管理方式：

(1) 集中式。所有处理机上的用户文件都集中存放在某一个处理机的文件系统中，由该处理机的操作系统进行统一管理。

(2) 分散式。各处理机上都可配置和管理自己的文件系统，但整个系统没有将它们有效地组织起来，因而无法实现处理机之间的文件共享。

(3) 分布式。系统中的所有文件可以分布在不同的处理机上，但在逻辑上组成一个整体，每台处理机上的用户无需了解文件的具体物理位置，即可实现对它们的存取。在这样的文件系统中，解决文件存取的速度和对文件的保护问题，具有很重要的意义。

4. 系统重构

在单处理机系统中，一旦处理机发生故障，将引发整个系统的崩溃。但在多处理机系统中，尤其是在对称多处理机系统中，由于各处理机的结构和功能相同，为了提高系统的可靠性，应使操作系统具有重构能力，即当系统中某个处理机或存储块等资源发生故障时，系统能够自动切除故障资源并换上备份资源，使之继续工作。如果没有备份资源，则重构系统使之降级运行。如果在故障的处理机上有进程亟待执行，操作系统应能安全地把它迁移到其它处理机上继续运行，对处于故障处的其它可利用资源同样也予以安全转移。

◀ 10.3.3 多处理机操作系统的类型

在多处理机系统中，目前所采用的操作系统有以下三种基本类型：

1. 主从式(master-slave)

在这种类型的操作系统中，有一台特定的处理机被称为主处理机(Master Processor)，其它处理机则称为从处理机。操作系统始终运行在主处理机上，负责保持和记录系统中所有处理机的属性、状态等信息，而将其它从处理机视做为可调度和分配的资源，负责为它们分配任务。从处理机不具有调度功能，只能运行主处理机分配给它的任务。

其工作流程是：由从处理机向主处理机提交任务申请，该请求被捕获后送至主处理机，而后等待主处理机发回应答；主处理机收到请求后中断当前任务，对该请求进行识别和判断，并转入执行相应的处理程序，然后将适合的任务分配给发出请求的从处理机。例如，CDC Cyber-170 就是典型的主从式多处理机操作系统，它驻留在一个外围处理机 Po 上运行，其余所有处理机包括中心处理机都从属于 Po，Po 专门用于执行操作系统功能，处理用户程序(运行在从处理机上)发来的请求。另外一个例子就是 DEC System 10，该系统有两台处理机，一台为主处理机，另一台为从处理机。

主从式操作系统具有如下优缺点：

(1) 易于实现。一方面其设计可在传统的单机多道程序系统上进行适当的扩充；另一方面，由于操作系统程序仅被一台主处理机使用，因此除了一些公用例程外，不需要将整个管理程序都编写成可重入的程序代码，其它有关系统的表格控制、冲突和封锁问题也因此得以简化。

(2) 资源利用率低。由于从处理机的所有任务都是由主处理机分配的，当从处理机数量较多时，或者从处理机执行的是大量的短任务时，在主处理机上会出现较长的请求任务队列，形成了瓶颈，使从处理机长时间处于等待状态，导致从处理机以及其所配置的 I/O 设备利用率降低。因此，一方面，系统中从处理机的数量不宜设置过多，另一方面主处理机在分配任务时，不宜将任务划分得过小，以避免从处理机频繁地发出请求。

(3) 安全性较差。由于系统中只有一台主处理机，并且由其负责运行操作系统，对整个系统进行管理，因此一旦主处理机发生不可恢复性错误，很容易造成整个系统的崩溃。

尽管主—从式操作系统的资源利用率低下、安全性较差，但因其易于实现，所以在早期的多处理机系统中还主要采用这样的形式，直至目前，仍有不少的多处理机系统采用它。一般用于工作负载不是太重、从处理机数量不是太多、从处理机性能远低于主处理机的非对称多处理机系统中。

2. 独立监督式(separate supervisor System)

独立监督式，也称为独立管理程序系统，它与主从式不同。在这种系统中，每个处理机上都有自己的管理程序(操作系统内核)，并拥有各自的专用资源，如 I/O 设备和文件系统。每一个处理机上所配置的操作系统也具有与单机操作系统类似的功能，以服务自身的需要，及管理自己的资源和为进程分配任务。采用独立监督式操作系统的多处理机系统有 IBM 370/158 等。独立监督式操作系统具有如下的优缺点：

(1) 自主性强。每个处理机都拥有独立的、完善的硬、软件资源，可根据自身以及分配给它的任务的需要，执行各种管理功能，从而使系统具有较强的独立性和自主性。

(2) 可靠性高。每个处理机相对独立，因此一台处理机的故障不会引起整个系统崩溃，使系统具有较高的可靠性。但是，由于缺乏一个统一的管理和调度机制，一旦出现故障，要想进行补救或重新执行故障机未完成的工作，就显得非常困难。

(3) 实现复杂。由于存在着通信和资源共享的需要，各处理机之间必然有交互作用，即多个处理机都可能在执行管理程序，因此管理程序的代码必须是可重入的，或者为每个处理机提供一个专用的管理程序副本。此外，虽然每个处理机都有其专用的管理程序，对公用表格的访问冲突较少，阻塞情况也相应减少，系统的效率较主从式有所提高，但仍然会因为都要对一些公用表格进行访问而发生冲突，因此系统中还是需要设置冲突仲裁机构。

(4) 存储空间开销大。一般地，这类操作系统适用于松散耦合型多处理机系统，由于每个处理机均有一个本地(局部)存储器，用来存放管理程序副本，即每台处理机中都驻留了操作系统内核，占用了大量的存储空间，造成较多的存储冗余，致使存储空间利用率不高。

(5) 处理机负载不平衡。由于不能像主—从式系统中那样，由一个主处理机统一负责整个系统的管理和调度，因而要实现处理机负载平衡非常困难。

3. 浮动监督式(floating supervisor Control Mode)

浮动监督式，也称为浮动管理程序控制方式，这是最复杂的，但也是最有效、最灵活的一种多处理机操作系统方式，常用于紧密耦合式的对称多处理机系统中。在这种方式实现的系统中，所有的处理机组成一个处理机池，每台处理机都可对整个系统中的任何一台 I/O 设备进行控制，以及对任何一个存储器模块进行访问，这些处理机由操作系统统一进行管理，在某段时间内可以指定任何一台(或多台)处理机作为系统的控制处理机，即所谓"主"处理机(或组)，由它(或它们)运行操作系统程序，负责全面管理功能，但根据需要，"主"处理机是可以浮动的，即从一台处理机切换到另一台处理机。采用这种操作系统方式的多处理机系统有 IBM 3081 上运行的 MVS，VM 以及 C·mmp 上运行的 Hydra 等。

浮动监督式操作系统具有如下的优缺点：

(1) 高灵活性。由于对于系统内所有的处理机采用的是处理机池管理方式，其中每一台处理机都可用于控制任一台 I/O 设备和访问任一存储块，因此大多数任务可在任何一台处理机上运行，使系统的灵活性相当强。

(2) 高可靠性。在上述三种操作系统中，浮动监督式操作系统具有最好的可靠性。因为，系统中任何一台(从)处理机的失效，不过是处理机池中减少了一台可供分配的处理机而已；而如果是"主"处理机失效，也只需将操作系统浮动(切换)到另一台处理机上运行，从而保证系统仍能继续正常运行下去。

(3) 负载均衡。在这样的系统中，一方面由于大多数任务可以在任何一台处理机上运行，另一方面也因为在系统中设置了一台(或多台)"主"处理机，对整个系统的资源和调度进行了统一的管理，因此可以根据各处理机的忙闲情况，将任务均匀分配到各处理机上执行，尤其是可以将一些非专门的操作(如 I/O 中断)，分配给那些在特定时段内最不忙的处理机去执行，使系统的负载达到较好的平衡。

(4) 实现复杂。一方面，由于对存储器模块和系统表格访问冲突的不可避免，需要配置功能较强的冲突仲裁机构，包括硬件和软件两方面。例如，多个处理机同时访问同一存储器模块时，可采用硬件解决；而对系统表格的冲突访问，则可采用静态或动态优先级策略；对于共享资源则采用互斥访问机制等方法解决。另一方面，由于允许多台处理机同时作为"主"处理机，即可以同时执行同一个管理服务子程序，因此，要求管理程序具有可重入性。

10.4 进程同步

在多处理机系统中，进程间的同步显得更加重要和复杂。在紧密耦合多处理机中，多个处理机是共享存储的，因此各处理机上的诸进程之间可通过该共享存储来实现同步，进程间的同步实现相对也比较简单。但对于松散耦合的多处理机，进程之间的同步可能采取的方式较多且复杂，可分为集中式和分布式两大类同步方式。

◀ 10.4.1 集中式与分布式同步方式

1. 中心同步实体

为实现进程之间的同步，系统中必须有相应的同步实体(Synchronizing Entity)，如硬件锁、信号量以及进程等。如果该同步实体满足下述两个条件，则称之为中心同步实体：

(1) 具有唯一的名字，并且为彼此必须同步的所有进程所知道。

(2) 在任何时刻，这些进程中的任何一个都可以访问该同步实体。

在很多系统中，对中心同步实体采取了容错技术，即当中心同步实体失效时，系统会立即选择一个新的中心同步实体投入运行。

2. 集中式同步机构

基于中心同步实体所构成的所有同步机构被称为集中式同步机构。相应的，其它同步机构则称为非集中式同步机构。在单处理机系统中，为了同步多个进程对共享数据的访问，内核采用了一些同步机制，如硬件锁、信号量等。而对于多处理机系统而言，同样是为实现同步多个进程对共享数据的访问，则情况就变得更为复杂，不仅需要对一个处理机上的并发进程进行同步，还需对不同处理器上的进程进行同步，以保证多处理机系统能有条不紊地运行。为此，在多处理机系统中，又增加了一些如自旋锁、RCU 锁、时间邮戳、事件计数以及中心进程等多种同步机制。

3. 集中式与分布式同步算法

在多处理机系统中，为实现进程同步，往往还需要有相应的同步算法支持同步机构，一般分为以下两种：

(1) 集中式同步算法。集中式同步算法具有两个特征：① 对于多个进程需要同时访问共享资源或进行通信时，仅由中心控制结点做出判定，选择一个进程执行；② 判定所需要的全部信息都集中在中心控制结点。集中式同步算法的缺点在于：① 可靠性差，由于中心控制结点的故障，会对系统造成灾难性的影响，对此，有的系统允许中心控制结点进行浮动，即当其出现故障时，系统立即选择一个新的结点作为中心控制结点；② 易形成瓶颈。大量的资源共享和进程通信都是通过中心控制结点进行管理的，很容易使中心控制结点成为整个系统的瓶颈，严重影响到系统的响应速度和吞吐量。

(2) 分布式同步算法。一个完全分布式同步算法具有以下特征：① 所有结点具有相同的信息；② 所有结点仅基于本地信息做出判断；③ 为了做出最后的判定，所有的结点担负相同的职责；④ 为了做出最后的判定，所有的结点要付出同样的工作量；⑤ 通常一个结点发生故障，不会导致整个系统的崩溃。事实上，完全分布式算法的应用很少，大多数同步算法都无法同时满足上述五点要求。

4. 中心进程方式

该方式是在系统中设置一个中心进程(或称为协调进程)，该进程保存了所有用户的存取权限、冲突图(conflict graph)等信息。每一个要求访问共享资源的进程，都先向中心进程发送一条请求消息，中心进程收到该请求后，便去查看冲突图，如果该请求不会引起死锁，便将该请求插入请求队列，否则退回该请求(rollback)。当轮到该请求使用共享资源时，中心进程便向请求进程发送一条回答消息，然后请求进程即可进入自己的临界区，访问共享资源。请求进程在退出临界区后，还需要向中心进程发送一条释放资源的消息，中心进程接收到该消息后，又可向下一个请求进程发送回答消息，允许它进入其临界区。在这种同步方式中，任何一个进程要进入其临界区，都需要请求、回答、释放三个消息。为了提高系统的可靠性，中心进程应可以浮动。

在单处理机系统和共享存储器的多处理机系统中，基本上都是采用集中式同步方式。而在分布式系统中，则都是采用分布式同步方式。对于松散耦合式多处理机系统(包括计算机网络)，则一部分采用集中式，另一部分采用分布式。本节只对几种常用的同步机构和算法进行介绍。

◀ 10.4.2 自旋锁(spin lock)

1. 自旋锁的引入

如前所述，在单 CPU 系统中，CPU 在执行读—修改—写原语操作时，是具有原子性的，即在执行这些操作时不会被中断。保证原子性的基本方法是，在执行原语之前关中断，完成后再开中断。但是，在对称多处理机系统中，CPU 在执行读—修改—写原语时，已不能再保证其操作的原子性。因为 CPU 所执行的读—修改—写原语操作通常都包含了若干条指令，因此需要执行多次总线操作。而在多处理机系统中，总线往往又是由多个处理机共享，它们是通过竞争来获取总线的。如果某 CPU 在执行原语的过程中由其它 CPU 争得了总线，就可能会导致该 CPU 与其它 CPU 对同一存储单元读—写操作的交叉，造成混乱。因此，在多处理机系统中，还必须引入对总线实现互斥的机制。于是，自旋锁机制也就应运而生，并已大量应用于对总线资源的竞争。当然，自旋锁机制并不局限于对总线资源的竞争。

2. 实现对总线互斥访问的方法

利用自旋锁实现对总线互斥访问的方法是：在总线上设置一个自旋锁，该锁最多只能被一个内核进程持有。当一个内核进程需要使用总线，对某个存储单元进行读写访问时，先请求自旋锁，以获得对总线的使用权。如果该锁被占用，那么这个进程就会一直进行"旋转"，循环测试锁的状态，直到自旋锁重新可用。如果锁未被占用，请求该锁的内核进程便能立刻得到它，并且继续执行，直到完成对指定存储单元的读写操作后，释放该锁。可见，自旋锁可以在任何时刻防止多个内核进程同时进入临界区，因此可有效地避免多处理机上并发运行的内核进程对总线资源的竞争。

3. 自旋锁与信号量的主要差别

自旋锁与信号量的主要差别在于：自旋锁可避免调用进程阻塞。由于自旋锁使用者一般保持锁时间非常短，调用进程用"旋转"来取代进程切换。而我们知道进程切换需要花费一定开销，并且会使高速缓存失效，直接影响系统的性能，因此将自旋锁应用于对总线资源的竞争，其效率远高于信号量机制，且在多处理器环境中非常方便。

显然，用自旋锁所保护的临界区一般都应比较短，否则，发出请求的多个 CPU 在锁被占用时，就会因为都只是对锁进行循环测试，即忙等，浪费过多的 CPU 资源。

一般而言，如果对于被保护的共享资源仅在进程的上下文访问，或有共享设备，或调用进程所保护的临界区较大时，应使用信号量进行保护。但是如果被保护的共享资源需要中断上下文访问，或调用进程所保护的临界区非常小，即对共享资源的访问时间非常短的情况下，就应使用自旋锁。自旋锁保持期间是不可抢占的，而信号量和读写信号量保持期间是可以被抢占的。自旋锁只有在内核可抢占或 SMP 的情况下才真正需要，在单 CPU 且不可抢占的内核下，为防止中断处理中的并发操作，可简单采用关闭中断的方式，不需要自旋锁，此时自旋锁的所有操作都是空操作。

4. 自旋锁的类型

使用自旋锁的基本形式为：

spin_lock(&lock);

/*临界区代码；*/

······

spin_unlock(&lock);

常用的自旋锁有三种类型：普通自旋锁、读写自旋锁和大读者自旋锁。

(1) 普通自旋锁：若是锁可用，则将自旋锁变量置为 0，否则为 1。该类自旋锁的使用不会影响当前处理机的中断状态，一般在临界区的代码在禁止中断情况下使用，或者不能被中断处理程序所执行。

(2) 读写自旋锁：允许多个读者同时以只读的方式访问相同的共享数据结构，但是当一个写者正在更新这个数据结构时，不允许其它读者或写者访问。该类自旋锁较普通自旋锁允许更高的并发性，只要有一个读者拥有，写者就不能强占。每个读写自旋锁包括一个 n 位的读者计数和一个解锁标记。一般而言，在写者等待的情况下，新进的读者较写者更容易抢占该锁。

(3) 大读者自旋锁：获取读锁时只需要对本地读锁进行加锁，开销很小；获取写锁时则必须锁住所有 CPU 上的读锁，代价较高。

◆ 10.4.3 读—拷贝—修改锁和二进制指数补偿算法

1. 读—拷贝—修改锁(RCU)的引入

不论是第二章中的读写问题，还是前面所介绍的读写自旋锁，都是允许多个进程同时读，但只要有一个写进程在写，便禁止所有读进程去读，使读者进入阻塞状态。如果写的时间非常长，将严重影响到多个读进程的工作。是否能改善这一情况呢？即使有写进程在写，读进程仍可以去读，不会引起读进程的阻塞。回答是肯定的，其解决方法是改变写进程对文件(共享数据结构)进行修改(写)的方式。此即，当某写进程要往某文件中写入数据时，它先读该文件，将文件的内容拷贝到一个副本上，以后只对副本上的内容进行修改。修改完成后，在适当时候再将修改完后的文件全部写回去。

2. RCU(Read-Copy-Update)锁

RCU 锁用来解决读者—写者问题。对于被 RCU 保护的共享文件(数据结构)，无论读者和写者，都是以读的方式对其进行访问的，对于读者而言，不需要获得任何锁就可以访问它，对于写者而言，在访问它时，先制作该文件的一个副本，只对副本上的内容进行修改，然后使用一个回调(callback)机制，即向系统中一个称为垃圾收集器的机构注册一个回调函数。最后，在适当的时机，由垃圾收集器调用写者注册的回调函数，把指向原来数据的指针重新指向新的被修改的数据，完成最后的数据释放或修改操作。

3. 写回时机

在 RCU 锁机构中，如何确定将修改后的内容写回的时机？显然，最好是在所有读者都已完成自己的读任务后再将修改后的文件写回。为此，每一个读者完成对共享文件的操作后，都必须向写者提供一个信号，表示它不再使用该数据结构。当所有的读者都已经发送信号之时，便是所有引用该共享文件的 CPU 都已退出对该共享数据的操作之时，也就是写者可以将修改后的文件写回之时。对于写者而言，从对副本修改完成后，到执行真正的写修改，中间有一段延迟时间，称为写延迟期(grace period)。

4. RCU 锁的优点

RCU 实际上是一种改进的读写自旋锁。它的主要优点表现为如下两方面：

(1) 读者不会被阻塞。读者在访问被 RCU 保护的共享数据时不会被阻塞。这一方面极大地提高了读进程的运行效率，另一方面也使读者所在的 CPU 不会发生上下文切换，减少了处理机的开销。

(2) 无需为共享文件(数据)设置同步机构。在采用该机制时，允许多个读者和一个或多个写者同时访问被保护的数据，无需为共享数据设置同步机构，因而读者没有什么同步开销，也不需要考虑死锁等问题。但是写者的同步开销却比较大，需要复制被修改的数据结构，延迟数据结构的释放，还必须使用某种锁机制，与其它写者的修改操作同步并行。

尽管 RCU 锁对读者带来了很大的好处，但 RCU 并不能完全替代读写自旋锁。如果读操作较多，而写操作很少，用 RCU 的确是利大于弊；反之，如果写比较多，对读者的性能提高可能不足以弥补给写者带来的损失，此时还是应当采用读写自旋锁。

◀ 10.4.4　二进制指数补偿算法和待锁 CPU 等待队列机构

1. 二进制指数补偿算法

多个 CPU 在对共享数据结构互斥访问时，如果该数据结构已被占用，就需要不断地对锁进行测试，造成总线流量的增大。二进制指数补偿算法的基本思想是：为每一个 CPU 对锁进行测试的 TSL 指令设置一个指令延迟执行时间，使该指令的下次执行是在该延迟执行时间设定的时间后进行,其延迟时间是按照一个 TSL 指令执行周期的二进制指数方式增加。例如当一个 CPU 发出 TSL 指令对锁进行第一次测试，发现锁不空闲时，便推迟第二次测试指令的执行时间，等到 2^1 个指令执行周期后，如果第二次测试仍未成功，则将第三次测试指令的执行时间推迟到 2^2 个指令执行周期后，……，如果第 $n-1$ 次测试仍未成功，则将第 n 次的测试推迟到 2^{n-1} 个指令执行周期后，直到一个设定的最大值；当锁释放时，可能首先由延迟时间最小的 CPU 获得该锁。

采用二进制指数补偿算法可以明显降低总线上的数据流量。这是因为，一方面，可以将短时间内各 CPU 对锁的需求，在时间上进行不同程度的延迟，增加测试的成功率，减少各 CPU 对锁的测试次数；另一方面，在锁不空闲时，也很大程度地减少各 CPU 对其进行测试的频率。但是，该算法的缺点在于，锁被释放时，可能由于各 CPU 的测试指令的延迟时间未到，没有一个 CPU 会及时地对锁进行测试，即不能及时地发现锁的空闲，造成浪费。

2. 待锁 CPU 等待队列机构

如何及时发现锁空闲，另一种同步机构——锁等待队列机构很好地解决了这一问题。这种机构的核心思想是：为每一个 CPU 配置一个用于测试的私有锁变量和一个记录待锁 CPU 的待锁清单，存放在其私有的高速缓存中。当多个 CPU 需要互斥访问某个共享数据结构时，如果该结构已被占用，则为第一个未获得锁的 CPU 分配一个锁变量，并且将之附在占用该共享数据结构 CPU 的待锁清单末尾；再为第二个未获得锁的 CPU 也分配一个锁变量，并且将之附在待锁清单中第一个待锁 CPU 的后面；……；为第 n 个未获得锁的 CPU 分配一个其私有的锁变量，并且将之附在待锁清单中第 n – 1 个 CPU 的后面，形成一个待锁 CPU 等待队列。当共享数据结构的占有者 CPU 退出临界区时，从其私有的高速缓存中查找待锁清单，并释放第一个 CPU 的私有锁变量，允许它进入临界区，第一个 CPU 操作完成后，也对其锁变量和第二个待锁 CPU 的锁变量进行释放，让第二个 CPU 进入其临界区，依此类推，直至第 n 个待锁 CPU 进入其临界区。

在整个过程中，每一个待锁 CPU 都仅是在自己的高速缓存中，对其私有的锁变量进行不断的测试，不会对总线进行访问，减少了总线的流量。同时，一旦锁空闲，便由释放该锁的 CPU 通过修改其待锁清单中的下一个待锁 CPU 的锁变量的方法，及时通知下一个待锁 CPU 进入临界区，从而避免了资源空闲而造成的浪费。

◀ 10.4.5　定序机构

在多处理机系统和分布式系统中，有着许多的处理机或计算机系统，每个系统中都有自己的物理时钟。为了能对各系统中的所有特定事件进行排序，以保证各处理机上的进程能协调运行，在系统中应有定序机构。

1. 时间邮戳定序机构(Timestamp Ordering Mechanism)

对时间邮戳定序机构最基本的要求是，在系统中应具有唯一的、由单一物理时钟驱动的物理时钟体系，确保各处理机时钟间的严格同步。该定序机构的基本功能是：

(1) 对所有的特殊事件，如资源请求、通信等，加印上时间邮戳；

(2) 对每一种特殊事件，只能使用唯一的时间邮戳；

(3) 根据事件上的时间邮戳，定义所有事件的全序。

利用时间邮戳定序机构，再配以相应的算法，可实现不同处理机的进程同步。实际上，许多集中式和分布式同步方式，都是以时间邮戳定序机构作为同步机构的基础。

2. 事件计数(Event Counts)同步机构

在这种同步机构中，使用了一个称为定序器(Sequencers)的整型量，为所有特定事件进行排序。定序器的初值为 0，且为非减少的，对其仅能施加 ticket(S)操作。当一个事件发生时，系统便为之分配一个称为编号(或标号)V 的序号，然后使 ticket 自动加 1，一系列的 ticket 操作形成了一个非负的、增加的整数列，然后把打上标号的事件送至等待服务队列排队。与此同时，系统将所有已服务事件的标号保留，并形成一个称为事件计数 E 的栈。实际上，E 是保存已出现的某特定类型事件编号计数的对象(Object)，其初值为 0，当前值是栈顶的标号。对于事件计数，有下面三种操作：

1) await(E，V)

每当进程要进入临界区之前，先执行 await 操作，如果 E < V，将执行进程插入到 EQ 队列，并重新调度；否则进程继续执行。await 可定义如下：

```
await(E,V) {
    if (E<V) {
        i = EP;
        stop();
        i->status = "block";
        i->sdata = EQ;
        insert(EQ,i);
        scheduler();
    }
    else continue;
}
```

2) advance(E)

每当进程退出临界区时，应执行 advance(E)操作，使 E 值增 1。如果 EQ 队列不空，则进一步检查队首进程的 V 值；若 E = V，则唤醒该进程。advance(E)操作可描述如下：

```
advance(eventcount E ) {
    E = E+1;
    if (EQ<>NIL) {
        V = inspect(EQ,1);
        if (E == V) wakeup(EQ,1);
    }
}
```

一个进程执行临界区的操作序列为：

```
await(E,V);
Access the critical resources;
advance(E);
```

3) read(E)

返回 E 的当前值，提供给进程参考，以决定是否要转去处理其它事件。如果设计得当，允许 await、read 和 advance 这三个操作，在同一事件上并发执行，但对定序器必须互斥使用。

◀ 10.4.6 面包房算法

该算法是最早的分布式进程同步算法，是利用事件排序的方法对要求访问临界资源的全部事件进行排序，按照 FCFS 次序对事件进行处理。该算法可以非常直观地类比为顾客去面包店采购：面包店只能接待一位顾客，已知有 n 位顾客要进入面包店，安排他们按照次序在前台登记一个签到号码，签到号码逐次加 1；顾客根据签到号码由小到大的顺序，依次入店购买；完成购买的顾客在前台把其签到号码归 0。如果完成购买的顾客需再次进店购买，必须重新排队。该算法的基本假定如下：

(1) 系统由 N 个结点组成，每个结点只有一个进程，仅负责控制一种临界资源，并处理那些同时到达的请求。

(2) 每个进程保持一个队列，用来记录本结点最近收到的消息，以及本结点自己产生的消息。

(3) 消息分为请求消息、应答消息和撤销消息三种，每个进程队列中的请求消息根据事件时序排序，队列初始为空。

(4) 进程 Pi 发送的请求消息形如 request(Ti, i)，其中 Ti = Ci，是进程 Pi 发送此消息时对应的逻辑时钟值，i 代表消息内容。

面包房算法描述如下：

(1) 当进程 Pi 请求资源时，它把请求消息 request(Ti, i)排在自己的请求队列中，同时也把该消息发送给系统中的其它进程；

(2) 当进程 Pj 接收到外来消息 request(Ti, i)后，发送回答消息 reply(Tj, j)，并把 request(Ti, i)放入自己的请求队列。应当说明，若进程 Pj 在收到 request(Ti, i)前已提出过对同一资源的访问请求，那么其时间戳应比(Ti, i)小。

(3) 若满足下述两条件，则允许进程 Pi 访问该资源(即允许进入临界区)：

• Pi 自身请求访问该资源的消息已处于请求队列的最前面；

• Pi 已收到从所有其它进程发来的回答消息，这些回答消息的时间戳均晚于(Ti, i)。

(4) 为了释放该资源，Pi 从自己的队列中撤销请求消息，并发送一个打上时间戳的释放消息 release 给其它进程；

(5) 当进程 Pj 收到 Pi 的 release 消息后，它撤销自己队列中的原 Pi 的 request(Ti, i)消息。

◀ 10.4.7 令牌环算法

该算法属于分布式同步算法，是将所有进程组成一个逻辑环(Logical Ring)，系统中设置一个象征存取权力的令牌(Token)，它是一种特定格式的报文，在进程所组成的逻辑环中，不断地循环传递，获得令牌的进程，才有权力进入临界区，访问共享资源。

令牌在初始化后，随机赋予逻辑环中任意的一个进程。当令牌在逻辑环中循环传递时，以点对点的方式，按照固定的方向和顺序，从一个进程依次逐个传递到另一个进程。当一个进程获得令牌时，如果不需要访问共享资源，则将令牌继续传递下去。否则，保持令牌，对共享资源进行检查，如果其空闲，则进入临界区进行访问。访问结束退出临界区后，再将令牌继续传递下去。进程利用令牌，每次只能访问一次共享资源。

显然，由于令牌只有一个，任何一个时刻，只有一个进程能够持有令牌，因此能实现对共享资源的互斥访问。

为保证环中进程能实现对共享资源的访问，逻辑环中的令牌必须保持循环传递和不丢失，如果因通信链路、进程故障等原因造成令牌被破坏或丢失，必须有机制及时修复，比如重新颁发令牌，或者屏蔽故障进程，重构逻辑环等。该算法的不足之处在于，如果令牌丢失或破坏，不便进行检测和判断。

10.5 多处理机系统的进程调度

在多处理机系统中，进程的调度与系统结构有关。例如，在同构型系统中，由于所有的处理机都是相同的，因而可将进程分配到任一处理机上运行；但对于非对称多处理机系统，则只能把进程分配到适合于它运行的处理机上去执行。

10.5.1 评价调度性能的若干因素

评价多处理机调度性能的因素有如下几个：

1. 任务流时间

把完成任务所需要的时间定义为任务流时间，例如，如图 10-6 所示，图中有三台处理机 P1～P3 和五个任务 T1～T5，调度从时间 0 开始，共运行了 7 个时间单位，在处理机 P1 上运行任务 T1 和 T2，分别需要 5 个和 1.5 个时间单位；在处理机 P2 上运行任务 T2 和 T1，分别用了 5 个和 2 个时间单位；在处理机 P3 上运行任务 T3、T4 和 T5，每一个都需要 2 个时间单位。因此，完成任务 T1 共需要 5 + 2 = 7 个时间单位，而完成任务 T2 共需要 5 + 1.5 = 6.5 个时间单位。

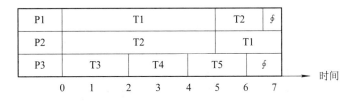

图 10-6 任务流和调度流示意图

2. 调度流时间

在多处理机系统中，任务可以被分配到多个处理机上去运行。一个调度流时间是系统中所有处理机上的任务流时间的总和。在如图 10-6 所示的例子中，在三台处理机上，调度流时间 = T1 流 + T2 流 + T3 流 + T4 流 + T5 流 = 7 + 6.5 + 2 + 2 + 2 = 19.5(个时间单位)。

3. 平均流

平均流等于调度流时间除以任务数。平均流时间越小，表示任务占用处理机与存储器等资源的时间越短，这不仅反应了系统资源利用率高，而且还可以降低任务的机时费用。更为重要的是，还可使系统有更充裕的时间处理其它任务，有效地提高了系统的吞吐量。因此，最少平均流时间就是系统吞吐率的一个间接度量参数。

4. 处理机利用率

处理机的利用率等于该处理机上任务流之和除以最大有效时间单位。在如图 10-7 所示的例子中，最大有效时间单位为 7.0，三台处理机 P1、P2、P3 的空闲时间分别为 0.5、0.0 和 1.0，忙时间分别为 6.5、7.0、6.0，它们为各处理机上的任务流之和。由此可以得到 P1、P2、P3 的处理机利用率分别为 0.93、1.00 和 0.86。处理机平均利用率 = (0.93 + 1.00 + 0.86) ÷ 3 = 0.93。

5. 加速比

加速比等于各处理机忙时间之和除以并行工作时间，其中，各处理机忙时间之和，相当于单机工作时间，在上例中为 19.5 个时间单位；并行工作时间，则相当于从第一个任务开始到最后一个任务结束所用的时间，在上例中为 7 个时间单位。由此得到加速比为 19.5 个时间单位/7 个时间单位。

加速比用于度量多处理机系统的加速程度。处理机台数越多，调度流时间越大，与单机相比其完成任务的速度越快，但是较少的处理机可减少成本。对于给定的任务，占用较少的处理机可腾出更多的处理机，用于其它任务，从而使系统的总体性能得到提高。

6. 吞吐率

吞吐率是单位时间(例如每小时)内系统完成的任务数。可以用任务流的最小完成时间来度量系统的吞吐率。吞吐率的高低与调度算法有着十分密切的关系，通常具有多项式复杂性的调度算法是一个高效的算法。而具有指数复杂性的调度算法则是一个低效算法。在很多情况下，求解最优调度是 NP 完全性问题(Nondeterministic Polynomial 问题)，意味着在最坏情况下求解最优调度是非常困难的。但如果只考虑典型输入情况下的一个合适解，则并不是一个难解的 NP 问题，因此，可以得到一组并行进程的合适调度。一般所说的优化调度或最优调度，实际上均是指合适调度。

◀ 10.5.2 进程分配方式

1. 对称多处理机系统中的进程分配方式

在 SMP 系统中，所有的处理机都是相同的，因而可把所有的处理机作为一个处理机池(Processor pool)，由调度程序或基于处理器的请求，将任何一个进程分配给池中的任何一个处理机去处理。对于这种进程分配，可采用以下两种方式之一。

1) 静态分配(Static Assigenment)方式

这是指一个进程从开始执行直至其完成，都被固定地分配到一个处理器上去执行。此时，须为每一处理器设置一专用的就绪队列，该队列中的诸进程先后都是被分配到该处器上执行。在进程阻塞后再次就绪时，也仍被挂在这个就绪队列中，因而下次它仍在此处理器上执行。这种方式与单处理机环境下的进程调度一样。其优点是进程调度的开销小；缺点是会使各处理器的忙闲不均。换言之，系统中可能有些处理机的就绪队列很快就变成空队列，使处理器处于空闲状态，而另一些处理器则可能一直忙碌。

2) 动态分配(Dynamic Assgement)方式

为了防止系统中的多个处理器忙闲不均，可以在系统中仅设置一个公共的就绪队列，系统中的所有就绪进程都被放在该队列中。分配进程时，可将进程分配到任何一个处理器上。这样，对一个进程的整个运行过程而言，在每次被调度执行时，都是随机地被分配到当时是空闲的某一处理器上去执行。例如，某进程一开始是被分配到处理器 A 上去执行，后来因阻塞而放弃处理器 A。当它又恢复为就绪状态后，就被挂到公共的就绪队列上，在下次被调度时，就可能被分配到处理器 B 上去执行，也有可能被分配到处理器 C 或处理器 D 上去执行。人们把这种方式称为动态分配方式。

动态分配方式的主要优点是消除了各处理器忙闲不均的现象。对于紧密耦合共享存储器的 MPS，其每个处理器保存在存储器中的进程信息可被所有的处理器共享。因此这种调度方式不会增加调度开销。但对于松散耦合的系统，在把一个在处理器 A 上运行的进程转至在处理器 B 上运行时，还必须将在 A 处理器中所保存的该进程信息传送给处理器 B，这无疑会造成调度开销的明显增加。

2. 非对称 MPS 中的进程分配方式

对于非对称 MPS，其 OS 大多采用主—从(MasterSlave)式 OS，即 OS 的核心部分驻留在一台主机上(Master)，而从机(Slave)上只是用户程序，进程调度只由主机执行。每当从机空闲时，便向主机发送一索求进程的信号，然后，便等待主机为它分配进程。在主机中保持有一个就绪队列，只要就绪队列不空，主机便从其队首摘下一进程分配给请求的从机。从机接收到分配的进程后便运行该进程，该进程结束后从机又向主机发出请求。

在非对称 MPS 中，主/从式的进程分配方式的主要优点是系统处理比较简单，这是因为所有的进程分配都由一台主机独自处理，使进程间的同步问题得以简化，且进程调度程序也很易于从单处理机的进程调度程序演化而来。但由一台主机控制一切，也潜在着不可靠性，即主机一旦出现故障，将会导致整个系统瘫痪，而且也很易于因主机太忙，来不及处理而形成系统瓶颈。克服这些缺点的有效方法是利用多台而非一台处理机来管理整个系统，这样，当其中一台出现故障时，可由其它处理机来接替其完成任务，从而不会影响系统运行，而且用多台处理机(主)还可具有更强的执行管理任务的功能，更不容易形成系统瓶颈。

◀ 10.5.3 进程(线程)调度方式

MPS 已广为流行多年，相应地，也必然存在着多种调度方式，特别是自 20 世纪 90 年代以来，已出现了多种调度方式，其中有许多都是以线程作为基本调度单位的。比较有代表性的进(线)程调度方式有：自调度方式、成组调度方式和专用处理机分配方式等。

1. 自调度(Self-Scheduling)方式

1) 自调度机制

在多处理器系统中，自调度方式是最简单的一种调度方式。它是直接由单处理机环境下的调度方式演变而来的。在系统中设置有一个公共的进程或线程就绪队列，所有的处理器在空闲时，都可自己到该队列中取得一进程(或线程)来运行。在自调度方式中，可采用在单处理机环境下所用的调度算法，如先来先服务(FCFS)调度算法、最高优先权优先(FPF)调度算法和抢占式最高优先权优先调度算法等。

1990 年，Leutenegger 等人曾对在多处理机环境下的 FCFS、FPF 和抢占式 FPF 三种调度算法进行了研究，发现在单处理机环境下，FCFS 算法并不是一种好的调度算法。然而在多处理机系统中把它用于线程调度时，FCFS 算法又反而优于其它两种算法。这是因为，线程本身是一个较小的运行单位，继其后而运行的线程不会有很大的时延，加之在系统中有多个处理机(如 N 个)，这使后面的线程的等待时间又可进一步减少为 1/N。FCFS 算法简单、开销小，目前已成为一种较好的自调度算法。

2) 自调度方式的优点

自调度方式的主要优点表现为：首先，系统中的公共就绪队列可按照单处理机系统中所采用的各种方式加以组织；其调度算法也可沿用单处理机系统所用的算法，亦即，很容易将单处理机环境下的调度机制移植到多处理机系统中，故它仍然是当前多处理机系统中较常用的调度方式。其次，只要系统中有任务，或者说只要公共就绪队列不空，就不会出现处理机空闲的情况，也不会发生处理机忙闲不均的现象，因而有利于提高处理机的利用率。

3) 自调度方式的缺点

自调度方式的缺点不容忽视，主要表现如下：

(1) 瓶颈问题。在整个系统中只设置一个就绪队列，供多个处理器共享，这些处理器必须互斥地访问该队列，这很容易形成系统瓶颈。这在系统中处理器数目不多时，问题并不严重；但若系统中处理器数目在数十个乃至数百个时，如果仍用单就绪队列，就会产生严重的瓶颈问题。

(2) 低效性。当线程阻塞后再重新就绪时，它将只能进入这唯一的就绪队列，但却很少可能仍在阻塞前的处理器上运行。如果在每台处理器上都配有高速缓存(Cache)，则这时在其中保留的该线程的数据已经失效，而在该线程新获得的处理器上，又须重新建立这些数据的拷贝。由于一个线程在其整个生命期中可能要多次更换处理器，因而使高速缓存的使用效率很低。

(3) 线程切换频繁。通常，一个应用中的多个线程都属于相互合作型的，但在采用自调度方式时，这些线程很难同时获得处理器而同时运行，这将会使某些线程因其合作线程未获得处理器运行而阻塞，进而被切换下来。

2. 成组调度(Gang Scheduling)方式

为了解决在自调度方式中线程被频繁切换的问题，Leutenegger 提出了成组调度方式。

该方式将一个进程中的一组线程分配到一组处理器上去执行。在成组调度时，如何为应用程序分配处理器时间，可考虑采用以下两种方式：

1) 面向所有应用程序平均分配处理器时间

假定系统中有 N 个处理机和 M 个应用程序，每个应用程序中至多含有 N 个线程，则每个应用程序至多可有 1/M 的时间去占有 N 个处理机。例如，有 4 台处理器及两个应用程序，其中，应用程序 A 中有 4 个线程，应用程序 B 中有一个线程。这样，每个应用程序可占用 4 台处理机一半(1/2)的时间。图 10-7(a)示出了此时处理器的分配情况。由图可看出，使用这种分配方式，在应用程序 A 运行时，4 台处理器都在忙碌；而应用程序 B 运行时，则只有 1 台处理器忙碌，其它 3 台空闲。因此，将有 3/8 的处理器时间(即 37.5%)被浪费了。

	应用程序A	应用程序B
处理器1	线程1	线程1
处理器2	线程2	空闲
处理器3	线程3	空闲
处理器4	线程4	空闲
	1/2	1/2

(a) 浪费 37.5%

	应用程序A	应用程序B
处理器1	线程1	线程1
处理器2	线程2	空闲
处理器3	线程3	空闲
处理器4	线程4	空闲
	4/5	1/5

(b) 浪费 15%

图 10-7　两种分配处理机时间的方法

2) 面向所有线程平均分配处理机时间

由于应用程序 A 中有 4 个线程，应用程序 B 中只有 1 个线程，因此，应为应用程序 A 分配 4/5 的时间，只为应用程序 B 分配 1/5 的时间，如图 10-7(b)所示。此时，将只有 15% 的处理机时间被浪费。可见，按线程平均分配处理机时间的方法更有效。

成组调度方式的主要优点是：如果一组相互合作的进程或线程能并行执行，则可有效地减少线(进)程阻塞情况的发生，从而可以减少线程的切换，使系统性能得到改善；此外，因为每次调度都可以解决一组线程的处理机分配问题，因而可以显著地减少调度频率，从而也减少了调度开销。可见，成组调度的性能优于自调度，日前已获得广泛的认可，并被应用到许多种处理机 OS 中。

3. 专用处理机分配(Dedicated Processor Assigement)方式

1989 年 Tucker 提出了专用处理机分配方式。该方式是指在一个应用程序的执行期间，专门为该应用程序分配一组处理机，每一个线程一个处理机。这组处理机仅供该应用程序专用，直至该应用程序完成。很明显，这会造成处理机的严重浪费。例如，有一个线程为了和另一线程保持同步而阻塞起来时，为该线程所分配的处理机就会空闲。但把这种调度方式用于并发程度相当高的多处理机环境，则是根据下述一些理由：

首先，在具有数十个乃至数百个处理机的高度并行的系统中，每个处理机的投资费用在整个系统中只占很小一部分。对系统的性能和效率来说，单个处理机的利用率已远不像在单机系统中那么重要。

其次，在一个应用程序的整个运行过程中，由于每个进程或线程专用一台处理机，因此可以完全避免进程或线程的切换，从而大大加速了程序的运行。

Tucker 在一个具有 16 个处理机的系统中，运行两个应用程序：一个是矩阵相乘程序，另一个是进行快速傅里叶变换(FFT)。每个应用程序所含有的线程数是可以改变的，从 1 到 24 个。

图 10-8 中示出了应用程序的加速比(Speed up)与线程数目之间的关系。当每个应用程序中含有 7～8 个线程时，可获得最高加速比；当每个应用程序中的线程数大于 8 个时，加速比开始下降。这是因为该系统总共只有 16 个处理器，当两个线程都各含有 8 个线程时，正好是每个线程能分得 1 台处理器；当超过 8 个线程时，就不能保证每个线程有 1 台处理器，因而会出现线程切换问题。可见，线程数愈多时切换就愈频繁，反而会使加速比下降。因此，Tucker 建议：在同时加工的应用程序中，其线程数的总和，不应超过系统中处理机的数目。

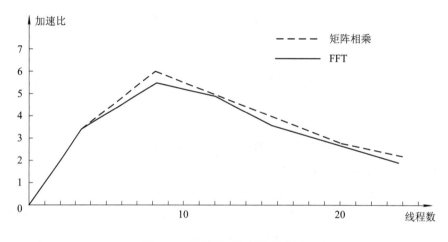

图 10-8　线程数对加速比的影响

由许多相同处理器构成的同构型多处理机系统，其处理器的分配酷似单机系统中的请求调页式内存分配。例如，在某时刻，应把多台处理器分配给某应用程序的问题，十分类似于将多少个内存物理块分配给某进程的问题。又如，在进行处理器分配时，又存在着一个活动工作集的概念，它又类似于请求调页中的工作集概念。当所分配的处理器数少于活动工作集时，将会引起线程的频繁切换，这很类似于在请求调页时，所分配的物理块数若少于其工作集数时，便会引起页面频繁调进调出的情况。

4. 动态调度

该调度方式允许进程在执行期间动态地改变其线程的数目。这样，操作系统和应用程序能够共同地进行调度决策。操作系统负责把处理机分配给作业，而每个作业负责将分配到的处理机再分配给自己的某一部分可运行任务。

在这种方法中，操作系统的调度责任主要限于处理机的分配，并遵循以下的原则：

(1) 空闲则分配。当一个或多个作业对处理机提出请求时，如果系统中存在空闲的处理机，就将它(们)分配给这个(些)作业，满足作业的请求。

(2) 新作业绝对优先。所谓新作业，是指新到达的，还没有获得任何一个处理机的作业。对于多个请求处理机的作业，首先是将处理机分配给新作业，如果系统内已无空闲处理机，则从已分配多个处理机的任何一个作业中收回一个处理机，将其分配给这个新作业。

(3) 保持等待。如果一个作业对处理机的请求，系统的任何分配都不能满足，作业便保持未完成状态，直到有处理机空闲，可分配予之使用，或者作业自己取消这个请求。

(4) 释放即分配。当作业释放了一个(或多个)处理机时，将为这个(或这些)处理机扫描处理机请求队列，首先为新作业分配处理机，其次按先来先服务(FCFS)原则，将剩余处理机进行分配。

动态调度方式优于成组调度和专用处理机调度方式，但其开销之大，有可能抵消它的一部分优势，所以在实际应用时，应精心设计具体的调度方法。

◆ 10.5.4 死锁

在多处理机系统中，产生死锁的原因以及对死锁的防止、避免和解除等基本方法与单处理机相似，但难度和复杂度增加很多。尤其是在 NUMA 分布式环境下，进程和资源在配置和管理上呈现了分布性，竞争资源的各个进程可能来自不同结点。但是，在每个资源结点，通常仅记录本结点的资源使用情况，因此，来自不同结点的进程在竞争共享资源时，对于死锁的检测显得十分困难。

1. 死锁的类型

在多处理机系统中，死锁可以分成资源死锁和通信死锁。前者是因为竞争系统中可重复使用的资源(如打印机、磁带机、存储器等)时，由于进程的推进顺序不当引起的。如集中式系统中，如果进程 A 发送消息给 B，进程 B 发送消息给 C，而进程 C 又发送消息给 A，那么就会发生死锁。而后者，主要是在分布式系统中，由于处于不同结点中的进程，因发送和接收报文而竞争缓冲区引起的，如果出现了既不能发送又不能接收的僵持状态，即发生了通信死锁。

2. 死锁的检测和解除

有两种检测方法：集中式检测和分布式检测。

1) 集中式检测

在每台处理机上都有一张进程资源图，用于描述进程及其占有资源的状况，在负责控制的中心处理机上，配置一张整个系统的进程资源图，并设置一个检测进程，负责整个系统的死锁检测。当检测进程检测到环路时，就选择中止环路中的一个进程，以解决死锁。

为了及时获得最新的进程和资源状况，检测进程对各个结点更新信息的获得，可以通过三种方式：① 当资源图中加入或删除一条弧时，相应的变动消息就发送给检测进程；② 每个进程将新添加或删除的弧的信息周期性地发送给检测进程；③ 检测进程主动去请求更新信息。

上述方式有个不足之处在于，由于进程发出的请求与释放资源命令的时序与执行这两条命令的时序有可能不一致，以至于在进程资源图中形成了环形链，然而是否真的发生了死锁，却无法判断。对此，一种合适的解决办法是：当检测进程发现这种情况后，需要再次向各个进程发出请求信息，对可能产生死锁的时间点进行确认，如果收到了否认应答，则确认为假死锁。

2) 分布式检测

分布式检测是通过系统中竞争资源的各个进程间的相互协作，实现对死锁的检测，无需设置一个检测进程，专门用于对全局资源使用情况进行检测。该方式在每个结点中都设置一个死锁检测进程，在每个消息上附加逻辑时钟，并依次对请求和释放资源的消息进行排队，在一个进程对某资源操作前，必须先向所有其它进程发送请求信息，在获得这些进程的响应信息后，才把请求资源的消息发给该资源的管理进程。每个进程都要将资源的已分配情况通知所有进程。

由上述可见，对于分布式环境下的死锁检测，需要的通信开销较大，在实际应用中，往往采取的是死锁预防方式。

10.6 网络操作系统

计算机网络是指通过数据通信系统把地理上分散的自主计算机系统连接起来，以达到数据通信和资源共享目的的一种计算机系统。自主计算机是指具有独立处理能力的计算机。可见，计算机网络是在计算机技术和通信技术高度发展的基础上相结合的产物，是多个处理机通过通信线路互连而构成的松散耦合系统，通信系统为计算机之间的数据传送提供最重要的支持。作为多处理机系统的一种重要形式，本节将对网络操作系统作简要的介绍。

10.6.1 网络及网络体系结构

1. 计算机网络的组成

计算机网络从构造的物理结构而言，是通过包括星形、树形、公用总线形、环形和网状形等不同的拓扑结构，将地理上分散的计算机连接起来的网络。而从逻辑结构而言，计算机网络是由三个部分组成：

(1) 通信子网：由分布在不同地点的、负责数据通信处理的通信控制处理机与通信线路互连构成，是计算机网络的基础部分，主要负责数据的传输及交换。

(2) 资源子网：由负责数据处理的主计算机与终端构成，作为计算机网络中的信源和信宿，都连接在通信子网中的一个交换设备上，构成了建立在通信子网上的资源子网，负责进行数据处理。

(3) 网络协议：为实现计算机网络中的数据交换而建立的规则、标准或约定的集合，是为了保证网络中源主机系统和目标主机系统保持高度一致的协同。

2. 网络协议

网络协议是一组控制数据交互过程的通信规则，规定了通信双方所交换数据(控制信息)

的格式和时序。网络协议的三要素分别是：

(1) 语义，解释控制信息每个部分的意义，规定了通信双方要发出的控制信息、执行的动作和返回的应答等；

(2) 语法，规定通信双方彼此应该如何操作，即确定协议元素的格式，包括用户数据与控制信息的结构与格式，以及数据出现的顺序；

(3) 时序，对事件发生顺序的详细说明，指出事件的顺序和速率匹配等。

在网络的每一层中都有相应的网络协议。(N)协议是指一组局部于(N)层的协议，它决定着(N)实体在执行(N)功能时的通信行为。

计算机网络中存在有多种协议，每个协议应该处理没有被其它协议处理过的通信问题，(即内聚性高，耦合性低)，同时每个协议之间可以共享数据和信息。

网络的协议具有两种形式：一是便于人进行阅读和理解的文字描述；二是能够让计算机理解的程序代码。两种不同形式的协议都必须能够对网络上交换的信息做出精确的解释和规定。

3. 互连网协议 IP v4 和 IP v6

1) IP v4 协议

IP v4 是早期在 Internet 上使用的网络互连协议，可利用它来实现网络互连，为此，IP v4 协议应解决三个问题：① 寻址，为了能在互连环境下唯一地标识网络中每一个(可寻址的)实体，应为这些实体赋予全局性标识符；② 分段和重新组装，在不同的网络中，所规定的帧长度并不相同，例如在 X.25 网中优先选用的最大长度为 128 个字节，而在以太网中则为 1518 个字节，这样，当信息从以太网送入 X.25 网时，就应先进行分段，在由 WAN 把信息传送到目标 LAN 后，又应对它们进行重新组装；③ 源路由选择，为 IP 数据报的传输，选择最佳的传输路由。

2) IP v6 协议

IP v6 协议继承了 IP v4 协议的一切优点，而针对其不足之处做了多方面的修改，使之能更好地满足当今 Internet 网络的需要。如扩大了地址空间，IP v4 协议的规定地址长度为 4 个字节，而在 IP v6 协议中的地址长度已扩充到 16 个字节；又如增设了安全机制，在 IP v6 协议中引入了认证技术，以保证被确认的用户仅能去做已核准他执行的操作等。

4. 传输层协议 TCP 和 UDP

1) 传输控制协议 TCP

TCP 提供了面向连接的、可靠的端-端通信机制。所谓可靠，是指即使网络层(通信子网)出现了差错，TCP 协议仍能正确地控制连接的建立、数据的传输和连接的释放。此外，在进行正常的数据交换时也要有流量控制，即控制发方发送数据的速度不应超过接收方接收数据的能力。

2) 用户数据报协议 UDP

如果所传输的数据并不那么重要，可考虑利用 UDP 协议来传输数据。该协议是一种无连接的、不可靠的协议。它无需在数据传送之前先建立端-端之间的连接，也就不要拆除连接。在数据传送过程中，无需对传送的数据进行差错检测。换而言之，它是以一种比较简单的方式来传送数据，因而有效地提高了传输速率。

5. 网络体系结构

为了简化对复杂的计算机网络的研究、设计和分析工作，一般把计算机网络的功能分成若干层。层次结构就是指把一个复杂的系统设计问题分解成多个层次分明的局部问题，并规定每一层次所必须完成的功能。

计算机网络的体系结构就是这个计算机网络及其部件所应完成功能的精确定义，是针对计算机网络所执行的各种功能而设计的一种层次结构模型。同时也为不同的计算机系统之间的互连、互通和互操作提供相应的规范和标准(即协议)。网络体系结构是抽象的，而实现网络协议的技术是具体的。

在开放系统互连参考模型 OSI/RM(Open System Interconnection/Reference Model)的网络体系结构中，从最低物理层，到最高应用层共分为七层，如图 10-9 所示，各层的功能如下：

(1) 物理层(Physical Layer)：是 OSI 的最低层，建立在通信介质的基础上，实现系统和通信介质的接口功能，为数据链路实体之间透明地传输比特流提供服务。

(2) 数据链路层(Data Link Layer)：是在相邻两系统的网络实体之间，建立、维持和释放数据链路连接，在两个相邻系统的网络实体之间实现透明的、可靠的信息传输服务。数据传输的基本单位是帧。

(3) 网络层(Network Layer)：网络层主要涉及通信子网及与主机的接口，提供建立、维持和释放网络连接的手段，以实现两个端系统中传输实体间的通信。传输的基本单位是分组(packet)。

(4) 传输层(Transport Layer)：为不同系统内的会晤实体间建立端-端(end-to-end)的透明、可靠的数据传输，执行端-端差错控制及顺序和流量控制，管理多路复用等。数据传输的基本单位是报文(message)。

(5) 会晤层(Session Layer)：为不同系统内的应用进程之间建立会晤连接。会晤层的作用是对基本的传输连接服务进行"增值"，以提供一个能满足多方面要求的会晤连接服务。

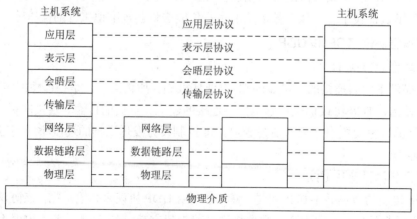

图 10-9 OSI 七层模型

(6) 表示层(Presentation Layer)：向应用进程提供信息表示方式、对不同系统的表示方法进行转换，使在采用不同表示方式的应用实体之间能进行通信，并提供标准的应用接口和公用通信服务，如数据加密、正文压缩等。

(7) 应用层(Application Lsyer)：是 OSI/RM 中的最高层，它为应用进程访问 OSI 环境提供了手段，并直接为应用进程服务，其它各层也都通过应用层向应用进程提供服务。

OSI 参考模型层次划分的原则：① 网络中各主机都具有相同的层次；② 不同主机的同等层具有相同的功能；③ 同一主机内相邻层之间通过接口通信；④ 每层可以使用下层提供的服务，并向其上层提供服务；⑤ 不同主机的同等层通过协议来实现同等层之间的通信。

◀ 10.6.2　网络操作系统及其分类

1. 网络操作系统及其特征

网络操作系统(Network Operating System)是在计算机网络环境下，对网络资源进行管理和控制，实现数据通信及对网络资源的共享，为用户提供与网络资源之间接口的一组软件和规程的集合。网络操作系统建立在网络中计算机各自不同的单机操作系统之上，为用户提供使用网络系统资源的桥梁。一般而言，网络操作系统具有下面 5 个特征。

(1) 硬件独立性：系统可以运行于各种硬件平台之上。例如，可以运行于 Intel x86 系统，也可以运行于基于 RISC 精简指令集的系统，诸如 DECAlpha、MIPSR4000 等。

(2) 接口一致性：系统为网络中的共享资源提供一致性的接口，即对同一性质的资源采用统一的访问方式和接口。

(3) 资源透明性：对网络中的资源统一管理，能够根据用户的要求，自动地分配和选择。

(4) 系统可靠性：系统利用资源在地理上分散的优点，通过统一管理、分配和调度手段，确保了整个网络的安全可靠。如果一个节点和通信链路出现故障，可以屏蔽该节点或重新定义新的通信链路，保证网络的正常运行。

(5) 执行并行性：系统不仅实现了在每个节点计算机中各道进程的并发执行，而且实现了网络中多个节点计算机上进程的并行执行。

2. 网络操作系统的分类

组建计算机网络的基本目的是共享资源，根据对共享资源不同的组织、控制和数据处理方式，从历史发展来看，计算机网络应用模式可分为主从模式、对等模式和基于服务器模式三类。其中的主从模式前面已经介绍过了，下面介绍其它两类。基于服务器模式又可分为专用文件服务器模式(也称工作站服务器模式)、客户机服务器模式和浏览器服务器模式。所以，对应地，将网络操作系统的工作模式也分为两大类共四种模式：

1) 对等模式(peer-to-peer model)

在该模式的操作系统管理下，网络上的每台计算机处于平等的地位，系统中不设专用服务器，任何一台计算机和其它计算机之间没有从属关系。原则上网络中的任意两个节点之间都直接通信，系统中的每一台计算机都能访问计算机上的共享资源，每台联网计算机都分前台方式和后台方式工作，前台为本地服务，后台为其它结点的网络用户服务。

该模式适用于较小范围和规模的网络，其优点在于结构简单，容易安装和维护，网络中任意两个节点均可直接通信。其缺点在于对网络中每一个节点的计算机负载过重，既要承担本地用户的信息处理任务，又要承担较重的网络共享资源管理和通信管理任务，明显降低了信息处理能力。

2) 工作站/服务器模式(Workstation/Server model)

该模式将网络中的节点计算机分为两类：网络服务器(Server)和网络工作站(Workstation)。服务器以集中方式管理网络中的共享资源，为工作站提供服务，服务器不再作其它用途。工作站为本地用户访问本地资源和访问网络资源服务。

非对等网络的操作系统的软件也分为两部分：一部分运行在服务器上，另一部分运行在工作站上。服务器集中管理网络资源和服务，是局域网的逻辑中心。安装在服务器上的网络操作系统软件的功能和性能决定了网络服务功能的强弱以及系统的性能和安全性，是网络操作系统的核心部分，也称为基于专用服务器的网络操作系统。

绝大多数网络都是采用非对等结构的网络操作系统，可用于大型系统的联网。典型的非对等结构网络操作系统有 Novell 公司的 NetWare 和 Microsoft 公司的 Windows NT 等。

3) 客户/服务器模式(Client/Server model)

在计算机网络中，从硬件角度看，客户/服务器模式是指，某项任务分配在两台或多台机器上，其中用于接受请求并提供各种资源、数据和服务的计算机称为服务器，而面向用户，提供用户接口和前端处理，并向服务器提出资源、数据和服务请求的计算机称为客户机。

从软件角度看，客户/服务器模式是指，将某项应用或软件系统按逻辑功能，划分为客户端软件和服务器软件两个部分。前者负责数据的表示和应用、用户界面的处理、接收用户的数据处理请求、向服务器发出数据和服务请求。后者负责接收客户端软件发来的请求并提供相应的服务。

客户与服务器之间采用网络协议(如 TCP/IP、IPX/SPX)进行连接和通信，其交互模式一般为：客户端向服务器发出请求，服务器端接收请求并执行相应服务，服务器回送响应包，客户端接收响应包。

4) 浏览器/服务器模式(Browser/Server model)

客户/服务器模式可分为两层 C/S 模式和三层 C/S 模式两种。传统的小型局域网采用两层客户/服务器模式，在大型网络中通常采用三层 C/S 模式。三层 C/S 模式，即将客户机连接到一台 Web 服务器(并配上浏览器软件，用于实现客户与 Web 服务器之间的交互)上，即在客户机与服务器之间再增加一台 Web 服务器，它相当于前面所介绍的应用服务器。

当客户机需要访问各种服务器时，用户须先访问 Web 服务器，然后由 Web 服务器代理客户去访问某台(些)服务器。由于配置了浏览器软件的客户机可以浏览网络中几乎所有允许访问的服务器，这时便把这样的客户机称为 Web 浏览器，由此形成了 Web 浏览器、Web 服务器和数据库服务器三层的 C/S 模式，通常也称为浏览器/服务器模式。

浏览器与服务器之间的交互，与传统 C/S 之间的交互方式相似，都属于请求/响应方式，所不同的是浏览器所检索的对象通常是超文本文件，因此在浏览器与 Web 服务器之间所采用的是 HTTP 传输协议。

10.6.3　网络操作系统的功能

网络操作系统不仅涵盖了单机操作系统的全部功能，还具有支持数据通信、应用互操作、网络管理等功能。

1. 数据通信

为了实现网络中计算机之间的数据通信，网络 OS 应具有如下基本功能：

(1) 连接的建立与拆除。为实现两计算机系统之间的通信，需要在两个系统的多个层次之间建立连接：① 在相邻两个系统的物理层之间建立物理连接，为信息传输提供一条物理传输路径；② 在相邻结点的数据链路层间建立数据链路连接，以实现相邻结点间无差错的信息传输；③ 在网络层中，又须在源传输实体和目标实体之间建立一条网络连接，直至在两系统的表示层中，为两个应用实体建立了表示连接，即除应用层外的所有各层都要为数据通信建立相应的连接。当通信结束后，又须将各层中的相应连接拆除。

(2) 报文的分解与组装。在源主机中将用户数据由传输层送至网络层之前，应将用户数据(报文)分解成若干个适合在网络中传输的分组，然后逐个按序将它们送至网络层。再由网络层把分组发送给网络中的下一个结点。当这些分组到达目标主机后，再由目标主机中的传输层按分组序号，将这些分组重新组装成报文，再通过会晤层、表示层送给应用层中的目标进程。

(3) 传输控制。为使用户数据(报文)能在网络中正常传输，必须为报文配上报头来控制报文传输，报头中的内容是用于控制报文传输的信息，如目标地址、源主机地址、报文序号等。

(4) 流量控制。从源实体所发出数据的速度，不应超过目标实体接收和处理数据的能力，以及链路的传输能力，这就是流量控制功能。

(5) 差错的检测与纠正：数据在网络中传输时难免会出现差错，为了减少数据在传输过程中的错误，网络中必须有差错控制设施以完成检测差错(即发现数据在传输过程中所出现的错误)和纠正错误(即对已发现的错误加以纠正)。

2. 应用互操作

为了实现多个网络之间的通信和资源共享，不仅需要将它们从物理上连接在一起，而且还应使不同网络的计算机系统之间能进行通信(信息互通)和实现资源共享(信息互用)。为此，在网络 OS 中必须提供应用互操作功能，以实现"信息互通性"及"信息互用性"。

(1) 信息的互通性。为了避免在不同的网络中，因采用了不同的协议而不能相互识别和通信，在互连网络的每一个网络中都应配置同一类型的传输协议，以实现各个网络之间的通信。如互连网络 Internet(互联网)，是由成千上万个各种类型的 WAN 互连而成的，所有这些网络都是利用 TCP/IP 传输协议来实现信息互通的，如果用户希望把自己的网络连接到 Internet 上，就必须在自己的网络中配置 TCP/IP 传输协议。

(2) 信息的"互用性"。所谓信息的"互用性"，是指在不同的网络中的站点之间能实现信息的互用，亦即一个网络中的用户能够访问另一个网络文件系统(或数据库系统)中的文件(数据)。不能实现信息的"互用性"的原因是，在不同网络中所配置的网络文件系统(或数据库系统)，通常都使用了各不相同的结构、各不相同的文件命名方式和存取文件的命令，于是便发生了由一个源网络中的用户发往一个目标网络去的文件访问命令不能被目标网络上的结点所识别的情况。对此，一个当前相对比较流行的解决方案是由 SUN 公司推出的网络文件系统协议 NFS(Network File System)。

3. 网络管理

在网络中引入了网络管理功能，以确保能最大限度地增加网络的可用时间，提高网络设备的利用率，改善网络的服务质量，以及保障网络的安全性等。

1) 网络管理的目标

(1) 增强网络的可用性，如通过预测及时地检测出网络故障，为关键设备配置冗余的设备等；

(2) 提高网络的运行质量，随时监测网络中的负荷及流量；

(3) 提高网络的资源利用率，长期监测网络，对网络资源进行合理的调整；

(4) 保障网络数据的安全性，采取多级安全保障机制；

(5) 提高网络的社会和经济效益。

2) 网络管理的功能

ISO 为网络管理定义了差错、配置、性能、计费和安全五大管理功能：

(1) 配置管理，用来监控网络的配置数据，允许网络管理人员能生成、查询和修改软硬件的运行参数和条件，以保证网络正常运行；

(2) 故障管理，通常用来检测网络中所发生的异常事件，为网络操作员提供快速发现和修复故障的手段；

(3) 性能管理，通过收集网络运行数据，分析网络的运行情况以及网络的运行趋势，得出对网络的整体和长期的评价，将网络性能控制在用户能接受的水平；

(4) 安全管理，提供某种安全策略来控制对资源的访问，包括定义合法操作员及其权限和管理域，规定用户对网络资源的访问权限，通过使用日志等手段对所关心的事件进行调查，防止病毒等；

(5) 计费管理，用于监视和记录用户使用网络资源的种类、数量和时间，对资源的使用进行计费。

10.7 分布式文件系统

前面章节介绍的文件系统，其所管理的存储设备是连接在本地节点(本地计算机)上的，仅允许本地的 CPU 通过系统 I/O 总线直接访问，我们称之为本地文件系统(Local File System，LFS)。而分布式文件系统(Distributed File System，DFS)是指建立在松散耦合的多处理机体系结构上，通过通信网络(或计算机网络)互连，将分布在本地或远地若干节点的物理存储设备以共享文件系统方式统一管理，提供给不同节点上的用户共享。DFS 的设计基于客户机/服务器模式，是一个相对独立的软件系统，被集成在分布式操作系统中。

分布式文件系统是配置在分布式系统上的，因此，本节在介绍分布式文件系统这个主题前，先对所涉及的分布式系统的知识和概念做个扼要的介绍。

◀ 10.7.1　分布式系统

1. 分布式系统的特征

分布式系统(distributed system)，是基于软件实现的一种多处理机系统，是多个处理机通过通信线路互连而构成的松散耦合系统，系统的处理和控制功能分布在各个处理机上。换言之，是利用软件系统方式构建在计算机网络之上的一种多处理机系统。

与前面所述的多种多处理机系统(包括多处理机和多计算机等)相比，分布式系统的不同在于：① 分布式系统中的每个节点都是一台独立的计算机，并配置有完整的外部设备；② 分布式系统中节点的耦合程度更为分散，地理分布区域更加广阔；③ 分布式系统中的每个节点可以运行不同的操作系统，每个节点拥有自己的文件系统，除了本节点的管理外，还有其它多个机构对其实施管理。

对分布式系统有很多不同的定义，比如："一个分布式系统是一些独立的计算机集合，但是对这个系统的用户来说，系统就像一台计算机一样"，或者，"分布式系统是能为用户自动管理资源的网络操作系统，由它调用完成用户任务所需要的资源，而整个网络像一个大的计算机系统一样对用户是透明的。"等等，归纳起来，分布式系统应具有以下几个主要特征：

(1) 分布性。系统由多台计算机组成，从位置和地域范围而言，是分散且广阔的，即地理位置的分布性。从系统的功能而言，是分散在系统的各个节点计算机上，即功能的分布性。从系统的资源而言，也是分散配置在各节点计算机上，即资源的分布性；从系统的控制而言，一般的分布式系统中计算机没有主、从之分，即控制的分布性。其中，资源和控制的分布性也称自治性。

(2) 透明性。系统资源被所有计算机共享。每台计算机的用户不仅可以使用本机的资源，还可以使用分布式系统中其它计算机的资源(包括 CPU、文件、打印机等)。

(3) 同一性。系统中的若干台计算机可以互相协作来完成一个共同的任务，或者说一个程序可以分布在几台计算机上并行地运行。

(4) 全局性。系统具备一个全局性的进程通信机制，系统中的任意两台计算机都可以通过该机制实现信息交换。

2. 分布式系统的优点

分布式系统与集中式系统相比具有以下一些优点：

(1) 计算能力强。由于采用了并行处理技术，可将任务划分为多个子任务，并将它们分派到不同的计算机节点上并行执行，因此，分布式系统总的计算能力比单个的大型集中式系统的计算能力强。

(2) 易于实现共享。分布式系统建立在计算机网络基础上，对于系统中的资源，很容易实现共享。此外，由于系统具有计算迁移的功能，能够将任务迁移到不同的节点执行，很容易实现负载共享。

(3) 方便通信。各节点通过通信网络连接，建立在计算机网络基础上，从系统底层到高层都有多种成熟的通信机制和工具可以移植，加之分布式系统地域范围广阔的特点，为人们之间的信息交流提供了很大的方便。

(4) 可靠性高。在分布式系统中，工作负载都分散在多台机器上，单个机器故障只会使一台机器停机，而不会影响其它机器，从而获得很高的可靠性。

(5) 可扩充性好。在分布式系统中，可方便地添加若干台计算机，而不需对系统的软硬件进行修改。

尽管分布式系统有很多优点，但也存在一些缺点，目前主要表现为可用软件不足。分布式系统需要与集中式系统完全不同的软件，特别是系统所需要的分布式操作系统才刚刚出现，导致如编程、工具和其它的应用软件的不足。另外，在通信网络方面的信息丢失、网络安全方面的数据安全保密等存在一些潜在的不足。

3. 分布式操作系统

分布式操作系统是配置在分布式系统上的公用操作系统，以全局的方式对分布式系统中的所有资源进行统一管理，可以直接对系统中地理位置分散的各种物理和逻辑资源进行动态的分配和调度，有效地协调和控制各个任务的并行执行，协调和保持系统内的各个计算机间的信息传输及协作运行，并向用户提供一个统一的、方便的、透明的使用系统的界面和标准接口。一个典型的例子是万维网(World Wide Web)，在万维网中，所有的操作只通过一种界面——Web 页面。

与网络操作系统不同，分布式 OS 用户在使用系统内的资源时，不需要了解诸如网络中各个计算机的功能与配置、操作系统的差异、软件资源、网络文件的结构、网络设备的地址、远程访问的方式等情况，对用户屏蔽了系统内部实现的细节。分布式 OS 保持了网络操作系统所拥有的全部功能，同时又具有透明性、内聚性、可靠性和高性能等特点。

分布式操作系统除了涵盖单机操作系统的主要功能外，还应该包括：

(1) 通信管理功能。分布式 OS 系统应提供某种通信机制和方法，使不同节点上的用户或进程能方便地进行信息交换。一般地，分布式 OS 通过提供一些通信原语的方式，实现系统内的进程通信，但由于系统中没有共享内存，这些原语需要按照通信协议的约定和规则来实现。

(2) 资源管理功能。分布式 OS 对系统中的所有资源实施统一管理、统一分配和统一调度，提高资源利用率，方便用户共享和使用。例如，提供不同节点用户共享的分布式文件系统、分布式数据库系统、分布式程序设计语言及编译系统、分布式邮件系统等。

(3) 进程管理功能。针对系统分布性特征，为平衡各节点负载，加速计算速度，分布式 OS 应提供进程或计算迁移；为协调进程对资源的共享和竞争，提高进程的并行程度，应提供分布式的同步和互斥机制，以及应对死锁的措施等。

◀ 10.7.2 分布式文件系统的实现方式和基本要求

随着计算机性能的不断提升，部件平均价格的不断下降，尤其是网络技术的发展以及应用的普及，基于光纤通道的 NAS 和 SAN 的广泛应用，极大地推动了 DFS(分布式文件系统)的研究和发展。对大容量、高性能的数据存储和共享的需求，推动着 DFS 管理规模的扩大、系统的复杂程度的增高，出现了多种体系结构的实现方式，各种应用需求对系统提出了更多的要求。

1. DFS 的实现方式

DFS 有多种实现方式，一般分为以下两类：

1) 共享文件系统方式(shared file system approach)

该方式也称专用服务器方式。类似于本地文件系统使用树形目录结构，管理本地计算机存储设备上的文件方式。共享文件系统方式也采用一个逻辑树的结构，对整个系统中的文件系统进行管理。系统采用客户/服务器模式，设置了若干个文件服务器，数据分布地存储在各个文件服务器上。用户可以忽略文件的实际物理位置，只需要按一定的逻辑关系，通过文件服务器上的服务进程，即可访问整个系统(或网络)的共享资源。文件服务器的分布和文件系统逻辑树的架构，对用户都是透明的，用户可以像访问本地文件一样访问分布在多个节点上的文件。共享文件系统的方法已被许多分布式文件系统所采用，如 NFS、AFS 和 Sprite 文件系统等。

该方式实现比较简单，对于设备的要求不高，而且通用性也比较好，在本书中主要讨论这种实现方式。

2) 共享磁盘方式(shared disk approach)

该方式也称为无服务器方式。在这种方式中，系统中没有专门的文件服务器，而是配置了一个共享磁盘(一般为高速磁盘，如 IBM SSA)，并将其与主机、客户机都连接在内部的高速网络(如光通道)上，主机和客户机都将共享磁盘作为它们的存储设备，直接以盘块方式读写磁盘上的文件，实现共享。使用该方式的有 VAX Cluster 的文件系统、IBM GPFS 和 GFS 等。与共享文件系统方法相比，该方式对设备的要求高，实现的难度也要大些，往往被用来构造高端或专用的存储设备，如 NAS(Network Attached Storage)和 SAN(Storage Area Network)等。

2. 基本要求

相对于 LFS，DFS 除了大容量的要求外，还有很多基本要求：

(1) 透明性，包括：① 位置的透明性，文件服务器及文件服务进程的多重性，与共享存储器的分散性，对客户透明；② 移动透明性，存储资源和数据在系统内位置的移动和变更对客户透明；③ 性能透明性，允许系统中的服务负载有一定范围的变化量，仍能对客户提供相对稳定的性能保障；④ 扩展透明性，允许系统在规模、性能和功能上进行扩展，以满足负载和网络规模的增长。

(2) 高性能和高可靠性，系统必须能够提供比本地文件系统更高的性能和可靠性，以满足分布式文件系统中诸多客户繁重的访问需求，保证系统的安全可靠。

(3) 容错性，这是保证系统可靠性不可缺少的手段，在系统出现错误时，仍能为用户提供服务。一般采用多种冗余技术实现对故障的掩盖，包括：① 信息冗余，如增加校验信息；② 时间冗余，如重复执行操作； ③ 物理冗余，如增加额外的副本、设备或进程等。

(4) 安全性，通过身份验证、访问控制和安全通道等方式，保证系统的安全性。

(5) 一致性，保证客户在本地缓存的文件副本与文件服务器上的主副本相一致。

◆ 10.7.3　命名及共享语义

1. 命名

如前面章节所述，对于 OS 管理的存储资源，文件系统通过抽象，屏蔽了对物理设备的操作以及资源管理的细节，并向用户提供统一的、对象化的访问接口。在 LFS 中，用户使用文件名访问逻辑数据对象，而逻辑数据对象所对应的是经过 OS 抽象过的系统底层，即采用的是盘面、磁道号和扇区的方式对存储在本地磁盘上的物理对象(数据)进行访问。但在 DFS 中，从逻辑对象到物理对象之间，还存在着磁盘所在的服务器地址问题。作为 DFS 的抽象功能，不仅要将文件在磁盘的具体盘块、磁道和扇区等信息隐藏起来，将其与文件名映射，完成一次文件的抽象，还需要隐藏文件所在服务器的地址和存储方式等细节，将其也与文件名映射，从而形成一个多级映射，为用户提供的是一个文件的抽象。所谓命名，就是在数据的逻辑对象和物理对象之间建立的映射。

在 DFS 中，主要有三种命名方案：

(1) 结合主机名和本地名对文件命名，保证在整个系统范围的唯一性。如，文件名为"/host/local-name-path"，其中 local-name 类似于 UNIX 的路径。该方案简单易行，但不符合命名的透明性。

(2) 将若干台服务器中的远程目录，加载到客户机的本地目录中。该方案管理复杂度很高，结构混乱，且安全程度低， 旦一个服务器故障，将导致客户机上的目录集失效。

(3) 全局统一命名，即系统采用统一的全局命名结构，每个文件和目录使用唯一的命名。考虑到不同系统中的一些特殊文件，使得该方案实现难度较大。

2. 共享语义

对于 DFS，需要保证多个客户机并发访问时的数据一致性，因此，当多个客户共享同一个文件时，必须对客户机和服务器之间的交互协议精确处理，即精确定义读和写的语义。

例如，在服务器上有一个文件的主副本，客户机 A 因为频繁使用的原因，在自己本地的高速缓存中也保留了该文件的一个副本。某一时刻，客户机 A 对本地高速缓存中的副本进行了修改，然后，客户机 B 从服务器读取了这个文件。显然，客户机 B 得到的文件是一个过时、失效的文件，可见这样读写语义存在问题。为了保持文件在客户机本地缓存中的副本与服务器上的主副本的一致性，如果将上述语义改为：客户机 A 对本地高速缓存中文件的任何修改，必须立即传回服务器。虽然表面上似乎解决了一致性问题，但实际上，因没有界定修改的截止点,这种方式非常低效。另外一种方法是将语义改为:只有当客户机 A 对文件修改完毕,执行关闭操作后,才将修改后的副本上传到服务器,并通知客户机 B。这样,客户机 B 进行后续的读操作,确保了 B 读到正确的文件。

由上述可知,共享语义决定了多个客户共享文件的效果,是评价 DFS 允许多个客户共享文件性能的重要标准,特别是,这些语义应当说明被客户修改的数据何时可以被远程客户看到。

通常,实现多个客户机共享文件的方法主要有四种:① UNIX 语义,文件上的每个操作对所有进程都是瞬间可见;② 会话语义,在文件关闭之前,所有改动对其进程都是不可见的;③ 不允许更新文件,不能进行更改,只能简单地进行共享和复制;④ 事务处理,所有改动以原子操作的方式(顺序)发生。

3. 租赁协议

租赁协议是一个比较具有代表性的一致性访问协议。当客户机向服务器发出一个读请求时,不仅收到所请求的数据,还会收到一个租赁凭据。该凭据附带一个有效期,保证服务器在该有效期内不会对客户机收到的数据进行更新。

如果客户机数据在本地高速缓存上保留了副本,则在有效期内,客户机对数据的访问只需在本地缓存中进行,不必重新请求服务器,数据也不用重新传送。只有当租赁的有效期过期时,客户机才必须与服务器进行交互,确认本地缓存中的数据是否与服务器上的一致,判断服务器上的数据是否进行了更新。只有确认发生了更新,客户机才必须重新向服务器请求,以获得最新的数据。

作为服务器,当有客户机对数据发出更新请求时,并不是立即进行更新,而是向所有持有对该文件租赁的客户机(即正在共享该文件的所有客户机)发出更新确认,然后才会实施更新。所有客户机收到服务器发送的更新确认时,即将其持有的租赁凭据标记为无效。此后,客户机需要再次访问该数据时,必须重新向服务器请求,在获得新数据的同时,获取一张新的租赁凭证。

租赁协议实际上是一个多读者单写者的机制,即同一时间在同一文件上可以允许多个客户机进行读操作,但对于客户机的写操作,同一时间只允许一个客户机进行,进行读写操作的客户机只能互斥进行。

10.7.4 远程文件访问和缓存

在 DFS 中,需要解决的一个很重要的问题是远程文件的访问方法。在 C/S 模式中,客户使用远程服务机制访问文件,访问请求被送到服务器,服务器执行访问,并将结果回送给客户。执行远程服务的最常用的方法是在第二章介绍的远程过程调用(RPC)。

考虑到客户一般会对数据有反复多次使用的情况,根据程序的局部性原理,在 DFS 中引入了缓存机制,即如果客户请求的数据不在本地,则从服务器处取来数据的拷贝,送给客户机。通常取来的数据量比实际请求的要多得多,例如整个文件或几个页面,所以随后的访问,客户机可在本地副本中进行。

1. 缓存和远程服务的比较

(1) 使用缓存时，大量的远程访问可转为对本地的缓存访问，因此而获得的服务速度与本地访问的一样快。

(2) 使用缓存时，服务器的负载和网络通信量都减少了，扩充能力加强了。而在使用远程服务方法时，每次远程访问都是跨过网络处理的，明显增加了网络通信量和服务器负载，引起性能下降。

(3) 缓存时，就网络总开销而言，与远程服务针对个别请求一系列应答的传输开销相比，缓存采用以整个文件或文件的若干个页面这样的大批数据传输方式时，开销还是要低很多。

(4) 缓存的主要缺点是一致性问题。在针对不经常写入的访问模式中，缓存方法是优越的；但在频繁写的情况下，用于解决一致性问题的机制反而导致在性能、网络通信量和服务器负载等方面的大量开销。

(5) 在用缓存作为远程访问方法的系统中，仿真集中式系统的共享语义是很困难的。使用远程服务时，服务器将所有访问串行化，因此能够实现任何集中的共享语义。

(6) 机器间的接口不同，远程服务方式仅仅是本地文件系统接口在网络上的扩展，机器间的接口就是本地客户机和文件系统之间的接口。而缓存方式中，数据是在服务器和客户机之间整体传输，机器间的接口与上级的用户接口是不同的。

2. 缓存的粒度和位置

1) 缓存的粒度

在 DFS 中，缓存的数据粒度(即数据单元)可以是文件的若干块，也可以是若干个文件，乃至整个文件系统。缓存的数据粒度越大，存储的数据就越多，则客户机较多的访问可通过缓存完成，一方面增加了访问速度，另一方面减少了通信的流量，降低了服务器的负载等。但是，缓存的数据越多，一次性传输的开销增大，另一方面，在写频繁的情况下，花费在保持数据一致性上的开销也增大。反之，粒度太小，降低了缓存的命中率，增加了通信开销，加大了服务器负载，降低了客户机的访问速度。

同理，在缓存中，存储块的大小划分也会影响到缓存的性能。可见缓存的大小以及存储块的大小都对缓存性能有较大的影响。

2) 缓存的位置

在一个各自有主存和磁盘的客户-服务器系统中，有四个地方可以用来存储文件或存储部分文件：服务器磁盘、服务器主存、客户机磁盘或者客户机主存。

存储所有文件最直接的位置是在服务器磁盘上，使用磁盘缓存最明显的优点就是可靠性不会因为系统的故障而丢失。

利用主存作缓存器也有若干优点：首先，可支持无盘工作站；其次，速度快，从主存缓存中访问数据比磁盘缓存快；第三，方便构造单缓存机制，服务器缓存器设在主存中，如果客户缓存也使用主存，就可以构造一个单缓存机制，服务器和客户均可使用，协议简单，易实现。两种缓存地点强调的功能不一样，主存缓存器主要减少访问时间，磁盘缓存器主要提高可靠性和单个机器的自治性。

3. 缓存的更新

对于缓存中更新的数据块，选择什么时间和方式将其写回服务器，对系统的性能和可靠性具有关键性的影响。目前存在下面几种写回策略：

(1) 直接写，一旦数据写到缓存器中，就把此数据写到服务器磁盘上，可靠性高。

(2) 延迟写，把修改先写到缓存中，等待一段时间再将其写到服务器磁盘上，但这样可能语义不清。

(3) 驱逐时写，当被修改过的数据块将被从缓存中换出时，将数据块发送到服务器上。

(4) 周期性写，周期地扫描缓存，把从上次扫描以来已被修改过的块发送给服务器。

(5) 关闭时写，当文件关闭时把数据写回到服务器，与会话语义相对应。

4. 数据一致性

对于本地缓存的数据副本与服务器中的主副本，客户机需要进行有效性检查，判断它们是否一致后才能使用。如果不一致，则表明本地缓存的数据已经过时，那么这些数据就不能为客户机提供数据访问服务，需要进行更新。对于这样的检查，有两个基本方法：

(1) 客户机发起：客户机与服务器联系，检查本地数据与服务器上的主副本是否一致。这个方法的关键是这种有效性检查的频度范围可以从每次访问前都进行一次，到只对一个文件的第一次访问(即打开文件)时进行，也可以按固定的时间间隔周期性进行。检查频率的高低直接影响网络和服务器的负载。

(2) 服务器发起：服务器为每个客户机记录其缓存的文件(或文件的某个部分)，当服务器检测出可能不一致时，必须做出处理，如检测到一个文件在多个客户机竞争状态被打开时，服务器使该缓存失效。该方法的问题在于违背客户/服务器工作模式。

◀ 10.7.5　容错

1. 无状态服务和有状态服务

当客户机对远程文件进行访问时，有关被访问的文件、目录和客户机的信息等，在服务器端是否需要进行跟踪、检查和保存等处理，存在着两种策略：

(1) 有状态服务(stateful file service)：指一个服务器对某个客户机提供数据服务时，缓存了该客户机的有关信息，该服务器称为有状态服务器。

(2) 无状态服务(stateless file service)：指当服务器对某个客户机提供数据服务时，没有缓存该客户机的有关信息，该服务器称为无状态服务器。

2. 容错性

上述两种策略对系统的容错性能有不同的影响，当服务器在一次数据服务过程中发生崩溃时，两者之间的差别就尤其明显：前者将丢失所有易失性状态，需要有一种机制将其重新恢复到崩溃前的状态；但是后者在系统崩溃后可方便地重新向客户机提供数据服务，然而，也正是因为后者没有保留客户机的任何信息，所以需要更长的请求消息和更久的处理过程。

有关 DFS 的容错性环境，定义了三种文件属性：

(1) 可恢复性，当对某个文件的操作失败，或由客户终断此操作时，如果文件能转换到原来的一致性状态，则说明此文件是可恢复的；

(2) 坚定性，如果当某个存储器崩溃或存储介质损坏时某个文件能保证完好，则说明此文件是坚定的；

(3) 可用性，如果无论何时一旦需要就可访问，甚至在某个机器和存储器崩溃，或者在发生通信失效的情况下，某个文件仍然可被访问，则称这种文件是可用的。

一般而言，可恢复性可通过更新原子操作来保证，坚定性则可通过设备的冗余性来保证，这方面的知识在本书第十二章系统安全中有较详细的阐述。

3. 可用性与文件复制

文件复制是保证可用性的一个冗余措施。这里的文件复制不是前面章节所讲的 SFT 三级容错技术中的磁盘镜像(同一台机器不同介质上的文件复制)，而是在 DFS 系统不同节点的主机磁盘上的复制。

通过对每个文件在多个服务器上的独立备份，增加系统的可靠性，这样当一个文件服务器出现问题时，仍允许通过其它文件服务器进行文件访问。另外，因为同一文件存在于多个文件服务器上，因此，当多个客户机并行发出文件访问请求时，还可以把这些请求进行分流，分发到这些服务器上，平衡了每个服务器的负载，避免了运行性能上的瓶颈。

文件复制机制设计过程中，对用户的透明性是必要的，一个文件多个副本的存在，在进行文件访问服务过程中，由文件名映射到一个特定的副本是命名机制的任务，对高层应该是不可见的。在底层，不同的副本必须用不同的标识符区分。但是对于用户而言，对文件复制的控制又应该是可控的，即复制控制的一些功能应该设置在高层。

文件复制机制设计中另外一个重要问题就是文件副本的更新，从用户的观点而言，一个文件的所有副本对应的都是同一个逻辑实体，所以，对于其中任何一个副本的更新，必须引发所有副本的更新。可见，使用文件复制增加可用性的代价，就是要使用一个更为复杂的更新协议，以及系统为保证一致性而需付出的大量开销。

习　题 ▶▶▶

1. 为什么说依靠提高 CPU 时钟频率提高计算机运算速度的方法已接近了极限？

2. 试说明引入多处理机系统的原因有哪些。

3. 什么是紧密耦合 MPS 和松弛耦合 MPS？

4. 何谓 UMA 多处理机结构？它又可进一步分为哪几种结构？

5. 试说明基于单总线的 SMP 结构和多层总线的 SMP 结构。

6. 试说明使用单级交叉开关的系统结构和使用多级交换网络的系统结构。

7. 什么是 NUMA 多处理机系统结构？它有何特点？

8. 为什么要为每个 CPU 配置高速缓冲区？CC-NUMA 和 NC-NUMA 所代表的是

什么?

9. 试说明多处理机操作系统的特征。

10. 试比较在单处理机 OS 和多处理机 OS 中的进程管理。

11. 试比较在单处理机 OS 和多处理机 OS 中的内存管理。

12. 何谓中心同步实体、集中式同步机构和非集中式同步机构?

13. 集中式同步算法具有哪些特征和缺点?

14. 一个完全分布式同步算法应具有哪些特征?

15. 如何利用自旋锁来实现对总线的互斥访问?它与信号量的主要差别是什么?

16. 为什么要引入读—拷贝—修改锁(RCU)?它对读者和写者分别有何影响?

17. 何谓二进制指数补偿算法?它所存在的主要问题是什么?

18. 时间邮戳定序机构和事件计数的作用是什么?

19. 什么是任务流时间和调度流时间?请举例说明之。

20. 试比较多处理机系统中静态分配方式和动态分配方式。

21. 何谓自调度方式?该方式有何优缺点?

22. 何谓成组调度方式?按进程平均分配处理器和按线程平均分配处理器时间的方法,哪个更有效?

23. 试说明采用专用处理器分配方式的理由。

24. 在动态调度方式中,调度的主要责任是什么?在调度时应遵循哪些原则?

第十一章

〖多媒体操作系统〗

随着计算机技术的不断发展和应用的普及，多媒体设备层出不穷，如数字视听设备、数码相机、可穿戴设备等。它们的出现极大地丰富了人们的文化生活。这些设备的一个共同特点是，它们都是数字化的：利用计算机技术对音频和视频等信息进行处理、存储和传输。于是便提出了这样一个问题：基于计算机具有非常强的数字处理、存储和传输能力这一点，是否可在 OS 中集成这些功能？答案是肯定的，由此促使传统 OS 发展为多媒体 OS。

11.1 多媒体系统简介

随着多媒体技术的发展，在传统 OS 中也相应增加了许多能处理音频和视频信息的多媒体功能。现在流行的操作系统，如 Linux、 Windows 系列等，就已具有多媒体功能。本章前两节先介绍有关多媒体系统的基本知识。

11.1.1 多媒体的概念

1. 数据、信息与媒体

所谓数据，是反映客观事物及其运动状态的信号，如人体感觉器官或观测仪器的感知所形成的以文本、数字、事件或图像等形式保存的原始记录。数据与数据之间没有建立任何联系或关系，呈分散和孤立的特性。数据必须经过加工处理才能形成信息。

信息是以数据的形式存在和进行运行处理的，其实质是对客观事物的运动特征及内涵的抽象，是由一系列有组织、有关系的数据组成的。

所谓媒体，是指媒介、传媒、媒质或介质，在计算机领域赋有两种含义：一是指用以存储传输信息的实体，如磁带、磁盘、光盘和半导体存储器、光纤等；另一种是指信息的载体，客观世界中存在着各种各样不同形式的媒体，称做不同的信息媒体，如数字、文字、声音、图像和图形，多媒体技术中的媒体是指后者。

2. 媒体的分类

一般地，媒体可分为以下六类：

(1) 感觉媒体：是人们的感觉器官所能感觉到信息的自然种类，如，语音、音乐、图形、图像、文字、动画、气味等。

(2) 表示媒体：说明交换信息的类型，定义信息的特征，一般以编码的形式描述，如声音编码和文本编码等。

(3) 呈现媒体：是获取信息、再现信息的物理手段，一般包括计算机的输入/输出设备，如显示器、打印机和音箱等输出设备，键盘、鼠标、扫描仪和摄像机等输入设备。

(4) 存储媒体：存储数据的物理设备，如磁盘、磁带、光盘、内存、U盘等。

(5) 传输媒体：用以传输数据的物理设备介质，如电缆、光纤、无线电波等。

(6) 交换媒体，在系统之间交换信息的手段和类型，可以是存储媒体或传输媒体，也可以是两种媒体的组合，如网络、电子邮件等。

3. 多媒体

所谓多媒体(multimedia)，目前没有统一的定义，一般是指多种方法、多种形态传输(传播)的信息介质、多种载体的表现形式以及多种存储、显示和传递方式。在计算机领域，多媒体往往是指多媒体技术，即是同时对多个感觉媒体信息进行获取、处理、编辑、存储和展示的理论、技术、设备、标准等规范的总称。

多媒体技术将成熟的音像技术、计算机技术和通信网络技术进行逻辑上的集成，形成了一种多维信息处理技术。该技术的核心是能够对多媒体信息进行集成与交互等综合处理的多媒体计算机技术。

◀ 11.1.2　超文本和超媒体

1. 超文本(hypertext)

超文本是一种文本信息的组织方式，相比传统的线性文本组织方式而言，超文本的组织方式是非线性的，与人的思维方式和工作方式更加接近。

在超文本的组织结构中，文本按照其内部信息的逻辑独立性及相关性，被划分为多个不同大小的信息块，将这些信息块作为不同的结点，通过结点之间的链接，组织成一种非线性的网状结构。显然，在这种网状结构中，作为基本单位的结点之间除了链接指针描述了它们之间逻辑上的相关性外，不会存在任何固定的顺序关系，亦即文本的信息块之间也不存在任何固定的顺序关系。

2. 超链接(hyperlink)

超链接也称为超文本链接(hypertextlink)，是指文本中的词、短语、符号、图像、声音剪辑或影视剪辑之间的链接，或者是指它们与其它的文件、超文本文件之间的链接。

通常将词、短语、符号、图像、声音剪辑、影视剪辑和其它文件称为对象(或者称为文档元素)，因此，超链接就是对象(或者文档元素)之间的链接，这些对象不受任何物理位置和逻辑空间的限制，可以集中在一个文件中，或者分布在不同的文件中，可以在一台主机中，也可以在网络中的其它主机中。

3. 超媒体(Hypermedia)

所谓超媒体，就是多媒体与超文本的结合，在多媒体技术的支持下，文本信息不仅可以包含文字，还可以包含诸如图形、图像、视频、音频等多媒体信息，这些信息按照超文本结构和超链接方式进行组织，是节点和链源类型更加多样化、链结构更加复杂的超文本。一般超媒体所构成的超媒体系统具备网状复杂信息链接结构、多媒体信息节点、导航和浏览功能、窗口功能，以及网络共享及交互式的用户与程序接口等特征。

◄ 11.1.3 多媒体文件的特点

在多媒体计算机系统中，可以将多媒体信息都集成在一个文件中进行保存，形成一个多媒体文件。多媒体文件与传统的文件有着很大的不同，主要表现如下：

1. 多样性

所谓多样性，是指在一份多媒体文件中集成了多种媒体文件。例如在一部数字电影中，就可能包含有一个视频、多个音频、多个横向滚动的字幕等，相应地在一个多媒体文件中就有一个视频文件、多个音频文件以及多个包含多种语言的文本文件，因此一部数字电影往往是由多个不同类型的文件组成的。

2. 极高的数据率

为了保证有好的视觉和听觉感受，视频和音频都必须具有很高的数据率，相应的所需要的存储量就非常大。例如，为了保存一小时的 CD 音乐，需要的存储容量约 1.4 GB；一小时未经压缩的电视(640×480)要求的存储容量约为 221 GB；而对于未经压缩的高清电视(1280×720)，一小时要求的存储容量则达到 648 GB。显然，目前多数计算机系统是无法对它们进行直接处理的。为此，在对这些信号进行处理之前，通常必须先对它们进行数倍到数十倍的压缩。值得一提的是，如果要想在网络上传输多媒体文件，由于网络传输速度的限制，通常都需要先进行大幅度的压缩。

3. 实时性

在对多媒体文件进行播放时，为保证播放质量，要求有很高的实时性。例如，计算机获得从 CD 驱动器送来的位流后，必须在非常短的时间内将位流转换为音乐。如果由 CD 盘到内存的传输时间和计算机对它的处理时间过长，就会使放出的音乐严重失真。类似地，对于数字电影，每秒钟需要播放 25 帧，即每隔 40 ms 就播放一帧，如果由 DVD 盘传输到内存和计算机对它的处理时间过长，每一帧不能按时处理完毕，将会使电影看起来感觉有些跳跃。

4. 集成性

在多媒体中包含了文本、静止图像、音频、视频等各种类型的媒体，而实际需要的，则往往是将多种媒体集成在一起使用。因此集成性是多媒体的一个重要特征。多媒体的集成性包含了如下两方面的含义：

(1) 将多媒体的硬件和软件进行集成。不同的媒体往往需要采用不同的硬件和软件进行处理。例如，为了将音频变换为声音信号，需要配置声卡；如果希望将图像和照片输入计算机，就需要配置扫描器；为了能播放 DVD 光碟，需要配置 DVD 驱动器。另外，还需要配置相应设备的驱动程序、与媒体有关的软件，如 CD、DVD、MP3 播放软件等。

(2) 将多媒体信息进行集成。将各种多媒体设备所产生的信息按照一定的组织结构或数据类型集成为一个有机的整体。例如，在一部数字电影中，就需要将一个视频、多个音频、多个横向滚动的(不同语言)字幕有机地集成为一个多媒体文件。在播放一个多种媒体文件时，不仅需要将它们同时播出，而且还应保证多种媒体之间的同步。

5. 交互性

在多媒体系统中，多媒体文件还有一个非常重要的特点——使用时的交互性，即在多媒体系统中，信息以超媒体结构进行组织，可以方便地实现人机交互。换而言之，人可以按照自己的思维习惯，按照自己的意愿主动地选择和接受信息，拟定信息的使用路径。对于仅集成了多种媒体而不具有交互性的系统，通常不把它称为多媒体系统。例如，在电视机播放的节目中，也包含了视频、音频和文字，但并不把电视机称为多媒体设备，而却把VCD、DVD设备称为多媒体设备，因为它具有交互性。交互性可使人们在使用该设备时，具有对设备的可控性，能更好地满足人们的要求。

◀ 11.1.4 多媒体硬件与软件系统

1. 多媒体硬件系统的组成

多媒体硬件系统是在传统计算机系统的基础上，再增加某些能对多媒体信息进行处理的硬件。因此，它除了需要较高配置的常规计算机主机硬件，如处理机、内存、硬盘驱动器等外，还应增加用于对音频信号和视频信号进行处理的硬件，诸如音频、视频、视频处理设备，光盘驱动器，各种媒体输入/输出设备等。具体而言，多媒体计算机硬件系统主要包括以下几部分：

(1) 多媒体主机：可以是中、大型机，也可以是工作站，然而目前更普遍使用的是多媒体个人计算机，即MPC(Multimedia Personal Computer)。

(2) 多媒体输入设备：如视频、音频输入设备，包括摄像机、录像机、扫描仪、传真机、数字相机、话筒、绘图仪等。

(3) 多媒体输出设备：如视频、音频播放设备，包括电视机、投影电视、大屏幕投影仪、音响等，以及打印机、绘图仪、高分辨率屏幕等。

(4) 多媒体存储设备，如硬盘、光盘、声像磁带等。

(5) 多媒体接口卡：根据多媒体系统获取、编辑音频或视频的需要，插接在计算机上，以解决各种媒体数据的输入输出问题，常用的接口卡有声卡、显示卡、视频压缩卡、视频捕捉卡、视频播放卡、光盘接口卡、家电控制卡、通信卡等。

(6) 人机交互设备：如键盘、鼠标、触摸屏、绘图板、操纵杆、光笔、手写输入设备和智能传感器等。

2. 声卡(sound card)

声卡又称音频卡，用于处理音频信号。声卡可用来接受话筒、录音机、乐器等输入的音频(模拟)信号，通过模/数变换，将其转换为计算机能够识别和处理的数字信号。反之，声卡也能把计算机中存储的数据经数/模变换转换为声音信号，再通过连接在声卡上的音箱或耳机播放出来，也可用录音设备记录下来。声卡可根据其量化精度将其分为8位、16位和 32 位几档。位数越高，其量化精度也就越高，相应的，声音的音质就越好。

3. 视频卡(video card)

视频卡又称显示卡，用于处理视频信号。它除了用于对视频信号进行采集外，还可对所采集的信息进行编辑、特技处理，进而形成十分精美的画面。对于多媒体的应用，一般要求视频卡能提供 800×600、1024×768、1280×1024 或更高像素的分辨率，这样才有可能很好地观看高清晰电视和数字电影。

4. 数码相机

数码相机与传统相机相比，两者用于成像的光敏介质不同，传统相机采用的是分布在胶片上的感光化学介质，而数码相机是使用 CCD 作为光敏介质。CCD 的作用是将所拍摄到的光信号转换为模拟电信号，再经过模/数转换变为二进制数字信号。这样便可将图像以数字形式存储在相机的内存中。为了节省内存，通常都采用 JEPG 方式存储。

数码相机最重要的技术指标是像素数，像素越多，分辨率越高，现在相机的像素一般在数百万到一千万。数码相机的另一个指标是数码相机的光学变焦，一般在 2~4 倍之间。第三个指标是内存容量，内存容量越大所能存储的照片也就越多，内存一般采用 CF 卡和 SD 卡，其容量为数百 MB~2 GB。

5. 数码摄像机

1998 年，第一部家用数码摄像机横空出世，由于它有着很高的清晰度、体积小巧、使用方便，并能利用计算机对影像进行处理，因而深受用户欢迎，因此它很快就取代了传统的模拟式摄像机。它也使用 CCD 作为光敏介质。当前数码摄像机常采用下述几种存储介质：

(1) 磁带，这是最早使用的存储介质，将拍摄所得图像存储在磁带上。磁带是顺序存储设备，使用上不方便，而且用计算机进行后期处理也存在着一定的难度。

(2) 磁盘，将拍摄所得的影像存储在微磁盘上，当前微磁盘容量为数十 GB，可连续拍摄数小时，由于微磁盘是随机存取设备，故能随机存取，使用方便，另外后期处理也比较方便。

(3) DVD 光盘，将拍摄所得的影像即时直接刻录在 DVD 光盘上，拍完了，光盘也刻录好了，且可立即在 DVD 播放器上播放。在 DV 中使用的是 8 CM 光盘，单面盘的容量是 1.4 GB。

6. 智能传感器

智能传感器是一种具有采集、处理、交换信息功能，集成了传感器、微处理机、通信装置的嵌入式设备。智能传感器可与外界物理环境交互，将收集到的信息通过传感器网络传送给其它的计算设备，如传统的计算机等。智能传感器一般集成了低功耗的微控制器、若干存储器单元、无线电或光通信装置、传感器等组件，通过传感器、动臂机构以及通信装置，实现与外界物理环境交互。与一般传感器相比，智能传感器具有以下三个优点：

(1) 通过软件技术可实现高精度、成本低的信息采集。

(2) 具有一定的信息存储和可编程功能，实现功能的多样化。

(3) 与无线网络的信息交换与通信功能。如可穿戴技术把多媒体、智能传感器和无线通信等技术嵌入人们的衣着中，可支持手势和眼动操作等多种交互方式。

7. 多媒体软件系统

多媒体软件系统也称为多媒体软件平台，是指多媒体系统运行、开发的各类软件和开发工具及多媒体应用软件的总和。硬件是多媒体系统的基础，软件是多媒体系统的灵魂。多媒体软件系统可划分为如下几部分。

(1) 多媒体驱动软件：用于直接操作和控制硬件，具备设备的初始化、对设备操作、基于硬件的压缩解压和图像快速变换等基本硬件功能调用。

(2) 多媒体操作系统：除具备常规操作系统的功能之外，还提供针对多媒体环境下任务的调度和管理、文件管理、存储管理、网络及通信的机制和管理、与用户及程序的接口等功能。

(3) 多媒体应用软件：在基于多媒体硬件的基础上，在多媒体操作系统平台上设计开发的、用于编辑和组织多媒体数据，并将数据与相关应用程序集成，面向应用而构建的软件系统。

除了上述的基础软件之外，多媒体软件系统还包括多媒体数据库管理系统、多媒体压缩/解压缩软件、多媒体声像同步软件、多媒体通信软件，以及不同领域中的应用所需要有的多种开发工具等。

11.2 多媒体文件中的各种媒体

在多媒体文件中包含了多种类型的媒体，它们具有完全不同的特性，并需要用不同的硬件和软件进行处理。本节主要对各种媒体作简单介绍。

11.2.1 音频信号

1. 模拟音频和数字音频

(1) 模拟音频。声波在时间上是连续的，故属于模拟信号。现在收音机、电视机、DVD等设备中所发出的声音等都属于模拟音频。声音是由多种不同频率的信号合成的，而声音的一个重要参数——频带，就是用来描述声音信号的频率范围的。一般人耳能听到的音频信号频率范围为 20 Hz～20 kHz。

(2) 数字音频。在使用计算机对模拟音频进行处理之前，必须先经过模/数转换，将模拟音频转换成数字音频。模/数转换分为如下三个步骤：

① 采样。每隔一定的时间间隔，在模拟音频的波形上取得一个幅值，称之为采样，采样的频率称为采样频率，一般语音信号的采样频率是 8 kHz，而高保真音乐的采样频率为 40 kHz。

② 量化。量化是将该幅值转换为二进制的位序列，二进制的位数多少称为量化精度，若采用 8 位时，其量化精度仅为 1/255，现在量化主要采用 16 位和 32 位。

③ 编码。经量化后的声音已是数字音频形式，为便于计算机保存和处理，还须对数据进行压缩和编码，然后将它形成文件存在磁盘上。

2. 数字音频文件类型

数字音频文件格式有多种：① WAV 文件，又称为波形文件(其包络线为波形)，文件后缀名为 wav，它是直接从模/数转换得到的，未经过压缩，故该格式需要很大的存储容量；② MIDI 文件，这种格式的特点是它能模仿原始乐器的各种演奏技巧，文件又非常小，已成为电子乐器与计算机连接的标准；③ MPEG 音频文件(MP3)，它是采用 MPEG Layer 3 编码的压缩格式，制作 MP3 可选择不同压缩比率，但压缩比越大，音质越差，MP3 是当前最流行的音频文件格式；④ APE 文件，WAV 格式的品质高，但占用空间大，如把 WAV 压缩为 MP3 格式后，便不能还原为 CD 的品质，但将 WAV 格式压缩为 APE 格式，其容量约小一半，且仍可还原为 CD 品质。

◀ 11.2.2 图像

1. 图像的数字表示

在计算机中，图像是通过矩阵表示的，矩阵中的每个元素值对应于图像的一个基本元素，称为像素。每个像素用若干个二进制的位来表示其亮度、颜色和属性。如果图像只有两种亮度值，即黑白图像，可用一位来表示。如果要表示灰度图像，则需要多位二进制数表示，如用 8 位来表示，就可从白到黑分为 256 个不同的灰度，它可以精确地显现一般的黑白照片。显现彩色照片一般需要用 24 位、36 位或 48 位来表示彩色，用 24 位可产生 1667 万种不同颜色的组合，已完全能够满足一般用户的需要。同样，我们把屏幕上的一个点也称为一个像素，屏幕上的一个像素与图像的一个像素是一一对应的。为了描述一幅图像通常需要非常大的存储容量。例如，为了存储一幅 640×480 的像素矩阵，每个像素用 24 位表示，便需要 921.6 KB 的存储容量。

2. 图像的属性

一幅图像最主要的属性是分辨率、色彩深度和真/伪彩色三个值。

1) 分辨率

分辨率可分为两种：① 图像分辨率，用于描述一幅图像的像素密度，用每英寸多少点(dpi)来表示，我们可利用图像分辨率来确定一幅图像的像素数目；② 显示器分辨率，是指显示屏上能够显示的像素多少，对于分辨率为 1024×768 的显示器，整个显示屏包含有 796 432 个像素。由于显示器分辨率可用来确定一幅图像的显示区域大小，因此，如果图像分辨率大于显示器分辨率，则在显示屏上只能显示部分图像，反之，若图像分辨率小于显示器分辨率，则图像只占用一部分显示屏幕。

2) 色彩深度

为了表现一幅彩色照片的色彩，每个像素需要用许多二进制位，所用二进制位的多少就是色彩深度。当我们用 24 位来表示色彩时，色彩深度就为 24。色彩深度也就是色彩的分辨率，显然，色彩深度越大，它所能表示的颜色数也越多。但由于 24 位的色彩分辨率已远远超过人眼的分辨率，所以在一般情况下已经足够了。

3) 真/伪彩色

由于任何一种颜色都可由三种基本颜色按不同比例合成，目前常用红、绿、蓝三色，因此，当色彩深度为 24 时，红色(R)占 8 位，绿色(G)占 8 位，蓝色(B)占 8 位，可以简单表示为 RGB 8∶8∶8。把用 RGB 8∶8∶8 表示的色彩称为真彩色图像，或全彩色图像。

为了减少彩色图像所占用的存储空间，在生成图像时，并不为每一个像素分配存储空间，而是对图像中的不同颜色进行采样，将所采样的各个像素的 RGB 分量之值分别保存在一张颜色表中。要显示图像时，再从表中取出，经适当处理后还原出原有图像。人们将用这种方式所形成的图像的颜色称为"伪彩色"。

3. 图像文件格式

数字图像可采用多种文件格式存储在计算机中，四种最常用的图像文件格式为：

(1) BMP 格式。BMP 采用位映射存储格式，色彩深度可选 1 位、4 位、8 位和 24 位，一般不进行图像压缩，因此所占存储空间较大。

(2) GIP 格式。该格式可在一个文件中存放多幅彩色图像，若将这些图像用较慢的速度依次读出，并显示在屏幕上，便可产生幻灯片效果。如果用较快的速度依次读出，便是简单的动画，GIP 图像色彩深度从 1 位到 8 位。

(3) TIFF 格式。这是为扫描仪和桌面出版系统开发的图像文件格式，现已得到广泛应用。

(4) JPEG 格式。JPEG 文件是一种经过 JPEG 算法压缩过的文件，其压缩比很高，约为 5∶1 到 50∶1，非常适用于需要处理大量图片的场合。

◄ 11.2.3 视频信号

1. 模拟视频

当前流行的电视是模拟视频，电视信号通过光栅扫描的方法显示在屏幕上，从屏幕顶部开始逐行地向下扫描，直到最底部，由此形成一幅图像，称为一帧。水平扫描线所能分辨出的点数称为水平分辨率，一帧中垂直扫描的行数称为垂直分辨率。在彩色电视中使用了 R、G、B 三种基本色进行配色，这三种信号可以分别传输。

1) 彩色电视的制式

电视信号的标准也称为制式。目前世界上主要有三种制式：

(1) NTSC 制式，采用此制式的主要国家有美国、加拿大等，该制式有 525 条扫描线，每秒钟 30 帧。

(2) PAL 制式，采用此制式的主要国家有德国、英国、中国等，该制式有 625 条扫描线，每秒钟 25 帧。

(3) SECAM 制式，采用此制式的主要国家有法国及东欧、中东各国，该制式有 625 条扫描线，每秒钟 25 帧。

2) 隔行扫描和逐行扫描

虽然每秒 25 帧已完全能够使人眼感觉图像是连续的，但有一部分人会感觉到图像闪烁，这是因为在新图像到来(亮)之前，原图像在视网膜上已逐渐减弱(暗)。如果增加帧频到每秒 50 帧，则由于视网膜上更多的是新图像，故而可以消除闪烁现象，但会导致对带宽提出更高的要求。一种巧妙的方法是，先利用半帧的时间从上到下地扫描奇数行，把半帧称为一个场，然后再利用半帧的时间从上到下地扫描偶数行。实际表明，每秒 50 场已完全感觉不到闪烁现象。这一技术被称为隔行扫描。而把依次扫描每一行的技术称为逐行扫描。

2. 数字视频

如同前面所介绍的数字图像一样，数字视频中的每一帧也是由大量的像素组成的，每个像素用若干二进制位来表示。对于彩色电视，一般用 24 位，红、绿、蓝各占用 8 位。为了消除电视中的闪烁现象，采用了隔行扫描技术。在计算机中是否也应采用隔行扫描技术呢？由于为计算机配置的显示器自身也带有内存，其存储器容量足够用来存放数帧的数据，于是它可以在一个帧周期时间(40 ms)内，将一帧图像在屏幕上扫描三次或更多，即每秒钟扫描 75 次或更多，因此没有必要再隔行扫描。而通常的电视是无法使用这一方法的，因为电视机是模拟视频，每帧信息无法存储在 RAM 中。

3. 视频文件格式

1) MPEG 文件格式

MPEG(Motion Picture Experts Group)是运动图像压缩算法，它于 1993 年成为国际标准。该算法是针对运动图像设计的，是基于相互连续的几帧相差甚微这样的事实来进行压缩的。因此在单位时间内先采集第一帧中的数据，并将它保存起来，对于以后几帧只存储其中与第一帧不同的部分。MPEG 的平均压缩比为 50∶1，最高压缩比可达 200∶1。

2) GIF 文件格式

GIF(Graphics Interchange Format)是采用无损压缩方法所产生的一种高压缩比的彩色图像文件。为了减少对网络频带的要求，采用了隔行扫描方式。该格式被广泛应用于 Internet 上的大量彩色动画。

3) AVI 文件格式

这种文件格式又称为音频视频交错(audio video interleaved)格式，该格式允许音频和视频交错在一起同步播放，支持 256 色和压缩，但并未限定压缩标准，因此，也造成 AVI 的格式不具有兼容性，即用某种压缩标准产生 AVI 的文件，必须使用相应的解压缩算法，才能将它进行解压。该算法具有调用方便、图像质量好等优点，但文件体积过于庞大，主要用于在光盘上保存数字电影、电视等影像。

◀ 11.2.4 多媒体数据压缩及其标准

无论是图像、音乐、动画还是数字电影，它们都要求用非常大的存储空间来存放，而现在计算机根本不可能提供如此大的存储空间，解决的方法只能是先对它们进行大幅度的压缩，以便于存储和处理。如果多媒体要在网络上传送，其压缩比需要更大。

1. 数据压缩和解压缩

所有数据压缩系统都要求有两个算法：一个是用于对数据进行压缩，另一个是用于对压缩数据进行解压缩。压缩与解压缩间允许存在不对称性。这是因为：

(1) 在许多情况下，一个多媒体文件只需要一次压缩，但却需要经常解压缩。基于这样的不对称性，如果解压缩算法的速度快且不需要硬件，那么即使压缩的算法速度慢且需要硬件，这也是值得的。

(2) 压缩与解压缩并不需要是完全可逆的，即当一个多媒体文件被压缩后，再对它进行解压缩时，没有必要与原始文件精确一致，允许存在着某些轻微的差异，这样可获得更好的压缩效果。当前对静止图像、运动图像和音频的压缩，都已制定出了国际标准。

2. 静止图像的压缩标准

联合图像专家小组 JPEG(Joint Photographic Exports Group)研制出的数字压缩编码方法，被称为 JPEG 算法，它被确定为静止图像压缩的国际标准。JPEG 专家组开发了两种基本的压缩算法：一种是无损压缩算法；另一种是有损压缩算法。在压缩比为 25∶1 的情况下，被还原的图像与原始图像之间相差甚微，不为人们所查觉。当前广泛将该算法用于对静止图像进行压缩，一般为 1/4、1/8、1/16 等。JPEG 算法对于多媒体十分重要，因为在运动图像的压缩标准 MPEG 中，仍需利用 JPEG 来先对每一帧运动图像进行压缩。

3. 运动图像的压缩算法

运动图像专家小组 MPEG(Motion Picture Exports Group)研制出的运动图像压缩编码技术的标准化方法，被称为 MPEG 算法。该算法是基于对电影中存在的空间和时间冗余进行压缩的。压缩过程分为两步：第一步是先利用 JPEG 算法，基于空间冗余对视频图像中的每一帧进行压缩，由此所形成的帧称为 I 帧；第二步是进行每帧之间的压缩。由于相邻的每两帧之间通常差别甚小，因此只需要保留与前面一帧的差值即可，这样的帧称为 P 帧。在实际情况中，仍需定时插入 I 帧，这是因为，如果所有的帧都是直接或间接地依赖于第一帧，则当用户错过第一帧时，它所看到的将全是 P 帧，就无法形成正常的图像，如果每隔一定时间(0.5～1 秒)，就在视频流中插入一幅 I 帧，那么用户在任何时间点播，都会很快看到正常的图像。另外，如果电影中间没有 I 帧，也无法进行快进或倒带。当有了 I 帧后，在快进时，向前跳过若干帧直到找到 I 帧，并播放该帧，即在快进时，只是播放 I 帧。

4. 运动图像的压缩标准

MPEG 算法被确定为运动图像压缩的国际标准，已在全世界范围得到广泛的应用，下面是几种常用的 MPEG 标准：

(1) MPEG-Ⅰ标准，它同时采用了帧内图像数据压缩和帧间图像数据压缩两种方法，对视频信号进行压缩。对 NTSC 制式的分辨率为 352×240，对 PAL 制式的分辨率为 360×288。其图像的质量适用于家用录像机和 VCD。

(2) MPEG-Ⅱ标准，它具有比 MPEG-Ⅰ 更高的指标，对 NTSC 制式的分辨率为 720×480，对 PAL 制式的分辨率为 720×576。其图像的质量适用于 DVD 和交互式多媒体应用等。

(3) MPEG-Ⅳ标准，这是最进几年流行起来的压缩标准，它可以获得多种视频格式，具有很大的压缩比，它可将一部 120 分钟长的电影，压缩成 300 MB 左右，供网上观看。

5. 音频压缩标准

在多媒体应用中，最常用的音频压缩标准是 MPEG 的音频压缩算法。它是第一个高保真音频数据压缩国际标准，该算法提供了 3 个独立的压缩层次。第一层(MPEG Layer 1)音频压缩算法主要用于数字录像机中的音频，压缩后的音频速率为 384 KB/s。第二层(MPEG Layer 2)音频压缩算法主要用于数字广播电视的音频、CD-ROM 和 VCD 中的音频，压缩后的音频速率为 192 KB/s。第三层(MPEG Layer 3)音频压缩算法能获得较好的音质，当前最流行的 MP3 便是在这一层进行压缩的音乐，在制作 MP3 时可选择不同的压缩比，一般选择 10 倍左右的压缩比即能将一个 40 MB 的 WAV 文件压缩为 4 MB 左右的 MP3 格式的文件。

11.3 多媒体进程管理中的问题和接纳控制

由于目前尚无专门为多媒体系统设计的操作系统，因此对多媒体的处理还必须利用当前的通用操作系统，适当增加有关多媒体方面的功能。事实上，现在比较流行的操作系统都具备了对多媒体进行处理的能力，如广为流行的 Windows 2000/XP 和 Linux 等。

11.3.1 实时任务的处理需求和描述

多媒体进程(线程)与通常的进程(线程)之间有许多相似之处，比如它们需要一定数量的资源，具有三个基本运行状态等。但它们也各有自己的特点，因此，在对多媒体进程进行管理时，必须考虑多媒体数据应遵循的时序需求。为此，应为系统配置接纳机制，来控制同时运行的进程的数目，并选用适当的调度算法，来满足进程对截止时间的要求。

1. 实时任务的处理需求

在通常的多媒体系统中，必须按照严格的时间间隔对实时任务进行处理。或者说，必须周期性地对数据进行处理，并在一规定的截止时间前完成。

(1) 多媒体进程管理，应能保证在系统中运行的所有硬实时 HRT 任务的截止时间要求，而且是在每一个周期里都提供这样的保证，否则会引起难以预料的后果。

(2) 对在系统中运行的软实时 SRT 任务，进程管理应当保证它们的大多数截止时间要求，仅对极少数的截止时间要求，进程管理如不能保证，其所引发的后果并不会十分严重。

(3) 当系统中有硬实时任务时，决不允许出现优先级倒置的情况，这样才能保证硬实时任务的截止时间需求。如果系统中仅有软实时任务，则只允许很少出现优先级倒置的情况，以便能保证软实时任务的大多数截止时间。

(4) 实时任务的处理时间，不仅包含每个周期对实时任务本身的处理时间，还应包含为调度每一个任务所花费的时间，因此，应尽量减少实时调度所付出的开销。

2. 软实时任务的时间特性描述

在多媒体系统中，是对连续媒体数据流进行处理。在播放数字电影时，媒体服务器将周期性地(对于 PAL 制式为 40 ms)逐帧送出数据。相应地，媒体服务器中的处理机必须在规定的时间内对它进行处理后送给用户。可见播放数字电影将联系着一个截止时间或称为最后时限。这说明数字电影是一个要求比较严格的周期性软实时任务。

为了对它们进行描述，应给出它们的时序限制，其中包含有开始时间 s、截止时间 d 和周期时间 p 三个时间指标，以及所需要的 CPU 处理时间 e。这样我们对周期性任务 T 的时间限制可以用 (s, e, d, p) 来描述，由此可以算出 T 的速率为 $r = 1/p$。图 11-1 示出了 T 的时间特性，其中 $0 \leqslant e \leqslant d \leqslant p$。一个任务在 $s + (k-1)p$ 时刻开始进行第 k 次处理，每次处理必须在 s + (k − 1)p + d 之前完成。

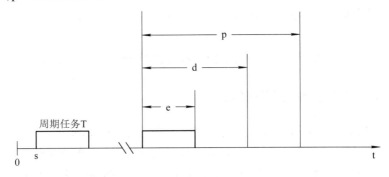

图 11-1　周期任务的时间特性

◀ 11.3.2　多媒体进程管理中必须解决的问题

由于多媒体任务一般是运行在具有多媒体功能的通用操作系统平台上的，故系统中不仅有软实时任务，而且还可能有一般任务，相应的进程管理必须解决如下问题：

1. 同时运行不同类型的软实时任务

通常媒体服务器可向众多的用户提供各种多媒体服务，如数字电影和电视服务。在系统中，每一部数字电影都是作为一个软实时任务运行的，彼此间相互独立。不同的软实时任务所需处理的数据量相差甚远，可能相差数十倍。每个任务的时间特性也各不相同，它们有不同的开始时间、截止时间、周期时间和 CPU 处理时间。简而言之，多媒体进程管理必须具有能支持多种不同类型的软实时任务同时运行的能力。

2. 支持软实时任务和非实时任务同时运行

一个具有多媒体功能的通用操作系统，它既应面向软实时任务的用户，又需面向非实时任务的用户，如交互型作业的用户。因此，在系统中，应当允许多种类型的 SRT 任务和不同类型的非实时任务并存。相应的进程管理应具备以下两方面的功能：一方面需要满足 SRT 任务对截止时间的需求；另一方面又应使非实时任务的用户满意，并能很好地协调多种任务的并发运行。

3. 提供适当的进程接纳机制

在多道程序环境下，如果在系统中同时运行的 SRT 任务太多，将难以保证实时任务的截止时间需求。反之，若在系统中的 SRT 任务太少，CPU 又会得不到充分利用。为解决此矛盾而引入了对进程的接纳控制机制，目前常用的是基于预留的进程接纳机制。当新进入的 SRT 任务提出接纳请求时，接纳机制将计算是否有足够的 CPU 时间片(带宽)来接纳该进程，如果有足够的 CPU 带宽，便接纳它，并为每一个被接纳的 SRT 任务预留它在运行时所需要的 CPU 带宽，如果已无足够的带宽，便拒绝接纳。

4. 采用实时调度算法

实时调度在保证 SRT 任务的实时性方面起着至关重要的作用。在具有多媒体功能的操作系统中，一个好的实时调度算法应能向每个 SRT 任务提供可以接受的截止时间保证，即能满足每一个 SRT 任务绝大多数的截止时间需求。在 SRT 系统中，使用最多的两种调度算法是：

（1）速率单调算法，该算法简单有效，比较适用于周期性任务，现已被广泛应用于多媒体系统中。

（2）最早截止时间优先算法，该算法能获得较高的 CPU 利用率，但系统付出的开销较大。

◄ 11.3.3 软实时任务的接纳控制

为了能在任何负载情况(包含过载)下，都可以基本上保证软实时任务的截止时间要求，需要在进程管理中新增两个重要的功能和机制：一是 CPU 带宽预留功能和机制；二是 CPU 带宽调度功能和机制。为此，在进程管理中应配置两个重要的组件：① CPU 代理(broker)实体，它的主要功能是根据新进入系统进程的请求，确定是否接纳它作为 SRT 任务；② 软实时任务 CPU 调度实体，这是用于对 SRT 任务进行实时调度的程序。

1. SRT 任务带宽和尽力而为任务带宽

为了能确保 SRT 任务的实时性，并适当考虑非实时任务的运行，将 CPU 的带宽分为两部分：

（1）SRT 任务带宽。把 CPU 的一部分带宽分配给 SRT 任务运行。如果 SRT 任务被接纳了，它将获得(分配到)一部分 SRT 任务带宽，进程管理便会尽可能地保证它们的实时性。

（2）尽力而为任务带宽。如果 SRT 任务未能被接纳，系统则有可能将该 SRT 任务分配到尽力而为任务带宽中运行，此时系统只是尽可能地让它们得到运行的机会，但不做任何保证。

这两种带宽的分配比例可视具体情况而定，如果系统中的 SRT 任务较多，尽力而为任务带宽的比例将可能很小，反之则可(稍)大些。例如，两种带宽的比例可以是 70% 和 30%，即用 70% 的时间来保证 SRT 任务的运行。带宽比例的划分可视情况而改变，如软实时任务带宽未能被充分使用，便可将其中的一部分重新分配给尽力而为的任务运行。

2. 接纳控制

SRT 任务在进入系统后，必需向 CPU 代理给定其定时服务质量参数，其中包含 SRT 任务的运行周期(p)、每一周期中的运行时间(t)和 CPU 占有率 u。当 CPU 代理收到请求后，首先执行接纳控制。它根据一定的调度策略计算，确定是否可以接纳该任务。如果在接纳后，不仅能够保证它所要求的截止时间需求，而且还不会影响到原有 SRT 任务的运行，则 CPU 代理便可以接纳该进程，将它插入到进程就绪队列中等待调度。如果不能保证，将拒绝接纳。此时请求进程可有两个选择：

（1）等待以后再次申请接纳控制，直到被接纳为止。

（2）由系统将该进程放入到尽力而为任务队列中运行。

3. CPU 代理进程

CPU 代理的主要任务是，接收应用程序的接纳请求，根据接纳策略，做出是否接纳的决定，并将被接纳的进程放入就绪队列。至于应调度哪一个进程运行，则应由进程调度程序确定。通常，系统把 CPU 代理进程作为一个守护进程，平时它处于睡眠状态，一旦有新的应用程序发来接纳请求时，代理进程将被唤醒，并根据该任务的请求来确定系统是否接纳它。如果接纳了该进程，CPU 代理将为它预留足够的 CPU 带宽，以调度时间的形式写入到预留表(也就是供实时调度程序使用的调度表)中。

CPU 代理进程必须拥有超级用户特权，以便能够根据需要，修改被接纳进程的优先级，其修改范围可以从用户优先级到实时优先级。例如如果应用进程未被接纳时，代理进程将赋予该进程一个动态优先级作为一般用户进程运行；当它被接纳后，就修改它的优先级为固定的实时优先级。需要说明的是，接纳控制没有必要实时运行，因为对进程的接纳并不要求实时处理，因此，CPU 代理进程可采取动态优先级方式运行。然而任何 SRT 任务的调度，都是通过实时进程调度程序来完成的，显然实时调度程序必须是实时进程。

4. 预留策略

在基于预留策略的进程管理中，如何为 SRT 任务预留 CPU 带宽是至关重要的，涉及到多个方面的事情。预留策略所需考虑的问题较多，下面介绍较为重要的几个问题：

1) 预留模式

有两种预留模式：

(1) 立即预留，一旦预留请求到达，CPU 代理立刻为之服务，如果被接纳，便立即将它放入就绪队列。

(2) 高级预留，在这种预留模式中，请求进程不仅要给出进程的运行周期和利用率，还需给出任务处理的开始时间和结束时间，CPU 代理需要保留当前和未来的许多预留信息，并考虑到调度情况，做好接纳控制。这样才有可能准确地估算出可以同时运行的 SRT 任务。

2) 基于服务质量参数范围的预留

通常服务质量是有一定范围的，由此形成三种预留策略：

(1) 最小预留策略，基于最小的服务质量参数所产生的接纳控制，该策略比较适合于数据率比较稳定的进程，如动画。

(2) 平均预留策略，基于平均的服务质量参数所产生的接纳控制，该策略比较适合于数据偶尔出现差错的多媒体任务。

(3) 最大预留策略，基于最高的服务质量参数所产生的接纳控制，该策略可以保证所有实时任务的截止时间，即它可以获得最好的实时性保证。

3) 预留排序

应如何确定对预留的排序。有两种预留排序策略：

(1) 按先来先服务策略排序，先到达的请求进程优先获得服务。

(2) 按优先级排序，根据进程的优先级大小依次为所有请求进程进行服务。

11.4 多媒体实时调度

在第四章中已对实时调度作了较全面的介绍，本节是在此基础上，结合多媒体所具有的特性，如数据量大、数据速率高、要求能保证 SRT 任务的截止时间等，对多媒体实时调度算法做进一步的介绍。

◀ 11.4.1 最简单的实时调度方法

在多媒体服务器中，将为所播放的每一部数字电影建立一个进程。其主要任务是，不断接收从硬盘上传送来的帧，经适当处理后，便送往屏幕。最简单的实时调度方法是，假定所要播放的电影都具有相同的类型，如都是采用相同的制式、分辨率和压缩比的彩色数字电影。这样，为这些电影所建立的进程可具有相同的周期和处理时间。因此，可将它们按 FCFS 原则排成一个进程就绪队列，并采用定时轮转的策略来调度和运行它们。

在这样的情况下，进程调度的实现十分简单。设置系统中的定时器，每隔 40 ms 嘀嗒一次，让所有的进程在此时间内依次运行一次。首先选择就绪队列的队首进程运行，当它运行完后，便把自己阻塞起来，进程调度再立即调度队列中的下一个进程运行，依此类推，只要系统中的进程数目不超过规定值，便能使所有进程在 40 ms 内都执行一次。等到下一次嘀嗒时，又重新调度队首进程运行，如此不断地循环执行。这样就能保证每部电影一帧接一帧地正常播放。

事实上，这种最简单的实时调度方法只能用于要求不高的场合，即所播放的电影具有相同的类型。但现实情况要复杂得多，电影的类型不同，每部电影可能采用了不同的制式、色彩、分辨率和压缩比等。这将使不同电影的每一帧其大小相差甚多，进而导致每个进程用于处理每部电影时，所需要的 CPU 时间会相差很大。此外，点播数字电影的用户数目经常发生变化，而且还可能有许多用户点播同一部电影。这种简单的调度方法是很难满足实际需要的。显然，此时需要一种能用于同时播放多部不同数字电影和动画的实时调度方法。下面我们先介绍在多媒体中用得较多的速率单调调度算法。

◀ 11.4.2 速率单调调度(Rate Monotonic Scheduling，RMS)算法

RMS 算法是一个静态的、优先级驱动的算法，适用于抢占式优先级调度方式以及实时任务是周期性的情况。在采用该算法时，系统中的进程应满足如下条件：

(1) 在系统中允许同时存在周期性进程和非周期性进程，所有周期性任务具有固定的周期。

(2) 所有的进程之间相互独立，互不依赖。

(3) 对于周期性进程而言，所有进程在一个周期中，所需完成的工作量是相同的，而且任务还必须在周期内完成，不会影响到下一个周期的任务。

由于该调度算法主要是照顾周期性进程，而对于非周期性进程则仅以忙里偷闲的方式来处理，故非周期性进程不应设有最终时限的限制。

1. 优先级的确定

在利用速率单调调度算法进行实时调度的系统中，代理进程将根据各个进程的请求速率(周期时间的倒数)，分配给每一个进程一个静态优先级，在整个运行期间不变。该优先级的大小与它的重要程度无关，只取决于进程的请求速率，请求速率最高的任务将获得最高的优先级。实际上，进程的优先级大小就等于进程的运行频(速)率。

例如，有两个任务 A 和 B，它们的周期分别是 50 ms 和 25 ms，即它们的运行频率分别为 20 和 40，相应的优先级也为 20 和 40，因此进程 B 的优先级高于进程 A。可见进程的优先级与运行速率的关系是一个单调递增的函数，故把该算法称为速率单调调度算法。在运行期间调度程序总是优先调度优先级最高的就绪进程，如有必要，还可抢占正在运行的进程的处理机。

2. 调度算法能否有效调度的衡量

在一个实时系统中，需要对调度算法是否能有效调度进行衡量，该衡量标准是依据调度算法能否满足所有进程的截止时间要求。图 11-2 示出了进程 P_i 一个周期性任务的时序图，其中 T_i 是进程 P_i 的周期时间，C_i 是进程 P_i 所需的处理机时间总量，$U_i = C_i/T_i$ 是进程 P_i 的处理机使用率。显然，在实时系统中必须保持多个进程的处理机使用率的总和不能超过 1，1 对应于处理机的总使用率，也就是调度上限，只有这样才有可能成功地进行调度，亦即应保持下面的不等式成立：

$$\frac{C_1}{T_1} + \frac{C_2}{T_2} + \cdots + \frac{C_n}{T_n} \leqslant 1 \tag{11.1}$$

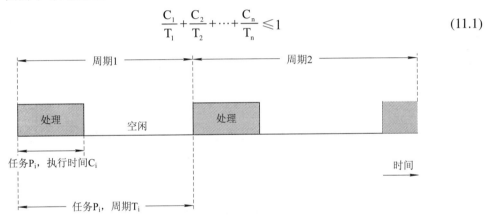

图 11-2 周期性任务的时序图

应当注意，上面的表达式忽略了处理机的调度和进程的切换时间，在实际应用中，调度上限应取比 1 小的数，且随着处理机数目的增加而减小。Lin and Layiand 证明了对于任何周期性进程系统，如果能保持下面不等式成立，就可以保证 RMS 算法正确工作。

$$\frac{C_1}{T_1} + \frac{C_2}{T_2} + \cdots + \frac{C_n}{T_n} \leqslant n(2^{1/n} - 1) \tag{11.2}$$

在上式中，当 $n = 1$ 时，$n(2^{1/n} - 1) = 1$。$n = 2$ 时 $n(2^{1/n} - 1) = 0.828$。$n = 3$ 时，$n(2^{1/n} - 1) = 0.779$，随着 n 的增加，$n(2^{1/n} - 1)$ 的值将逐渐减小，调度上限 $n(2^{1/n} - 1)$ 将收敛于 0.693。假如有三个周期性进程：进程 P_1 的 $C_1 = 20$，$T_1 = 100$，$U_1 = 0.2$，进程 P_2 的 $C_2 = 40$，$T_2 = 150$，$U_2 = 0.267$，进程 P_3 的 $C_3 = 100$，$T_3 = 350$，$U_3 = 0.286$。这三个进程的总使用率为 $0.2 + 0.267 + 0.286 = 0.753$，它小于上界 0.779，因此可以使用 RMS 调度算法进行调度。

由于大多数实时系统都会有部分软实时任务或非实时任务，系统管理员可以赋予非实时任务较低的优先级，而让它仅在处理机已处理完实时任务的空闲时间来运行。值得一提的是，RMS 算法在广泛的应用中已经发现，公式(11.2)中的上限值偏于保守，处理机的总使用率能达到 90%。

3. RMS 算法实例

假如系统中有三个周期性进程，进程 A 每 30 ms 运行一次，每次执行 10 ms；进程 B 每 40 ms 运行一次，每次执行 15 ms；进程 C 每 50 ms 运行一次，每次执行 5 ms；图 11-3 中的上面三行分别示出了 A、B、C 三个进程的周期和执行时间。由于优先级反比于进程的周期，因此 A、B、C 三个进程的优先级分别为 33、25 和 20。在 t = 0 ms 时，三个进程都处于就绪状态，调度程序首先调度进程 A 运行；在 t = 10 ms 时，A 运行完成，选择运行 B；在 t = 25 ms 时，B 运行完成，选择运行 C；在 t = 30 ms 时，C 运行完成，此时 A、B 和 C 三个进程都运行了一次，而又该 A 第二次运行。又花了 30 ms，到 t = 60 ms 时，A、B 和 C 三个进程又都运行了一次。到 t = 70 ms 时，系统变为空闲，到 t = 80 ms 时，B 开始运行；然而到了 t = 90 ms 时，B 尚未运行完成，A 又变为就绪状态，于是它抢占 B 而运行，到 t = 100 ms 时，A 完成后 B 再继续运行。图 11-3 中的第四行示出了用 RMS 算法进行调度时的情况。

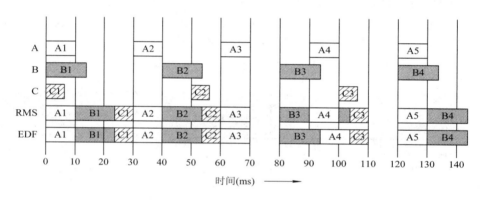

图 11-3　RMS 实时调度例子

11.4.3　EDF 算法与 RMS 调度算法的比较

在第三章中，我们已经介绍了最早截止时间优先(EDF)调度算法，该算法是否可用作视频服务器中的调度？把它与 RMS 算法比较，哪一种算法更好，各有何优缺点？这些将是本章要阐述的问题。

1. 用 RMS 算法调度失败举例

现在我们来看另外一个例子：现有三个进程 A、B 和 C，它们的周期与前例相同，只是在此将进程 A 每次的运行时间由 10 ms 增加至 15 ms，进程 B 和 C 每次的运行时间不变。对于 RMS 算法，由于优先级只与周期有关，而与进程每次运行的时间多少无关，因此这三个进程的优先级仍为 33、25 和 20。调度程序先调度 A 运行，在 t = 15 时调度 B 运行，在 t = 30 时进程 A 再次就绪，故调度 A 运行，在 t = 45 时 B 又再次就绪，由于它的优先级高于进程 C，因此又调度 B 运行，等到 t = 60 进程 B 结束时，进程 C 已错过其最后期限，RMS 调度失败。

何以会失败呢？我们来计算处理机的利用率，它们为 $\frac{15}{30}+\frac{15}{40}+\frac{5}{50}=0.975$，而三个进程所允许的最大利用率仅为 0.780。那么用 EDF 算法是否可以使这三个进程正常运行呢？我们通过一个例子来说明。

2. 用 EDF 算法调度成功举例

在采用 EDF 算法进行调度时，由图 11-4 可以看出，前 30 ms 时与 RMS 一样。在 t = 30 时，A2 和 C1 都处于就绪态，如果按 RMS 算法，由于进程 A 的优先级高于 C，此时应调度 A 运行。但用 EDF 算法时，A 的最后时限是 60，而 C 的最后时限是 50，所以应调度 C 运行。在 t = 35 时，A 才再次运行，t = 50 时调度 B 运行。当 t = 90 时，A 第四次就绪，A 与正在运行的 B 最后时限同为 120，基于不是必要就不抢占的原则，仍让 B 继续运行。在该例中，直到 t = 150，处理机一直处于忙碌状态。

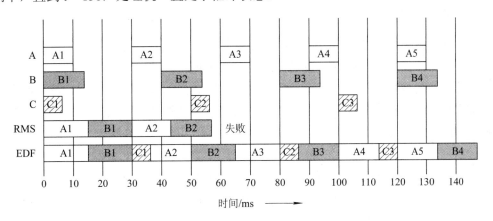

图 11-4　用 RMS 和 EDF 进行调度

使用 EDF 算法比用 EDF 算法可能需要付出更多的系统开销。在一个实际的视频服务器中，应采用何种调度算法需要视具体情况而定。如果系统中的多个实时进程的处理机总利用率低于 RMS 调度上限的限制时，可以选用 RMS 算法，否则应选用 EDF 算法。

3. RMS 与 EDF 算法的比较

(1) 处理机的利用率。在利用 RMS 算法时，处理机的利用率存在着一个上限。它随进程数的增加而减小，逐渐趋于最低的上限为 0.693。然而对于 EDF 算法，并不存在这样严格的限制，因而该算法可以达到 100% 的处理机利用率。事实上，对于任意一组任务，只要用静态优先级调度算法能够调度的，这一组任务也必定可用 EDF 算法来调度。

(2) 算法复杂度。RMS 算法比较简单，计算出的每一个进程的优先级，在任务运行期间通常不会改变。而 EDF 算法的开销较大，因为它所依据的是动态优先级，它会不断地改变，每次调度时都需要先计算所有进程截止时间的大小，再从中选择最小的。

(3) 调度的稳定性。RMS 算法易于保证调度的稳定性，因为 RMS 算法在调度时所依据的优先级是静态的。因此只需要赋予重要进程较高的优先级，使之在进程整个运行期间都能保证优先获得处理机。然而对于 EDF 算法，由于所依据的截止时间是动态的，截止时间在运行期间不断变化，因此很难使最重要进程的截止时间得到保证。

11.5 媒体服务器的特征和接纳控制

目前尚无专门的多媒体文件服务器，只能利用当前的通用文件服务器，再适当增加有关处理多媒体方面的功能，其最主要的任务是保证 SRT 任务的实时性。我们在对新增功能做较详细的介绍前，有必要先介绍多媒体文件和服务器的特征。

11.5.1 媒体服务器的特征

1. 多媒体文件的多种媒体性

如前所述，一部数字电影是由多种媒体文件组成的。其中包含了一个视频文件、若干种语言的音频文件，以及不同国家文字的文本文件，图 11-5 示出了一部电影所包含的文件，而且在播放时，这些媒体数据流之间还必须保持同步。例如，在播放一部数字电影时，图像画面和相应的声音或滚动字幕应当同时出现，即使图像画面、声音或字幕之间出现了很小的不同步，也会使播放失败。因此，媒体服务器需要具有保持多种媒体数据流同步的能力。

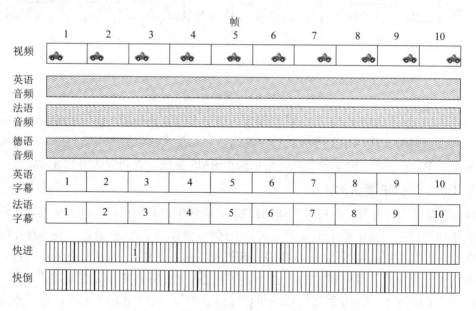

图 11-5　一部电影所包含的多种媒体的文件

2. 拉型和推型文件服务器

在传统的服务器中，进程要访问一个文件时，应先用 open 系统调用将文件打开，然后再用 read 系统调用把文件中的数据读出。如果把这种方式也用于多媒体文件系统中，则用户每发出一个 read 系统调用命令时，服务器便送出一帧数据，如图 11-6(a)所示。该方式一方面要求用户必须以精确的时间间隔不断发出 read 命令，读出一帧数据；另一方面要求服务器每个周期都能及时地提供数据。可见，该方式不仅麻烦，而且也很难满足实时性要求。通常把传统文件服务器称为拉型服务器。因为它需要用户不断发出命令，把数据"拉"过来。

为了解决上述问题，在多媒体文件服务器(视频服务器)中，采用了类似于录像机中所用的工作方式。由用户进程发出 start 系统调用命令，并给出文件名和有关参数，然后视频服务器便会以所需的速度，每隔一定的时间送出一帧数据，再由用户进程及时对它进行处理。图 11-6(b)示出了这种工作方式。通常把这种服务器称为推型服务器，因为它不断将数据"推"给用户。

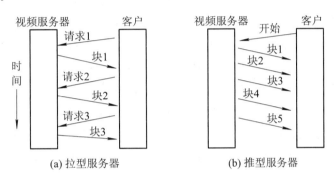

图 11-6　拉型服务器和推型服务器

3. 多媒体文件的存储空间分配方式

在传统的文件系统中，文件组织的一个重要目标是通过减少内部和外部磁盘碎片，提高磁盘空间的利用率。为此，存储空间的分配主要采用基于盘块的离散分配方式。而在多媒体文件系统中，文件组织的一个重要目标是能提供恒定速率的数据流和能及时地检索数据。如果将一个多媒体文件的数据盘块分散地存放在磁盘的不同位置，将会使在传送一个连续的数据流时，不断地进行寻道，从一个盘块转到另一个盘块，导致所传送的数据流出现断断续续的现象。因此在视频服务器中，对多媒体文件主要采用连续分配方式。当然这样可能会引起较多的内部和外部碎片，但可以赢得时间，即以空间换取时间。

4. 人机交互性

用户在通过媒体服务器观看节目时，可根据自己的爱好，任意点播喜欢看的节目。在观看节目时，还可选择自己所熟悉的语言音频和字幕，并且可以根据需要随时更换。此外，用户还可以随时停止(或暂停)正在观看的电视，或(让电视)从一集跳至下一集，或让电影快进或快退等，即媒体服务器需要具有人机交互的功能。

传统的电视在传输的实现上比较简单，每套节目只需要一条频(信)道，而不管有多少人看。然而能进行人机交互的媒体服务器实现起来就困难得多，主要表现为：

(1) 它需要为每一个用户准备一条信道，如果允许 1000 个用户同时收看节目，就需要有 1000 条信道。

(2) 这 1000 个用户都可以根据自己的爱好来点播，这样媒体服务器就可能要同时播放许多不同的节目。

（3）有的节目可能只有一个用户观看，但有些流行节目则可能有许多用户同时或接近同时观看，为此，服务器必须能够让众多用户同时观看一个节目，即众多用户能同时进行人机交互。

11.5.2 存储器管理中的接纳控制

为了能保证 SRT 任务的实时性，存储器必须能及时地提供数据，而存储器能否及时提供数据的关键是 SRT 任务运行时所需的数据是否驻留在物理内存中。因此，在存储器管理中增加了存储器页面锁定功能。

1. 存储器页面锁定功能

对于某个 SRT 任务来说，如果其某些页面未在物理内存，而在运行中又需要用到这些页面上的代码或数据，则将发生缺页中断，这意味着所需之页面必须从磁盘中读取。由于读盘所需的时间不仅较长，而且是不确定的，这无疑会给 SRT 任务带来极大的影响。为避免发生缺页中断情况，一个行之有效的方法是将 SRT 任务运行时所需之代码和数据锁定在物理内存中。只有这样才有可能保证 SRT 任务的截止时间。

由于物理内存是非常宝贵的资源，而且容量有限，将 SRT 任务锁定在内存中，必将减少内存的可用空间，导致系统综合性能的降低。因此不少操作系统都规定了只允许将一部分内存空间分配给 SRT 任务，通常最多控制在 60%～70% 内。

2. 存储器代理

为了能保证每一个 SRT 任务的实时性，如同处理机预留 CPU 带宽一样，我们也引入了存储空间预留功能，为每一个 SRT 任务预留锁定的存储空间。为实现该功能，在存储器管理中增加了两个功能实体：存储器代理和存储器控制器。

为了能为 SRT 任务预留其所需要的存储器空间，由存储器代理锁定一定数量的内存空间，把它称为全局预留存储空间，它可分为两部分：① 接纳存储空间，这部分已经分配给了被接纳的 SRT 任务，正在使用；② 可利用存储空间，即可供新的预留请求使用的存储空间。在确定全局预留存储空间的大小时，应当十分谨慎。首先应为内核和交互式进程留有足够的空间，否则，可能会导致内核和交互式进程在运行时发生频繁的页面交换。

SRT 任务在进入系统后，必须向存储器代理声明，请求其运行时所需的内存数量，存储器代理将对请求进行如下的检查：

$$所请求的存储空间 \leqslant 可用存储空间$$

如果条件成立便接纳它，为它预留存储空间，否则拒绝接纳。凡被接纳的 SRT 任务，存储器代理将向它提供一个预留标识符 ID，并将该预留 ID 放入预留表中。

3. 存储器控制器

存储器控制器的主要任务是，管理为 SRT 任务锁定的内存页面，以保证 CPU 能及时获得数据。在 SRT 任务执行时，将 ID 传送给存储器控制器。后者利用预留表检查该预留 ID 是否合法，如果合法，便为 SRT 任务分配并锁定存储器。存储器控制器还把存储器的钥匙传送给 SRT 任务，SRT 收到后，便建立起存储段与自己的地址空间之间的映射关系。当

SRT 任务执行完成后，又将向存储器管理程序发送一释放请求，其中也包含了存储器的钥匙。存储器管理程序收到该请求后，便释放它所占有的锁定存储空间，并向存储器代理归还该可用存储空间。

11.5.3　媒体服务器的接纳控制

通常一个媒体服务器可以同时为多个用户提供服务，由于每一个多媒体数据流都有定时要求，为了保证服务质量，媒体服务器同样也需要设置有接纳控制功能。该功能根据接纳控制算法确定是否应该接纳某用户对指定数据流的请求。

1. 媒体服务器的服务质量

不同的 SRT 任务，所要求的服务质量并不完全相同。因此，一个媒体服务器应当能够提供几种服务质量，以满足不同用户的需要。通常，可以提供如下三种服务质量保证：

(1) 确定型的保证。这是最高的服务质量保证，它能完全保证 SRT 任务的所有截止时间。为实现这样的保证，在接纳控制的算法中必须假定系统与实现实时性有关所有部分都是处于最坏的情况，如磁盘的寻道时间最长、磁盘旋转延迟时间最长等。

(2) 统计型的保证。它能以较高概率保证 SRT 任务的所有截止时间。为了实现这样的保证，在接纳控制的算法中将假定系统与实现实时性有关所有部分都处于一般情况。

(3) 尽力而为型保证。没有为 SRT 任务的截止时间提供任何保证，只是在完成对所有确定型和统计型的服务之后，如果处理机还有剩余时间，才会调度这类任务运行。

2. 接纳控制

对于不同的服务质量保证和不同的服务所采用的接纳控制条件是不一样的，在这里只是讨论接纳控制条件中最基本的问题。

假定媒体服务器与 n 个客户端连接，每个客户都点播一部数字电影，其每部数据流都是由磁盘送出的。在每一个周期中，每部电影都将播放一帧。每一帧包含了 K_i 个盘块，这样处理机在每个周期将处理 K_1、K_2、…、K_i、…、K_n 序列盘块中的数据。我们必须了解媒体服务器的传送速率能否保证 SRT 任务播放的实时性，为此需要进行两方面的计算：① 计算每个 SRT 任务在播放每一帧时所需的服务时间，进一步计算在每一个周期每个 SRT 任务都播放一帧时需要的总时间。② 计算媒体服务器传送每一帧数据所需的时间，进而计算出每一个周期需要的总时间。如果每一个周期都播放一帧时所需的总服务时间都能大于媒体服务器在相应周期传送相关数据所需的总时间，那么就可以保证所有任务的实时性，反之则不能。

对于确定型的保证和统计型的保证，在计算方法上是完全相同的，差别仅在于所使用的参数有所不同。对于确定型的保证，在计算中所采用的应当是最坏情况下的参数，如磁盘的寻道时间最长，而对于统计型的保证所用的应当是统计性参数。

11.6　多媒体存储器的分配方法

在媒体服务器中，为多媒体文件分配存储空间主要考虑的问题是，如何能使磁盘上的数据快速地传送到输出设备上，以保证 SRT 任务的实时性。为此采取了与传统文件服务器截然不同的文件分配方法。

11.6.1 交叉连续存放方式

1. 多媒体文件存放中的问题

多媒体文件存放最重要的要求是，存放在硬盘上的数据如何能快速地传送到输出设备上，不会发生因送出数据不及时而使屏幕上的画面发生颤动。在采用离散分配方式时，在磁盘传输速率足够高的情况下，送出数据不够及时最主要的原因是在传输一帧的过程中需要进行多次寻道，由于寻道和磁盘旋转延迟通常都需要数十毫秒，很难及时将数据送出。因此，多媒体文件都采用连续文件。

通常在一部数字电影中，每一帧中都同时包含了视频、音频和文字信息，即使其中的每一种媒体文件都是连续文件，但如果这些文件之间未连续存储，在传输一帧信息时，还需要从视频文件跳到音频文件，再从音频文件跳到文本文件的多次寻道。换言之，传送每一帧信息仍然需要进行多次寻道，因而仍不能满足多媒体播放的要求。

2. 交叉连续存放方式

在该方式中，不仅要求多媒体中的每个文件是连续文件，而且还需在不同文件间采取按帧交叉的方式存放。首先存放第一帧中的视频数据，紧靠着它存放第一帧中的各种音频数据，然后是存放第一帧中的多个文字数据，如图 11-7 所示。在从磁盘读出时，最简单的方法是将每一帧中所有数据全部读出到内存的缓冲区中，然后只将用户所需之部分传送给用户。

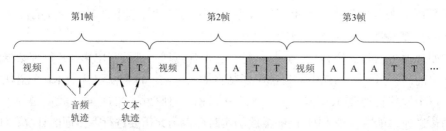

图 11-7 交叉连续存放方式

这种存放方式的明显优点是，每一帧信息只读一次，不会发生多次寻道，因此能保证硬盘上的数据快速传送到输出设备上，图像不会发生颤动。其缺点是，每次读出的数据中有许多是用户并不需要的，例如，通常用户只需要一条音频和一种文字字幕，其它的音频和文字字幕都是不需要的。这不仅增加了磁盘 I/O 的负担，也占用了更多的内存缓冲区。此外，交叉连续存放方式还不能实现随机访问、快进和快退等功能。因此该方式只适用于不要求随机访问和快进快退的简单播放方式。

11.6.2 帧索引存放方式

为了克服交叉连续存放方式的缺点，即在每一部数字电影中所包含的视频文件、音频文件和多个文本文件都需要连续存放，而引入了索引存放方式。该方式又可分为两种：

(1) 帧索引存放方式，又称为小盘块法。

(2) 块索引存放方式，又称为大盘块法。

1. 帧索引存放方式的基本原理

在小盘块法中，所选定的盘块大小应远小于帧的大小。对于每秒 30 帧的 MPEG-Ⅱ 而言，帧的平均大小为 16 KB，通常选定盘块大小仅为 1 KB 或 2 KB，故将它又称为小盘块法。这样，电影中的每一帧信息需要存放在一连串的连续盘块中。和前面一样，在这一串连续的盘块中，仍是包含了一个视频、多个音频和多个文本文件的数据。

在系统中，为每部电影建立一个帧索引表。其中的每一个表项至少应有两个字段，一个是地址字段，它用于存放相应帧所在盘块的始址，如第 i 个帧索引表项中的地址字段指向第 i 帧所在盘块的始址。另一个是帧长字段，用于存放该帧的盘块数目，如 11-8(a)所示。在播放电影时，首先从帧索引表的第一帧索引表项中找到第一帧的盘块始址，从中将该帧的内容全部读出。然后再从帧索引表的第二个帧索引表项中找到第二帧的盘块始址，再将第二帧的内容全部读出。

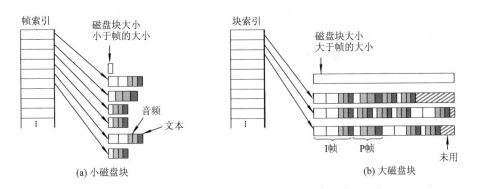

图 11-8　索引存放方式

2. 帧索引存放方式的性能分析

(1) 支持随机访问。由于采用了帧索引表，该方式能很好地支持随机访问。例如当我们要读第 i 帧时，可以直接依据索引号 i 值，从帧索引表中找到相应的表项，从该表项中的地址字段便可找到第 i 帧所在盘块的始址，接着将该帧读出。

(2) 关于快进、快退问题。帧索引存放方式可以支持快进，但效果不一定好。为了达到好的效果，可以专门制作一个快进文件。如果文件没有经过压缩，只要每 10 帧显示一帧，便可以 10 倍的速度快速前进，如果希望以 20 倍的速度快进，只须每 20 帧显示一帧。当需要快进时，系统必须能够找到快进文件，然后跳到该文件的正确地方进行播放。

(3) 磁盘碎片较小。在采取帧索引存放方式时，对每一帧采用连续存放方式，最后一个盘块可能会有一些空闲空间。但由于盘块较小，相应的磁盘碎片也较小。如果某数字电影有 N 帧，每个盘块的大小为 1 KB，由此引起的磁盘碎片平均为 N × 1/2 KB。对于一部 70 分钟的电影，如果每秒钟 25 帧，整个电影约有 100 K 帧，其所产生的磁盘碎片平均大约是 50 MB(70 × 60 × 25/2)。

(4) 帧索引表大。在小盘块法中，需要为每一帧设置一个表项，由于一部电影需要很多的帧，对于一部 2 小时的电影，如果每秒钟 30 帧，大约有 216 K 帧(120×30×60)。因此，帧索引表需要有 216K 个表项。每个表项占 5 个字节(帧的大小字段用 1 个字节，磁盘地址为 4 个字节)，由此可以算出帧索引表大约为 1 MB。帧索引表不仅要占用磁盘空间，而且在播放时还需将它调入内存，这样又会占用很大的内存空间。

(5) 缓冲管理简单。在小盘块法中由于每次操作都是读出一帧，为了提高磁盘的输出速度，可以采用双缓冲方式，一个缓冲用于播放当前帧，另一个缓冲用于存放下一帧。当一帧播放完后，可以立即播放另一个缓冲中的内容。

(6) 存储管理复杂。由于在小盘块法中，要求为每一帧都分配一连串连续的盘块，以使磁盘上的数据能更快地传输。此时，磁盘空闲空间的组织就不能再采用传统 OS 中的位示图、链表法等，而需要用一种较为复杂的方法。

11.6.3 块索引存放方式

1. 块索引存放方式的基本原理

在块索引存放方式中所选定的盘块较大，其大小应远大于一帧的大小，如 256 KB，以便在一个盘块中可以存放多个帧，故将它称为大盘块法。由于在大盘块法中每个数据块的大小是相同的，故把这种组织称为恒定数据长度。

在大盘块法中，所配置的索引表采用的是块索引，它是以盘块号为索引，而不是以帧号为索引。在每一个索引表项中同样需要两个字段，一个帧号字段用来存放在该块中的第一个帧的帧号，另一个字段存放该块中所存放的帧数。另外还需要几个地址字段，用于存放在本盘块中每一帧的盘块始址。这样通过查找盘块号，就可以找到含有指定帧的大盘块，然后再从相应地址项中找到指定帧的盘块始址。大盘块法如图 11-8(b)所示。

2. 块索引存放方式的性能分析

(1) 支持随机访问。块索引存放方式虽然可以实现随机访问，但要比帧索引存放方式复杂些。例如，当我们要读第 i 帧时，可以直接根据索引号 i，找到包含了指定帧的块索引表项，然后，从该表项中的地址字段中，找到指定帧的盘块始址，最后便可将该帧读出。

(2) 磁盘碎片较大。在采取块索引存放方式时，在一个大盘块中可以存储多个帧，当盘块中的存储空间不足以装下后面一帧时，可采取两种处理方法：① 一帧跨越两个盘块，该方法是继续装入下一帧，直到大盘块全部装满，剩余部分再装入下一个盘块。该方法的主要问题是，通常会发生再次寻道，影响播放质量。② 让剩余部分空闲，只要不能装下后面一帧，便让剩余的空间空着，由此会形成磁盘空间的浪费，我们把它称为内部碎片。大盘块法可能造成比小盘块法更大的碎片。

(3) 块索引表小。在采取大盘块方式时，需要为每一块设置一个块索引表项。由于每一个盘块可以放多个帧，因此块索引表要比帧索引表小得多。通常一个 256 KB 的大盘块平均能存放 16 个帧，因此块索引表要比帧索引表小得多(1/16)。如上所述，对于一部 2 小时的电影，大约有 216 K 帧，相应地，在块索引表中只有 13 500 个索引项，而每个表项需要 8 个字节(帧的大小字段用 1 个字节，磁盘地址为 4 个字节，3 个字节为帧的盘块始址)，块索引表的大小仅为 100 KB 左右，它比帧索引表小了约 90%。这不仅可明显减小所占用的磁盘空间，而且在播放时，还可明显减小占用的内存空间。

(4) 缓冲管理复杂。在大盘块法中，虽然也可以采用双缓冲方式，但两个大缓冲需占用较多内存。由于在大盘块法中每一个大盘块都包含了多个帧，而每次仅播放一帧，因此完全不用一次将一个大盘块中的内容全部读出。对此可采用循环缓冲方式，即在系统中设置多个缓冲，每个缓冲稍大于磁盘块的大小，将这些缓冲组成循环缓冲器，整个循环缓冲器的容量应大于一帧的容量再加上一个盘块的容量。

◀ 11.6.4　近似视频点播的文件存放

对于视频点播，用户可使用遥控器选择自己想看的电影或电视节目。但视频点播的实现是有相当难度的，因为如果有 100 个用户在观看同一部新电影，而通常他们的进度都不太可能完全相同，由此需要 100 个同样的新电影的数据流，这将需要大量的系统资源。而近似视频点播则可以大大减少对系统资源的需求。

1. 近似视频点播(near video on demand)

近似视频点播是视频点播的一种近似，它是每隔一定时间开始一次播放。例如，从晚 8 点开始第 1 次播出，到晚 8:05 开始第 2 次播出，8:10 开始第 3 次播出，…。如果某用户想在 8:08 时看该电影，那他只须等 2 分钟，到 8:10 时便可看到。图 11-9 示出了近似视频点播的数据流图。在 8:05，第一个数据流处于第 9000 帧时，便开始第二个数据，在 8:10，第

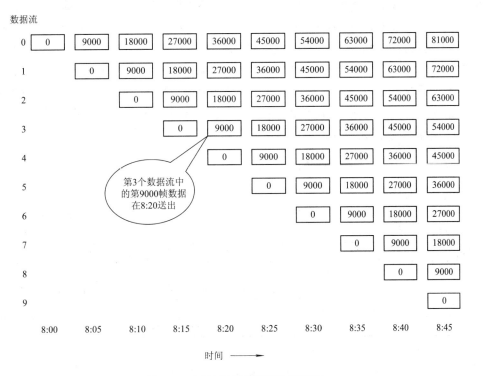

图 11-9　近似视频点播的数据流图

一个数据流处于第 18 000 帧，第二个数据流处于第 9000 帧时，便开始第三个数据，…，当时间到 9:55 时，开始第 24 个数据流。到 10:00 整时，第一个数据流终止，又重新从第 0 帧开始。

这样做的最大好处是，对于一部两个小时的电影，只需要 24 个数据流(每 5 分钟一个)就能满足所有用户的需要，而用户数量基本上不受限制。如果说视频点播是出租汽车，一招手它就来，非常方便，但需要很多的出租车才能满足要求，那么近似视频点播就像是公共汽车，每隔一定时间就开一班车，它就能满足非常多的人的需要。在采用近似视频点播时需要考虑两个问题：

(1) 间隔时间大小。数据流之间的间隔时间应选择多长？间隔时间越小，用户的等待时间越少，但一部电影需要的数据流也就越多。例如间隔 2 分钟，此时用户的最大等待时间只有 2 分钟，但对于 2 小时的一部电影就需要 60 个数据流。反之，间隔时间越大，用户的最大等待时间就越长，但一部电影需要的数据流也就越少。

(2) 用户数的多少。就像是否要开通一路公交车一样，只有当需要乘这一路车的人数达到一定数量时，才会开通该路公交车，而且人数越多，开出的班车的间隔时间也就越短。类似地，只有当需要观看某部电影的人数达到一定数量时，才需要开通该电影的近似视频点播，而且人数越多，间隔时间越小。

2. 近似视频点播的文件存放

在近似视频点播中，即使电影文件是连续文件，但在它以 24 个数据流错时送出时，由于每两个相邻的数据流都相差 9000 帧，因此从一条数据流转至下一个数据流时就需要进行寻道。但如果能采用如图 11-10 所示的方法，则几乎可以完全消除寻道操作。其基本思想是，将 24 路数据流中的在同一时间播放的 24 帧依次放在一起，作为一个记录写入磁盘。在播放时，也将它们一起读出，这样就避免了寻道。例如，在某个时刻，24 路数据流刚好开始，需要播放第 0 帧，23 路数据流需要播放第 9000 帧，22 路数据流需要播放第 18 000 帧，而 21 路数据流需要播放第 27 000 帧，…，直到 1 路数据流需要播放第 207 000 帧。由于这 24 帧已被一起读入内存，故不存在寻道问题。

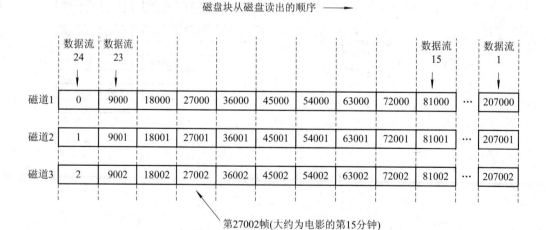

图 11-10 近似视频点播的文件存放

11.6.5 多部电影的存储方法

1. 单个磁盘的情况

前面所考虑的只是在视频服务器上存储了单部电影，但实际情况往往是视频服务器上存储了多部电影。如果这些电影被随机地存放在磁盘的各个地方，那么当多个用户需要同时观看这些电影时，必然会造成磁头的频繁来回摆动。应如何在磁盘上存储多部电影呢？

通常，每一部电影的点击率是不同的。我们在将这些电影存储在磁盘上时，应当将电影的流行因素考虑进去，使越流行的电影越容易被访问到。事实上，有许多流行的事物，如流行电影、流行音乐、访问 Web 网页等，大体上都遵循一种可预测模式，该模式又被称为 Zipf 定律。该定律可描述为：

$$\frac{C}{1} + \frac{C}{2} + \frac{C}{3} + \frac{C}{4} + \cdots + \frac{C}{N} = 1$$

其中，C 是一个常数，其值可由上式算出，当 N 为 10、100 或 1000 时，C 值分别为 0.341、0.193 和 0.134。上式中的 1、2、3、4 等分别可以表示第 1 流行的电影、第 2 流行的电影等。当系统中存储了 1000 部电影时，第 1 流行的电影被点击的概率为 0.134，第 2、3、4 流行的电影被点击的概率分别为：0.067、0.045、0.034。由此产生了一个管风琴算法(organ-pipe algorithm)。该算法规定，将第 1 流行的电影存储在磁盘的中央，第 2、3 流行的电影存储在第 1 流行的电影的两边，第 4、5 流行的电影又存储在第 2、3 流行的电影的外面两边，如图 11-11 所示。

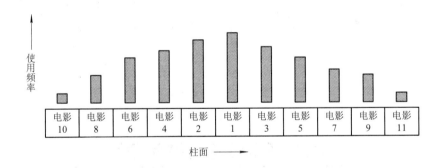

图 11-11 多部电影按管风琴算法分布

不难看出，该算法是试图把磁头保持在磁盘的中央。当服务器上装有 1000 部电影时，根据 Zipf 定律，排在前 5 名的流行电影被点播的概率之和将达到 0.307。这意味着有 30% 的时间，磁头是位于前五部电影的磁道上，而它们都是处于磁盘的中间部分。实践证明，如果每一部电影都是如图 11-11 所示的连续文件，按管风琴算法分布的方式会工作的很好。

2. 多个磁盘情况

为了满足众多用户的需要，配置在视频服务器上的磁盘系统通常都需要很大的存储容量，因此在视频服务器上的磁盘系统，大都采用许多个磁盘来扩大磁盘系统的容量，如采用 RAID 磁盘阵列。

为简单起见，假定系统中有四个磁盘，将第一部电影 A 全部放在磁盘 1 上，电影 B、C 和 D 分别全部放在磁盘 2、3 和 4 上，如图 11-12(a)所示。这种存放方式实现简单，故障特性简单明了，如果某一个磁盘发生故障，在该盘上的电影信息可能丢失，问题并不严重，因为还可从 DVD 再装入到另一个盘中。这种存放方式的缺点是，各个磁盘上的负荷与电影的流行程度有关，可能会很不均衡。另一种存放方式是将一部电影分为几部分，分别存入一个磁盘中，这样在磁盘 1 上同时存放了 A、B、C、D 四部电影的一部分。同样，在磁盘 2 上也同时存放了 A、B、C、D 四部电影的一部分，如图 11-12(b)所示。由于每部电影都是从头开始的，故该方式可能会引起磁盘 1 的负荷增加。进一步改进是采取交叉存放，将每一部电影的起始部分放入不同的盘中，如图 11-12(c)所示。第四种存放方式是采取随机存放，如图 11-12(d)所示。

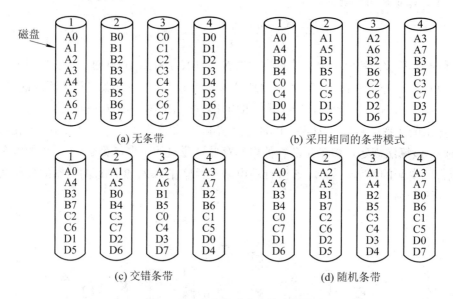

图 11-12　在多个磁盘上的存放方式

11.7　高速缓存与磁盘调度

与传统 OS 一样，在多媒体系统中，同样需要在内存中设置高速缓存，以解决因磁盘速度低而影响系统性能的问题。但在多媒体系统中，高速缓存的作用已与传统的操作系统有很大的不同。另外，多媒体系统对磁盘调度提出的要求，也与传统的 OS 有很大的差异。本节将对多媒体系统中高速缓存和磁盘调度做扼要阐述。

11.7.1　高速缓存

对于传统的 OS，在内存中设置高速缓存的主要目的，是为了减少对磁盘的访问时间。所采取的方法是将那些在不久之后可能会被访问的盘块数据放入到高速缓存中，以便以后需要时，可直接从高速缓存中读取，这样就节省了对磁盘的访问时间。然而在播放一部电影时，通常是从头到尾顺序访问，除了某些特殊情况，如重看等，一个盘块一般不会使用两次，因此传统高速缓存技术是不可取的。但高速缓存在多媒体系统中仍有其可用之处。

1. 块高速缓存

虽说当一个用户在看一部电影时，刚放过的盘块不会被重用，但如果是有多个用户几乎同时在看一部电影，刚放过的盘块则可能会被多次重用。例如，第一个用户于晚8点开始观看，第二个用户8:01开始看，这样第一个用户看过的内容在1分钟后，就要被第二个用户使用。换言之，当有多个用户几乎同时在看一部电影时，将已看过的部分放入高速缓存是非常有效的方法。为了管理上的方便，应该在那些有多个用户几乎同时观看的电影上标上"可高速缓存"的标记，而其它的电影就不需要高速缓存了。

2. 将两条视频流合并

如果两条视频流在时间上相差很少，我们可以对两条视频流进行合并。例如，第一个用户在晚8点观看一部电影，第二个用户在过了10秒后观看同一部电影。虽说我们可以利用高速缓存来保留10秒钟已放过的电影，但这会要求占据很大的存储空间。一个行之有效的方法是通过改变两部电影的播放频率，将两条视频数据流进行合并，使其成为一条视频数据流，如图11-13所示。

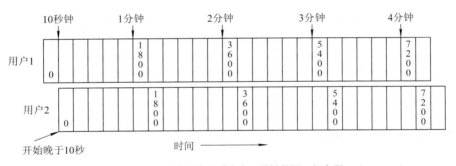

(a) 两个用户观看失步10秒钟的同一部电影

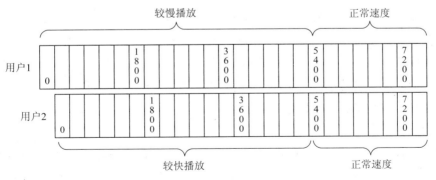

(b) 将两个视频流合并为一个

图 11-13　将两条视频流合并

图 11-13 中，两部电影均以每分钟 1800 帧的速度播放，用户 1 所看电影的视频流在前，用户 2 所看电影的视频流在后，为了能将这两个视频流合并，可以放慢用户 1 电影视频流的速度，从每分钟 1800 帧降为 1750 帧，反之加快用户 2 电影视频流的速度，从每分钟 1800 帧升为 1850 帧。在 3 分钟后，它们都处在第 5550 帧。此时可以将两个视频流合并为一个视频流，以每分钟 1800 帧的正常速度播放。在此期间用户 1 的视频流速度放慢了 2.8%，用户 2 的视频流速度加快了 2.8%，通常用户是感觉不出来的。

另外一个合并视频流的方法是，在用户 1 所播放的电影中适当地插播一些广告，用户 2 仍以正常速度播放电影，经过一段时间后用户 2 的视频流就会赶上用户 1 的视频流，以后就可以只播放一条视频流。

3. 文件高速缓冲

在一个为公众服务的视频服务中心，通常都应当备有许多电影和电视剧节目。由于在 DVD 光碟中的电影或电视剧所占用的存储空间都非常大，一般都有数 GB，因而不可能都装入视频服务器的磁盘上，而是仍然放在光盘或磁带上。在需要播放某部电影时，再将它们复制到磁盘上。但因光盘特别是磁带的低速性，要将这些电影从光盘复制到磁盘上需要花很多的时间。于是在大多数视频服务器中，都是将用户请求最频繁的电影文件放入内存的高速缓冲中，而把流行的整部电影文件放在磁盘上。其它的电影文件仍然放在 DVD 光盘或磁带上。

还可采取另一种方法来使用高速缓冲，在磁盘中先存放每一部电影的最初几分钟片段，当用户请求到某部电影时，先从磁盘中将该电影的第一片段复制到高速缓冲，并开始播放，此时该电影已被复制的第一片段(部分)仍保留在磁盘中以备其它用户请求。与此同时，又将该电影的第二个片段复制到磁盘上，继而又将它送入高速缓冲，同样其拷贝也仍保留在磁盘上。与此同时又将该电影的第三个片段复制到磁盘上。如果在相当长时间内再无其它用户请求，这时可从高速缓冲中清除该电影。

◀ 11.7.2 静态磁盘调度

在多媒体系统中对磁盘调度提出了比传统 OS 更为严格的要求。其主要原因是：
(1) 多媒体文件的数据量特别大，相应地要求数据传输速率也非常高。
(2) 为保证电影的播放质量，要求具有很高的实时性；
(3) 对于一台视频服务器，可能要同时处理成百上千的用户请求。
但它也有比传统 OS 更容易处理的地方，即在播放时有着很强的可预测性。

1. 可预测性

在传统 OS 中，用户对磁盘的请求是难以预测的，因此一般只提供了预读一个盘块数据的功能。而在多媒体系统中，无论是电影还是电视剧都是连续播放的，即在播放了第 i 帧后，紧接着就会播放第 i + 1 帧，这就大大提高了请求的可预测性。例如在播放每秒 25 帧的电影时，视频服务器每隔 40 ms 就向用户提供下一帧信息。在采用双缓冲的情况时，便可在播放第 i 帧时，提前从磁盘上读取第 i + 1 帧，即实现了播放第 i 帧和读取第 i + 1 帧并行处理。

2. 按磁道顺序排序

假如视频服务器中仅有一个磁盘，有 10 个用户在观看不同的电影，而这些电影又具有相同的帧频、分辨率。这时，系统可以为每一部电影建立一个进程，在进程调度时采用轮转法方式。首先让第一个进程运行，当它运行完后调度第二个进程运行，直至最后一个进程运行完毕。这里的关键问题是，所有进程运行一次的时间，应小于每帧之间的时间间隔 40 ms。

用户所观看的 10 部电影被分布在不同的磁道上，应根据什么原则对磁盘请求进行排序呢？一种较好的方法是按请求磁道顺序号进行排序，磁道号最小的排在最前面，图 11-14 示出了磁盘请求的处理顺序。由图可以看出，视频流 2 是最小磁道号 92，因此它最先被处理；视频流 4 是第二小磁道号 130，因此它第二个被处理；视频流 1 是最大的磁道号 701，因此它应最后一个被处理。对寻道经过这样的优化后，可以大大减少处理每一个请求的平均时间。

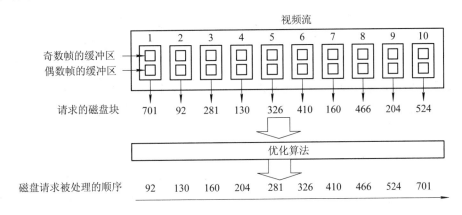

图 11-14 磁盘请求的处理顺序

为了能连续不断地将视频流传送给用户，在内存中应为每个视频流设置两个缓冲区，当有 10 个视频流时，便应设置 20 个缓冲区。在第 1 个帧周期，电影播放使用第一组缓冲区中的数据，将磁盘中数据传送到第二组缓冲区。在该帧周期结束时，电影播放使用第二组缓冲区中的数据，将磁盘中的数据传送到第一组缓冲区。此外，我们还可以增加缓冲区的大小，使其能装入两帧数据，每一次从磁盘中读取两帧数据，这样可使磁盘的操作次数减半。

◀ 11.7.3 动态磁盘调度

为简单起见，在前面曾假设，所有的电影具有相同的分辨率和帧频。现在再来分析当多部电影具有不同的分辨率和帧频时，所播放的电影对磁盘的请求会带有一定随机性的情况。当它们提出读磁盘请求时，需要明确指定磁盘块号以及何时需要该磁盘块中的数据，亦即最终时限，错过该时间将会影响到播放质量。考虑到为读出盘块内容和对该内容进行处理都需花费一定的时间，我们把该时间表示为 ΔT，由此可以算出最晚读该盘块的时间应当是 T = 最终时限 – ΔT。

1. 动态磁盘调度算法应考虑的因素

当第一个用户提出观看某部电影的要求时，由于此时尚无其他用户请求，故可立即获得服务。在此期间可能会有其他用户发来请求，它们都会被挂起。当第一个用户请求完成时，怎样从被挂起的用户请求中选择一个，即应采用什么样的磁盘调度算法，主要应考虑这样两个因素：

(1) 令磁盘总寻道时间最小，这是性能因素。为使磁盘的总寻道时间最小，在电梯调度算法中需要根据磁盘请求中的磁道号来排序。

(2) 能满足截止时间要求，这是实时因素。为使电影的播放质量能满足用户的要求，应在截止时间前向用户提供所需的数据。

2. scan-EDF 算法

上述的性能因素和实时因素经常会发生矛盾。为了满足前者，往往会错过最终时限。反之，为了满足后者，则又会增加总寻道时间。scan-EDF 算法同时考虑这两个因素，并将这两个因素结合起来，以达到既能基本上满足实时性要求，又可获得较好性能的目的。该算法的基本思想是，基于实时因素是硬性要求的这一特性，先考虑截止时间要求，将多个截止时间相近的磁盘请求放在一个组中，由此可以形成若干个组，在每一个组中再按照磁道序号进行排序。

我们通过图 11-15 所示的例子来说明该算法。当 t = 700 时，磁盘驱动器得知：已有 11 个请求因要访问本磁盘而被挂起，它们的截止时间和访问的磁道数不相同。该调度算法将 5 个具有相近最早截止时间的请求作为一组，并对它们进行按磁道顺序排序，其顺序是 110、330、440、676 和 680。然后采用电梯调度算法对它们进行调度。只要这五个请求能在最终时限前完成，就能保证较好的播放质量，该算法便算取得了成功。

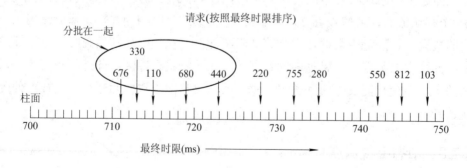

图 11-15　scan-EDF 算法示意图

如果在运行上面的 11 个视频流时又收到了新的用户请求，系统是否应该接纳新的请求呢?确定是否接纳的基本准则是,如果这次接纳并不会导致现有的视频流频繁地错过它们的截止时间,那么就可以接纳,否则应该拒绝接纳。一个简单的方法是,计算出为一个用户播放一部电影平均需要多少系统资源量,包括内存和磁盘空间,以及所需的处理机时间等,如果现有的所有资源都能满足要求,就可以接纳,否则拒绝接纳。

另一个计算方法更为细致,虽然是否接纳的基本准则是相同的,但该方法要进一步考虑用户所要看的电影的特性。由于不同性质的电影具有不同的分辨率和数据率。如黑白电影的数据率要比彩色电影的低得多,所需的各种资源都会少得多。如果在某个时刻,系统中所剩余的资源足以播放一部黑白片,但不能满足播放一部彩色片的需要,若此时用户请求的就是一部黑白片,就可以接纳他的请求;但如果用户请求的是一部彩色片,则拒绝接纳。

习　题 ▶▶▶

1. 试说明多媒体文件有哪些特点。

2. 多媒体的集成性包含了哪几方面的含义?

3. 在计算机系统中,为了进行图像、音频信号和视频信号的处理,需要增加哪些硬件?

4. 常用的数字音频文件有哪几种类型?

5. 彩色电视的制式有哪几种? 我国采用的是哪一种?

6. 简单说明几种常用的 MPEG 标准。

7. 试说明在多媒体系统中,对实时任务的处理有何需求。

8. 在多媒体系统中,进程管理中必须解决哪些问题?

9. 什么是 SRT 任务带宽和尽力而为任务带宽? 为什么要设置这两种带宽?

10. CPU 代理的主要任务是什么? 在什么情况下可以接收新进程?

11. 什么是预留策略? 预留策略涉及哪些重要问题?

12. 速率单调调度 RMS 算法里的优先级是如何确定的? 该算法需满足什么样的条件?

13. 试对 EDF 算法与 RMS 调度算法进行比较。

14. 何谓拉型和推型文件服务器? 它们分别适用于何种场合?

15. 试比较一般的文件服务器和媒体服务器。

16. 何谓存储器页面锁定功能? 在多媒体系统中为什么需要该功能?

17. 存储器代理的主要任务是什么? 它是如何来实现该任务的?

18. 媒体服务器接纳控制的主要任务是什么? 它是如何实现接纳控制的?

19. 为了满足不同用户的需要,媒体服务器可以提供哪几种服务质量保证?

20. 把多媒体文件存放在硬盘上时,为什么要采取交叉连续存放方式?

21. 什么是帧索引存放方式? 什么是块索引存放方式?

22. 试对帧索引存放方式的性能进行分析。

23. 试对块索引存放方式的性能进行分析。

24. 什么是近似视频点播？近似视频点播的文件应如何存放？

25. 当两条视频流在时间上相差很少时，为什么要将它们合并？如何合并？

26. 什么是 Zipf 定律？按照管风琴算法规定，在单个磁盘上应如何存放多部电影？

27. 高速缓存在多媒体系统中可有哪些用处？

28. 为什么在多媒体系统中对磁盘调度提出了比传统 OS 更为严格的要求？

29. 多媒体系统中对磁盘调度比传统 OS 更为容易处理的地方又有哪些？

30. 为什么说 can-EDF 算法既能满足实时性要求，又可获得较好的性能？

第十二章 ◇◇◇◇◇

〚保护和安全〛

随着计算机技术的迅速发展，在计算机系统中存储的信息越来越多，信息的安全性问题也越来越重要。信息安全通常会受到以下两类攻击：① 恶意攻击：攻击者试图获取或毁坏敏感信息，甚至破坏系统的正常操作，并可能造成很大的经济损失和社会危害；② 无意/偶发性攻击：主要源于人们操作上的失误、计算机硬件的故障、OS 或其它软件中存在的潜在漏洞，以及突然断电、火灾等自然灾害，由此造成的后果同样可能是非常严重的。

12.1 安全环境

由于社会的复杂性和某些事物的不可预知性，使得计算机系统的环境往往是不安全的。为此，必须对我们的工作环境采取"保护"措施，使之变成为一个"安全"环境。"保护"和"安全"是有不同含意的两个术语。可以把"保护"定义为：对攻击、入侵和损害系统等的行为进行防御或监视。"安全"是对系统完整性和数据安全性的可信度的衡量。因此，保护可以被视为：为保障系统中数据的机密性、完整性和系统可用性，所必须的特定机制和策略的集合。或者说，实现"安全环境"是目标，而"保护"是为了实现该目标所采取的方法和措施。

◄ 12.1.1 实现"安全环境"的主要目标和面临的威胁

实现"安全环境"的主要目标有三：数据机密性、数据完整性和系统可用性。相应的面临着三方面的威胁：有人通过各种方式窃取系统中的机密信息使数据暴露；攻击者擅自修改系统中所保存的数据以实现数据篡改；采用多种方法来扰乱系统，使之瘫痪而拒绝提供服务。

1. 数据机密性(data secrecy)

数据机密性是指将机密的数据置于保密状态，仅允许被授权用户访问系统中的信息，以避免数据暴露。更确切地说，系统必须保证用户的数据，仅供被授权用户阅读，而不允许未经授权的用户阅读，以保证数据的保密性。

攻击者可能采用各种方式进入系统，以截取系统中的文件和数据，由此造成系统信息的泄漏。其中较常用的一种是"假冒"(Masquerading)方式，亦即攻击者伪装成一个合法用户，利用安全体制所允许的操作去读取文件中的数据。为防止假冒，系统在用户进入系统前，必须对用户的身份进行验证。

2. 数据完整性(data integrity)

完整性是指对数据或资源的可信赖程度，包括数据的完整性(信息内容)和来源的完整性(数据来源)，通常用于表述防止不当或未经授权的修改。信息的来源可能会涉及信息的准确性和可信性，以及人们对此信息的信任程度，因此这种可信性也是系统正确运行的关键。此外，还必须能保持系统中数据的一致性。系统中的数据被篡改，较常用的一种是方法是"修改"(Modification)。未经核准的用户不仅可能从系统中获取信息，而且还可能修改文件中的信息，例如，攻击者可对文件中的数据进行修改、删除。威胁数据完整性另一种更为恶毒的方法是"伪造"(Fabrication)。攻击者可能在计算机的某些文件中增加一些经过精心编造的虚假信息。

3. 系统可用性(system availability)

可用性是指能保证计算机中的资源供授权用户随时访问，系统不会拒绝服务。更明确地说，授权用户的正常请求能及时、正确、安全地得到服务或响应。而攻击者为了达到使系统拒绝的目的，可能通过"修改"合法用户名字的方法，将他变为非法用户，使系统拒绝向该合法用户提供服务。此外，拒绝服务还可能由硬件故障引起，如磁盘故障、电源掉电等，也可能由软件故障引起。

◣ 12.1.2　系统安全的特征

系统安全问题所涉及的面较广，它不仅与系统中所用的硬、软件设备的安全性能有关，而且也与构造系统时所采用的方法有关，还与管理和使用该系统的人员情况有关，这使系统的安全问题变得非常复杂，主要表现为如下几个方面：

1. 多面性

在大型系统中通常存在着多个风险点，在这些风险点应从三方面采取措施加以防范：

(1) 物理安全：是指系统设备及相关设施应得到物理保护，使之免遭破坏或丢失；

(2) 逻辑安全：是指系统中信息资源的安全，它又包括数据机密性、数据完整性和系统可用性三个方面；

(3) 安全管理：包括对系统各种安全管理的策略和机制。

这三个方面中任一方面出现问题，都可能引起安全事故。在本章中主要介绍系统的逻辑安全。

2. 动态性

由于信息技术不断发展和攻击手段层出不穷，使系统的安全问题呈现出以下的动态性：

(1) 信息的时效性。例如在今天是十分紧要的信息，到明天可能就失去了作用，而同时又产生了新的紧要信息。

(2) 攻击手段的不断翻新。随着科学技术的不断进步，有可能在今天还是多数攻击者所采用的攻击手段，到明天便很少使用，而又出现了更难于发现的攻击手段。

由于系统安全的动态性，导致人们无法找到一种安全问题一劳永逸的解决方案。

3. 层次性

大型系统的安全问题是一个相当复杂的问题，因此必需采用系统工程的方法解决。为了简化系统安全的复杂性，系统安全通常采用层次-模块化结构方法：

首先将系统安全问题划分为若干个安全主题(功能模块)，作为最高层；

然后再将其中每一个安全主题功能模块分成若干个安全子功能模块，作为次高层；

此后再进一步将一个安全子功能模块分为若干安全孙功能模块，作为第三层；

其最低一层是一组最小可选择的安全功能模块，用多个层次的安全功能模块来覆盖整个系统安全的各个方面。

4. 适度性

当前几乎所有的单位在实现系统安全工程时，都遵循了适度安全准则，即根据实际需要提供适度的安全目标加以实现。这是因为：

(1) 由于系统安全的多面性，使对安全问题的全面覆盖基本上不可能实现；

(2) 实现全覆盖所需的成本也是难以令人接受的；

(3) 由于系统安全的动态性，即使当时实现了安全问题的全覆盖，随着计算机技术的迅速发展，企业规模的不断扩大，必然很快就会出现新的问题。

因此在构建系统安全机制时，都遵循安全适度性原则。

◆ 12.1.3 计算机安全的分类

为了能有效地以工业化方式构造可信任的安全产品，国际标准化组织采纳了由美、英等国提出的"信息技术安全评价公共准则(CC)"作为国际标准。CC 为相互独立的机构对相应信息技术安全产品进行评价提供了可比性。

1. CC 的由来

对一个安全产品(系统)进行评估，是件十分复杂的事，需要有一个能被广泛接受的评估标准。为此，1983 年，美国国防部颁布了历史上第一个计算机安全评价标准。该标准共包括 20 多个文件，每个文件都使用了彼此不同颜色的封面，统称为"彩虹系列"。其中最核心的是"可信任计算机系统评价标准"(TCSEC)，由于它是橙色封皮，故简称为"橙皮书"。1985 年，美国国防部对 TCSEC 进行了修订。

2. 计算机安全的分类

在"可信任计算机系统评价标准"中将计算机系统的安全程度划分为：D、C、B、A 四类。共分为 D、C_1、C_2、B_1、B_2、B_3 和 A_1 七个等级。

(1) D 类，是最低安全类别，又称为安全保护欠缺级，该类安全等级只包括一个最低安全等级 D_1。凡是无法达到另外三类标准要求的，都被归为 D 类。D_1 系统只为文件和用户提供安全保护，其最普通的形式是本地操作系统，即无密码保护的个人计算机系统，如早期的 MS DOS，或者是一个完全没有保护的网络。

(2) C_1 级。C 类分为两级：C_1 和 C_2，是仅高于 D 类的安全类别，能够提供审慎的保护。C_1 级的系统组合了若干种安全控制，其可信任运算基础体制(Trusted Computing Base，TCB)

通过将用户和数据分离，以达到安全的目的。在 C_1 系统中，要求 OS 使用保护模式和用户登录验证，赋予用户自主访问控制权，即允许用户指定其他用户对自己文件的使用权限。所有的用户以同样的灵敏度来处理数据，即用户认为 C_1 系统中的所有文档都具有相同的机密性，如大部分的 UNIX 版本属于 C_1 级。

(3) C_2 级。C_2 级亦称为受控存取控制级，是在 C_1 级基础上，增加了一个个体层访问控制，加强了可调的审慎控制。例如，可将对一个文件的访问控制权限指定到一个单一个体的层次上，即允许把自主访问控制权限下放到个人用户级，即用户分别对各自的行为负责。C_2 级还提供了对用户尚未清除的有用信息的保护。当前广泛使用的安全软件大多属于 C_2 级。

(4) B_1 级。B 级可分为 B_1、B_2 和 B_3 三级，具有 C_2 级的全部安全属性，B 类系统具有强制性保护功能，即所有的用户都必须与安全等级相关联，否则无法进行任何存取操作。例如，在 B_1 类系统中，可将安全标注分为四级：内部级、秘密级、机密级和绝密级，系统为每个可控用户和对象(如文件)分别赋予一张某级别的安全标注，访问规程规定，处于低密级的用户不能访问高密级的文件，反之，一个绝密级的用户能访问所有密级的文件。

(5) B_2 级。B_2 级有 B_1 级的全部安全属性。B_2 级要求系统必须采用自上而下的结构化设计方法，并能够对设计方法进行检验，能对可能存在的隐蔽信道进行安全分析。如只有用户能够在可信任通信路径中进行初始化通信，B_2 级还为每个系统资源扩展了等级标签。为每个物理设备规定了最小和最大安全等级。用这两个数据来强制执行强加在设备上的限制。

(6) B_3 级。B_3 级包含了 B_2 级的全部安全属性。在 B_3 级中必须包含有用户和组的访问控制表 ACL、足够的安全审计和灾难恢复能力。此外，系统中必须包含 TCB，由它来控制用户对文件的访问，使其免遭非授权用户的非法访问。如通过 ACL，进行任何操作前，要求用户进行身份验证；为每一个被命名的对象建立安全审计跟踪。

(7) A_1 级。A_1 级是最高的安全级别，目前 A 类安全等级只包含 A_1 一个安全类别。A_1 类与 B_3 类相似，对系统的结构和策略不作特别要求。A_1 系统要求具有强制存取控制和形式化模型技术的应用，能证明模型是正确的，并需说明有关实现方法是与保护模型一致的。另外还必需对隐蔽信道做形式上的分析。

必须指出的是，保障计算机系统的安全性涉及到许多方面，其中有工程问题、经济问题、技术问题、管理问题，甚至涉及到国家的立法问题。但我们在此仅介绍用来保障计算机系统安全的若干基本技术，包括用户验证技术、访问控制技术、数据加密技术以及病毒的防范技术等。

12.2　数据加密技术

近年来，以密码学为基础的数据加密技术，已经渗透到许多安全保障技术之中，并作为它们的重要基础。特别是当缺乏完善的保护策略时，无论是计算机系统还是计算机网络，都经常用对数据进行加密的方式保护系统中的信息。

◀ 12.2.1　数据加密原理

加密是一种密写科学，用于把系统中的数据(称为明文)转换为密文。使攻击者即使截获到被加密的数据，也无法了解数据的内容，从而有效地保护了系统中信息的安全性。数据加密技术包括：数据加密、数据解密、数字签名、签名识别以及数字证明等。本小节主要介绍数据加密的原理。

1. 数据加密模型

早在几千年前，人类就已经有了通信保密的思想，并先后出现了易位法和置换法等加密方法。但直至进入 20 世纪 60 年代，由于科学技术的发展，才使密码学的研究进入了一个新的发展时期。计算机网络的发展，尤其是 Internet 广泛深入的应用，又推动了数据加密技术的迅速发展。

一个数据加密模型如图 12-1 所示。它由四部分组成：

(1) 明文。被加密的文本称为明文 P。

(2) 密文。加密后的文本称为密文 Y。

(3) 加密(解密)算法 E(D)。这是指用于实现从明文(密文)到密文(明文)转换的公式、规则或程序。

(4) 密钥 K。密钥是加密和解密算法中的关键参数。

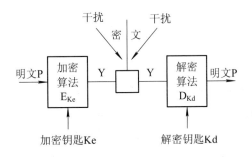

图 12-1　数据加密模型

加密过程可描述为：在发送端利用加密算法 E 和加密密钥 Ke，对明文 P 进行加密，得到密文 $Y = E_{Ke}(P)$；密文 Y 被传送到接收端后，再进行解密。解密过程可描述为：接收端利用解密算法 D 和解密密钥 Kd，对密文 Y 进行解密，将密文恢复为明文 $P = D_{Kd}(Y)$。在密码学中把设计密码技术称为密码编码，把破译密码技术称为密码分析。密码编码和密码分析合起来称为密码学。在加密系统中算法是相对稳定的。为了加密数据的安全性，应经常改变密钥。

2. 基本加密方法

最基本的加密方法有两种：易位法和置换法，其它方法大多是基于这两种方法形成的。

1) 易位法

易位法是按照一定的规则，重新安排明文中的比特或字符的顺序来形成密文，而字符本身保持不变。按易位单位的不同，又可分成比特易位和字符易位两种。前者的实现方法简单易行，并可用硬件实现，主要用于数字通信中；而字符易位法是利用密钥对明文进行易位后形成密文，具体方法是：假定有一密钥 MEGABUCK，其长度为 8，则其明文是以 8 个字符为一组写在密钥的下面，如图 12-2 所示。按密钥中字母在英文字母表中的顺序来确定明文排列后的列号。如密钥中的 A 所对应的列号为 1，B 为 2，C 为 3，E 为 4 等。然后再按照密钥所指示的列号，先读出第一列中的字符，读完第 1 列后，再读出第 2 列中的字符，……，这样，即完成了将明文 please transfer …转换为密文 AFLLSKSOSELAWAIA …的加密过程。

M	E	G	A	B	U	C	K		原文
7	4	5	1	2	8	3	6		Please transfer one
p	l	e	a	s	e	t	r		million dollars to my
a	n	s	f	e	r	o	n		Swiss Bank account six
e	m	i	l	l	i	o	n		two two …
d	o	l	l	a	r	s	t		
o	m	y	s	w	i	s	s		密文
b	a	n	k	a	c	c	o		AFLLSKSOSELAWAIA
u	n	t	s	i	x	t	w		TOOSSCTCLNMOMANT
o	t	w	o	a	b	c	d		ESIL YNTWRNNTSOWD
									FAEDOBNO…

图 12-2　按字符易位加密算法

2) 置换法

置换法是按照一定的规则，用一个字符去置换(替代)另一个字符来形成密文。最早由朱叶斯·凯撒(Julius caeser)提出的算法非常简单，它是将字母 a、b、c、…、x、y、z 循环右移三位后，即利用 d 置换 a，用 e 置换 b 等。凯撒算法的推广是移动 K 位。单纯移动 K 位的置换算法很容易被破译，比较好的置换算法是进行映像。

在对英文进行加密时，可将 26 个英文字母通过密钥 QWERTYUIOPASDFGHJKLZX CVBNM，映像到另外 26 个特定字母中。例如，利用置换法和上面的密钥可将 attack 加密，变为 QZZQEA，见图 12-3 所示。这种密码系统被称为单字母置换。在该例中解密密钥是什么呢？

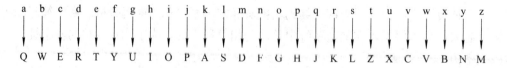

图 12-3　26 个字母的映像

从图 12-3 可以看出，A 的明文是 K，B 的明文是 X，C 的明文是 V，其余字母可以依此类推，由此即可得到该例中的解密密钥是：KXVMCNOPHQRSZYIJADLEGWBUFT。

这样的加密方法是否已足够安全呢？从表面上看好像非常安全，因为，字母与字母间的置换存在着 $26! = 4 \times 10^{26}$ 种可能性。但由于自然语言有着一定的统计特性规律。例如，在英语中，最常用的字母排序为 e、t、o、a、n、i 等。最常用的字母组合为：th、in、er、re 等。根据自然语言规律，这种密码还是很容易被破译的。

◄ 12.2.2　对称加密算法与非对称加密算法

1. 对称加密算法

在对称加密算法中，在加密算法和解密算法之间存在着一定的相依关系，即加密和解密算法往往使用相同的密钥；或者在知道了加密密钥 Ke 后，就很容易推导出解密密钥 Kd。最有代表性的对称加密算法是数据加密标准 DES(Data Eneryption Standard)。ISO 现在已将 DES 作为数据加密标准。随着 VLSI 的发展，现在可利用 VLSI 芯片来实现 DES 算法，并用它做成数据加密处理器 DEP。

在 DES 中所使用的密钥长度为 64 位，它由两部分组成，一部分是实际密钥，占 56 位；另一部分是 8 位奇偶校验码。DES 属于分组加密算法，它将明文按 64 位一组分成若干个明文组，每次利用 56 位密钥对 64 位的二进制明文数据进行加密，产生 64 位密文数据。

2. 非对称加密算法

非对称加密算法的加密密钥 Ke 和解密密钥 Kd 不同，而且难以从 Ke 推导出 Kd 来，故而可将其中的一个密钥公开而成为公开密钥，故该算法也可称为公开密钥算法。每个用户保存一对密钥，每个人的公开密钥都对外公开。假如某用户要与另一用户通信，他可用公开密钥对数据进行加密，而收信者则用自己的私用密钥进行解密。这样就可以保证信息不会外泄。

公开密钥算法的特点如下：

(1) 设加密算法为 E、加密密钥为 Ke，可利用它们对明文 P 进行加密，得到 $E_{Ke}(P)$ 密文。设解密算法为 D、解密密钥为 Kd，可利用它们将密文恢复为明文，即

$$D_{Kd}(E_{Ke}(P)) = P$$

(2) 要保证从 Ke 推出 Kd 是极为困难的，或者说，从 Ke 推出 Kd 实际上是不可能的。

(3) 在计算机上很容易产生成对的 Ke 和 Kd。

(4) 加密和解密运算可以对调，即利用 D_{Kd} 对明文进行加密形成密文，然后用 E_{Ke} 对密文进行解密，即

$$E_{Ke}(D_{Kd}(P)) = P$$

对称加密算法和非对称加密算法各有优缺点，非对称加密算法要比对称加密算法处理速度慢，但密钥管理简单，因而在当前新推出的许多新的安全协议中，都同时应用了这两种加密技术。一种常用的方法是利用公开密钥技术传递对称密码，而用对称密钥技术来对实际传输的数据进行加密和解密。

◄ **12.2.3 数字签名和数字证明书**

1. 数字签名

在金融和商业等系统中，许多业务都要求在单据上签名或加盖印章，以证实其真实性，备日后查验。在利用计算机网络传送报文时，可将公开密钥法用于电子(数字)签名，来代替传统的签名。而为使数字签名能代替传统的签名，必须满足下述三个条件：

(1) 接收者能够核实发送者对报文的签名。

(2) 发送者事后不能抵赖其对报文的签名。

(3) 接收者无法伪造对报文的签名。

现已有许多实现数字签名的方法，下面介绍两种。

1) 简单数字签名

在这种数字签名方式中，发送者 A 可使用私用密钥 Kda 对明文 P 进行加密，形成 $D_{Kda}(P)$ 后传送给接收者 B。B 可利用 A 的公开密钥 Kea 对 $D_{Kda}(P)$ 进行解密，得到 $E_{Kea}(D_{Kda}(P)) = P$，如图 12-4(a)所示。

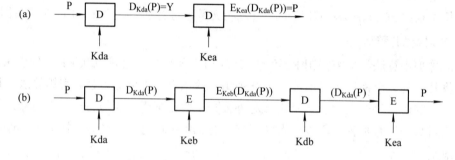

图 12-4 数字签名示意图

我们按照对数字签名的三点基本要求进行分析后可得知：

(1) 接收者能利用 A 的公开密钥 Kea 对 $D_{Kda}(P)$ 进行解密，这便证实了发送者对报文的签名。

(2) 由于只有发送者 A 才能发送出 $D_{Kda}(P)$ 密文，故不容 A 进行抵赖。

(3) 由于 B 没有 A 所拥有的私用密钥，故 B 无法伪造对报文的签名。

由此可见，图 12-4(a)所示的简单方法可以实现对传送的数据进行签名，但并不能达到保密的目的，因为任何人都能接收 $D_{Kda}(P)$，且可用 A 的公开密钥 Kea 对 $D_{Kda}(P)$ 进行解密。为使 A 所传送的数据只能为 B 所接收，必须采用保密数字签名。

2) 保密数字签名

为了实现在发送者 A 和接收者 B 之间的保密数字签名，要求 A 和 B 都具有密钥，再按照图 12-4(b)所示的方法进行加密和解密：

(1) 发送者 A 可用自己的私用密钥 Kda 对明文 P 加密，得到密文 $D_{Kda}(P)$。

(2) A 再用 B 的公开密钥 Keb 对 $D_{Kda}(P)$ 进行加密，得到 $E_{Keb}(D_{Kda}(P))$ 后送 B。

(3) B 收到后，先用私用密钥 Kdb 进行解密，即 $D_{Kdb}(E_{Keb}(D_{Kda}(P))) = D_{Kda}(P)$。

(4) B 再用 A 的公开密钥 Kea 对 $D_{Kda}(P)$ 进行解密，得到 $E_{Kea}(D_{Kda}(P)) = P$。

2. 数字证明书(Certificate)

虽然可以利用公开密钥方法进行数字签名，但事实上又无法证明公开密钥的持有者是合法的持有者。为此，必须有一个大家都信得过的认证机构 CA(Certification Authority)，由该机构为公开密钥发放一份公开密钥证明书，该公开密钥证明书又称为数字证明书，用于证明通信请求者的身份。在网络上进行通信时，数字证明书的作用如同出国人员的护照、学生的学生证。在 ITU 制订的 X.509 标准中，规定了数字证明书的内容应包括：用户名称、发证机构名称、公开密钥、公开密钥的有效日期、证明书的编号以及发证者的签名。下面通过一个具体的例子来说明数字证明书的申请、发放和使用过程。

(1) 用户 A 在使用数字证明书之前，应先向认证机构 CA 申请数字证明书，此时 A 应提供身份证明和希望使用的公开密钥 A。

(2) CA 在收到用户 A 发来的申请报告后，若决定接受其申请，便发给 A 一份数字证明书，在证明书中包括公开密钥 A 和 CA 发证者的签名等信息，并对所有这些信息利用 CA 的私用密钥进行加密(即 CA 进行数字签名)。

(3) 用户 A 在向用户 B 发送报文信息时，由 A 用私用密钥对报文加密(数字签名)，并连同已加密的数字证明书一起发送给 B。

(4) 为了能对所收到的数字证明书进行解密，用户 B 须向 CA 机构申请获得 CA 的公开密钥 B。CA 收到用户 B 的申请后，可决定将公开密钥 B 发送给用户 B。

(5) 用户 B 利用 CA 的公开密钥 B 对数字证明书加以解密，以确认该数字证明书确系原件，并从数字证明书中获得公开密钥 A，同时也确认该公开密钥 A 确系用户 A 的。

(6) 用户 B 再利用公开密钥 A 对用户 A 发来的加密报文进行解密，得到用户 A 发来的报文的真实明文。

12.3 用 户 验 证

验证又称为识别或认证。当用户要登录一台多用户计算机时，操作系统将对该用户进行验证(Authentication)，这一过程称为用户验证。用户验证的目的在于确定被验证的对象(包括人和事)是否真实，即确认"你是否是你所声称的你"，以防止入侵者进行假冒、篡改等。通常利用验证技术作为保障网络安全的第一道防线。

由于身份验证是通过验证被认证对象的一个或多个参数的真实性和有效性来确定被认证对象是否名副其实的，因此，在被认证对象与要验证的那些参数之间，应存在严格的对应关系。当前身份验证主要依据下述三个方面的信息来确定：

(1) 所知(knowledge)，即基于用户所知道的信息，如系统的登录名、口令等。

(2) 所有(possesses)，指用户所具有的东西，如身份证、信用卡等。

(3) 用户特征(characteristics)，指用户所具有的特征，特别是生理特征，如指纹、声纹、

DNA 等。

◄ 12.3.1　使用口令验证

口令验证简单易行且很有效，故成为计算机系统中最常用的、又最简单的用户验证方法。但它又极易受到攻击，这便导致使用口令的验证方法不断地发展。

1. 口令

用户要上机时系统首先要求用户输入用户名。登录程序利用该名字去查找一张用户注册表，若从中找到匹配的用户名后，再要求用户输入口令，如果输入的口令也与注册表中的口令一致，系统便认为该用户是合法用户，允许该用户进入系统；否则将拒绝该用户登录。

口令由字母、数字和特殊符号混合组成，它可由系统自动生成，也可由用户自己选定。系统所产生的口令往往不便于记忆，而用户自己规定的口令通常是很容易记忆的字母和数字。例如生日、住址、电话号码等，但很容易被攻击者猜中。

2. 提高口令安全性的方法

攻击者可通过多种方式来获取用户登录名和口令，其中最常用的方式是直接猜出用户所使用的口令。为提高口令的安全性，必须能防止攻击者猜出口令。为此，口令机制通常应满足以下几点要求：

(1) 口令应适当长。口令太短很容易被攻击者猜中。例如一个由四位十进制数所组成的口令，其搜索空间仅为 10^4，在利用一个专门的程序来破解时，平均只需 5000 次即可猜中口令。假如每猜一次口令需花费 0.1 ms 的时间，则平均每猜中一个口令仅需 0.5 s。如果采用较长口令，如 6 位，则平均每猜中一个口令需要 50 秒时间。虽有很大改进，但还远远不够。

(2) 应采用多种字符。假如口令是由数字、小写英文字母、大写英文字母以及一些特殊符号组成，亦即由 95 个可打印的 ASCII 码组成，这样可显著增加猜中一个口令的时间。例如口令由 7 位 ASCII 码组成，其搜索空间变为 95^7，大约是 7×10^{13}，此时要猜中口令平均需要几十年，因此建议口令长度不少于 7 个字符。

(3) 自动断开连接。在口令机制中还应引入自动断开连接的功能，即只允许用户输入有限次数的不正确口令。如果用户输入不正确口令的次数超过规定的次数，系统便自动断开与该用户所在终端的连接。这种自动断开连接的功能又会给攻击者增加猜中口令所需的时间。

(4) 回送显示的安全性。在用户输入口令时不应将口令回送到屏幕上显示，以防止被就近的人发现。在有的系统中只要看到非法登录名就禁止登录，这样攻击者就知道登录名是错误的。而有的系统看到非法登录名后仍要求其输入口令，等输完口令才显示禁止登录信息。这样攻击者只是知道登录名和口令的组合是错误的。

(5) 记录和报告。记录所有用户登录进入系统和退出系统的时间；与此同时，自然也记录和报告了攻击者猜测口令的非法企图，以及所发生的与安全性有关的其它不轨行为，这样便能及时发现有人在对系统的安全性进行攻击。

3. 一次性口令(One time Password)

为了防止口令外泄，用户应当经常改变口令，一种极端的情况是采用一次性口令机制，即口令被使用一次后就换另一个口令。在采用该机制时，用户必须给系统提供一张口令表，其中记录有其使用的口令序列。系统为该表设置一指针，用于指示下次用户登录时所应使用的口令。在每次登录时，登录程序将用户输入的口令与该指针所指示的口令比较，若相同便允许用户进入系统，并将指针指向表中的下一个口令。这样，即使攻击者获得了用户使用的口令(某一个口令)也无法进入系统。必须注意，用户所使用的口令表必须妥善保存。

4. 口令文件

通常在口令机制中都配置有一份口令文件，用于保存合法用户的口令和与用户的特权。该文件的安全性至关重要，一旦攻击者访问了该文件，将使整个计算机系统无安全性可言。保证口令文件安全性最有效的方法是利用加密技术，其中一个行之有效的方法是选择一个函数来对口令进行加密。该函数 $f(x)$ 具有这样的特性：在给定了 x 值后，很容易算出 $f(x)$；然而，如果给定了 $f(x)$ 值，却不能算出 x 的值。利用 $f(x)$ 函数去加密所有的口令，再将加密后的口令存入口令文件中。当某用户输入一个口令时，系统利用函数 $f(x)$ 对该口令进行编码，然后将加密后的口令与存储在口令文件中的已加密的口令比较，若两者匹配便认为是合法用户。而对攻击者而言，则即使能获取口令文件中的已加密的口令，也无法对它们进行译码，因而不会影响到系统的安全性。图 12-5 示出了一种对加密口令进行验证的方法。

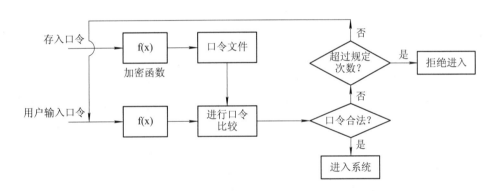

图 12-5　对加密口令的验证方法

尽管对口令进行加密是一个很好的方法，但也不是绝对安全可靠，其主要威胁来自于两个方面：① 当攻击者已掌握了口令的解密密钥时，就可用它来破译口令。② 可利用加密程序来破译口令，如果运行加密程序的计算机速度足够快，则通常只要几个小时便可破译口令。因此，人们还是应该妥善保管好已加密的口令文件。

5. 挑战—响应验证

在该方法中，由用户自己选择一个算法，算法可以很简单也较复杂，如 X^2，并将该算法告知服务器。每当用户登录时，服务器就给用户发来一个随机数，如 12，用户收到后，按所选算法对该数据进行平方运算，得到 144，并用它作为口令。服务器再将所收到的口令与自己计算(利用 X^2 算法)的结果进行比较，如相同便允许用户上机，否则拒绝用户登录。由于该方法所使用的口令不是一个固定数据，而是基于服务器随机产生的数再经过计算得到的，因此令攻击难于猜测。如果再频繁地改变算法就更为安全。

当前广泛利用人们所具有的某种物理标志(physical identification)来进行身份验证。最早使用的物理标志可能要算金属钥匙，20 世纪初广泛使用身份证、学生证等。到了 80 年代我国便开始使用磁卡，90 年代又流行使用 IC 卡。

1. 基于磁卡的验证技术

目前广泛使用的银行现金卡、公交卡等，都普遍采用磁卡。这是一块其大小和名片相仿的塑料卡，在其上贴有含若干条磁道的磁条。一般在磁条上有三条磁道，每条磁道可用来记录不同数量的数据。如果在磁条上记录了用户名、用户密码、账号和金额，这就是银行卡；而如果在磁条上记录的是有关用户的信息，该卡便可作为识别用户身份的物理标志。

在磁卡上所存储的信息可利用磁卡读写器读出。只要将磁卡插入或划过磁卡读写器，便可将存储在磁卡中的数据读出，并传送到相应的计算机中。再由用户识别程序利用读出的信息去查找一张用户信息表，若找到匹配的表目，便认为该用户是合法用户；否则为非法用户。为了保证持卡者是该卡的主人，在基于磁卡验证的基础上，又增设了口令机制，每当进行用户身份验证时，都要求用户输入口令。

2. 基于 IC 卡的验证技术

在外观上 IC 卡与磁卡并无明显差异，但在 IC 卡中可装入 CPU 和存储器芯片，使该卡具有一定的智能，故又称智能卡。IC 卡中的 CPU 用于对内部数据的访问和与外部数据进行交换，还可用加密算法对数据进行处理，这使 IC 卡比磁卡具有更强的防伪性和保密性，因而 IC 卡正在逐步取代磁卡。根据卡中装入芯片的不同，可把 IC 卡分为以下三种类型：

(1) 存储器卡。在这种卡中只有一个 E^2PROM(可电擦、可编程只读存储器)芯片，而没有微处理器芯片。它的智能主要依赖于终端，就像 IC 电话卡的功能是依赖于电话机一样。由此可知此种智能卡不具有安全功能，故只能作为储值卡，用来存储少量金额的现金。常见的这类智能卡有购物卡、电话卡，其只读存储器的容量一般为 4～20 KB。

(2) 微处理器卡。这种卡除具有 E^2PROM 外，还增加了一个微处理器。只读存储器的容量一般是数十至数百千字节；处理器的字长主要是 8 位的。在这种卡中已具有加密设施，增强了 IC 卡的安全性，因此有着更为广泛的用途。

(3) 密码卡。在卡中增加了加密运算协处理器和 RAM。它能支持非对称加密体制 RSA，密钥长度长达 1024 位，因而极大地增强了 IC 卡的安全性。在专门用于确保安全的智能卡中，存储了一个用户专用密钥和数字证明书，可作为用户的数字身份证明。当前在 Internet 上所开展的电子交易中，已有不少密码卡是基于 RSA 的密码体制的。

将 IC 卡用于身份识别时可用不同的机制，假如我们使用的是挑战—响应验证机制，首先由服务器向 IC 卡发出 512 位随机数，IC 卡接着将存储在卡中的 512 位用户密码加上服务器发来的随机数，并对所得之和进行平方运算，然后把中间的 512 位数字作为口令发给服务器，服务器将收到的口令与自己计算的结果比较，由此便可知用户身份的真伪。

◀ 12.3.3 生物识别验证技术

由于生物识别技术是利用人体具有的、不可模仿的、难于伪造的特定生物标志来进行验证,因此具有很高的可靠性。最广泛使用的生物标志是人的指纹、脸形、声纹、眼纹等,用于对用户身份进行识别。另外还可以利用行为来进行验证,如签字、按键力度等。目前已经开发出指纹识别、脸形识别、声音识别、签字识别等多种生物识别设备。

1. 常用于身份识别的生理标志

被选用的生理标志应具有这样三个条件:

① 足够的可变性,系统可根据它来区别成千上万的不同用户;

② 应保持稳定,不会经常发生变化;

③ 不易被伪装。

下面介绍几种常用的生理标志。

(1) 指纹。指纹有着"物证之首"的美誉。在全球绝对不可能找到两个完全相同的指纹,而且它的形状不会随时间而改变,因而利用指纹进行身份认证是万无一失的。又因为它不会出现用户忘记携带或丢失等问题,使用起来也特别方便,准确又可靠。因此,指纹验证很早就用于契约签证和侦查破案。以前是依靠专家进行指纹鉴别,随着计算机技术的发展,现已成功地开发出指纹自动识别系统。所以指纹是具有广阔前景的一种识别技术。

(2) 眼纹。它与指纹一样,世界上也绝对不可能找到眼纹完全相同的两个人,因而利用眼纹来进行身份认证同样非常可靠。利用眼纹的身份验证效果非常好,如果注册人数不超过 200 万,其出错率为 0,所需时间也仅为秒级。眼纹识别现已在重要部门中采用,目前成本还比较高。

(3) 声音。人们在说话时所发出的声音都会不同,过去主要依据人听对方的声音来确定身份,现在广泛利用计算技术根据声音来实现身份验证。其基本方法是把人的讲话先录音后再进行分析,将其全部特征存储起来;把所存储的语音特征称为声纹,然后再利用这些声纹制作成语音口令系统。该系统的出错率在百分之一到千分之一之间,制作成本很低。

(4) 人脸。基于人脸识别技术的最大的优点是非接触式的操作方法。可以在不被人们感知的情况下进行身份验证。在 2008 年奥委会上,我国采用了人脸验证技术来对进入会场的人进行验证。但人脸会随年龄、表情、光照、姿态的不同而有所改变,可见,人脸具有"一人千面"的特点,这使该技术面临着多方面的挑战。

2. 生物识别系统的组成

1) 对生物识别系统的要求

要设计出一个非常实用的生物识别系统必须满足三方面的要求:

(1) 性能需求。包括具有很强的抗欺骗和防伪造能力。

(2) 易于被用户接受。完成一次识别的时间短,应不超过 1~2 秒钟,出错率应足够低,这随应用场合的不同要求有所不同。

(3) 成本合理。它包含系统本身的成本，运营期间所需的费用和系统维护的费用。

2) 生物识别系统的组成

生物识别系统通常是由如下三部分组成的：

(1) 生物特征采集器。对生物特征进行采集，将它转换为数字代码，从中提取重要的特征，再加上与该对象有关的信息，制作成用户特征样本，把它放入中心数据库中。

(2) 注册部分。系统中配置一张注册表，每个注册用户在表中都有一个记录，记录中至少有两项，其中一项用于存放用户姓名，另一项用于存放用户特征样本。

(3) 识别部分。第一步是要求用户输入用户登录名；第二步是把用户的生物特征与用户记录中的用户特征样本信息进行比较，若相同便允许用户登录，否则拒绝登录。

3. 指纹识别系统

20 世纪 80 年代指纹自动识别系统虽已在许多国家使用，但体积较大。直至 90 年代中期，随着 VLSI 的迅速发展，才使指纹识别系统小型化，使该技术进入了广泛应用的阶段。

(1) 指纹采集传感器。实现指纹采集的硬件是指纹传感器，它是指纹识别系统的重要组成部分。对指纹采集传感器的主要要求是，成像质量好，防伪能力强，体积小，价格便宜。指纹图像采集质量的好坏，将会直接影响到所形成的指纹图像的质量。目前市场上的指纹采集传感器有多种类型。其中光学式和压感式指纹采集传感器应用较广。

(2) 指纹识别系统。随着微处理器和各种电子元器件成本的迅速下降，我国已开发出多种指纹识别系统，其中包括了嵌入式指纹识别系统。该系统利用 DSP(数字信号处理器)芯片进行图像处理，并可将指纹的录入、指纹的匹配等处理功能全部集成在其大小还不到半张名片的电路板上。指纹录入的数量可达数千至数万枚，而搜索数千枚指纹的时间还不到一分钟。指纹识别系统已经在我国不少单位获得应用。

12.4 来自系统内部的攻击

攻击者对计算机系统进行攻击的方法有多种，可将之分为两大类：内部攻击和外部攻击。内部攻击一般是指攻击来自系统内部。它又可进一步分为两类：

(1) 以合法用户身份直接进行攻击。攻击者通过各种途径先进入系统内部，窃取合法用户身份，或者假冒某个真实用户的身份。当他们获得合法用户身份后，再利用合法用户所拥有的权限，读取、修改、删除系统中的文件，或对系统中的其它资源进行破坏。

(2) 通过代理功能进行间接攻击。攻击者将一个代理程序置入被攻击系统的一个应用程序中。当应用程序执行并调用到代理程序时，它就会执行攻击者预先设计的破坏任务。

12.4.1 早期常采用的攻击方式

我们先介绍常用的内部攻击方式。在设计操作系统时必须了解这些攻击方式，并采取必要的防范措施。

(1) 窃取尚未清除的有用信息。在许多 OS 中，在进程结束归还资源时，在有的资源中可能还留存了非常有用的信息，但系统并未清除它们。攻击者为了窃取这些信息，会请求调用许多内存页面和大量的磁盘空间或磁带，以读取其中的有用信息。

(2) 通过非法的系统调用搅乱系统。攻击者尝试利用非法系统调用，或者在合法的系统调用中使用非法参数，还可能使用虽是合法、但不合理的参数来进行系统调用，以达到搅乱系统的目的。

(3) 使系统自己封杀校验口令程序。通常每个用户要进入系统时，必须输入口令，攻击者为了逃避校验口令，登录过程中他会按 DEL 或者 BREAK 键等。在这种情况下，有的系统便会封杀掉校验口令的程序，即用户无需再输入口令便成功登录。

(4) 尝试许多在明文规定中不允许做的操作。为了保证系统的正常运行，在 OS 手册中会告知用户，有哪些操作不允许用户去做。然而攻击者恰反其道而行之，专门去执行这些不允许做的操作，企图破坏系统的正常运行。

(5) 在 OS 中增添陷阱门。攻击者通过软硬兼施的手段，要求某个系统程序员在 OS 中增添陷阱门。陷阱门的作用是，使攻击者可以绕过口令检查而进入系统。我们将在后面对陷阱门作详细介绍。

(6) 骗取口令。攻击者可能伪装成一个忘记了口令的用户，找到系统管理员，请求他帮助查出某个用户的口令。在必要时攻击者还可通过贿赂的方法，来获取多个用户的口令。一旦获得这些用户的口令后，便可用合法用户的身份进入系统。

12.4.2 逻辑炸弹和陷阱门

近年来更流行利用恶意软件进行攻击的攻击方式。所谓恶意软件(malware)，是指攻击者专门编制的一种程序，用来造成破坏。它们通常伪装成合法软件，或隐藏在合法软件中，使人们难以发现。有些恶意软件还可以通过各种方式传播到其它计算机中。依据恶意软件是否能独立运行可将它分为两类：

(1) 独立运行类：它可以通过 OS 调度执行。这类恶意软件有蠕虫、僵尸等。

(2) 寄生类：它本身不能独立运行，经常是寄生在某个应用程序中。下面即将介绍的逻辑炸弹、特洛伊木马、病毒等就属于寄生类恶意软件。

1. 逻辑炸弹(logic bomb)

1) 逻辑炸弹实例

逻辑炸弹是较早出现的一种恶意软件，它最初出自于某公司的程序员，是为了应对他可能被突然解雇，而预先秘密放入 OS 中的一个破坏程序(逻辑炸弹)。只要程序员每天输入口令，该程序就不会发作。但如果程序员在事前未被警告，就突然被解雇时，在第二天(或第二周)由于得不到口令，逻辑炸弹就会引爆——执行一段带破坏性的程序，这段程序通常会使正常运行的程序中断，随机删除文件，或破坏硬盘上的所有文件，甚至于引发系统崩溃。

2) 逻辑炸弹爆炸的条件

每当所寄生的应用程序运行时，就会运行逻辑炸弹程序，它会检查所设置的爆炸条件是否满足，如满足就引发爆炸；否则继续等待。触发逻辑炸弹爆炸的条件有很多，较常用的有：

(1) 时间触发，即规定在一年中或一个星期中的某个特定的日期爆炸；

(2) 事件触发，当所设置的事件发生时即引发爆炸，比如发现了所寻找的某些文件；

(3) 计数器触发，计数值达到所设置的值时都会引发爆炸。恶意软件是一种极具破坏性的软件，但它不能进行自我复制，也不会感染其它程序。

2. 陷阱门(trap door)

1) 陷阱门的基本概念

通常，当程序员在开发一个程序时，都要通过一个验证过程。为了方便对程序的调试，程序员希望获得特殊的权限，以避免必需的验证。陷阱门其实就是一段代码，是进入一个程序的隐蔽入口点。有此陷阱门，程序员可以不经过安全检查即可对程序进行访问，也就是说，程序员通过陷阱门可跳过正常的验证过程。长期以来，程序员一直利用陷阱门来调试程序并未出现什么问题。但如果被怀有恶意的人用于未授权的访问，陷阱门便构成了对系统安全的严重威胁。

2) 陷阱门实例

我们通过一个简单的例子来说明陷阱门。正常的登录程序代码如图 12-6(a)所示，该程序最后两句的含意是，仅当输入的用户名和口令都正确时，才算用户登录成功。但如果我们将该程序的最后一条语句稍作修改，得到如图 12-6(b)所示的登录程序代码，此时最后两句的含意已改变为：当输入的用户名和口令都正确时，或者使用登录名为"zzzzz"时，无论用什么口令，都能成功登录上机。

```
while(TRUE)
    {
    printf("login: ");
    get_string(name);
    disable_echoing();
    printf("password: ");
    get_string(password);
    enable_echoing();
    v=check_validity(name, password);
    if (v) break;
    }
execute_shell(name);
```

(a) 正常的登录程序代码

```
while(TRUE)
    {
    printf("login: ");
    get_string(name);
    disable_echoing();
    printf("password: ");
    get_string(password);
    enable_echoing();
    v=check_validity(name, password);
    if (v||strcmp(name, "zzzzz")=0 break;
    }
execute_shell(name);
```

(b) 插入了陷阱门后的代码

图 12-6 陷阱门实例

通过使用陷阱门，极大地方便了程序员。程序员在调试多台计算机时，若按正常方法，必须先在每台计算机上进行注册，然后再输入自己的用户名和口令。如果需要调试的机器非常多，对程序员而言，显然是不方便的。因此，如果程序员将陷阱门放入到某公司生产的所有计算机中，并随之一起交付给用户，那么，以后该程序员不用再进行注册，即可成功登录到该公司生产的任一台机器上。

12.4.3　特洛伊木马和登录欺骗

1. 特洛伊木马(trojan horses)的基本概念

特洛伊木马是指一种恶意软件，它是一个嵌入到有用程序中的、隐蔽的、危害安全的程序。当该程序执行时会引发隐蔽代码执行，产生难以预期的后果。由于特洛伊木马程序可以继承它所依附的应用程序标识符、存取权限以及某些特权，因此它能在合法的情况下执行非法操作，如修改、删除文件，或者将文件复制到某个指定的地方。又如特洛伊木马程序可以改变所寄存文件的存取控制属性，若将属性由只读改为读/写，便可使那些未授权用户对该文件进行读/写，即改写该文件。特洛伊木马本身是一个代理程序，它是在系统内部进行间接攻击的一个典型例子，其宿主完全可以不在被攻击的系统中。为了避免被发现，特洛伊木马对所寄生程序的正常运行不会产生明显的影响，因此用户很难发现它的存在。

2. 特洛伊木马实例

编写特洛伊木马程序的人，将其隐藏在一个新游戏程序中，并将该游戏程序送给某计算机系统的系统操作员。操作员在玩新游戏程序时，前台确实是在玩游戏，但隐藏在后台运行的特洛伊木马程序却将系统中的口令文件复制到该骇客的文件中。虽然口令文件是系统中非常保密的文件，但操作员在游戏时是在高特权模式下运行的，特洛伊木马就继承了系统操作员的高特权，因此它就能够访问口令文件。又如在文本编辑程序中隐蔽的特洛伊木马，会把用户正在前台编辑的文件悄悄地复制到预先设定的某个地方，以便以后能访问它。但并不会过分影响用户所进行的文本编辑工作，使用户很难发现自己的文件已被复制。

3. 登录欺骗(login spoofing)

我们以 UNIX 系统为例来说明登录欺骗。攻击者为了进行登录欺骗，写了一个欺骗登录程序，该程序同样会在屏幕显示 Login:，用于欺骗其他用户进行登录。当有一用户输入登录名后，欺骗登录程序也要求它输入口令。然后却把刚输入的登录名和口令写入一份事先准备好的文件中，并发出信号以请求结束 shell 程序，于是欺骗登录程序退出登录，同时也去触发真正的登录程序。在屏幕上又显示出"Login: "，此时真正的登录程序开始工作。对用户而言，他自然以为是自己输入发生了错误，系统要求重新输入。在用户重新输入后系统开始正常工作，因此用户认为一切正常。但用户的登录名和口令已被人窃取。窃取者可用同样的方法收集到许多用户的登录名和口令。

12.4.4　缓冲区溢出

由于 C 语言编译器存在着某些漏洞，如它对数组不进行边界检查。例如下面的代码是不合法的, 数组范围是 1024, 而所包含的数字却有 12 000 个。然而在编译时却未对此检查, 攻击者可以利用此漏洞来进行攻击。

　　　　int i;

　　　　char C[1024];

　　　　i = 12000;

　　　　c[i] = 0;

　　上述错误会造成有 10976 个字节超出了数组 C 所定义的范围, 由此可能导致难以预测的后果。由图 12-7(a)可以看到, 主程序运行时它的局部变量是存放在堆栈中的。当系统调用过程 A, 将返回地址放入堆栈后, 便将控制权交于 A。假定 A 的任务是请求获得文件的路径名, 为能存放文件路径名, 系统为 A 分配一个固定大小的缓冲区 B, 如图 12-7(b)所示。

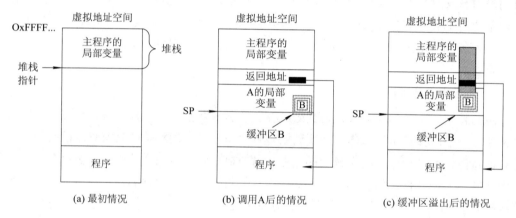

图 12-7　缓冲区溢出前后的情况

　　缓冲区的大小为 1024 个字符, 这对于正常情况是足够了。假如用户提供的文件名长度超过 1024 个, 就会发生缓冲区溢出, 所溢出的部分将会覆盖图 12-7(c)所示的灰色区域, 并有可能进一步将返回地址覆盖掉, 由此产生一个随机地址。一旦发生这样的情况, 程序返回时将跳到随机地址继续执行, 通常会在几条指令内引起崩溃。一种更为严重的情况是, 攻击者经过精心计算, 将它所设计的恶意软件的起始地址覆盖在原来在栈中存放的返回地址上, 把恶意软件本身也推入栈中。这样当从 A 返回时, 便会去执行恶意软件。

　　产生该漏洞的原因是, C 语言缺乏对用户输入字符长度的检查。因此最基本的有效方法是对源代码进行修改, 增加一些以显式方式检查用户输入的所有字符串长度的代码, 以避免将超长的字符串存入到缓冲区中, 该方法对用户是不方便的。还有一种非常有效的方法是, 修改处理溢出的子程序, 对返回地址和将要执行的代码进行检查, 如果它们同时都在栈中, 就发出一个程序异常信号, 并中止该程序的运行。上述方法已在最新推出的某些操作系统中采用。顺便说明, 缓冲区溢出也被用做系统外部的攻击手段, 如在下一节中将介绍的蠕虫, 就是利用了缓冲区溢出这一漏洞。

12.5　来自系统外部的攻击

近年来随着 Internet 应用的迅速普及，来自系统外部的威胁亦日趋严重，使联网机器很容易受到远在万里之外发起的攻击。常用的外部攻击方式是将一段带有破坏性的代码通过网络传输到目标主机，在那里等待时机，时机一到便执行该段代码进行破坏。

12.5.1　病毒、蠕虫和移动代码

当前最严重的外来威胁是病毒、蠕虫和移动代码等。其中尤其是病毒和蠕虫，天天都在威胁着系统的安全，以致在广播、电视中，都不得不经常发布病毒和蠕虫的警告消息。

1. 病毒(viruses)

计算机病毒是一段程序，它能把自己附加在其它程序之中，并不断地自我复制，然后去感染其它程序，它能由被感染的程序和系统传播出去。一般的病毒程序并不长，用 C 语言编写的病毒程序通常不超过一页。称这段程序为病毒，是因为它非常像生物学上的病毒：它能自我生成成千上万的与原始病毒相同的复制品，并将它们传播到各处。计算机病毒也可在系统中复制出千千万万个与它自身一样的病毒，并把它传播到各个系统中去。

2. 蠕虫(worms)

蠕虫与病毒相似，也能进行自我复制，并可传染给其它程序，给系统带来有害的影响，都属于恶意软件。但它与病毒有所区别，其一是：蠕虫本身是一个完整的程序，能作为一个独立的进程运行，因而它不需要寄生在其它程序上。再者，蠕虫的传播性没有病毒的强。因为蠕虫必须先找到 OS 或其它软件的缺陷，作为"易于攻破的薄弱环节"，然后才能借助于它们进行传播，如果该缺陷已被修复，蠕虫自然会因"无从下手"而无法传播。

网络蠕虫由两部分组成，即引导程序和蠕虫本身，这两部分是可以分开独立运行的。为了能感染网络中的其它系统，需要借助于网络工具作为载体，如电子邮件功能。蠕虫可向网络中其它系统发送一份电子邮件，在附件中带上蠕虫引导程序的副本；又如远程登录功能，蠕虫可作为一个用户到远程系统上登录，在此过程中便将蠕虫引导程序的副本从一个系统复制到远程系统，蠕虫的新副本便在远程系统上运行。

当蠕虫引导程序的副本由源计算机进入被攻击的计算机中，并开始运行时，它会在源计算机和被攻击的计算机之间建立连接，然后上载蠕虫本身，在蠕虫找到隐身处后，就开始查看被攻击计算机上的路由表，以期再将引导程序副本通过电子邮件等方式传播到相连接的另一台机器上，开始新一轮的感染。

3. 移动代码

1) 移动代码简述

在因特网上，如果能在远程计算机上执行代码，便认为系统具有远程执行功能。如果一个程序在运行时，能在不同机器之间来回迁移，那么该程序就被称为移动代码。在现在

的网页中，有越来越多的网页包含了小应用程序。当人们下载包含有小应用程序的网页时，小应用程序也会一起进入自己的系统。这种能在计算机系统之间移动的小应用程序就是一种移动代码。另外，为了适应电子商务的需要还出现了一种移动代码。移动代码是一段代表用户的程序，用户利用它到指定计算机上去执行某任务，然后返回报告执行情况。

2) 移动代码的安全运行

如果在一个用户程序中包含了移动代码，当为该用户程序建立进程后，该移动代码将占用该进程的内存空间，并作为合法用户的一部分运行，拥有用户的访问权限。这样显然不能保证系统安全。因为别有用心的人完全可以借助于移动代码的帮助进入到其它系统，以合法用户的身份进行窃取和破坏。为此，必须采取相应措施来保证移动代码的安全运行。

3) 防范移动代码的方法——沙盒法

沙盒法的基本思想是采用隔离方法。具体做法是把虚拟地址空间，分为若干个相同大小的区域，每个区域称为一个沙盒。例如对于 32 位的地址空间，可将它分为 512 个沙盒，每个大小为 8 MB。将不可信程序放入一个沙盒中运行，如果发现盒内程序要访问盒外的数据，或者有跳转到盒外某个地址去运行的任何企图，系统将停止该程序的运行。

可采取类似于分页的方法来实现沙盒。把虚地址分为两部分(b, w)，其中 w 的位数表示一个沙盒的大小，而 b 用于表示沙盒的编号。当把一个沙盒 S(b, w)分配给某程序 A 后，由 A 所生成的任何地址，都将检查其高位是否与 b 相同，若相同，则表示地址有效；否则说明该地址已超出指定沙盒的范围，便立即终止它的运行。

4) 防范移动代码的方法——解释法

解释法是对移动代码的运行采取解释执行方式。解释执行的好处是，每一条语句在执行前都经解释器检查，特别是对移动代码所发出的系统调用进行检查。若移动代码是可信的(来自本地硬盘)，就按正常情况进行处理；否则(如来自因特网)，就将它放入沙盒中来限制它的运行。现在 Web 浏览器就是采用该方法。

◀ 12.5.2　计算机病毒特征和类型

当前对计算机威胁最大的要算是病毒和蠕虫。由于它们有着相似的特性，我们在以后就不再把它们分开介绍，都称之为病毒。

1. 计算机病毒的特征

计算机病毒与一般的程序相比，显现出以下四个明显的特征：

(1) 寄生性。早期病毒覆盖在正常程序上，这样程序将无法运行，病毒很快就会被用户发现。现在大多数病毒都采用寄生方法，只是附着在正常程序上，在病毒发作时原来程序仍能正常运行，以致用户不能及时发现。

(2) 传染性。为了能给系统带来更大的危害，病毒将不断地进行自我复制，以增加病毒的数量。病毒的复制品被放置在其它文件中，这些文件便含有了该病毒的一个克隆，而它也同样会再传染给其它的文件，如此不断地传染使病毒迅速蔓延开来。

(3) 隐蔽性。为了避免被系统管理员和用户发现，以及逃避反病毒软件的检测，病毒的设计者通过多种手段来隐藏病毒，使病毒能在系统中长期生存。主要隐藏方法有：① 伪装成正常程序；② 隐藏在正常程序中或程序不太去访问的地方；③ 病毒自身不断地改变状态或产生成千上万种状态等。

(4) 破坏性。如前所述，病毒的破坏性可表现在占用系统空间和处理机时间，对系统中文件造成破坏，使机器运行发生异常情况。

2. 计算机病毒的类型

(1) 文件型病毒。我们把寄生于文件中的病毒称为文件型病毒。病毒程序依附在可执行文件的前面或后面，但要从文件的前端装入病毒，会涉及到文件头中的许多选项，有一定难度，故大多数病毒是从程序的后面装入，再把文件头中的起始地址指向病毒的始端。病毒也可以被放在文件的中间，即充斥在程序里的空闲空间中，图 12-8 示出了上述的几种情况。当受感染的程序执行时，病毒将寻找其它可执行文件继续散播。病毒在感染其它文件时，通常是有针对性的，有的病毒是针对 com 文件，或是针对 exe 文件等。

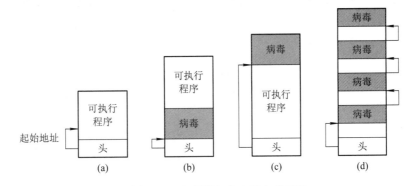

图 12-8　病毒附加在文件中的情况

(2) 内存驻留病毒。这原本也是一种文件型病毒，但它一旦执行便占据内存驻留区，通常选择在内存的上端或下端的中断变量位置中不会使用的部分。有的病毒为避免其所占据的内存被其它程序覆盖，还会改变操作系统的 RAM 位图，给系统一个错觉，认为相应部分内存已分配，便不再分配。为能使自己频繁执行，通常内存驻留病毒会把陷阱或中断向量的内容复制到其它地方去，而把自己的地址放入其中，使中断或陷阱指向病毒程序的入口。

(3) 引导扇区病毒。病毒也会寄生于磁盘中，用于引导系统的引导区。当系统开机时病毒便借助于引导过程进入系统。引导型病毒又可分为两种：① 迁移型病毒，会把真正的引导扇区复制到磁盘的安全区域，以便在完成操作后仍能正常引导操作系统；② 替代型病毒，会取消被入侵扇区的原有内容，而将磁盘必须用到的程序段和数据融入到病毒程序中。

(4) 宏病毒。许多软件都允许用户把一串命令写入宏文件，以便用户可以按一次键就能执行多条命令。宏病毒便是利用软件所提供的宏功能，将病毒插入到带宏的 doc 文件或 dot 文件。由于宏允许包含任何程序，因此也就可以做任何事情，这样宏病毒也就可以肆意妄为，导致系统中的其它各部分被破坏等。

(5) 电子邮件病毒。第一个电子邮件病毒是嵌入在邮件附件中的 Word 宏病毒。只要接收者打开邮件中的附件，Word 宏病毒就会被激活，它将把自身发送给该用户邮件列表中的每个人，然后进行某种破坏活动。后来出现的电子邮件病毒被直接嵌入到邮件中，只要接收者打开含有该病毒的邮件，病毒就会被激活。由于电子邮件病毒是通过网络传播的，因此使病毒的传播速度显著地加快。

◄ 12.5.3　病毒的隐藏方式

病毒和反病毒技术是"孪生兄弟"。为使病毒能长期生存，病毒设计者采取了多种隐藏方式让病毒逃避检测。反病毒专家必须了解病毒的隐藏方式，才能更快地找到病毒。

1. 伪装

当病毒附加到正常文件后会使被感染文件发生变化，为了逃避检测，病毒将把自己伪装起来，使被感染过的文件与原有文件一样。常见的伪装方式有两种：

(1) 通过压缩法伪装。当病毒被附加到某个文件上后，会使文件长度变长，因此人们可通过文件长度的改变来发现病毒。病毒设计者为了伪装病毒，必然通过压缩技术使被感染病毒的文件长度与原有文件的长度一致。在使用压缩方法时，在病毒程序中应包含压缩程序和解压缩程序，如图 12-9 所示。

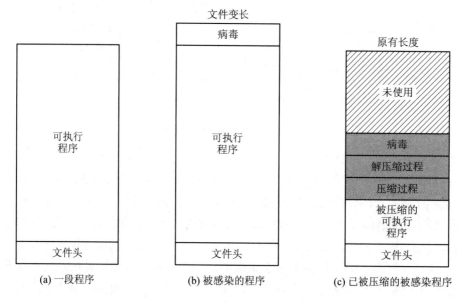

图 12-9　病毒伪装示意图

(2) 通过修改日期或时间来伪装。被感染病毒的文件在文件的日期和时间上自然会有所改变，因此，从反病毒的角度上，可通过检测文件的修改日期和时间有无变化，来确定该文件是否感染上病毒；反之，病毒程序的设计者也会修改被感染病毒文件的日期和时间，使之与原文件相同，以伪装病毒。

2. 隐藏

为了逃避反病毒软件的检测，病毒自然应隐藏在一个不易检查到的地方。当前常采用的隐藏方法有以下几种：

(1) 隐藏于目录和注册表空间。在 OS 的根目录区和注册表区通常会留有不小的剩余空间，这些都是病毒隐藏的好地方。

(2) 隐藏于程序的页内零头里。一个程序段和数据段可被装入若干个页面中，通常在最后一页会有页内零头，病毒就隐藏在这些零头中，当病毒占用多个零头时，可用指针将它们链接起来。该隐藏方式不会改变被感染文件的长度。

(3) 更改用于磁盘分配的数据结构。病毒程序可为真正的引导记录扇区和病毒自身重新分配磁盘空间，然后更改磁盘分配数据结构的内容，使病毒合法地占据存储空间，既不会被发现也不会被覆盖。

(4) 更改坏扇区列表。病毒程序把真正的引导记录扇区和病毒程序分配到磁盘的任意空闲扇区，然后就把这些扇区作为坏扇区，相应地修改磁盘的坏扇区列表。这样也就可逃避反病毒软件的检测。

3. 多形态

多形态病毒在进行病毒复制时采用了较为复杂的技术，使所产生的病毒在功能上是相同的，但形态各异，病毒的形态少者数十种，多则成千上万，然后将这些病毒附加到其它尚未感染的文件上。常用的产生多态病毒的方法有：

(1) 插入多余的指令。病毒程序可以在它所生成的病毒中随意地插入多条多余的指令，或改变指令的执行顺序，使所复制的病毒程序发生变异。

(2) 对病毒程序进行加密。在病毒程序中设置一个变量引擎来生成一个随机的密钥，用来加密病毒程序，随着每次加密时密钥的不同，使所生成的病毒形态各异。

◀ 12.5.4　病毒的预防和检测

对于病毒最好的解决方法是预防，不让病毒侵入系统。但要完全做到这一点是困难的，特别是对于连接到互联网上的系统几乎是不可能的。因此还需要非常有效的反病毒软件来检测病毒，将它们消除。

1. 病毒的预防

用户可用哪些方法来预防病毒呢？下面列出若干方法和建议供参考。

(1) 对于重要的软件和数据，应当定期备份到外部存储介质上，这是确保数据不丢失的最佳方法，当发现病毒后可用该备份来取代被感染的文件。

(2) 使用具有高安全性的 OS，这样的 OS 具有许多安全保护措施来保障系统的安全，使病毒不能感染到系统代码。

(3) 使用正版软件，应当知道，从网上 Web 站点下载软件的做法是十分冒险的，即使是必须下载的，也要使用最新的防病毒软件，防范病毒的入侵。

(4) 购买性能优良的反病毒软件，按照规定要求使用，并定期升级。

(5) 对于来历不明的电子邮件不要轻易打开。

(6) 要定期检查硬盘及 U 盘，用反病毒软件来清除其中的病毒。

2. 基于病毒数据库的病毒检测方法

通过被感染文件的长度或者日期和时间的改变来发现病毒的方法在早期还可奏效，而现在这种检测方法虽然很难再有效，但伪装病毒还是难于逃避基于病毒数据库的病毒检测方法的检查，该方法描述如下：

(1) 建立病毒数据库。为了建立病毒数据库，首先应采集病毒的样本。为此，设计了一个称为"诱饵文件"的程序，它虽能让病毒感染文件，但病毒程序并不执行任何操作。这样就可从该文件中获取病毒的完整样本，然后将病毒的完整代码输入到病毒数据库中。病毒数据库中所收集病毒样本的种类越多，用此方法去检测病毒的成功率也就越高。

(2) 扫描硬盘上的可执行文件。将反病毒软件安装到计算机后，便可对硬盘上的可执行文件进行扫描检查，看是否有与病毒数据库中样本相同的病毒，若发现有便将它清除。但这种用可执行文件与病毒数据库中的病毒样本严格匹配的方式进行检测，却可能会漏掉其它多种形态的病毒。

解决的方法是采用模糊查询软件，即使病毒有所变化，只要变化不是太大(如不超过三个字节)，都可以将它们检测出来。但模糊查询方法不仅使查询速度减慢，而且还会导致病毒扩大化，以致使人们会把某些正常程序也误认为是病毒。一个比较完善的方法是使扫描软件能识别病毒的核心代码，尽管病毒会千变万化，但其核心代码不会变，因此就不会漏掉病毒。

3. 完整性检测方法

完整性检测程序首先扫描硬盘，检查是否有病毒，当确信硬盘"干净"时，才正式工作。这种方法首先计算每个文件的检查和，然后再计算目录中所有相关文件的检查和，将所有检查和写入一个检查和文件中。在检测病毒时，完整性检测程序将重新计算所有文件的检查和，并分别与原来文件的检查和进行比较，若不匹配，就表明该文件已被感染上病毒。当病毒制造者了解该方法后，它也可以计算已感染病毒文件的检查和，用它来代替检查和文件中的正常值。为保证检查和文件中数据不被更改，应将检查和文件隐藏起来，更好的方法是对检查和文件进行加密，而且把加密密钥直接做在芯片上。

12.6 可信系统(Trusted System)

20世纪70年代初，Anderson J P 首先提出可信系统概念。当时对可信系统的研究主要集中在 OS 的自身安全机制和支撑它的硬件环境上。为了能促成新一代可信硬件运算平台的早日诞生，1999年10月由 Intel、IBM、HP、Microsoft 等公司成立了一个"可信计算平台联盟"(TCPA)组织。该组织提出可信系统应包括可用性、可靠性、安全性、可维护性、健壮性等多个方面。2003年4月，TCPA又重组为"可信计算组"TCG。

12.6.1 访问矩阵模型和信息流控制模型

建立可信系统的最佳途径是保持系统的简单性。然而系统设计者认为，用户总是希望系统具有强大的功能和优良的性能。这样，致使所设计出的 OS 存在许多安全隐患。有些组织特别是军事部门，他们因为更重视系统的安全性，决心要建立一个可信系统，为此应在 OS 核心中构建一个安全模型，模型要非常简单以确保模型的安全性。

1. 安全策略

对系统安全而言，安全策略是根据系统对安全的需求所定义的一组规则及相应的描述。该规则决定了对系统中数据进行保护的规则和规定每一个用户权限的规则，如哪些数据只允许系统管理员阅读和修改；又如哪些数据只允许财务部门人员访问等。安全机制是指用于执行安全策略时所必须遵循的规定和方法。

2. 安全模型

安全模型用于精确描述系统的安全需求和策略。因此安全模型首先应当是精确的、同时也应当是简单和容易理解的，而且不涉及安全功能的具体实现细节。安全模型能精确地描述系统功能，这样就能帮助人们尽可能地堵住所有的安全漏洞。通常在 OS 设计时，系统的功能描述用于指导系统功能的实现，而安全模型则指导与系统安全有关的功能实现。现在已有几种安全模型，其中比较实用的是访问矩阵模型和信息流控制模型。

3. 访问矩阵模型

访问矩阵模型也称为保护矩阵，系统中的每一个主体(用户)都拥有矩阵中的一行，每一个客体都拥有矩阵中的一列。客体可以是程序、文件或设备。矩阵中的交叉项用于表示某主体对某客体的存取权限集。保护矩阵决定在任何域中的进程可以执行的操作，它是由系统强制执行的，而不是被管理者授权的操作。在有的保护矩阵中，除了客体能拥有矩阵中的一列之外，主体也可拥有矩阵中的一列，此时矩阵中的交叉项所表示的是，相应行的主体与相应列的主体之间是否允许进行通信等事宜。在访问矩阵模型中，矩阵的交叉项内容的改变便意味着主体的访问权限的改变，因此必须对访问矩阵加以保护。

4. 信息流控制(information flow control)模型

许多信息的泄密并非源于访问控制自身的问题，而是因为未对系统中的信息流动进行限制。为此在一个完善的保护系统中，还增加了一个信息流控制模型。它是对访问矩阵模型的补充，用于监管信息在系统中流通的有效路径，控制信息流从一个实体沿着安全途径流向另一实体。最广泛使用的信息流控制模型是 Bell-La Padula 模型，该模型主要用于军事部门。在该模型中把信息分为四等：内部级(U)、秘密级(C)、机密级(S)和绝密级(TS)。而不同的人也将根据其级别，规定只能访问不同密级的信息。如将军为绝密级，相应地，他可以访问所有的文件；而校级军官为机密级，他能访问机密级和更低密级的文件；而尉级军官为秘密级，被限定只能访问秘密级和更低的文件，而一般士兵则仅能访问内部级文件。由此可以得出，上校可以看上尉和士兵的文件，但决不能看将军的文件。由于该模型具有多个安全等级，所以称为多级安全模型。在该模型中对信息的流动做出如下两项规定：

(1) 不能上读。在密级 k 层中运行的进程，只能读相同或更低密级层中的对象。例如允许将军阅读中尉拥有的文件，但不允许中尉阅读将军的文件，此规则称为简单安全规则。

(2) 不能下写。在密级 k 层中运行的进程，只能写相同或更高密级层中的对象。例如允许中尉在将军的信箱中添加信息，但不允许将军在中尉的信箱中添加信息，这样就不至于把更高密级的内容下泄。此规则称为 * 规则。

只要系统严格执行了这两条规则，就能确保信息安全地流动，而不会发生信息从较高安全级泄露到较低安全级的安全问题。另外还规定，进程可以读写对象，但不能相互直接通信。图 12-10 示出了 Bell-La Padula 模型。

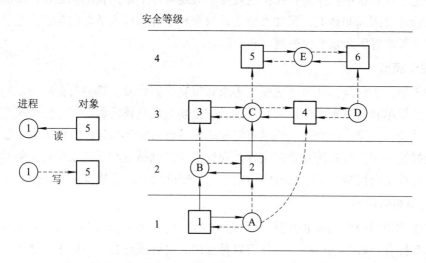

图 12-10　Bell-La Padula 模型

在图 12-10 中用带箭头的实线表示进程正在读对象，信息从对象流向进程。用带箭头的虚线表示进程正在写对象，信息从进程流向对象。图中示出了进程 B 正在从文件 1 中读取信息，向文件 3 中写入信息。由图还可看出，无论是带箭头的实线还是带箭头的虚线，它们都是水平方向或向上，而不具有向下方向的。这就是说信息没有往下流动的路径，因此处于较高层中的信息不可能流到较低的密级层次中去，这样就保证了模型的安全性。

◄ 12.6.2　可信计算基 TCB(Trusted Computing Base)

可信任系统的核心是可信计算基 TCB，它包含了用于检查所有与安全有关问题的访问监视器和存放许多与安全有关的信息的安全核心数据库等。只要可信计算基按规范化形式工作，就不会出现与安全有关的问题。

1. 可信计算基的功能

一个典型的可信计算基在硬件方面与一般计算机系统相似，只是少了些不影响安全性的 I/O 设备；在 TCB 中应配置 OS 最核心的功能，如进程创建、进程切换、内存映射以及部分文件管理和设备管理功能。由于把它做得尽可能小，比较容易做正确性验证，因而 TCB 软件自身是可信软件。在设计 TCB 时，应使其独立于 OS 的其余部分，在它和 OS 的其余部分、计算机系统的其它部分之间提供安全接口。

在 TCB 中有一个十分重要的部分——访问监视器，它要求所有与安全有关的问题都必须集中在一处进行检查。为此，将访问监视器设置在内核空间的入口，使其成为进入内核的唯一途经，所有与系统安全有关的访问都将通过它。访问监视器对这些请求进行检查，只有合法请求系统才予以处理。而现在的大多数 OS，为了提高效率和避免产生瓶颈，并不采取这样的设计方法，这就是导致它们不很安全的重要原因。TCB 结构如图 12-11 所示。

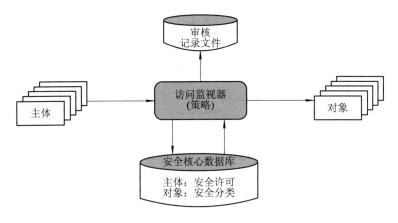

图 12-11 可信任计算基 TCB

2. 安全核心数据库

为了对用户的访问进行安全控制，在 TCB 中配置了一个安全核心数据库。在数据库内放入许多与安全有关的信息。其中最主要的是如下两个控制模型：

(1) 访问控制模型，用于实现对用户访问文件的控制，其中列出了每个主体的访问权限和每个对象的保护属性。

(2) 信息流控制模型，用于控制信息流从一个实体沿着安全的途经流向另一个实体。

3. 访问监视器

访问监视器是 TCB 中的一个重要组成部分，它基于主体和被访问对象的安全参数来控制主体对该对象的访问，实现有效的安全接入控制。访问监视器与安全核心数据库相连接，如图 12-11 所示。访问监视器可以利用安全核心数据库中存放的访问控制文件和信息流控制文件对本次访问进行仲裁。访问监视器具有以下特性：

(1) 完全仲裁。对每一次访问都实施安全规则，保证对主存、磁盘和磁带中数据的每一次访问，均须经由它们的控制。为了提高系统的速度，通常有一部分功能由硬件实现。

(2) 隔离。保证访问监视器和安全核心数据库的安全，任何攻击者都无法改变访问监视器的逻辑结构以及安全核心数据库中的内容。

(3) 可证实性。访问监视器的正确性必须是可证明的，即在数学上可以证明访问监视器执行了安全规定，并提供了完全仲裁和隔离。

如果一个系统能具有上述三个特性，就可认为该系统就是一个可信任系统。在图中还有一个审计及记录文件，将所检测到的安全违规、安全核心数据库中的授权变化等重要安全事件都记录到审计文件中。

12.6.3　设计安全操作系统的原则

如何设计一个高安全性的 OS，是当今人们面临的一种挑战。人们经过长期的努力，提出了若干设计安全 OS 的原则。

1. 微内核原则

我们这里所说的微内核(通常将它们称为安全内核)，与前面所说的微内核有着某些相似之处，主要表现为：首先它们都非常小，易于保证它们的正确性；其次它们都采用了策略与机制分离原则，即仅将机制部分放入安全内核中，而将策略部分放在内核的外面。它们之间的差别主要表现在下面两方面：

(1) 它不仅提供 OS 最核心的功能，如进程切换、内存映射等功能，还是实现整个 OS 安全机制的基础。使安全内核成为一个可信任计算基。

(2) 在通常的微内核中，进入微内核的入口有多个，而在安全系统中，系统的其它部分与安全内核之间仅提供了唯一的安全接口。

2. 策略与机制分离原则

前面提到了策略与机制的分离原则。在设计安全内核时同样应当采用策略与机制分离原则，以减小安全内核的大小和增加系统的灵活性。安全策略规定系统要达到的特定安全目标是由设计者或管理员来确定的，应将它放在安全内核外部。机制是完成特定安全策略的方法，由一组具体实现保护功能的软件或硬件实现，应将它放入安全内核中。

3. 安全入口原则

在通常的微内核中，都采用了 C/S 模式，微内核与所有的服务器之间都存在着接口，因此可以通过多种途径进入微内核，这也就为保障 OS 的安全增加了困难。而在安全系统中为确保安全内核的安全，在安全内核与其它部分之间，如与其它的硬件、系统和用户软件等之间，只提供唯一的安全接口，凡是要进入安全内核进行访问者，都必须接受严格的安全检查，任何逃避检查的企图都是不能得逞的。

4. 分离原则

可用多种方法来将一个用户进程与其他用户进程进行隔离，主要分离方法有：

(1) 物理分离。使各进程的活动基于不同的硬件设施。例如，在对安全性要求较高的任务进行处理时，可用专用的计算机来完成；对安全性要求一般的任务，可在公用计算机系统上来完成。

(2) 时间分离。让各进程在不同的时间运行。

(3) 密码分离。对用于加密的密钥和密文必须妥善分开保管。

(4) 逻辑分离。为确保安全内核的安全，安全内核应与其它部分的硬件和软件进行隔离。

5. 部分硬件实现原则

在安全内核中有一部分须用硬件实现，其原因可归结如下：

(1) 提高处理速度。为了不影响到系统的运行速度，应将对运行速度有严重影响的部分采用硬件实现。

(2) 确保系统的安全性。用软件实现容易受到攻击和病毒的感染，如改用硬件实现就会安全得多。

随着大规模集成电路的发展，其成本变得越来越低，用硬件实现不会给安全系统带来太大的经济负担。

6. 分层设计原则

如上所述，一个安全的计算机系统至少由四层组成：最低层是硬件，次低层是安全内核，第三层是 OS，最高层是用户。其中每一层又都可分为若干个层次。安全保护机制在满足要求的情况下，应力求简单一致，并将它的一部分放入到系统的安全内核中，把整个安全内核作为 OS 的底层，使其最接近硬件。

值得一提的是，如果一个系统的安全性没有按照上述的原则进行设计，必然会留下许多隐患。而只是试图在原有操作系统基础上增加几个安全软件，或者增加一个安全管理层，使之成为一个安全系统，几乎是不可能的。这也就是何以在目前的 OS 中，对所存在的安全隐患虽经无数次的修改，其安全性能仍不能令人满意的原因。

习　题 ▶▶▶

1. 系统安全性的主要目标是什么？

2. 系统安全性的复杂性表现在哪几个方面？

3. 对系统安全性的威胁有哪几种类型？

4. 可信任计算机系统评价标准将计算机系统的安全度分为哪几个等级？

5. 何谓对称加密算法和非对称加密算法？

6. 什么是易位法和置换算法？试举例说明置换算法。

7. 试说明非对称加密算法的主要特点。

8. 试说明保密数据签名的加密和解密方式。

9. 数字证明书的作用是什么？用一例来说明数字证明书的申请、发放和使用过程。

10. 可利用哪几种方式来确定用户身份的真实性？

11. 在基于口令机制的认证技术中，通常应满足哪些要求？

12. 试说明一种对加密口令进行验证的方法。

13. 基于物理标志的认证技术又可细分为哪几种？

14. 智能卡可分为哪几种类型？这些是否都可用于基于用户持有物的认证技术中？

15. 被选用的生理标志应具有哪几个条件？请列举几种常用的生理标志。

16. 对生物识别系统的要求有哪些？一个生物识别系统通常是由哪儿部分组成？

17. 早期常采用的内部攻击方式有哪几种？

18. 何谓逻辑炸弹？较常用的引爆条件有哪些？

19. 何谓陷阱门和特洛伊木马？试举例说明之。

20. 何谓缓冲区溢出？攻击者如何利用缓冲区溢出进行攻击？

21. 什么是病毒和蠕虫？它们之间有何异同处？

22. 什么是移动代码？为什么说在应用程序中包含了移动代码就可能不安全？

23. 计算机病毒的特征是什么？它与一般的程序有何区别？

24. 计算机病毒有哪几种类型？试简单说明之。

25. 什么是文件型病毒？试说明文件型病毒对文件的感染方式。

26. 病毒设计者采取了哪几种隐藏方式来让病毒逃避检测？

27. 用户可采用哪些方法来预防病毒？

28. 试说明基于病毒数据库的病毒检测方法。

参 考 文 献

[1] Hansen Per Brinch. Operating System principles. prentice-Hall，1973

[2] Shaw Alan C. The Logical Design Operating System. Prentice-Hall，1974

[3] Peitel Harvey M. An Introduction to operating System. Addison-Wesley，1983

[4] Davis William S.Operating System：An Systematic View (Second Edition). Addison-Wesley，1983

[5] Hwang Kai，Briggs Fay' e A. Computer Architecture and Paralled Processing，McGram-Hill，1984

[6] Kochan SG，Word PH.Exploring the UNIX System，1984

[7] Peterson James L.Operating. System Concepts (Second Edition). Addison-wesley，1985

[8] Alanson philippe. Operating System Structure and Mechanisms. Academic press Inc.，1985

[9] Ma PYR，Lee Eys. A Task Allocation Model for Distributed Computing System：Avandced Computer Architecture. IEEE Computer Society Press，1986

[10] Maekawa Mamorou，Oldehoeft Arthru E. Operating System Advanced Concepts. Benjamin/Cumminys，1987

[11] Tanenbaum A.S.Operating System Design and Implementation. prentice-Hall，1987

[12] Comer Donglass， Fossum Timothy V.Operating System Desing Vol.1； The XINU Approach (PC Edition)，Prentice-Hall，1988

[13] Massie Maul. Operating System：Theory and practice， Macmillan Publishing Company，1986

[14] Herbert S.OS/2 Programming an Introduction， New York：McGraw-Hill，1988

[15] Carl A，Sumshine. Computer Network Architectures and protocols and ed，New York and London；prenum press，1989

[16] New Man P.ATM Local Area Networks， IEEE Communication Magazine， Vol 32 March 1994

[17] David AS. The OS/2 Programming Environment N.J.，Prentice-Hall，1998

[18] Stallings W.Operating System. New York：MacMillan，1992

[19] Silberscbatz A，Galvin P.Operating System Concepts. Addison-wesley，1994

[20] Bruce Elbert，Boby Martyna. Client-Server Computing：Architecture，Application and Distributed System Management. Boston London：Artech House，1994

[21] Peter Von Schilling，John Levis. Distributed Computing Environments，Information System Management，1995(2)

[22] Andrew S.Tananbaum. Distributed Operating System(分布式操作系统). 北京：清华大学出版社，Prentice Hall，1997

[23] Andrew S.Tananbaum.Modern Operating Systems(Second Edition)，Prentice Hall，2001

[24] Pramod Chandra P.Bhatt An Introduction to Operating Systems Concepts and Practice(Third Edition)，PHI，2010

[25] 黄干平，陈洛资，等. 计算机操作系统. 北京：科学出版社，1989

[26] 冯耀霖，杜舜国. 操作系统. 西安：西安电子科技大学出版社，1989

[27] Maurice J.Bach. UNIX 操作系统设计. 陈葆国，等，译. 北京：北京大学出版社，1989

[28] 李勇，刘恩林. 计算机体系结构. 长沙：国防科技大学出版社，1987

[29] 周帆，潘福美. 32 位微型计算机原理与应用. 北京：气象出版社，1992

[30] 黄祥喜. 计算机操作系统实验教程. 广州：中山大学出版社，1994

[31] 苏开根，何炎祥. 计算机操作系统原理及其习题解答. 北京：海洋出版社，1993

[32] 汤子瀛，杨成忠，哲凤屏. 计算机操作系统. 台湾：儒林图书公司，1994

[33] 尤晋元. UNIX 操作系统教程. 西安：西安电子科技大学出版社，1995

[34] 杨学良，等. UNIX SYSTEM 内核剖析. 北京：电子工业出版社，1990

[35] 胡道元. 计算机局域网. 北京：清华大学出版社，1990

[36] 庄德秀，等. Novel 网络与通信技术. 北京：清华大学出版社，1994

[37] 王鹏，尤晋元，等，译. 操作系统设计与实现(Operating System Design and Implementation). 北京：电子工业出版社，1998

[38] 汤子瀛，哲凤屏，汤小丹，王侃雅. 计算机网络技术及其应用. 2 版. 成都：电子科技大学出版社，1999

[39] 屠祁， 屠立德，等. 操作系统基础. 3 版. 北京：清华大学出版社，2000

[40] 张尧学，史美林. 计算机操作系统教程. 2 版. 北京：清华大学出版社，2000

[41] 毛德操，胡希明. Linux 内核源代码情景分析. 杭州：浙江大学出版社，2001

[42] 孙仲秀，等. 操作系统教程. 北京：高等教育出版社，2003

[43] Gary Nutt. 操作系统现代观点. 孟祥由，晏益慧，译. 北京：机械工业出版社，2004

[44] 孟庆昌. 操作系统教程. 北京：电子工业出版社，2004

[45] 张丽芬，刘美华. 操作系统原理教程. 北京：电子工业出版社，2004

[46] 倪继利. Linux 内核分析及编程. 北京：电子工业出版社，2005

[47] William Stalling. 操作系统：精髓与设计原理. 陈渝，译. 北京：电子工业出版社，2006

[48] 陈向群，杨芙清. 操作系统教程. 2 版. 北京：北京大学出版社，2006

[49] 汤小丹，梁红兵，哲凤屏，等. 现代操作系统. 北京：电子工业出版社，2007

[50] Abraham Silberschatz.Operating. 操作系统概念. 7 版. 郑扣根，译. 北京：高等教育出版社，2010